DES FORCES

PHYSICO-CHIMIQUES

ET DE LEUR INTERVENTION

DANS LA PRODUCTION DES PHÉNOMÈNES NATURELS

DES FORCES

PHYSICO-CHIMIQUES

ET DE LEUR INTERVENTION DANS

LA PRODUCTION DES PHÉNOMÈNES NATURELS

PAR

M. BECQUEREL

DE L'ACADÉMIE DES SCIENCES DE L'INSTITUT DE FRANCE;
PROFESSEUR-ADMINISTRATEUR AU MUSÉUM D'HISTOIRE NATURELLE;
DE LA SOCIÉTÉ ROYALE DE LONDRES, ETC., ETC.;
COMMANDEUR DE LA LÉGION-D'HONNEUR;
GRAND'CROIX EFFECTIF DE L'ORDRE DE LA ROSE DU BRÉSIL, ETC., ETC.

PARIS

TYPOGRAPHIE FIRMIN DIDOT FRÈRES, FILS ET Cie
IMPRIMEURS DE L'INSTITUT, RUE JACOB, 56.

1875.

A SA MAJESTÉ

DOM PEDRO D'ALCANTARA

EMPEREUR DU BRÉSIL

SIRE,

En prenant la liberté de dédier à Votre Majesté un ouvrage qui résume tous mes travaux physico-chimiques depuis plus de cinquante ans, je désire lui témoigner de nouveau ma vive reconnaissance pour l'honneur qu'elle a bien voulu me faire en me donnant une marque publique de son estime.

Votre Majesté, qui a su réunir, à une vaste érudition, une connaissance approfondie de toutes les sciences, voudra bien accueillir avec bienveillance, j'ose l'espérer, un ouvrage qui touche à tous les grands phénomènes de la nature.

J'ai l'honneur d'être,

Sire, avec un profond respect,

Votre très-dévoué et reconnaissant serviteur,

BECQUEREL.

DISCOURS PRÉLIMINAIRE.

Dans l'ouvrage que nous publions sur le mode d'intervention des forces physico-chimiques dans la production des phénomènes naturels, nous avons commencé par exposer les rapports existant entre les forces de la nature, puis les résultats des recherches que nous avons faites à cet égard et dont les premières datent du 16 juin 1823[1], époque à laquelle nous présentâmes à l'Académie un mémoire sur le dégagement de l'électricité dans les actions chimiques. Dans le cours de la même année[2], puis en 1824 et dans les années suivantes, nous exposâmes les lois de ce phénomène, qui ont donné un grand développement à l'électro-chimie, et eurent pour résultat de substituer à la théorie du contact de la pile voltaïque la théorie électro-chimique, à laquelle ont ensuite concouru de la Rive depuis 1828[3], et Faraday depuis 1832[4].

---

[1] *Annales de chimie et de physique*, 2ᵉ série, t. XXIII, p. 135. Becquerel et Ed. Becquerel, *Histoire de l'électricité*, p. 182.

[2] Id., 2ᵉ série, t. XXIV, XXV, XXVI, XXVII et XXVIII.

[3] Id., 2ᵉ série, t. XXXIX, p. 397.

[4] *Philosophical transact.*, 1840, 1ʳᵉ partie, p. 61. *Archives de l'électricité*, t. I, p. 93, Genève 1841.

Faraday s'exprime comme il suit, en parlant de la *Théorie électro-chimique de la pile*, p. 61 : « Cette théorie fut pour la première fois mise en avant par « Fabroni, puis par Wollaston et Perrot ; plus tard, elle a été plus ou moins « développée par OErsted, Becquerel, de la Rive, Ritchie, Pouillet, Schœnbein « et beaucoup d'autres savants, parmi lesquels on doit distinguer Becquerel qui, « dès le commencement, a fourni un contingent toujours croissant de preuves ex- « périmentales les plus frappantes de ce fait, que les actions chimiques dégagent « toujours de l'électricité ; on doit citer aussi de la Rive pour la grande clarté

En 1829, nous fîmes connaître les principes sur lesquels reposent les piles à deux liquides, dites à courant constant, et notamment la pile à sulfate de cuivre [1].

En 1835 [2], nous construisîmes le couple dit à oxygène, dans lequel se trouvait un seul métal, non attaqué, le platine ou l'or, et deux liquides, l'acide nitrique et la potasse caustique, pouvant réagir chimiquement l'un sur l'autre par l'intermédiaire d'une cloison perméable.

Dans cet ouvrage, nous avons pris ces recherches comme points de départ, et nous avons commencé par exposer toutes les observations que nous avons faites jusqu'ici sur le dégagement de l'électricité dû à la réaction des dissolutions les

« et la constance de ses vues et pour le zèle avec lequel il n'a cessé, depuis 1827,
« d'appuyer d'arguments et de faits expérimentaux la théorie chimique de la pile.»

Berzélius, après avoir parlé des expériences de Davy, *Théorie des proportions chimiques*, 2e édition, p. 44, traduction française, ajoute : « Des expériences plus
« récentes faites par Becquerel à l'aide du multiplicateur électro-magnétique doi-
« vent également être considérées comme des preuves positives de l'action élec-
« trique dans les actions chimiques. Ce savant a prouvé que la plus faible action
« chimique produisait sur l'aiguille aimantée l'effet d'une décharge électrique.
« Parmi les expériences de Becquerel, je citerai la suivante : Il adapta à l'extré-
« mité d'un des fils du multiplicateur une pince en platine munie d'une petite
« cuiller en or, enveloppée de papier ; à l'autre fil, il fixa un petit morceau de
« platine ; lorsqu'il plongea les deux extrémités ainsi garnies dans un verre rempli
« d'acide nitrique, il n'y eut point d'effet électrique et l'aiguille resta tranquille ;
« mais, dès qu'on versa dans le liquide une goutte d'acide hydrochlorique très-
« étendu, l'aiguille dévia, et, par suite de la combinaison produite, la liqueur fut
« colorée en jaune par le chlorure aurique ; en employant à la place de l'or du
« cuivre enveloppé de papier, la combinaison chimique s'opéra sans acide hydro-
« chlorique et l'aiguille aimantée dévia. »

M. de la Rive, *Traité d'électricité*, t. I, p. 590, en parlant du dégagement
d'électricité dans les actions chimiques, s'exprime ainsi : « Pour bien analyser les
« effets électriques qui résultent de l'action chimique des liquides sur les corps
« solides, il faut commencer par opérer avec l'électroscope condensateur. C'est
« Becquerel qui le premier a fait des expériences de cette manière... Becquerel
« trouva plus tard qu'on détermine également un courant en plongeant dans une
« solution acide ou alcaline les deux bouts d'un fil de cuivre d'un galvanomètre ;
« mais il faut, pour que le courant ait lieu, que le liquide exerce une action chi-
« mique sur la partie immergée des fils ; le même physicien observa, en outre,
« que le sens du courant paraissait dépendre de celui des deux bouts du fil qui
« était attaqué plus vivement. »

[1] *Annales de chimie et de physique*, 2e série, t. XLI, p. 5.
[2] *Comptes rendus des séances de l'Académie des sciences*, t. I, p. 455,

unes sur les autres, et sur la circulation des courants le long des parois des diaphragmes perméables qui les séparent[1], courants auxquels nous avons donné le nom de courants électro-capillaires. Puis, nous avons exposé les propriétés de ces courants dans les trois règnes de la nature. Ce cadre est très-vaste; aussi pensons-nous avoir seulement posé des jalons servant de guides à ceux qui voudront s'occuper de cette importante question, laquelle se rapporte d'une manière intime aux réactions si nombreuses produites dans les différents corps des trois règnes de la nature.

Les courants électro-capillaires produisent peut-être, dans certaines circonstances, des effets que Berzélius attribuait à cette force mystérieuse, qu'il appelait catalytique, et dont il pressentait l'origine, quand il s'exprimait comme il suit[2] : « La force catalytique n'est ni la pesanteur, ni la cohé- « sion, ni l'affinité; et en admettant, ce qui est probable, « que c'est une manifestation de la force électrique, nous « devons croire qu'elle est d'une nature toute particulière et « si différente de l'électricité ordinaire, qu'elle mérite donc « une dénomination spéciale. »

Nous pensons que si ce grand chimiste eût existé à l'époque où l'on a fait connaître les actions électro-capillaires, il aurait essayé d'y rattacher celles qu'il attribuait à la force catalytique.

Nous avons exposé les rapports existant entre les forces physiques et chimiques et les actions qu'elles produisent, en agissant soit séparément, soit concurremment, et notamment celles qui résultent des courants électro-capillaires dans les trois règnes de la nature.

Nous avons montré ensuite comment il était possible, à l'aide de ces courants, d'étudier le mécanisme en vertu duquel

---

[1] *Mémoires de l'Académie des sciences*, t. XXXVI. Comptes rendus des séances des 13 mai et 17 juin 1867.

[2] *Traité de chimie*, 2ᵉ édit. française, t. V, p. 45.

les molécules arrivent à un état d'équilibre stable dans les doubles décompositions.

Nous avons abordé ensuite une question de la plus haute importance, avec une certaine réserve toutefois, celle qui concerne le mode d'intervention des forces physico-chimiques dans la production des phénomènes organiques. Berzélius a dit à ce sujet[1] : « Dans la nature vivante il se manifeste, « sans doute, des phénomènes physiques et chimiques telle- « ment différents de ceux de la nature inorganique, qu'on « pourrait se croire autorisé à admettre une force vitale chi- « mique; mais, en examinant les choses de plus près, nous « reconnaîtrons facilement les effets des forces naturelles « ordinaires placées sous l'influence d'une multitude de con- « ditions différentes qui ne se présentent que très-rarement « et dont la plupart ne s'offrent jamais dans la nature inor- « ganique. »

Tous les corps organisés sont formés d'organes, de tissus capillaires et de liquides de composition différente, à l'aide desquels la vie est entretenue dans toutes leurs parties. Les courants électro-capillaires peuvent intervenir puissamment, car ils n'exigent, pour remplir leurs fonctions, que des tissus perméables et des liquides de différente nature ; mais il faut pour cela que les organes, les divers tissus et les liquides conservent leur état primitif. Les tissus viennent-ils à se distendre par une cause quelconque, leur porosité, par exemple, vient-elle à changer, les liquides se mélangent peu à peu, les actions électro-capillaires cessent alors et la mort ne tarde pas à arriver. La force vitale pour nous est donc celle qui maintient intactes l'organisation des tissus et la composition des liquides.

Les deux exemples suivants serviront à montrer l'importance que l'on doit attacher à l'étude des actions électro-

---

[1] *Traité de chimie*, t. V, p. 5.

capillaires : Supposons, que l'on introduise de l'eau ou un autre liquide dans l'estomac, ces liquides exerceront une action sur le sang veineux par l'intermédiaire des tissus qui les séparent. Il en résulte des effets électro-chimiques que l'on peut constater et qui indiquent alors si le sang a éprouvé une oxydation ou une réduction.

Autre exemple : Trouve-t-on dans un filon ou dans la fissure d'une roche un minéral cristallisé, d'origine aqueuse, et dont on ne connaît pas le mode de formation ; on sait seulement que le filon ou la roche encaissante est traversé par des eaux contenant les substances qui entrent dans la composition du minéral ; il est possible souvent de reproduire ce dernier dans un appareil électro-capillaire, comme on en cite un certain nombre d'exemples dans l'ouvrage.

L'étude des actions physico-chimiques sur notre globe, nous a amené naturellement à nous demander s'il ne s'en produirait pas de semblables sur le soleil dont l'origine est la même que celle de la terre.

L'analyse spectrale de la lumière solaire et de la lumière stellaire nous apprend que les éléments matériels qui composent la terre se trouvent également dans les astres ; on est conduit ainsi à admettre que les forces propres à la matière agissent également dans tout l'univers. D'un autre côté, le soleil et la terre ayant eu une origine commune, il est naturel de comparer les phénomènes physiques et chimiques produits dans les premiers âges de notre globe, à ceux qui ont lieu maintenant dans le soleil, dont le volume étant 1,326,480 fois plus considérable que celui de la terre, a dû éprouver un refroidissement excessivement lent dans le même temps. Or, on peut se rendre compte, jusqu'à un certain point, des changements successifs qui se sont opérés, dans la terre, lorsque son refroidissement a commencé.

On distingue en effet trois époques calorifiques pendant la formation de notre planète. La première est celle où tous

les éléments étaient à l'état gazeux, par suite d'une température excessivement élevée; tous les éléments étaient alors
dissociés.

La deuxième est celle où, la température étant suffisamment
abaissée, les affinités commencèrent à exercer leur action.
Les composés formés passèrent successivement à l'état gazeux, liquide et solide; il se produisit alors de puissantes
actions chimiques, accompagnées d'effets électriques, qui
rendirent étincelante l'atmosphère déjà formée; la foudre
devait éclater de toutes parts.

La troisième époque est celle où, la température étant suffisamment abaissée, l'eau commença à prendre l'état liquide
et à réagir sur les corps déjà formés, en produisant un dégagement de chaleur et d'électricité énorme qui contribuait à
rendre lumineuse l'atmosphère.

La deuxième époque est celle à laquelle il faudrait rapporter la constitution actuelle du soleil, autant qu'il est possible de le supposer, en s'appuyant sur les données que nous
fournissent l'astronomie, la géologie et les éruptions volcaniques anciennes et modernes.

Nous avons cru devoir exposer ensuite les principaux phénomènes de l'atmosphère, phénomènes lumineux, électriques et aqueux, ce qui nous a conduit à parler des climats,
de leur constance, de leur variabilité et de l'influence qu'exercent sur eux les forêts.

Nous avons donné enfin un aperçu général des actions
lentes qui ont lieu dans les différents terrains, et auxquelles
concourent les forces physico-chimiques.

On voit donc que nous nous sommes attaché à exposer,
dans cet ouvrage, la plupart des grands phénomènes de la
nature, à la production desquels concourent toutes les forces
physico-chimiques.

DES FORCES

PHYSICO-CHIMIQUES

ET DE LEUR INTERVENTION

DANS LA PRODUCTION DES PHÉNOMÈNES NATURELS.

INTRODUCTION.

Si l'on veut avoir une idée générale du mode d'intervention des forces physico-chimiques dans la production des phénomènes naturels, il faut commencer par considérer la terre à son origine et suivre pour ainsi dire pas à pas les changements qui se sont opérés jusqu'à l'époque actuelle, où la plupart de ces forces n'agissent plus que lentement, et pour produire des effets que l'on peut analyser et même reproduire dans un grand nombre de cas.

Le soleil, d'après l'hypothèse la plus probable, a été formé dans un amas de matière gazéiforme qui s'est condensée autour d'un ou de plusieurs noyaux. L'étendue de cet amas ne dépassait pas les points où la force centrifuge était égale à la pesanteur. A mesure que le refroidissement résultant du rayonnement céleste agissait, les molécules se rapprochaient du centre, la vitesse de rotation du noyau augmentait, d'après les lois de la mécanique sur la conservation des aires; le refroidissement continuant, l'atmosphère entourant le noyau central a pu abandonner des zones de matières au milieu desquelles se sont formés également d'autres centres de condensation qui ont continué à circuler autour du noyau principal. Telle est l'hypothèse adoptée par

Laplace sur la formation du soleil, des planètes, de leurs satellites et des corps du système planétaire, qui gravitent autour de cet astre.

Dans le principe, lors de l'état de nébulosité, tous les éléments étaient séparés, la température étant trop élevée pour que les affinités pussent exercer leur action; il y avait donc mélange complexe de tous les éléments qui entrent dans la composition des astres; mais à mesure que le refroidissement s'effectuait autour de chaque noyau, les substances les plus réfractaires se précipitaient les premières, puis celles qui l'étaient moins, et ainsi de suite. La forme sphéroïdale et l'aplatissement aux pôles sont une conséquence de l'état liquide primitif des planètes et de leurs mouvements révolutifs. L'influence du rayonnement céleste étant incessante, leur surface s'est solidifiée, tandis que les parties intérieures, préservées par la croûte formée, ont conservé une portion peut-être encore fort considérable de leur chaleur primitive, comme semblent l'indiquer, à la surface de la terre, les phénomènes volcaniques et l'existence des eaux thermales.

Entrons dans plus de détails sur la formation de la terre, afin de montrer la série des phénomènes de même nature qui ont dû se produire dans tous les astres du système planétaire, en y comprenant même le soleil; la terre servira de terme de comparaison.

Lorsqu'un voyageur se transporte sur l'une des sommités des Alpes ou de toute autre chaîne de montagnes, et que de là il contemple, aussi loin que sa vue peut s'étendre, les roches amoncelées comme autant de ruines, et ces mouvements ondulés du sol encore sensibles à de grandes distances, il demeure convaincu que des révolutions et des catastrophes violentes ont bouleversé la surface du globe à diverses époques. Si, revenu de la vive impression qu'a produite sur lui cet imposant spectacle, il parcourt ces ruines pour les interroger et y chercher des faits propres à lui faire connaître la nature des forces qui étaient en action dans les premiers âges du monde, loin d'y rencontrer le chaos, tout lui annonce que ces grands cataclysmes, dont il voit partout des preuves irréfragables, sont le résultat de forces qui ont agi à diverses époques et à chacune de ces époques dans une même direction; si, continuant son exploration, il s'arrête devant les escarpements qui bordent les vallées, il les trouve la plupart du temps formés de dépôts de substances diverses, en couches parallèles, d'autant plus relevées à l'horizon qu'elles sont plus voisines des hautes chaînes, tandis que, dans les plaines, ces mêmes couches sont horizontales ; sur les versants opposés, les mêmes effets se présentent, mais en sens inverse. Ces faits lui annoncent donc que des causes intérieures ont soulevé la surface du globe à différentes époques, et ont produit ces chaînes de montagnes qui la sillonnent en tous sens.

Notre philosophe voyageur descend-il dans les excavations naturelles, ou formées par l'art, il reconnaît d'abord que, fréquemment, les terrains sont composés d'abord de dépôts ayant une origine aqueuse, en couches horizontales, renfermant des débris de végétaux et d'animaux, souvent dans un état parfait de conservation. Ces dépôts présentent des fentes ou filons remplis de matières minérales venant de l'intérieur, et fréquemment des fissures donnant issue aux eaux ayant produit des actions électro-chimiques qui ont amené peu à peu la décomposition des roches et la production de diverses substances minérales que l'on reproduit aujourd'hui comme nous le démontrerons.

Vient-il à pénétrer plus avant dans les entrailles de la terre, il trouve des débris d'animaux et de végétaux appartenant à des espèces qui s'éloignent de plus en plus de celles actuellement vivantes, et qui finissent par en être tout à fait différentes. Enfin, arrivé aux terrains primitifs, il ne voit partout que l'action du feu. Il conclut de toutes ses investigations que la terre a été primitivement à l'état gazeux, c'est-à-dire que tous les éléments qui la composent aujourd'hui se trouvaient disséminés à l'état de vapeurs, dans un espace beaucoup plus étendu que celui qu'elle occupe aujourd'hui ; que le refroidissement successif de cet amas de vapeurs, conséquence inévitable du rayonnement de chaleur dans les espaces célestes, a donné naissance aux roches et substances diverses qui composent les terrains primitifs au-dessous desquels l'état physique de la terre nous est inconnu ; que, jusqu'à la formation des terrains de sédiment, époque de l'apparition des végétaux et des animaux, la puissance organique a lutté longtemps contre la nature morte et a fini par prendre le dessus ; que cette marche de la vie s'est faite graduellement, dans les temps de calme succédant aux révolutions subites qui, de temps à autre, bouleversaient la surface du globe. Ces grandes révolutions ayant cessé, l'homme parut, et depuis lors, la puissance créatrice ne s'est plus révélée à nous par la formation de nouveaux germes, du moins rien ne nous le démontre.

Lors de la formation des terrains ignés, la température des eaux et celle de la surface de la terre étaient trop élevées pour que les terrains pussent être habités par des êtres organisés ; aussi y a-t-il absence complète de restes organiques dans toutes les formations des terrains les plus anciens ; ce n'est que dans les terrains de sédiment que la vie organique a dû commencer ; mais comment s'est opérée la transition de la vie inorganique à la vie organique? là est le secret du créateur.

La géologie nous apprend que la nature a suivi une marche progressive dans la création des êtres organisés, en commençant par les plus simples, et successivement jusqu'aux plus composés, à mesure que les conditions atmosphériques changeaient. Mais quelles sont les forces qui ont concouru à la formation de tous les corps organisés? Notre ignorance est telle à cet égard que si, par une cause quelconque, les corps organisés et les substances diverses qui composent la terre venaient à être volatilisés par un excès de chaleur et qu'il se produisît ensuite un refroidissement graduel, comme dans les premiers âges de la terre, les composés inorganiques se reformeraient, d'après des lois connues, tandis que nous ne voyons pas comment les germes des animaux et des végétaux pourraient se reproduire. Il faut donc admettre l'existence d'une puissance créatrice qui s'est manifestée à certaines époques, et qui ne semble plus agir aujourd'hui que pour perpétuer les espèces actuellement vivantes.

Berzélius s'exprime à cet égard en ces termes :

« Une force incompréhensible, étrangère à la nature morte, a « introduit le principe de la vie dans la nature organique, et cela « s'est fait, non comme un effet du hasard, mais avec une va- « riété admirable, une sagesse extrême, et dans le but de pro- « duire des résultats déterminés, et une succession non inter- « rompue d'individus périssables, naissant les uns des autres, et « parmi lesquels l'organisation détruite des uns sert à l'entretien « des autres; et tout ce qui tient à la nature organique prouve « un but sage, et nous révèle un entendement supérieur. L'homme, « en comparant ses calculs pour atteindre un certain but avec « ceux qui ont dû présider à la composition de la nature orga- « nique, a été conduit à regarder la puissance de penser et de

« calculer, comme une image de cet être auquel il doit son exis-
« tence. Cependant, plus d'une fois, le philosophe à vue courte
« a prétendu que tout était l'œuvre du hasard, et que les produits
« pouvaient seuls se perpétuer en tant qu'ils avaient acquis acci-
« dentellement le pouvoir de se conserver, de se perpétuer et de
« se propager ; mais cette philosophie n'a pas compris que ce
« qu'elle désigne, dans la nature inerte, sous le nom de hasard,
« est une chose physique impossible. Tous ces effets naissent
« de causes, ou sont produits par des forces ; ces dernières, sem-
« blables à la volonté, tendent à se mettre en activité et à se
« satisfaire pour arriver à un état de repos qui ne saurait être
« troublé, et qui ne peut être sujet à rien qui réponde à notre
« idée de hasard [1]. »

Nous avons cru devoir rapporter ces paroles sublimes pour
montrer que les esprits les plus élevés ne pensent pas que la
matière puisse s'organiser elle-même par le concours seul des
forces qui régissent la nature inorganique.

Des faits généraux que nous venons de rapporter, nous devons
conclure que, depuis la formation des terrains de transition,
tous les corps ont pu et peuvent encore être divisés en deux
grandes classes : dans la première sont rangés les corps doués de
la vie, dans la deuxième les corps qui en sont privés.

Les corps de la première classe sont composés de parties qui
sont essentiellement différentes sous le rapport de la forme, de
la composition et des fonctions qu'ils doivent remplir ; en détacher une ou plusieurs, ce serait altérer, détruire quelquefois les
corps eux-mêmes. Ces parties indispensables à l'existence des
corps ont été appelées organes, et les corps, corps organisés,
tandis que l'on appelle corps inorganisés ceux dont toutes les
parties sont similaires et qui peuvent être divisés, subdivisés, sans
pour cela cesser d'exister.

Les corps organisés fonctionnent en vertu des forces de tissu,
sous l'empire de la vie, et qui nous sont inconnues, et des forces
physiques et chimiques dont nous connaissons les effets ; les
corps de la nature inorganique sont soumis seulement à l'action
de ces dernières, ce qui rend ainsi leur étude plus facile ; aussi
pouvons-nous connaître leurs effets et même les calculer.

Nous avons donc à nous occuper du concours des forces phy-

Traité de chimie, traduction française, t. V, p. 3, dernière édition.

siques et chimiques qui interviennent dans les phénomènes de la
nature organique et de là nature inorganique ; ces forces sont
l'attraction à de grandes distances qui est la gravité , et à de
petites distances, l'affinité, puis la chaleur, la lumière et l'électricité qui paraissent avoir toutes une origine commune.

Depuis plus de cinquante ans, nos recherches physico-chimiques ont eu principalement pour but d'établir les rapports 'existant entre ces forces, notamment les relations de l'électricité
avec l'attraction à de grandes et à de petites distances, la chaleur
et la lumière. Nous avons en conséquence multiplié les expériences, en variant les conditions, afin d'en déduire des conséquences pouvant éclairer la philosophie naturelle. Désirant embrasser la question sous le point de vue le plus général, nous avons
étudié l'influence de ces forces, et leur concours réciproque dans
la production des phénomènes chimiques, géologiques, météorologiques et physiologiques, en cherchant ce qu'il y a de commun ou de différent dans les effets produits sous le rapport des
forces, bien entendu.

Nous nous sommes attaché particulièrement à montrer que
l'électricité pouvait servir de base aux rapports qui lient entre
elles les principales forces de la nature, en prouvant qu'elle ne
devient libre qu'autant qu'il y a une action mécanique, physique,
chimique ou physiologique de produite. Cette théorie, dite électro-chimique, qui repose sur des bases incontestables, remplace
celle du contact, à l'aide de laquelle Volta a voulu expliquer les
effets de la pile, la plus belle découverte des sciences physico-
chimiques et qui l'a immortalisé.

LIVRE PREMIER.

DES FORCES DE LA NATURE ET DE LEUR PRODUCTION.

CHAPITRE PREMIER.

CONSIDÉRATIONS GÉNÉRALES SUR LES RAPPORTS EXISTANT ENTRE L'ATTRACTION A DE GRANDES ET A DE PETITES DISTANCES, L'ÉLEC-TRICITÉ ET LA CHALEUR.

§ I. — *Opinion de Newton.*

L'étude des forces physiques et chimiques qui interviennent dans les combinaisons et la constitution moléculaire des corps ainsi que dans le mélange des dissolutions des sels, est une question de première importance pour la philosophie naturelle. On en distingue deux principales : l'une qui produit des actions attractives à de grandes et à de petites distances; l'autre, les actions répulsives.

Ces forces qui régissent la nature inorganique sont physiques ou chimiques ; les premières comprennent l'attraction générale, la chaleur, la lumière et l'électricité ; les secondes, les affinités, et l'attraction moléculaire ou cohésion.

Quant aux forces qui régissent la nature organique, elles se composent de celles dont il vient d'être question et des forces de tissu et d'organisation, dont l'étude est au-dessus de la portée de l'homme qui ne doit chercher que le mode d'intervention des forces physiques et chimiques dans les phénomènes de la vie.

Rechercher ce qu'il y a de physique et de chimique dans les phénomènes de la vie est une étude qui attire depuis long-temps l'attention des physiologistes ; on conçoit très-bien que l'on puisse s'égarer facilement, si l'on arrive surtout avec des idées déjà arrêtées sur les causes des phénomènes; celui qui attache une trop grande importance aux forces physiques ou chimiques, ne voit dans la vie que des résultats de l'attraction ou des affinités; d'un autre côté, quelques physiologistes n'ont voulu voir que des forces particulières, *sui generis*, dans lesquelles les

actions physiques ou chimiques n'interviennent en rien. La
vérité se trouve probablement entre ces deux opinions extrêmes ;
aussi doit-on distinguer, dans les phénomènes de la vie, la part
que peuvent prendre à leur production les forces physiques ou
chimiques de celle qui est due aux forces vitales.

Parlons d'abord de l'attraction.

La force attractive qui régit la matière, quelle que soit sa nature, est appelée gravité à de grandes distances ; elle est soumise
à des lois simples, agissant proportionnellement aux masses et
en raison inverse du carré de la distance ; il n'en est plus de
même à de très-petites distances; la nature des corps et la forme
de leurs molécules interviennent dans les effets produits ; les
lois de cette attraction qui constitue l'affinité et la cohésion sont
inconnues. L'affinité agit entre des particules dissemblables, la
cohésion entre des molécules similaires. L'affinité, quand elle
exerce son action, produit toujours un dégagement de chaleur et
d'électricité, deux effets inséparables qui deviennent également
causes d'effets chimiques produisant tantôt des combinaisons,
tantôt des décompositions. On se demande, dès lors, si ces forces,
dont nous observons et même calculons les effets, émanent ou non
d'un même principe. On ne peut aborder cette importante question qu'avec une certaine réserve, car on n'a pas encore tous les
éléments nécessaires pour la résoudre complétement ; néanmoins la discussion à laquelle nous allons nous livrer dans cet
ouvrage servira, nous le pensons, à établir les rapports qui
existent entre elles ; mais auparavant nous rappellerons les théories qui ont été données des phénomènes calorifiques, lumineux,
électriques et chimiques.

Aussitôt après la découverte de la gravitation universelle, Newton chercha à montrer quelle pouvait être son intervention dans
un grand nombre de phénomènes dépendant de l'attraction.

Voici en quels termes il définit la gravitation [1]:

« J'ai expliqué jusqu'ici les phénomènes célestes et de la mer
« par la force de la gravitation, mais je n'ai assigné nulle part la
« cause de cette gravitation. Cette force vient-elle de quelque
« corps qui pénètre jusqu'au centre du soleil et des planètes,
« sans rien perdre de son activité ? Elle n'agit pas selon la gran-
« deur des superficies, mais bien selon la quantité de matière,

(1) *Principes mathématiques de la philosophie naturelle,* traduction de Madame
la marquise du Chastellet, t. II, p. 178.

« et son action s'étend de toutes parts à des distances immenses,
« en décroissant toujours, en raison double de la distance... Ce
« serait le lieu d'ajouter quelque chose sur cet esprit très-subtil,
« qui pénètre à travers tous les corps solides et qui est caché dans
« leur substance; c'est par la force et l'activité de cet esprit que les
« particules s'attirent mutuellement aux plus petites distances,
« et qu'elles cohercent lorsqu'elles sont contiguës ; c'est par lui
« que les corps électriques agissent à de grandes distances, tant
« pour attirer que pour repousser les corpuscules, et c'est encore
« par le moyen de cet esprit que la lumière émane, se réfléchit,
« s'infléchit, se réfracte et échauffe les corps; que toutes les
« sensations sont excitées et les membres des animaux sont
« mus, quand leur volonté l'ordonne, par les vibrations de cette
« substance spiritueuse qui se propage des organes extérieurs
« des sens, par les filets solides des nerfs jusqu'au cerveau, et
« ensuite du cerveau dans les muscles. Mais ces choses ne peu-
« vent s'expliquer en peu de mots, et on n'a pas fait encore un
« nombre suffisant d'expériences pour pouvoir déterminer exac-
« tement les lois selon lesquelles agit cet esprit universel. »

Dans la vingt-deuxième page de son traité d'optique, Newton
s'exprime encore ainsi [1] :

« Les petites particules des corps n'ont-elles pas certaines
« vertus ou forces par où elles agissent à certaines distances non-
« seulement sur les rayons de lumière, pour les réfléchir, les
« rompre et les plier, mais encore les unes sur les autres, pour
« produire la plupart des phénomènes de la nature? car c'est
« une chose connue que les corps agissent les uns sur les autres,
« par les attractions de la gravité, du magnétisme et de l'élec-
« tricité, et de ces exemples qui nous indiquent le cours ordi-
« naire de la nature, on peut inférer qu'il n'est pas hors d'appa-
« rence qu'il ne puisse y avoir d'autres puissances attractives. Je
« n'examine point, ici, quelle peut être la cause de ces attrac-
« tions ; ce que j'appelle, ici, attraction peut être produit par
« impulsion ou par d'autres moyens qui nous sont inconnus. Je
« n'emploie, ici, ce mot d'attraction que pour signifier, en géné-
« ral, une force quelconque par laquelle les corps tendent réci-
« proquement les uns vers les autres, quelle qu'en soit la cause. »

En parlant de la cohésion, Newton s'exprime ainsi [2] : « Les

[1] Traduction de Coste, édition de 1722.
[2] Même ouvrage, p. 370.

« parties de tous les corps durs, homogènes, qui se touchent plei-
« nement, tiennent fortement ensemble. Pour expliquer la cause
« de cette cohésion, quelques-uns ont inventé des atomes cro-
« chus; mais c'est poser ce qui est en question; d'autres nous
« disent que les particules des corps sont collées *ensemble par le*
« *repos*, c'est-à-dire par une qualité occulte, ou plutôt par un
« pur néant, et d'autres qu'elles sont jointes ensemble par des
« mouvements *conspirants*, c'est-à-dire par un repos relatif entre
« eux; pour moi, j'aime mieux conclure de la cohésion des corps
« que leurs molécules s'attirent mutuellement par une force qui,
« dans le contact immédiat, est extrêmement puissante, qui, à
« de petites distances, produit les opérations chimiques, et qui
« ne s'étend pas fort loin de ces particules par aucun effet sen-
« sible. »

Après avoir rapporté plusieurs résultats de réactions chimiques,
Newton ajoute [1] : « On peut donc considérer la dureté comme
« une propriété de toute matière simple; c'est du moins ce qui
« semble aussi évident que l'impénétrabilité universelle de la
« matière, car tous les corps, autant que nous les connaissons
« par expérience, sont durs ou peuvent être endurcis, et nous
« n'avons pas d'autres évidences d'une impénétrabilité universelle
« qu'une vaste expérience qui n'est contredite par aucune ex-
« ception expérimentale. Or, si les corps composés sont aussi
« durs que l'expérience nous le fait voir à l'égard de quelques-
« uns, et cependant qu'ils aient beaucoup de force et soient com-
« posés de parties qui sont seulement placées l'une auprès de
« l'autre, *les particules simples, qui sont sans pores et qui n'ont*
« *jamais été divisées, doivent être beaucoup plus dures;* car ces
« sortes de particules dures, entassées ensemble, ne peuvent
« guère se toucher que par très-peu de points; et par conséquent
« il faut beaucoup moins de force pour les séparer que pour
« rompre une particule solide dont les parties se touchent dans
« tout l'espace qui est entre elles, sans qu'il y ait ni pores ni
« interstices qui affaiblissent leur cohésion. Or comment les par-
« ticules qui sont seulement entassées ensemble, sans se toucher
« qu'en un très-petit nombre de points, peuvent-elles tenir les
« unes les autres et aussi fortement qu'elles font, sans l'assistance
« d'une cause qui fasse qu'elles soient attirées ou pressées l'une
« vers l'autre; c'est ce qui est très-difficile à comprendre. »

[1] Même ouvrage, p. 572.

Il semble probable qu'au commencement « Dieu forma la ma-
« tière en particules solides, massives et dures, impénétrables,
« de telles grandeurs et figures, avec telles autres propriétés en
« tel nombre, en telle quantité et en telle proportion à l'espace,
« qui convenaient le mieux à la fin pour laquelle il les formait,
« et que par cela même que ces particules primitives sont so-
« lides, elles sont incomparablement plus dures qu'aucun des
« corps poreux qui en sont composés, *et si dures qu'elles ne
« s'usent, ni se rompent jamais, rien n'étant capable,* selon le
« cours ordinaire de la nature, de diviser en plusieurs parties ce
« qui a été originairement un, par la disposition de Dieu lui-
« même, tandis que ces particules continues dans leur entier,
« elles peuvent constituer dans tous les siècles des corps d'une
« même nature et contexture; mais si elles venaient à s'user ou
« à être mises en pièces, la nature des choses qui dépend de
« ces particules, telles qu'elles ont été faites d'abord, changerait
« infailliblement. »

J'ai tenu à rapporter *in extenso* les opinions de Newton sur la
pesanteur universelle, la cohésion, le fluide éthéré qui remplit
les espaces célestes, pénètre tous les corps, ainsi que sur les propriétés physiques des atomes, opinions qui s'accordent assez
bien avec celles admises aujourd'hui.

D'après ce qui précède, on voit que Newton pensait, comme
Descartes, qu'il existe dans la nature un fluide imperceptible à
nos sens, très-élastique, répandu dans tout l'univers, pénétrant
dans tous les corps avec des degrés différents de densité et appelé éther; fluide qui, par sa nature et par l'effort qu'il fait pour
s'étendre, se refoule lui-même et presse les parties matérielles
des autres corps avec une énergie plus ou moins puissante, selon
sa densité actuelle, ce qui fait que tous ces corps doivent tendre
les uns vers les autres. Ce principe éthéré venant à être ébranlé
en un de ses points, il en résulte un mouvement vibratoire transmis dans ce milieu par des ondulations, comme l'air transmet
les sons, mais plus rapidement à cause de son extrême mobilité.
Ces ondulations sont aptes ensuite à ébranler les particules matérielles. Il s'est demandé ensuite si l'éther ne produirait pas la
gravitation universelle, ainsi que les phénomènes physiologiques. Ce grand homme rapportait donc à ce principe universel
les principaux phénomènes de la nature dépendant de l'attraction.

Newton laissait entrevoir que les forces chimiques étaient attractives et pouvaient avoir des rapports avec la gravité et l'électricité. Il est plus explicite encore quand il dit que les petites particules peuvent être unies par les plus fortes attractions, puis composer des particules plus grosses, dont la force attractive est moins considérable, ainsi de suite, en continuant jusqu'à ce que la progression finisse par les plus grosses particules, d'où dépendent les phénomènes physiques et les couleurs des corps; ces dernières particules jointes ensemble composent enfin les corps qui, par leur grandeur, tombent sous les sens. Il indique encore que la cohésion peut être considérée comme étant une dépendance de la gravité et de l'affinité, que les forces attractives peuvent être suivies de forces répulsives, qui ne peuvent être, selon lui, que la chaleur ou l'électricité.

Newton a tiré comme conséquence de sa manière de voir que la marche de la nature est simple et toujours conforme à elle-même, que les grands mouvements des corps célestes s'effectueront toujours en vertu de l'attraction, de la gravité, et qu'il en sera de même de presque tous les mouvements de leurs particules. Il admet, comme on l'a vu précédemment, que les particules ou atomes des corps sont complétement solides et incomparablement plus dures qu'aucun des corps composés; qu'elles ne peuvent être usées ni fractionnées, qu'elles ont en elles la force d'inertie, mais qu'elles sont soumises aux lois passives du mouvement résultant de cette force. Elles reçoivent en outre perpétuellement le mouvement de certains principes actifs, tels que la gravité, à cause de la fermentation et de la cohérence des corps. Les vues élevées de Newton sur les forces de la nature renferment les germes des théories qui ont été données depuis à cet égard.

§ II. — *De l'affinité chimique.*

Newton rattachait l'affinité chimique à l'attraction générale et cherchait à montrer comment, à une certaine distance des centres d'action moléculaire, elle pouvait devenir attractive puis répulsive; il explique ainsi la combinaison et la décomposition. Il ne tenait aucun compte de la chaleur et de l'électricité dégagées dans les actions chimiques.

Lavoisier considérait également l'affinité comme une force attractive, et la chaleur dégagée dans les actions chimiques comme un phénomène fondamental dont il détermina les effets à l'aide du calorimètre, avec le concours de Laplace. Suivant Lavoisier, la mesure de ces effets devait être prise en considération dans celle des affinités.

Mayer a avancé que le choc des molécules, en se précipitant les unes sur les autres, avec une extrême vitesse, pour se combiner ensemble, produit de la chaleur, de la lumière et de l'électricité; cette opinion n'exclut pas l'attraction.

M. Chevreul [1] a envisagé la question sous le point de vue le plus général pour arriver aux causes qui produisent les effets chimiques; il embrasse, dans leur ensemble, toutes celles qui peuvent exercer une influence sur les actions chimiques et dont il forme trois genres : 1° forces chimiques; 2° forces physiques; 3° forces mécaniques.

1° Les forces chimiques, comprenant l'attraction moléculaire, puis la cohésion et l'affinité;

2° Forces physiques, savoir :

1° *La chaleur;*
2° *L'électricité;*
3° *La lumière;*
4° *Force inconnue agissant au contact.*

3° Forces mécaniques, comprenant la division, la compression et la pesanteur.

Cette division étant basée sur les effets produits, il établit la différence existant entre l'attraction moléculaire et l'attraction universelle comprenant la pesanteur; cette dernière est proportionnelle aux masses, tandis que l'attraction moléculaire n'agit qu'au contact apparent, d'où il résulte que l'influence des molécules ou des masses n'est qu'une influence très-limitée; mais il faut prendre en considération, quand il s'agit de l'affinité, l'hétérogénéité des atomes, ce qui n'a pas lieu pour la cohésion qui réunit ensemble les parties homogènes pour former des agrégats physiques.

La force de cohésion commence à se manifester dans les fluides élastiques, quand ceux-ci sont au-dessous des limites de pression et de température auxquelles la dilatation devient uniforme pour tous. Il n'entre dans aucun détail sur la force de cohésion

[1] *Traité de chimie* de MM. Pelouze et Frémy, 1re édition, 3e vol., pag. 875.

atomique et la force de cohésion moléculaire; la première forme la molécule, la seconde un agrégat de molécules.

Il envisage ensuite la force d'affinité sous divers aspects, abstraction faite de toute théorie. Il montre d'abord que l'affinité agit sur tous les corps pour former des combinaisons, des solides avec des solides, des solides avec des liquides, des liquides avec des gaz et des gaz avec des gaz.

L'attraction moléculaire décroît rapidement avec la distance; c'est le motif pour lequel le nombre des espèces de corps simples pouvant s'unir ensemble est très-limité. Il s'exprime ainsi quant à l'influence des forces physiques; elle produit trois genres d'action : 1° elle décompose plus ou moins complétement les oxydes; 2° elle détermine des combinaisons; 3° la lumière comme la chaleur décompose certains oxydes et opère des combinaisons; l'électricité agit également en produisant des décompositions et des combinaisons.

La force physique inconnue de contact ou catalytique agit également pour opérer des décompositions et des combinaisons.

Les forces mécaniques, quoique différentes des forces physiques, exercent néanmoins une influence sur les actions chimiques : un seul exemple suffit pour le démontrer. La combinaison rapide de 1 volume d'oxygène et 2 volumes d'hydrogène dans une pompe foulante donne de l'eau.

M. Chevreul pense que la pesanteur, quoique n'ayant pas une action aussi prononcée, exerce cependant une influence qui ne doit pas être négligée. Il cite ce fait que, dans l'adhésion de deux disques placés horizontalement, le disque inférieur n'étant pas soutenu ne tombe pas; dans ce cas, la pesanteur agit en sens inverse de la cohésion qui retient les deux disques.

Il définit ainsi ce qu'il appelle affinité capillaire : c'est la force exercée par un corps solide qui conserve sa forme apparente et agit surtout sur les molécules de sa surface. Cette affinité peut avoir lieu :

1° Entre deux corps solides;

2° Entre un solide et un liquide;

3° Entre un solide et un gaz. Les combinaisons qui s'opèrent sous l'influence de ce genre d'affinité sont généralement en proportions indéfinies.

Il cite comme exemple d'affinité capillaire entre deux solides, l'aciération du fer par cémentation; comme affinité capillaire entre solides et liquides, les actions produites dans les procédés de teinture ; enfin comme affinité capillaire entre les solides et des gaz, la propriété que possèdent les corps poreux d'absorber les gaz.

Nous mentionnerons des faits qui ont leur importance et viennent confirmer l'influence qu'exercent les actions mécaniques sur les affinités [1].

Lorsqu'on porphyrise dans un mortier d'agate un cristal de mésotype (double silicate de soude et d'alumine), la poussière légèrement humectée rougit le papier de curcuma, réaction qui annonce que l'alcali est devenu libre, comme on le prouve par d'autres essais. On opère également des doubles décompositions au moyen de la porphyrisation : lorsqu'on broie dans un mortier d'agate un mélange de nitrate d'ammoniaque et de carbonate de chaux, il y a formation de carbonate d'ammoniaque qui se dégage comme on le reconnaît à l'aide de l'odorat, et production de nitrate de chaux ; une décomposition semblable a lieu avec le sous-carbonate de plomb et le sulfate d'ammoniaque. Le sous-carbonate de plomb avec le sulfate de soude ramène au bleu le papier de tournesol rougi. En opérant avec le nitrate de plomb et l'iodure de potassium, le mélange se colore peu à peu en jaune et finit par prendre une teinte foncée, preuve qu'il s'est formé par voie de décomposition une quantité considérable d'iodure de plomb.

Pour concevoir comment agissent le frottement et la porphyrisation, il faut admettre que l'action mécanique détruit la cohésion et met à l'état naissant les particules superficielles des corps, ce qui permet aux affinités d'agir ; on est d'autant plus porté à le croire que, pendant ces deux actions mécaniques, il y a production d'électricité et de lumière, cette dernière étant peut-être la conséquence de la première ; or l'état électrique indiquant l'état naissant des molécules, les particules excessivement minces étant détachées peuvent réagir les unes sur les autres. C'est du moins l'explication la plus probable que nous puissions donner pour l'instant. La pression et le clivage agissent comme le frottement et produisent les mêmes effets.

---

[1] BECQUEREL, *Traité de physique considérée dans ses rapports avec la chimie et les sciences naturelles*, 1842, t. II. p. 312.

§ III. — *De l'affinité considérée comme ayant une origine thermique.*

Les recherches modernes, et particulièrement celles qui sont relatives à la théorie mécanique de la chaleur, tendent à identifier les forces physiques et chimiques, puisque leur équivalence a été démontrée par des mesures exactes; c'est donc un motif pour les faire dépendre d'un seul principe. Est-ce la chaleur ou l'électricité qu'on devrait choisir pour cause des affinités? mais on ne saurait adopter l'une à l'exclusion de l'autre comme nous le prouverons, si l'on ne veut pas s'égarer dans des spéculations théoriques qui peuvent être combattues par ceux qui professent une doctrine contraire. Il faut se borner à étudier les rapports qui lient entre elles les principales forces de la nature, savoir : les affinités, l'attraction moléculaire, la chaleur, la lumière et l'électricité, afin d'en tirer des conséquences pouvant faire connaître le principe auquel elles peuvent se rattacher toutes. Dans ce moment bornons-nous à rappeler succinctement le rôle que l'on fait jouer maintenant à la chaleur dans la production des phénomènes qui dépendent de l'affinité. Nous parlerons plus loin de ses relations avec l'électricité, qui sont des plus intimes.

L'électricité et la chaleur ayant été succinctement invoquées comme bases des théories chimiques, rappelons d'abord les effets calorifiques qui accompagnent les combinaisons, en faisant abstraction toutefois de ce qui concerne l'électricité.

La chaleur détruit, dit-on, l'affinité; c'est un motif pour étudier les décompositions qui en résultent : la décomposition produite par la chaleur peut être estimée en quantité de travail produit, en température, en force vive; mais est-ce un motif pour dire que l'affinité est une cause occulte plutôt que la chaleur et l'électricité, forces qui ont les plus grands rapports entre elles?

On admet dans la théorie thermique que la combinaison comprend la dissolution; par conséquent la distinction qu'on a faite jusqu'ici entre l'affinité et la cohésion doit disparaître si l'on veut identifier toutes les forces. On admet encore en principe que lorsque deux corps en présence changent d'état, ils se combinent; peut-on dire qu'il en soit ainsi dans l'action exercée par les corps poreux sur les matières colorantes et dans les actions électro-capillaires surtout? nous ne le pensons pas, comme nous le montrerons dans cet ouvrage.

On considère la dissolution d'un sel dans l'eau comme une fusion, un changement d'état, les éléments mis en présence restant sensiblement invariables. Mais nous ajouterons qu'en réalité, on ne sait pas dans quel état physique sont les éléments; c'est ce dont nous nous occuperons également.

Dans le mélange des gaz la diffusion modifie singulièrement les effets produits.

Comment analyse-t-on dans la théorie thermique les phénomènes compliqués produits au contact des solides et des liquides suivi d'une dissolution? On dit qu'il faut connaître pour cela un grand nombre de propriétés physiques des corps, et, pour résoudre la question, écarter tout ce qui peut compliquer le calcul des effets, tels que ceux résultant de la chaleur latente et de la diffusion des liquides ; c'est pour ce motif que l'on se borne à déterminer les effets calorifiques produits. Voici les résultats auxquels on a été conduit :

1° Lorsque deux liquides se combinent ou se mélangent, la température maximum résultant du mélange est généralement plus basse que celle que pourrait donner la contraction, si ce liquide dégageait toute la chaleur correspondant à cette contraction.

2° La contraction suffit et au delà pour expliquer la chaleur dégagée dans les actions chimiques ; de là, on conclut qu'une partie de la chaleur que dégage la contraction devient latente dans le nouveau composé.

3° Lorsqu'un corps solide se dissout dans l'eau, il absorbe d'abord la quantité de chaleur dont il a besoin pour se dissoudre, puis une certaine quantité de chaleur qui va en croissant avec la proportion du dissolvant et qui correspond à l'extension des corps. Il faut ajouter à cela les calories dépensées dans le travail de la dissolution, et la chaleur de contraction absorbée. M. Deville en tire la conséquence qu'un corps qui se refroidit spontanément s'échauffe en réalité de toute la chaleur latente qui se fixe entre ses molécules, et que l'on peut concevoir qu'à l'état de tension presque indéfinie, il puisse même être décomposé par la chaleur qu'il a absorbée à chaque addition de dissolvant.

La différence produite dans les expériences de M. Graham peut être expliquée à l'aide de ce principe. Mais ce calorique latent, ce calorique tenu en réserve en quelque sorte entre les molécules des corps, ne dépendrait-il pas du principe éthéré plus condensé qui devient libre dans le changement d'état des corps et produit alors de la chaleur et de l'électricité? ou bien l'éther ne serait-il pas l'électricité naturelle et les phénomènes calorifiques et lumineux ne résulteraient-ils pas du mouvement des particules matérielles que le premier a produit ou que tout autre pourrait occasionner?

La dialyse ou décomposition par diffusion s'effectue comme la décomposition des gaz par la chaleur. Ce principe calorifique serait donc la cause de tous ces phénomènes à l'exclusion de toute autre cause.

M. H. Deville explique comme il suit la dialyse : Lorsqu'un corps très-stable sous l'influence de la chaleur est introduit en dissolution dans le dialyseur, au-dessus du papier parcheminé qui la sépare de l'eau pure, le sel absorbe d'autant plus de chaleur qu'on le dissout dans une plus grande quantité d'eau; il arrivera donc un instant où il contiendra assez de chaleur pour être décomposé; les éléments se sépareront donc et l'acide filtrera au travers du papier pour se dissoudre dans l'eau, tandis que la base restera dans la dissolution; c'est ce qui arrive avec des sels d'alumine. Mais cette explication est-elle la seule possible? Oui, dans la théorie thermique qui est exclusive; mais non, dans une autre où l'on n'adopte aucun principe unique pour expliquer les actions chimiques. Nous reviendrons sur cette question en parlant de l'état dans lequel se trouvent les éléments dissous dans l'eau ou dans tout autre liquide.

Quant à la combinaison, voici comment on l'explique dans la théorie thermique : on la considère comme étant produite presque toujours par la destruction d'un mouvement, quelquefois par la transformation de la chaleur en mouvement; dans le premier cas, il y a dégagement de chaleur, dans le second, production de froid. M. H. Deville range dans le deuxième les corps qu'il a appelés explosifs, c'est-à-dire qui rendent en chaleur sensible le mouvement qu'ils ont acquis en absorbant de la chaleur latente. Les composés explosifs de l'azote sont dans ce cas; ils se produisent rarement par l'union directe des éléments, mais seulement par l'échange de leurs éléments, au sein des dissolutions plus ou moins étendues; c'est dans ce cas-là où l'on dit que les molécules sont à l'état naissant.

En résumé, on admet, dans la théorie thermique, que, dans les combinaisons directes, le mouvement moléculaire se détruit et se transforme en chaleur; or, comme on ne peut communiquer à un corps une vitesse finie que dans un temps fini, de même la combinaison exigera toujours pour se produire un temps plus ou moins grand, mais toujours fini.

D'après cette manière de voir, l'affinité et l'électricité sont mises de côté dans l'explication des actions chimiques ordinaires, tandis que dans celles provenant des actions électro-capillaires dont il sera question dans un livre spécial, on ne peut expliquer les effets produits qu'en faisant intervenir seulement comme causes l'affinité et l'électricité.

On a fait intervenir encore les phénomènes de dissociation pour expliquer les réactions chimiques; on cite plusieurs exemples à l'appui de cette explication : 1° l'expérience de M. Grove, qui consiste à plonger rapidement dans l'eau une grosse sphère de platine à l'état de fusion, ou au moins incandescente, fixée à l'extrémité d'un gros fil de platine; il se dégage aussitôt un gaz détonant provenant de la décomposition de l'eau. Le résultat est encore le même lorsque l'on plonge dans l'eau pure un fil de platine rendu incandescent par le passage d'un courant voltaïque d'une grande intensité : la dissociation est suivie immédiatement d'une combinaison. 2° M. Regnault introduit dans un tube de porcelaine une nacelle remplie d'argent pur et dont on porte la température à celle de la fusion de l'argent, puis il fait passer sur le métal un courant de vapeur d'eau ; l'eau est décomposée, il se dégage de l'hydrogène, tandis que l'oxygène est absorbé par l'argent qui acquiert alors la propriété de rocher.

Ces expériences, très-intéressantes par elles-mêmes, prouvent seulement que la chaleur sépare les éléments des corps, puis les combine; c'est précisément la propriété que possède aussi l'électricité. Il n'y a donc pas de motif pour admettre comme cause des affinités la chaleur plutôt que l'électricité, et réciproquement. Nous reviendrons sur cette similitude dans le cours de cet ouvrage.

§ IV. — *De l'origine électrique attribuée aux affinités.*

Depuis Newton, on se demande quelle est la cause qui attire les particules des corps et les tient unies les unes aux autres, dans les combinaisons; c'est une des grandes questions de philosophie naturelle dont on cherche depuis longtemps la solution sans en avoir trouvé une à l'abri de toute objection. Cette cause est-elle électrique, thermique, ou autre inconnue? Telle est la question que l'on discute depuis longtemps. Nous allons nous occuper de l'origine électrique attribuée aux affinités, en passant sous silence les idées mises en avant par Franklin, l'abbé Nollet et autres physiciens qui n'ont émis à cet égard que des vues systématiques sans preuves expérimentales à l'appui.

Œrsted, en 1799 et 1800, déduisit comme conséquences de sa théorie que les affinités, la chaleur, la lumière et le magnétisme étaient dus à des actions électriques; ces vues théoriques, quelques années après, le conduisirent à l'importante découverte de l'action d'un courant électrique sur l'aiguille aimantée.

Vers 1800[1] on découvrit que l'eau et les dissolutions salines étaient décomposées au moyen de la pile; mais la science en était arrivée au point que l'on ne savait quelle théorie adopter pour expliquer les phénomènes de chaleur et de lumière produits avec la pile et dans les décharges de batteries électriques.

Davy entreprit de résoudre cette importante question, mais sans y parvenir, dans une belle série de recherches dont nous allons rapporter les principaux résultats.

Biot[2] avait annoncé que la production de la chaleur dans les décharges électriques était due au passage rapide de l'électricité au travers de l'air, qui, étant fortement comprimé, s'échauffait et dégageait alors assez de chaleur pour qu'il y eût émission de lumière; cette explication est restée dans la science.

Davy reprit cette question pour savoir jusqu'à quel point cette opinion était fondée; il disposa un appareil, dans lequel il faisait le vide à volonté sur le mercure ou sur d'autres métaux en fusion ou diverses dissolutions, puis il y opérait la décharge d'une batterie. Des résultats obtenus il tira les conséquences suivantes : la lumière électrique dépend principalement de quelques propriétés qui appartiennent à la matière pondérable au travers de laquelle passe l'électricité ou qu'elle entraîne avec elle; l'espace où il n'y a pas de quantité appréciable de cette matière

[1] Voir BECQUEREL et ED. BECQUEREL, Résumé de l'histoire de l'électricité et du magnétisme. Didot, 1858, p. 214.
[2] Annales de chimie et de physique, t. LIII, p. 351; Phil. trans., t. V, p. 75 et 188.

est capable d'offrir les phénomènes lumineux dus probablement aux particules superficielles des corps entraînées par les décharges électriques et qui, devenant incandescentes par suite de la vitesse excessive qu'elle leur imprime, produisent les apparences lumineuses observées ; c'est l'hypothèse admise aujourd'hui.

Cette opinion est celle de Biot et a été une des bases de la théorie électro-chimique dont il sera question plus loin, théorie adoptée par Berzélius, qui pensait également que la chaleur était produite dans les combinaisons chimiques de la même manière que dans les décharges électriques.

Les effets calorifiques dont nous venons de parler n'étaient rien comparativement à ceux que Davy obtint, en 1813, avec la pile voltaïque de l'Institution royale de Londres, composée de deux mille couples présentant une surface de cent vingt-huit mille pouces carrés anglais. Ayant fait passer entre deux pointes de charbon placées à peu de distance l'une de l'autre, dans le vide, la décharge de cette énorme pile, il produisit une lumière dont l'éclat était comparable, jusqu'à un certain point, à celui du soleil. Il tira de cette belle expérience la conséquence que la chaleur et la lumière produites devaient être attribuées réellement à la réunion des deux électricités. Les particules de charbon, enlevées par l'action de l'électricité et transportées du pôle positif au pôle négatif, constituaient le conducteur servant à la circulation du courant électrique. Aujourd'hui on répète cette expérience, tant avec la pile qu'avec des machines magnéto-électriques, et la lumière électrique obtenue dans ces conditions est fréquemment utilisée.

Ces expériences précédèrent celle que fit Davy pour essayer de prouver que l'affinité avait bien une origine électrique, mais sans y parvenir.

Davy, il faut le dire, ne s'était pas mis dans les conditions voulues pour observer le dégagement d'électricité dans les actions chimiques, tant il tenait à la théorie du contact, comme tous les physiciens et les chimistes de son époque. Il commença par expérimenter avec des substances acides et alcalines qui peuvent exister sous la forme solide et sèche ; les acides oxalique, succinique, benzoïque, etc., parfaitement secs, soit en poudre, soit en cristaux, dans leur contact avec le cuivre prenaient l'électricité positive ; l'acide phosphorique, à l'état solide, qui avait été fortement chauffé et conservé avec soin hors du contact de l'air, rendît positif un plateau de zinc isolé.

Lorsqu'il mit des disques métalliques en contact avec la chaux sèche, la strontiane ou la magnésie, le métal devint négatif; la potasse ne donna dans aucun cas un résultat satisfaisant, et il attribua la cause à sa forte attraction pour l'eau. La soude se comporta dans un seul cas seulement comme les autres bases. A l'aide de ces résultats il en tira les conséquences suivantes : «Les « substances qui se combinent chimiquement, toutes celles dont « l'énergie électrique est bien connue, présentent des états élec- « triques opposés; ainsi le cuivre et le zinc, l'or et le mercure, « le soufre et les métaux, et les substances acides et alcalines « donnent des résultats conformes à ce principe; en supposant « donc une liberté parfaite dans le mouvement de leurs parti- « cules, elles doivent s'attirer l'une l'autre en vertu de leurs pou- « voirs électriques; et, si ces pouvoirs sont assez exaltés pour « donner une force attractive supérieure au pouvoir de l'agréga- « tion, il se formera une combinaison qui sera plus ou moins « forte suivant que les énergies seront plus ou moins parfaite- « ment balancées : alors il se produira de la chaleur et de la lu- « mière par la réunion des deux électricités. »

Cette théorie repose sur des faits exacts, mais qui n'ont pas été interprétés comme il le fallait [1]. Davy s'était appuyé sur les effets électriques de contact obtenus avec le cuivre et les acides oxalique, succinique, etc., bien secs; or ces effets n'existent pas quand il y a un simple contact, attendu que les acides secs, n'é- tant pas conducteurs de l'électricité et ne réagissant pas sur les métaux oxydables, ne dégagent point d'électricité dans leur con- tact; les faits observés provenaient, comme nous l'avons démon- tré, du frottement de ces acides sur le métal quand il les posait l'un sur l'autre ou les retirait.

Davy ajoutait que tous les signes d'électricité cessaient aussitôt que l'action chimique commençait; or c'est l'inverse qui a lieu, car le simple contact sans action chimique ne produit pas d'élec- tricité; il faut pour cela une action physique ou chimique.

On n'avait pas encore cherché à expliquer la cause qui tenait unis les atomes les uns aux autres dans les combinaisons. Berzélius, sans discuter la valeur des bases de la théorie de Davy, et n'ayant

---

[1] *Philos. trans.*, vol. XCI, p. 397.

fait aucune expérience à cet égard, chercha à résoudre cette question : il supposa que les atomes possédaient une certaine polarité électrique et une différence d'intensité dans l'action de chaque pôle. Dans cette hypothèse, les corps seraient électro-positifs ou électro-négatifs dans les combinaisons, selon que l'un ou l'autre pôle prédominait. Comment l'électricité se trouve-t-elle dans les corps, comment un corps est-il électro-positif ou électro-négatif, ou tantôt l'un et l'autre? Telles sont les questions qu'il s'est adressées.

Il essaya de les résoudre en assimilant les atomes à des tourmalines, sous le rapport de la polarité électrique, et en faisant dépendre la polarité de la température qui accroît son intensité. Il admit encore qu'une combinaison ne peut s'effectuer qu'autant que les particules polarisées des deux corps se meuvent avec assez de liberté pour qu'elles tournent leurs pôles opposés, ce qui exige que l'un des corps au moins soit à l'état liquide, condition indispensable pour qu'une combinaison puisse s'effectuer.

Berzélius, en parlant de la force de cohésion, se borne à dire qu'il est probable que les atomes conservent, dans leurs combinaisons, un certain degré de polarité et cherchent à se joindre par leurs pôles opposés. Il ne s'est pas dissimulé toutes les difficultés qu'on éprouve, en s'appuyant sur la théorie électro-chimique, pour expliquer l'inégalité de cohésion dans les différents corps ou dans le même corps, suivant diverses circonstances, ainsi que la dureté, la ductibilité, la ténacité et même l'état gazeux. Il avoue qu'il ne voit pas comment on pourrait expliquer tous ces effets en considérant l'électricité comme cause première et universelle.

L'assimilation des atomes à des tourmalines n'est pas admissible; en effet, les tourmalines ne deviennent électriques que lorsqu'on abaisse ou l'on élève leur température jusqu'à 150° et même au-dessus, suivant le minéral : au delà, elles cessent de l'être : c'est donc pendant la dilatation et la contraction que le minéral acquiert la propriété électrique. Quand la température est stationnaire, il n'y a aucun effet de produit. Il résulte d'après cela, contrairement à la théorie de Berzélius, que les atomes hétérogènes n'exerceraient aucune action les uns sur les autres, quand leur température serait constante et excessivement élevée, ce qui est inadmissible. Au-delà de 150°, le minéral, devenant trop conducteur de l'électricité, perd ordinairement sa propriété électrique.

Cette théorie, comme celle de Davy, n'explique pas pourquoi les atomes restent unis les uns aux autres dans les combinaisons. Ampère essaya de lever cette difficulté aussitôt que nous eûmes trouvé les lois du dégagement de l'électricité dans les actions chimiques; dans une lettre qu'il adressa à M. Van Beck [1], il admit que les atomes des corps possèdent chacun une électricité propre, inhérente à leur nature, qu'ils ne peuvent perdre sans cesser d'exister, et en vertu de laquelle ils restent unis les uns aux autres dans les combinaisons; mais, comme des molécules électrisées ne pourraient rester dans cet état sans exercer d'action sur les corps environnants, tels que l'air ou autres, Ampère supposa que leur électricité réagit sur celle de ces corps, attire celle du nom contraire et repousse l'autre, de manière à transformer les atomes en véritables bouteilles de Leyde. Une combinaison a-t-elle lieu entre un corps électro-positif et un corps électro-négatif, les atomes se débarrassent de leurs atmosphères en produisant de la chaleur et restent unis les uns aux autres en vertu de l'attraction de leurs électricités contraires, propre à leur nature. Les atomes sortent-ils d'une combinaison, comme ils ne peuvent se passer d'atmosphère, ils réagissent sur l'électricité ambiante, attirent celle de nom contraire, et repoussent l'autre de manière à produire des phénomènes électriques inverses de ceux qui ont lieu dans les combinaisons.

Cette théorie, quoique très-ingénieuse, présente des difficultés qui n'ont pas encore été toutes résolues; elle n'explique pas, par exemple, comment deux corps qui sont électro-positifs par rapport à un troisième peuvent se combiner ensemble; il faudrait alors admettre qu'il n'existe qu'un seul fluide, ou que les atomes possèdent de l'électricité naturelle en même temps que de l'électricité positive ou négative. Il se produirait alors un effet semblable à celui qui a lieu quand deux corps électrisés de la même manière, mais inégalement, sont en présence; dans ce cas les répulsions se changent en attractions. Cette théorie, ne pouvant soutenir un examen sérieux, ne fut pas admise; elle renfermait, néanmoins, le germe d'une théorie plus appropriée aux faits.

[1] *Journal de physique*, 1821.

Berzélius, malgré les objections que nous avions faites à sa théorie électro-chimique et à celle du contact, n'a abandonné ni l'une ni l'autre [1].

« La polarité, dit-il, consiste en ce que les dynamides, la cha-
« leur, la lumière, l'électricité et le magnétisme, séparées, s'ac-
« cumulent dans un corps à deux points opposés que nous nom -
« merons pôles; ces deux pôles peuvent être des points plus ou
« moins grands, suivant la forme du corps et la disposition que
« la polarisation y a prise, etc., etc. »

Nous nous arrêtons dans la citation, car il est bien difficile d'admettre à *priori* que les quatre dynamides ou agents impon-dérables se condensent en deux points différents dans chaque atome, alors que tous les faits observés jusqu'ici tendent à mon-trer que ces quatre agents, qui émanent probablement d'un seul principe, sont peut-être le résultat d'une action mécanique, du mouvement d'un principe éthéré répandu dans tout l'uni-vers et pénétrant tous les corps; il aurait été peut-être plus ra-tionnel d'admettre que ce principe éthéré est plus condensé en certains points des atomes que dans d'autres.

Cette théorie n'explique pas, nous le répétons, pourquoi les atomes restent unis aux autres dans les combinaisons ; toute la question est là quand on veut remonter à la cause première des affinités, en lui donnant une origine électrique.

Dans les théories admises, on considère la chaleur comme un effet résultant de la recomposition des deux électricités à l'instant où elles deviennent libres, ce qui n'est possible qu'au-tant que la matière sert d'intermédiaire à l'électricité pour se transmettre d'un corps à un autre.

Les chimistes aujourd'hui cherchent à donner une autre ori-gine à l'affinité et à la chaleur dégagée quand elle exerce son action. Ils veulent faire dépendre la chaleur produite dans l'ac-tion chimique, de la transformation d'un travail incessant au-quel sont soumises les dernières particules des corps en un autre, d'où résulte une combinaison avec dégagement de cha-leur. Quand la combinaison cesse, les particules sont rétablies dans leur état primitif.

On voit, d'après ce qui précède, qu'antérieurement on consi-dérait l'affinité comme ayant une origine électrique, et la chaleur

---

[1] Voir *Traité de chimie*, nouvelle édition, t. I, p. 72.

comme un effet résultant de la recomposition des deux électricités ; aujourd'hui, comme on l'a vu précédemment, c'est l'inverse, on néglige l'électricité comme on le faisait de la chaleur il y a soixante ans, pour faire dépendre l'affinité de celle-ci. La question n'est certes pas résolue, comme on pourra en juger par la comparaison que nous allons faire des effets thermiques et électriques produits dans les actions chimiques, comparaison qui est de nature à jeter quelque jour sur le sujet.

Faraday a suivi une autre marche pour montrer que l'affinité avait une origine électrique ; il a cherché à déterminer la quantité d'électricité associée aux atomes dans les combinaisons. Si l'on a un moyen facile à l'aide du calorimètre pour déterminer la quantité de chaleur dégagée dans les actions chimiques et évaluée en calories, il n'en est pas de même de l'électricité devenue libre, dans les mêmes circonstances, à cause de l'extrême rapidité avec laquelle se recombinent les deux électricités pour reformer de l'électricité naturelle, et parce qu'elles nous échappent quand on veut les recueillir. On est donc dans l'obligation d'avoir recours, pour arriver au même but, à des moyens indirects, c'est-à-dire à la mesure des forces électro-motrices produites au contact de deux corps qui réagissent chimiquement l'un sur l'autre.

Faraday[1] a cherché à évaluer la quantité d'électricité libre transformée en courant et qui est nécessaire pour décomposer 1 gramme d'eau, quantité que l'on peut considérer comme étant associée aux particules constituantes des composés, l'électricité négative avec l'élément jouant le rôle d'acide, et l'électricité positive avec l'élément se comportant comme base ; les deux électricités étant dissimulées dans les combinaisons. Il a établi la comparaison entre l'action chimique produite avec une batterie et une pile dans les mêmes circonstances ; il a trouvé que $0^{gr},065$ d'eau acidulée exigent pour sa décomposition un courant électrique continu pendant trois minutes trois quarts, lequel est capable de maintenir, pendant ce temps, à la température rouge dans l'air, un fil de platine de 2 millimètres de diamètre ; puis il a trouvé qu'il faudrait huit cent mille charges d'une batterie de quinze jarres de $2^{d.c}032$ chacune de hauteur, et de $0^{m}586$ de circonférence, pour fournir l'électricité nécessaire à la décomposition de $0^{gr}065$ d'eau ou pour égaler la quantité d'électricité qui

[1] Philos. trans., 1833, p. 23 et 1834, p. 77. BECQUEREL et ED. BECQUEREL, Histoire de l'électricité, p. 221.

est naturellement associée aux éléments de cette quantité d'eau et qui est en rapport avec leur mutuelle affinité chimique.

Nous avons fait les mêmes recherches[1] en employant une autre méthode. Nous nous sommes servi de la polarisation de deux lames de platine ou d'or, plongeant dans un liquide conducteur et servant à le décomposer, alternativement avec une batterie et un appareil voltaïque, polarisation due au dépôt de gaz sur les lames ou à celui de substances transportées par le courant; dans l'un et l'autre cas, nous avons trouvé que, pour décomposer 1 milligramme d'eau, il fallait une quantité d'électricité libre transformée en courant, représentée par vingt mille charges d'une batterie de 1 mètre carré, chargée de manière à donner une étincelle à un peu plus de 11 millimètres de distance. Pour décomposer 1 gramme d'eau, il aurait fallu vingt millions de charges de la batterie, nombre peu différent de celui que Faraday avait trouvé.

D'après cette évaluation, un hectare ayant 10,000 mètres carrés de superficie, il faudrait donc pour décomposer 1 gramme d'eau une surface de deux hectares chargés à saturation, de façon à donner dans l'air une étincelle de la longueur indiquée précédemment.

On a proposé depuis différents modes de comparaison entre les effets des courants et ceux des décharges, en les rapportant à une unité électro-dynamique définie; mais, comme nous nous bornons ici à parler de ces phénomènes d'une manière générale, il n'est pas nécessaire de donner plus de détails à cette occasion[2].

On voit combien est grande la quantité d'électricité associée à l'oxygène et à l'hydrogène et qui se trouve à l'état latent, laquelle dans 1 milligramme d'eau seulement, et qui représente, si l'on peut s'exprimer ainsi, leurs affinités réciproques, serait capable de produire les effets de la foudre. Cette électricité latente, selon nous, n'est autre que l'électricité naturelle ou l'éther. Cette quantité énorme d'électricité naturelle est adhérente aux molécules des corps et n'est décomposée que par une action physique ou chimique, et jamais par un simple contact.

Faraday a tiré les conséquences suivantes de ses expériences

---

[1] *Comptes rendus des séances de l'Académie des sciences*, t. XLII, p. 381.

[2] W. WEBER. — *Elecktrodynamische Maassbestimmungen. Annales de chimie et de physique*, 3e série, t. XLIV, p. 115 et 118. *Journal de physique théorique et appliquée*, t. I, p. 390, 1872.

en modifiant, comme il suit, la théorie d'Ampère : L'élément acide, dit-il, est associé à une certaine quantité d'électricité positive, l'élément alcalin à une autre électricité négative ; les deux électricités, étant dissimulées dans les combinaisons, se trouvent par conséquent à l'état latent et doivent avoir des rapports intimes avec les affinités des composantes. Cette manière de voir ne lève pas la difficulté qu'a soulevée la théorie Ampère, et surtout n'explique pas pourquoi, dans les décompositions opérées avec la pile, les acides se rendent au pôle positif, les alcalis au pôle négatif ; ces effets ne peuvent avoir lieu qu'autant que les acides sont électro-négatifs et les alcalis électro-positifs, sous l'influence d'un courant.

Les nouvelles vues théoriques que nous avons proposées, comme on le verra plus loin, ne présentent pas cette difficulté. Suivant nous, les particules des corps sont entourées d'atmosphères d'électricité naturelle qui leur sont adhérentes, et très-probablement ne sont autres que l'élément éthéré. Deux atomes sont-ils en présence, l'un acide, l'autre alcalin, ils se précipitent l'un sur l'autre, en vertu de leurs affinités réciproques, et ils se constituent alors par le fait de ces mêmes affinités dans deux états électriques différents, aux dépens de leurs atmosphères d'électricité naturelle qui est en mouvement par une action mécanique, physique ou chimique ; les acides laissent échapper de l'électricité positive et retiennent la négative, les alcalis produisent des effets contraires ; les électricités libres reforment du fluide neutre en produisant de la chaleur. Les deux particules restent alors unies l'une à l'autre par l'action attractive des deux électricités de signe contraire. Dans les décompositions, les particules, en se séparant, produisent des effets contraires, les atmosphères se reforment aux dépens du milieu ambiant, avec dégagement d'électricité en sens contraire, l'acide rendant libre de l'électricité négative, l'alcali de l'électricité positive ; les affinités seraient donc la cause de l'état électrique de chacune des particules et de la production de chaleur qui accompagne la recomposition des deux électricités libres. L'union de ces particules serait due à l'action des deux électricités retenues par chacune d'elles.

Cette manière de voir répond aux objections qui ont été faites à la théorie d'Ampère, puisque l'état électrique d'une particule dépendrait de l'action de l'affinité qu'exerce sur elle une autre particule avec laquelle elle se combine ; ainsi, une particule qui se comporte comme acide dans une combinaison et comme alcali dans une autre, sera négative dans le premier cas et positive dans le second.

M. Grove, dans un ouvrage ayant pour titre : *Corrélation des forces de la nature*, émet également l'opinion que la science marche rapidement vers la démonstration des relations immédiates entre toutes les forces de la nature.Le mouvement, ajoute-t-il, produit la chaleur, l'électricité et le magnétisme ; la lumière est produite également par le mouvement, le frottement et l'électricité ; l'affinité chimique par l'électricité. Cette opinion, que j'ai émise il y a cinquante ans, est celle qui est aujourd'hui généralement adoptée [1].

Après avoir rapporté les hypothèses faites jusqu'ici sur la nature des affinités, nous résumons comme il suit notre manière de voir sur les rapports existants entre la chaleur et l'électricité :

Dans les changements moléculaires et les transformations chimiques des corps, il se produit des effets calorifiques, électriques et quelquefois des effets lumineux, effets qui deviennent également causes des affinités. Mais les forces qui produisent ces effets dérivent-elles d'un même principe ? Se transforment-elles l'une dans l'autre ? Quand un même effet est produit dans les corps, la somme des actions calorifiques, électriques et lumineuses, est-elle constante ? On peut le supposer, mais cela n'est pas démontré.

Il est vraisemblable que, la chaleur étant due au mouvement vibratoire communiqué aux particules des corps, il doit en être de même de la lumière, qui ne semble différer de la chaleur que par la vitesse de ce mouvement.

Quant à l'électricité, rien n'indique d'une manière certaine qu'elle provienne ou non d'un mouvement vibratoire, ou d'une concentration d'un fluide pénétrant tous les corps et qui est inhérent à leurs particules.

Lorsque l'on échauffe un corps, son volume change ; réciproquement, quand le volume change, il y a production d'effets calorifiques. Si l'action moléculaire n'intervenait pas, il y aurait équivalence entre le travail exécuté et la quantité de chaleur émise ou absorbée ; c'est ce que l'on observe avec les gaz loin de

---

[1] Voir *Annales de chimie et de physique*, 2e série, t. XXIII, p. 135, 1823.

leur changement d'état; mais, lorsque des changements moléculaires ont lieu, ils correspondent à une certaine somme de chaleur absorbée ou émise.

Dans les changements d'état sans variation de température,
l'effet produit peut être mesuré par un effet calorifique constant
comme l'est celui de l'échauffement et du refroidissement d'une
quantité d'eau déterminée. On conçoit alors que, dans ces circonstances, les effets calorifiques puissent servir de mesures aux
actions produites. Si l'on compare également les quantités de
chaleur nécessaires pour élever d'un même nombre de degrés
la température des équivalents des corps, on trouve des nombres
égaux, comme l'indique la loi des chaleurs spécifiques de Dulong
et Petit.

Dans les actions chimiques, on observe aussi des effets calorifiques, mais ils n'indiquent que les résultantes d'effets fort complexes, tels que rapprochement ou éloignement des molécules,
groupement particulier, etc., etc. Ces effets calorifiques ne sont
donc pas aussi simples que ceux dont il est question dans les
cas précédents.

En ce qui concerne le dégagement d'électricité, dans le changement d'état des corps, on n'en trouve pas. Lorsque les corps
sont inégalement chauds, s'ils sont liquides, on n'observe aucun
effet thermo-électrique; lorsqu'ils sont solides et surtout quand
les parties en contact sont différentes de nature, ils deviennent
sensibles; cependant, eu égard aux effets produits dans les actions
chimiques, ils sont peu énergiques. On fera remarquer, toutefois,
que, dans les circuits métalliques, les métaux les plus électro-
positifs sont ceux dont la capacité calorifique est la plus forte;
mais on ne peut rien en inférer.

Dans les actions chimiques dues à l'électricité, contrairement
à ce qui se passe avec la chaleur, les lois sont plus simples, et
un équivalent d'électricité décompose un équivalent d'un corps
composé soumis à l'action décomposante de cet agent; ce ne
sont là encore que des rapports entre les effets produits par
ces forces.

Les actions électro-capillaires qui sont dues au concours des
affinités, de l'électricité et de l'attraction capillaire, introduisent
un nouvel élément dans la question; ces actions ne sauraient être
invoquées pour montrer que les affinités ont une origine calorifique, du moins nous le pensons; ces actions sont produites toutes

les fois que deux liquides conducteurs de l'électricité sont en contact dans un espace capillaire de quelques millièmes de millimètre d'étendue ; il se produit alors des réductions ou d'autres réactions chimiques, sans qu'il ait été possible, jusqu'ici, de constater un dégagement de chaleur appréciable avec les appareils thermométriques d'une très-grande sensibilité, attendu qu'il doit être excessivement faible.

L'électro-chimie donne le moyen de mesurer l'énergie des actions chimiques, ou plutôt des affinités, avec une certaine exactitude, abstraction faite des causes d'erreurs que l'on vient d'indiquer, comme on le verra dans un chapitre spécial.

En résumé, nous dirons que, dans l'état actuel de nos connaissances physico-chimiques, il n'est guère possible d'attribuer aux affinités une origine calorifique plutôt qu'une origine électrique et réciproquement ; l'affinité est une force dépendante de l'attraction générale, mais à de petites distances, et dans laquelle interviennent la nature des corps et la forme de leurs molécules élémentaires ; elle est la cause unique des effets électriques produits dans les actions chimiques et de la chaleur qui accompagne ces dernières.

Nous donnons ici le nom de *force* à toute cause qui produit des effets, lesquels deviennent causes quand ils produisent eux-mêmes des effets ; la chaleur, la lumière et l'électricité sont dans ce cas, et c'est pour ce motif que nous avons adopté cette dénomination. Au surplus, nous avons eu toujours présente à la pensée cette maxime : Quand une théorie devient stérile entre les mains de celui qui l'a employée, il faut s'empresser de lui en substituer une autre ; c'est ainsi qu'on pourra arriver à celle qui doit embrasser tous les phénomènes.

CHAPITRE II.

DES CAUSES QUI TROUBLENT L'ÉQUILIBRE DES FORCES ÉLECTRIQUES.

Toutes les causes mécaniques, physiques, chimiques et physiologiques qui troublent l'équilibre moléculaire des corps, dégagent de l'électricité, c'est-à-dire rendent libres les deux électricités qui constituent par leur réunion ce qu'on appelle l'électricité naturelle; il serait possible, comme on l'a dit plus haut, que celle-ci ne fût autre que le principe éthéré, déjà admis pour expliquer les phénomènes calorifiques et lumineux, et capable de recevoir deux modes de vibrations constituant les deux électricités.

La question du dégagement de l'électricité ayant été traitée avec de grands développements dans nos précédents ouvrages, nous nous bornerons à rappeler les lois générales auxquelles il est soumis, et dont la connaissance est souvent nécessaire pour l'interprétation d'un grand nombre de phénomènes.

§ 1. — *Causes mécaniques.*

Lorsqu'on clive rapidement, dans l'obscurité, une lame de mica, ou d'un cristal d'une substance minérale, conduisant mal l'électricité, il se produit une lueur, et chacune des parties séparées possède un excès d'électricité contraire. On voit par là que deux molécules ne peuvent être séparées l'une de l'autre sans qu'il n'y ait production d'électricité. La pression l'un contre l'autre de deux corps, médiocres conducteurs, produit des effets semblables quand on les sépare rapidement, et ces effets sont d'autant plus marqués que la pression a été plus forte, ainsi que la vitesse de séparation; les expériences que nous avons faites à cet égard tendent à prouver que, pour des pressions qui ne sont pas considérables, l'électricité dégagée est proportionnelle à la pression. En opérant avec deux corps semblables, la surface de l'un étant dépolie ou possédant une température plus élevée que celle de l'autre, cette dernière prend l'électricité positive, l'autre, l'électricité négative.

Les effets observés par M. Joulin pendant le frottement des courroies sur les poulies dans les machines à vapeur doivent se rapporter à cette cause [1]. Il a construit à cette occasion de nouvelles machines électriques avec un métal et du cuir, exerçant un frottement et une pression l'un sur l'autre. Ces machines lui ont donné des tensions électriques d'une intensité surprenante, des aigrettes et des étincelles. Un fil métallique approché de la courroie est traversé par un courant qui fait dévier

[1]. Voir comptes rendus, t. XXVII, p. 1244, et JOULIN, *Recherches sur l'électricité produite dans les actions mécaniques*, Toulouse, 1872. *Annales de chimie et de physique*, 4e série, t. II, p. 3, 1874.

l'aiguille aimantée d'un galvanomètre à long fil et décompose l'eau faiblement.

Cette propriété de la pression sert à expliquer les phénomènes lumineux qui se produisent dans les mers du nord, quand des blocs de glaces viennent heurter violemment des rochers.

Le frottement de deux corps l'un contre l'autre dégage de l'électricité ; lorsque les corps sont conducteurs, on emploie le galvanomètre pour mettre le fait en évidence ; dans le cas contraire, on se sert d'un électromètre plus ou moins sensible.

Les effets électriques de frottement dans les corps mauvais conducteurs varient dans chacun d'eux, suivant des causes qui sont souvent inappréciables ; ainsi le disthène, substance minérale cristallisée, prend l'électricité positive sur une surface, et l'électricité contraire sur une autre, avec le même frottoir, sans que l'on puisse apercevoir la moindre différence dans l'état des surfaces.

Lorsqu'on frotte en croix, l'un sur l'autre, deux rubans de soie blancs, pris dans la même pièce, celui qui est frotté transversalement prend l'électricité négative et l'autre l'électricité positive. Or, les points du premier éprouvant davantage l'action du frottement que les points du second, et se trouvant par là soumis à un ébranlement plus considérable, s'échauffent plus que les autres. Ces deux causes exercent donc une grande influence sur la nature de l'électricité que prend nn corps mauvais conducteur dans son frottement contre un autre corps également mauvais conducteur. Cela est tellement vrai que, dans le frottement de deux rubans, dont l'un est blanc, l'autre noir, quel que soit le mode de frottement, le dernier prend l'électricité négative, et la soie noire, qui a un pouvoir absorbant plus grand que la soie blanche, doit s'échauffer plus que cette dernière ; ce qui prouve que, dans le frottement de deux corps, celui qui s'échauffe le plus a une tendance à prendre l'électricité négative. On en a encore la preuve en frottant l'un contre l'autre un tube de verre poli et un autre qui est dépoli. Trois causes, en général, augmentent la tendance négative : un frottement plus grand, une température plus élevée, une surface dépolie ou bien une constitution fibreuse.

Lorsque les métaux cèdent au frottoir, soit une portion de leur substance, soit de l'oxyde, qui forment une couche sur le frottoir, dans ce dernier cas le frottement a lieu entre le métal et son oxyde qui est toujours négatif par rapport au métal ; mais, quand la couche d'oxyde a acquis une certaine épaisseur, et qu'elle ne peut plus être enlevée, le frottement a lieu entre deux couches d'oxyde et il n'y a plus alors d'effets électriques.

De nombreuses expériences ont été faites sur les effets électriques de frottement dans les gaz et dans le vide; des effets contradictoires ont été obtenus. Dufay a montré que dans le vide fait à 6 millimètres les corps mauvais conducteurs, tels que le verre, le succin, etc., conservent pendant plus ou moins de temps l'électricité acquise par le frottement. Nous avons confirmé ce fait avec l'appareil suivant : sur une platine portative pouvant s'adapter à une machine pneumatique, on place un petit électromètre à feuilles d'or dont la tige porte à sa partie supérieure une lame de métal très-mince sur laquelle est placée une lame de verre. L'électromètre est recouvert d'une cloche ayant à sa partie supérieure une tubulure munie d'une virole portant une boîte à cuir, dans laquelle passe une tige verticale en laiton, à l'extrémité inférieure de laquelle est fixé un petit tampon de cuir recouvert d'or massif. En abaissant la tige, on met en contact le tampon avec le verre, et l'on peut exercer le frottement en tournant la tige. La lame de verre sert à former un condensateur. La lame métallique se trouve électrisée négativement et les deux feuilles d'or divergent en vertu de cette électricité. En faisant le vide à un millimètre, l'électricité, loin de se dissiper, reste adhérente aux surfaces pendant un temps assez long, quand l'intérieur a été privé préalablement de vapeur d'eau.

Wollaston a cherché à prouver que le dégagement d'électricité produit dans le frottement était dû à une oxydation ; mais Gay-Lussac, en répétant les expériences de ce célèbre physicien, a trouvé qu'il se dégageait également de l'électricité avec des amalgames très-oxydables dans une atmosphère d'acide carbonique pourvu que ce gaz fût très-sec. Péclet a confirmé les résultats de Gay-Lussac.

M. Ed. Becquerel a démontré, du reste, que l'état moléculaire des corps frottés influe beaucoup plus sur les effets produits ainsi que la nature même de ces corps, puisque le talc, la farine et le charbon de cornue, appliqués sur des coussins d'une machine électrique, donnent des effets qui se rapprochent de ceux que donnent l'or mussif et les amalgames. Ces résultats sont conformes aux principes que nous avons précédemment exposés.

Le frottement des solides et des liquides trouble également l'équilibre des forces électriques, comme M. Ed. Becquerel l'a prouvé en opérant comme il suit[1] : on prend un vase cylindrique contenant une dissolution dans laquelle plongent deux lames de platine ou d'or, en relation avec un galvanomètre ; l'une d'elles est fixée à un bras de levier horizontal, mis en mouvement au moyen d'un moteur ; l'autre est introduite dans un tube de verre ouvert à ses deux extrémités, afin de la garantir du choc de la masse liquide en mouvement. On trouve qu'avec l'eau distillée, les effets électriques sont les mêmes qu'avec des liquides meilleurs conducteurs, c'est-à-dire que tous les corps inoxydables en mouvement prennent l'électricité négative. Le choc le plus léger de l'eau contre la lame produit un effet semblable. En mêlant à l'eau diverses substances en poudre, on obtient des effets plus ou moins marqués ; avec le charbon en poudre, la lame en mouvement prend l'électricité positive. On voit par là que le doublage des vaisseaux, soit en cuivre, soit en fer, doit donner lieu à une grande production d'électricité, quand ils sillonnent les mers, laquelle doit produire des courants électriques dont on n'a pas encore cherché à apprécier les effets chimiques.

M. Quincke[2] a mis en évidence les effets électriques produits dans le mouvement des liquides, au travers des espaces capillaires. Il a pris deux tubes fermés, chacun, par un bout, adaptés solidement, dans une position horizontale, par les bouts ouverts, à une plaque d'argile cuite : on les remplit d'eau en partie par deux tubulures latérales ; deux lames de platine plongeant, chacune, dans l'un des tubes, sont mises en rapport avec un galvanomètre très-sensible, puis avec un aspirateur placé dans l'une des tubulures on enlève une partie de l'eau d'un des deux tubes, afin d'établir une différence de niveau ; on observe, aussitôt que l'écoulement commence, un courant électrique, dont la direction est la même que celle de l'eau qui traverse la partie poreuse, et qui cesse quand le niveau du liquide est rétabli. Les effets sont les mêmes en substituant à l'argile cuite la soie, la toile, l'ivoire, etc. En ajoutant à l'eau une petite quantité d'acide, ou d'alcali, ou d'une dissolution saline, le courant diminue et finit par disparaître ; l'addition d'alcool ou de savon augmente au

[1] *Annales de chimie et de physique*, 3ᵉ série, t. XLIV, p. 401, 1755.
[2] *Annales de chimie et de physique*, 3ᵉ série, t. LVII, p. 379, et t. LIX, p. 474.

contraire l'intensité. Ces effets ne dépendent que de la capillarité, car ils disparaissent en remplaçant la paroi poreuse par une plaque non poreuse ; ils ne sont pas dus non plus à une différence de · température. M. Quincke a reconnu que la quantité d'eau transportée et l'intensité du courant sont proportionnelles à la pression qui produit l'écoulement de l'eau, et que ni l'épaisseur, ni la section de la paroi poreuse n'influent sur la grandeur de la force électro-motrice qu'il évalue avec l'eau pure au $\frac{37}{100}$ d'un élément à sulfate de cuivre. Tous ces effets peuvent être attribués soit au frottement de l'eau contre le diaphragme comme dans l'expérience de M. Ed. Becquerel, soit au frottement de l'eau qui s'écoule contre celle qui adhère à la paroi et qui n'est pas dans le même état moléculaire.

M. Lippman a observé un dégagement d'électricité lors du frottement d'une colonne de mercure contre l'eau acidulée, et qui doit se rapporter aux mêmes causes [1].

Le frottement des vapeurs à haute pression mêlées de gouttelettes d'eau, en sortant par des tuyaux de bois, donne lieu à un dégagement d'électricité considérable, comme Armstrong l'a prouvé au moyen de la sortie de la vapeur par l'orifice d'une chaudière.

Faraday et d'autres physiciens ont démontré que dans cette circonstance il ne se dégage pas d'électricité par le passage seul de la vapeur, mais bien lorsque celle-ci contient de l'eau mêlée avec elle. Cette électricité est produite par le frottement des gouttelettes d'eau contre les parois du cylindre de buis placé au milieu du conduit par où sort la vapeur, et il y a d'autant plus d'électricité que la pression et la force de projection sont plus considérables. L'eau doit être pure, car la présence d'une petite quantité de sel ou d'acide s'oppose au développement d'électricité ; avec l'essence de térébenthine, les effets sont inverses.

On obtient les mêmes résultats, comme Faraday et nous l'avons montré, en substituant un courant d'air au courant de vapeur, quand ce courant renferme de l'humidité. Si l'air est sec, il faut mêler à l'air des poudres sèches. En général, on n'obtient des effets avec les fluides aériformes qu'autant qu'ils sont mélangés

[1] Comptes rendus, t. LXXVI, p. 1407, juin 1873. *Journal de physique*, t. III, p. 42, 1784.

de particules d'eau ou de particules de matières de diverses natures [1].

Le frottement des corps non conducteurs est la cause du dégagement de l'électricité dans les machines à plateau en verre qui servent généralement dans les recherches de physique; mais dans les machines par influence, comme celle de Holtz, l'effet électrique est dû à une action par influence analogue à celle qui se produit dans l'électrophore, et la quantité d'électricité développée dans un temps donné doit être équivalente à la force mécanique employée pour faire fonctionner l'appareil.

Il ne reste plus à parler maintenant, en ce qui concerne le dégagement d'électricité par des actions mécaniques, que des effets produits dans le frottement des gaz et des liquides, question qui se rattache jusqu'à un certain point à la production de l'électricité atmosphérique, comme on le verra en parlant des phénomènes électriques de l'atmosphère. Nous renvoyons le lecteur, en ce qui concerne le fait principal, à notre *Traité d'électro-chimie*.

§ II. — *Dégagement de l'électricité par la chaleur.*

La découverte de la thermo-électricité est due à M. Seebeck; elle date de 1821 [2]. Les phénomènes qui en dépendent nous ont conduit à des modes d'évaluation des températures les plus précis et les plus délicats que l'on possède, depuis les températures les plus basses jusqu'aux plus élevées, dans des lieux éloignés où l'observateur ne peut pas lire les indications des thermomètres ordinaires et dont il sera question dans cet ouvrage.

En 1823, nous énonçâmes les conditions générales dans lesquelles on observe les effets thermo-électriques et nous fîmes voir qu'on pouvait les obtenir dans des circuits formés d'un seul métal. Nous publiâmes à cette époque un mémoire ayant pour titre : *du Développement de l'électricité par le contact des deux portions d'un même métal dans un état suffisamment inégal de température* [3]. Il fut démontré dans ce mémoire qu'en mettant

---

[1] BECQUEREL, *Traité d'électro-chimie*, 2e édit., p. 42.

[2] Extrait des communications faites à l'académie le 16 août et le 25 octobre 1821 et le 11 février 1822.

[3] *Annales de chimie et de physique*, 2e série, tome XXIII, p. 135, 1823.

en contact deux bouts d'un même fil, soit de platine, d'argent,
de cuivre ou de laiton, dont l'un avait été préalablement chauffé,
il se produisait un courant électrique provenant de l'inégalité de
température des parties en contact et non pas d'une oxydation
superficielle d'un des fils.

Plus tard [1] nous nous occupâmes particulièrement des courants
électriques obtenus dans un fil de platine homogène en un point
duquel on avait fait un nœud, ou bien où l'on formait une spirale sans rompre le fil. En chauffant alors le fil à droite ou à
gauche de la spirale, on avait un courant allant directement de
la partie chaude à la partie froide ; on en déduisit alors le
principe suivant : pendant la propagation de la chaleur dans un
corps, si cette propagation se fait uniformément autour du point
chauffé, aucun effet ne se produit ; mais si la propagation se fait
d'une manière dissymétrique, il y a aussitôt un courant électrique de produit. Cette manière d'expliquer les faits a l'avantage
d'établir une relation entre le mouvement de la chaleur et celui
de l'électricité [2].

Voici du reste comme nous avons établi ce principe. Lorsqu'un
simple fil de métal non oxydable est mis en contact par l'une de
ses extrémités avec une source de chaleur, à l'instant où la chaleur commence à se propager dans le fil, cette extrémité prend
l'électricité positive, et la source un excès d'électricité négative ;
or, la chaleur se propageant de molécule à molécule par voie de
rayonnement, la deuxième molécule s'échauffe aux dépens de la
première, la troisième aux dépens de la deuxième, ainsi de
suite ; il en résulte donc une suite non interrompue de décompositions et de recompositions électriques qui a de l'analogie
avec le rayonnement calorifique. On vérifie ce fait avec un fil de
platine dont les deux bouts sont mis en communication avec un
galvanomètre à fil court ; si l'on élève la température d'une partie quelconque du fil, loin des soudures il n'y a aucun effet de
produit ; mais il n'en est plus de même quand on forme dans le
fil un nœud, et qu'on chauffe d'un côté ou de l'autre, on observe
un courant électrique allant du chaud au froid. En opérant avec
d'autres métaux, comme le cuivre, l'or, l'argent, les effets sont

[1] *Annales de chimie et de physique*, 2ᵉ série, tome XLI, page 353 (1829).
MM. Becquerel, traité de physique en 3 vol., t. I, page 157.
[2] Voir notre traité d'électro-chimie, 2ᵉ édition, page 44 et suivantes. Traité
d'électricité de MM. Becquerel, en 3 vol., t. I, p. 44.

plus complexes, attendu qu'ils dépendent d'une couche d'oxyde formée à la surface du cuivre, et peut-être aussi d'une différence dans l'écrouissage qui modifie la propagation de la chaleur au contact des deux extrémités du fil.

Avec des métaux oxydables, tels que l'antimoine, le zinc, le fer, les effets sont inverses, c'est-à-dire que le courant va du froid au chaud. Le plomb et l'étain donnent des effets variables.

Lorsqu'on expérimente avec un circuit composé de deux métaux différents soudés bout à bout et que l'on chauffe une des soudures, il se produit un courant thermo-électrique qui permet de ranger les métaux dans l'ordre suivant :

Bismuth, platine, plomb, étain, cuivre, or, argent, zinc, fer, antimoine. Dans cette classification, chaque métal est positif par rapport à celui qui le précède et négatif relativement à ceux qui le suivent. Il y a des circuits qui présentent des irrégularités remarquables[1]. Dans un circuit fer et cuivre l'intensité du courant ne croît proportionnellement à la température qu'entre de faibles limites ; à 300° l'accroissement d'intensité du courant est à peine sensible ; au-delà l'intensité commence à décroître et le courant change de direction quand la température est au rouge sombre. D'autres circuits présentent des effets semblables d'inversion de courant à certaines températures, notamment ceux de zinc et d'or, de zinc et d'argent. M. Joulin, dans un travail relatif au dégagement d'électricité par le frottement des courroies sur les poulies des machines, a observé des effets d'inversion qu'il a rapprochés de ceux que nous venons de rapporter.

M. Edmond Becquerel a fait de nombreuses recherches sur les pouvoirs thermo-électriques des corps et sur la construction des piles thermo-électriques, dont les résultats se trouvent dans les annales du Conservatoire des arts et métiers[2]. Il s'est occupé de la force électro-motrice des couples thermo-électriques formés avec les métaux et les alliages. Il a montré d'abord que l'état physique des corps formant les circuits thermo-électriques avait souvent une influence aussi grande que la nature même de ces corps. Quant aux piles thermo-électriques, on trouvera dans son mémoire toutes les recherches qu'il a faites sur leur construction

---

[1] *Traité d'électricité* en 3 volumes, t. I, p. 160.

[2] *Annales de chimie et de physique*, 4ᵉ série, t. VIII, p. 389 ; *Annales du Conservatoire des arts et métiers*, t. VI, p. 556, 1855-1856.

et leur puissance électro-motrice ; nous décrirons plus loin celle à laquelle il a donné la préférence pour la mesure des forces électro-motrices, quand nous parlerons des procédés à l'aide desquels on mesure les forces électro-motrices de deux liquides dans leur réaction mutuelle.

Certaines substances minérales cristallisées, comme la tourmaline, la topaze, etc., deviennent plus ou moins électriques par la chaleur et peuvent présenter des effets de tension assez marqués ; les deux extrémités de certains axes de ces cristaux ont des pôles de nom contraire, mais la polarité ne se manifeste qu'autant que la température est croissante ou décroissante, car, lorsqu'elle est la même dans toutes les parties, l'état électrique de chaque pôle n'existe plus, et change de signe aussitôt que la température s'abaisse. Les effets électriques de ces cristaux proviennent d'une dilatation ou d'une contraction qui n'est pas la même dans toutes leurs parties[1].

§ III. — *Du dégagement de l'électricité dans les actions chimiques.*

Lorsque deux corps réagissent chimiquement l'un sur l'autre ou un liquide sur un métal, il y a production de chaleur et d'électricité, deux effets qui sont toujours concomitants et dans une dépendance mutuelle. En outre, le corps qui est acide ou se comporte comme tel prend l'électricité positive, et celui qui agit comme base prend l'électricité négative.

Voici une des expériences les plus simples à l'aide de laquelle nous avons mis en évidence ce fait pour la première fois : on prend deux fils d'or en communication, chacun, par une de leurs extrémités avec le fil d'un galvanomètre, et les deux autres sont plongés dans de l'acide nitrique ; aucun effet n'est produit, c'est-à-dire que l'équilibre des forces électriques n'est point troublé : mais si l'on verse une seule goutte d'acide chlorhydrique près de la partie immergée de l'un des bouts du fil, il se forme aussitôt de l'eau régale ; l'aiguille aimantée est alors déviée par suite de la réaction de l'eau régale sur l'or ; en même temps que ce bout s'échauffe, le sens de la déviation de l'aiguille aimantée indique que le bout attaqué prend un excès d'électricité néga-

---

[1] Voir Becquerel, *Traité d'électricité* en 3 volumes, t. I, p. 145.

tive et l'acide un excès d'électricité positive; il en est de même
lorsqu'une dissolution acide agit sur un métal oxydable ou sur
une dissolution alcaline. De là on conclut le principe général que
nous avons établi : dans la réaction d'un acide sur un métal, ou sur
une dissolution alcaline, l'acide prend l'électricité positive et la
base l'électricité négative; il en est encore de même à l'égard de
deux dissolutions neutres dont l'une joue le rôle d'acide par rapport à l'autre.

Dans l'expérience avec l'or, la dissolution de chlorure de ce
métal dans son mélange avec l'acide nitrique prend l'électricité
négative qui augmente d'autant l'intensité du courant. On voit
donc que, dans la réaction d'un acide sur un métal, il faut tenir
compte non-seulement des effets électriques provenant de cette
réaction, mais encore de ceux résultant de la réaction du composé formé, sur l'acide.

Lorsque l'on plonge dans un liquide deux lames de métal qui
ne sont pas attaquées également par le même liquide, celui des
deux qui est le plus attaqué prend nécessairement l'électricité
négative; dans ce cas l'intensité du courant est due à la différence des deux courants produits, celui qui est le moins attaqué
se comporte alors comme un simple corps conducteur et transmet l'électricité positive.

Lorsqu'on prend pour liquide intermédiaire le mercure et pour
métaux composant un couple, or et cuivre, on n'observe aucun
effet; on en avait conclu que l'amalgamation ne trouble pas l'é-
quilibre des forces électriques; mais nous essayerons d'expliquer
cet effet dans un autre chapitre; car, dans ce cas, il y a bien combinaison en proportions définies et par suite production d'électricité; mais il y a d'autres actions que nous indiquerons.

La combustion présente les mêmes lois que celles qui régissent les réactions chimiques, en général, mais les effets sont plus
complexes. On ne peut recueillir l'électricité qu'autant que le
corps combustible et les produits de la combustion sont conducteurs de l'électricité. Nous sommes parvenus néanmoins à obtenir l'électricité que possède la partie intérieure et la partie extérieure d'une flamme alcoolique.

Pouillet a obtenu les effets électriques produits dans la combustion du charbon, en plaçant verticalement un cône de cette
substance en communication avec le sol au-dessous du plateau
inférieur d'un électroscope condensateur et allumant la partie su-

périeure. On recueille ainsi l'électricité positive du gaz acide carbonique. Si l'on alimente la combustion avec de l'oxygène sec,
on n'obtient aucun effet, attendu que les produits de la combustion ne sont pas conducteurs de l'électricité.

§ IV. — *Du dégagement de l'électricité dans l'oxydation des métaux
par l'action de la chaleur.*

On dispose les appareils comme il suit pour observer ce dégagement d'électricité qui est quelquefois assez intense :

1° On place dans un fourneau à réverbère ordinaire un creuset
de terre revêtu intérieurement d'une lame épaisse de cuivre,
contournée de manière à prendre la forme du creuset et munie
d'un fil du même métal passé dans un tube de terre pour le préserver autant que possible de l'oxydation ; le creuset est rempli
de verre pilé, en quantité suffisante pour recouvrir de deux centimètres la lame, quand il est fondu ; la lame de cuivre est mise
en communication avec un barreau de fer suffisamment long
pour dépasser le haut du fourneau et plongeant dans le creuset ;
à l'autre, est assujetti un fil de même métal qui sert à le maintenir dans la position qu'on lui a donnée et à mettre le couple en
communication avec un galvanomètre. On trouve alors que le fer
prend en s'oxydant un fort excès d'électricité négative.

2° Après avoir rempli un creuset de verre pilé, on ajoute un
quart de carbonate de soude pour faciliter la fusion, puis on y
introduit deux tiges l'une de fer et l'autre de cuivre, en évitant
le contact, et ces tiges sont maintenues dans une position verticale. Aussitôt que la fusion est opérée, l'oxyde de fer est enlevé
à mesure qu'il se forme, et la surface métallique reste toujours
décapée ; il en résulte que le courant électrique est constant ; i
faut avoir l'attention de ne pas chauffer jusqu'à la fusion d
cuivre.

3° On prend un canon de pistolet, dans lequel on introduit u
tube de verre vert renfermant un cylindre de cuivre ; après avr
rempli tous les interstices du canon et du tube avec du ye'e
pilé, on place le tout horizontalement dans un fourneau disp'sé
à cet effet. Le canon du pistolet et le cylindre de cuivre sont\`is
en communication avec les appareils galvanométriques par intermédiaire de fils de même métal. Cette disposition a dnné
de très-bons résultats.

Ces faits montrent que l'on peut trouver dans la chaleur perdue des usines un moyen de faire fonctionner des couples pyro-
électriques produisant des courants électriques constants, et qui
rendent probable aussi l'existence dé courants électriques terrestres au contact ou dans le voisinage de la partie solide et de
la partie en fusion du globe, là où il se trouve des substances
conductrices empâtées partiellement dans des silicates fondues à
la manière des couples pyro-électriques. Nous ferons remarquer
qu'il doit exister dans les roches non fondues des fissures donnant lieu à des courants électro-capillaires dont il sera question
plus loin, lesquels interviennent sans aucun doute dans la production des effets électro-chimiques.

§ V. — *Des effets électriques produits dans l'action chimique
de la lumière solaire.*

La lumière solaire exerçant une action chimique sur un grand
nombre de substances impressionnables par suite des principes
précédemment exposés, il doit se produire des effets électriques
semblables à ceux que l'on observe pendant l'oxydation des corps
et la combinaison des acides avec les alcalis. Nous sommes conduit naturellement à en parler ici.

M. Edmond Becquerel est le premier qui se soit occupé de
cette question. Les résultats de ses expériences ont été publiés
en juillet 1839 [1]. Il avait remarqué qu'en faisant agir un faisceau
de rayons solaires sur deux liquides superposés avec soin et
agissant chimiquement l'un sur l'autre, il se développait un
courant accusé par un galvanomètre très-sensible, dont les deux
extrémités étaient en relation avec deux lames de platine plongeant dans les dissolutions. Le phénomène était complexe, attendu qu'il pouvait provenir et de l'action de la lumière sur les
lames de platine et de celle des deux dissolutions l'une sur l'autre. Il a été conduit par là à une série d'expériences qui ont mis
hors de doute le dégagement de l'électricité pendant l'action
chimique de la lumière.

Pour observer ces effets, il a fait usage d'un appareil composé
d'une boîte en bois, noircie intérieurement et partagée, par
une membrane très-mince, en deux compartiments que l'on

[1] E. Becquerel, *la Lumière*, l. II, p. 121

remplit de la solution d'essai; dans chacun de ces compartiments on plonge une lame de platine ou d'or, dont la surface
a été chauffée préalablement au rouge pour enlever toutes
les impuretés; ces lames sont mises en relation avec un multiplicateur très-sensible et placées horizontalement pour être
mieux influencées par la radiation solaire. Chaque compartiment est recouvert d'une planchette mobile formant couvercle,
et qu'on enlève quand on veut opérer. Lorsque les compartiments
renferment une solution alcaline, on trouve que la lame exposée
aux rayons solaires prend au liquide l'électricité négative; c'est
l'inverse avec 'une solution acide. On pourrait croire que ces
effets sont dus à l'action calorifique des rayons solaires; mais il
n'en est pas ainsi, comme on peut le voir, en comparant, sous le
rapport des effets électriques, l'ordre des écrans de verre coloré
placés successivement sur l'appareil, avec l'ordre de ces mêmes
écrans placés sur les deux pôles d'une pile thermo-électrique, car
on trouve alors que l'effet n'est pas dû au rayonnement calorifique.

Pour reconnaître comment les diverses parties du spectre agissent sur les lames de platine, l'une de ces lames est placée verticalement; on fait tomber dessus les rayons colorés du spectre
formé sous un prisme pour réfracter les rayons directs du soleil,
les deux compartiments sont remplis d'eau acidulée; dans celui
soustrait à la lumière se trouve une lame de platine en relation,
comme l'autre, avec un galvanomètre. Voici les résultats observés:

Aucune action dans les rayons.	rouges, orangés, jaunes, verts
Faible action dans les rayons..	bleus, indigo
Action marquée dans les rayons. . . .	violets

Ces résultats montrent bien que les rayons qui agissent sur les
lames de platine et d'or plongées dans des dissolutions, étant plus
réfrangibles que les rayons calorifiques, ne sauraient produire des
effets de chaleur. On se demande alors quel est le mode d'action
des rayons chimiques qui est produit : il est probable que ces effets sont dus à l'action des rayons solaires sur des corpuscules
adhérant aux surfaces.

Voyons maintenant ce qui se passe en opérant avec des lames de métal oxydables, des lames de laiton par exemple, en prenant pour liquide de l'eau acidulée par quelques gouttes d'acide nitrique. Les lames ont constamment donné un courant de quatre à cinq degrés dont la direction était telle, que la lame exposée au rayonnement prenait au liquide l'électricité positive, effet inverse de celui qui aurait eu lieu si la lame avait été attaquée par l'eau acidulée.

Deux lames qui avaient déjà servi furent employées comme électrodes à l'égard d'une pile voltaïque ; la lame positive s'est oxydée tandis que l'autre est restée brillante, alors on les a exposées successivement aux rayons solaires. La lame brillante s'est comportée comme auparavant, c'est-à-dire qu'elle a pris l'électricité positive. La déviation de l'aiguille fut seulement de trois à quatre degrés, tandis que la lame oxydée est devenue fortement négative, à tel point que l'aiguille du galvanomètre fut chassée violemment à 90°. Cette action énergique n'est produite que lorsque la lame est couverte d'oxyde. L'ordre des lames étant interverti, les effets furent les mêmes. Les lames avaient été dépolarisées préalablement. En employant comme écrans différents verres colorés, on a les résultats suivants :

Écrans.	Intensité du courant.	rapport des effets produits, 100 représentant l'action exercée sans l'intervention d'aucun écran.
Sans écran	35,5	100
Verre violet	9	27
— bleu	10,5	31
— vert	1	2,5
— jaune	6,5	10,5
— rouge	1	2,5

La lame étant exposée aux diverses parties du spectre solaire, on a eu :

Spectre.	Intensité du courant
Dans les rayons rouges	1
— orangés	»
— jaunes	
— verts	
— bleus	
— indigo	
— violets	

Il résulte de là qu'il y a deux effets inverses bien distincts de produits sous l'influence des rayons solaires sur les lames de laiton : 1° celui qui s'opère lorsque la lame est brillante; 2° celui qui a lieu lorsque la lame est oxydée, lequel résulte probablement d'une action chimique exercée par la lumière sur l'oxyde ou la combinaison cuivreuse sur la surface de la lame. On a reconnu, en outre, que les écrans se comportent différemment par rapport aux rayons qui opèrent ces actions.

Avec des lames d'argent et de l'eau acidulée par l'acide sulfurique, on a eu un courant de 1° à 2°, dans une direction telle que la lame exposée était négative; avec des lames qui avaient servi d'électrodes, les effets ne furent pas plus marqués. Cette faible action pouvant être négligée, on exposa leur surface à l'action des vapeurs d'iode et de brôme, afin de voir jusqu'à quel point l'on pourrait observer les effets électriques produits par la réaction de ces deux corps sur l'argent, sous l'influence de la lumière solaire. La lame chargée d'une couche mince d'iode, prit au liquide l'électricité positive; avec une couche épaisse, l'effet fut inverse; dans le premier cas, la couche d'iodure d'argent passa à un état d'ioduration moindre : dans le second, l'iode réagit sur l'argent. La déviation de l'aiguille fut de 45° à 50°, en opérant sous l'influence des rayons solaires.

Avec une couche épaisse d'iode et les divers écrans de verre coloré on a eu :

Écrans.	Intensité du courant produit.	Rapport des effets produits.
Sans écran	55	100
Verre violet	22	40
— bleu	14	25,5
— jaune	7	12,7
— rouge	1	1,8

Avec la vapeur de brôme, la lame d'argent exposée aux rayons solaires est devenue également négative et l'action tellement forte qu'à la lumière diffuse la déviation fut de 50°. La lame ayant été exposée à la lumière diffuse pendant 10′, puis mise à l'abri du rayonnement et exposée de nouveau à son action, la déviation n'a plus été que de quelques degrés; la réaction était alors en grande partie terminée. Une couche de chlore substituée à l'iode n'a produit dans ces conditions qu'un très-faible effet. Les effets électriques que nous venons d'exposer servent évidemment à reconnaître, sous l'influence des rayons solaires, les réactions qu'éprouvent les métaux et, en général, les corps conducteurs à la surface desquels on dépose des couches de diverses natures.

M. Ed. Becquerel a cherché ensuite les effets électriques produits dans l'altération du chlorure, bromure et iodure d'argent, sous l'influence de la lumière, pour expliquer certains faits qui intéressent la photographie. Voici les résultats qu'il a obtenus :

Le chlorure d'argent, qui est non conducteur de l'électricité et se change en sous-chlorure quand il est exposé à la lumière solaire, ne peut être employé qu'en couche très-mince. A peine la lame de platine est-elle exposée à l'action solaire que le chlorure noircit; la déviation du galvanomètre qui fait partie du circuit indique sur-le-champ que la lame devient positive. Cet effet résulte de ce que le chlorure d'argent, en se décomposant, prend l'électricité positive qu'il transmet à la lame, tandis que le chlore donne l'électricité négative au liquide.

Si l'on veut avoir l'effet électrique produit par la décomposition seule du chlorure d'argent, il faut interposer, entre le métal et le chlorure, une bande de papier non collé; dans ce cas, on diminue le pouvoir conducteur du circuit et l'on n'a plus qu'une faible déviation. Pour que le chlorure d'argent adhère suffisamment à la lame et qu'il ne s'en détache pas, on la chauffe doucement dans l'obscurité, jusqu'à ce que le chlorure soit fondu; les effets sont d'autant plus intenses que la couche de chlorure est plus mince.

M. Ed. Becquerel, en se basant sur les expériences dont il vient d'être question, a imaginé un appareil à l'aide duquel on peut constater et mesurer approximativement, au moyen des courants électriques, l'action produite sur une substance impressionnée. Voici la description qu'il a donnée de cet appareil qu'il a appelé actinomètre électro-chimique [1].

Les deux lames L L′ plongent dans une petite cuve à eau de 6 centimètres de hauteur, sur 6 de largeur et 5 d'épaisseur; deux montants en cuivre les maintiennent suspendues au milieu de cette cuve. On les dispose de façon qu'elles soient parallèles

[1] E. BECQUEREL, la Lumière, t. II, p. 130.

à la surface antérieure de la cuve à eau, de sorte que si les autres faces de cette cuve sont noircies, ou du moins environnées d'une espèce de boîte en cuivre, et que la lumière arrive seulement par la face antérieure, une seule lame est exposée à l'action du rayonnement lumineux.

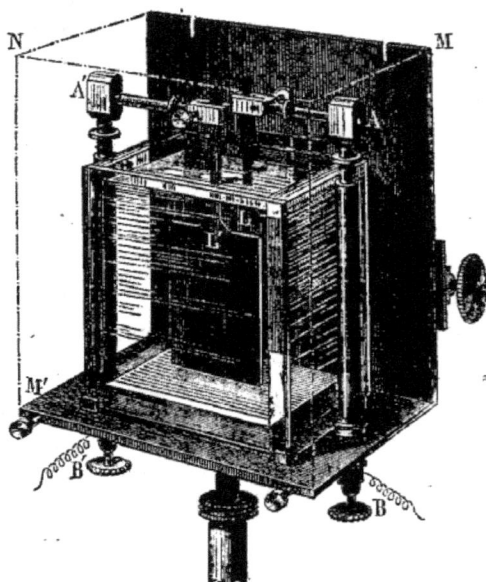

Fig. 1.

Les deux montants en cuivre, qui servent de supports aux lames, sont isolés ou du moins reposent sur des anneaux en ivoire qui sont isolants, de sorte qu'en attachant les extrémités du fil du galvanomètre aux boutons, le circuit électrique se trouve comprendre les deux lames, le liquide de la cuve à eau, les montants en cuivre et le galvanomètre.

Voici les conditions qui ont paru les plus convenables à M. Ed. Becquerel pour obtenir les meilleurs effets :

1° Plus le galvanomètre est sensible, mieux les effets sont manifestes. Un instrument tel que le construit M. Ruhmkorff, ayant un fil de 3,000 tours, peut parfaitement servir; cependant un appareil qui est construit avec un fil plus long, renfermant 20 à 25,000 tours, donne de meilleurs résultats; les expériences ont été faites successivement avec plusieurs appareils de diverse sensibilité.

2° Le liquide doit être bon conducteur et ne pas attaquer la couche impressionnable. Un mélange de 2 grammes d'acide sulfurique mono-hydraté et de 100 grammes d'eau a donné les effets les plus marqués.

3° Les lames d'argent doivent être sans alliage, et recevoir chacune la même préparation. Il est nécessaire, en effet, que ces lames ne soient pas polarisées et soient aussi identiques que possible; malgré ces précautions, on n'évite pas une polarisation primitive qui fait que, lorsque, après avoir monté l'appareil dans l'obscurité, si l'on ferme pour la première fois le circuit, l'aiguille est déviée fortement dans un sens ou dans un autre. Avant de commencer les expériences, il faut attendre pendant six, douze et quelquefois vingt-quatre heures et même plus.

On peut à volonté placer dans l'appareil des lames d'argent, recouvertes de chlorure, d'iodure, de bromure de ce métal, etc.; mais les effets les plus remarquables sont ceux que l'on obtient en appliquant sur la surface de ces lames la matière dont il a décrit la préparation [1] et qui est douée de la propriété vraiment extraordinaire de recevoir les impressions colorées de toutes les parties du rayonnement lumineux, impressions colorées dont la teinte est semblable à celle des rayons lumineux actifs. Cette substance est un sous-chlorure violet d'argent qui, en même temps qu'elle est impressionnée chimiquement, donne la reproduction des couleurs et permet de peindre avec la lumière; les couleurs sont passagères à la lumière, il est vrai, mais durables dans l'obscurité; c'est une rétine minérale en quelque sorte, qui n'est impressionnable qu'entre les mêmes limites de réfrangibilité que la rétine et qui donne l'intensité de l'action chimique produite d'après l'effet électrique accusé par le galvanomètre; l'actinomètre électro-chimique devient alors un photomètre, et l'on peut s'en servir pour étudier les rayons actifs.

§ III. — De la pile.

Si Newton a découvert les lois de la gravitation universelle, à l'aide desquelles il est parvenu à expliquer les mouvements des corps célestes et les perturbations qu'ils éprouvent, quand ces corps sont plus ou moins rapprochés, Volta, en construisant la pile, a fait une découverte peut-être aussi importante pour les sciences physico-chimiques, les arts, l'industrie et les relations sociales.

La pile telle que l'a disposée Volta est composée d'un certain nombre de couples formés chacun d'une lame de cuivre et d'une lame de zinc soudées sur une de leurs faces et placées verticalement les unes au-dessus des autres, puis séparées par une bande de drap humecté d'eau salée [2]. Volta expliquait ainsi les effets

[1] Voir Ed. Becquerel, la Lumière, t. II, p. 209.
[2] Voir BECQUEREL et ÉD. BECQUEREL. — Traité d'électricité, t. I, p. 219. — Id. Histoire de l'électricité, p. 29 et 198.

4

produits : le zinc dans son contact avec le cuivre prend l'électricité positive et donne à ce dernier l'électricité négative; le drap mouillé prend d'un côté au zinc son électricité positive et de l'autre au cuivre l'électricité négative, et il en résulte que les états électriques du zinc et du cuivre s'ajoutent dans les métaux de même nature ; le couple du milieu a une tension nulle et la tension de l'électricité positive des disques de zinc va en augmentant d'un côté et la tension négative des disques de cuivre de l'autre. Il y a donc des recompositions continuelles d'électricité d'un couple à l'autre, par l'intermédiaire des draps mouillés.

Lorsque la pile est isolée, les deux pôles n'étant pas en communication l'un avec l'autre, l'équilibre de l'électricité se borne à donner des tensions différentes aux différentes parties du circuit; si l'on met en communication avec le sol le premier couple, on donne écoulement à l'électricité de l'une des extrémités, tandis que l'on peut recueillir à l'autre extrémité l'électricité contraire qu'on rend sensible avec un électroscope.

La théorie que Volta avait donnée de la pile n'était pas celle qui convenait, comme on va le voir, attendu que les réactions chimiques qui se produisent entre les liquides et les métaux sont les seules causes des effets électriques observés; en outre, la disposition de son appareil laissait à désirer. On avait remarqué que les effets électriques diminuaient continuellement et finissaient par disparaître; on imagina alors les piles à auges, et les piles à la Wollaston fonctionnant avec de l'eau acidulée qui donnaient des effets plus énergiques, mais non constants; leur description se trouve dans tous les traités de physique.

Mais aussitôt que nous eûmes démontré qu'il se dégageait de l'électricité dans les actions chimiques et qu'il fut prouvé que le zinc, dans la pile de Volta, donnait lieu à une production d'électricité par suite de son oxydation, qu'il devenait alors négatif et le liquide ambiant positif, il fut facile de démontrer que les effets électriques étaient dus, non au contact des deux métaux, mais bien à une action chimique. Ce fut alors que la théorie électrochimique de la pile fut substituée à celle du contact. Nous donnâmes une théorie de la pile en nous appuyant sur les effets électriques produits dans la réaction du liquide interposé sur l'un des deux métaux [1].

---

[1] *Annales de chimie et de physique*, 2ᵉ série, t. XXVI, page 176, 1824.

M. Delarive a été un des premiers à adopter la théorie électro-chimique. Il démontra[1] que le sens du courant, dans un couple voltaïque composé de deux métaux différents, changeait suivant que l'on employait, pour le rendre actif, un liquide qui attaquait l'un ou l'autre métal. M. Delarive étudiait en même temps : 1° l'influence de la température sur la facilité que possède l'électricité à passer d'un métal dans un autre; 2° les causes qui déterminent la production de l'électricité dite de contact sous forme de tension; il arriva à cette conséquence que l'électricité est toujours le résultat d'une action et jamais d'un état, comme je l'avais déjà établi depuis 1823, et contribua ainsi à renverser définitivement la théorie du contact.

Faraday, depuis 1832, a publié, dans les *Transactions philosophiques*, une série de recherches importantes sur l'électricité, parmi l'une desquelles il a exposé sa belle découverte de l'induction; mais dans la seizième série il s'est attaché surtout à démontrer l'origine chimique de l'électricité dans la pile, en écartant les effets de contact qui, suivant lui, étaient nuls. Toutes les causes qu'il a déduites et indiquées ci-après ne sont que la reproduction, sous une autre forme, de celles que nous avions déduites de nos recherches publiées en 1823, 1824, 1825[2]. Voici les conclusions de ses recherches : 1° dans un circuit fermé de deux métaux et d'un liquide qui ne réagit sur aucun d'eux, il n'y a pas de courant; 2° dans les circuits fonctionnant avec un liquide actif, le métal le plus attaqué imprime au courant sa direction; 3° les effets obtenus en employant la chaleur sont une confirmation de la théorie chimique; 4° en étendant plus ou moins d'eau le liquide qui fait fonctionner un couple, les résultats obtenus peuvent dépendre, dans certains cas, de la nature de l'acide comme substance décomposable, c'est-à-dire de la substance se comportant comme électrolyte.

§ IV. — *Des piles à courant d'intensité constante.*

Lorsqu'on réunit les deux extrémités d'une pile avec un conducteur métallique, il en résulte un courant électrique qui exerce une action révolutive sur une aiguille aimantée librement suspendue; si ce conducteur est interrompu par une dissolution

[1] Bibliothèque universelle de Genève, 1828, p. 297.
[2] Voir les *Annales de physique et de chimie*, t. XXII, XXIII, XXIV et XXV.

pouvant être décomposée, il se produit une décomposition, en vertu de laquelle l'extrémité du conducteur métallique qui transmet l'électricité positive du couple est l'électrode positive, l'autre extrémité l'électrode négative ; sur la première il se dégage de l'oxygène et il apparaît les acides provenant de la dissolution ; sur la seconde il se dépose l'hydrogène et les alcalis. Les gaz et les substances ainsi dégagées sur les deux électrodes réagissent sur la dissolution, et il en résulte un courant secondaire dirigé en sens inverse du premier, lequel diminue l'intensité de celui-ci. On dit alors que les électrodes sont polarisés électro-chimiquement. Cette polarisation nuit nécessairement à la constance de la pile, et l'on doit y avoir égard dans la mesure des courants électriques.

Dans un mémoire présenté à l'Académie en 1829 [1] nous posâmes le principe suivant :

« La pile porte avec elle la cause des diminutions qu'éprouve
« continuellement l'intensité du courant électrique, car, dès
« l'instant qu'elle fonctionne, il s'opère des décompositions et
« des transports de substances qui polarisent les plaques de
« manière à produire des courants en sens inverse du premier.
« L'art consiste à dissoudre ces dépôts à mesure qu'ils se for-
« ment avec des liquides convenablement placés. »

Même page, nous nous exprimions comme il suit :

« Le maximum d'intensité s'obtient sensiblement quand le
« cuivre plonge dans une dissolution de nitrate de cuivre et le
« zinc dans une dissolution de nitrate de zinc. »

Tel est le principe adopté aujourd'hui dans les piles à courant constant, si ce n'est que l'on a substitué à la dissolution de nitrate de zinc ou de sulfate de zinc l'acide sulfurique étendu d'eau.

Plus loin encore, page 24, se trouve le passage suivant :

« Une pile construite suivant les principes que nous venons de
« faire connaître, c'est-à-dire dans laquelle chaque métal plonge
« dans une case particulière, qui contient un liquide convenable,
« cette pile, disons-nous, réunit toutes les conditions les plus
« favorables, puisqu'on évite les causes qui peuvent nuire aux
« effets électriques. »

Nous avons employé pour cloisons séparatrices soit la vessie, soit le kaolin en poudre très-fine.

---

[1] *Annales de physique et de chimie*, t. LXI, p. 12.

Ce modèle de couple en employant le sulfate de cuivre nous a servi à former les appareils à l'aide desquels nous avons reproduit diverses substances minérales cristallisées. Plusieurs de ces appareils ont été réunis en pile pour activer l'action électro-chimique qui était constante pendant des mois, des années, en ajoutant toutefois des cristaux de sulfate de cuivre à mesure que ceux qu'on avait mis en commençant étaient décomposés.

Nous fîmes connaître en 1835 le couple à gaz oxygène[1]. Ce couple est composé d'acide nitrique, d'une dissolution de potasse et d'un diaphragme en kaolin, puis d'une lame de platine qui traverse les deux liquides; le courant est dû, dans ce cas, à la réaction de deux liquides l'un sur l'autre et son intensité est assez forte pour décomposer l'eau et l'acide nitrique : l'hydrogène qui se porte sur la partie de la lame de platine plongeant dans l'acide est absorbé par cet acide et le pôle négatif du couple est dépolarisé; l'oxygène se dégage dans la potasse sur la lame qu'il polarise jusqu'à un certain point, après quoi le courant reste constant.

Ce n'est qu'en 1836 que M. Daniell construisit une pile à sulfate de cuivre qui ne différait de la nôtre que par la forme. En effet, Pouillet, en 1837, exposant le résultat de ses recherches sur les lois des courants électriques dans les piles thermo-électriques, s'exprime en ces termes[2] : « Les piles qui ont été em-« ployées de préférence sont les piles cloisonnées dont le prin-« cipe est dû à M. Becquerel; elles ont l'immense avantage « d'avoir une force constante pendant des heures entières. » Il aurait pu ajouter des jours et au delà en prenant des précautions convenables.

M. Grove[3], en exposant les principes sur lesquels est fondée sa pile à acide nitrique, s'exprime ainsi : « M. Becquerel a été le « premier à se servir d'une vessie dans les cellules existantes de « l'auge et par ce moyen nous a donné le moyen de produire un « courant constant, en empêchant la précipitation mutuelle des « métaux; avec une autre forme de diaphragme, c'est-à-dire « l'argile humectée, M. Becquerel a produit ces résultats extraor-

---

[1] *Comptes rendus de l'Académie des sciences*, t. I, p. 455; *Traité d'électricité en 7 vol.*, t. III, p. 297, et t. V, 2ᵉ partie, p. 215.

[2] *Comptes rendus de l'Académie des sciences*, t. IV, p. 260 et 267.

[3] *Comptes rendus des séances de l'Académie des sciences*, t. VIII, p. 567.

« dinaires de cristallisation, si universellement connus et d'une
« si grande importance. »

Depuis les couples à sulfate de cuivre et à acide nitrique, on
en a formé un certain nombre d'autres à intensité constante,
en dépolarisant l'électrode négative de ces couples, non-seulement avec le sulfate de cuivre et l'acide nitrique, comme dans
les piles précédentes, mais au moyen du peroxyde de manganèse,
de l'acide chromique, du peroxyde de plomb, et des sels métalliques solubles ou insolubles; nous renvoyons aux ouvrages qui
traitent de ces appareils [1]. Nous mentionnerons encore un couple, le couple à cadmium, dissolution saturée de sulfate de ce
métal et zinc amalgamé, dissolution saturée de ce métal; ces
deux dissolutions étant séparées par un vase poreux.

On n'a pas à s'occuper, dans ces couples, de la dépolarisation
de l'électrode positive, car c'est le zinc qui est le métal altérable,
et l'oxygène et les acides qui l'attaquent ne donnent pas lieu, en
général, à des effets secondaires de quelque valeur; dans d'autres
circonstances elle pourrait intervenir.

Nous venons de parler de zinc amalgamé; le zinc qui reçoit
cette préparation est un des accessoires indispensables des couples dans lesquels le zinc est un des éléments. H. Davy a signalé
le premier, en 1827, que le zinc amalgamé était peu attaqué par
l'eau acidulée avec l'acide sulfurique et qu'il était positif par
rapport au zinc pur, sans en tirer aucune conséquence; mais c'est
M. Kempt [2] qui en a fait usage le premier dans la construction des
appareils voltaïques. L'emploi de cet amalgame dans les piles
produit un courant électrique plus énergique qu'avec du zinc ordinaire (environ deux à quatre centièmes en plus). En outre, les
piles ne fonctionnent pas, ou du moins à peine, quand le circuit
n'est pas fermé; on utiliserait même la totalité de l'électricité
qui est fournie par l'action chimique exercée de la part du liquide sur le zinc amalgamé, comme la théorie l'indique, si, dans
la pratique, on n'avait pas reconnu une légère différence due à ce
que le zinc amalgamé est très-faiblement altéré, sans que le
circuit soit fermé.

---

[1] BECQUEREL. — *Traité d'électricité*, t. I, p. 219; *Histoire de l'électricité*,
p. 207 et suivantes; *Annales du Conservatoire des arts et métiers*, t. I, p. 257, 1860.
[2] *Journal philosoph.* de Jameson, décembre 1826.

§ V. — *Détermination de la force électro-motrice d'un couple dans une pile:*

L'élément principal de la pile est la force électro-motrice ; on définit ainsi la cause en vertu de laquelle deux corps en contact, en réagissant l'un sur l'autre, se constituent dans deux états électriques différents et donnent lieu à un courant électrique ; on la considère donc comme due à l'excès de tension électrique avec lequel l'électricité parcourt un circuit. Depuis les travaux théoriques de Green et de Gauss, elle représente la différence du potentiel des deux éléments en présence, ce qui est une expression équivalente de la précédente.

Un autre élément est à considérer dans la pile, c'est la résistance à la conductibilité qui est la somme des résistances partielles, composée de celle des couples et du circuit. La résistance du couple est exprimée par la longueur d'un fil métallique normal équivalent en conductibilité au circuit ; c'est pour ce motif qu'on appelle aussi la longueur réduite.

La force électro-motrice et la résistance ont servi de base à Ohm pour établir la formule qui donne l'expression de l'intensité du courant électrique développé.

Soit E la force électro-motrice d'un couple, défini comme il a été dit plus haut, R sa résistance à la conductibilité et I l'intensité du courant électrique, on a :

$$I = \frac{E}{R}.$$

Si la pile est composée de n éléments, on aura évidemment pour intensité du courant qu'elle donne quand le circuit est formé :

$$I = \frac{nE}{nR} = \frac{E}{R}$$

Telle est la formule fondamentale des piles voltaïques que l'on traduit ainsi : l'intensité du courant électrique dans une pile est égale à la somme des forces électro-motrices divisée par la somme des résistances des couples.

Si l'on joint les deux extrémités de la pile par un fil métallique ayant une résistance r, la résistance totale deviendra $nR + r$, et l'intensité du courant aura pour expression :

$$I = \frac{nE}{nR + r}.$$

C'est au moyen de cette formule que l'on détermine E et R qui sont, comme on l'a vu, les éléments fondamentaux d'une pile. Cependant la seule qui soit très-importante, au point de vue de l'étude des causes du dégagement de l'électricité, est la force électro-motrice; la résistance ne dépendant que des dimensions des couples et de la conductibilité des électrodes et des liquides interposés.

Il existe plusieurs méthodes expérimentales à l'aide desquelles on compare les forces électro-motrices dans les différents couples. On peut, à l'aide de la formule précédente, arriver à cette détermination en faisant varier r. Soient deux couples dont les forces électro-motrices sont E, E′ et les résistances R, R′. On introduit successivement dans chaque circuit un galvanomètre et un rhéostat, à l'aide duquel on rend la résistance plus grande ou moindre à volonté, en augmentant ou diminuant la longueur d'un fil normal dont la conductibilité est prise pour unité, et dont la température est constante; on aura dans les deux cas :

$$I = \frac{E}{R + r}, \quad I' = \frac{E'}{R' + r'}$$

r et r' étant les résistances interposées.

En faisant varier r et r' jusqu'à ce que la déviation de l'aiguille aimantée soit la même, on aura alors $I = I'$, d'où l'on déduit :

$$\frac{E}{E'} = \frac{R + r}{R' + r'}.$$

Or, comme on peut déterminer avec le rhéostat R et R′, ainsi que r et r', on en déduit $\frac{E}{E'}$; cette méthode exige que les couples soient à courant constant en intensité, ce qui n'a pas lieu la plupart du temps.

Voici, en effet, diverses circonstances qui se présentent : 1° Les coefficients de résistance de métaux et des liquides dépendant de la température ne peuvent être considérés comme constants; 2° il se produit aux changements de conducteur un courant secondaire dû à la polarisation des lames; 3° la constance dans l'action chimique n'est jamais parfaite en raison des changements qui ont lieu dans la température et dans la composition des liquides.

La formule de Ohm ne peut donc être considérée comme l'expression exacte du dégagement de l'électricité dans une pile hydro-électrique comme elle l'est dans une pile thermo-électrique, si ce n'est dans le cas de couples à courants constants, dont la température et la composition des liquides ne varient pas.

Une autre méthode pour trouver la force électro-motrice a été proposée par M. Fechner ; elle est d'un usage très-facile, et consiste à introduire dans les circuits des couples à comparer une résistance très-grande par rapport à celle de leurs circuits. Dans ce cas, les intensités de ces courants, mesurées par un galvanomètre ou un rhéomètre quelconque, sont proportionnelles aux forces électro-motrices des couples ; en effet, dans la formule :

$$I = \frac{E}{R + r}$$

si r est très-grand par rapport à R, le dénominateur peut être considéré comme constant dans toutes les expériences ; dans ce cas, I est proportionnelle à E. Ce procédé est employé dans un grand nombre de cas où l'on veut avoir des résultats immédiats.

Quand il s'agit de couples dans lesquels il se produit une polarisation, cette dernière se manifeste aussitôt que le circuit est fermé et avant que l'action électro-magnétique sur l'aiguille ne soit produite ; la force électro-motrice primitive à déterminer commence donc à diminuer aussitôt. C'est là une difficulté qu'on n'évite qu'en déterminant dans chaque circonstance l'effet de la polarisation, sans quoi les valeurs trouvées ne donnent pas la comparaison des forces électro-motrices.

Une autre méthode, proposée par M. Poggendorff, dite par compensation ou par opposition, est fondée sur ce principe que dans un circuit composé de plusieurs couples, agissant dans le même sens ou en sens inverse, l'effet produit est égal à un couple qui aurait pour force électro-motrice la somme ou la différence des forces électro-motrices et pour résistance la somme des ré-, sistances. En employant une force électro-motrice variable, on annule le courant d'un couple faisant partie du même circuit et la force électro-motrice du couple sera égale à celle du couple variable.

M. Poggendorff a employé comme couple constant le couple à acide nitrique ; mais, comme il est plus énergique en général que celui dont on veut évaluer la force électro-motrice, on joint ses deux pôles par le fil d'un rhéostat de manière à n'avoir qu'un courant dérivé dont on peut faire varier l'intensité.

M. J. Regnault a fait usage d'un procédé analogue au précédent, mais en faisant varier la force électro-motrice qu'il oppose à celle qu'il veut mesurer, non pas à l'aide d'un courant dérivé d'un couple constant, mais au moyen d'une pile thermo-électrique, bismuth, antimoine, d'un nombre variable d'éléments dont la force électro-motrice de chaque élément est très-faible et sert d'unité.

La formule de Ohm n'est exacte que dans certaines limites, et lorsque les causes de variations dans l'intensité du courant signalées plus haut n'ont pas lieu; pour l'appliquer dans toutes les différentes circonstances qui peuvent se présenter, il faut résoudre diverses questions importantes qui s'y rapportent; c'est ce qui a engagé M. Ed. Becquerel à se livrer à une série de recherches expérimentales [1]. Ces recherches comprennent les sujets suivants : 1° la force électro-motrice; 2° la polarisation des électrodes; 3° l'action des dissolutions les unes sur les autres dans les couples à deux liquides; 4° les forces électro-motrices produites dans ce cas; 5° les forces électro-motrices des principales piles; 6° la résistance à la conductibilité des corps et des diaphragmes poreux; 7° la résistance à la conductibilité des couples voltaïques en usage; 8° les effets chimiques d'une pile dont on connaît la force électro-motrice et la résistance; 9° l'évaluation de la dépense d'une pile d'une force électro-motrice donnée et d'une résistance également déterminée. Nous parlerons seulement ici de la force électro-motrice.

M. Ed. Becquerel a employé une méthode qui permet de distinguer et d'étudier séparément les différentes causes productrices du courant électrique, dans les couples que l'on compare; ce procédé a de l'analogie avec celui de Fechner, lequel consiste à introduire une résistance considérable dans le circuit; mais il en diffère en ce que l'on peut mesurer directement l'intensité des courants électriques entre des limites très-étendues. Ayant renoncé à se servir du galvanomètre, il a employé notre balance électro-magnétique [2] donnant des indications immédiatement proportionnelles aux poids employés pour rétablir l'équilibre des plateaux.

[1] Voir *Annales du Conservatoire des arts et métiers*, t. I, p. 267, 1860.
[2] BECQUEREL. — *Traité d'électro-chimie*, p. 16.

Il faut, pour que les forces électro-motrices des différents couples actifs soient comparables, que la résistance du circuit ne change pas et que l'aimantation des barreaux reste la même; mais, en opérant pendant peu d'instants seulement, l'intensité du courant étant très-faible, la température est alors peu élevée, il n'y a plus alors à considérer que les variations de température du fil et des barreaux qui pourraient provenir des changements dans la température de l'air ambiant. On dispose l'appareil de manière à opérer toujours dans les mêmes conditions thermo-métriques. M. Ed. Becquerel a pris pour unité de force électro-motrice celle résultant de l'action de l'eau acidulée par l'acide sulfurique sur le zinc pur. On pourrait aisément exprimer les résultats en prenant une autre unité, ce qui est facile à faire, à l'aide des tableaux qu'il a donnés.

On pourrait aussi comparer les forces électro-motrices des couples en comparant les tensions électro-statiques des électrodes, à l'aide d'électromètres d'une grande sensibilité; mais, si cette comparaison peut être effectuée pour des couples de grande force électro-motrice, elle ne peut convenir à ceux dont la force électro-motrice est faible; c'est ce qui nous a engagé à avoir recours, pour les recherches dont il sera question dans cet ouvrage, à la méthode suivante qui est capable de donner les plus faibles forces en même temps qu'elle est très-précise.

C'est une méthode d'opposition basée sur les effets d'une pile thermo-électrique dont on va donner la description. Elle est analogue à celle indiquée précédemment et qui consiste en ce que si, dans un circuit de résistance R, on a une force électro-motrice E à mesurer, et qu'on oppose dans le circuit un nombre d'éléments n, de couples dont la force électro-motrice e est prise pour unité, leur résistance étant r, on aura, au moment de l'équilibre, ou du zéro du galvanomètre de résistance R', interposé dans le circuit,

$$\frac{E - ne}{R + R' + nr} = 0 \quad \text{ou} \quad E - ne = 0.$$

C'est-à-dire

$$E = ne.$$

C'est donc, pour ainsi dire, comme dans toute méthode d'opposition, la tendance à la production du courant que l'on mesure plutôt que l'intensité du courant une fois établi; c'est la différence de tension électrique des parties en regard qui donne lieu au dégagement d'électricité.

Dans cette méthode, il est nécessaire que e soit constant et assez petit pour que les variations de E, dans les diverses circonstances des expériences, puissent être observées.

Après avoir essayé des piles hydro-électriques de faibles intensités qui nous avaient servi précédemment, telles que les piles à zinc, zinc amalgamé, sulfate de zinc [1] qui ont le défaut de se polariser, ainsi que des piles de bismuth, argent, chlorure de bismuth, etc., très-commodes dans leur emploi, à un seul liquide comme la précédente, et dont la force électro-motrice est faible puisqu'elle n'est environ que le $\frac{1}{3}$ de celle du couple à cadmium, mais n'est pas tout à fait constante, on a construit une pile thermo-électrique dont les éléments sont des fils de fer étamés et des fils de maillechort, mais en rapportant toujours les intensités à celles de la pile constante zinc amalgamé, sulfate de zinc, cadmium, sulfate de cadmium.

On sait que cette pile avec les dissolutions salines concentrées à 10° dont les densités sont 41° Beaumé pour le sulfate de cadmium et 40° B pour le sulfate de zinc est constante; sa force électro-motrice est 0,324 de la pile zinc amalgamé sulfate de zinc, cuivre sulfate de cuivre. On a rapporté dans cet ouvrage les forces électro-motrices au $\frac{1}{100}$ de celle de la pile hydro-électrique à cadmium, prise pour unité [2].

La pile thermo-électrique représentée dans la figure ci-jointe se compose de barreaux de forme rectangulaire ABCD, constitués eux-mêmes par des fils de maillechort et des fils de fer étamés, de $1^{mm}5$ de diamètre, entourés de coton pour les isoler et réunis au moyen de cordons de coton pour présenter deux pôles extrêmes a et b. Chaque barreau se compose de quinze éléments fer maillechort; les extrémités des soudures A et D sont bien isolées les unes des autres et libres; pour éviter tout contact, les branches BA et CD plongent dans des éprouvettes en

---

[1] Voir *Comptes rendus*, t. LXX, p. 74, 1870.

[2] Si l'on voulait comparer cette unité avec l'unité proposée en Angleterre qui porte le nom de *volt* et qui est égale à 10^5 unités absolues électro-magnétiques de force électro-motrice, comme ce volt d'après M. W. Thomson est de 0,9268 de la pile à sulfate de cuivre et que cette pile est $\frac{1}{0,324}$ de la pile à cadmium, il en résulte que 1 volt vaudrait $\frac{0,9268}{0,324} = 2,8605$ d'un élément de la pile à cadmium; on voit que le couple à cadmium vaudrait 0,3496 volt ou un peu plus de $\frac{1}{3}$ de volt; c'est la 100° partie de cette valeur qui est notre unité.

verre, et un peu de liége et de coton cardé empêchent que les
éprouvettes ne quittent ces branches et s'opposent à tout mouvement de l'air autour des soudures. Les branches AB, CD, ont

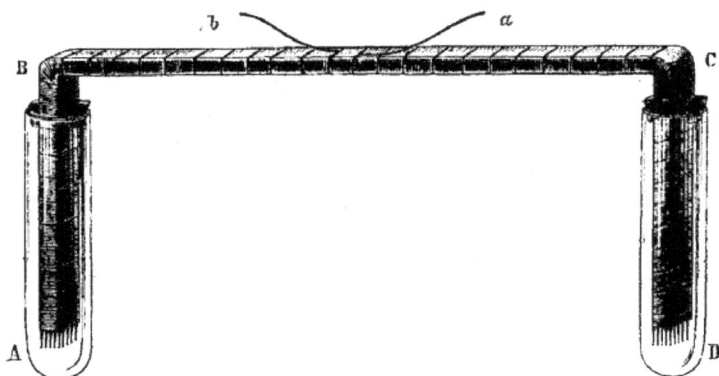

Fig. 2.

12 centimètres de longueur, et CB 30 centimètres; de sorte que
la longueur totale des fils qui constituent les éléments thermo-
électriques est de 55 centimètres.

On dispose un certain nombre de barreaux ou de groupes de
chacun quinze éléments fer maillechort à côté les uns des autres,
comme le représente la figure 3, de façon que les extrémités
B, B', B'', etc., soient à la même hauteur et très-près l'une de
l'autre sans se toucher, de même que les extrémités C, C', C'', etc.

Toutes les éprouvettes en verre, d'un même côté, plongent dans
un enfoncement d'une petite cuve en laiton mince M, et se tiennent verticales. Cette caisse est exactement close de toutes parts,
sauf les deux ouvertures f et g par où arrive et sort un courant
de vapeur d'eau formé par un ballon F placé sur le feu, de sorte
que pendant toute une journée les extrémités A, A', A'' des barreaux sont maintenues à une température très-voisine de celle
de l'ébullition de l'eau, c'est-à-dire de 100°; afin que les éprouvettes elles-mêmes soient près de cette température, de la glycérine est versée dans l'enfoncement quadrangulaire de la cuve
M où se trouvent les éprouvettes, de sorte que celles-ci baignent
dans ce liquide qui est maintenu à la température de l'eau
bouillante, mais ces soudures à l'intérieur des éprouvettes
restent libres et entourées d'air.

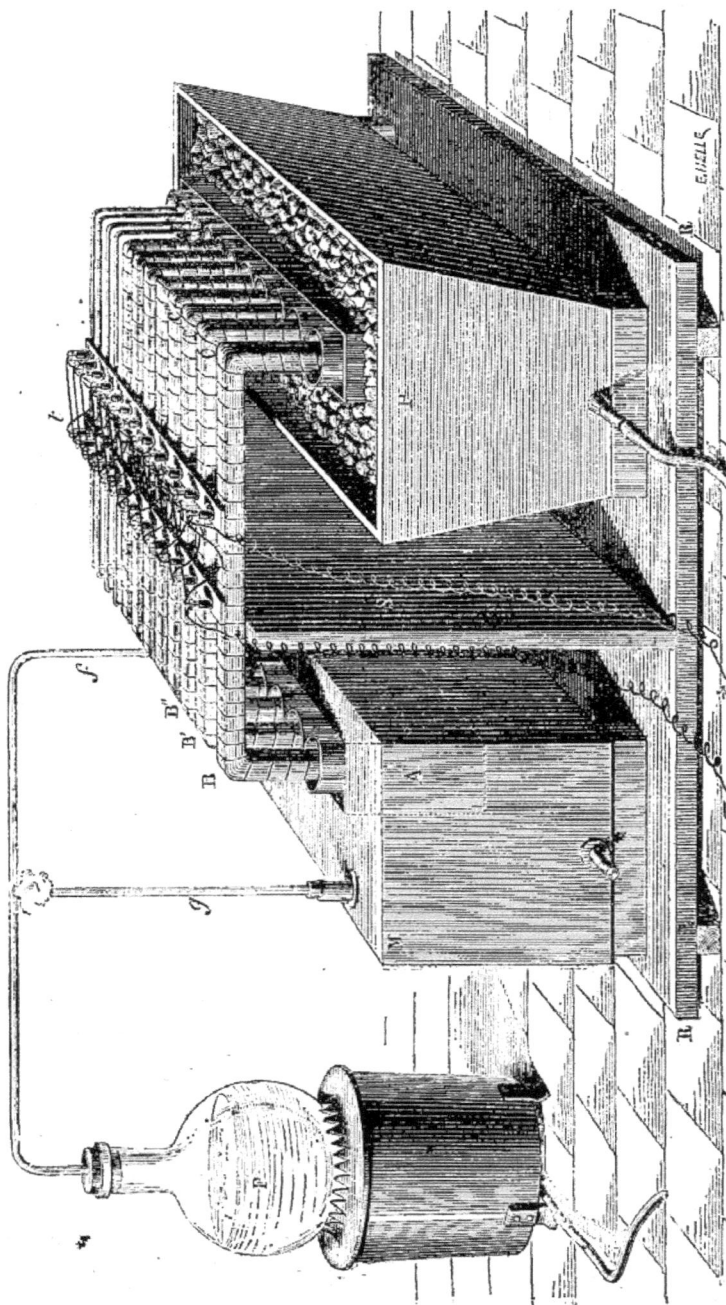

Fig. 3.

Les éprouvettes qui contiennent les autres extrémités D, D', etc., des barreaux, sont maintenues dans une petite boîte rectangulaire *l*, placée elle-même dans une cuve en bois P dans laquelle on maintient toujours de la glace; cette petite cuve contient aussi de la glycérine, de sorte qu'au bout de quelque temps les soudures libres placées au milieu des éprouvettes sont sensiblement à 0°. Un thermomètre plongé dans la glycérine indique en effet que la température est peu différente de celle de la glace fondante, à peine est-elle quelquefois $\frac{1}{2}$ ou 1°.

On est assuré ainsi que chaque barreau a une partie de ses soudures à 0°, l'autre à 100°· ou très-près; du reste, connaissant la différence constante de température T des soudures, et multipliant les nombres obtenus par le rapport de T à 100, on les ramène à ce qu'ils seraient si les soudures avaient en réalité 0° et 100°.

Les deux cuves M et P sont placées sur une planche en bois RR; et une autre planche en bois S, tout en séparant les deux cuves, s'oppose au rayonnement de la chaleur et supporte les barreaux B*c*, B'*c'*, etc. En outre un système de petits tubes en verre remplis de mercure *t*, *t*, fixés sur deux petites planches et placés sur les barreaux, servent à recevoir les extrémités polaires des fils de chaque barreau et permettent de faire varier le nombre des couples que l'on veut interposer dans un circuit déterminé.

Afin de pouvoir faire les différents appoints possibles à la détermination des forces électro-motrices, il y a six barreaux de chacun quinze éléments fer-maillechort; puis un barreau formé de huit éléments, un de quatre, et quatre d'un élément; cela forme cent six éléments fer-maillechort.

Des expériences répétées ont donné à plusieurs reprises 202 pour le nombre de couples construits comme précédemment et entre 0° et 100°, nécessaire pour faire l'équivalent de la pile zinc cadmium; tant que les forces électro-motrices à comparer sont donc inférieures à cent six, nombre des couples de la pile, on se sert directement de cette pile; mais quand ce nombre dépasse cent six, on interpose un couple à cadmium en sens inverse du courant à mesurer, on rend le courant de la pile thermo-électrique de même sens que celui que l'on veut mesurer, de sorte qu'on opère par différence et que l'on peut avoir tous les nombres compris entre cent six et deux cent deux. Au delà on interpose des couples d'une petite pile hydro-électrique à cadmium qui est toujours montée et qui doit être placée à côté de la pile thermo-électrique pour la détermination des forces électro-motrices.

On avait employé, avant les expériences faites avec la pile thermo-électrique fer-maillechort, une pile thermo-électrique, alliage de bismuth et cuivre, construite à peu près d'après les mêmes principes. L'alliage de bismuth indiqué par M. Ed. Becquerel[1] qui a une force électro-motrice plus du double de celle du bismuth ordinaire permettrait une comparaison facile des forces électro-motrices ; il ne fallait, en effet, que cent couples pour faire l'équivalent d'un couple hydro-électrique à cadmium ; mais M. Ed. Becquerel a reconnu que les alliages ne prennent un état électrique constant qu'après un recuit très-prolongé, et il lui a semblé préférable de se servir des métaux très-malléables parfaitement recuits, donnant des résultats qui, jusqu'ici, ont semblé ne pas varier sensiblement.

Pour montrer entre quelles limites sont comprises les forces électro-motrices des principaux couples employés généralement à la température ordinaire, nous donnons les résultats auxquels M. Ed. Becquerel a été conduit dans les recherches indiquées plus haut : la force électro-motrice du couple de Grove zinc amalgamé, eau acidulée par l'acide sulfurique à $\frac{1}{10}$ et platine acide azotique à 36°, étant prise comme égale à 100[2].

[1] Voir *Annales du Conservatoire des arts et métiers*, t. VI, p. 556, 1866 ; et *Annales de chimie et de physique*, t. VIII, p. 389.

[2] Voir pour d'autres couples *Annales du Conservatoire des arts et métiers*, t. I, p. 257, 1860.

COUPLES		FORCES ÉLECTRO-MO-TRICES.
ÉLECTRODES.	LIQUIDES DES COUPLES.	
Couples à acide azotique.	Platine............ Zinc amalgamé........	Acide azotique. Eau acidulée par l'acide sulfurique au $\frac{1}{15}$.	100
	Charbon de cornue.... Zinc amalgamé........	Acide azotique. Eau acidulée par l'acide sulfurique au $\frac{1}{15}$.	Variable de 97,50 à 99
Couples à sulfate de cuivre.	Cuivre............. Zinc amalgamé.......	Dissolution saturée de sulfate de cuivre. Dissolution saturée de sulfate de zinc.	58,5
Couples à chlorure d'argent.	Argent............. Zinc amalgamé........	Chlorure d'argent précipité. Eau salée.	51
Couples à sulfate de plomb.	Plomb............. Zinc amalgamé........	Sulfate de plomb précipité. Eau salée.	entre 29 et 30
Couples à sulfate de cadmium.	Cadmium........... Zinc amalgamé.......	Dissolution saturée de sulfate de cadmium. Dissolution saturée de sulfate de zinc.	19

Le couple à bichromate de potasse, ayant pour électrodes le zinc amalgamé et le charbon, a une force électro-motrice peu différente de celle du couple à acide azotique. Le couple à sulfate de mercure, ayant pour électrodes le zinc amalgamé et le charbon qui se couvre de mercure, a une force électro-motrice intermédiaire entre celle du couple à acide azotique et celle du couple à sulfate de cuivre, et peu différente de 72 à 74, mais il se polarise très-rapidement quand il fonctionne ; ce couple n'est donc pas, à proprement parler, un couple à courant d'intensité constante. Cependant il paraît que, lorsque son circuit reste ouvert, sa force électro-motrice peut conserver la même valeur [1].

On verra dans le cours de cet ouvrage que nous comparerons

[1] *Journal de physique*, t. II, p. 355, 1873.

des forces électro-motrices qui, n'étant que de quelques centièmes de celle du couple à cadmium, sont à peine de 4 à 5 millièmes de celle du couple à acide nitrique.

CHAPITRE IV.

SOURCES DE CHALEUR.

La chaleur est due à un mouvement vibratoire des molécules
des corps, transmis aux corps voisins, soit par contact de molécule à molécule, par voie de conductibilité, soit à distance par
voie de rayonnement, comme la lumière, par l'intermédiaire du
milieu éthéré qui pénètre la matière.

Les sources de chaleur sont naturelles et permanentes, et proviennent du rayonnement des astres, ou bien elles sont dues au
déplacement des molécules des corps par des actions mécaniques, physiques, chimiques ou physiologiques.

§ Ier. — *Sources naturelles.*

Le soleil, qui est encore incandescent, envoie des rayons lumineux et calorifiques, dans tous les sens; ceux qui traversent notre
atmosphère sont absorbés en partie par l'air qu'ils échauffent.
C'est à l'aide de cette chaleur absorbée pendant le jour et qui
est restituée pendant la nuit à tous les corps qui recouvrent la
surface terrestre, que la portion de la terre privée des rayons
solaires n'est pas exposée à un refroidissement excessif dû au
rayonnement dans l'espace.

On a déterminé la quantité de chaleur envoyée par le soleil en
cherchant l'élévation de température d'un poids déterminé d'un
corps, dans un temps donné, par l'influence des rayons de cet
astre. De Saussure et J. Herschel ont fait des expériences à ce
sujet, mais les plus complètes sont celles de Pouillet [1]. Voici les
résultats auxquels il a été conduit :

1° A chaque instant, sur la partie de l'hémisphère éclairée par
le soleil, la portion de la chaleur qui arrive au sol est comprise
entre 0^m5 et 0^m6, et celle qui est absorbée est comprise entre

---

(1) *Compte rendu de l'Académie des sciences*, t. VII, p. 52.

$0^m 5$ et $0^m 4$; la terre ne reçoit donc par suite de la présence de l'atmosphère que la moitié environ de la chaleur envoyée par le soleil.

2° La quantité totale de chaleur que reçoit la terre du soleil serait telle que cette quantité, transformée en glace fondue, serait capable de fondre une couche de $29^m 3$ de glace répandue sur toute sa surface; mais en réalité, par suite de la présence de l'atmosphère, il n'y a que la moitié de cette chaleur reçue sur le globe; d'où il suit que la quantité de chaleur que reçoit la surface de la terre, en un an, serait capable de fondre une couche de glace de 15 mètres d'épaisseur, répartie uniformément sur la terre; cette quantité de chaleur n'est que de $\frac{1}{2.381.000}$ de la chaleur qui rayonne de toute part du soleil dans les espaces célestes. Des déterminations expérimentales ont été faites depuis par des moyens analogues, et les résultats obtenus conduisent à des conséquences peu différentes des précédentes.

La terre, enveloppée de son atmosphère, est isolée au milieu de l'espace et exposée à l'irradiation du soleil et des astres innombrables qui sont à des distances immenses de nous; la chaleur solaire a cessé de s'y accumuler et n'y pénètre plus qu'à une petite profondeur pour y maintenir l'inégalité des climats et les alternatives des saisons.

La chaleur stellaire est celle qu'émettraient tous les astres, si le soleil, la terre et les planètes, c'est-à-dire si notre système planétaire n'existait pas; elle serait, suivant Fourier, celle des limites extrêmes de l'atmosphère, et inférieure par conséquent à la plus basse température observée à la surface de la terre, laquelle est de 60° au-dessous de zéro.

Quant à la chaleur propre de la terre, elle est d'origine comme celle du soleil. Cette chaleur ne se dissipe qu'avec une lenteur extrême dans l'atmosphère et, par suite, dans les espaces célestes. En ce qui concerne la température de la partie centrale de la terre, elle est inconnue; nous savons seulement qu'elle est très-considérable, à en juger par celle des laves rejetées par les volcans.

§ II. — *Actions mécaniques.*

Les principales actions mécaniques qui dégagent de la chaleur sont le frottement et la compression, et les effets peuvent être observés avec les solides, les liquides et les gaz. Un grand nombre d'exemples le démontrent d'une manière évidente. Il est prouvé maintenant que la quantité totale de chaleur produite dans ces actions est indépendante des substances soumises au frottement ou à la compression ; elle est proportionnelle à la force employée, pourvu toutefois qu'il n'y ait aucun changement moléculaire permanent dans les corps. Lorsque cette dernière condition est remplie, on admet que lorsque le travail fait équivaut à 425 kilogramètres, la quantité de chaleur produite est égale à 1 calorie ou à la quantité de chaleur nécessaire pour élever 1 kilogramme d'eau de zéro à 1 degré. C'est le nombre auquel on a donné le nom d'équivalent mécanique de la chaleur.

Il résulte de là que tout travail exécuté engendre de la chaleur, et que tout travail détruit équivaut à une certaine quantité de chaleur absorbée. On comprend alors comment il se fait qu'un changement permanent dans la position des molécules doit correspondre à un certain travail produit, et par conséquent à une certaine quantité de chaleur absorbée ; dès lors, on ne peut calculer l'équivalent mécanique de la chaleur qu'à l'aide des corps qui frottent l'un contre l'autre, sans changer d'état, ou de substances qui se compriment comme les gaz, sans changer de constitution.

Cependant, dans le frottement, si la somme totale de chaleur dégagée est toujours équivalente au travail exécuté, il est intéressant de connaître comment la répartition de la chaleur a lieu entre les corps en présence : l'effet doit dépendre de leur conductibilité, de leur capacité pour la chaleur et de l'état de leurs surfaces de contact ; c'est ce dont nous nous sommes occupé dans un travail, à l'aide d'un appareil[1] composé d'une pile thermo-électrique en relation avec un multiplicateur à fil court très-sensible. On opère avec deux corps de même nature, mauvais conducteurs de la chaleur, de mêmes dimensions, taillés en rondelles et ne présentant de différence que dans l'état de leur surface. Ces corps sont fixés à l'une des extrémités d'une tige isolante ; on les presse l'une contre l'autre en exerçant un mouvement de rotation aussi régulièrement qu'il est possible ; les deux disques sont séparés ensuite rapidement et mis en contact, chacun d'eux, avec une des faces de la pile thermo-électrique.

(1) *Traité de physique dans ses rapports avec la chimie et les sciences naturelles*, t. I, p. 458.

Voici les résultats obtenus dans plusieurs séries d'expériences. Dans le tableau suivant, les signes + et — dans chaque groupe, placés à côté de chaque corps, indiquent ceux qui ont reçu plus ou moins de chaleur par le frottement.

SUBSTANCES FROTTÉES.		DÉVIATIONS DE L'AIGUILLE AIMANTÉE.	DÉVIATIONS PRODUITES PAR CHAQUE CORPS EN PARTICULIER.	INTENSITÉ DES COURANTS.	RAPPORTS DES INTENSITÉS.
Verre poli	+	38,41,42	34	44	8
Liége	—		5	5	1
Argent	+	32,33,35,33	50	119	9,2
Liége	—		12	12	1
Argent	+	1er instant : 32,0,2,5,10	»	»	»
Verre poli	—	2e instant : 9,8,13,11	»	»	»
Caoutchouc	+	30	29	34	3,2
Liége	—		11	11	1
Verre dépoli	+	43	40	62	8,1
Liége	—		7	7	1
Fer	+	64	6	6	1
Liége	—		53	118	19,7

Les résultats consignés dans la dernière colonne de ce tableau montrent que l'on peut arriver, par la méthode indiquée, à résoudre une foule de questions relatives à la chaleur dégagée dans le frottement de deux corps l'un contre l'autre.

Quant au rapprochement à faire entre la chaleur dégagée dans les actions mécaniques et l'électricité qui devient libre en même temps, il est très-difficile de le faire, car, quels que soient les corps en présence, la même quantité de travail produit toujours la même quantité de chaleur, tandis que l'électricité ne se dégage que s'il y a dissymétrie entre les surfaces en contact. Le principe de l'équivalence des forces physiques indique peut-être que, dans les actions où l'électricité est produite, elle équivaut aussi à un certain travail absorbé ou détruit, et, dès lors, on comprendrait que la somme totale de l'électricité et de la chaleur fût équivalente à la force employée pour produire l'action mécanique, cause des effets observés.

§ III. — *Actions capillaires et électriques.*

Les principales actions physiques, si l'on fait abstraction des changements d'état dont nous ne parlerons pas ici, sont les actions moléculaires et en particulier les actions capillaires, ainsi que l'action électrique.

On doit à Pouillet des expériences très-intéressantes pour montrer que l'absorption de liquides par des substances pulvérisées donne un développement de chaleur souvent de quelques degrés de température au-dessus de celle des substances en présence ; il convient même, pour que les effets soient plus marqués, de pulvériser en poussière très-fine les substances destinées aux expériences, afin de multiplier les points de contact avec les liquides qui doivent les mouiller. La chaleur dégagée dans ces conditions est sans doute due à une action physique moléculaire exercée sur le liquide qui pénètre ainsi dans les espaces capillaires.

Quant aux effets calorifiques dus à l'électricité, ils se manifestent toutes les fois que l'électricité se propage dans les corps, soit sous forme de décharge, soit à l'état de courant ; dans le premier cas, l'effet calorifique est même suffisant pour porter le gaz à l'incandescence ; la propagation de l'électricité, comme on sait, ne peut avoir lieu que par la matière, et alors ce phénomène est toujours accompagné du mouvement moléculaire qui est cause de la chaleur.

Les lois de la production de la chaleur, dans ce cas, sont simples et peuvent s'exprimer ainsi : la quantité de chaleur produite par le passage de l'électricité, dans un corps, est proportionnelle au carré de la quantité d'électricité qui passe dans un temps donné et également proportionnelle à la résistance que le corps oppose au passage de cet agent.

Lorsque la résistance des corps est très-grande, ainsi que la tension de l'électricité, alors la chaleur produite est énorme, et la température peut atteindre la plus haute limite à laquelle il nous soit donné de parvenir. On sait, en effet, que l'arc polaire d'une puissante pile voltaïque, ainsi que les décharges d'un condensateur, nous donnent des températures plus élevées que par tout autre moyen chimique ou physique.

Les recherches faites dans le but de déterminer la quantité de chaleur dégagée dans les couples voltaïques, tant par suite des réactions intérieures d'un couple que dans le circuit lui-même, ont été le sujet de travaux de plusieurs physiciens. M. Delarive[1] a observé que, lorsqu'on se sert d'un seul couple, dont le courant continu traverse des fils métalliques plus ou moins fins, la somme des quantités de chaleur développée dans le fil et dans le liquide du couple est constante pour une même quantité d'électricité; seulement, suivant la grosseur du fil, c'est tantôt l'une, tantôt l'autre de ces deux quantités qui est plus considérable, et ce qui semble toujours déterminer le degré de réchauffement des différentes parties d'un circuit voltaïque, c'est la résistance qu'elles présentent.

M. Favre[2], qui a traité le même sujet, a déterminé en outre directement la quantité de chaleur produite dans les actions chimiques, afin de voir si cette quantité était moindre ou plus grande, lorsqu'on fermait le circuit des couples, pour laisser circuler l'électricité en dehors; il est arrivé, à la suite d'expériences nombreuses, à la même conclusion que M. Delarive.

M. Ed. Becquerel[3] a montré que cette loi, ainsi que celle qui avait été indiquée par M. Joule, se déduisait des lois de l'échauffement du conducteur par les courants électriques et du dégagement de l'électricité; il a démontré, en effet, à l'aide de ces lois simples, que l'on en déduisait par une formule les deux conclusions suivantes :

1° La quantité de chaleur produite dans le circuit total d'un couple, par le passage d'une quantité donnée d'électricité, est indépendante de la résistance de ce couple;

2° La quantité de chaleur provenant de l'action chimique exercée par un équivalent d'un corps, dont l'altération donne lieu au courant électrique d'un couple, est proportionnelle à la force électro-motrice de ce couple.

D'après ces résultats et les travaux importants de MM. Joule, Mayer, Clausius, Thomson, Régnault, Soret, Grove et le Roux, on doit faire entrer, comme élément, dans la discussion des ac-

[1] *Archives de l'électricité*, Genève, t. III, p. 178.
[2] *Annales de chimie et de physique*, 3e série, t. XL, p. 293.
[3] *Annales de chimie et de physique*, 3e série, t. XLVIII, p. 252.

tions dynamiques la considération suivante, savoir : que, pendant le développement d'actions dynamiques produites à la suite de phénomènes calorifiques, il y a une certaine quantité de chaleur qui devient latente, tant que l'action dynamique s'exerce, et redevient sensible quand le travail moteur n'a plus lieu ; la chaleur doit être considérée comme une force vive qui peut produire de l'électricité, du mouvement, des élévations de température, etc., mais qui n'est capable que d'une certaine somme d'action que l'on peut appliquer à tel ou tel travail moléculaire.

§ IV. — *Actions chimiques.*

L'étude des quantités de chaleur dégagée dans les actions chimiques forme une des parties les plus importantes de la calorimétrie, non-seulement en vue des questions théoriques qui se rapportent à la constitution des corps, mais encore sous le rapport des sources puissantes auxquelles elle conduit et que l'industrie utilise dans des circonstances si variées. Les combustions ne sont autres, en effet, que des actions chimiques qui sont plus ou moins énergiques, suivant la nature des corps qui se combinent.

On peut dire que, toutes les fois que deux corps réagissent chimiquement l'un sur l'autre, il y a production de chaleur et d'électricité, deux effets qui sont toujours concomitants ; la quantité de chaleur devenue libre dépend de l'intensité des affinités, de la capacité calorifique des corps ainsi que de celle du composé formé, selon qu'il est à l'état solide, liquide ou gazeux.

Lorsque l'on combine ensemble deux corps ayant une forte capacité calorifique et que le composé en a une faible, une portion de la chaleur spécifique devient libre, et, si ce composé est liquide, une portion de chaleur latente est employée à maintenir la liquidité.

Si le volume du composé est égal à la somme des volumes des composants, sa capacité pourrait s'approcher d'être égale à la somme des deux autres ; mais, comme il y a ordinairement condensation, le volume des composés doit être nécessairement diminué. Dans ce cas, il y a émission de chaleur ; mais cette émission n'est pas en rapport avec la réduction de volume ; il y a là quelque chose qui a échappé à nos investigations et dont on n'a pu donner encore une explication entièrement satisfaisante, en tenant même compte de la chaleur latente correspondant aux changements de densité ou d'état que paraissent éprouver les composants et qui sont souvent en sens inverse de ce qu'ils devraient être pour fournir de la chaleur sensible.

Nous ne citerons qu'un seul exemple, qui est caractéristique : la combinaison de 1 kilogramme de carbone, par sa combustion avec l'oxygène, produit 7914 unités de chaleur, c'est-à-dire autant qu'il en faut pour élever de 1° la température de 7914 grammes d'eau. Dans cette combinaison, le volume du gaz acide carbonique formé est le même que celui du gaz oxygène employé à la même température, et le carbone a passé de l'état solide à l'état gazeux, ce qui est une cause d'absorption de chaleur latente. D'un autre côté, l'acide carbonique, à volume égal, a une chaleur spécifique plus grande que l'oxygène; il se passe donc là quelque effet qui nous échappe.

Il paraîtrait seulement que, quelle que soit l'idée qu'on se fasse de la cause de la chaleur, les atomes qui sont associés à une certaine quantité de chaleur, quand ils sont libres, perdent en se combinant une certaine portion de cette chaleur, qui devient chaleur sensible ou chaleur latente, selon le cas. On est d'autant plus porté à admettre cette hypothèse, qu'il est à croire que les atomes qui possèdent une grande quantité d'électricité naturelle en perdent une portion dans les combinaisons et qu'ils la reprennent quand ils en sortent.

La question des lois du dégagement de la chaleur dans les actions chimiques ne peut être résolue que lorsqu'on connaît la chaleur spécifique des substances que l'on soumet à l'expérience. Lavoisier et Laplace ont commencé à s'occuper de ce sujet à l'aide du calorimètre à glace; leurs recherches ont été continuées ensuite par divers physiciens et chimistes qui ont employé des méthodes différentes, notamment celle des mélanges.

Nous citerons seulement, parmi les recherches faites sur la chaleur dégagée dans les actions chimiques, celles de MM. Dulong, Despretz, Fabre et Silberman, Hess, Andrew et Berthelot. Nous parlerons plus loin des questions relatives à la physiologie.

CHAPITRE V.

SOURCES DE LA LUMIÈRE.

La lumière est due à un mouvement vibratoire des molécules des corps, dont la vitesse acquiert une grandeur suffisante pour produire ce phénomène, et qui est transmis de ces corps à la rétine par l'intermédiaire du milieu éthéré qui les entoure et qui les pénètre. Ces sources sont nombreuses, bien que la cause première de sa production soit la même ; les moyens de produire ces vibrations qui doivent acquérir une certaine vitesse, pour donner lieu au phénomène de lumière, sont seuls différents [1].

On peut distinguer parmi les sources lumineuses :

1° *Le soleil, les astres et les phénomènes météoriques ;*
2° *La phosphorescence ;*
3° *L'incandescence.*

§ 1. — *Sources d'origine météorique.*

Les sources lumineuses d'origine météorique sont les astres comme le soleil, les étoiles, les comètes, les nébuleuses, ainsi que les météores tels que la lumière zodiacale, les bolides, les aurores polaires et les effets électriques produits dans les orages. Celle qui pour nous est la plus puissante est le soleil, dont les rayons transportent avec eux dans l'espace non-seulement le pouvoir d'éclairer et de rendre visibles d'autres corps, mais encore le pouvoir d'échauffer et de produire une foule de réactions chimiques, sources de la vie, propriétés sans lesquelles le globe terrestre, réduit au rayonnement des autres astres, serait privé d'êtres vivants.

Les flammes les plus vives et les corps solides transparents à l'état d'incandescence ne semblent être que des taches noires quand on les interpose entre l'image du disque solaire et les yeux. La lumière de l'arc voltaïque se rapproche par son intensité de la lumière solaire, quoiqu'elle soit également plus faible que celle-ci, et on ne peut comparer la lumière émanée du soleil qu'à celle des vives étincelles produites dans les décharges électriques.

---

[1] Ed. Becquerel. — *La lumière, ses causes et ses effets,* 1867, t. I.

L'hypothèse la plus probable pour expliquer ces effets consiste à admettre que ces sources lumineuses stellaires sont dues à l'incandescence des matières solides, liquides ou gazeuses, produite à l'origine ou maintenue par des causes qui sont encore inconnues; quant aux effets des orages ou de l'aurore polaire, ils sont dus à l'action de décharges électriques, et dès lors ils doivent également être rangés parmi les phénomènes d'incandescence ou effets dont il sera question à propos des sources de la troisième classe, puisque la lumière électrique elle-même est due à l'incandescence de la matière.

§ II. — *Phosphorescence.*

On comprend habituellement sous le nom de phénomènes de phosphorescence des phénomènes différents, quant à l'origine, mais en vertu desquels un grand nombre de corps ont la faculté de devenir des sources lumineuses. La lumière qui se produit alors, et qui est plus ou moins vive et diversement colorée, est analogue à celle que répand le phosphore dans l'air; elle apparaît spontanément dans plusieurs végétaux et dans des liquides d'origine animale comme dans les lampyres et les fulgores; elle se manifeste dans le frottement des corps comme le quartz, le diamant, ou en chauffant des minéraux comme le diamant, le spath-fluor, la chaux phosphatée, etc.; enfin, on peut l'observer encore dans d'autres circonstances très-remarquables quand les corps sont soumis préalablement à l'action de la lumière, et alors, véritables diapasons lumineux, ces corps conservent pendant des temps très-variables, suivant leur nature et leur constitution, l'impression que la lumière exerce sur eux.

Végétaux.

Un grand nombre de matières végétales peuvent devenir lumineuses après la cessation de la vie [1]. On rencontre accidentellement des tiges de bois, des fragments de poutres se trouvant dans des endroits humides, ayant perdu leur force de tissus et qui sont lumineux ; des brindilles de bois et des feuilles peuvent présenter les mêmes effets, ainsi que des tubercules et des fruits quand ils commencent à se décomposer. Ces matières

---

[1] ÉD. BECQUEREL. — *La lumière, ses causes et ses effets*, t. I, p. 409, 1867.

cessent de luire dans le vide ou dans un milieu privé d'oxygène, pour reprendre leur propriété quand elles se retrouvent dans l'air. En même temps, il y a émission d'acide carbonique; il est donc probable qu'une sorte de combustion lente est cause de l'émission lumineuse de ces matières végétales; en tout cas elle l'accompagne toujours.

Si la plupart des débris végétaux peuvent donner une émission de lumière quand ils sont dans un certain état d'altération, il n'y a qu'un petit nombre de plantes qui pendant leur vie manifestent ce phénomène, et encore ne se produit-il que dans des circonstances déterminées et non pas dans toutes les phases de la vie végétale. On peut citer plusieurs champignons, tels que les rhizomorphes, ainsi que certains agarics, comme celui de l'olivier, qui ont été le sujet des recherches les plus nettes.

La chaleur et la dessiccation peuvent influer sur la production de la lumière comme sur les bois lumineux; quand ces végétaux sont desséchés, ils cessent de luire; de même ce phénomène exige la présence de l'oxygène. Dans ces végétaux vivants comme après la mort, il se produit une réaction chimique, une combustion lente, qui n'est accompagnée d'émission lumineuse que dans des conditions déterminées.

Animaux.

Les matières animales après la mort peuvent devenir bien plus aisément phosphorescentes que les matières végétales. Presque tous les poissons marins ainsi que les mollusques sont dans ce cas, pourvu que la température extérieure soit de 8 ou 10° et qu'ils soient simultanément exposés à l'influence de l'humidité et de l'oxygène de l'air. Les divers effets observés ne peuvent s'expliquer qu'en admettant, comme pour les végétaux, une sorte de décomposition en vertu de laquelle l'oxygène brûle la matière organique et donne lieu à une combustion lente, source de la lumière émise.

Il existe un très-grand nombre d'animaux vivants phosphorescents, et on est loin de les connaître tous; les animaux marins surtout l'emportent beaucoup par le nombre des espèces qui présentent ces phénomènes.

Les animaux terrestres lumineux sont en moins grand nombre et appartiennent presque tous à la classe des insectes; on peut citer parmi eux les lampyres de nos pays et plusieurs espèces de pyrophores de la famille des élatères. Pour les animaux vivants comme pour les matières organiques animales et végétales, l'oxygène est nécessaire à la production de la lumière, qui serait alors le résultat d'une action chimique, mais que dominerait la volonté de l'animal, puisque celui-ci a la faculté de diminuer insensiblement la lumière émise jusqu'au point de la faire disparaître tout à fait.

La phosphorescence de la mer, si brillante parfois surtout dans les mers tropicales, est due à la lumière émise par une foule d'infusoires et d'animalcules, qui à certaines époques donnent lieu à ce phénomène d'une manière plus ou moins marquée.

Phosphorescence par frottement, percussion, cristallisation.

Lorsque l'on imprime aux molécules des corps par le frottement ou la percussion un mouvement vibratoire dont la vitesse est suffisante, il peut y avoir émission de lumière. Un grand nombre de minéraux, de pierres précieuses, comme le diamant, le spath-fluor, la chaux phosphatée, jouissent de cette propriété. Lorsqu'on clive dans l'obscurité une lame de mica, on aperçoit une faible lueur qui doit être rapportée à la même cause. On remarque aussi qu'il se manifeste un dégagement d'électricité.

La cristallisation d'un certain nombre de sels donne lieu, au sein même du dissolvant, à une émission de lumière qui est d'autant plus curieuse qu'elle se produit au moment même de la formation de chaque cristal ; ce sont comme de petites étincelles qui marquent la place où se dépose chacun d'entre eux à certains moments ; quand cette formation est rapide, on voit le vase illuminé. La cristallisation de l'acide arsénieux vitreux, préalablement dissous dans l'acide chlorhydrique étendu, donne lieu à ce phénomène. Dans ce cas, les cristaux déposés dans la dissolution sont à l'état opaque, au lieu d'être transparents comme auparavant ; ce serait donc à un changement d'état moléculaire produit lors de la cristallisation qu'il faudrait attribuer la production de lumière.

D'autres sels solubles dans l'eau, comme le sulfate de soude et de potasse, mais préalablement fondus ensemble, peuvent donner des effets du même genre, en changeant également d'état moléculaire au moment de la cristallisation.

Phosphorescence par élévation de température.

Quand on élève la température de certaines substances, elles commencent à émettre de la lumière dans l'obscurité à une température bien inférieure à la température rouge où tous les corps deviennent lumineux par incandescence : quelques-uns, comme certains diamants, ainsi que des spaths-fluor colorés, présentent même une émission de lumière à une température qui n'atteint pas 100° ; on dit alors que ces substances sont phosphorescentes par l'action de la chaleur. Un très-grand nombre de corps jouissent de la même propriété, mais à un moindre degré que le spath-fluor ; parmi eux on distingue les composés à bases alcalines et terreuses ; quant aux substances métalliques en général et aux métaux, ils ne la possèdent pas.

Dans tous ces corps il se produit le même effet qu'avec le spath-fluor, c'est-à-dire que si l'action de la chaleur a été suffisamment élevée et prolongée, la phosphorescence est détruite. On doit considérer ce phénomène comme provenant d'un changement moléculaire que la chaleur produit, et qui, une fois opéré dans le corps, à moins de circonstances spéciales, ne se rétablit pas de lui-même. Ces circonstances sont une insolation suffisante ou l'action de décharges électriques énergiques. Il y a ainsi une différence essentielle entre l'émission lumineuse opérée de cette manière, et celle que l'incandescence fait naître, puisque celle-ci persiste tant que la température est supérieure au rouge, tandis que la phosphorescence est essentiellement passagère, et, quand le changement moléculaire qui produit ce phénomène a eu lieu dans le corps, la température restant la même, l'émission lumineuse cesse de se manifester.

Phosphorescence par l'action de la lumière.

Ces phénomènes consistent en ce que, si l'on expose pendant quelques instants à l'action de la lumière solaire ou diffuse, ou à celle des rayons émanés d'une source lumineuse de quelque intensité, certaines substances minérales ou organiques, ces matières deviennent immédiatement lumineuses par elles-mêmes, et brillent alors dans l'obscurité avec une lueur dont la couleur et la vivacité dépendent de leur état physique ; la lueur qu'elles émettent ainsi diminue graduellement d'intensité, pendant un temps qui varie depuis une très-petite fraction de seconde jusqu'à plusieurs heures. Quand on expose de nouveau ces substances à l'action du rayonnement lumineux, le même effet se reproduit : l'intensité de la lumière émise, même pendant les premiers instants, est toujours beaucoup moindre que celle de la lumière incidente.

Les premiers effets ont été remarqués d'abord avec le sulfate de baryte calciné en présence du charbon, ou pierre de Bologne, en 1602 ou 1603 [1], puis avec des diamants, et enfin avec d'autres substances organiques ou minérales.

Les substances les plus lumineuses sont les sulfures alcalino-terreux, c'est-à-dire les sulfures de calcium, de baryum et de strontium, ainsi que le sulfure de zinc, lorsqu'elles sont préparées d'une manière spéciale et par la voie sèche. Ces substances peuvent même luire pendant plusieurs heures dans l'obscurité, mais en présentant des lueurs décroissant rapidement d'intensité. Cette émission a lieu dans le vide comme dans les gaz, et n'est accompagnée d'aucune action chimique; c'est le résultat d'une modification physique temporaire. On doit ajouter qu'il n'y a en général aucun rapport entre la couleur de la lumière émise et celle des rayons actifs.

M. Ed. Becquerel, qui s'est beaucoup occupé de ces phénomènes, a montré comment on prépare ces différents sulfures, et a étudié d'une manière spéciale l'action des divers rayons lumineux sur ces matières. Il a montré que les rayons actifs qui accompagnent habituellement les rayons les plus réfrangibles de la lumière occupent des étendues différentes dans le spectre lumineux, suivant la nature et l'état moléculaire des substances sensibles, mais ne dépassent pas le bleu de l'image prismatique du côté du rouge. A partir de cette limite jusqu'au-delà du rouge, il a montré que le rayonnement produisait une action inverse, c'est-à-dire une extinction de la phosphorescence donnée par les premiers rayons. Ces rayons extincteurs agissent alors sur les corps rendus phosphorescents, à la manière de la chaleur, et font rendre, pendant un temps très-court, aux corps préalablement impressionnés, toute la lumière qu'ils auraient émise dans un temps plus long à l'obscurité.

---

[1] ED. BECQUEREL. — *La lumière, ses causes et ses effets*, t. I, p. 207 et suivantes.

M. Ed. Becquerel a imaginé un appareil qu'il a nommé *phos-phoroscope*[1], à l'aide duquel il a pu non-seulement rendre continue l'observation des corps soumis à l'action de la lumière, et reconnaître que le phénomène de phosphorescence, par l'action de la lumière, était beaucoup plus général qu'on ne le pense habituellement, mais encore mesurer le temps de la durée de cette persistance des impressions lumineuses, alors qu'elle n'est même que de $\frac{1}{5000}$ de seconde.

Cet appareil est représenté (fig. 4). MN est une boîte cylindrique de 10 centimètres de diamètre, fixée sur un montant en

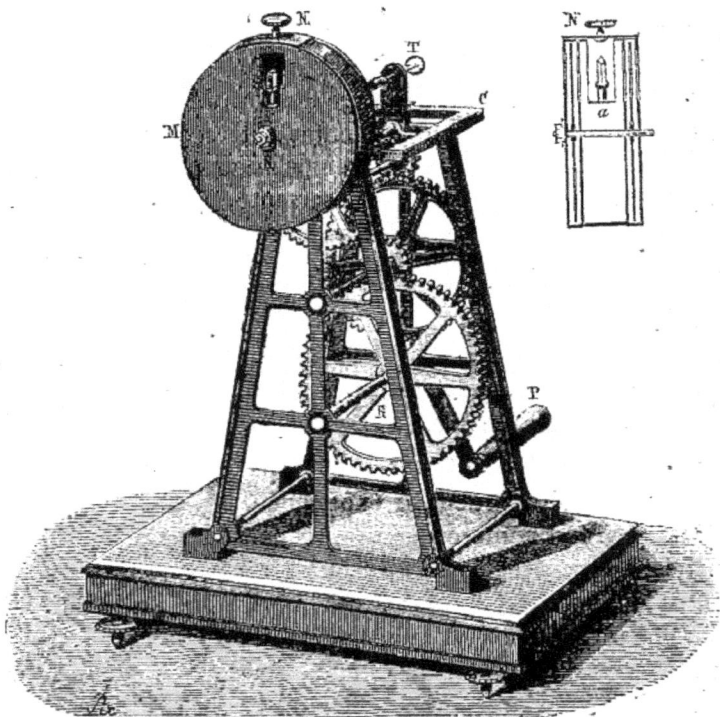

Fig. 4.

fonte. Cette boîte renferme un système de deux disques mobiles, percés d'ouvertures; elle a ses faces à double fond, comme l'indique la coupe de la boîte figurée à côté de l'appareil, de sorte

----

[1] *La lumière*, t. I, p. 247.

que chacun des disques peut se mouvoir entre deux plaques
métalliques en passant très-près de leur surface. Les faces
de cette boîte, à l'intérieur comme à l'extérieur, sont percées
d'ouvertures qui se correspondent exactement; quant aux ouvertures des disques mobiles, elles ne se correspondent pas et à
une ouverture de l'une correspond une partie pleine de l'autre,
de sorte que la lumière qui tombe d'un côté de l'appareil ne
peut traverser le système.

Les deux disques mobiles reçoivent un mouvement de rotation
dans la boîte, à l'aide d'un axe ST, qui, au moyen d'engrenages,
est mis en rotation à l'aide d'une manivelle P. Le corps A, qui
doit recevoir l'action de la lumière, est placé dans un étrier N,
au moyen duquel il se trouve interposé entre les deux disques.
Si on vient à faire agir la lumière d'un côté de l'appareil, le corps
est donc éclairé à chaque passage des ouvertures du disque qui
est du côté de la lumière incidente; s'il reçoit une impression
et qu'il la conserve pendant un temps au moins égal à la moitié
du passage d'une ouverture à la suivante, le second disque, qui
est placé du côté opposé, laissera voir le corps, non pas en vertu
de la lumière incidente et diffusée, mais en vertu de la lumière
propre qu'il peut émettre par phosphorescence.

Cet appareil, non-seulement permet de faire voir les corps par
émission propre, mais encore peut indiquer la durée du temps
pendant lequel la conservation de l'impression lumineuse a lieu,
car ce temps dépend de la vitesse plus ou moins grande de rotation des disques, à l'instant où le corps devient visible, vitesse
que l'on peut déterminer par expérience.

Un très-grand nombre de corps solides deviennent lumineux
dans cet appareil, et, lorsque l'éclairage du corps est intermittent, la durée de la persistance des impressions sur la rétine rend
continue l'observation du phénomène. Pour ne citer que quelques exemples remarquables, nous dirons que le spath d'Islande
devient lumineux orangé par une vitesse très-petite des disques,
preuve d'une durée de phosphorescence relativement assez notable; le verre ordinaire, dans les mêmes conditions, donne une
lumière verte plus ou moins vive, mais le maximum lumineux est
atteint avec une vitesse des disques un peu plus grande qu'avec
le spath d'Islande, car ce n'est qu'après $\frac{1}{20}$ de seconde environ
que la phosphorescence de ce corps n'est plus appréciable; l'a-
lumine (coryndon) présente une lumière d'un beau rouge, avec

une vitesse encore supérieure à la précédente ; les composés
d'uranium comme l'azotate, le sulfate, etc., donnent une lumière
verte qui devient très-vive quand on tourne très-rapidement l'appareil, car ce n'est que lorsqu'il se passe plus d'un centième de
seconde entre le moment où l'insolation cesse, et l'instant de la
vision, que les rayons émis par ces corps ne peuvent plus être
perçus par l'observateur.

Cet appareil très-ingénieux lui a permis, en outre, en ce qui
concerne les impressions exercées par la lumière sur un grand
nombre de corps, d'aborder des questions analogues à celles qui
règlent le refroidissement et les quantités de chaleur émises et
absorbées par les corps, ou de ce que l'on a pu nommer le
refroidissement lumineux de ces substances.

On peut voir, d'après cela, que, lorsque la lumière vient frapper
certains corps, et peut-être la plupart d'entre eux, son action ne
cesse pas aussitôt que la lumière ne les éclaire plus ; indépendamment des rayons réfléchis et transmis, ces corps émettent, en
vertu d'une action qui leur est propre, des rayons lumineux dont
la durée, l'intensité et la composition dépendent de leur nature et
de leur état physique. Quelques-uns donnent une émission lumineuse de très-courte durée, et qui est inférieure à $\frac{1}{5000}$ de seconde ; d'autres donnent de la lumière pendant plus de trente-
six heures. Les liquides paraissent présenter une durée de persistance moindre que celle des solides. Peut-être cette action appar-
tient-elle à tous les corps et ne se manifeste-t-elle qu'à un degré
beaucoup plus faible et pendant un temps beaucoup plus court
dans ceux que l'on ne peut voir dans le phosphoroscope, ce qui
fait que l'on ne peut apprécier l'émission lumineuse que sur un
certain nombre d'entre eux.

On peut dire, d'après ce qui précède, que les corps, en vertu
d'une certaine élasticité, conservent des vibrations et agissent
ensuite comme sources lumineuses, et il est probable que ces
actions interviennent dans certains effets de coloration qu'ils peuvent présenter.

Il résulte aussi des travaux de M. E. Becquerel qu'il n'y a aucun rapport entre la durée de la lumière émise par les corps
impressionnés, l'intensité de cette lumière et sa réfrangibilité ;
ainsi, un corps peut émettre pendant longtemps de la lumière
avec une faible intensité, comme le font certains diamants ou la
chlorophane, ou bien pendant un temps très-court une lumière

vive, ainsi que le montrent les sels d'uranium. En outre, il n'y a aucune relation entre la réfrangibilité de la lumière active et celle de la lumière émise; mais les rayons émis ont toujours une longueur d'onde supérieure ou au plus égale à celle des rayons actifs. Ainsi, des vibrations lumineuses d'une vitesse déterminée ne peuvent exciter, dans des corps, que des vibrations de même vitesse ou de vitesse moindre, mais non de vitesse plus grande.

Il a encore montré que, pour plusieurs substances, non-seulement la composition chimique, mais encore l'état physique influe tellement sur la composition de la lumière émise que l'on peut préparer à volonté, avec des sulfures alcalino-terreux, des masses phosphorescentes telles qu'elles présentent, par émission, une quelconque des nuances prismatiques. On peut, par une comparaison, représenter les effets obtenus, en disant que ces derniers corps, par rapport aux effets lumineux, sont analogues aux cordes sonores auxquelles on fait rendre différents sons suivant leur état de tension.

Nous citerons également un fait que nous avons observé et d'après lequel la lueur excitée en un point d'une substance impressionnable, soit par une décharge électrique, soit par une lumière très-vive, semble se propager autour du point excité. Cet effet pourrait tenir peut-être à une illumination latérale due à la diffusion des rayons actifs [1].

§ III. — *Incandescence.*

Lorsqu'on élève graduellement la température d'un corps, en même temps qu'il s'échauffe, il rayonne de la chaleur; tant que la température n'atteint pas un certain degré, il reste obscur et agit comme source calorifique. Mais il arrive une certaine limite à partir de laquelle il agit comme source de lumière; l'intensité de la lumière qu'il émet alors est d'autant plus vive que sa température est plus élevée; cette limite est voisine et un peu inférieure à 500° centigrades; le corps donne à cet instant une très-faible lumière de teinte rouge sombre bien connue. En élevant davantage la température, non-seulement l'intensité de la lumière augmente, mais encore cette lumière peut renfermer des rayons de plus en plus réfrangibles, en sorte qu'à une température qui ne dépasse pas beaucoup celle de la fusion de l'or, la lumière

---

[1] BECQUEREL. *Traité d'électricité*, t. VI, p. 297. — ED. BECQUEREL. *La lumière*, t. I, p. 404.

émise est sensiblement blanche et donne des rayons compris entre les limites de réfrangibilité des raies obscures A et H qui terminent les extrémités visibles du spectre solaire.

M. Ed. Becquerel [1] a cherché quelle était l'intensité de la lumière émise par un même corps solide, opaque, incandescent, comme le charbon ou la chaux, entre les limites les plus extrêmes de température que les moyens physiques puissent produire, c'est-à-dire entre 500° et l'incandescence du charbon polaire positif d'un arc voltaïque; il est arrivé ainsi aux résultats suivants :

Température.		Intensité lumineuse.
500°		(à peine sensible)
600		0, 003
700		0, 02
800		0, 13
900		0, 75
916	(fusion de l'argent)	1
1 000		4, 37
1 037	(fusion de l'or)	8, 39
1 100		25, 41
1 157	(fusion du cuivre)	69, 26
1 200		146, 92

Si l'on admet que la loi présentée par ces valeurs se continue au-delà et alors que les températures centigrades ne peuvent plus être déterminées d'une manière précise, on aurait

1 500	28 900
2 000	191 000 000

c'est-à-dire qu'en représentant par 1 l'intensité de la lumière émise au moment de la fusion de l'argent par un corps tel que le platine ou la chaux placé à côté de ce métal, à 600°, il ne donne que les 3 millièmes de cette intensité lumineuse; à 700° les 2 centièmes, à 800° $\frac{1}{8}$, à 900° les $\frac{3}{4}$. A la fusion de l'or cette intensité lumineuse serait 8 fois plus forte que lors de la fusion de l'argent, lors de la fusion du cuivre 69 fois. A 1200° cette intensité deviendrait 147 fois plus forte, à 1500°, dans cette hypothèse, un peu au-delà de la fusion du platine, elle serait 29 mille fois plus forte, et vers 2000°, limite des observations avec le charbon polaire positif d'un arc voltaïque, 191 millions de fois. Mais les deux dernières

[1] ÉD. BECQUEREL. — La lumière, t. I, p. 97.

valeurs supposent la même loi d'accroissement d'intensité lumineuse au-delà de 1200°. Il est probable que, dans ce cas, l'intensité lumineuse ne croît plus suivant la même loi. On reconnaît néanmoins avec quelle rapidité croît l'émission lumineuse
quand la température augmente, et quel intérêt l'on a à élever la
température des corps qui doivent agir comme sources de lumière.

Si tous les corps deviennent lumineux à partir de la même
limite de température, leur état physique peut influer beaucoup
sur l'intensité et la composition de la lumière qu'ils émettent;
s'ils sont opaques et qu'ils restent solides pendant l'élévation de
température, la quantité de lumière émise est peu différente,
pour un certain nombre d'entre eux, dans les mêmes conditions
calorifiques; pour d'autres qui se couvrent d'oxyde, le pouvoir
d'irradiation diminue; mais, si les corps sont transparents, soit par
eux-mêmes à l'état solide, soit en raison d'une couche d'oxyde
dont ils se recouvrent, soit enfin par la fusion qu'ils éprouvent
lorsqu'ils sont échauffés, leur pouvoir d'irradiation peut être
beaucoup moindre. Ce résultat, du reste, est une conséquence de
l'égalité entre le pouvoir émissif et le pouvoir absorbant des
corps à température égale; quand ceux-ci sont transparents,
l'absorption lumineuse étant plus faible, leur pouvoir émissif
doit être moindre. Il résulte de là une différence très-grande
entre l'intensité lumineuse émise par les corps solides ou liquides à température égale.

Les gaz, comme les solides et les liquides, étant échauffés au-
dessus de 500°, deviennent lumineux; les flammes, en effet, ne
sont autres que des masses gazeuses portées à l'incandescence par
suite de la combustion de certaines substances avec l'oxygène
ou avec un autre pricipe comburant.

Les flammes, comme les gaz, étant transparentes ne doivent
pas être aussi lumineuses que les solides et les liquides, à température égale, et même, en général, plus leur transparence est
grande, moins est grande la quantité de lumière qu'elles
donnent. La flamme provenant de la combustion de l'hydrogène pur, ou du mélange d'hydrogène et d'oxygène, est très-
peu lumineuse, dans les conditions ordinaires de pression extérieure, car la combustion de ce gaz ne donne lieu qu'à de la
vapeur d'eau, corps transparent; mais, si l'on plonge dans l'intérieur de cette flamme un corps infusible et opaque comme la

chaux, la magnésie, aussitôt le corps devient incandescent et donne une lumière très-vive ; c'est là le principe de l'éclairage au moyen du chalumeau à gaz oxyhydrogène. Si l'hydrogène se trouve mélangé de gaz carboné, la flamme qu'il produit dans l'air devient par elle-même éclairante, par suite de la présence de parcelles charbonneuses qui proviennent de la décomposition du gaz et qui brûlent en même temps que lui ; si, au contraire, on mélange le gaz avec de l'air atmosphérique avant de le faire brûler, afin que le carbone ne se trouve pas en excès au moment de la combustion, alors la flamme cesse d'être éclairante et, sous ce rapport, se trouve dans les mêmes conditions que la flamme de gaz hydrogène pur.

On peut expliquer ainsi les effets que présentent les flammes diverses sous le rapport de leur pouvoir d'irradiation. Celles qui sont employées dans l'industrie doivent presque toutes leurs propriétés au pouvoir d'irradiation du carbone ; leur intensité lumineuse dépend donc de la quantité de carbone qui s'y trouve et de leur température au moment de la combustion. Dans la combustion des chandelles, bougies, huiles grasses et huiles essentielles, comme dans celles des gaz provenant de la distillation de la houille, c'est l'irradiation du carbone qui se trouve, à un moment donné, dans la flamme, qui lui donne son pouvoir éclairant.

Si une flamme n'est pas douée de propriétés éclairantes, il suffit d'y placer une matière comme le platine ou la chaux pour qu'elle puisse les acquérir. On y parvient également en la mélangeant de matières carbonacées qui brûlent en même temps qu'elle et lui donnent un excès de carbone.

Si les corps solides, liquides ou gazeux, portés à l'incandescence, émettent une lumière qui est d'autant plus vive que la température est plus élevée, avec les solides et les liquides, il n'y a, en général, de différence que dans l'intensité lumineuse, et, observation importante, si l'on étudie la composition des rayons réfractés, elle indique un spectre continu sans solution de continuité ; c'est-à-dire que les solides et les liquides incandescents émettent des rayons colorés de toutes nuances. Mais avec les gaz incandescents, c'est-à-dire avec les flammes dans lesquelles ne prédomine pas l'action de particules solides entraînées, il n'en est plus de même et la composition lumineuse dépend de la nature des composés qui constituent la flamme. Alors l'analyse prismatique indique des solutions de continuité et des intervalles entre les parties lumineuses lesquelles apparaissent comme des raies brillantes.

Les recherches des divers physiciens[1] ont montré que la position de ces raies brillantes, comme celle des raies obscures que l'absorption fait naître quand la lumière d'une source lumineuse à spectre continu traverse certaines substances liquides ou gazeuses, dépendait de la nature des corps actifs, et que cette position pouvait spécifier la nature de ces corps. On sait tout le parti que les sciences physiques et chimiques peuvent tirer de cette méthode analytique si délicate et qui est connue sous le nom de méthode d'analyse spectrale; on sait aussi quelle est son importance pour l'étude de l'astronomie qui peut recevoir des indications précieuses sur la constitution des atmosphères du soleil, ainsi que sur la nature des corps qui entrent dans la composition des astres.

Lumière électrique.

Toutes les fois que l'électricité passe dans un corps, il y a élévation de température, et, si cette élévation de température est suffisante, il y a incandescence. Tel est l'effet qui se produit quand l'électricité traverse un fil de platine; si la quantité d'électricité est suffisante, ce fil est porté à la température rouge et peut arriver jusqu'à la fusion.

Dans les gaz et les vapeurs, il en est de même. Le passage de l'électricité rend incandescentes les particules qui servent à la transmettre, et l'incandescence est cause de la lumière observée. Si, dans ce cas, la réunion des électricités se fait par intervalles, elle donne lieu à des étincelles; si la quantité d'électricité qui passe se renouvelle continuellement, il peut en résulter un arc lumineux comme celui de la pile voltaïque.

Cet effet peut provenir, alors, dans l'un ou l'autre cas, soit de l'incandescence du milieu ambiant, de l'air généralement quand les décharges ont lieu dans l'air, soit des particules volatilisées provenant des conducteurs et pouvant servir à transmettre l'électricité. Quelquefois, dans les décharges électriques, on observe simultanément les deux effets : 1° le trait de feu qui paraît spécifier la décharge instantanée due en général à l'incandescence

---

[1] Ed. Becquerel. — *La lumière*, ouvrage déjà cité, t. I, p. 154.

du milieu gazeux ambiant, car, en raréfiant ce milieu, on augmente son pouvoir conducteur et on peut faire prédominer, tout à fait, l'incandescence du gaz; 2° l'auréole, dont la durée est plus grande, et qui provient le plus souvent des particules volatilisées des conducteurs par où les décharges s'opèrent, c'est-à-dire des électrodes; au moyen de dispositions particulières, en se servant de l'arc voltaïque ou d'appareils d'induction, on peut faire prédominer son action dans la décharge et s'en servir pour l'étude spectrale des vapeurs incandescentes de ces conducteurs.

Nous indiquons ci-après les longueurs d'onde et le nombre de vibrations qui se rapportent aux rayons solaires, tant aux rayons calorifiques moins réfrangibles que les rayons lumineux, qu'aux rayons, situés au-delà du violet, qui produisent des actions chimiques et des effets de phorphorescence[1].

Parties du spectre solaire indiquant la réfrangibilité des rayons.	Longueur d'onde en millionièmes de millimètres.	Nombre de vibrations pendant un millionième de seconde
Limite extrême des rayons calorifiques avec un prisme en sel gemme.	4 800	63 millions.
Partie du spectre infra rouge où se trouve une large raie.	1 445	208 id.
A (extrême rouge).	761	394 id.
D (jaune).	589	509 id.
E (commencement du bleu)	486	617 id.
H (extrême violet).	396	758 id.
Derniers rayons chimiques actifs.	317	946 id.

---

[1] Éd. Becquerel. — *La lumière*, t. I, p. 147.

LIVRE II.

EFFETS CHIMIQUES PRODUITS PAR LES FORCES MÉCANIQUES,
ÉLECTRIQUES ET LUMINEUSES.

CHAPITRE PREMIER.

EFFETS DUS AUX ACTIONS MÉCANIQUES.

Nous nous bornerons à ne mentionner, dans ce chapitre, que des effets chimiques qui ont des rapports plus ou moins directs avec le sujet principal de cet ouvrage.

Lorsqu'on met en présence deux corps dont les éléments sont dans un état d'équilibre instable au moment où un choc les atteint, ces éléments peuvent se séparer en produisant même une détonation. On peut citer comme exemples les composés tels que le fulminate de mercure, l'iodure et le chlorure d'azote, etc. Lorsque les corps qui sont ainsi en présence peuvent réagir l'un sur l'autre, des effets analogues ont lieu; ainsi, quand on mélange du chlorate de potasse et du soufre et que l'on frappe vivement ce mélange sur une enclume, il y a détonation et formation de sulfure et de chlorure de potassium, d'acide sulfureux, etc. Le mélange de peroxyde de plomb et de soufre donne lieu à un effet analogue.

Dans ces derniers temps, on s'est beaucoup occupé des mélanges explosifs par des chocs ou plutôt par la transmission de l'explosion d'un autre corps, peut-être par des vibrations d'une vitesse déterminée qui sont nécessaires pour produire un effet explosif plus ou moins énergique dans la même matière. Le pyroxyle offre sous ce rapport des effets très-curieux [1].

On obtient des réactions chimiques, mais non brusques et dans les conditions des décompositions ordinaires, en porphy-

---

[1] MM. CHAMPION et PELLET. — *Comptes rendus de l'Académie des sciences*, t. LXXVII, p. 53. M. ABEL. — *Comptes rendus*, t. LXIX, p. 105 et t. LXXVIII, p. 1227, 1301 et 1362.

risant ensemble des corps qui peuvent réagir l'un sur l'autre. Nous avons fait à cette occasion un certain nombre d'expériences dont nous rapporterons les principales[1] : en porphyrisant dans un mortier d'agate le double silicate de soude et d'alumine, la poussière légèrement humectée rougit le papier de curcuma; réaction qui annonce qu'une partie de l'alcali est devenue libre. Le basalte, le feld-spath, produisent les mêmes effets.

Pour savoir jusqu'à quel point la chaleur dégagée dans la porphyrisation intervient dans la production des effets, il suffit d'élever jusqu'au rouge la température d'un fragment de mésotype, et de le placer, après le refroidissement, sur un papier à réactif avec une goutte d'eau; on reconnaît alors que la réaction alcaline ne se manifeste pas. Il est prouvé par là que la soude n'a été mise à nu que par l'effet de la porphyrisation.

On opère également des doubles décompositions, au moyen des actions mécaniques, lorsque l'on broie dans un mortier d'agate du nitrate d'ammoniaque et du carbonate de chaux; il y a formation de carbonate d'ammoniaque qui se dégage et de nitrate de chaux. Nous pourrions citer beaucoup d'autres exemples; mais nous nous bornerons à mentionner l'expérience suivante qui est très-significative : on broie dans un mortier d'agate du nitrate de plomb et de l'iodure de potassium, dans les proportions voulues pour se décomposer réciproquement; la réaction des deux composés l'un sur l'autre ne tarde pas à s'opérer; le mélange se colore peu à peu en jaune, et prend une teinte assez foncée, preuve qu'il se forme une quantité considérable d'iodure de plomb.

Le simple frottement des molécules produit des effets semblables : il suffit de passer rapidement un cristal de sulfate de potasse sur une plaque de calcaire ou de carbonate de baryte, pour voir s'opérer aussitôt une réaction des deux sels l'un sur l'autre, comme on le reconnaît avec du papier à réactif.

La formation du bleu de Thénard, double phosphate de cobalt et alumine, est produit par la porphyrisation du phosphate de cobalt dans un mortier de porcelaine; la surface intérieure du mortier prend peu à peu une teinte violacée qui finit par devenir bleue.

On explique ces effets dans la théorie mécanique de la chaleur en disant qu'il y a transformation du travail mécanique en cha-

[1] Voir BECQUEREL, *Traité de physique appliquée aux sciences naturelles*, t. II, p. 311.

leur et de la chaleur en action chimique; mais pourquoi alors la mésotype chauffée au rouge n'est-elle pas décomposée? Quant à nous, sans aucune préoccupation théorique, nous dirons que la porphyrisation, en détruisant l'attraction moléculaire, favorise le jeu des affinités, ébranle les particules, surtout quand on opère sur des cristaux; on met alors les molécules des corps dans l'état le plus favorable pour que les affinités puissent exercer leur action.

M. Daubrée, dans un mémoire sur le striage des roches et les décompositions produites par les agents mécaniques[1], a observé qu'en mettant en mouvement, dans de l'eau pure, des fragments de granite, qui ne présentaient aucune indice d'altération, ils éprouvaient une décomposition telle, qu'après un certain nombre d'heures, cette eau était chargée d'une quantité notable de silicate de potasse.

M. Daubrée a constaté, d'un autre côté, que le limon de trituration paraît avoir fixé une certaine quantité d'eau, ce qui porterait à croire qu'elle est entrée dans quelque combinaison nouvelle comparable aux argiles.

CHAPITRE II.

DES EFFETS PRODUITS PAR L'ÉLECTRICITÉ.

On peut distinguer plusieurs effets : les phénomènes mécaniques de transport, les effets calorifiques et lumineux, dont il a déjà été question précédemment, à propos du dégagement de la chaleur et de la lumière et sur lesquels nous ne reviendrons pas, les modifications allotropiques que cet agent peut produire dans l'oxygène et les réactions chimiques si nombreuses et si importantes qui accompagnent toujours le passage de l'électricité dans les corps composés conducteurs.

§ I. — Effets mécaniques de transport.

Quand les décharges électriques éclatent entre les corps, il se produit des effets d'expansion qui avaient été observés dans

[1] *Comptes rendus des séances de l'Académie des sciences*, t. XLIV, p. 997.

le siècle dernier et qui ont donné lieu à des études très-curieuses; on le conçoit d'autant plus que l'électricité ne peut cheminer dans les corps que par l'intermédiaire de la matière[1]; mais, quand, en dehors de ces effets énergiques, on examine l'action d'une circulation continue d'électricité, on observe une sorte d'entraînement moléculaire qui a été mis en évidence dans plusieurs circonstances. On peut citer l'expérience de Davy, en faisant passer la décharge d'une forte batterie entre deux pointes de charbon; en même temps qu'il se produit une vive lumière et un dégagement de chaleur énorme, l'extrémité de l'électrode positive se creuse, tandis que l'extrémité de l'électrode négative augmente de volume par l'addition successive de couches de charbon, ce qui met en évidence le transport de la matière par le courant de l'arc voltaïque de l'électrode positive à l'électrode négative.

D'un autre côté, Porret a observé, comme il suit, le transport de l'eau, dirigé du positif au négatif par le courant, dans un circuit voltaïque dont ce liquide fait partie : on prend un vase en verre partagé en deux compartiments au moyen d'un diaphragme en vessie, on verse dans chaque compartiment de l'eau ordinaire sans addition de sel, puis on y fait passer, au moyen de deux lames de platine, la décharge d'une pile composée d'un certain nombre d'éléments; l'eau est décomposée lentement et l'on voit son niveau s'abaisser peu à peu dans le compartiment où se trouve l'électrode positive et s'élever au contraire dans l'autre. Cet effet ne peut avoir lieu qu'autant qu'il y a transport de l'eau dans le sens du courant, c'est-à-dire de l'électrode + à l'électrode — en passant par l'eau,

Des faits du même genre ont été observés par nous, puis par M. Wideman qui a montré que l'action avait lieu proportionnellement à la résistance à la conductibilité du liquide, en raison directe de l'intensité du courant, et à égalité d'intensité, en raison inverse de la surface libre de la cloison. M. Quincke, qui s'est occupé du même sujet, a observé que, dans deux circonstances, en se servant d'alcool impur ou d'essence de térébenthine et opérant avec un appareil d'induction, il y avait un mouvement de transport en sens inverse de celui que l'on observe toujours avec les autres substances. Mais ce phénomène qui a reçu le nom

---

[1] BECQUEREL et ED. BECQUEREL.— *Traité d'électricité* en 3 vol., t. I, p. 279. Id. *Histoire de l'électricité*, 1858, p. 233.

d'endosmose électrique est fort complexe, et, dans l'observation des effets, il peut intervertir l'action de l'électricité le long des parois des pores de ces membranes, comme dans les phénomènes electro-capillaires dont nous parlerons plus tard, ainsi que des effets de diffusion dus à des décompositions électro-chimiques.

Quant aux mouvements, que des courants électriques ou des effets de tension peuvent imprimer à des globules de mercure, ils peuvent tenir à une altération de la courbure de la surface de ce métal, par suite de dépôts électro-chimiques, et aux actions capillaires exercées sur ces surfaces qui sont alors physiquement différentes [1].

§ II. — *Modification allotropique de l'oxygène. Ozone.*

La chaleur possède la propriété de modifier plusieurs corps simples comme le soufre, le phosphore, le carbone; d'un autre côté, plusieurs oxydes métalliques, sans perdre de leur poids, éprouvent sous son influence de véritables transformations isomériques. L'électricité peut-elle donner lieu à des effets analogues? Les différents résultats que présente l'oxygène soumis à l'action des décharges électriques, ou bien produit sous l'influence des courants électriques, semblent devoir être expliqués, du moins jusqu'ici, par une action analogue. On doit dire que c'est le seul corps qui ait présenté, jusqu'à présent, des effets de ce genre et que les effets qu'on a remarqués, avec d'autres matières, par exemple avec l'antimoine réduit électro-chimiquement, semblent dus à des combinaisons chimiques et non à un état physique particulier.

Van Marum [2] avait bien observé que l'oxygène soumis à des décharges électriques développe une odeur caractéristique et acquiert la faculté de se combiner rapidement avec le mercure. Ces résultats furent en quelque sorte oubliés pendant longtemps. En 1840, M. Schœnbein, ayant remarqué l'odeur qui accompagne la production du gaz oxygène dans la décomposition de l'eau par la pile, odeur qui rappelle celle du soufre et du phosphore en combustion, la compara à celle qui se développe dans les décharges électriques au milieu de l'air ou lorsque la foudre éclate; il étudia les propriétés de ce gaz oxygène et reconnut qu'il possède

---

[1] *Comptes rendus de l'Académie des sciences*, t. LXXVI, p. 1407.
[2] BECQUEREL et Ed. BECQUEREL. — *Histoire de l'électricité*, p. 237.

une faculté oxydante très-énergique que n'a pas l'oxygène préparé dans les conditions ordinaires. Il donna alors le nom d'ozone au composé odorant et actif, sans se prononcer d'abord sur sa nature. M. Schöenbein fit connaître en outre une méthode chimique permettant de préparer ce corps, et qui consiste à faire agir de l'oxygène humide ou de l'air humide sur du phosphore à la température de 20° au 30°.

Depuis cette époque ce sujet a été étudié attentivement par plusieurs physiciens et chimistes qui sont généralement d'accord pour regarder l'ozone comme de l'oxygène dans un état particulier d'activité chimique. Quand on élève sa température au-delà d'un certain degré, cette faculté disparaît et on retrouve de l'oxygène ordinaire. MM. Frémy et Ed. Becquerel, qui ont étudié particulièrement cette question [1], ont reconnu que l'oxygène préparé par les méthodes les plus diverses acquiert toujours des propriétés oxydantes très-marquées sous l'influence de l'électricité; d'un autre côté, ils ont pu rendre un volume donné d'oxygène entièrement absorbable à froid par le mercure, l'argent ou l'iodure de potassium. D'après cela ils ont pensé que c'était bien l'oxygène seul qui était modifié et qui donnait lieu à ces effets, et ils ont proposé de l'appeler oxygène électrisé; ils ont également émis l'opinion que ce corps était doué de l'activité que l'on reconnaît aux substances dites à l'état naissant. L'oxygène différerait, dans ce cas, des autres corps en ce qu'il aurait la propriété de conserver cet état, que les autres corps perdent dans les préparations chimiques à l'aide desquelles on les isole. Du reste M. Ed. Becquerel a fait observer que le gaz oxygène, ainsi qu'il l'a découvert, a la faculté de devenir magnétique par l'action des aimants, et que ces effets magnétiques, exagérés dans l'oxygène lorsqu'on les compare à ceux des autres gaz, semblent indiquer que l'oxygène peut être modifié par l'électricité plus facilement que les autres fluides aériformes.

MM. Soret, Houzeau, P. Thénard et A. Thénard ont également fait des recherches intéressantes sur l'ozone. Le premier en a déterminé la densité qu'il a trouvée égale à une fois et demie celle de l'oxygène ordinaire [2]; quant à M. Houzeau [3], il a donné une

---

[1] *Annales de chimie et de physique*, 3ᵉ série, t. XXXV, p. 62.
[2] *Annales de chimie et de physique*, 4ᵉ série, t. VII, p. 113 et t. XIII, p. 257.
[3] *Annales de chimie et de physique*, 4ᵉ série, t. XXII, p. 150, et *Comptes rendus de l'Académie des sciences*, t. LXXIV, p. 256 et 316.

disposition très-simple et très-ingénieuse au moyen de laquelle il a soumis l'oxygène, non pas à l'action d'étincelles, mais d'aigrettes électriques, ou plutôt à l'action de ce que l'on a nommé l'effluve électrique, c'est-à-dire des décharges plus ou moins obscures produites de proche en proche entre les particules gazeuses elles-mêmes. Cette disposition consiste à faire circuler le gaz dans un tube contenant une des électrodes à l'intérieur et dont l'extérieur est entouré d'un fil métallique. Les deux fils sont séparés par le verre et, à l'aide d'un appareil d'induction, on excite une série de charges et de décharges dans cette espèce de condensateur au travers duquel l'oxygène circule. Dans ces conditions, on évite autant que possible l'élévation de température due aux fortes décharges électriques qui sont contraires à la formation de l'ozone. MM. Thénard et A. Thénard ont également employé un procédé analogue et ont pu obtenir de 30 à 50 milligrammes d'ozone par litre d'oxygène soumis à l'action de l'effluve électrique[1].

§ III. — *Effets chimiques résultant de l'action calorifique des décharges électriques.*

L'électricité, en raison de l'extrême vitesse qu'elle imprime aux particules des corps qui servent à la transmettre dans les décharges, élève leur température jusqu'à l'incandescence; telle est la cause de l'étincelle électrique. Chacune de ces particules peut donc être considérée comme un foyer de chaleur, dont la durée est excessivement courte, puisqu'elle est égale à celle de la décharge. Ces foyers de chaleur sont capables de produire les plus grands effets possibles de fusion, de combinaison et de réduction.

Tout le monde connaît les belles expériences de Davy sur la grande puissance calorifique de l'arc voltaïque résultant de la décharge, dans le vide, entre deux cônes de charbon, de piles composées d'un très-grand nombre d'éléments à larges surfaces; mais on peut obtenir des effets puissants de combinaison avec l'appareil d'induction de Rumhkorf, en y faisant concourir quelquefois l'action calorifique de deux autres sources de chaleur, et concentrant toute la décharge et, par suite, la chaleur qui

---

[1] *Comptes rendus de l'Académie des sciences*, t. LXXV.

l'accompagne, à l'extrémité d'un fil de platine terminé en pointe.

Voici comment on opère dans ces dernières circonstances : les deux électrodes de l'appareil se composent, l'électrode positive, d'une lame de platine circulaire, légèrement concave, ayant une surface d'environ 1 centimètre, et destinée à recevoir la matière soumise à l'expérience ; l'électrode négative, d'un fil de platine de 1 à 2 millimètres de diamètre, et terminée en pointe, laquelle est mise en contact avec la matière. C'est à l'extrémité de cette pointe que se trouve la température maximum, et que s'opèrent les effets de fusion et de réduction, dont il va être question. Cette pointe remplace en quelque sorte le bec du chalumeau, car elle donne écoulement à l'électricité, cause de la production de chaleur, comme le dard du chalumeau à air ou au gaz, qui fournit les gaz comburants ; elle entre bien entendu en fusion.

On augmente la puissance calorifique, 1° en chauffant au rouge, avec la lampe d'émailleur, la lame de platine formant capsule ; 2° en ajoutant à la matière du charbon de sucre en poudre très-fine, qui, en brûlant, fournit également de la chaleur. Telles sont les deux sources de chaleur accessoires que nous avons employées pour produire des effets de fusion, de réduction et de combinaison [1].

Ces deux sources calorifiques, quoique ayant une température moins élevée que celle provenant de l'électricité, échauffent préalablement la capsule et la matière soumise à l'expérience, et s'opposent l'une et l'autre au refroidissement des diverses parties de l'appareil, qui, sans cela, prendraient à la source principale la chaleur perdue par le refroidissement.

Le charbon employé est celui que produit le sucre calciné, comme donnant moins de cendres ; il est réduit en poussière impalpable et mélangé intimement avec la matière soumise à l'expérience. L'opération exige cependant quelques précautions pour en assurer le succès : la pointe du fil de platine doit être placée très-près et presque en contact avec le mélange de la matière et de charbon, et ne doit jamais rester dans la même position ; il faut lui faire parcourir successivement toutes les parties de la surface, afin d'opérer la fusion ou la réduction d'un

[1] *Comptes rendus de l'Académie des sciences*, t. LXXIV, p. 83, 1872.

grand nombre de particules. Le fil de platine que l'on tient à la main doit être introduit dans un tube de verre pour éviter une commotion.

Lorsqu'il s'agit d'opérer des réductions, l'expérience ne doit pas être trop prolongée, dans la crainte d'oxyder le métal réduit; on s'arrête quand le charbon n'est pas encore entièrement consumé.

Les particules en contact avec la pointe sont les seules fondues; elles adhèrent les unes aux autres, et il en résulte alors un petit agrégat de 1 à 2 millimètres de long, d'un aspect nacré, qui ne tarde pas à se détacher de la pointe. Cet agrégat se compose de parties fondues non cristallisées, d'autres qui le sont, d'autres enfin qui n'ont éprouvé qu'un commencement de fusion. Quand l'agrégat adhère à la pointe, on l'enlève en interrompant le circuit, sans déranger de place le fil de platine.

La lumière émise est des plus intenses et fatigue la vue. Lorsqu'il s'agit de réduction de métaux, la disposition des appareils varie selon qu'ils sont volatils, oxydables ou non. S'agit-il d'un métal volatil comme le mercure, on prend un tube de petit diamètre que l'on courbe en U et au fond duquel on place le composé réduit en poussière, le cinabre (deuto-sulfure de mercure), par exemple; puis on introduit dans chacune des branches le bout d'un fil de platine, dont les deux autres sont mis en communication avec l'appareil d'induction; les deux premiers doivent être très-rapprochés, afin que la décharge puisse vaincre facilement la résistance qu'oppose la matière qui n'est pas ordinairement conductrice de l'électricité. Aussitôt que le circuit est fermé, on ne tarde pas à apercevoir sur la paroi intérieure du tube, dans son contact avec le cinabre, une couche de mercure; la chaleur résultant de la décharge a donc suffi pour décomposer le cinabre, brûler le soufre et volatiliser le mercure, qui est venu se condenser sur la paroi du tube.

La réduction des oxydes d'argent, de plomb, d'étain, de cuivre, s'obtient avec le tube U, en les mélangeant avec la poudre de charbon; quant à la réduction des oxydes de nikel de cobalt, de chrome, de fer, etc., il faut employer la capsule de platine et les deux sources de chaleur accessoires en mélangeant ces oxydes avec de la poussière de charbon. Le fer est carburé; mais, pour empêcher que les métaux très-fusibles ne se combinent avec le platine, on met au fond de la capsule une petite couche de poussière de charbon, qui sépare les deux métaux.

Les métaux réduits se présentent, en général, sous la forme de globules sphériques plus ou moins gros, suivant la force de la décharge; chaque globule se détache immédiatement de la pointe sans s'allier au métal.

On voit que le procédé de réduction, qui vient d'être exposé, consiste à porter toute la décharge de l'appareil sur une très-petite partie de la surface de la matière, afin d'y produire le maximum de température que l'on puisse obtenir avec les trois sources de chaleur.

Les phénomènes de fusion des substances qui exigent une température très-élevée, s'opèrent également avec la petite capsule de platine et les deux sources de chaleur. On obtient la fusion de la silice et de l'alumine en petits grains arrondis, recouverts d'un émail, et renfermant quelquefois dans leur intérieur, quand on les brise, de très-petits cristaux ou des fragments de cristaux doués de la double réfraction, comme on le reconnaît au microscope polariseur.

Lorsque les particules de silice et d'alumine sont parfaitement fondues, elles ne jouissent pas de la double réfraction; il n'y a que celles qui sont incrustées dans de petits agglomérats recouverts d'une espèce d'émail blanc, au milieu duquel se trouvent des parties translucides, et des parties qui ne le sont pas. Après avoir broyé les grains dans un mortier d'agate, on lave par lévigation pour enlever la poussière et autres corps étrangers. Il est à croire que les parties fondues qui se trouvent encloisonnées ne se refroidissent pas immédiatement et peuvent cristalliser. En observant au microscope les cristaux obtenus avec la silice, on distingue des cristaux en prismes droits, surmontés d'une pyramide; on a observé une fois un cristal pouvant se rapporter au quartz. Des grains de silice fondus, colorés en bleu par l'oxyde de cobalt, ont présenté un cristal ayant la forme d'un dodécaèdre à faces pentagonales. Mais rien ne prouve encore d'une manière incontestable que les cristaux que l'on vient de signaler appartiennent au quartz. Il pourrait se faire que ce fussent des cristaux de tridymite sous forme de tables hexagonales, que l'on obtient en fondant la silice.

On réussit également à fondre l'alumine, sans l'intermédiaire du charbon, lorsque l'appareil d'induction a une grande puissance. On obtient alors, comme avec la pile, des grains non transparents, renfermant dans leur intérieur des cristaux doués de la double réfraction, dont on ne retire souvent que des fragments, attendu qu'on est obligé de les briser dans le mortier d'agate. En opérant avec un mélange d'alumine et de chromate de la même base, les parties transparentes sont ou bleues, ou rouges, ou vertes, ou jaunes, suivant probablement les proportions dans lesquelles se trouvent ces deux substances, quand des particules du mélange se trouvent sous la pointe du fil de platine, au moment de la décharge. Tous ces produits obtenus avec la silice et l'alumine rayent fortement le verre. Nous avons reconnu quelquefois de très-petits rhomboèdres.

On a vu précédemment que, lorsqu'on opère avec des tubes en U, la résistance qu'éprouve la décharge à traverser la matière qu'ils renferment, provient de sa mauvaise conductibilité; mais peu à peu l'électricité parvient à la vaincre, et il s'établit alors dans la masse une suite de petites étincelles donnant lieu à des effets de fusion et de réduction dont il a été fait mention précédemment.

La foudre donne lieu également à des effets semblables à ceux dont il vient d'être question. L'éclair, en traversant l'air, détermine la combinaison de l'oxygène avec l'azote, d'où résulte de l'acide nitrique qui se combine avec les particules de chaux, d'ammoniaque et d'autres bases en suspension dans l'air, ainsi que de l'ozone. Les eaux pluviales qui accompagnent les orages entraînent avec elles les produits formés, et peuvent être considérées alors comme fécondantes.

La foudre, en traversant les métaux, les fond, et, en frappant les autres corps, les brûle s'ils sont combustibles, ou les brise s'ils ne le sont pas. Lorsqu'elle atteint les sommets des hautes montagnes, elle y produit des couches vitreuses, quand les substances qui les composent sont fusibles. Elle transporte avec elle, quand elle frappe des bâtiments, des matières diverses dans un grand état de ténuité; ces matières sont composées de fer, de soufre, de charbon, etc., etc.

Nobili a observé sur des pierres, détachées par l'effet de la foudre, une couche de sulfure de fer, d'un demi-millimètre d'épaisseur, et même des cristaux de cette substance qui, d'après leur position, paraissaient avoir été formés dans le trajet de la foudre à travers le métal.

La foudre qui sillonne de toutes parts la masse de fumée, de vapeurs gazeuses, de cendres et de pierres incandescentes qui s'échap-

pent du cratère des volcans, provient d'une quantité énorme d'é-
lectricité devenue libre dans les nombreuses réactions chimiques
qui ont lieu dans l'intérieur des foyers volcaniques; les matières
qui restent dans ces foyers prennent l'une des deux électricités;
celles qui en sortent l'électricité contraire; mais les premières
étant en contact avec d'autres qui n'ont pas concouru à la production de l'électricité, partagent leur état électrique avec ces
dernières, qui transmettent l'excès d'électricité acquis aux matières gazeuses sortant du cratère. La recomposition des deux
électricités qui sont en présence, donne lieu à des décharges
électriques, qui sont elles-mêmes la cause de réactions chimiques produisant une foule de composés, emportés par les
vents, ou qui retombent sur le sol avec les autres matières.
Ces composés peuvent être nombreux d'après ce qui a été dit
précédemment.

Doit-on considérer la production des phénomènes de fusion et
de réduction, dont il vient d'être question, particulièrement les
seconds, comme ayant une origine purement calorifique? Nous
ne le pensons pas, car la chaleur dégagée dans les décharges
électriques, quelque faible que soit la tension de l'électricité,
est toujours accompagnée d'une décomposition chimique avec
transport d'éléments, dans deux directions opposées. On est donc
porté à admettre qu'il y a deux actions concomitantes, quand il
ne s'agit pas seulement d'une simple fusion, mais bien d'une décomposition chimique, suivie d'une combinaison.

§ IV. — *Action des décharges électriques sur les gaz et les vapeurs.*

Lorsqu'une décharge électrique traverse des gaz ou des liquides, elle peut donner lieu à des combinaisons ou à des décompositions, mais elle paraît agir principalement par la haute
température produite alors, puisque la lumière émise atteste l'incandescence momentanée du milieu, ainsi que celle des particules détachées des conducteurs. Si les gaz en présence, traversés par des décharges, peuvent se combiner aisément, une
seule étincelle suffit pour produire la réaction; tel est le cas des
mélanges d'hydrogène et d'oxygène, d'hydrogène et de chlore
qui détonnent par l'action de la moindre étincelle électrique.
Lorsque la combinaison ne peut s'effectuer que sous l'influence

d'une température très-élevée, l'action est limitée aux parties frappées par la décharge et la combinaison ne s'effectue que lentement au fur et à mesure du passage de ces décharges. Tel est le cas de la combinaison de l'oxygène et de l'azote donnant lieu à la formation des vapeurs nitreuses, sous l'influence des étincelles électriques, observée pour la première fois par Cavendish.

Les décharges, suivant les conditions de leur production, peuvent agir plus ou moins efficacement, car les particules incandescentes provenant des conducteurs sont en proportions différentes et agissent alors par leur présence. Ainsi MM. Frémy et Ed. Becquerel [1] ont observé que l'étincelle électrique qui se manifeste, lors de la rupture des circuits voltaïques composés de conducteurs en platine, et qui forme un arc voltaïque à température très-élevée contenant des particules de platine très-divisées, bien que ne communiquant pas à l'oxygène un pouvoir oxydant particulier, l'élévation de température qui se manifeste s'y opposant, peut déterminer rapidement des combinaisons de gaz entre eux. Telle est la combinaison de l'azote et de l'oxygène pour former des vapeurs nitreuses plus rapidement que dans l'expérience de Cavendish ; celle de l'azote et de l'hydrogène pour produire de l'ammoniaque ; celle de l'acide sulfureux et de l'oxygène pour engendrer l'acide sulfurique. Les décharges peuvent également produire la combinaison entre des corps solides préalablement volatilisés et des gaz; telle est la combinaison de l'hydrogène et du carbone observée par M. Berthelot pour la formation directe de l'acétilène par l'arc voltaïque quand celui-ci est formé entre deux cônes en charbon et contient le carbone en particules incandescentes au milieu de l'hydrogène.

Quand les décharges sont produites au milieu de gaz ou de liquides composés, ceux-ci peuvent être décomposés probablement en raison de la température très-élevée qui se produit; ainsi la vapeur d'eau peut donner de l'hydrogène et de l'oxygène, l'acide carbonique de l'oxyde de carbone et de l'oxygène, etc. L'eau à l'état liquide est décomposée par les étincelles, ainsi que le sulfure de carbone, l'alcool, etc. Dans ce cas, le liquide ambiant refroidit de suite les produits de la décomposition qui peuvent rester séparés sans se recombiner.

Dans les gaz composés, les effets sont fort complexes, car si,

---

[1] *Annales de chimie et de physique*, 3° série, t. XXXV, p. 62.

d'une part, la décomposition peut avoir lieu, de l'autre, les éléments séparés, s'ils restent gazeux, tendent à reconstituer le composé primitif; le résultat final, après une action d'une certaine durée, doit donc être différent, suivant que l'un des éléments séparés est solide, liquide ou gazeux, à la température ambiante, et doit .dépendre de la température plus ou moins élevée que produit le passage de l'étincelle, ainsi que des recompositions qui peuvent s'effectuer dans le voisinage de celle-ci.

M. Arnould Thénard, en faisant usage, dans ses recherches, de la disposition d'appareils imaginés par M. Houzeau pour la production de l'ozone, a soumis à l'influence de l'effluve électrique différents gaz ou vapeurs; dans ce cas, l'action calorifique ne s'étend, autour des points excités, qu'à la plus faible distance possible et l'on se trouve dans d'autres conditions que lorsque ces gaz sont soumis à l'action d'étincelles ordinaires dans un tube eudiométrique. C'est ainsi, par exemple, que M. A. Thénard a trouvé que de l'acide carbonique soumis à l'influence d'un tube à effluve a pu présenter 26,5 pour cent de son volume, décomposé en oxyde de carbone et oxygène, alors que ce mélange revient à l'état de mélange à 7,5 pour cent dans un eudiomètre par suite de la recomposition d'une partie des éléments séparés; il est donc probable que, dans ce cas, la plus haute élévation de température due aux décharges ordinaires, comme l'avait montré M. Berthelot, ne rend pas possible un mélange explosif d'oxyde de carbone et d'oxygène, dans de plus fortes proportions que celles-ci.

§ V. — *Effets chimiques produits par les courants électriques.*

Les expériences faites depuis 1800, où Nicholson et Carlisle ont observé la décomposition électro-chimique de l'eau, ont mis en évidence les faits suivants :

1° Une dissolution aqueuse ou ignée n'est décomposée qu'autant qu'elle livre passage au courant;

2° Lorsque la décomposition a lieu, l'hydrogène, les métaux et les bases deviennent libres au pôle négatif, l'oxygène et les acides au pôle positif.

Faraday, dans ses travaux électro-chimiques, a découvert une troisième loi très-importante : c'est que les décompositions élec-

tro-chimiques ont lieu toujours en proportions définies; il l'a
observée dans les conditions suivantes : lorsqu'on transmet un
courant au travers de plusieurs dissolutions métalliques contenues dans des vases séparés, et placés à côté l'un de l'autre,
mais communiquant ensemble au moyen de lames de platine, on
trouve que les quantités de métal réduit sont proportionnelles
aux équivalents chimiques de ces métaux.

Si l'on soumet au même mode d'action les sels métalliques
fondus, qui sont décomposés par l'électricité, on obtient les
mêmes résultats.

La plupart du temps, quand on opère la décomposition électro-chimique des sels dissous dans l'eau, la réduction du métal
au pôle négatif est le résultat d'une action secondaire due à l'hydrogène naissant; dans ce cas, la quantité d'hydrogène dégagée
étant en proportion définie avec les actions chimiques du même
courant sur des corps fondus, la même loi s'observe.

On peut énoncer ainsi la loi qui régit ces décompositions en
proportions définies : « Lorsqu'un courant électrique traverse
une série de composés binaires, renfermant un équivalent de
chacun des corps élémentaires, les quantités décomposées sont
chimiquement équivalentes. »

Cette loi a été vérifiée par les travaux de plusieurs physiciens,
sauf les modifications qui vont être indiquées. Matteucci étendit
cette loi aux sels neutres, et chercha à démontrer qu'avec les
composés organiques il en était de même. Daniell a résolu la
même question, par rapport aux composés binaires, tels que les
sulfates de soude, de potasse, etc.; il a montré que si un courant
électrique qui, dans un temps donné, produit le dépôt d'un équivalent de métal, passe dans une dissolution de ces sels, on observe simultanément au pôle négatif un équivalent d'hydrogène
et un équivalent de soude ou de potasse, par ce motif qu'un seul
équivalent de sulfate est décomposé, mais que l'hydrogène dégagé est dû à une action secondaire provenant de ce que le potassium ou le sodium, réduit par le courant, décompose l'eau à
froid; ainsi ce ne sont que les effets secondaires qui donnent
lieu à une action décomposante double en apparence.

D'après les résultats précédents, on a pris pour mesure de la
quantité d'électricité fournie par une pile, la quantité d'action
chimique produite, soit sur l'eau, comme MM. Gay-Lussac et
Thénard l'avaient employée les premiers, soit sur un sel métalli-

que; l'appareil à décomposition porte alors le nom de voltamètre.

M. Ed. Becquerel[1] a étudié les décompositions électro-chimiques, en cherchant comment se comportent, sous l'influence de
l'électricité, les composés ternaires ou quaternaires; puisque, dans
cette circonstance, un équivalent de métal se trouve uni à 2, 3,
ou $\frac{1}{2}$ équivalent d'acide. Il a modifié comme il suit la loi énoncée
plus haut : « Pour un équivalent d'eau décomposée dans un voltamètre, il se transporte au pôle positif, dans un appareil à décomposition qui se trouve sur la route du courant et qui contient
une combinaison binaire, ou ternaire, etc., un équivalent de l'é-
lément acide ou électro-négatif et au pôle négatif la quantité
correspondante de métal. »

Ainsi cette dernière quantité peut être égale, ou double, ou la
moitié, ou les $\frac{2}{3}$ de ce qu'indiquait la loi de Faraday, et c'est
le corps qui se transporte au pôle positif qui fait loi, et non pas
celui qui se porte au pôle négatif, comme on l'avait cru auparavant; ce dernier résultat n'a lieu que pour les composés binaires.

La conclusion suivante a également été déduite des recherches de M. Ed. Becquerel : « Lorsque le courant traverse en
même temps une combinaison chimique binaire, et un mélange
de deux ou plusieurs combinaisons binaires, la décomposition
se fait toujours en proportions définies, de manière que la somme
des quantités obtenues, en divisant le poids des éléments électro-
négatifs déposés au pôle positif par leurs équivalents chimiques
respectifs, est toujours égale au quotient du poids de l'élément
électro-négatif déposé au pôle positif dans la combinaison binaire, par son équivalent chimique. »

En ayant égard aux résultats qu'il a obtenus, M. Ed. Becquerel
a nommé équivalent électrique la quantité d'électricité nécessaire
pour décomposer un équivalent d'une combinaison formée par la
réunion d'un équivalent d'acide et de la quantité correspondante
de base. Il a également déduit de ses recherches « que si un
équivalent d'un corps, soit simple, soit composé, se combine
avec un ou plusieurs éléments d'un autre, si le premier joue le
rôle d'élément électro-négatif ou d'acide dans la combinaison, le
dégagement d'électricité qui résulte de leur action chimique est
tel qu'il se produit toujours un équivalent d'électricité. » Ainsi
la quantité d'électricité dégagée dans les actions chimiques ne

---

[1] *Annales de chimie et de physique*, 3ᵉ série, t. II, p. 162 et 257.

dépendrait que du corps qui joue le rôle d'acide dans la combinaison. Des recherches ultérieures sont venues confirmer ces résultats.

Les effets de la décomposition électro-chimique en proportions définies varient suivant la température, la nature du dissolvant et celle du composé dissous, et suivant la nature des électrodes et l'intensité du courant : c'est ce que les recherches de plusieurs physiciens ont montré. D'après ces mêmes motifs, comme M. Ed. Becquerel [1] l'a prouvé, les corps dissous aident à la décomposition électro-chimique de ce liquide.

Si plusieurs sels sont mélangés, l'action décomposante, tout en ayant lieu en proportions définies, ne se porte pas simultanément sur les deux sels : c'est sur le plus conducteur de l'électricité que l'action décomposante du courant s'exerce ; mais, comme nous l'avons prouvé [2], si l'on augmente la proportion de l'autre, l'influence de la masse se fait sentir, et le dernier sel peut être décomposé à l'exclusion du premier.

Faraday a reconnu que, dans le dégagement des gaz provenant de la décomposition de l'eau, il y avait souvent proportionnellement plus d'hydrogène que d'oxygène ; cela provenait de la solubilité de ce dernier gaz, et on peut, en se servant de fils et d'une dissolution de potasse, diminuer cet effet et s'opposer à la disparition du gaz. Il se forme également de l'eau oxygénée au pôle positif, qui fait disparaître une partie du gaz en vertu d'une action secondaire ; c'est ce que les expériences plus récentes ont montré.

On a signalé également une inégalité de décomposition aux deux pôles de la pile. En séparant en deux parties, au moyen d'une membrane, un vase contenant de l'eau acidulée, qui est traversée par un courant faible, il ne se dégage pas de gaz, et si l'acide est en excès au pôle positif, en substituant à l'eau acidulée des dissolutions salines de sulfate de cuivre ou de zinc, par exemple, le métal déposé au pôle négatif provient uniquement du sulfate qui se trouve dans la case où plonge cette électrode.

En général, dans les conditions où l'on observe des différences d'effets aux deux pôles, la réduction des métaux provient d'une action secondaire due à l'hydrogène naissant ; l'eau est alors directement décomposée par le courant ; dans d'autres cas, le sel seul est décomposé. Avec les sels neutres, ce dernier effet est

---

[1] *Archives de l'électricité* de Genève, t. I, p. 281.
[2] BECQUEREL. — *Traité d'électricité* en 7 vol., t. VI, p. 365.

obtenu ; mais si ses sels sont un peu acides, l'eau est en général décomposée plus facilement qu'eux. On comprend que si l'un et l'autre de ces effets ont lieu à la fois, c'est-à-dire si l'action décomposante se porte simultanément sur l'eau et le sel, on peut avoir aux deux pôles des quantités inégales, mais variables, de décomposition.

La loi de décomposition des liquides en proportions définies exige que toute l'électricité qui passe soit efficace pour les décomposer. Faraday, à l'origine de ses recherches, avait admis que des courants peuvent être suffisamment affaiblis pour traverser l'eau sans la décomposer. Matteucci montra qu'en augmentant la dimension des électrodes, on affaiblissait assez le courant électrique pour que l'iodure de potassium ne présentât pas d'iode au pôle positif. D'autres physiciens ont cherché à appuyer cette opinion de plusieurs expériences.

Mais il est un fait que nous avons observé et qui consiste en ce que le moindre courant, la moindre décharge, même celle qui provient du frottement d'un bâton de gomme laque contre de la laine, suffit pour polariser les lames et leur donner le pouvoir de produire un courant en sens inverse du sens de la décharge, preuve de la présence des gaz oxygène et hydrogène provenant de la décomposition électro-chimique du liquide. Comment admettre la présence de ces gaz sans décomposition? Si les bulles gazeuses ne se dégagent pas, c'est que les gaz restent en dissolution, et de là se répandent de proche en proche jusque dans l'atmosphère ou bien sont absorbés par les électrodes. Quoi qu'il en soit, et bien que cette dernière objection soit la plus sérieuse que l'on ait faite contre la conductibilité propre des liquides, on voit qu'en supposant même que cette conductibilité existe, et qu'il passe des traces d'électricité sans action efficace quand le courant est très-faible, ce fait n'infirmerait pas la loi des décompositions chimiques en proportions définies, car rien n'indique que l'effet, dont il est question, ait lieu au moment où l'intensité du courant devient suffisante pour passer, en décomposant abondamment les combinaisons, et qu'à ce moment toute l'électricité n'agisse pas efficacement.

§ VI. — *Des couples simples composés de deux dissolutions et d'un métal oxydable.*

Les couples simples dont nous avons fait usage depuis 1827 pour opérer diverses réactions chimiques sont formés de deux liquides, dont l'un, par exemple, est une dissolution de sulfate de cuivre, et l'autre d'eau acidulée par l'acide sulfurique[1], d'un métal oxydable et d'un autre qui ne l'est pas ou de charbon bon conducteur et séparés par un diaphragme, perméable aux deux liquides et tel que leur mélange soit très-lent à s'effectuer. Les deux dissolutions sont introduites, chacune, dans l'une des branches d'un tube en U, au fond duquel on introduit un tampon de kaolin humide. Au lieu d'un tube en U, on peut employer deux tubes fermés inférieurement par du kaolin humide, retenu avec de la toile fixée sur la paroi par un fil. Ces deux métaux servant d'électrodes sont constamment dépolarisés, comme on le sait, puisque l'oxygène provenant de la décomposition de l'eau et de l'action de l'acide oxyde le métal, tandis que l'hydrogène aide à la réduction de l'oxyde de cuivre sur l'électrode négative.

Cet appareil a été employé par nous, pendant un certain nombre d'années, pour opérer la formation d'un certain nombre de composés. D'autres formes d'appareils ont servi au même usage pour la production notamment de certains oxydes métalliques cristallisés tel que le protoxyde de cuivre. L'appareil destiné à la formation de ce dernier corps se compose d'un tube fermé par un bout, dans lequel on introduit du deutoxyde de cuivre anhydre ou hydraté, une dissolution de nitrate de cuivre, puis un fil ou lame mince de cuivre qui plonge dans la dissolution jusqu'au fond du tube; après quoi, on ferme le tube à la lampe. La dissolution de nitrate de cuivre, dans son contact avec le deutoxyde, le fait passer à l'état de sous-nitrate, elle devient moins saturée, et il y a alors en contact deux dissolutions réagissant l'une sur l'autre : l'une supérieure, qui est saturée, et l'autre inférieure, qui ne l'est pas; la première dégage de l'électricité positive, la seconde de l'électricité négative ; les deux électricités, en se recombinant par l'intermédiaire du fil ou de la lame de cuivre, produisent un courant dont la direction est telle que la partie du fil qui est dans la dissolution saturée est le pôle négatif, et celle qui est dans l'autre non saturée le pôle positif; l'action de ce couple est telle que l'eau et le nitrate de cuivre sont décomposés, le bout supérieur se recouvre d'abord de protoxyde de cuivre, puis, beaucoup plus tard, de cuivre métallique, tandis que le bout inférieur, qui est le

---

[1] *Annales de chimie et de physique*, t. XXXV, p. 113.

pôle positif, s'oxyde; l'intensité du courant est augmentée d'autant, puisqu'il y a deux actions chimiques, celle d'une dissolution concentrée sur une autre qui n'est pas et celle de l'oxydation d'un métal. Les réactions sont très-lentes à s'effectuer surtout dans les premiers temps, quand le deutoxyde a été bien tassé dans le tube.

Il est facile d'expliquer maintenant les effets électriques obtenus avec des couples simples, formés de deux dissolutions possédant une grande force électro-motrice et d'un métal inoxydable. Prenons pour dissolutions, une dissolution de monosulfure de sodium marquant 10° à l'aréomètre, et une autre de nitrate de cuivre concentré. Le couple est disposé comme il suit : soit un tube fermé à la partie inférieure par un tampon de papier à filtrer; la fermeture doit être suffisante pour que le mélange des liquides ne puisse s'effectuer. Un fil de platine traverse le tampon de papier; le tube plonge dans la dissolution de monosulfure qui se trouve dans l'éprouvette; on ne tarde pas à apercevoir des cristaux de cuivre métallique recouvrir la partie du fil de platine qui se trouve en contact avec le tampon, c'est-à-dire dans la partie où s'opère le dégagement de l'électricité provenant de la réaction des deux liquides l'un sur l'autre. Peu à peu le fil de platine se recouvre de cuivre, et en peu de jours son diamètre devient 10 fois plus grand qu'il n'était en commençant : il est à remarquer qu'aussitôt que le cuivre a commencé à se déposer, il a dû se produire les mêmes effets que si les deux dissolutions étaient traversées par un fil de métal oxydable, et alors l'action chimique devient plus intense, mais aussi une partie du cuivre déposé dans le voisinage du monosulfure est attaquée aussitôt; d'autres dissolutions métalliques sont également décomposées avec réduction des métaux.

L'action des couples simples peut servir à constater la présence de certains métaux dans une dissolution. Nous allons en citer quelques exemples : si la dissolution contient un composé de mercure, en en versant quelques gouttes sur une lame d'or et y introduisant une lame de zinc, après avoir ajouté une goutte d'acide chlorhydrique, on voit aussitôt la lame d'or blanchir. Il s'est formé un amalgame d'or, par suite de l'action électro-chimique.

On peut constater de la même manière la présence de plusieurs métaux dans une dissolution en l'acidulant convenablement.

CHAPITRE III.

EFFETS DE LA LUMIÈRE.

Un faisceau de rayons solaires, ou émanés d'une source lumineuse d'une intensité suffisante, donne non-seulement la sensation
de lumière en impressionnant la rétine, mais encore produit sur
les corps des effets très-divers : il donne lieu à une élévation dans
la température des corps placés sur sa route ; il peut développer
des effets de phosphorescence comme on l'a vu précédemment
pages 75 et suivantes ; il peut opérer la décomposition chimique de certaines substances ou provoquer leur combinaison ; il
peut agir enfin sur des substances organiques et intervenir puissamment dans les phénomènes de la vie végétale, en produisant
différentes réactions chimiques ou des effets physiologiques.

§ I. — *Effets calorifiques.*

Les effets calorifiques, étudiés à l'aide de thermomètres ou
mieux de piles thermo-électriques très-sensibles, ont montré que
la chaleur rayonnante n'est pas plus simple ni plus homogène que
la lumière, et l'on a été conduit à admettre des rayons de chaleur
ayant des qualités diverses, comme on a admis des rayons lumineux différemment colorés. C'est la température plus ou moins
élevée que possède une source calorifique qui donne à celle-ci la
faculté d'émettre des rayons plus ou moins réfrangibles, mais on
ne connaît pas la relation qui lie la réfrangibilité des rayons émis
avec la température à laquelle leur émission commence.

On sait également que si l'on réfracte un faisceau de rayons
émanés d'une source calorifique et lumineuse, les rayons calorifiques émis tant que la source possède une température inférieure
à celle de 500°, à laquelle elle devient source de lumière, ainsi
qu'on l'a vu page 83, ont une réfrangibilité moindre que celle qui
correspond au rouge prismatique et sont rejetés en dehors
du spectre visible ; mais quand cette source a une température
plus élevée, des rayons calorifiques plus réfrangibles apparaissent
en même temps que ces rayons lumineux. Du reste, tous les phénomènes indiquent l'identité de ces rayons lumineux et calorifiques de même réfrangibilité, les effets exercés sur la rétine ou
sur les corps impressionnables à la chaleur étant seuls différents
et ne dépendant que de la manière dont les mouvements vibra-

toires se communiquent, soit à la rétine, soit aux corps qui s'é-
chauffent.

L'étude de la transmission de la chaleur rayonnante au travers
d'écrans de différentes natures, faite surtout par Melloni, a conduit à la même conclusion, et a montré qu'il y avait des écrans
différemment diathermanes, ou différemment transparents pour
la chaleur, comme il y en a de différemment colorés et de diversement transparents pour la lumière; mais, en général, on a trouvé
que les rayons sont d'autant |plus facilement absorbables qu'ils
sont moins réfrangibles, c'est-à-dire émis à de plus basses températures.

§ II. — *Effets chimiques.*

Si les effets calorifiques peuvent être produits indifféremment
sur les corps par un même groupe· de rayons solaires ou d'une
autre source de rayonnement, et ne paraissent dépendre que du
pouvoir absorbant de ces corps, il n'en est pas de même des effets
chimiques qui tiennent essentiellement à la nature des substances
exposées au rayonnement lumineux et qui, pour chaque substance
impressionnable, exigent des rayons d'une longueur d'onde comprise entre des limites déterminées et différentes pour chacune
d'elles.

La lumière peut modifier l'état physique ou l'arrangement moléculaire des corps sans qu'il y ait action chimique entre les
éléments en présence ; plusieurs exemples le montrent. Du reste,
on conçoit la possibilité de cette action, puisque les phénomènes
de phosphorescence par insolation, dont il a été question antérieurement, ont montré que des vibrations lumineuses peuvent se transmettre aux particules des corps et exciter des vibrations persistantes pendant quelques instants. On a reconnu en effet que le
phosphore blanc se transforme en phosphore rouge, sous l'action
de la lumière, et que le soufre soluble dans le sulfure de carbone,
se change en en soufre insoluble, modifications allotropiques de
ces deux corps. L'expérience se fait aisément en exposant aux
rayons solaires des dissolutions de phosphore blanc, et de soufre
dans le surfure de carbone. Les autres faits que l'on a cités et qui
se rapportent à des actions de ce genre n'ont pas été suffisamment établis.

On peut citer, comme exemples, des effets chimiques si nombreux produits sous l'influence de l'agent lumineux, les combinaisons qui s'opèrent quand certains corps sont en présence l'un de l'autre, et principalement les effets observés lors de l'action du chlore, du brome et de l'iode ou de l'oxygène sur certaines substances d'origine organique.

Lorsque le chlore et l'hydrogène, préparés séparément, sont mélangés à volumes égaux, la combinaison, qui ne se produit pas à l'obscurité, s'effectue lentement à la lumière diffuse et donne lieu à une détonation sous l'action des rayons solaires. Dans ces deux circonstances, il se forme de l'acide chlorhydrique. Du reste, le chlore a une telle tendance à s'unir à l'hydrogène, qu'un grand nombre de matières hydrogénées, mises en présence de ce gaz, se décomposent à la lumière directe ou diffuse suivant leur nature. Le brome et l'iode se comportent de même, mais donnent lieu à des effets moins énergiques.

L'oxygène, sous l'influence de la lumière, peut s'unir, non-seulement à plusieurs composés à bases métalliques[1], mais encore à un très-grand nombre de substances organiques et donner lieu à une foule de réactions que l'on n'apprécie souvent que lorsqu'elles sont accompagnées d'un changement de couleur; ces matières sont pour ainsi dire brûlées sous l'action des rayons lumineux.

Mais si cet agent peut provoquer des combinaisons, il peut produire également des décompositions très-nombreuses. En général, les métaux qui ont plusieurs degrés d'oxydation sont surtout impressionnables à l'état de peroxydes et tendent à passer à un état d'oxydation moindre. La lumière peut alors agir sur eux, soit quand ils sont isolés, ce qui est le moins fréquent, mais qui peut avoir lieu comme avec les chlorures, bromures, et iodures d'argent, etc., soit lorsqu'ils se trouvent mélangés à des composés réducteurs qui sont presque toujours des substances organiques. Certains composés de fer, d'uranium, de chrome, de mercure, sont dans ce cas.

L'état physique des corps impressionnables peut exercer une influence très-marquée sur les effets produits; ainsi le chlorure et le bromure d'argent, par précipitation, sont très-sensibles, l'iodure ne l'est pas. L'iodure mélangé de nitrate ou de corps réducteur peut le devenir à un haut degré. Lorsque ces composés

---

[1] Voir ED. BECQUEREL, la Lumière, t. II, p. 54.

sont préparés à la surface de lames d'argent, à l'aide des vapeurs d'iode de brome ou de chlore, l'iodure est alors très-sensible, le bromure moins et le chlorure donne des effets particuliers dont il sera question plus loin. En outre, si l'iodure déposé sur une lame d'argent est exposé, pendant un temps très-court, aux émanations du chlore ou du brome, il peut devenir soixante fois plus sensible qu'auparavant.

Au moment où les réactions chimiques dues à l'influence lumineuse se manifestent, il doit y avoir dégagement d'électricité; on a vu antérieurement, pages 43 et suivantes, comment M. Ed. Becquerel avait pu le démontrer.

§ III. — *Effets chimiques des rayons différemment réfrangibles.*

Lorsque l'on étudie quelle est l'action des différents rayons colorés sur les diverses matières chimiquement impressionnables à la lumière, on trouve des résultats très-différents avec chaque substance, qui est pour ainsi dire un instrument avec lequel on doit examiner l'action du rayonnement lumineux [1]. En général les actions chimiques ont lieu dans les rayons les plus réfrangibles du spectre solaire, et même en dehors du violet visible, mais dans des étendues diverses de cette image, suivant les corps. Ainsi, la combinaison de chlore et d'hydrogène, nulle depuis le rouge jusqu'à l'orangé, commence à être sensible dans le jaune près de la raie noire D du spectre solaire; elle est moins faible dans le vert, un peu plus vive vers F au commencement du bleu où l'action est à peu près $\frac{1}{6}$ de ce qu'elle est dans la position du maximum, lequel a lieu dans le bleu violacé entre G et H, plus près de H. L'action décroît ensuite tout en se faisant sentir au-delà du violet jusqu'aux limites les plus éloignées de l'extra-violet.

Les combinaisons d'argent sont impressionnées principalement dans le bleu, le violet et l'ultra-violet, mais le maximum d'effet a lieu entre G et H, près de G; avec l'iodure et le chlorure, l'action se prolonge moins du côté du jaune qu'avec le bromure; avec ces trois substances, on observe, dans la partie la moins réfrangible, le rouge, l'orangé et le jaune, des effets tout particuliers, découverts par M. Ed. Becquerel, et sur lesquels nous allons revenir tout à l'heure.

[1] E. BECQUEREL, *la Lumière*, t. II, p. 79.

L'action de la lumière sur l'acide chromique en présence des matières organiques et en vertu de laquelle une désoxydation partielle est produite, se fait sentir dans le vert, le bleu et le violet, avec le maximum d'effet à côté de F dans le commencement du bleu.

Avec les composés impressionnables de cuivre comme le chlorure et le bromure, on observe deux maxima d'action dans le spectre : l'un dans le jaune ; e second, dans le violet avec le bromure et en dehors du violet avec le chlorure.

La décoloration des matières colorantes organiques a lieu dans le spectre tantôt et le plus généralement sous l'influence des rayons les moins réfrangibles, quelquefois, dans la partie moyenne, ou dans le bleu, suivant leur nature.

On voit donc que si, suivant la nature de la substance impressionnable, la longueur d'onde des rayons actifs n'est pas la même et qu'on ne puisse donner de règle à ce sujet, cependant on peut dire, en général, que les rayons violets et ultraviolets sont la plupart du temps plus efficaces pour agir sur les composés métalliques et provoquer les décompositions, et les rayons moins réfrangibles pour produire l'oxydation des couleurs végétales.

Raies du spectre.

Lorsque l'on étudie l'action du spectre sur les substances très-impressionnables, que le spectre est suffisamment épuré et que l'exposition de la surface à l'action lumineuse se fait pendant un temps assez court pour que la diffusion lumineuse des parties exposées au rayonnement influe peu sur les parties voisines, alors on voit, comme M. Ed. Becquerel l'a reconnu le premier[1], que les images spectrales présentent les mêmes raies noires que celles des parties du spectre lumineux où se fait l'impression, et, même, quand les substances sont sensibles au-delà du violet du spectre, on a des lignes dans cette région invisible. C'est la conséquence de l'unité d'action lumineuse; la différence des effets observés sur les corps provenant de la manière dont les vibrations se transmettent à eux et non de différence dans l'agent actif.

[1] ED. BECQUEREL. — La Lumière. t. I, p. 138.

Effets de continuation après l'action lumineuse.

La lumière produit des actions chimiques qui, une fois commencées, peuvent être continuées, soit à l'obscurité, soit par l'emploi de certains réactifs, soit par l'influence de la chaleur, soit par celle de certaines parties du spectre solaire.

Lorsqu'un papier enduit d'une dissolution d'or est desséché dans l'obscurité, il n'éprouve pas de changement de couleur; mais, après une courte insolation, bien que sa coloration soit à peine sensible, si on le reporte dans l'obscurité, l'or est réduit et la couleur du papier passe par diverses nuances, qu'il aurait prises s'il fût resté sous l'influence de la lumière. D'autres exemples pris dans d'autres conditions vont montrer des effets aussi curieux.

Lorsqu'une plaque d'argent a été recouverte d'une couche d'iodure et exposée pendant un temps suffisant au foyer d'une chambre noire, sans offrir toutefois l'image projetée d'une manière appréciable, si la lame est alors exposée à la vapeur de mercure, l'image apparaît par suite de la fixation du mercure sur les parties frappées par la lumière. Dans ces parties, l'iodure est changé en sous-iodure et en argent métallique qui, s'amalgamant avec le mercure, produit les blancs de l'image. Un lavage avec l'hyposulfite de soude enlève l'iodure d'argent et laisse l'argent à nu. Tel est le principe de la grande découverte de Daguerre qui a permis de fixer les images de la chambre obscure.

On obtient le même effet avec la lumière qu'avec la vapeur de mercure, au moyen de l'action de certaines parties du spectre solaire, comme l'a découvert M. Ed. Becquerel [1], en étudiant l'action du spectre solaire sur du papier préparé avec l'iodure, le bromure, le chlorure d'argent avec excès d'azotate d'argent, substances qui sont impressionnables depuis le bleu jusqu'au-delà du violet prismatique, quand elles ont été préparées dans l'obscurité, mais qui le deviennent depuis le bleu jusqu'au rouge, quand il y a commencement d'action. Il existe donc pour ces corps des parties du spectre qui n'agissent que pour continuer l'action chimique commencée par les autres rayons, c'est-à-dire, comme il les a nommés, des rayons excitateurs et des rayons continuateurs.

[1] Ed. Becquerel. — *La Lumière*, t. II, p. 76.

Des verres colorés en jaune ou en rouge, employés comme écrans, produisent des effets semblables, ainsi que la chaleur, et l'on peut même avec des plaques daguerriennes simplement iodées et exposées pendant un temps très-court à la chambre obscure, faire apparaître l'image par l'action seule de la lumière qui a traversé un verre jaune tout aussi bien qu'avec le mercure.

M. Talbot a trouvé une réaction chimique, qui remplace celles de la vapeur de mercure et des rayons les moins réfrangibles, réaction à l'aide de laquelle on a pu fixer sur le papier les images photographiques. Voici comment on opère cette réaction : on recouvre une feuille de papier d'un sel d'argent très-sensible à la lumière, c'est-à-dire préparé avec un léger excès d'azotate d'argent, et on la place pendant quelques instants au foyer de la lentille de la chambre noire ; en examinant la feuille dans l'obscurité, avec une lumière artificielle, ou au travers d'un verre rouge, on n'aperçoit aucune trace d'image ; mais, si on la plonge dans une dissolution d'acide gallique un peu chaude, l'image apparaît peu à peu. On obtient le même résultat en opérant avec une lame de verre recouverte de gélatine, d'albumine, de collodion, sur laquelle on dépose la substance impressionnable. Dans ce cas, le dépôt d'argent dans le bain réducteur ne paraît pas en rapport avec l'action chimique commencée sur le sel d'argent, et semble beaucoup plus considérable que celle qui correspond à la partie influencée de la surface impressionnable.

§ III. — *Reproduction des couleurs naturelles.*

Plusieurs observateurs avaient remarqué que le chlorure d'argent prenait différentes nuances, suivant les circonstances de sa préparation, ou suivant la couleur de la lumière qui le frappe, notamment des teintes rougeâtres sous l'action de la lumière rouge, mais sans tirer aucune conséquence de cette coïncidence de teinte, et sans aller plus loin dans la préparation de ce composé impressionnable.

M. Ed. Becquerel[1], en étudiant avec soin la question, ne pouvant obtenir aucun résultat net avec le chlorure d'argent déposé sur du papier, eut l'idée de préparer directement ce composé en attaquant une lame d'argent par le chlore. En exposant d'abord une lame d'argent à l'action du chlore gazeux, la lame

---

[1] *Annales de chimie et de physique*, 3e série, t. XXII, p. 451 ; t. XXV, p. 445, et t. LXII, p. 81. — *La Lumière*, t. II, p. 209.

d'argent est devenue blanche grisâtre, et en projetant le spectre solaire sur la surface, on n'a observé aucun phénomène bien net; mais en faisant attaquer la lame d'argent par l'eau chlorée, elle s'est recouverte d'une couche grise qui, sous l'action du spectre, a donné une image colorée dont les nuances correspondaient exactement aux parties de même couleur du spectre solaire; il reconnut alors que ce n'était pas une simple coïncidence de teinte qui avait donné au chlorure d'argent préalablement impressionné la couleur rouge d'un côté du spectre et violette de l'autre, mais que, dans ce cas, le chlorure blanc non altéré était mélangé probablement de sous-chlorure, c'est-à-dire d'un chlorure ayant un équivalent de moins de chlore que le chlorure blanc, et que cette dernière substance donnait lieu aux teintes observées.

À l'eau chlorée, il substitua des dissolutions de chlorures, d'hypochlorites, etc., capables de céder du chlore à la lame d'argent; mais quoiqu'on prépare ainsi simplement la couche impressionnable, véritable rétine minérale qui reproduisait les nuances de la lumière active, il substitua à cette méthode un mode de préparation qui permet à la couche sensible obtenue de donner des résultats bien autrement remarquables, et d'avoir telle épaisseur que l'on veut. Ce procédé consiste à amener peu à peu à la surface des lames de plaqué, par l'action de l'électricité, du chlore à l'état naissant qui attaque l'argent et donne la couche impressionnable. A l'aide d'un voltamètre introduit dans le circuit, on détermine exactement la proportion de chlore fixé sur l'argent.

Il résulte de ses recherches, qu'en évaluant en volume le chlore, et en se guidant aussi sur les teintes des lames minces pour apprécier l'épaisseur approximative de la couche sensible, il faut par décimètre carré de surface d'argent :

cent. cub.
2,80 { de chlore pour que la teinte violette de la couche mince des anneaux colorés du deuxième ordre commence à paraître.

de 3,80 à 3,90 { pour la teinte violette du troisième ordre, donnant déjà sans l'action du spectre de bonnes impressions colorées.

de 6,50 à 6,90 { pour que la couche du quatrième ordre ait une épaisseur suffisante pour donner de belles reproductions des spectres lumineux.

En laissant le courant électrique agir plus longtemps, la couche sensible deviendrait noire et ne donnerait pas d'aussi bons résultats sous l'action du spectre.

M. Ed. Becquerel a reconnu que, si l'on élève la température de la lame ainsi préparée, lorsque la température est voisine de 100°, la couche sensible prend une teinte légèrement rosâtre. La lumière n'agit pas de la même manière sur cette plaque chauffée qu'avant de lui faire subir ce recuit ; la lumière solaire ou la lumière diffuse agit en blanc sur la substance ; en outre, les teintes des images colorées sont claires au lieu d'être sombres comme auparavant. Cette modification, due à l'action de la chaleur, peut être utile quand on veut se servir de la matière sensible pour reproduire les images colorées de la chambre noire.

L'action de certaines parties du rayonnement solaire peut produire les mêmes effets que l'action de la chaleur. Lorsque l'on soumet ces surfaces à l'action préalable des rayons rouges extrêmes, comme on peut le faire à l'aide d'un écran mixte composé par la réunion d'un verre rouge foncé et d'un verre bleu foncé (coloré par le colbalt), la surface se colore en violet foncé et donne ensuite des images spectrales ou des images de la chambre noire dans lesquelles les teintes sont claires par rapport au fond plus sombre de la surface.

Lorsqu'on soumet des plaques d'argent ainsi préparées à l'action d'un spectre solaire fortement concentré, on a, au bout d'un temps plus ou moins long, une très-belle reproduction du spectre lumineux avec toutes ses nuances : l'orangé, le vert, le bleu, le violet ont des tons très-vifs ; le rouge seul est assez sombre à l'extrémité la moins réfrangible si la lame n'est pas recuite.

Mais ce n'est que dans un état transitoire de transformation chimique que le sous-chlorure d'argent violet reproduit les nuances des rayons lumineux actifs ; si on laissait la plaque exposée pendant un temps très-long à l'action du spectre, une teinte grise commencerait à se montrer, et l'on finirait par avoir une impression monochromatique provenant de la décomposition complète de la substance impressionnable dans toute l'étendue du spectre ; c'est donc lors du passage d'un état à un autre de la matière impressionnable que chaque rayon imprime sa couleur à cette matière ; et lorsque la transformation chimique que les rayons provoquent est entièrement terminée, les couleurs ont disparu.

Si les différentes teintes du spectre lumineux sont reproduites

sur le chlorure d'argent violet, et si, d'un autre côté, la lumière
blanche donne lieu à une impression blanche, les différentes
teintes composées doivent donner des impressions de même
couleur qu'elles; en un mot, on doit pouvoir *peindre avec la
lumière*. La solution de ce problème a préoccupé M. Ed. Becquerel dès ses premières recherches, et ses essais ont montré que
ce but n'était pas impossible à atteindre. Il a fait ainsi plusieurs
reproductions; mais différentes causes se sont opposées à ce que
ces images soient comparativement aussi nettes que les images
si vives du spectre lumineux ou celles des anneaux colorés.
Il faut d'abord un recuit suffisant, mais non pas trop prolongé;
en outre, la matière s'impressionne si lentement que, même lorsque les objets sont éclairés avec les rayons solaires directs, il
faut plusieurs heures d'exposition pour avoir une image.

Au lieu d'obtenir les images colorées du spectre sur plaques
de métal, on peut déposer le chlorure d'argent violet sur papier;
mais les couleurs sont beaucoup moins nettes, et toutes ne se
reproduisent pas. Aussi est-il préférable d'opérer toujours sur
plaques de métal.

Les images photographiques colorées du spectre et celles colorées de la chambre obscure, une fois produites, peuvent se conserver indéfiniment dans l'obscurité; mais elles s'altèrent à la
lumière, et le sous-chlorure d'argent continue à s'impressionner
suivant la couleur des rayons avec lesquels on l'éclaire. Si on
plonge une lame recouverte d'une image colorée, dans un des
dissolvants du chlorure d'argent blanc, telle qu'une dissolution
d'ammoniaque, d'hyposulfite de soude, etc., toutes les couleurs
disparaissent, et il ne reste plus qu'un dessin sans couleur. Jusqu'ici cette substance est la seule qui ait donné lieu à ces effets
si remarquables.

§ IV. — *Effets physiologiques produits par la lumière
sur les végétaux et les animaux.*

La lumière exerce une action puissante sur les phénomènes
de la vie végétale; les fonctions les plus importantes, celles relatives à la nutrition, ne peuvent avoir lieu sans son influence, et
c'est par son intervention que le carbone est fixé dans les végétaux; c'est par sa présence également que certains mouvements
sont imprimés à leurs organes et que les effets de coloration
peuvent avoir lieu; mais il est possible que quelques-uns de ces

phénomènes ne soient que des effets secondaires dépendant de l'action chimique qui donne lieu à la fixation du carbone.

Examinons successivement ces différents effets : dans la germination, d'abord il ne semble pas que l'action lumineuse soit bien manifeste, si toutefois elle est appréciable; il y a, comme on sait, des graines qui germent sous le sol. L'absence de lumière n'est pas non plus indispensable, car il y en a qui germent sur la terre. Les seules conditions nécessaires pour la germination sont la présence de l'oxygène et, par conséquent, l'accès de l'air et une certaine humidité ainsi qu'un degré convenable de température.

Inflexion et sommeil des plantes.

Quant aux mouvements de certains organes sous l'action lumineuse, il est bien manifeste. Les jeunes branches ou les tiges herbacées des plantes élevées dans une chambre ou dans une serre se dirigent en s'infléchissant vers les croisées ; et, même dans certaines plantes, le pédoncule qui porte la fleur ou la tête des fleurs, se courbe du côté du soleil, de façon à se pencher le matin à l'est, au milieu de la journée vers le sud, et le soir vers l'ouest, et à suivre ainsi le mouvement apparent du soleil ; c'est le phénomème appelé nutation des plantes. Ce fait est facile à vérifier avec l'*Helianthus annuus* qui porte aussi le nom de tournesol.

Cette flexion des jeunes tiges, et qui paraît à peu près générale, a lieu avec plus d'énergie dans les rayons les plus réfrangibles de la lumière comme la décomposition des sels d'argent, et se fait sentir avec moins d'intensité dans la partie extra-violette et dans les rayons jaunes et rouges. Ce fait tend à appuyer les explications physiologiques d'après lesquelles on considère l'action lumineuse dans cette circonstance comme un effet exercé sur les tissus végétaux, et non pas comme une conséquence de la formation de la matière verte, car celle-ci est produite avec plus d'énergie par la lumière jaune, c'est-à-dire par la partie la plus lumineuse du spectre, ainsi qu'on va le voir plus loin.

D'autres mouvements sont exécutés par les organes des plantes et dans lesquels on peut reconnaître l'intervention lumineuse. Tels sont les mouvements qui constituent le sommeil des plantes et des feuilles, ainsi que les enroulements des tiges flexibles. En ce qui concerne le sommeil des plantes et des feuilles, c'est-à-dire la position particulière que les fleurs et les feuilles de certaines plantes prennent pendant la nuit comparativement à celle qu'elles occupent pendant le jour, ils peuvent être influencés par la lumière comme les observations de divers expérimentateurs l'ont prouvé; mais, dans l'état actuel de la science, de même que pour la flexion des tiges, on ne saurait en donner une explication complétement satisfaisante.

Il en est encore de même des mouvements des plantes volubiles dont les unes, comme l'igname, ne doivent leur enroulement qu'à l'action de la lumière, tandis que d'autres, comme les haricots, l'*Ipomœa purpurea*, etc., ne paraissent pas éprouver son influence [1].

Aspiration, transpiration, respiration et coloration.

Un des agents les plus essentiels aux végétaux est l'eau qui s'infiltre dans les tissus, est aspirée par les racines, dissout et transporte les diverses substances, et dont les éléments peuvent être assimilés aux végétaux dans l'acte de la nutrition. La force d'absorption est surtout influencée par la chaleur et la lumière; sans un certain degré de température elle ne se produit pas; en l'absence de la lumière, elle cesse d'avoir lieu. Cette eau absorbée est ensuite exhalée dans l'atmosphère, et la lumière est encore une des causes qui agissent avec le plus d'intensité pour produire ce phénomène.

On attribue généralement à Ray, il y a deux siècles environ [2], l'observation de ce fait que la lumière seule influe sur la couleur verte des plantes. A l'obscurité, en effet, les plantes ne verdissent pas, s'allongent, présentent une teinte jaune, et enfin s'étiolent. Bonnet, puis Priestley, Ingenhouz, Senebier et Th. de Saussure ont beaucoup étendu ces observations et démontré que les feuilles et les parties vertes des végétaux absorbaient du gaz acide carbonique sous l'action de la lumière, et éliminaient du gaz oxygène, et qu'il y avait en somme fixation de carbone dans les plantes.

A l'obscurité, au contraire, les plantes émettent de l'acide carbonique et brûlent du carbone comme les animaux dans

[1] ED. BECQUEREL. — *La Lumière* t. II, p. 252 et suivantes.
[2] Id. t. II, p. 266.

l'acte de la respiration. Th. de Saussure a montré, de plus, que dans ces expériences le volume de l'oxygène dégagé sous l'action lumineuse demeurait inférieur à celui de l'acide carbonique absorbé, mais qu'en même temps une portion de l'oxygène retenu par la plante était remplacée par de l'azote exhalé. Du reste, il faut remarquer qu'il n'est pas probable que l'action lumineuse détermine la décomposition directe de l'acide carbonique par la matière verte des plantes, c'est-à-dire par la chlorophylle, et que les expériences faites jusqu'ici semblent prouver que l'on observe seulement le résultat final de réactions fort complexes dans lesquelles il faut faire intervenir, non-seulement le gaz acide carbonique et l'oxygène qui se trouve dans l'atmosphère, mais encore l'azote interposé, ainsi que l'eau et les matières transportées par le mouvement de la séve.

Toutes les parties du rayonnement lumineux paraissent efficaces pour donner lieu à la formation de la matière verte, ainsi que pour dégager l'oxygène des feuilles plongées dans de l'eau renfermant de l'acide carbonique ; mais, dans le spectre, le maximum d'action est situé dans les rayons jaunes, c'est-à-dire dans la partie qui agit le plus vivement sur la rétine ; les autres parties du spectre agissent moins vivement, et l'action s'étend même au-delà du rouge et du violet, c'est-à-dire en dehors de la partie lumineuse de l'image prismatique.

Cette coïncidence de la position du maximum d'action lumineuse et du maximum de coloration de la matière verte des plantes dans le spectre fait croire que les rayons différemment colorés et de même intensité doivent agir de la même manière ; les expériences de plusieurs physiologistes sembleraient contraires à cette conséquence, car des plantes qui ont végété sous l'action lumineuse d'écrans différemment colorés, ont présenté des effets différents ; mais il faut remarquer qu'il y a deux quantités variables dans l'emploi de ce procédé expérimental :

1° La couleur de la lumière ou la réfrangibilité ; 2° l'intensité.

La plupart des expérimentateurs ont fait attention à la première et ont négligé la seconde. Or, d'après quelques expériences faites dans ces dernières années, en s'assurant autant que possible que les intensités étaient les mêmes, ce qui ne peut se faire qu'approximativement, vu la difficulté de comparer avec un photomètre les intensités de deux lumières de différente couleur, il paraîtrait que, des lumières de diverses teintes et de même intensité, donnent la même quantité de gaz oxygène dégagé, conformément à ce qui a été dit plus haut[1].

La lumière donne lieu à d'autres effets de coloration, dans les plantes, qu'à la formation de la matière verte, et certaines parties du tissu végétal, particulièrement des fleurs et des fruits, ne doivent leur couleur qu'à son action. On pourrait dire que toutes les couleurs végétales sont produites par elle, si l'on voulait entendre que, sans son influence, une plante ne pourrait parcourir toutes les phases de son existence ; mais, dans ce cas, ce ne serait pas en vertu d'une action directe exercée par la lumière que l'effet aurait lieu, mais en vertu d'actions secondaires, c'est-à-dire en vertu de réactions qui se passent dans les tissus pendant l'acte de végétation ; ainsi il y a beaucoup de fleurs qui sont colorées au moment où elles s'épanouissent.

Il existe des plantes qui paraissent parcourir les différentes phases de leur existence sans se colorer ; les champignons sont dans ce cas. Il faut remarquer toutefois qu'ils végètent aux dépens de la matière organique toute formée.

On voit, en résumé, que, sauf, dans ces derniers cas, la lumière est indispensable à la vie végétale, et que, si certaines plantes phanérogames peuvent végéter pendant quelque temps dans l'obscurité, elles sont languissantes et étiolées, et ne sauraient parcourir les différentes phases de leur existence.

Les éléments les plus essentiels qui constituent les plantes sont le carbone, l'hydrogène, l'oxygène, auxquels on peut joindre l'azote, si l'on fait abstraction des substances telles que le silicium, le phosphore, le soufre, ainsi que des bases, comme la potasse, la soude, la chaux, etc., qui ne s'y trouvent qu'en plus faibles proportions. Ces quatre substances se rencontrent dans l'atmosphère, et si les trois dernières sont fixées dans les plantes lors du mouvement de la séve, par des réactions chimiques non encore connues, dont nous n'observons que le résultat final, le carbone est fourni par l'acide carbonique, et c'est la lumière qui détermine l'action en vertu de laquelle il s'accumule dans les végétaux.

Il est très-remarquable de voir que c'est par suite de la présence d'une très-petite quantité d'acide carbonique dans l'atmosphère et dans le sol végétal, que cette assimilation du

[1] La Lumière, ses causes et ses effets, t. II, p. 266 et suivantes. Prillieux, Comptes rendus de l'Académie des sciences, t. LXIX, p. 294, 1869.

carbone a lieu à la surface de la terre. Si l'on s'en tient à l'atmosphère seule, on estime en moyenne à $\frac{4}{10.000}$ du volume de l'air, le volume du gaz acide carbonique qui existe à un moment donné dans l'enveloppe gazeuse de la terre. En supposant que l'acide carbonique soit répandu partout en même proportion, comme le poids de l'asmosphère équivaut au poids d'une couche d'eau de $10^m 33$ répandue sur la surface du globe, le poids du carbone contenu dans l'acide carbonique existant dans l'air équivaut à celui d'une couche de houille, supposée en carbone pur, qui aurait 1 millim. $\frac{1}{4}$ d'épaisseur et qui envelopperait partout la terre. Cette quantité est très-minime, et cependant c'est elle qui fournit le carbone qui se fixe à chaque instant dans les végétaux. On doit ajouter que la perte de l'acide carbonique est compensée à chaque instant par les quantités du même gaz que le sol peut émettre, lors de la décomposition des matières organiques, ainsi que par l'acide carbonique qui provient de la respiration des animaux.

On peut avoir une idée de la quantité de travail déterminée par l'action de la lumière solaire sur la végétation et dont on pourrait retrouver l'équivalent lors de la combustion des végétaux, en évaluant la quantité de carbone fixée pendant un temps donné par les végétaux, car le carbone provient de la décomposition de l'acide carbonique sous l'influence de la lumière. Il serait nécessaire de tenir également compte des autres éléments dont se composent les plantes; mais comme l'oxygène et l'hydrogène sont en des proportions peu différentes de celles qui sont nécessaires pour former de l'eau, et que les autres matières entrent pour une moindre quantité, l'erreur que l'on commet en s'en tenant au carbone ne peut changer beaucoup les indications générales que l'on peut donner, et qui ne sont d'ailleurs que très-approximatives.

En cherchant[1] donc quelle est la quantité de carbone fixé annuellement par la végétation forestière de nos contrées, ainsi que la quantité de chaleur que représenterait la combustion de ce carbone, et en comparant ce résultat à celui de la quantité totale de chaleur que les rayons solaires produisent comme on l'a vu page 68, on trouve que la quantité de travail fournie par les rayons solaires pendant l'acte de la végétation à la surface de

[1] ED. BECQUEREL. — *La Lumière*, t. II, p. 290.

la terre dans nos climats, et qui se trouve emmagasinée dans les plantes pour être utilisée ensuite lors de la combustion ou de l'emploi de ces matières, n'atteint pas un centième de l'action calorifique produite par l'influence de ces mêmes rayons.

D'un autre côté, la quantité de carbone fixée moyennement par mois, par 1 hectare de forêt, dans nos climats, est de 150 kil., c'est-à-dire par jour de vingt-quatre heures, la nuit comprise, 5 kil. On sait, d'autre part, qu'une personne en moyenne dans l'acte de la respiration fournit une quantité d'acide carbonique qui équivaut à celle donnée par la combustion de 9 gr. de carbone. Il résulte de là qu'en vingt-quatre heures une personne fournit la quantité d'acide carbonique équivalant à 216 gr., et que vingt-trois personnes produisent dans le même temps, par l'acte de la respiration, la quantité de carbone qui est fixée en moyenne pendant l'année par la végétation de 1 hectare de forêt. Les autres cultures donneraient des résultats différents, car les prairies, dans nos climats, donnent une fixation de carbone égale à celle que produisent dans le même espace de temps quarante-six personnes, et les cultures plus abondantes un nombre encore plus grand.

Cette différence, dans les phénomènes chimiques de la vie animale et de la vie végétale, montrent donc deux genres de réactions dont le résultat final est opposé, puisque les animaux sont des agents d'oxydation et les végétaux des agents de réduction ; les premiers, en effet, dans leur respiration consomment de l'oxygène, produisent de l'acide carbonique et dégagent de la chaleur, tandis que les végétaux fixent du carbone, de l'hydrogène et de l'azote, émettent de l'oxygène et exigent pour cela l'influence d'une force physique extérieure, la lumière, dont l'action équivaut à une certaine quantité de chaleur, force qui est pour ainsi dire emmagasinée dans les plantes. L'oxygène consommé par les animaux est donc restitué par les plantes sous l'influence de la lumière, et l'acide carbonique fourni par les animaux est décomposé par elles ; l'équilibre se trouve ainsi maintenu dans l'atmosphère à l'époque actuelle.

La lumière, dans certaines circonstances, peut exercer une influence sur les animaux ; mais on ne peut plus dire comme pour la plupart des végétaux qu'elle est indispensable aux différentes phases de leur existence ; elle n'intervient chez eux d'une manière nécessaire que dans les phénomènes de la vision pour ieur faire connaître les couleurs, les formes et les distances des objets extérieurs.

Si l'on considère des animaux placés à des degrés différents dans l'échelle des corps organisés, et en dehors des phénomènes de vision, on peut trouver des effets plus ou moins marqués. Chez les infusoires, l'action lumineuse est puissante, et ces êtres peuvent être aussi impressionnables que les végétaux à l'influence lumineuse [1]. Chez d'autres animaux, comme les batraciens, cette action est moins sensible ; cependant, certains poissons et crustacés, quand ils sont jeunes, paraissent présenter des colorations de leur peau dues à une action réflexe exercée par la lumière sur la rétine, puisque, lorsqu'ils sont privés de la vue, ces effets de coloration ne sont plus manifestes [2] ; quand on arrive aux mammifères, il n'est pas démontré que la lumière intervienne dans les diverses conditions de leur vie et qu'elle agisse autrement que pour provoquer une certaine coloration de la peau ou du pelage.

[1] Ed. Becquerel. — *La Lumière*, t. II, p. 293.
[2] *Comptes rendus de l'Académie des sciences*, t. LXXII, p. 966, t. LXXIV, p. 757 et 1341.

LIVRE III.

DE LA CAPILLARITÉ DANS SES RAPPORTS
AVEC LES PHÉNOMÈNES PHYSIQUES ET CHIMIQUES.

CONSIDÉRATIONS GÉNÉRALES.

Toutes les fois qu'un corps solide est en contact avec un liquide qui le mouille, il se manifeste une action attractive en vertu de laquelle il y a adhérence entre les deux corps ; c'est ainsi que se comporte le verre par rapport à l'eau, à l'alcool et aux huiles. Cette force attractive a une certaine analogie avec celle qui produit les affinités ; comme elle , elle détermine des actions chimiques ; c'est ainsi que le charbon et différents corps poreux jouissent de la propriété, quand on les plonge dans de l'eau colorée par une infusion de bois de campêche, de tournesol, etc., d'enlever la matière colorante par suite d'une plus grande affinité de celle-ci pour le corps poreux que pour l'eau ; c'est par suite de la différence entre les affinités des corps pour les liquides que, lorsqu'on projette du blanc de plomb imbibé d'eau dans l'huile, l'eau est chassée et l'huile prend sa place ; de même, lorsque l'on plonge de la craie imbibée d'huile dans de l'eau, l'huile est chassée et remplacée par l'eau. Dans le premier cas, le blanc de plomb ayant plus d'affinité pour l'huile que pour l'eau abandonne ce dernier liquide pour prendre l'autre ; dans le second cas, c'est l'inverse qui se produit. Ces deux expériences intéressantes sont dues à M. Chevreul qui a désigné, sous la dénomination d'affinité capillaire, l'attraction moléculaire se manifestant au contact des liquides et des corps solides.

Cette même attraction entre les solides et les liquides est la cause à laquelle il faut attribuer l'élévation des liquides dans les tubes capillaires et dont nous n'avons pas à nous occuper ici, attendu que tous les effets qui s'y rapportent sont exposés avec de grands développements dans tous les traités de physique. Nous

nous bornerons seulement à rappeler que les actions capillaires ne sont point influencées en variant l'épaisseur du verre sans changer le diamètre intérieur des tubes; il résulte de là que l'action ne s'étend qu'à une distance infiniment petite des surfaces.

On tire encore la conséquence de ce que l'élévation d'un liquide est la même dans des tubes de nature différente, pourvu que le diamètre soit le même, que l'élévation de l'eau doit être rapportée à l'action de la petite couche liquide adhérente aux parois sur le liquide lui-même; cette couche, nous le répétons, qui est infiniment mince, suffit pour écarter l'influence des parties matérielles dont les tubes sont formés.

D'après les vues théoriques de Laplace, relativement aux relations qui existent entre les phénomènes capillaires et les résultats de la loi d'attraction des molécules des corps, l'attraction décroît rapidement, de manière à devenir insensible aux plus petites distances perceptibles à nos sens; on trouve cet accord tellement satisfaisant, que ce grand géomètre a rapporté les phénomènes capillaires aux actions à de petites distances. Cette loi doit être celle qui régit les affinités chimiques, puisque, comme la pesanteur ne s'arrête pas à la surface des corps et pénètre, en agissant au-delà du contact, à des distances imperceptibles, il doit en être de même des affinités.

On peut y rattacher différents phénomènes produits dans les actions chimiques; la figure des molécules, la chaleur et d'autres causes doivent modifier les effets de cette loi générale.

Suivant Laplace, l'état solide dépend de l'attraction des molécules combinée avec leur figure, en sorte qu'un acide, quoique exerçant sur une base une moindre action à distance que sur une autre, se combine et cristallise de préférence avec elle si par la forme de ses molécules, son conctact avec cette base est plus intime.

Nous ferons remarquer encore que, par suite de la théorie que Laplace a donnée des phénomènes capillaires, la densité de la couche liquide qui adhère à la surface des corps solides par attraction moléculaire doit posséder une densité plus considérable que celle même du liquide qui est situé à une distance finie de cette surface; cette attraction devant être considérable, on doit supposer que cette densité est analogue à celle des corps solides. Cette puissante densité est la cause principale, avec le dégagement de l'électricité dans les actions chimiques, des effets qui se produisent dans les espaces capillaires et dont nous·avons à nous occuper dans ce livre.

L'étude de ces phénomènes exige que l'on s'occupe au préalable des moyens à l'aide desquels on peut mesurer l'étendue des espaces capillaires.

CHAPITRE PREMIER.

DE LA MESURE DES ESPACES CAPILLAIRES.

L'appareil que nous avons employé pour mesurer les espaces

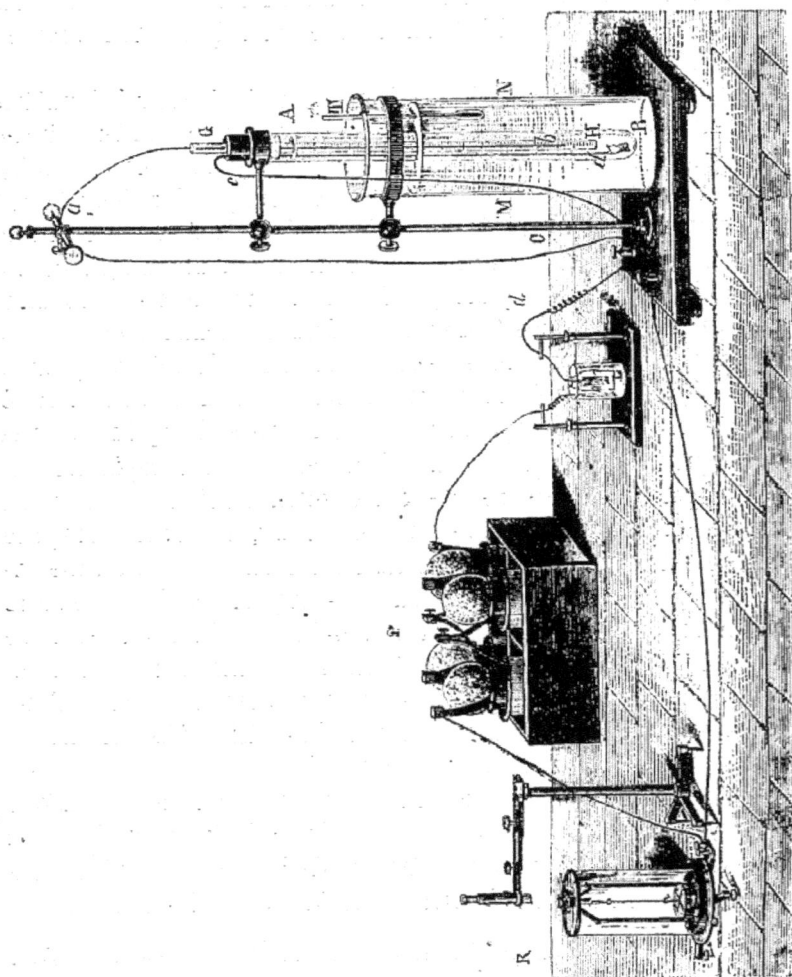

Fig. 5.

capillaires est celui qui a été imaginé par M. Ed. Becquerel et dont voici la description[1] :

Cet appareil se compose d'un tube en verre AB, fermé à la partie inférieure en B et ouvert en A ; il a de 25 à 30 millimètres de diamètre et 50 à 60 centimètres de hauteur ; il est maintenu verticalement à l'aide d'une pince fixée à un support en bois T C, de manière à reposer sur le fond d'un grand vase en verre, à peu près de même hauteur que le tube A B et de 20 centimètres de diamètre. Le tube A B constitue donc une longue éprouvette en verre que l'on peut remplir de liquide, lequel est maintenu à une température déterminée, au moyen d'eau que l'on place dans le vase extérieur M N. Un thermomètre P donne la température du liquide.

Un tube capillaire G H parfaitement calibré, d'égal diamètre dans toute sa longueur, et divisé sur verre par demi-millimètres, comme une tige de thermomètre, plonge dans ce tube A B, de manière à en occuper l'axe ; il est ouvert par les deux bouts et se trouve maintenu à la partie supérieure A du gros tube par un bouchon de liége : on comprend aisément qu'à l'aide de cette disposition, le liquide placé dans l'éprouvette A B pénètre dans le tube capillaire G H et forme dans ce dernier une colonne d'égal diamètre dans toute sa longueur. Un fil de cuivre C plonge dans l'éprouvette A B, en passant entre le bouchon et l'extrémité inférieure du tube capillaire G H. Un autre fil rigide et aussi droit que possible, *a b,* est introduit dans le tube capillaire G H par la partie supérieure, de sorte qu'en l'enfonçant plus ou moins, on fait varier la longueur de la colonne liquide, comprise entre l'extrémité inférieure du tube *a b* et la base H du tube capillaire G H. Ce fil est attaché en *a* au support en bois, de sorte qu'en le tirant à la main, ou en l'enfonçant dans le tube, il se maintient de lui-même par son frottement contre les parois intérieures du tube dans la position qu'on lui donne. A l'aide d'une loupe on peut lire au travers du verre la division vis-à-vis de laquelle l'extrémité du fil se trouve arrêtée.

On voit donc que, si l'on introduit dans un circuit voltaïque le système *a b c d e* formé des deux fils et du tube capillaire, le courant est forcé de passer au travers de la colonne liquide comprise entre l'extrémité inférieure du fil *a c* et la base H du tube ;

[1] *Mémoires de l'Académie des sciences de l'Institut de France,* t. XXXVI, p. 501, 1870.

et, si l'on fait mouvoir le fil *a b* à la main, on fait varier rapidement et facilement la longueur de cette colonne de très-petit diamètre, mais dont la section est partout la même.

Si l'on veut se servir de cette colonne liquide comme d'un corps conducteur de longueur variable, pour la comparaison des résistances, il est nécessaire, bien que les deux fils *a b, c d* soient entièrement plongés dans le liquide contenu dans A B, que le courant électrique ne passe qu'entre l'extrémité du fil en question et la base du tube, et que l'on puisse considérer l'électricité comme débouchant par l'extrémité du fil dans toute l'étendue de la section de la colonne qui lui correspond. On ne peut être certain de ce résultat, mais on s'en approche autant que possible, en prenant le fil métallique d'un diamètre seulement peu inférieur à celui du tube capillaire, de sorte que, ce fil étant droit, son extrémité inférieure forme presque piston dans le tube ; il suffit que les fils soient étirés avant de s'en servir et qu'on puisse les faire mouvoir avec facilité dans le tube. Si l'on réfléchit à ce que les métaux conduisent plusieurs millions de fois mieux l'électricité que les liquides les meilleurs conducteurs, on voit que la différence d'action due à ce que la section de l'extrémité du fil est un peu plus petite que celle du tube est négligeable. Du reste, comme on le verra plus loin, les erreurs de lecture que l'on peut commettre, dans l'appréciation des longueurs, sont plus grandes que celles qui résulteraient de cette disposition particulière. Dans le circuit se trouve un galvanomètre R et une pile à sulfate de cuivre P dont le nombre d'éléments varie de 1 à 40 suivant la résistance que l'on a à vaincre.

Lorsque l'on veut se servir de cet appareil, on rompt le fil *c d e* au point *r* et l'on place dans l'intervalle *r r'* la résistance liquide que l'on veut évaluer en fonction de celle d'une portion de la colonne liquide capillaire. Veut-on connaître la résistance qu'oppose, au passage de l'électricité, la fêlure d'un vase placé entre deux liquides, on opère comme il suit : on prend un vase L rempli de la liqueur d'essai (sulfate de cuivre étendu) ; on plonge ensuite deux lames de cuivre bien décapé, dans cette même dissolution dont est rempli le vase L ; on relève le degré où s'arrête l'aiguille aimantée du galvanomètre, puis on note également la hauteur de la colonne liquide du tube capillaire. Cela fait, on place le vase fêlé contenant de la dissolution d'essai dans le vase L et l'on y introduit l'une des lames de cuivre ; de cette manière le courant passe dans toutes les parties de l'appareil, et en outre par la fissure; l'aiguille aimantée rétrograde vers zéro. Alors, pour ramener l'aiguille au degré où elle se trouvait avant l'introduction de la fissure, on abaisse le fil qui se trouve dans le tube capillaire, et la hauteur évaluée en demi-millimètres, dont on aura abaissé le fil, servira à mesurer la résistance apportée par la fissure au passage de l'électricité.

En résumé, la méthode consiste à évaluer le pouvoir conducteur d'un liquide renfermé dans l'espace capillaire cherché, par rapport au pouvoir conducteur du même liquide situé dans un tube capillaire d'une étendue déterminée, et à déduire la dimension de l'espace dont il est question d'après la loi connue, qui règle les pouvoirs conducteurs des corps pour l'électricité. Cette méthode suppose, bien entendu, une régularité assez grande dans les intervalles que l'on mesure. Elle est extrêmement sensible et permet d'évaluer des intervalles de quelques millièmes de millimètre et même bien au-dessous.

Avec ces données, et quand on connaît la longueur de la fente et l'épaisseur du vase, rien n'est plus facile que de déterminer la largeur de la fente.

Il y a cependant, dans ce procédé, deux causes d'erreur dont l'une peut être évitée; il n'en est pas de même de la seconde, qui ne dépasse pas cependant une certaine limite.

Les fentes sont très-irrégulières dans leur allure et leur épaisseur; d'un autre côté, le verre n'a pas non plus la même épaisseur, mais l'on peut, par un essai préalable, connaître quelles sont les parties de la fissure qui opèrent la réduction; ensuite on recouvre de cire celles qui ne produisent pas cet effet. Quant à l'épaisseur inégale de la fissure, l'expérience donne la largeur moyenne; c'est là tout ce que l'on a besoin de connaître.

Il est impossible de parer à la seconde cause d'erreur, celle qui est relative à la conductibilité des parois de la fissure recouverte de liquide et qui ne serait pas égale à celle du liquide même; c'est précisément à cause de cette différence que les effets chimiques produits en vertu des actions électro-capillaires ont lieu; or, comme cette conductibilité est plus grande que celle des liquides, à volume égal, il s'ensuit que la largeur donnée par l'expérience doit être un peu plus forte que celle que l'on aurait eue, si cette différence n'eût pas existé; on a donc un maximum de largeur, dans ce degré de petitesse.

Dans l'emploi de cette méthode, on n'a pas à craindre de perturbations résultant des actions chimiques qui ont lieu à l'extrémité des fils qui plongent dans les liquides, attendu, d'une part, que les courants sont si faibles que ces actions ne sont pas appréciables ; de l'autre, que, si elles avaient lieu, le métal qui entre dans la dissolution étant de même nature que celui des fils conducteurs, il y a dépôt de métal sur le bout négatif et reproduction de la même quantité de sel décomposé à l'autre ; il en résulte que la dissolution conserve son même degré de concentration et les deux bouts de fil leur éclat métallique.

Passons aux déterminations expérimentales.

On a commencé par chercher le rayon et la section du tube capillaire qui sert à évaluer les résistances et qui est divisé en demi-millimètres. On a trouvé le rayon en introduisant du mercure dans le tube, évaluant le nombre de divisions qu'il occupait, et prenant le poids du mercure, puis se servant de la formule ordinaire,

$$\pi r^2 h d = p,$$

π étant le rapport de la circonférence au diamètre ;

r le rayon du tube ;

h la hauteur de la colonne ;

d la densité de mercure ;

p le poids du mercure introduit.

On a obtenu d'après cette formule :

$$r = 0,^{mm}38084$$

$$\pi r^2 \text{ ou la section } 0^{mc}4556.$$

Nous indiquons ici la détermination des largeurs des fissures de plusieurs bocaux de verre ayant en moyenne 2 millimètres d'épaisseur.

Premier bocal. l longueur de la fissure $= 40^{mm}$

e épaisseur $= 2^{mm}$

x largeur cherchée.

La résistance étant en raison directe de la longueur et en raison inverse de la section, et le volume de la fissure pouvant être considéré comme celui d'un parallélipipède rectangulaire, on a :

$$R = \frac{2}{40x}$$

D'un autre côté, cette résistance est égale à celle qui est indiquée par le tube capillaire :

$$l = 18^{mm}$$

Section du tube 0,4556.

$$R = \frac{18}{0,4556}.$$

On a donc :

$$\frac{2}{40x} = \frac{18}{0,4556}.$$

D'où l'on tire

$$x = 0^{mm},001266$$

Telle est la valeur de la largeur de la fissure du vase.

Deuxième bocal. — La résistance mesurée par la hauteur de
la colonne de liquide dans le tube capillaire est égale à 99 millimètres.

$$l \text{ longueur de la fente} = 30^{mm}$$

$$e \text{ épaisseur du bocal} = 2^{mm}$$

On a :

$$\frac{90}{0,4556} = \frac{2}{30x}$$

d'où

$$x = 0^{mm},000306.$$

Troisième bocal. — Hauteur de la colonne liquide, 2 à 8 millimètres.

Épaisseur du vase, 2 millimètres.

Longueur de la fissure, 20 millimètres.

On a donc :

$$\frac{208}{0,4556x} = \frac{2}{20x}$$

d'où l'on tire

$$x = 0^{mm},00021$$

Ainsi, dans ces trois bocaux, la largeur des fissures a varié de
$0^{mm},00126$ à $0^{mm},00021$, c'est-à-dire de 126 : 21, ou de 6 : 1.

Voici les déterminations d'espaces capillaires entre deux
lames de verre superposées et tenues jointives avec des fils; ces
déterminations sont relatives aux lames superposées de l'appareil
dont il sera question en exposant les réductions métalliques produites dans les espaces capillaires.

Premier appareil. — Hauteur, 45 millimètres.

Longueur de la fissure, 70 millimètres.

x distance des lames ou largeur de l'espace capillaire.

On a

$$R = \frac{70}{45 . x} \qquad R' = \frac{10}{0,4556},$$

d'où l'on tire

$$\frac{70}{45x} = \frac{18}{0,4556} \quad \text{et } x = 0^{mm}029.$$

Nous verrons, dans les chapitres suivants, qu'avec une ouverture de près de 3 centièmes de millimètre, on obtient la réduction de plusieurs métaux lors des actions électro-chimiques lentes.

Deuxième appareil.

$$R = \frac{95}{33x} \qquad R' = \frac{25}{0,4556}$$

d'où

$$\frac{95}{33x} = \frac{26}{0,4556}$$

puis

$$x = 0^{mm},050.$$

CHAPITRE II.

POUVOIRS ABSORBANTS DES CORPS POREUX ET NON POREUX.

---

§ I. — *Pouvoirs absorbants des corps poreux et des liquides.*

Les corps poreux jouissent de la propriété d'absorber les gaz et les miasmes de nature quelconque, selon les dimensions de leurs pores.

Nous allons passer en revue quelques-uns des corps poreux qui possèdent cette propriété à des degrés plus ou moins marqués. Nous commencerons par le charbon de bois refroidi sous le mercure, après avoir été fortement rougi et plongé ensuite dans un gaz à une température de 12°, sous une pression de 760 millimètres environ. Ce charbon absorbe autant de fois son poids que l'indiquent les nombres suivants, d'après les expériences de M. T. de Saussure.

Gaz ammoniac......................	90
Gaz acide hydrochlorique...........	85
Gaz acide sulfureux................	65
Gaz sulfhydrique...................	55
Gaz acide nitreux..................	40
Gaz acide carbonique...............	35
Gaz oxyde de carbone..............	9,42
Gaz oxygène.......................	9,35
Gaz nitrogène.....................	7,50
Gaz hydrogène.	1,75

Au bout de 24 heures à 36 heures toute absorption cesse, excepté dans l'oxygène, qui est absorbé continuellement, mais en proportion décroissante, avec formation de gaz acide carbonique que le charbon retient dans ses pores. Cependant l'absorption de ce gaz ne va pas dans le cours d'une année au-delà de quatorze fois environ le volume de charbon.

Le charbon humide perd considérablement de sa faculté absorbante, il n'absorbe plus que la moitié autant qu'auparavant. Ces propriétés serviront à expliquer les faits dont nous parlerons plus loin. En versant de l'eau sur le charbon saturé, il en laisse échapper une partie, savoir :

17 volumes de gaz acide carbonique sur.	35
3 1/3 d'oxygène........	9,25
6 1/2 d'azote..........	7,50
1 1/10 d'hydrogène.....	1,75

Il y a dégagement de chaleur pendant l'absorption ; la température s'élève de quelques degrés; dans le vide, le gaz se dégage en produisant du froid ; on prive ainsi le charbon du gaz qu'il contient. Il n'y a donc là qu'une simple adhérence due à une affinité capillaire.

Les gaz absorbés sont chassés par la chaleur. Le charbon, dans une atmosphère raréfiée, absorbe moins en poids, mais plus en volume.

La propriété absorbante, qui appartient à tous les corps poreux, est modifiée suivant la grandeur et le nombre de pores et même la composition des corps. Des pores trop grands ou trop petits empêchent qu'elle n'ait lieu.

Quand on met des corps poreux en contact avec plusieurs gaz

mêlés ensemble, ceux-ci sont absorbés par eux, en raison composée de leur attraction pour ces corps. En introduisant du charbon déjà saturé dans un autre gaz qui pénètre entre ses molécules, il en chasse une partie de celui qui s'y était précédemment introduit ; un gaz ne peut jamais en expulser totalement un autre. Certains gaz sont plus condensés quand ils se trouvent mêlés ensemble, que ne l'est chacun d'eux en particulier. Nous citerons l'oxygène et l'hydrogène, l'acide carbonique et l'oxygène. Il semblerait résulter de là que les affinités des deux gaz interviendraient sans qu'il y ait combinaison ; car ces deux gaz peuvent être expulsés par la chaleur sans la moindre trace d'eau ; il faut excepter le gaz sulhydrique et l'oxygène ; dans ce cas, il en résulte de l'eau avec dépôt de soufre.

C'est en vertu d'une action analogue que les gaz se dissolvent avec plus ou moins de facilité dans les liquides en s'interposant entre leurs molécules, car les gaz les plus solubles sont aussi ceux qui sont absorbés par le charbon en plus fortes proportions. Il faut même remarquer que, l'état physique d'un même liquide, à une température déterminée, étant toujours identique à lui-même, le coefficient d'absorption d'un gaz par ce liquide doit être constant pour une température et une force élastique données. On sait, en effet, que la loi de dissolution des gaz dans un liquide, dans l'eau par exemple, est régulière, et qu'une température donnée a toujours le volume d'un même gaz absorbé par un liquide, et constant quelle que soit la press on, pourvu que ce gaz soit pris à la pression qu'il exerce lui-même à la surface du liquide.

§ II. — *Propriétés du platine et d'autres métaux.*

Dobereiner a découvert qu'une éponge de platine placée à peu de distance d'un jet de gaz hydrogène dans l'air ne tarde pas à devenir incandescente, en déterminant la combinaison de l'hydrogène et de l'oxygène de l'air, avec formation d'eau. Dulong et Thenard, en répétant cette remarquable expérience, ont reconnu que plusieurs métaux et quelques substances possèdent la propriété de provoquer également la combinaison des fluides élastiques[1]. Voici les résultats de leurs expériences. L'éponge de platine fortement calcinée perd la propriété de devenir incan-

[1] *Annales de chimie et de physique,* t. XXIII, p. 440, 1823.

descente; il est probable qu'elle devient alors moins poreuse quand on l'expose à un courant de gaz hydrogène; mais elle produit lentement la combinaison de l'oxygène et de l'hydrogène.

Le platine en feuilles très-minces agit sur le mélange déto-nant; à la température ordinaire, une feuille enroulée sur un tube de verre ne produit aucun effet, même au bout de plusieurs jours. Quand la feuille est chiffonnée, elle agit instantanément.

Les feuilles disposées comme on vient de le dire et qui sont sans effet à la température ordinaire, les fils, la poudre et les lames épaisses de platine dont l'action est nulle, dans la même circonstance, agissent lentement et sans produire d'explosion à la température de 2 à 500 degrés, suivant leur épaisseur.

D'autres métaux, tels que le palladium, le rhodium, l'osmium et l'iridium, agissent comme le platine; l'or et l'argent en feuilles minces n'agissent qu'à des températures élevées, au-dessous tou-tefois de celle de l'ébullition du mercure. L'argent est moins effi-cace que l'or, nous en indiquerons la cause. Un certain nombre de corps, notamment le charbon, la pierre ponce, la porcelaine, le verre, le cristal de roche, déterminent également la combi-naison de l'oxygène et de l'hydrogène à des températures in-férieures à 350 degrés[1].

Les expériences précédentes prouvent que, dans les métaux qui agissent à la température ordinaire, cette propriété ne leur est pas inhérente, et qu'on peut la faire disparaître et paraître à volonté, autant qu'on le veut. Elle dépend de leur état molé-culaire ou de celui de leur surface.

Un fil de platine neuf ne s'échauffe pas dans un courant de gaz hydrogène à la température ordinaire, mais bien en portant sa température au moins à 300 degrés. Quand on le fait rougir plusieurs fois et qu'il est revenu à la température ordinaire, il commence à agir quand on le chauffe à 50 ou 60 degrés; si le fil est plongé dans l'acide nitrique froid ou chaud pendant quel-ques minutes, et qu'on enlève par des lavages l'acide adhé-rent, après l'avoir séché à 200 degrés environ, il s'échauffe sous le courant du gaz hydrogène, en partant de la température ordi-naire; si le courant est assez rapide, il devient incandescent. Il en est de même en le traitant avec de l'acide sulfurique et de l'acide chlorhydrique concentrés, mais d'une manière moins marquée,

---

[1] *Annales de chimie et de physique*, t. XXIV, p. 381.

surtout le dernier. Cette propriété se conserve pendant quelques heures à l'air libre, et pendant 24 heures, si on l'enferme dans un vase. La propriété se perd en 5 minutes à peu près lorsqu'on plonge le fil isolé dans une petite quantité de mercure ; un courant rapide d'air atmosphérique, d'oxygène et d'hydrogène, d'acide carbonique secs, la détruit, dans le même espace de temps. Toutes les préparations que l'on fait subir aux métaux n'ont pour effet probablement que d'enlever de leur surface les corps étrangers qui nuisent à l'action de l'affinité capillaire.

La potasse, la soude, n'enlèvent pas la propriété communiquée au fil par le contact de l'acide nitrique ; les deux premières substances paraissent même la ramener dans le fil auquel on l'a déjà communiquée plusieurs fois, par ce procédé.

M. Kulhmann [1] a fait connaître plusieurs réactions nouvelles déterminées par l'éponge de platine ; nous citerons particulièrement les suivantes :

1° L'ammoniaque, mêlée à l'air, en passant à une température de 300° environ sur l'éponge de platine, est décomposée, et l'azote qu'elle renferme est complétement transformé en acide nitrique aux dépens de l'oxygène de l'air ;

2° L'ammoniaque engagée dans une combinaison saline quelconque se comporte comme si elle était libre ;

3° Le cyanogène et l'hydrogène donnent de l'ammoniaque à l'état d'hydrocyanate.

M. Graham s'est également occupé de l'absorption du gaz hydrogène par les métaux [2]. Nous citerons, comme l'exemple le plus frappant qui résulte de ses observations, l'absorption de l'hydrogène par une plaque de palladium qui a servi d'électrode négative pour décomposer l'eau acidulée avec une pile composée de six éléments à acide nitrique. La quantité de ce gaz absorbée dans une expérience s'éleva à 200 fois le volume de la plaque et dépassa de beaucoup la quantité d'hydrogène absorbé par la même plaque chauffée puis refroidie dans une atmosphère de ce gaz.

La feuille de palladium forgée absorba autant de gaz.

Des lamelles de palladium, chauffées à 100° dans l'hydrogène, puis abandonnées, pendant une heure, à un refroidissement lent, ont absorbé 982 volumes de gaz à la température de 11° sous une pression de 756^{mm}; voici en poids les résultats :

---

[1] *Comptes rendus des séances de l'Académie des sciences*, t. VII, p. 107, 1838.

[2] *Comptes rendus des séances de l'Académie des sciences*, t. LXVI, p. 1014.

Palladium   1,0020 = 99^{gr} 67

Hydrogène 0,0073 =   0^{gr} 72

soit, en équivalent, 1 de palladium pour 0,772 d'hydrogène.

Ainsi, dans les circonstances les plus favorables, et surtout par l'action électro-lytique, le palladium peut absorber environ son équivalent d'hydrogène.

M. Ed. Becquerel a fait plusieurs déterminations de la force électro-motrice de polarisation d'une lame de palladium, ainsi que d'une lame de platine par l'hydrogène, en se servant de la méthode citée antérieurement page 58, et consistant à placer dans un circuit variable de 1 à 10 couples à acide nitrique, un voltamètre formé par la lame d'essai, et par une lame de zinc amalgamé, cette dernière étant l'électrode positive et la lame d'essai de palladium ou de platine étant l'électrode négative. Dans cette circonstance, la force électro-motrice due à la polarisation des métaux par l'hydrogène est à peu près constante, et il a trouvé alors, en représentant par 100 la force électro-motrice développée entre le zinc amalgamé et l'eau acidulée :

Lame de palladium. 44,52

Lame de platine. . . 62,58

Les nombres pourraient un peu varier suivant la pureté de ces métaux, leur degré d'écrouissage, et ainsi qu'on l'a observé pour le platine; les rapports précédents pourraient donc être un peu différents avec d'autres échantillons. Néanmoins ces résultats montrent qu'en fait de polarisation, le palladium se comporte à peu près comme le platine, et même moins énergiquement; mais le platine ne se couvre d'hydrogène que d'une manière superficielle, tandis que le palladium emmagasine ce gaz, comme on l'a vu, et éprouve une modification dans la profondeur de sa masse.

La polarisation du palladium par l'oxygène a présenté à M. Ed. Becquerel une action variable, et qui a augmenté avec l'intensité du courant, comme cela s'observe avec le platine, mais qui a été souvent inférieure à celle présentée par ce dernier métal.

§ III. — *Forces électro-motrices du charbon et des métaux dans leur contact avec l'eau distillée.*

Nous allons indiquer les résultats des recherches que nous

avons faites sur ce sujet, ainsi que les précautions à prendre dans
ce genre d'expériences [1].

L'eau, devant être chimiquement pure, a été distillée dans des
appareils de platine et conservée dans des vases de même métal
hors du contact de l'air, et non de verre, afin d'éviter la présence
de la soude. Les corps solides conducteurs forment trois catégories, sous le rapport de leurs forces électromotrices : la première se compose du charbon ; la seconde de l'or, du platine, du
palladium et de l'iridium ; la troisième de l'argent et des métaux
oxydables. Dans chacune de ces catégories, les corps possèdent
une force électromotrice spéciale : dans la première, le charbon
est ordinairement négatif ; dans la seconde, les métaux sont
tantôt positifs, tantôt négatifs, suivant la température et la nature des gaz absorbés ; dans la troisième, quand les métaux ont
été chauffés, ils sont constamment positifs. Voici les résultats des
expériences qui ont été faites à cet égard, et qui serviront à jeter
quelque lumière sur les causes des effets observés.

Si l'on plonge dans deux coupes d'agate, contenant de l'eau
distillée, comme on vient de le dire, communiquant ensemble
avec une bande de papier à filtrer, deux cylindres de charbon chimiquement pur [2], en rapport avec un galvanomètre à
très-long fil, l'un dans la première des capsules, l'autre dans la
seconde, on n'a point, en général, de courant électrique, quand
ils sont convenablement préparés ; mais, si l'on retire de l'eau
l'un des deux cylindres, et qu'on élève sa température depuis
100 degrés environ jusqu'à la température rouge, en l'enfermant
dans un tube de platine, afin d'éviter le contact de la flamme, et
qu'on le replonge dans l'eau, après refroidissement, il devient
plus ou moins négatif, suivant la température à laquelle il a été
porté. Cet état négatif résulte de la propriété que possède le
charbon, quand il a absorbé de l'air, de produire ensuite lentement de l'acide carbonique, action chimique qui rend le charbon
négatif et l'eau positive.

L'action de l'eau distillée sur les métaux inoxydables donne
lieu à des effets électriques remarquables, qui sont en rapport

---

[1] *Comptes rendus des séances de l'Académie des sciences*, t. LXX, p. 480
et 961, 1870.

[2] Préparé avec du charbon de sucre candi et dont les produits hydrogénés ont
été enlevés par le chlore, puis le chlore par l'hydrogène, et ce dernier par l'eau
bouillante.

avec le pouvoir que possède la surface de ces métaux d'absorber les gaz, et particulièrement l'hydrogène de l'eau et l'oxygène de l'air, et d'en laisser échapper une partie quand on élève leur température ; selon que l'un des deux gaz domine sur l'une des surfaces, on a des effets électriques contraires. Voici les effets obtenus avec deux barreaux de platine fondu, provenant du même échantillon, et rendus aussi homogènes que possible ; en les frottant avec du papier de verre et les tenant plongés dans l'eau distillée pendant quelque temps, il n'y a pas de courant, ce qui annonce que les deux fils sont dépolarisés ou bien qu'ils produisent deux courants égaux et dirigés en sens contraire, courants dus aux gaz de même nature adhérant aux surfaces et qui sont sur chacune d'elles en égales proportions. Supposons que l'on retire de l'eau l'un des deux fils, et qu'on l'expose à un courant de gaz hydrogène, il devient fortement négatif lors de son contact avec l'eau ; avec l'oxygène l'effet est inverse ; si l'on sature le métal ou sa surface successivement des deux gaz, il devient négatif, d'où l'on tire la conséquence qu'il absorbe plus d'hydrogène que d'oxygène. Ces propriétés aident à expliquer les effets ci-après.

Si l'on expose un fil de platine à une température de 100 degrés, dans un tube chauffé au bain-marie pendant quelques minutes, il devient negatif ; en prolongeant l'action calorifique pendant une demi-heure, et même moins, il prend ordinairement l'état positif, lors de son contact avec l'eau ; retiré de l'eau et chauffé pendant quelques instants un peu au-dessous du rouge, il devient encore négatif, puis positif quand il est chauffé au rouge blanc, refroidi et plongé dans l'eau distillée ; chauffé pendant quelques instants dans l'eau distillée en ébullition, il perd assez fréquemment sa polarité.

Voici comment on peut expliquer ces effets inverses lors de la décomposition de l'eau : le platine qui a absorbé de l'hydrogène est négatif, par suite de sa réaction sur l'eau, et il reste tel en le chauffant jusqu'au rouge, où il devient positif ; à ce moment, l'affinité capillaire de l'hydrogène pour le platine est détruite, et le gaz se dégage. Pendant le refroidissement le métal absorbe de l'air qui le rend positif lors de l'immersion, tandis que l'eau est négative. Le platine qui a absorbé de l'oxygène donne des effets contraires quand le platine a été chauffé pendant plus ou moins de temps à 100 degrés et même au dessous, ensuite au-dessus du rouge jusqu'au rouge blanc, comme on vient de le dire.

Les résultats obtenus ne peuvent s'expliquer, nous le répétons, qu'en admettant les effets suivants :

1° La décomposition de la vapeur d'eau atmosphérique ou de l'eau sous l'influence du métal, à une température plus ou moins élevée;

2° Une différence dans le pouvoir d'absorption de l'hydrogène et de l'oxygène suivant la durée de l'action calorifique. Lorsque cette action est prolongée hors du contact de l'eau, l'hydrogène se dégage, l'air est absorbé pendant le refroidissement, et le métal devient alors positif, lors de son contact avec l'eau, par suite de l'action de l'oxygène. L'action solaire produit des effets semblables.

En chauffant le métal renfermé dans un tube de verre où l'on a fait le vide avec la machine pneumatique, il devient encore négatif en le plongeant dans l'eau; il serait possible alors que la faible quantité de vapeur d'eau qni se trouve encore dans le tube, en se décomposant, rendît le platine négatif par suite de l'absorption de l'hydrogène.

L'expérience suivante vient à l'appui de cette explication. Au lieu de chauffer le métal retiré de l'eau, à un foyer de chaleur alimenté par un combustible, on le place au foyer d'une lentille sur laquelle on fait tomber des rayons solaires, sans atteindre la température rouge, et ayant égard au temps comme précédemment : le métal mis en contact avec l'eau devient encore négatif, de neutre qu'il était auparavant, comme si on l'eût chauffé à un foyer de chaleur ordinaire.

L'hydrogène ne peut donc provenir, ici, que de l'eau atmosphérique ou de l'eau adhérente à la surface, laquelle, sous l'influence de la chaleur solaire et du métal, a été décomposée; l'oxygène et l'hydrogène sont absorbés par le métal en inégales proportions. En prolongeant l'action calorifique, des effets contraires sont produits, comme on l'a dit plus haut, l'hydrogène étant éliminé.

Il serait à désirer que l'on pût recueillir le gaz dégagé; mais l'action chimique est tellement faible qu'on n'en voit pas la possibilité. Au surplus, il en est de la méthode galvanométrique comme de celle du spectroscope : elle permet seulement de constater la présence de très-faibles proportions de substance quand les moyens ordinaires de la chimie ne peuvent le faire.

L'expérience suivante donnera encore une idée de la sensibilité du procédé d'expérimentation dont nous avons fait usage précédemment. Elle consiste à prendre l'un des deux barreaux immergés n'étant plus polarisés, et à l'exposer pendant quelques instants à la vapeur d'iode; on le replonge ensuite dans l'eau, et il devient aussitôt fortement positif, effet qui ne peut provenir que de la formation immédiate d'acide iodhydrique, aux dépens de l'hydrogène de l'eau, dont la quantité ne peut être appréciée.

L'or, le palladium et l'iridium se comportent comme le platine, à quelques différences près, dépendant de leur nature et par suite de leurs propriétés absorbantes. Lorsque le platine et l'or sont dépolarisés complétement, en prenant les précautions indiquées, ils ne donnent lieu à aucun courant quand, étant en rapport avec un galvanomètre, on les plonge dans l'eau distillée, contrairement à l'opinion de quelques physiciens. Cette propriété confirme la théorie électro-chimique de la pile généralement adoptée et que nous avons substituée, depuis près de cinquante ans, à la théorie du contact.

On a vu précédemment que l'argent, le cuivre, le fer et d'autres métaux oxydables sont toujours positifs, après avoir été chauffés à des températures très-peu élevées ; or, ces métaux s'oxydant par l'action de la chaleur, la légère couche d'oxyde qui se forme sur la surface, et qui est retenue par affinité capillaire, la préserve de l'action oxydante de l'eau.

Il résulte des faits précédemment exposés que, dans les recherches électro-physiologiques où l'on emploie des lames ou fils de platine, on ne saurait prendre trop de précautions quand on les dépolarise par la chaleur, pour se mettre en garde contre les effets complexes dont on vient de parler, et qui seraient autant de causes d'erreur.

On reconnaît également que les effets électriques obtenus au contact des métaux inoxydables et de l'eau distillée, chimiquement pure, sont dus, non à une action spéciale de contact, mais bien à la réaction de l'eau sur les gaz absorbés par ces métaux, effets qui varient avec leur état moléculaire et la température ; quant aux métaux oxydables, les effets électriques produits en les chauffant proviennent de la présence de la très-légère couche d'oxyde adhérente à leur surface, laquelle les rend positifs par rapport aux métaux non préservés.

Il s'agit maintenant de voir quels sont les effets qui se manifestent au contact des acides ou des alcalis avec les métaux inoxydables, notamment le platine en éponge. Il faut opérer avec les liquides qui peuvent être facilement vaporisés par la chaleur, afin d'éviter des erreurs résultant de la présence de substances étrangères quand ils ont été lavés et séchés.

On a employé successivement les acides nitrique, sulfurique et l'ammoniaque. Les éponges de platine ont été préparées comme il suit : on a pris deux fils de platine aussi identiques que possible, et l'on a plongé l'un des bouts de chaque fil dans une dissolution de chlorure de platine, puis on les a chauffés au rouge pour les décomposer ; il est resté ensuite sur la surface du fil de platine de très-petits grains y adhérant. On répète plusieurs fois cette préparation. On finit ainsi par obtenir sur l'un des bouts de chaque fil une éponge de platine. Les bouts libres des fils sont mis en communication avec un galvanomètre très-sensible, qui permet de déterminer la force électro-motrice de la méthode précédemment décrite.

Les deux éponges ainsi préparées sont plongées dans l'eau distillée pour s'assurer qu'elles ne sont pas polarisées ; quand elles le sont, on les y laisse jusqu'à ce que la polarisation ait disparu. On les retire alors, et on les fait rougir au blanc pendant quelques instants pour chasser entièrement l'eau ; on plonge l'une d'elles, après refroidissement, dans de l'acide nitrique pur et concentré, et quelques instants après la seconde ; on observe alors les effets suivants : production d'un courant instantané dirigé dans le même sens que si le métal était attaqué par l'acide ; l'aiguille est déviée aussitôt en sens inverse, puis revient dans sa direction première et la conserve pendant plus ou moins de temps ; en opérant avec de l'acide nitrique étendu, on n'observe aucun de ces changements de direction ; l'éponge immergée la dernière est toujours négative.

Il n'est guère possible de déterminer la force électro-motrice avec l'acide nitrique concentré, à cause des changements rapides de direction de l'aiguille aimantée ; mais, avec l'acide étendu de son volume d'eau, cette force est égale à 0,73, celle du couple à acide nitrique étant égale à 100.

Avec l'acide chlorhydrique concentré ou étendu, l'effet est constamment inverse, c'est-à-dire que l'éponge immergée la dernière est toujours positive avec l'acide concentré, la force électromotrice est égale à 5,87, celle du couple à acide nitrique étant 100.

Les effets sont les mêmes avec l'acide sulfurique pur, étendu de son volume d'eau. La force électro-motrice est égale à 0,49.

Avec l'ammoniaque, l'éponge dé platine immergée la dernière est également positive et la force électro-motrice est égale à 13,69, intensité assez remarquable.

Nous allons expliquer maintenant les résultats obtenus dans ces quatre séries d'expériences; mais il est nécessaire auparavant de rappeler : 1° qu'au contact de l'eau et des métaux inoxydables, les effets électriques produits sont dus à la réaction de ce liquide sur l'air ou les gaz adhérant à leur surface; 2° que, sans action physique moléculaire ou action chimique, il n'y a pas de trouble dans l'équilibre des forces électriques. A l'aide de ces deux principes, il est possible d'interpréter les effets observés.

Avec l'acide nitrique concentré et l'éponge de platine ayant été chauffée préalablement au rouge, il se produit, comme on l'a vu plus haut, trois effets consécutifs, dont deux presque instantanés. Le premier courant, qui a une très-courte durée, résulte de l'état négatif de l'éponge plongée la dernière, lequel état provient de l'affinité capillaire du platine pour l'acide, produisant des effets électriques semblables à ceux auxquels donnent lieu les affinités chimiques; il y a aussitôt polarisation des deux éponges et, par conséquent, courant en sens inverse; immédiatement après, changement de direction du courant, dont la production ne peut être attribuée qu'à une nouvelle polarisation ou à la présence dans le platine de métaux attaqués par l'acide nitrique.

Quelle est donc la nature de l'action qu'exercent les métaux sur les gaz combustibles pour les forcer d'abandonner leur force élastique, dont le développement est progressif, et qui agit d'abord plus puissamment dans les parties de la masse métallique où les dimensions sont les plus petites et ensuite dans la direction des angles et des inégalités qui peuvent exister à la surface? Cette force doit être de même valeur que celle qui préside aux phénomènes capillaires, aux phénomènes chimiques, ainsi qu'aux actions où la force d'agrégation est en jeu. L'affinité capillaire est pour nous la cause de ces effets.

Faraday, pour expliquer le phénomène, admet que la sphère d'action des particules s'étend au-delà de celles en vertu desquelles elles sont immédiatement combinées. Il a résumé, comme

10

il suit, son opinion à cet égard : « Les modifications de l'action
« du platine, quand il opère la combinaison de l'oxygène et de
« l'hydrogène, peuvent être établies selon les principes suivants :
« Sous l'influence du défaut de pouvoir élastique et sous celle
« de l'attraction des métaux pour les gaz, ces derniers, lorsqu'on
« les associe aux premiers, sont tellement condensés qu'ils se
« trouvent soumis à l'action de leur affinité mutuelle à la tem-
« pérature ordinaire. » C'est le principe que nous avons toujours
adopté.

     « L'absence de pouvoir élastique n'a pas seulement pour effet
« de les soumettre plus fortement à l'influence attractive du
« métal, mais de les amener aussi à un état plus favorable pour
« les unir, en enlevant une partie de ce pouvoir d'où dépend
« leur élasticité, qui, dans les masses de gaz, s'oppose à leur
« combinaison. La conséquence de leur combinaison est la pro-
« duction de la vapeur d'eau et une élévation de température ;
« mais, comme l'attraction du platine pour l'eau n'est pas plus
« grande que pour les gaz, la vapeur est rapidement dispersée à
« travers les gaz restants ; de nouvelles portions de cette der-
« nière viennent donc se juxtaposer avec le métal, ainsi de suite.
« De cette manière l'expérience avance, et elle est accélérée par
« le développement de la chaleur, qui facilite la combinaison
« en proportion de son intensité, de sorte que la température
« est ainsi élevée jusqu'à ce qu'il en résulte de l'ignition. »

Ces vues sont justes, mais elles ne jettent aucune lumière sur
la cause première des effets produits ; c'était là le point principal de la question. Les expériences de Faraday ont néanmoins
de l'importance en ce qu'elles montrent que les métaux dont
les surfaces ont été décapées par l'action des acides, des alcalis,
de la chaleur ou de la pile, manifestent une puissance attractive
capable de condenser les gaz et d'opérer la combinaison de ceux
qui ont une grande affinité les uns pour les autres.

§ IV. — *Des effets de tension obtenus avec des plateaux* *condensateurs en or ou en platine.*

Une question assez importante se rattache aux précédentes,
c'est celle qui est relative aux effets de tension obtenus avec des
plateaux condensateurs en or et en platine.

M. Ed. Becquerel a étudié l'influence des gaz sur les effets électriques de contact dans les conditions suivantes[1].

Lorsqu'on superpose, l'un sur l'autre, deux plateaux de condensateur, l'un en platine et l'autre en or, puis, qu'on les fait communiquer ensemble au moyen d'un arc métallique, on trouve que le platine est toujours négatif et l'or positif; si l'on substitue au plateau d'or un autre de zinc, l'inverse a lieu, le zinc est négatif et le platine positif.

Cette expérience tend à montrer que c'est dans la condensation inégale du gaz à la surface des métaux que l'on doit chercher les effets de tension observés. M. Delarive a expliqué ce dernier effet en admettant que le platine s'oxyde très-lentement à l'air et qu'en vertu de cette action il est continuellement négatif; il a montré, pour soutenir son opinion, que les effets électriques diminuent à mesure que l'on augmente la couche de vernis qui empêche l'air d'agir aussi fortement sur les métaux. Ainsi, suivant M. Delarive, lorsque deux corps en contact sont placés dans un gaz qui exerce sur eux une action chimique différente, il y a dégagement d'électricité, comme si, à la place du gaz, il se trouvait un liquide doué de la même propriété.

Deux plateaux condensateurs en platine vernis seulement sur les faces en regard, ayant séjourné quelque temps dans l'air, si on les touche, aucune action n'est produite; en enlevant l'un des plateaux et le plongeant pendant quelques instants dans du gaz hydrogène, puis les remettant en contact et établissant une communication métallique, on obtient une charge très-sensible du condensateur, le platine plongé dans l'hydrogène est positif; l'effet a quelque durée, le plateau couvert d'oxygène est toujours négatif.

Suivant M. Ed. Becquerel, à qui est due cette expérience, ce résultat montre qu'en opérant avec un plateau de platine et un autre en or, l'or est positif; ce métal, ayant pour les gaz un pouvoir condensant moindre que le platine, se comporte comme le plateau de platine couvert d'hydrogène; en couvrant la surface des plateaux de vernis à la gomme laque, les effets électriques diminuent; en plongeant l'un des plateaux dans l'hydrogène, donnant une épaisseur suffisante au vernis, il est probable que les

[1] *Comptes rendus des séances de l'Académie des sciences*, t. XXII, p. 677.

effets électriques cesseraient, comme dans les expériences de M. Delarive.

En expérimentant avec un plateau de platine et un autre de zinc, le plateau de zinc ne peut se couvrir d'oxygène condensé, attendu que les gaz forment à la surface du zinc une couche d'oxyde qui préserve ultérieurement celui-ci de toute altération. Le zinc doit donc se comporter comme un métal n'ayant aucun gaz condensé, ou comme le platine plongé dans l'hydrogène; il prend l'électricité positive, et l'autre, la négative. En touchant le zinc avec le doigt mouillé, on a, comme on le sait, des effets inverses, le zinc étant oxydé. On en conclut que les gaz condensés peuvent donner des effets électriques de tension, comme ils produisent des courants en plongeant les métaux dans des liquides.

Pour expliquer le phénomène observé avec les deux plateaux, dont l'un a absorbé de l'oxygène, l'autre de l'hydrogène, M. Ed. Becquerel admet que les gaz condensés n'agissent pas de même que lorsqu'ils sont à la pression ordinaire, et, comme M. Delarive l'a annoncé, que l'oxygène tend à se combiner avec le platine; ce dernier doit donc prendre l'électricité négative.

M. Delarive a émis l'opinion que, dans l'action qu'exerce l'oxygène sur le platine, il y a plutôt une action chimique qu'une simple adhésion physique. Il cite à l'appui de son opinion ce fait, que du platine exposé un grand nombre de fois successivement à l'action de l'oxygène et de l'hydrogène finit par se désagréger à sa surface, ce qui prouve une alternative d'oxydation et de réduction.

CHAPITRE III.

DE L'ENDOSMOSE ET DE L'EXOSMOSE.

§ I. — *Premières observations relatives à l'endosmose.*

On trouve dans un ouvrage de l'abbé Nollet[1] le passage suivant qui est relatif à une expérience faite par Parrot : « La pénétration « de l'eau dans l'esprit-de-vin se fait d'une manière très-curieuse « au travers d'une vessie : prenez un petit bocal qui ait environ « quinze lignes d'ouverture, remplissez-le d'esprit-de-vin et « couvrez-le d'un morceau de vessie mouillée, que vous lierez

---

[1] L'*Art des expériences, ou Avis aux amateurs de la physique*, t. III, p. 103.

« bien au col du vaisseau ; après quoi vous le plongerez dans un
« autre vase rempli d'eau. Quelques heures après, si vous le
« retirez de l'eau, vous verrez qu'il sera bien plus plein qu'aupa-
« ravant ; de sorte que la liqueur aura fait prendre à la vessie
« une figure très-convexe et qu'elle jaillira fort loin, si vous y
« faites un trou avec une épingle. »

Parrot attribua cet effet à la forte affinité de l'eau pour l'alcool,
en vertu de laquelle ce dernier s'empare des molécules d'eau en-
gagées dans la vessie et oblige ensuite la molécule qui vient après
à prendre la place de celle que l'alcool a enlevée à l'eau.

En 1822, Fischer de Breslau fit connaître une expérience qui
contenait également le germe de l'endosmose ; voici en quels
termes il en rendit compte dans les *Annales* de Gilbert, t. LXXII :
« Ayant placé, dit-il, dans une dissolution de cuivre un tube de
« verre rempli d'eau distillée et fermé par en bas avec une vessie,
« de telle manière que la surface de la dissolution fût d'un pouce
« plus élevée que l'eau dans le tube, et afin de pouvoir remarquer
« promptement l'introduction du sel de cuivre de l'extérieur
« à travers la vessie, j'avais plongé un fil de fer dans l'eau. Je fus
« étonné de voir que le liquide s'était élevé dans le tube, et à une
« hauteur telle que le niveau n'était pas seulement le même que
« celui du liquide extérieur, mais qu'au bout de quelques se-
« maines il s'était élevé jusqu'à l'ouverture supérieure du tube,
« c'est-à-dire plus de 4 pouces au-dessus du niveau de la disso-
« lution. Par suite, le cuivre avait été réduit par le fer. »

Tel était l'état des choses, quand Dutrochet reprit tous ces
phénomènes, en découvrit un grand nombre d'autres et les réunit dans une théorie dite de l'endosmose et de l'exosmose. Dutrochet, s'il a été aidé par des faits découverts avant lui, a le
mérite incontestable d'avoir approfondi cette classe de phénomènes plus qu'on ne l'avait fait auparavant, de les avoir coordon-
nés et d'en avoir déduit des principes ; aussi doit-on le considérer
comme étant celui qui a découvert l'endosmose. Dutrochet, dans
un mémoire présenté à l'Académie des Sciences le 30 août 1826[1],
a posé en principe que, lorsque deux liquides hétérogènes, pouvant se mêler, sont séparés par une cloison à pores capillaires,
ils marchent inégalement l'un vers l'autre, en traversant la membrane. Il existe donc deux courants, le plus fort a été appelé
par lui endosmose, le plus faible exosmose, et l'appareil destiné

[1] *Annales de chimie et de physique*, tome XXXV.

à mettre en évidence ce double courant, endosmomètre. Le courant le plus fort emporte en général le liquide et le plus faible les sels.

Dutrochet pensait que la cloison séparatrice exerçait une influence suivant sa nature; il avait observé, en effet, qu'en opérant avec une lame de grès tendre, de l'eau ordinaire et de l'eau chargée de gomme, il ne s'est pas produit d'endosmose; qu'avec une lame de grès dur et ferrugineux, on avait une endosmose très-faible, et il en avait conclu que le grès, en général, était privé de la propriété endosmométrique. Nous ferons remarquer que Dutrochet ne s'était pas placé dans les conditions voulues pour montrer que les cloisons poreuses en silice pouvaient aussi bien que les cloisons de nature quelconque, organique ou non, produire l'endosmose, à des degrés différents toutefois. Il ne tenait aucun compte de l'étendue des espaces capillaires, qui est cependant un des éléments à prendre en considération.

Les phénomènes d'endosmose et d'exosmose, tels qu'ils ont été étudiés par Dutrochet, sont les résultats d'effets physiques et chimiques dont toutes les causes productrices ne sont pas encore connues, attendu que leur production résulte d'effets complexes. L'endosmomètre dont il s'est servi se compose d'un tube de verre et d'une partie évasée mobile, à laquelle il est adapté, et qui est fermée avec un morceau de vessie fixé par une forte ligature dans une gorge pratiquée à cet effet; la partie évasée est le réservoir. Citons les principaux faits dont la science lui est redevable:

Une solution composée de 1 partie de sucre et de 4 d'eau, placée dans l'endosmomètre, donne avec l'eau une endosmose de l'eau vers la solution sucrée, c'est-à-dire que l'eau passe vers cette dernière. En doublant la quantité de sucre, l'endosmose va dans le même sens; la vitesse du phénomène ne paraît pas proportionnelle à la quantité de sucre en solution.

La vessie peut être employée utilement lorsqu'il s'agit de séparer deux dissolutions de sels neutres; mais il n'en est plus de même, en employant des dissolutions acides ou alcalines qui l'altèrent et augmentent ainsi les dimensions des pores, aussi doit-on y substituer le papier parcheminé dont il sera question plus loin.

Une lame d'argile avec le même liquide peut donner des résultats très-différents.

L'énergie de l'endosmose ne dépend pas exclusivement de la

différence de densité entre les deux liquides, mais encore de certaines qualités indépendantes de la densité et propres à certains liquides. Ainsi, l'alcool moins dense que l'eau produit une endosmose très-énergique de l'eau vers l'alcool.

Le sucre est de toutes les substances végétales celle qui possède le plus grand pouvoir d'endosmose. Quant aux substances organiques animales, l'eau albumineuse est celle qui a le plus grand pouvoir d'endosmose et la solution gélatineuse celle dont le pouvoir est le moins fort. Le rapport d'endosmose de l'eau gélatineuse à l'eau albuminense est de 1 : 4. En général l'abaissement de température favorise l'endosmose vers l'eau tandis que l'élévation produit un effet inverse.

Passons en revue quelques-uns des effets les plus remarquables de l'endosmose.

En général, avec les solutions salines, le courant d'endosmose est toujours dirigé de l'eau vers ces dernières : avec les acides, il n'en est pas toujours de même. L'acide nitrique, à la densité de 1,12 et au-dessus, et à la température de 10°, offre l'endosmose vers l'acide. Quand la densité est de 1,08, l'endosmose suit une direction contraire; quand elle est de 1,09, il n'y a aucun effet de produit. Pour des températures plus élevées que 10°, l'acide nitrique, quand la cloison séparatrice est une membrane animale, détruit promptement l'endosmose, si la densité surtout n'est pas très-forte.

L'acide hydrochlorique est le plus puissant des acides minéraux pour produire l'endosmose de l'eau vers l'acide. Si l'on veut obtenir cet effet en sens inverse, il faut affaiblir considérablement sa densité.

L'acide sulfurique produit l'endosmose comme les autres acides, dans deux directions opposées; à la température de + 10° et avec une densité de 1,093, l'endosmose a lieu vers l'acide. Quand sa densité est de 1,054, l'effet se produit en sens inverse; la densité 1,07 est le terme moyen qui ne donne point d'endosmose.

L'acide hydrosulfurique est également propre à produire ce phénomène.

Quand on ajoute quelques gouttes de l'un des derniers acides à une solution d'eau gommée ou d'eau sucrée, d'une faible densité, on anéantit l'endosmose.

Dutrochet a observé que, lorsque la température baisse, il faut une plus grande densité à l'acide pour présenter le terme moyen qui sépare les deux endosmoses opposées. Ainsi, à + 15°, ce terme moyen de densité de l'acide tartrique est de 1,1.

Il est important de noter le changement de direction du courant d'endosmose, suivant le degré de densité de l'acide et le degré de température, et ce qui se passe quand les deux liquides sont séparés par une membrane végétale, au lieu d'une membrane animale. L'acide oxalique, avec la membrane animale, offre toujours l'endosmose de l'acide vers l'eau, quelles que soient la densité de l'acide et sa température. Avec une membrane végétale, telle que la partie inférieure de la tige du poireau, le courant d'endosmose va, au contraire, de l'eau vers l'acide quelles que soient la densité de l'acide et sa température.

L'acide sulfurique, à la densité de 1,0274 et par une température de + 4° cent., avec l'eau dont il est séparé par une membrane végétale, a présenté l'endosmose vers l'acide, résultat inverse de celui que l'on obtient avec une membrane animale.

L'acide hydrosulfurique, à la densité de 1,00628, et à une température de + 5°, a donné des effets contraires, selon que l'on employait une membrane animale ou végétale.

Les phénomènes d'endosmose produits avec les acides séparés des alcalis par une membrane ont donné les résultats suivants avec l'acide chlorhydrique notamment.

L'acide hydrochlorique étendu d'eau, d'une densité de 1,012, séparé d'une solution de l'alcali par un morceau de vessie, à une température de + 12 à 15°, donne constamment un courant d'endosmose vers l'alcali, quelle que soit la faiblesse de sa densité.

A la densité semblable, 1,012, de l'acide et de l'alcali, le courant d'endosmose suit encore la même direction; mais, si on conserve à la soude sa densité, et qu'on porte celle de l'acide hydrochlorique à 1,07, le courant d'endosmose est renversé.

Les phénomènes que nous venons de décrire sont également produits avec des plaques inorganiques ayant une certaine porosité. Avec une plaque d'argile cuite on obtient l'endosmose à un degré aussi marqué qu'avec la membrane.

Il résulte des faits que nous venons d'exposer succinctement que les phénomènes d'endosmose et d'exosmose dépendent : 1° de l'action réciproque des deux liquides hétérogènes l'un sur l'autre, laquelle modifie et intervertit même tout à fait la force

de pénétration propre à chacun de ces liquides; 2° de l'action
particulière de la membrane sur les deux liquides qui la pénètrent, action qui, dans la membrane animale, donne le courant
fort vers l'acide pourvu d'une densité déterminée, tandis qu'avec
la membrane végétale l'effet est inverse; 3° de l'action capillaire
produite dans les interstices de la membrane. Nous verrons dans
le livre suivant si une autre cause n'interviendrait pas quelquefois.

§ II. — Des théories imaginées pour expliquer les phénomènes d'endosmose.

Dutrochet, pour expliquer les phénomènes d'endosmose, avait
admis que leur production était due à la différence de l'ascension capillaire entre deux liquides; mais, ayant observé depuis
des effets contraires dans la direction des acides et dans celle
de l'eau, cette exception devait infirmer la loi générale qu'il
avait cherché à établir. Il se borna donc à dire que cette loi ne
pouvait être appliquée qu'aux faits généraux qui sont les plus
nombreux; en cela, il avait raison, car les exceptions proviennent souvent de causes accidentelles qu'il ne connaissait pas. Il
a posé néanmoins en principe que l'inégalité de l'ascension
capillaire de deux liquides que sépare une cloison à pores assez
petits, pour s'opposer à la facile perméabilité de ces deux liquides, en vertu de leur seule pesanteur, est une des conditions
générales de l'existence de l'endosmose, qui, dans le plus grand
nombre de cas, dirige son courant, du liquide le plus ascendant
dans les tubes capillaires, vers le liquide le moins ascendant. Pour
s'assurer jusqu'à quel point ce principe était fondé, l'inégalité
de densité des liquides étant une cause d'endosmose, il a dû rechercher quelle était la différence d'ascension capillaire, résultant d'une différence déterminée dans cette densité. Il fallait
ensuite rechercher si la différence d'ascension capillaire des
deux liquides était en rapport constant avec la densité de l'endosmose.

Les résultats qu'il a obtenus dans ses expériences montrent
que les deux excès d'ascension capillaire de l'eau sur chacune
de deux solutions de sel marin, par exemple, sont dans le rapport de 2 à 4, qui est celui du pouvoir de l'endosmose; mais les
expériences qu'il a faites à ce sujet n'étaient pas encore assez

nombreuses pour qu'il pût généraliser ce rapport. Dutrochet s'est borné à dire que la cause du phénomène existe dans la cloison séparatrice; cette idée a du vrai, mais il y a d'autres causes agissantes, qu'il soupçonnait, comme je le dirai plus loin.

M. Poisson, en 1826, à l'époque où Dutrochet publia ses premières [expériences, émit l'idée que les phénomènes observés pouvaient être attribués à l'attraction capillaire jointe à l'affinité des deux liquides hétérogènes [1]. Dutrochet objecta à cette théorie que, dans ce cas, il ne devait exister qu'un seul courant au travers de la membrane, tandis qu'il y en avait deux, dirigés en sens contraire et inégaux en force.

Nous exposions, en 1834 [2], des considérations sur lesquelles nous nous appuyions deux ans plus tard pour présenter une théorie du phénomène d'endosmose.

M. Magnus, à peu près à la même époque, publia dans les *Annales de Poggendorf* une théorie qui revenait à peu près à celle de Poisson; suivant lui, on a une explication complète du phénomène, en considérant la vessie comme un corps poreux et en admettant : 1° qu'il existe une certaine force d'attraction entre les molécules de liquides différents; 2° que les liquides différents passent plus ou moins facilement par la même ouverture capillaire; puis, ajoute-t-il, quand les molécules d'une solution saline quelconque auront entre elles [plus de cohésion, elles passeront plus difficilement que l'eau par des ouvertures très-étroites, toutes choses égales d'ailleurs. Il en résulte que, plus une dissolution est concentrée, plus elle aura de difficulté à pénétrer par des ouvertures capillaires.

Or, il n'en est pas toujours ainsi, comme les solutions acides le prouvent; ce qui montre que les données de Poisson et celles de M. Magnus n'étaient pas suffisantes pour expliquer tous les effets observés.

D'autres physiciens ont rapporté ce phénomène à la différence de viscosité des deux liquides; le liquide le moins visqueux, filtrant avec plus de facilité que l'autre, devait augmenter sans cesse de volume. Suivant cette manière de voir, on serait obligé de considérer certains liquides, très-peu denses, comme des liquides très-peu visqueux, afin d'expliquer pourquoi l'endos-

---

[1] *Traité d'électricité et de magnétisme*, t. I, p. 351.
[2] *Annales de chimie et de physique*, 3° série, t. XXV. 1849.

mose est dirigée de l'eau vers l'alcool. Or diverses expériences montrent que le courant n'est pas toujours dirigé du liquide le moins visqueux vers le liquide qui l'est le plus. Enfin on a attribué l'endosmose à la différence d'imbibition de la cloison pour chaque liquide.

§ III. — Des recherches de M. Liebig sur les causes de l'endosmose.

M. Liebig, dans des recherches pleines d'intérêt sur quelques-unes des causes qui produisent le mouvement des liquides dans l'organisme animal[1], a eu pour but de donner une théorie toute chimique des phénomènes d'endosmose. Les résultats auxquels il a été conduit doivent être pris en sérieuse considération dans l'explication de ces phénomènes. Il s'est attaché à déterminer la loi du mélange de deux liquides séparés par une membrane, en vue surtout du mouvement des liquides dans l'organisme d'un grand nombre de classes d'animaux. Il mentionne d'abord les cas où il existe des causes bien plus puissantes que l'endosmose auxquelles est dû le mouvement des liquides ; parmi ces causes il distingue dans l'organisme : 1° la perméabilité des fluides à travers les parois des vaisseaux capillaires ; 2° la pression atmosphérique ; 3° l'attraction moléculaire des divers fluides du corps de l'animal à leur contact.

Il considère comme première condition de la pénétrabilité des corps poreux par des liquides ou de leur pouvoir d'absorption, la faculté de se mouiller en vertu de l'action capillaire ; cette faculté est le résultat de l'attraction qui a lieu entre une molécule de fluide et les parois des pores. La seconde cause est l'attraction d'une molécule liquide pour une autre. On n'a aucun moyen de mesurer la grandeur d'une molécule qui est toujours infiniment plus petite que les dimensions d'un pore d'un corps poreux ; dans l'intérieur d'un tube capillaire il n'y a donc qu'un certain nombre de molécules liquides en contact avec les parois et qui sont soumises à l'action capillaire, les molécules qui se trouvent dans la partie centrale le sont seulement à l'attraction moléculaire.

On conçoit, dit-il, que, lorsqu'un fluide a pénétré par l'action

---

[1] *Annales de chimie et de physique*, 3ᵉ série, t. **XXIX**, p. 197.

capillaire dans un corps poreux, l'écoulement peut être produit par une pression mécanique et par les causes qui affaiblissent l'attraction moléculaire. La condition la plus favorable à l'écoulement d'un liquide dans les espaces capillaires en employant la pression, a lieu lorsqu'une molécule glisse facilement sur une autre ; les solutions animales se trouvent dans ce cas : « Les tendons, dit-il, les ligaments, les cartilages, etc., contiennent à « l'état frais une certaine quantité invariable d'eau, et certaines « de leurs propriétés dépendent de cette eau. »

Il fait observer que la faculté d'abandonner l'eau par la pression n'existe que chez les substances poreuses. Il est digne de remarque, en effet, que l'eau à l'état libre paraît avoir la plus grande part dans la propriété que possèdent tous les corps organisés frais. Il cite l'expérience suivante : Si la branche dilatée d'un tube A, fermé à l'extrémité inférieure par une membrane animale, est remplie d'eau jusqu'en *a* et qu'on verse du mercure par la partie verticale et rétrécie, on voit la surface de la membrane se couvrir de gouttelettes fines qui augmentent en dimension à mesure que la pression devient plus grande ; on finit ainsi par faire sortir toute l'eau si la pression devient suffisante. L'eau salée, l'huile grasse, se comportent comme l'eau. Les effets varient suivant l'épaisseur de la membrane et la nature chimique des différents liquides. M. Liebig donne les résultats qu'il a obtenus en opérant sur divers liquides, avec la vessie de bœuf, et le péritoine qui recouvre la surface supérieure d'un foie de veau. Ces résultats montrent que le filtrage d'un liquide à travers une membrane animale n'est pas en rapport avec la mobilité des molécules liquides ; ainsi la même pression qui fait passer par la vessie une dissolution saline et l'huile, empêche de passer l'alcool dont les molécules jouissent d'une plus grande mobilité.

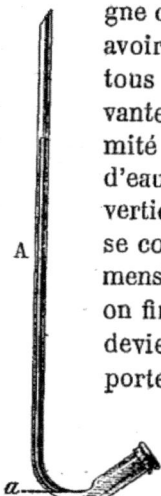

Fig. 6.

Il considère comme principe fondamental, que l'état d'humidité de la cloison animale et le pouvoir absorbant des liquides sont deux éléments qui exercent une certaine influence sur la perméabilité d'un fluide à travers un tissu animal.

En cherchant combien 100 parties de vessie de bœuf desséchée absorbent en vingt-quatre heures de volumes d'eau, on trouve que le pouvoir d'absorption est très-variable et qu'il diminue pour les solutions salines dans la même proportion que la substance saline augmente. On observe une relation semblable avec l'alcool quand on le mélange avec l'eau. M. Liebig rappelle à ce sujet les expériences de M. Chevreul, à l'aide desquelles il montre que des membranes saturées d'huile, étant plongées dans l'eau, perdent leur huile pour prendre de l'eau.

M. Liebig, ayant trouvé que 130 parties de membranes animales absorbent 268 vol. d'eau et 133 vol. de dissolution saline concentrée, saupoudra de sel marin une vessie saturée d'eau, et vit que 48 heures après toute la partie d'eau qui se trouvait dans la vessie était saturée de sel.

Il en est de même, avec l'alcool et l'eau, des membranes plongées dans l'alcool à l'état frais et à l'état d'imbibition aqueuse ; il en résulte, dans tous les points de la membrane où l'alcool et l'eau se touchent, un mélange des deux liquides ; mais, comme une membrane absorbe moins d'un liquide contenant de l'alcool que de l'eau pure, il s'ensuit qu'il transporte plus d'eau qu'il ne pénètre d'acool dans le tissu animal. Or, la membrane perdant plus d'eau qu'elle ne reçoit d'alcool, il en résulte une rétraction des fibres du tissu.

Si la membrane animale pouvait absorber un égal volume d'eau salée et d'eau, ou d'eau et d'alcool, une vessie étant saturée d'eau et saupoudrée de chlorure de sodium, ou plongée dans l'alcool, le volume du liquide absorbé devrait rester invariable ; la substance animale retiendrait un égal volume d'eau salée ou de mélange d'eau et d'alcool ; mais, comme le pouvoir absorbant du tissu animal pour l'eau contenant du sel marin ou de l'alcool est affaibli, il s'ensuit naturellement qu'une certaine quantité d'eau doit transsuder dès que sa composition est changée.

Une membrane animale pouvant être considérée comme étant composée de tubes capillaires très-étroits remplis d'un liquide aqueux, dont l'écoulement est empêché par l'action capillaire, l'écoulement par ces tubes a lieu lorsque le liquide externe est changé dans sa composition par l'intervention du sel marin, de l'alcool ou d'autres corps.

Diverses expériences ont prouvé à M. Liebig que l'attraction des substances animales poreuses pour l'eau absorbée n'empêche pas le mélange de cette eau avec d'autres liquides.

Il admet en principe que tous les liquides qui, par suite de leur mélange, éprouvent un changement dans leur nature et dans leur composition se comportent de même lorsqu'ils sont séparés par un diaphragme animal; leur mélange se fait dans les pores du tissu et la décomposition commence dans le tissu.

L'expérience suivante doit être prise en considération : quand on abandonne à l'évaporation un tube rempli d'eau salée, fermé avec de la vessie, le côté de celle-ci en contact avec l'air se couvre bientôt de cristaux de sel marin, qui finissent par former une croûte épaisse; on voit par là que les pores de la membrane se remplissent d'eau salée qui abandonne son eau avec dépôt de sels; ainsi de suite.

Si l'on plonge un tube semblable dans de l'eau pure, celle-ci acquiert la propriété d'être troublée par l'azotate d'argent, même si l'immersion n'a duré qu'une fraction de seconde. L'eau salée qui remplit les pores du diaphragme se mélange avec l'eau pure. En général, on peut dire que, lorsque deux liquides de nature différente sont séparés par une membrane et se mêlent ensemble, il se produit un phénomène tout particulier; on aperçoit dans la plupart des cas, pendant le mélange, un changement dans le volume des deux liquides : l'un augmente de volume et monte, l'autre diminue proportionnellement de volume et baisse. C'est en quoi consistent les phénomènes d'endosmose et d'exosmose.

M. Liebig envisage, comme il suit, les effets résultant de la porosité de la membrane : la vitesse du mélange des deux liquides est en rapport direct avec le nombre des molécules des deux liquides qui, dans un temps donné, sont mis en contact; cette vitesse dépend du contact des deux liquides, de l'étendue de la membrane et du poids spécifique du liquide. L'influence des surfaces sur le temps que le mélange met à se faire, résulte de la différence du poids spécifique.

Je rapporterai l'expérience suivante, qui est intéressante pour la question.

Si l'on remplit d'eau salée teintée en bleu un tube ab, fermé par l'une de ses extrémités par un diaphragme et introduit dans un autre c, et si l'on verse de l'eau pure dans ce dernier, on voit peu après nager au-dessous du diaphragme une couche incolore ou à peine colorée qui ne change pas pendant des heures entières. En faisant l'expérience inverse, on re-

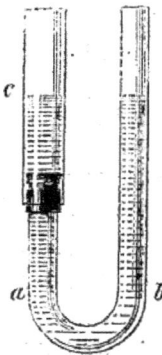

Fig. 7.

marque également au-dessus du diaphragme un liquide incolore ou à peine coloré.

On voit par là que dans les conditions où l'on a opéré, il y a eu échange entre les deux liquides : de l'eau pure incolore est passée du tube c dans l'eau salée du tube ab, et réciproquement dans la deuxième expérience, de l'eau salée et incolore du tube ab est passée dans l'eau pure et colorée du tube c.

L'eau salée du tube ab est étendue au moyen de l'eau qui arrive du tube c.

On voit par là qu'aussitôt que les deux couches se sont formées au-dessus et au-dessous du diaphagme, ni l'eau salée concentrée, ni l'eau pure ne sont restées plus longtemps en contact avec la membrane animale, dans le tube ab. Il se succède des couches de plus en plus riches en sel ; c'est en cela que consiste la diffusion de M. Graham, comme on le verra plus loin.

Les expériences de M. Liebig montrent que la variation de volume dépend d'une différence dans la composition des deux liquides en contact, par l'intermédiaire d'une membrane, et que la durée de cette variation est en rapport direct avec la différence réelle de celle faite déjà, constatée par Dutrochet.

M. Liebig a imagiué un appareil très-commode pour mesurer la variation de volume ; il se compose de deux tubes ayant le même diamètre : l'un est fermé à son extrémité inférieure au moyen d'un diaphragme à peu près comme dans l'appareil précédent ; il est rempli d'un liquide jusqu'à une hauteur déterminée, puis il est plongé dans un autre contenant de l'eau distillée ; il est maintenu au moyen d'un bouchon de liége qui le ferme hermétiquement. En un certain point se trouve un petit grain de chevrotine qui forme soupape ; on verse dans le second tube de l'eau pure, et, pour équilibrer le grain de plomb, un peu plus d'eau qu'il n'est nécessaire pour amener le niveau dans les deux tubes. Les tubes étant divisés, rien n'est plus simple que de mesurer les variations de volume. Pour s'en rendre compte, il faut, 1° avoir égard aux mélanges de natures différentes; 2° à leur variation de volume. Le mélange de deux liquides n'ayant pas la même composition dépend évidemment de leur action chimique l'un sur l'autre. M. Liebig cite un grand nombre d'exemples à ce sujet; il conclut des expériences qu'il a faites, que le mélange de deux liquides est l'effet de l'attraction chimique; s'il n'en était pas ainsi, comment serait-il possible que des combinaisons, telles que la dissolution d'un sel dans l'eau, pussent être détruites par un simple mélange, et que par là une attraction chimique pût être suspendue?

En ce qui concerne le changement de deux liquides qui se mélangent à travers le diaphragme, pour l'expliquer, il faut avoir égard à cette considération, que la faculté d'un corps liquide de mouiller ce diaphragme est l'effet d'une attraction chimique. On sait effectivement que des liquides de nature différente ou d'une composition chimique particulière sont attirés d'une manière variable par les corps solides en vertu d'une affinité dite capillaire ; ainsi les parois attractives des vaisseaux organiques se comportent avec l'eau de la même manière qu'un sel qui est dissous dans l'eau. En ajoutant de l'alcool ou un autre liquide, l'eau se sépare plus ou moins parfaitement des parois des vaisseaux ou celles-ci de l'eau. Il rappelle à ce sujet les expériences de Sommering, qui montrent que l'esprit-de-vin, à un degré donné, étant renfermé dans une vessie et exposé à l'évaporation de l'air, il ne reste en définitive dans la vessie que de l'alcool concentré, la surface extérieure de la vessie restant sèche; en l'étendant d'eau, elle devient humide et laisse évaporer avec l'eau de l'acool. On voit par là l'inégale attraction chimique de la vessie pour l'eau et pour l'acool; l'eau du mélange est absorbée et s'évapore à la surface de la vessie, l'alcool y reste. M. Liebig fait observer avec raison que tous les observateurs qui ont cherché à expliquer l'endosmose ont adopté en principe qu'une des conditions de changement de volume de deux liquides séparés par une membrane et qui se mélangent l'un avec l'autre, doit être recherchée dans cette membrane.

Il a démontré l'influence que la nature du diaphragme exerce sur le phénomène, en comparant l'effet d'une membrane animale avec celui d'une lame mince de caoutchouc ; le volume d'alcool augmente dans un tube fermé par une membrane animale et plongeant dans l'eau pure ; il passe alors plus d'eau vers l'alcool que d'alcool vers l'eau. Si l'on vient à fermer le tube avec une membrane munie de caoutchouc, le volume de l'alcool diminue et celui de l'eau augmente : il n'y avait de changé dans ces deux expériences que le diaphragme.

Il est arrivé par une série d'expériences à montrer que si les deux liquides mouillent le diaphragme d'une manière inégale, il en résulte qu'à l'attraction chimique que les parties dissemblables des liquides ont les uns pour les autres, s'en ajoute une autre plus forte de l'eau pour la cloison membraneuse, qui accélère sa mobilité ou sa faculté de transsudation, ce qui a naturellement pour effet que l'un exsude en plus grande quantité que l'autre dans le même temps. Il est difficile de suivre M. Liebig dans l'interprétation de toutes les expériences qu'il a faites pour arriver à expliquer l'endosmose. En résumé, nous dirons que, suivant lui, l'action exercée par les liquides de nature différente sur la substance des tissus de l'économie animale, au moyen de laquelle leur mélange est accompagné d'un changement de volume, ressemble à une pression mécanique qui est plus forte sur une face que sur l'autre.

Il est arrivé aussi à cette conclusion que le changement de volume de deux liquides pouvant se mélanger et séparés par une membrane dépend de l'inégal pouvoir d'être mouillée, c'està-dire de l'attraction inégale que la membrane possède pour les liquides. L'inégal pouvoir d'imbibition de la membrane pour les liquides est une suite de leur attraction inégale et dépend de la nature différente des liquides ou des substances dissoutes. Nous verrons plus loin qu'il y a une autre cause qui intervient, celle relative aux courants électro-capillaires.

§ IV. — *Des phénomènes d'osmose et de diffusion.*

M. Graham appelle osmose la force en vertu de laquelle l'eau est transportée au travers de la membrane, et force osmotique, celle inconnue qui occasionne le transport. Il comprend sous cette dénomination les effets d'endosmose et d'exosmose qui, suivant lui, dépendent du même principe ; quant à nous, nous adoptons les dénominations de Dutrochet. Il s'est demandé si l'osmose ne serait pas le résultat de la diffusion de l'eau dans la solution saline ; en admettant que la diffusion soit un double phénomène, l'eau étant un liquide éminemment diffusible, elle l'est 4 fois plus que l'alcool et 4 à 6 fois plus que les sels les plus fusibles ; il en conclut que, pour une partie de certains sels qui sortent de l'osmomètre, il entre 5 à 6 fois d'eau, et que la faible ascension que l'on observe avec certaines dissolutions et plusieurs substances organiques est due à la faible diffusion des dissolutions de ces diverses substances.

Le phénomène de diffusion est celui qui est produit quand une solution saline, étant en contact avec l'eau pure, tend à se répandre dans celle-ci, jusqu'à ce que le mélange soit complet. M. Graham [1], auquel sont dues les recherches sur ce sujet, admet que les parties salines se repoussent en vertu d'une force de même genre, mais moins intense, que celle qui porte les gaz à occuper un volume plus grand, quand l'espace est augmenté. La force se manifeste également quand les deux liquides sont séparés par une cloison poreuse de nature organique ou inorganique avec des différences qui tiennent à d'autres causes. En prenant successivement pour cloison séparatrice une cloison inorganique, une autre organique, puis du papier parchemin, il a constaté d'abord que la diffusion du chlorure de sodium paraît proportionnelle à la quantité de sel dissous et augmente proportionnellement à la température ; ensuite que le sucre de canne a sensiblement le même pouvoir diffusible que celui de la glucose, et double du pouvoir de la gomme.

M. Graham a tiré les conséquences suivantes de ses expériences : la diffusibilité est comparable à la volatilité ; elle peut se placer, sous un certain point de vue, à côté de la densité des liquides. Elle permet de séparer les corps en groupes de substances également diffusibles : les limites de cette division vont au-delà des limites de l'isomorphisme.

Cette propriété partage en deux groupes les sels de potasse et les sels de soude : les sulfates d'un côté, les nitrates de l'autre. Elle permet de séparer un mélange de sels. Elle peut produire des décompositions chimiques. La diffusibilité, enfin, peut venir en aide aux recherches sur l'osmose, car, en connaissant la diffusibilité d'un sel, dans un liquide donné, on peut déterminer l'influence particulière à la membrane.

M. Graham a groupé en quatre classes les substances solubles de toute nature, qu'il a soumises à l'expérience.

1re classe. — Les substances ayant un faible pouvoir osmotique dans des vases en terre (osmose inférieure à 25 millimètres). A cette classe appartiennent très-probablement presque toutes les substances organiques neutres, telles que l'alcool, l'esprit de bois, le sucre, la glucose, le mannite, la majeure partie des sels terreux et métalliques proprement dits, le chlorure de potassium, le nitrate de soude, le nitrate d'argent.

[1] *Annales de chimie et de physique*, 3e partie, t. XXIX, p. 197.

2ᵉ *classe*. — Les substances ayant pouvoir osmotique médiocre : l'acide sulfurique et les acides tartarique, citrique, chlorhydrique, nitrique, acétique.

3ᵉ *classe*. — Comprenant les corps ayant un pouvoir osmotique considérable. Les acides minéraux énergiques, certains sels neutres : les sulfates de potasse, de soude, d'ammoniaque.

4ᵉ *classe*. — Les substances ayant les pouvoirs osmotiques les plus considérables dans des vases de terre. Cette classe comprend les sels à base alcaline présentant une réaction franchement acide ou alcaline, ainsi que quelques sels neutres de potasse[1].

M. Graham fait observer que les alcalis exerçant une action énergique sur la matière de la cloison, leur osmose doit être toujours probablement troublée par des causes étrangères. L'osmose est positive quand l'alcali est très-étendu et devient même négative quand il est plus concentré.

Il a reconnu, en outre, qu'il est impossible de chasser, par des lavages, des pores de la cloison, la totalité des matières acides ou alcalines employées ; les phénomènes de décomposition qui ont lieu dans ces pores paraissent se continuer indéfiniment.

M. Graham a fait usage également, comme Dutrochet, de cloisons formées de membranes animales, lesquelles, outre leur faible épaisseur et leur perméabilité, opposent au passage des liquides une assez forte résistance sous l'influence des pressions mécaniques ; sous ce rapport elles présentent de grands avantages sur les cloisons en matière minérale[2].

Il fait remarquer que la tunique musculaire externe entrant rapidement en putréfaction et éprouvant par conséquent des changements de structure, il en résulte que les quantités de substances insolubles qui s'en séparent occasionnent des irrégularités nuisibles aux expériences. C'est pour ce motif qu'il a toujours enlevé la tunique musculaire en ne conservant que la tunique séreuse.

Il admet plus d'un point de ressemblance entre les effets des membranes et ceux des cloisons en terre. La membrane est sans cesse en voie de décomposition ; en outre, l'action osmotique de la membrane paraît diminuer très-lentement. Suivant ses

[1] *Annales de chimie et de physique*, 3ᵉ série, t. XLV, p. 15.
[2] *Annales de chimie et de physique*, 3ᵉ série, t. XLV, p. 20.

recherchés, les sels et autres substances en solutions très-étendues, qui déterminent une osmose considérable, appartiennent tous à la classe des substances chimiquement actives ; tandis que la grande majorité des matières organiques et des sels parfaitement neutres, ces dernières appartenant à des acides monobasiques, donnent une endosmose très-faible.

La capillarité ne suffit pas, d'après M. Graham, pour expliquer le mouvement du liquide. La force motrice paraît être due à l'affinité chimique sous l'une des formes qu'elle affecte[1].

Nous avons cru devoir indiquer, dans le tableau suivant, un

ÉTAT OSMOMÉTRIQUE ET ÉLECTRIQUE DE DIVERSES SUBSTANCES A L'ÉGARD DE L'EAU DISTILLÉE.

	HAUTEUR osmométrique trouvée par M. Graham.	ÉTAT électrique trouvé par M. Becquerel.		HAUTEUR osmométrique trouvée par M. Graham.	ÉTAT électrique trouvé par M. Becquerel.
	mm.			mm.	
Acide oxalique.	— 148	+	Chlorure de zinc. . . .	45	+
— chlorhydrique (0,1 p. 100).	— 92	+	— de nickel. . .	88	+
Trichlorure d'or. . . .	— 54	+	Nitrate de plomb. . . .	204	+
Bichlorure d'étain. . . .	— 46	+	— de cadmium. . .	137	+
— de platine. . .	— 30	+	— d'uranium.	458	+
Nitrate de magnésie. . .	— 22	—	— de cuivre. . . .	204	+
Chlorure de magnésium. .	— 2	+	Chlorure de cuivre. . .	351	+
— de sodium. . . .	+ 12	+	Protochlorure d'étain. .	289	+
— de potassium. .	18	+	— de fer. . .	435	+
Nitrate de soude.	14	—	Bichlorure de mercure.	121	+
— d'argent.	34	+	Nitrate mercureux. . .	450	+
Sulfate de potasse. . . .	21 à 60	—	— mercurique. . .	476	+
— de magnésie. . . .	14	—	Acétate de sesquioxyde de fer. . . .	194	+
Chlorure de calcium. . .	20	+?	— d'alumine. . . .	395	+
— de barium. . . .	21	+?	Chlorate d'aluminium. .	540	+
— de strontium. .	26	+?	Phosphate de soude. . .	311	+
— de cobalt. . . .	26	+	Carbonate de potasse. .	439	+
— de manganèse. .	34	+			

grand nombre de résultats numériques d'osmose obtenus avec des diaphragmes membraneux pour les invoquer au besoin.

[1] *Annales de chimie et de physique*, t. XLV, p. 17 et suivantes.

Nous avons indiqué l'état électrique de chaque solution dans son contact avec l'eau et comme cela résulte de nos expériences, attendu que, dans les expériences électro-capillaires dont il sera question dans le livre suivant, nous aurons besoin d'y avoir recours.

On voit que les liquides acides occupent l'une des extrémités du tableau, et les liquides alcalins, l'autre. Les premières déterminent les osmoses négatives; les secondes, au contraire, provoquent les ascensions positives avec le plus d'énergie.

M. Graham a conclu de ses recherches que l'eau pendant l'osmose doit passer du même côté que l'alcali, comme elle suit l'hydrogène et les alcalis dans l'endosmose électrique. Nous verrons plus loin jusqu'à quel point cette assertion est fondée.

L'osmose, suivant lui, est due à une action chimique différente sur chacune des deux faces de la membrane; ces deux actions non-seulement doivent être inégales en intensité, mais encore différentes, quant à leur nature même. Il résulte des faits observés, que, par suite des actions exercées sur la matière albuminoïde de la membrane, les acides se portent vers la surface externe, les bases sur la surface interne, l'eau se porte toujours du côté basique. Il n'est pas nécessaire, nous le pensons, de faire intervenir pour cela l'altération de la membrane.

Si l'osmomètre renferme un acide étendu, auquel cas l'osmose est négative, le courant d'eau, devant être dirigé du côté basique, s'établira de l'intérieur vers l'extérieur; l'eau du vase extérieur est basique par rapport à l'acide contenu dans l'osmomètre. L'osmose positive, si considérable, que produisent les sels de sesquioxyde de fer, de chrome, d'aluminium, d'uranium, est des plus remarquables; elle contraste singulièrement avec l'osmose très-faible que possèdent les sels qui ont une grande stabilité, comme les sulfates.

Les sels du groupe magnésien, les sels solubles de chaux, de baryte et de strontiane, paraissent presque entièrement dépourvus de pouvoir osmotique. L'osmose est faible; tantôt elle est positive, tantôt négative. Ces sels sont neutres et ne manifestent aucune tendance à se transformer en sous-sels. Les sels des bases terreuses et ceux de magnésie se comportent de même. Il fait observer que les sels d'autres oxydes, en exceptant les sulfates, possèdent un pouvoir osmotique considérable, tels que les sels de cuivre, de protoxyde de plomb et de protoxyde d'étain.

Ces derniers sont, de tous les sels appartenant au groupe magnésien, ceux qui se dédoublent le plus facilement en acide libre et en un sous-sel; ils peuvent donc, à la façon des sels de sesquioxydes, déposer un élément basique à la face interne du diaphragme, et déterminer ainsi une osmose positive. M. Graham cite plusieurs faits à l'appui de cette théorie.

Les sels d'une neutralité complète et constante, tels que les chlorures de potassium et de sodium, les nitrates des mêmes bases et le nitrate d'argent, ne possèdent qu'un pouvoir osmotique faible ou peut-être même nul; en les ajoutant aux sulfates magnésiens neutres et à certaines matières organiques, telles que le sucre ou l'alcool, ils en augmentent l'osmose, mais non d'une manière bien marquée.

Ces sels se diffusent, en général, quatre fois plus vite de leurs solutions aqueuses que de leurs solutions alcooliques; on peut admettre que la diffusibilité de l'eau est quadruple de celle de l'alcool, ou, par suite, égale à 5 ou 6 fois celle du sucre ou du sulfate de magnésie : on peut donc admettre que, par le seul fait de la diffusion, une partie de ces dernières substances doit être remplacée dans l'osmomètre par 5 ou 6 parties d'eau. Cette osmose, par diffusion, paraît varier d'une manière assez régulière, comme la proportion du sel dissous. Au contraire, l'osmose chimique se montre déjà très-considérable, lorsqu'on opère avec des solutions très-étendues, par exemple, des dissolutions de 1 pour 100, et même de 0,1 pour 100; elle n'augmente que fort peu avec la proportion de substance dissoute.

Une petite quantité de sel marin ajoutée à une solution de carbonate de potasse peut diminuer beaucoup l'osmose positive de ce dernier, tandis qu'un mélange de sel marin et d'acide chlorhydrique détermine une osmose considérable.

Les sels basiques de potasse, tels que le sulfate et l'oxalate, quoique neutres aux papiers à réactif, tendent à produire un commencement d'osmose positive : M. Graham attribue cette propriété à ce qu'ils sont aptes à se dédoubler en acide libre et en sous-sel.

Le sulfate de potasse présente à cet égard une propriété singulière. L'osmose avec ce sel est très-faible quand il est parfaitement neutre et varie de grandeur avec la nature de la membrane; l'addition d'une très-petite quantité d'acide la fait disparaître, ou même la rend négative, tandis qu'une petite quantité de carbo-

nate de potasse détermine une osmose positive très considérable.
M. Graham a fait observer du reste que l'on ne connaît qu'imparfaitement les réactions chimiques que subit la membrane, et
qu'ainsi on ne peut expliquer qu'imparfaitement la propriété
singulière du sulfate de potasse. Sous le point de vue physiologique, il pense que l'on pourrait craindre qu'une altération
de la membrane ne pût se produire dans l'organisme sans de
graves inconvénients ; mais il ajoute : Il ne faut pas oublier que
l'organisme animal ou végétal est le siége d'un mouvement continuel, d'une succession non interrompue de décompositions et
de recompositions, et que, par suite, les altérations qui déterminent l'osmose peuvent être rapidement réparées dans l'économie. Loin de là, les conditions qu'on rencontre dans l'organisme sont évidemment propres à favoriser l'osmose chimique.
Nous savons, en effet, que celle-ci se manifeste surtout lorsque
les liquides qui baignent les membranes sont des solutions salines faibles ; tels sont les liquides de l'économie. Les réactions
acides ou alcalines qu'ils possèdent ordinairement facilitent encore la production du phénomène.

M. Graham considère enfin l'osmose comme la conversion de
l'affinité en travail mécanique. Dans l'établissement des théories
physiologiques, on est embarrassé quand il s'agit d'expliquer des
mouvements vitaux par l'affinité chimique, et c'est dans les tissus
criblés d'espaces cellulaires microscopiques que les mouvements
produits par l'osmose, qui ne dépendent que de l'étendue de la
surface de contact, devront se manifester avec le plus d'énergie.

On a coutume de rapporter à l'osmose l'ascension de la séve
dans les végétaux. Les parois des cellules végétales peuvent être
parfaitement comparées au diaphragme d'un osmomètre en
calicot albuminé, car ces parois ligneuses sont enduites d'une
couche de substance albuminoïde ; si donc leur surface inférieure
est baignée par un liquide tenant en solution un sel végétal, du
bioxalate de potasse, par exemple, un courant d'osmose devra
s'établir, et déterminera l'ascension de l'eau dans le tissu de la plante.

§ V. — De la dialyse.

M. Dubrunfaut a appliqué à l'industrie l'observation de Dutrochet, relative à la sortie des sels dans l'exosmose ; il s'est exprimé en ces termes à cet égard[1] :

[1] Comptes rendus de l'Académie des sciences, t. XLI, 1855, p. 831.

« Dès le mois d'avril 1853, et par conséquent à une époque antérieure aux travaux du docteur Graham sur l'osmose, nous avions eu la pensée de chercher à appliquer cette force]pour opérer l'analyse de certains mélanges chimiques ; à cette occasion, nous nous sommes occupé des moyens de mesurer l'intensité variable des deux courants variables qui se manifestent parallèlement dans les réactions osmotiques, et dont l'endosmose de Dutrochet n'est que la résultante. La méthode que nous avons suivie dans ces recherches diffère peu de celle qui a été adoptée par M. Matteucci. Cette méthode, dont nous publierons plus tard les résultats détaillés, nous a démontré que nos prévisions étaient fondées et qu'il est possible, à l'aide de l'osmose, d'opérer la séparation plus ou moins complète de certains mélanges de sels ou d'autres substances chimiques qui sont solubles dans l'eau. C'est, au reste, un résultat auquel le docteur Graham est arrivé de son côté, quoique la publication qu'il en a faite soit postérieure à la nôtre, qui date de 1854.

« Nous avons fait une première application de ces observations à l'épuration des mélasses de betteraves, à l'extraction de leur sucre ; ces mélasses, comme on le sait, sont un mélange de sucre et de sels organiques et inorganiques, parmi lesquels se trouvent surtout le nitrate de potasse et le chlorure de potassium.

« En plaçant dans l'endosmomètre de Dutrochet ces mélasses à leur densité normale, en présence de l'eau, il s'établit, conformément aux lois découvertes par Dutrochet, deux courants, dont l'un, très-énergique, marche de l'eau vers la mélasse, tandis que l'autre plus faible marche de la mélasse vers l'eau ; ce dernier courant entraîne dans l'eau les sels organiques et inorganiques de la mélasse, en laissant dans l'endosmomètre le sucre dilué avec la matière colorante et une fraction de sels qui, dans une première opération, échappe à la réaction. La mélasse ainsi traitée a perdu sa mauvaise saveur ; elle est devenue comestible à la manière de la mélasse de canne, et elle peut, en étant soumise aux opérations du raffinage, fournir des cristallisations de sucre.

« Les eaux chargées de sels soumis à la concentration fournissent de belles cristallisations de nitre, de chlorure, et des sels organiques qui ont besoin d'être examinés. »

Les résultats obtenus par M. Dubrunfaut sont très-intéressants, mais ils ne diminuent en rien le mérite des recherches de M. Graham que nous allons exposer succinctement [1]. ,

Toutes les substances ne possèdent pas le même pouvoir de diffusion, comme on l'a vu précédemment ; il y en a dont la vitesse est plus ou moins rapide, d'autres dont la vitesse est excessivement lente. M. Graham a dû classer, à cet effet, les substances quant à leur vitesse de diffusion, comme on l'a déjà vu. C'est ainsi qu'il est parvenu à montrer que l'hydrate de potasse possède une rapidité de diffusion double de celle du sulfate de potasse, et que ce dernier se répand, dans les liquides, deux fois plus vite que le sucre, l'alcool et le sulfate de magnésie. Les substances dont la diffusion est excesssivement lente ont été appelées par lui colloïdes ; parmi elles, on distingue la silice hydratée, l'alumine hydratée, d'autres oxydes analogues, l'amidon, la dextrine, le tanin, l'albumine, la gélatine, etc., etc. Ces corps se distinguent par l'apparence gélatineuse de leurs hydrates et une indifférence chimique pour les acides et les bases ; c'est pour ce motif qu'il les a appelés colloïdes, et les autres, cristalloïdes.

M. Graham considère les colloïdes comme possédant une force vive qui est en quelque sorte la source probable des actions qui ont lieu dans les organes des corps vivants ; il pense que l'on peut encore rapporter la série successive des modifications de ces corps (le temps étant un élément indispensable à la succession des phénomènes) à la lenteur caractéristique des réactions de la chimie organique.

Voici comment M. Graham effectue la dialyse, opération qui consiste à effectuer la séparation de deux substances au moyen de la diffusion sans l'intervention de cloison capillaire : on introduit, à l'aide d'une pipette, avec précaution, les matières mélangées sous une colonne d'eau contenue dans un vase cylindrique en verre de 12 à 15 centimètres. La diffusion est abandonnée à elle-même pendant plusieurs jours, puis on enlève, avec un siphon, l'eau par couches successives, en commençant par la partie supérieure, et on examine la composition de chaque couche, afin de connaître le temps que chaque matière a mis à se diffuser pour arriver à une hauteur donnée.

Les cloisons de colloïdes peuvent servir à opérer la dialyse de la gelée d'amidon ; celle des mucus animaux, de la pectine, substances insolubles dans l'eau froide, sont aussi perméables que l'eau, quand elles présentent une certaine masse, aux substances douées d'une grande diffusibilité, en même temps qu'elles résistent notablement au passage de celles qui sont peu diffusibles et s'opposent complétement à la pénétration des matières colloïdes analogues à elles-mêmes et dissoutes dans les liquides soumis à l'expérience. Elles se comportent à cet égard comme les membranes animales. Il suffit d'une couche mince de ces gelées pour produire cet effet; on peut se borner à prendre une feuille de papier à lettre très-mince et bien collé, n'ayant aucune porosité apparente, séparant l'eau de la dissolution.

M. Graham a préféré employer, comme cloison séparatrice, e papier parchemin, papier sans colle qui est préparé par une courte immersion dans l'acide sulfurique étendu de 15 pour cent d'eau et lavé rapidement à grande eau pour enlever l'acide. Le papier ainsi modifié possède une ténacité considérable, il s'allonge quand il est humecté, devient translucide par suite de son hydratation. On peut l'appliquer, quand il est humide, sur un cercle de bois mince ou mieux encore sur un cercle de gutta-percha.

Avant de préparer ce papier, il faut avoir l'attention de s'assurer qu'il n'est pas poreux, auquel cas il faudrait le rejeter. On s'aperçoit de cette défectuosité en mouillant le papier sur une face avec une éponge : si l'on ne voit apparaître aucune tache d'humidité sur l'autre face, il est bon pour les expériences. On remédie à la défectuosité du papier, en appliquant sur sa surface de l'albumine liquide qu'on fait ensuite coaguler sur place par la chaleur.

Je suis entré dans quelques détails sur les cloisons dialytiques, d'après M. Graham, parce que ce sont celles dont nous faisons usage dans nos expériences. C'est à l'aide de la dialyse que M. Graham a purifié un grand nombre de substances colloïdes.

Nous nous bornons à ces indications générales sur les recherches de M. Graham relatives à la diffusion et à la dialyse, qui complètent celles de Dutrochet sur l'endosmose et l'exosmose, cette dernière surtout étant le germe de la dialyse ; recherches qui peuvent servir à répandre des lumières sur les faits dont il sera question dans le livre suivant.

Dutrochet a reconnu que, dans l'endosmose, les dissolvants traversent à peu près seuls la cloison, et que, dans l'exosmose, ce sont les sels qui sortent ; M. Graham a découvert qu'il fallait en excepter les colloïdes que l'on pouvait séparer ainsi des sels ; de là la dénomination de dialyse qu'il a substituée à celle d'exosmose. Le principe général qu'il a adopté est que, deux liquides étant en présence, ils se diffusent l'un dans l'autre, comme les gaz. Si l'un d'eux a un pouvoir diffusif plus grand que l'autre, une fois que la cloison est mouillée, le premier traverse celle-ci, et il y a alors endosmose ; mais une autre cause intervient, c'est l'action mécanique de l'électricité qui transporte le liquide du pôle positif au pôle négatif et dont il n'a pas tenu compte.

En introduisant, par exemple, une dissolution de silice dans l'acide chlorhydrique, dans un tube fermé avec du papier parchemin, et plongeant le réservoir de l'endosmomètre dans un vase rempli d'eau distillée, la dissolution de silice cède peu à peu à l'eau distillée, par l'intermédiaire du papier, l'acide qui la tenait en dissolution, ainsi que le chlorure de potassium formé en dissolvant le silicate de potasse dans l'acide chlorhydrique. A la fin de l'expérience, il ne reste plus dans le réservoir que de la silice en dissolution dans l'eau, laquelle finit par se prendre en gelée. Dans cet état, la silice et les autres corps colloïdes se trouvent dans un état d'équilibre instable.

M. Graham est arrivé aux conséquences suivantes : Le mouvement de l'eau dans l'endosmose est le résultat d'une hydratation et d'une déshydratation de la membrane ou du diaphragme colloïdal ; la diffusion des solutions salines qui se trouvent dans l'endosmomètre n'influe en rien sur les résultats de l'endosmose ; elle modifie seulement l'état de la cloison.

Il fait remarquer, à ce sujet, que l'endosmose est généralement très-active avec les membranes et autres cloisons fortement hydratées, quand l'endosmomètre contient une solution de colloïde, comme le sucre, par exemple.

Le degré d'hydratation des corps gélatineux est fortement influencé par la nature du milieu ambiant, comme on l'observe avec la fibrine et les membranes animales. On trouve effectivement ces colloïdes bien plus facilement influencés avec l'eau pure qu'avec des solutions salines neutres. Ainsi les deux faces d'un diaphragme ne sont pas hydratées au même degré : la face extérieure, qui est en contact avec l'eau pure, s'hydrate plus que l'autre qui est en contact avec la solution saline. Aussitôt que l'eau d'hydratation de la première a traversé l'épaisseur du diaphragme, elle est arrêtée par la surface interne. Le degré d'hydratation s'abaisse et l'eau est abandonnée par la superficie de la membrane, ce qui constitue l'endosmose. On voit, d'après cette manière de voir, que le contact de la solution saline est accompagné d'une hydratation gélatineuse continue qui se résout en un composé, moins hydraté, et en eau libre. La surface interne de la cloison est contractée par l'action de la solution saline, tandis que la face opposée se dilate par son contact avec l'eau pure.

Nous le répétons encore ici, d'après M. Graham : l'avantage que présentent les solutions colloïdables, pour l'endosmose, doit être attribué en partie à leur faible diffusibilité et à leur incapacité de traverser les diaphragmes colloïdaux.

M. Graham considère le courant d'exosmose, comme un phénomène de diffusion ; ce n'est point la totalité du liquide interne qui sort, mais bien les particules de sel, comme Dutrochet, du reste, l'avait remarqué ; l'eau de dissolution étant passive pendant l'action, l'endosmose paraît être due à un courant capable d'entraîner des masses.

CHAPITRE V.

DE L'ÉCOULEMENT DES LIQUIDES AU TRAVERS DES CLOISONS POREUSES ORGANIQUES ET NON ORGANIQUES SOUS UNE PRESSION DONNÉE ET DE SON INFLUENCE SUR LES PHÉNOMÈNES D'ENDOSMOSE.

Dans les applications que nous allons faire des appareils d'endosmose à la production d'un grand nombre de produits de la nature inorganique et même très-probablement de la nature organique, il est nécessaire de connaître les effets de l'écoulement des liquides au travers des cloisons organiques sous une pression donnée et l'influence de cette dernière sur les phénomènes d'endosmose.

Ces cloisons capillaires, membranes ou diaphragmes de porcelaine poreuse, peuvent être, jusqu'à un certain point, assimilés à une réunion de tubes capillaires excessivement petits, et nous nous trouvons par suite amené à rappeler, ici, l'étude qu'a faite

M. Poiseuille[1] de l'écoulement des liquides par les tubes capillaires. Sans donner le détail de ses expériences, nous dirons
seulement qu'il est arrivé d'abord à cette conclusion que, pour
un même liquide, les quantités d'eau écoulées, dans l'unité des
temps, sont directement proportionnelles à la pression qui
détermine l'écoulement et à la quatrième puissance du diamètre du tube et inversement proportionnelles à la longueur du
tube.

Comparant ensuite l'écoulement des divers liquides dans le
même tube capillaire, il a trouvé que les solutions salines telles
que celles de nitrate de potasse ou d'acétate d'ammoniaque coulent plus vite que l'eau distillée, tandis qu'au contraire l'alcool et
le sérum coulent plus lentement. Les mêmes résultats ont été
obtenus en substituant aux tubes de verre des vaisseaux organisés, veines ou artères.

Quant au passage des liquides au travers des membranes, on
a déjà sur ce sujet quelques expériences de M. Liebig qui a
étudié principalement la filtration, dans l'air, de différents liquides à travers une membrane animale. M. Liebig a cherché quelle est la pression nécessaire pour opérer cette filtration, et il a trouvé que l'eau exige, pour traverser une vessie de
bœuf d'une épaisseur d'un dixième de ligne, une pression de
12 pouces de mercure; une solution concentrée de sel marin,
une pression de 18 à 20 pouces ; l'huile, une pression de 34 pouces : l'alcool ne passe pas sous une pression de 48 pouces de
mercure.

M. Liebig a tiré cette conséquence que le filtrage d'un liquide
à travers une membrane animale n'est pas en rapport avec la
mobilité des molécules liquides, puisque la même pression qui
fait passer, par la vessie, l'eau, la dissolution de sel marin et
l'huile, ne fait point passer l'alcool dont les molécules jouissent
d'une plus grande mobilité : il fait observer avec raison que l'état
d'humidité de la substance animale et son pouvoir absorbant des
liquides exercent une certaine influence sur la perméabilité d'un
fluide à travers un tissu animal.

Nous commencerons par décrire les appareils qui nous ont
servi à mesurer, avec une grande exactitude, les effets de la filtration des liquides à travers une cloison capillaire, organique ou

[1] *Annales de chimie et de physique,* 3e série, t. **XXI**, p. 76.

non organique, et à mettre en évidence la loi suivant laquelle s'opère cette filtration[1].

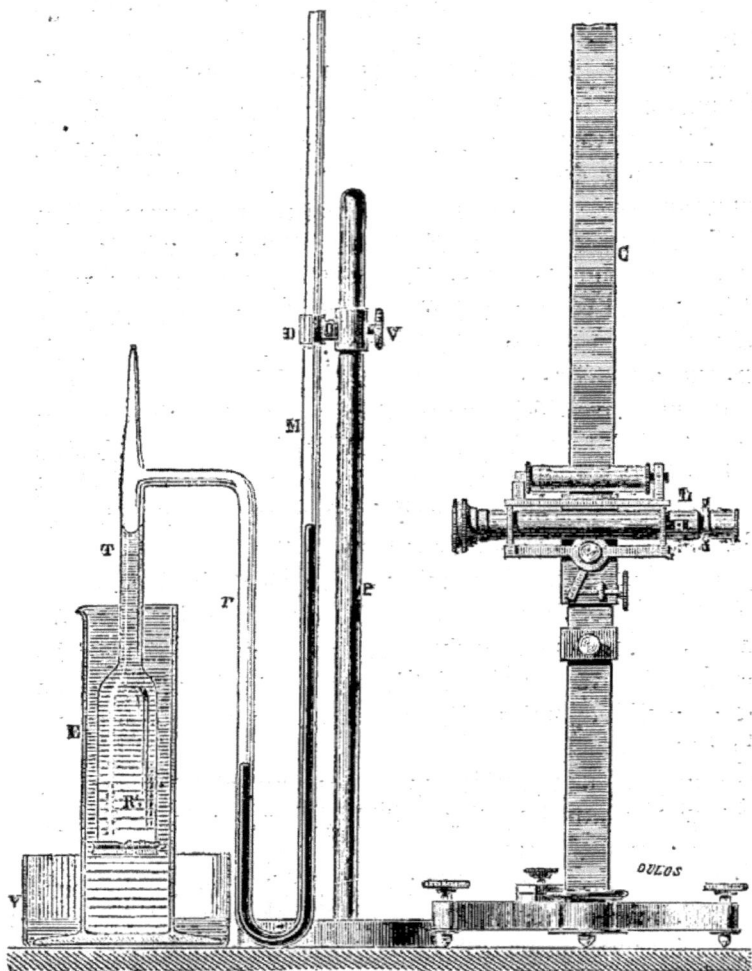

Fig. 8,

L'appareil fig. 8, destiné à produire de fortes pressions, est composé des parties suivantes :

E est une éprouvette en verre de deux décimètres environ de longueur et de trois ou quatre centimètres de diamètre, pourvue

[1] *Mémoires de l'Académie des sciences*, t. XXXVIII, p. 327.

d'un bec servant à déverser le trop plein du liquide qu'elle contient.

T tube suspendu dans l'éprouvette, à l'extrémité inférieure duquel est soudé à la lampe un réservoir en verre R, fermé à l'aide d'une ligature, avec de la vessie ou du papier parchemin, soutenu avec une feuille très-mince de platine percée d'un très-grand nombre de trous d'aiguille. Quelquefois ce réservoir est remplacé par un vase en porcelaine dégourdie fixé solidement au tube T à l'aide de mastic.

r est un tube recourbé et servant à mettre en communication le tube T avec un manomètre M contenant du mercure. Ce tube r est soudé à la lampe au tube T, qui contient un liquide semblable à celui qui se trouve dans l'éprouvette. Lorsque la pression exercée par la colonne de mercure sur le liquide fait sortir ce dernier de la cloison, l'éprouvette est déjà remplie, le trop plein qui lui arrive s'échappe par le réservoir et tombe dans un petit vase V. Tout le système R, T, r, M, est fixé dans une douille D, mobile le long d'un pied P sur lequel le manomètre M est fixé à l'aide d'une vis de pression V. Au moyen de cette disposition, le tube T est suspendu dans l'éprouvette E.

A peu de distance de l'appareil que l'on vient de décrire, se trouve un cathétomètre servant à déterminer les hauteurs du mercure dans les deux branches du manomètre et celle du liquide qui se trouve dans le tube T. Ce tube a la plus grande longueur possible, pour que l'on puisse opérer sur une colonne liquide étendue.

Avec cet appareil, toutes les conditions peuvent être remplies, pour évaluer la filtration d'un liquide au travers de la cloison capillaire sous une pression assez forte.

Le tube T doit être d'un calibre égal dans toute sa longueur, comme on en verra plus loin l'importance. On doit tenir compte de la température.

L'appareil fig. 9 est plus simple que le précédent; il est employé quand il s'agit d'obtenir des pressions avec des colonnes liquides d'un mètre environ de hauteur, sans avoir recours par conséquent à un manomètre à mercure. Cet appareil se compose de l'éprouvette E et du tube T de l'appareil fig. 8. Ce tube est ouvert par le bout supérieur et fermé par l'autre bout, soit avec un vase poreux, soit avec un réservoir en verre muni de sa fermeture en vessie ou en papier parchemin. Le tube est en outre pourvu d'une échelle en millimètres gravée sur le verre, ou tracée sur une bande de carton.

Nous n'avons point employé une pression constante, comme l'a fait M. Poiseuille, par la raison toute simple que, dans nos expériences, la quantité de liquide écoulée est quelquefois si faible qu'on n'aurait pu la recueillir sans commettre d'erreur. Nous avons commencé par étudier la loi qui régit l'écoulement de l'eau distillée au travers des membranes et diaphragmes poreux afin de comparer les résultats avec ceux qu'a obtenus M. Poiseuille avec les tubes capillaires.

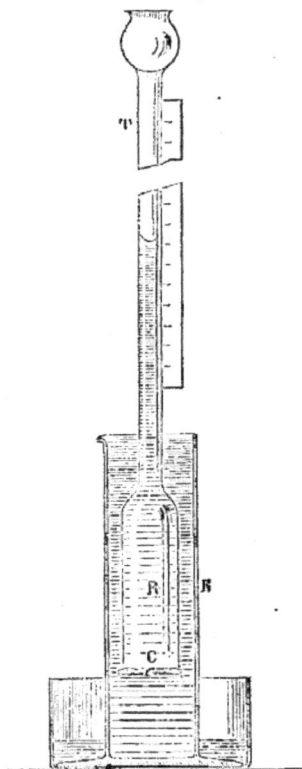

Les résultats consignés dans les tableaux suivants permettront de faire cette comparaison.

La première colonne du tableau n° 1 indique le temps pendant lequel la filtration de l'eau a eu lieu; la seconde, la pression exercée par l'eau distillée sur la cloison séparatrice au commencement et à la fin de chaque observation, laquelle a été sans cesse en diminuant, par suite de la filtration de l'eau; la troisième, la pression moyenne pendant chaque période de 24 heures; la quatrième, la quantité d'eau écoulée pendant le même temps; la cinquième, le rapport de cette quantité à la pression moyenne.

Fig. 9.

La sixième colonne indique les moyennes par catégorie des nombres de la cinquième colonne. On voit, au moyen des nombres de la sixième colonne, que la filtration, pendant 10 jours, a été en augmentant, effet dû probablement à la dilatation des pores, sous l'influence de la pression et du temps. Pour s'en assurer, on est revenu à la pression primitive, et les résultats obtenus ont mis en évidence la dilatation des pores.

On a opéré ensuite avec un vase poreux en porcelaine dégourdie, présentant une surface d'écoulement beaucoup plus considérable que celle de la vessie, adaptée à un tube ayant 4 millimètres de diamètre. En ayant soin de faire bouillir l'eau distillée pour éviter la présence des gaz et en opérant avec un tube aussi bien calibré que possible, on a eu des résultats qui montrent bien que la quantité d'eau écoulée dans un temps donné est pro-

EXPÉRIENCE, EAU DISTILLÉE.

CLOISON EN VESSIE.

Tableau I.

DURÉE de l'observation.	PRESSION en millimètres.	PRESSION moyenne.	QUANTITÉ de liquide écoulé.	RAPPORT de la quantité de liquide écoulé à la pression moyenne.	MOYENNES des rapports précédents.
0 heures. 24 »	794 718	756	56	0,105	
0 heures. 24 »	718 648	683	64	0,102	
0 heures. 24 »	648 586	617	62	0,100	0,103
0 heures. 24 »	586 528	557	58	0,104	
0 heures. 24 »	528 475	501	53	0,105	
0 heures. 24 »	475 425	450	50	0,101	
0 heures. 24 »	325 278	401	47	0,114	
0 heures. 24 »	378 334	356	44	0,123	0,117
0 heures. 24 »	334 297	315	37	0,111	
0 heures. 24 »	297 263	250	36	0,121	

portionnèlle à la pression moyenne dans le même temps, ce qui s'accorde avec les résultats de Poiseuille pour les tubes capillaires. Le tableau suivant n° 2 indique ces résultats :

VASE POREUX. — EAU DISTILLÉE BOUILLIE. — TUBE D'UN CALIBRE A PEU PRÈS RÉGULIER. — MESURES PRISES AVEC LE CATHÉTO-MÈTRE.

Tableau II.

DURÉE de l'observation.	PRESSION en millimètres.	PRESSION moyenne.	QUANTITÉ de liquide écoulé.	RAPPORT de la quantité de liquide écoulé à la pression moyenne.	MOYENNES des rapports précédents.
0 heures. $\frac{1}{2}$ »	425 346	385	79	0,205	0,391
0 heures. $\frac{1}{2}$ »	346 286	316	60	0,189	
0 heures. $\frac{1}{2}$ »	286 236	261	50	0,191	0,380
0 heures. $\frac{1}{2}$ »	236 195	215	41	0,191	
0 heures. $\frac{1}{2}$ »	195 160	177	35	0,197	0,386
0 heures. $\frac{1}{2}$ »	160 132	146	28	0,192	
0 heures. $\frac{1}{2}$ »	132 108	120	24	0,200	0,400
0 heures. $\frac{1}{2}$ »	108 88	98	20	0,204	
0 heures. $\frac{1}{2}$ »	88 72	80	16	0,200	0,397
0 heures. $\frac{1}{2}$ »	72 59	65	13	0,200	
0 heures. $\frac{1}{2}$ »	59 49	54	10	0,185	0,387
0 heures. $\frac{1}{2}$ »	49 40	44	9	0,204	

En remplaçant l'eau distillée bouillie par une dissolution d'eau salée à 10°, les résultats s'accordent encore mieux avec la loi de Poiseuille.

EAU SALÉE A 10°, SOUMISE A L'ÉBULLITION. — VASE POREUX.
— TEMPÉRATURE MOYENNE 15 A 20°.

Tableau III.

DURÉE de l'observation.	PRESSION en millimètres.	PRESSION moyenne.	QUANTITÉ de liquide écoulé.	RAPPORT de la quantité de liquide écoulé à la pression moyenne.	MOYENNE des rapports précédents.
0 heures. $\frac{1}{2}$ »	708 569	638	139	0,218	
0 heures. $\frac{1}{2}$ »	569 451	515	118	0,211	
0 heures. $\frac{1}{2}$ »	451 363	407	88	0,216	
0 heures. $\frac{1}{2}$ »	363 292	327	71	0,217	
0 heures. $\frac{1}{2}$ »	292 236	264	56	0,212	
0 heures. $\frac{1}{2}$ »	236 190	213	46	0,215	0,214
0 heures. $\frac{1}{2}$ »	190 153	171	37	0,216	
0 heures. $\frac{1}{2}$ »	153 123	138	30	0,217	
0 heures. $\frac{1}{2}$ »	123 100	111	23	0,207	
0 heures. $\frac{1}{2}$ »	100 81	90	19	0,211	

Il était nécessaire ensuite, pour l'interprétation des faits qui seront exposés dans le livre suivant, d'étudier les effets d'écoulement produits quand les deux vases renferment des dissolutions différentes.

Nous avons opéré, dans ce but, avec des solutions de sulfate de soude et de nitrate de chaux. Les résultats sont consignés dans les tableaux suivants.

APPAREIL AVEC MANOMÈTRE A MERCURE; TUBE, DISSOLUTION DE
SULFATE DE SOUDE; ÉPROUVETTE, DISSOLUTION DE NITRATE DE
CHAUX; CLOISON, VESSIE; TEMPÉRATURE 15 A 20°.

Tableau IV.

DURÉE de l'observation.	PRESSION en millimètres.	PRESSION moyenne.	QUANTITÉ de liquide écoulé.	RAPPORT de la quantité de liquide écoulé à la pression moyenne.	MOYENNES des rapports précédents.
0 heures. 24 »	2719 2605	2662	114	0,043	
0 heures. 24 »	2605 2490	2547	115	0,045	0,045
0 heures. 24 »	2490 2375	2432	115	0,046	
0 heures. 24 »	2375 2304	2339	71	0,030	
0 heures. 24 »	2304 2235	2269	69	0,030	
0 heures. 24 »	2235 2185	2210	50	0,023	0,026
0 heures. 24 »	2185 2140	2162	45	0,020	

TUBE, DISSOLUTION SATURÉE DE SULFATE DE SOUDE, ÉPROUVETTE,
DISSOLUTION DE NITRATE DE CHAUX, CLOISON, VESSIE SANS
PLATINE.

Tableau V.

DURÉE de l'observation.	PRESSION en millimètres.	PRESSION moyenne.	QUANTITÉ de liquide écoulé.	RAPPORT de la quantité de liquide écoulé à la pression moyenne.	MOYENNES des rapports précédents.
0 heures. 24 »	282 277	279	5	0,018	
0 heures. 24 »	277 272	274	5	0,018	
0 heures. 24 »	272 268	270	4	0,015	0,016
0 heures. 24 »	268 264	266	4	0,015	

Les expériences du tableau IV ont été faites sous des pressions qui ont varié, pendant 7 jours, de 2719 mill. à 2140 mill., avec une dissolution de nitrate de chaux et une autre de sulfate de soude, cette dernière ayant été placée dans le tube afin de la forcer à traverser la cloison pour y former des stalactites de sulfate de chaux cristallisé, contrairement à ce qui a lieu quand les deux dissolutions sont séparées par une cloison en papier parchemin, et que le niveau est le même dans chaque vase; dans ce cas-ci les stalactites se forment dans la dissolution de sulfate, et il y a endosmose dans le tube qui contient le nitrate avec transport de nitrate de soude résultant de la réaction des deux sels l'un sur l'autre.

Les nombres de la cinquième colonne vont en diminuant; ils sont dans le rapport environ de 34 à 100, avec ceux que donne la filtration de l'eau distillée pendant le même temps, bien que la pression soit trois fois plus grande; cette grande différence tient probablement à deux causes : à la viscosité des dissolutions qui est plus grande que celle de l'eau; puis, peut-être, à la rétraction des pores.

Dans les expériences consignées dans le tableau V et faites sous des pressions 9 ou 10 fois plus petites, les filtrations dans le même temps ont été dans le rapport, en moyenne, de 16 à 34 avec les filtrations de la première.

La colonne de sulfate est descendue sans former de stalactites dans la dissolution de nitrate; il s'est déposé seulement une petite couche de sulfate de chaux cristallisé sur la face de la cloison en contact avec la dissolution de sulfate; on a bien empêché l'endosmose du nitrate, mais on n'a pu y former des stalactites; la pression a vaincu la force qui transporte le nitrate dans le sulfate.

Nous avons encore fait les expériences suivantes dans le but de vaincre, par la pression, la tendance que l'eau possède à se diffuser dans la dissolution d'eau salée.

Tube, eau salée à 10°; éprouvette, eau distillée; cloison, vessie; température 15 à 20°.

Le niveau dans le tube a baissé d'abord de 3 centimètres, puis est remonté au-dessus de la division de l'échelle. La pression n'a donc pas empêché l'eau de traverser la cloison pour se rendre dans l'eau salée.

On a établi un appareil avec l'eau sucrée et l'eau distillée; la première a été placée dans l'éprouvette; l'eau distillée dans le tube. Sous une pression de 700 mill. d'eau salée, l'eau est remontée au bout de 24 heures jusqu'à l'entonnoir ; la pression n'a pas empêché l'endosmose de se produire.

En vue des applications à la physiologie, on a soumis à l'expérience du sang défibriné additionné de bicarbonate de soude.

SANG DÉFIBRINÉ AVEC ADDITION D'UNE FAIBLE QUANTITÉ DE BI-CARBONATE DE SOUDE; CLOISON EN VESSIE SANS ADDITION DE PLATINE, TEMPÉRATURE 15 A 20°.

Tableau VI.

DURÉE de l'observation.	PRESSION en millimètres.	PRESSION moyenne.	QUANTITÉ de liquide écoulé.	RAPPORT de la quantité de liquide écoulé à la pression moyenne.	MOYENNES des rapports précédents.
0 heures. 18 »	2140 1778	1959	22	0,011	
0 heures. 24 »	1778 1520	1667	13	0,008	0,010
0 heures. 24 »	1520 1245	1395	16	0,011	

Les résultats consignés dans la cinquième colonne indiquent que le sang défibriné, sous une pression de 150 mill. de mercure ou de 2140 mill. d'eau environ, s'infiltre au travers de la vessie, comme le fait l'eau salée à 10° aérométrique.

Il est à présumer qu'il doit exister dans les artères, sous la pression de 150 mill. de mercure, à laquelle est soumis le sang, à travers leur enveloppe, une infiltration de sérosité dont la quantité est en rapport avec les variations de pression. On sait du reste que cette pression diminue en s'éloignant du cœur, et que, lorsque le sang veineux a traversé les capillaires, il a perdu sa pression et n'a plus de pulsations. On les fait revenir, à la vérité, en coupant le sympathique, opération qui élargit les capillaires et diminue le frottement.

La quantité de liquide écoulé dans le même appareil dépend aussi de la viscosité; aussi était-il nécessaire de soumettre à l'expérience des acides et des alcalis n'attaquant pas les cloisons et les mastics employés pour adapter les tubes poreux ; c'est ce qui a engagé à soumettre à l'expérience l'acide chlorhydrique, l'ammoniaque et une dissolution très-visqueuse de chlorure de calcium. Avec l'acide chlorhydrique et le vase poreux la loi se vérifie assez bien; en soumettant à l'expérience l'ammoniaque, les quantités écoulées comparées à celles de l'acide sont dans le rapport de 280 à 373.

On a soumis également à l'expérience dans le vase poreux une dissolution de chlorure de calcium à 35° B. En comparant tous les résultats obtenus, on arrive aux rapports suivants entre les quantités d'eau écoulée pendant 2 heures et demie, de demi-heure en demi-heure :

Eau distillée..............	0,195
Acide chlorhydrique.....	0,187
Ammoniaque..........	0,139
Eau salée à 10° Beaumé..	0,094
Chlorure de calcium.....	0,072

Ces quantités d'eau filtrée vont donc en diminuant, en raison de la viscosité et probablement de la densité des liquides.

Nous ferons remarquer que les expériences dont on vient d'exposer les résultats ont été faites principalement dans le but de montrer comment la pression pouvait intervenir dans l'exosmose.

Les résultats auxquels elles conduisent montrent que l'exosmose, qui transporte une partie de la dissolution dans une direction opposée à celle de l'endosmose, peut être attribuée en partie à la diffusion, en partie à la pression exercée par la colonne liquide résultant de l'endosmose, d'où il résulte une filtration qui varie probablement en raison d'un très-grand nombre de causes.

En résumé, on ne peut avoir de la régularité dans les résultats obtenus, qu'autant que les liquides sont privés d'air ou de gaz quelconques, que les tubes sont bien calibrés et que les membranes organiques n'éprouvent aucune altération de la part des liquides qui les traversent; car alors les conditions sont changées, les pores ne conservant plus leurs dimensions premières, puisque les cloisons sont détruites; dans ce cas, les liquides se mêlent peu à peu et il y a accélération dans la vitesse de leur écoulement. On s'aperçoit des altérations aussitôt que le coefficient d'écoulement augmente ; ce coefficient exprime le rapport entre la quantité de liquide écoulée dans un temps donné et la pression moyenne dans le même temps ; sa constance indique que l'écoulement est proportionnel à la pression. Les changements qu'éprouve ce coefficient peuvent servir à constater et à mesurer, en quelque sorte, le degré d'altération qu'éprouve une membrane dans son contact avec un liquide, après plus ou moins de temps. Il est possible encore, à l'aide de ces mêmes coefficients, de déterminer les grandeurs relatives des pores de diverses membranes.

C'est ce que vient de faire M. A. Guérout[1], qui s'est servi de cet écoulement des liquides au travers des membranes pour déterminer d'une manière approchée la grandeur de leurs pores. Considérant les membranes comme formées par la juxtaposition d'un grand nombre de tubes capillaires prismatiques perpendiculaires aux faces de la membrane, il a cherché le diamètre de ces tubes capillaires fictifs qu'il appelle pores théoriques de la membrane. Le procédé qu'il a employé repose sur les lois données par Poiseuille.

En appelant a la section d'un espace capillaire, e sa longueur, H la charge, D la dépense et K un coefficient qui est égal pour l'eau à 297,92, la dépense d'un seul tube capillaire est exprimée, d'après M. Poiseuille, par

$$D = \frac{KHa^2}{e}$$

et celle de n espaces capillaires par

$$D = \frac{KHna^2}{e} = \frac{KH(na)a}{e}.$$

Dans cette expression n et a sont inconnus. Or, en appelant V la somme des espaces vides de la membrane, $na = \dfrac{V}{e}$.

D'autre part, si l'on désigne par P la somme des espaces pleins de la membrane, par R le rapport $\dfrac{V}{P}$ de la somme des espaces vides à celle des espaces pleins et par S la surface de la membrane, on arrive facilement à la valeur

$$V = \frac{SeR}{R+1}$$

[1] *Comptes rendus de l'Académie des sciences*, t. LXXV, p. 1809.

d'où

$$na = \frac{SR}{R + 1}.$$

Substituant cette valeur de na dans la première équation, il vient

$$D = \frac{KHSRa}{(R + 1)e}$$

d'où l'on tire

$$a = \frac{D(R+1)e}{KHSR}.$$

Il suffit donc, pour évaluer a, de déterminer :

1° La longueur des tubes capillaires, c'est-à-dire l'épaisseur de la membrane;

2° La dépense pour une surface et une charge connues;

3° Le rapport de la somme des espaces vides à celle des espaces pleins.

La première de ces déterminations se fait au moyen du sphéromètre; la deuxième, au moyen d'un tube analogue à notre deuxième appareil décrit plus haut, dont le réservoir a une section connue et dans lequel on maintient constante la hauteur du liquide. Quant au rapport de la somme des espaces vides à celle des espaces pleins, on l'obtient en comparant le volume réel de la membrane (déterminé par la méthode du flacon) à la différence entre ce volume réel et le volume apparent (déduit de mesures directes).

On a ainsi toutes les données nécessaires pour calculer la valeur de a dont on déduit facilement le diamètre des pores.

Les expériences ont conduit aux résultats suivants :

Vessies dédoublées.	Diamètre moyen des pores en millionièmes de millimètres.
A.................................	19
B.................................	17,5
C.................................	20
D.................................	14

Baudruches préparées.	
A.................................	8
B.................................	17,5
C.................................	13

Papiers
parcheminés.

A... 26

B... 22

C... 21

Les membranes étudiées par M. Guérout sont précisément celles qui nous ont servi dans nos expériences aussi bien pour l'écoulement des liquides que pour les formations de composés cristallisés ; on voit que le diamètre moyen de leurs pores varie entre 8 et 26 millionièmes de millimètres, c'est-à-dire que nous avons toujours eu à prendre en considération des espaces capillaires excessivement petits.

LIVRE IV

DES ACTIONS CHIMIQUES
PRODUITES DANS LES ESPACES CAPILLAIRES PAR LES CONCOURS
DES FORCES CHIMIQUES ET PHYSIQUES.

———

CHAPITRE PREMIER.

DES RÉDUCTIONS MÉTALLIQUES.

§ I. — *Effets produits dans des fentes, des fissures ou entre
des plaques.*

Les actions chimiques dont nous avons à nous occuper, dans
ce livre, sont dues non-seulement aux affinités, mais encore au
concours des actions capillaires et des actions chimiques de l'é-
lectricité. Les effets d'endosmose, d'exosmose, de diffusion et de
dialyse interviennent également dans un grand nombre de cas;
ces actions sont donc par conséquent très-complexes.

Nous commencerons par nous occuper de la réduction des
métaux, dans les espaces capillaires, laquelle est quelquefois accompagnée de la production de divers composés insolubles cristallisés.

Dans notre premier mémoire sur l'application des forces électro-chimiques à la physiologie végétale[1], dans lequel nous trai-
tions de l'influence des parois des tubes et des vaisseaux à petits
diamètres, ou des surfaces d'une nature quelconque sur les effets
électro-chimiques, nous posions le principe suivant, dont on verra
plus loin les conséquences :

« Quand deux liquides renfermant, chacun, en dissolution des
« substances différentes et pouvant réagir chimiquement les

———

[1] *Annales de chimie et de physique,* 2e série, t. LII, p. 243, 1833.

« unes sur les autres, sont séparés par une membrane qui ne
« leur permet de se mélanger que très-lentement, il en résulte,
« par l'intermédiaire de ses parois, un courant électrique continu
« qui peut produire des actions chimiques particulières. Si les
« composés qui en résultent sont insolubles, ils s'attachent à
« l'une des surfaces de la membrane ; dans le cas contraire, ils
« se répandent dans les dissolutions, où ils concourent encore à
« de nouvelles opérations. »

Nous citâmes, comme exemple de composés insolubles, les
cristaux de carbonate de chaux que M. Turpin a découverts sur
la paroi intérieure de l'enveloppe des œufs de limaçon, et ceux
d'oxalate de chaux que le même naturaliste a observés dans le
tissu cellulaire d'un vieux tronc de palmier.

Nous rapporterons encore comme caractéristique l'observation
suivante, qui est consignée dans notre *Traité d'électro-chimie*,
p. 242, édition de 1843. Lorsqu'on prépare en grand le sulfate
de cuivre, et qu'on le conserve dans des vases de bois, on observe qu'au bout de quelque temps il se dépose du cuivre métallique à l'extrémité de quelques douves; le dépôt du cuivre
continue et finit par former de grandes masses de cuivre cohé-
rentes.

D'un autre côté, M. Ed. Becquerel, dans un travail sur la
conductibilité des liquides dans les tubes capillaires [1], démontre
que le pouvoir conducteur de l'électricité pour les liquides dans
ces tubes ne varie pas proportionnellement à la section comme
dans les colonnes liquides à grand diamètre ; nous en avons
conclu que la conductibilité électrique de ces liquides était modifiée par une cause physique inconnue.

Le point de départ de nos recherches électro-capillaires est
l'observation suivante. Le hasard nous fit apercevoir les effets
chimiques produits par l'intervention de l'action capillaire dans
un tube fêlé accidentellement, contenant une dissolution de sulfate de cuivre et qui était resté plongé pendant très-longtemps
dans un autre de monosulfure de sodium; cette dernière dissolution, en pénétrant très-lentement dans le tube par une fêlure,
avait exercé une action telle, sur le sulfate, qu'il s'était formé, au
lieu d'un sulfure, un dépôt de cuivre métallique adhérant au
verre. C'était là un fait que la chimie ne pouvait expliquer, attendu

---

[1] *Annales du Conservatoire des arts et métiers*, t. I, p. 733.

que le mélange d'une dissolution métallique avec une autre de
sulfure alcalin, surtout quand il est très-pur, produit toujours par
double décomposition un sulfure métallique; il y avait donc là un
principe nouveau à trouver pour expliquer le phénomène, car
dans ce cas, entre les deux liquides mis en présence, il se produisait autre chose que ce que leur mélange pouvait donner.
Nous vîmes sur-le-champ que la réduction devait être attribuée
à une action électro-capillaire dont nous avions observé antérieurement quelques effets.

Les premières expériences que nous fîmes pour mettre en évidence ce principe eurent un plein succès. On prépare les tubes
fêlés, comme il suit : on prend
un tube de 1 centimètre environ de diamètre et de 1 à 2 décimètres de longueur. On le
ferme à la lampe, puis on fait
une légère entaille à l'extrémité opposée, et on y applique
le bout d'un tube chauffé au
rouge; la fêlure commence aussitôt et on la prolonge à l'aide
du même tube rougi.

Arrivons aux expériences.
On verse dans un tube de verre
ainsi fêlé une dissolution concentrée de nitrate de cuivre ou
d'une autre dissolution métallique, puis on introduit ce
tube dans une éprouvette contenant une dissolution marquant 12 à 15 degrés aréométriques de monosulfure de sodium dont le niveau est le
même que le liquide de l'intérieur du tube. On com-
mence à apercevoir, peu de

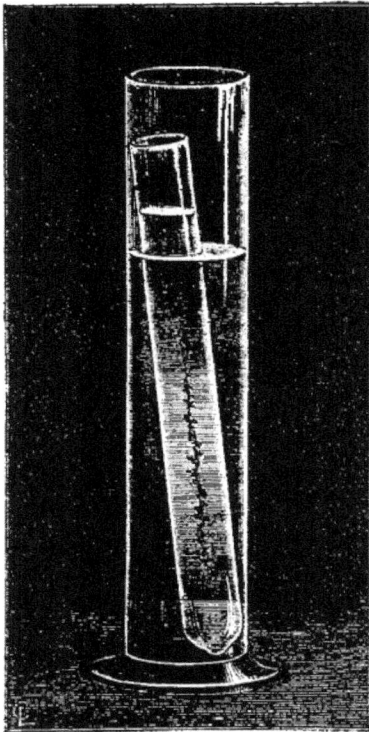

Fig. 10.

temps après, sur la paroi de la fissure située du côté de la dissolution de nitrate de cuivre, un léger dépôt de cuivre métallique
cristallisé qui augmente successivement et finit par faire éclater
le tube. On évite l'élargissement de la fissure et, par suite, la

rupture du tube en cerclant ce dernier en trois points, soit avec un fil très-fort enduit de cire, ou mieux encore avec un fil de platine lorsque l'on craint surtout que le fil ne soit attaqué par le liquide ambiant. La figure précédente n° 10 représente la disposition de l'appareil.

Les dissolutions de sulfate, de chlorure et d'acétate de cuivre se comportent de même vis-à-vis du monosulfure de sodium, mais plus lentement; avec une dissolution concentrée de nitrate de cuivre, il arrive quelquefois que la réduction métallique apparaît quelques minutes après la préparation de l'appareil. Cette rapidité d'action dépend de la largeur de la fissure, de la force électro-motrice et du degré de concentration des dissolutions.

Quand la fente inférieure a quelques millièmes de millimètre d'écartement, on obtient du sulfure de cuivre en lamelles ou en stalactites, au lieu de cuivre métallique.

Avec le nitrate d'argent on obtient les mêmes effets qu'avec le nitrate de cuivre. Lorsque la largeur de la fissure n'est pas uniforme dans toute sa longueur et se trouve plus large dans certaines parties que dans d'autres, il se dépose sur la face intérieure du tube, et quelquefois extérieurement, une assez grande quantité de sulfure d'argent formant une petite masse ayant de la dureté, présentant un aspect cristallin et vide à l'intérieur, où il se forme quelquefois des filaments d'argent qui s'étendent dans la dissolution de nitrate. Ces effets semblent indiquer un des moyens que la nature emploie pour le remplissage des géodes dans les formations terrestres.

Les dissolutions de plomb et d'étain se comportent comme celles de cuivre et d'argent; mais ces métaux se sulfurent et s'oxydent rapidement, pour peu que les fissures dépassent une certaine limite de largeur. Il arrive aussi, quelquefois, que les sulfures eux-mêmes sont décomposés et les métaux réduits à l'état métallique, surtout quand les fissures deviennent plus étroites par la présence des dépôts formés.

La réduction du platine s'obtient très-difficilement dans les tubes fêlés, à cause de la sulfuration du métal réduit; mais on le réduit alors en disposant ces appareils comme on le dira plus loin.

Les dissolutions de nickel et de cobalt sont également décomposées et les métaux réduits.

Pour donner plus d'étendue aux espaces capillaires qu'avec les

tubes fêlés, on remplace chaque tube par deux plaques de verre
de 1 centimètre d'épaisseur et de 5 à 6 centimètres au moins de
côté. On presse les deux lames l'une contre l'autre entre quatre
petites règles en bois au moyen de quatre vis également en bois
ou mieux encore en caoutchouc durci, VV, V'V', comme on le
voit dans les figures suivantes 11 et 12 : au moyen de cette disposition, on diminue l'espace capillaire à volonté et d'une manière régulière.

PLAN DE L'APPAREIL.

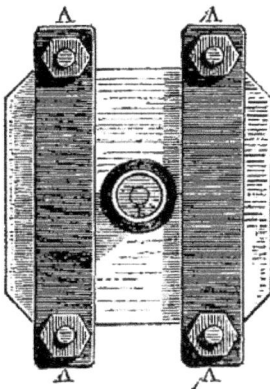

Fig. 11.   Fig. 12.

A A' lames de verre superposées.
O O' ouverture inférieure.
V V, V'V' règles en caoutchouc durci.

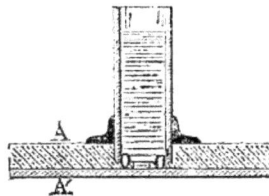

COUPE DE L'APPAREIL.

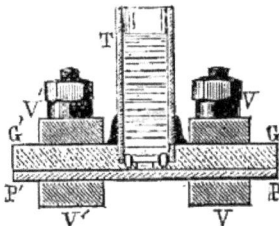

G G' lame épaisse de verre.
P P' lame moins épaisse.
O O' ouverture dans la grande lame.
T tube de verre vertical mastiqué au-dessus
    de l'ouverture O O'.

Fig. 13.

A défaut de règles et de vis, lorsqu'on veut appliquer le mastic
sur les bords, avec la certitude qu'il n'y ait pas de fuite, du moins
pendant quelque temps, on introduit les bords latéraux dans

deux petites gouttières en bois remplies de mastic le plus chaud possible.

La figure ci-jointe n° 14 indique une autre disposition d'appareil qui réunit les conditions nécessaires pour assurer le succès des expériences faites en vue d'arriver à des moyens de mesure.

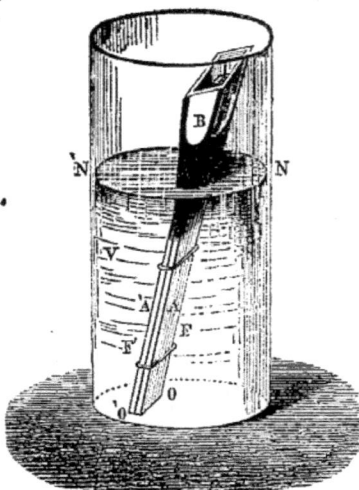

AA' deux lames de verre superposées placées verticalement.

B petite caisse en verre formée de lames, mastiquée sur les bords, destinée à recevoir la dissolution qui doit s'écouler entre les lames, laquelle dissolution ne peut sortir que par l'ouverture inférieure OO'.

V vase qui contient la dissolution de monosulfure de sodium, dans laquelle plongent les lames AA'.

OO' ouverture inférieure de l'espace capillaire compris entre les deux lames et où s'opère, au contact des deux dissolutions, le dégagement d'électricité auquel sont dus les effets électro-capillaires.

FF ligature faite avec un fil pour diminuer l'ouverture OO', quand on la juge encore trop large.

NN niveau de la dissolution de monosulfure de sodium.

Fig. 14.

Si l'on craint encore que les deux surfaces en contact ne soient pas parfaitement planes, on peut faire disparaître cet inconvénient en interposant entre les deux lames de verre une bande de papier à filtrer qui, imbibée de la dissolution introduite, la retient par la capillarité, s'oppose à son écoulement et diminue l'espace capillaire.

En opérant avec des plaques de quartz pour prouver que l'alcali du verre n'intervient en rien dans le phénomène de réduction, les effets ont été les mêmes.

On a construit encore divers appareils d'après les principes suivants :

1° Un tube non fêlé fermé par l'extrémité inférieure avec du papier parchemin et rempli à moitié de sable quartzeux ;

2° Un diaphragme de porcelaine dégourdie de grès.

Dans les tubes fêlés, les effets de réduction sont plus difficiles à obtenir avec les dissolutions de zinc de fer qu'avec celles de cuivre et d'argent en raison de leur oxydabilité. Il faut employer alors le même appareil que celui qui sert à la réduction du platine et dont il sera question plus loin.

Les effets de réductions dans les espaces capillaires n'ayant lieu qu'autant que ces espaces ont des dimensions convenables, on ne saurait donc prendre trop de précautions pour s'assurer que les conditions sont remplies. On emploie le moyen suivant qui ne donne toutefois qu'une limite, atttendu que toutes les dissolutions ne jouissent pas au même degré de la faculté de s'introduire dans les fissures. Ce moyen consiste à se servir de tubes fêlés pour opérer la réduction du cuivre en employant le nitrate et le monosulfure de sodium ; aussitôt que l'on s'aperçoit que la réduction se manifeste, on cesse l'expérience, on enlève le cuivre avec de l'acide nitrique et on réserve le tube pour d'autres expériences.

Avec l'appareil à plaques superposées, on obtient facilement la réduction de l'or, du cuivre, du plomb, du cobalt, du nickel. Il faut arrêter à temps l'expérience, sans quoi la dissolution de monosulfure s'introduirait dans l'intervalle des plaques par suite de leur écartement et sulfurerait le métal réduit.

Le métal réduit se présente alors sous forme de dendrites du plus curieux effet, dont la figure ci-jointe offre la représentation.

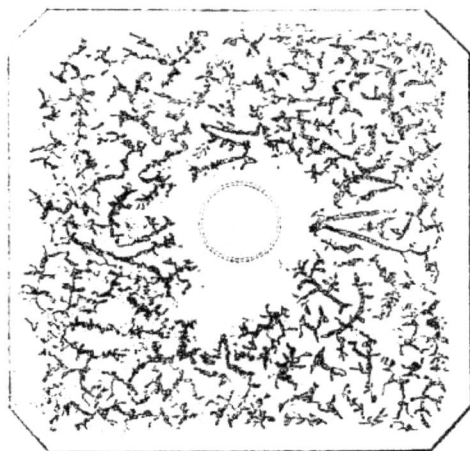

Fig. 15.

Cet appareil a l'avantage de permettre de pouvoir opérer dans des espaces capillaires plus ou moins étroits, suivant que les pressions sont plus ou moins grandes. Les tubes fêlés, quand les fissures ont une étendue convenable, sont de beaucoup préférables aux plaques jointives, qui n'ont jamais dans toute leur étendue une ouverture aussi régulière et aussi étroite que les fissures.

On a cherché, par la méthode décrite antérieurement page 128, la limite maximum et minimum de grandeur capillaire où la réduction métallique pouvait s'opérer; avec un tube effilé à la lampe on a trouvé qu'avec un diamètre de $0^{mm}06$ la réduction métallique avait lieu.

En employant l'appareil à lames superposées et une dissolution d'or, on a eu pour limite inférieure cent soixante et un millionièmes de millimètre; la réduction de l'or consistait en anneaux colorés qui ont servi à déterminer l'épaisseur de la couche réduite.

§ II. — *De la séparation des métaux dans les appareils électro-capillaires.*

En soumettant à l'action d'un courant provenant d'une pile à sulfate de cuivre, composée de dix éléments, une dissolution dans l'eau distillée d'une partie atomique de nitrate d'argent et successivement de deux, quatre, huit, seize, trente-deux, soixante-quatre parties de nitrate de cuivre, le nitrate d'argent commence à être décomposé d'abord seul, et le cuivre ne commence à paraître que lorsqu'il se trouve dans la dissolution un peu plus de soixante-quatre parties, équivalents de nitrate de cuivre, pour un équivalent de nitrate d'argent. En augmentant la proportion de nitrate de cuivre, on finit par arriver à un dépôt contenant à peu près des équivalents égaux d'argent et de cuivre; dans ce cas, le courant a dû se partager en deux parties parfaitement égales, attendu que les équivalents des corps, étant associés à des quantités égales d'électricité, ne peuvent être séparés que par des courants égaux en intensité.

Dans les actions électro-capillaires où les métaux sont obtenus à l'état métallique, il doit se produire des effets semblables, avec des modifications provenant, probablement, de la différence entre l'action exercée par le courant, eu égard aux quantités relatives des deux sels métalliques, qui se trouvent dans la dissolution.

Voici les résultats obtenus dans plusieurs expériences.

On a pris 20 centimètres cubes d'une dissolution saturée de nitrate de cuivre, dans laquelle on a versé deux gouttes d'une dissolution également saturée de nitrate d'argent, pouvant représenter 0gr01 , que l'on introduit dans un vase fêlé. Ce vase a été mis dans une dissolution de monosulfure de sodium, marquant 10° à l'aéromètre; la réduction de l'argent n'a pas tardé à se montrer sur la paroi intérieure du vase fêlé, voisine de la fissure et qui est l'électrode négative. On a pu retirer ainsi la plus grande partie de l'argent contenu dans la dissolution, qui ne contenait plus ensuite aucune trace bien sensible de ce métal. Mais, désirant préciser plus exactement les proportions de nitrate d'argent, nous avons fait l'expérience suivante :

On a pris 10 grammes de nitrate de cuivre que l'on a dissous dans une quantité d'eau suffisante pour que la solution soit saturée; on y a ajouté 1 centigramme de nitrate d'argent; les deux sels s'y trouvaient donc dans la proportion de 1000 : 1. La dissolution ne contenait donc que 1 millième d'argent, et comme 1 centigramme de nitrate de ce métal n'en contient que 0millig.68, il a été difficile de recueillir cette quantité minime qui est adhérente en partie à la paroi de la fissure.

La dissolution d'or et de cuivre se comporte comme celle d'argent et de cuivre.

Voici quelques indications sur la largeur moyenne des espaces capillaires avec laquelle on obtient la réduction des métaux d'après la méthode rapportée plus haut. La réduction du cuivre a lieu dans un vase fêlé dont la fissure a 0mm006; celles de l'or et de l'argent dans des vases fêlés dont la largeur des fissures est beaucoup moindre.

Dans la disposition d'appareils à larges surfaces alors que les plaques entre lesquelles existe une couche d'une dissolution métallique sont plongées au milieu d'un vase plein d'un monosulfure alcalin, si, au lieu de la dissolution intérieure de cuivre, on met un mélange de nitrate de cuivre et de nitrate d'argent, on voit des dendrites se déposer et former des arborisations comme le représente la figure 15 de la page 193, et avec cette particularité que la séparation des métaux s'est effectuée et que des arborisations de cuivre et d'autres d'argent occupent des parties séparées.

On peut expliquer cet effet par un dépôt successif dû à ce que, dans la lame mince liquide, qui ne se renouvelle que très-lentement entre les lames, le courant électrique se porte d'abord sur le sel qui conduit le mieux l'électricité, sur le nitrate d'argent, le décompose; puis, comme, par ce fait, la dissolution contient relativement plus de cuivre et moins d'argent, la masse de ce premier sel l'emporte par rapport à celle du second; par conséquent, le cuivre commence à se précipiter. De là deux effets successifs, qui peuvent se renouveler ensuite, quand, par l'action capillaire, une nouvelle lame liquide contenant les deux sels métalliques mélangés vient remplacer celle dont les métaux sont précipités.

On a soumis à l'expérience une dissolution de protochlorure de fer que l'on croyait pur; vingt-quatre heures après, on s'aperçut que les bords des lames, dans l'espace capillaire, étaient recouverts de dendrites de cuivre métallique et, plus avant, dans l'intérieur, de pellicules de fer métallique; les deux métaux avaient donc été séparés de la dissolution par l'action électro-capillaire. Ce fait nous a engagé à soumettre à l'expérience un mélange d'une dissolution de chlorure de fer, d'une de cuivre et d'une autre de chlorure de plomb; on a obtenu successivement la réduction séparée de chacun de ces métaux ; il s'était donc produit un véritable départ.

En opérant également avec l'appareil à deux plaques de verre superposées, entre lesquelles se trouve une bande de papier à filtrer imbibée d'une solution de persulfate de fer très-concentrée, ne contenant que quelques millièmes de cuivre, et plongeant dans une solution de monosulfure alcalin, il s'est formé peu à peu sur le papier du sulfure noir de fer; puis, l'on a vu apparaître sur le sulfure, du cuivre métallique, en couches excessivement minces, et même quelquefois des petits cristaux de ce métal. Il en a été de même en substituant de l'asbeste au papier.

On voit par là que, si la chimie donne les moyens de séparer les métaux les uns des autres d'une dissolution, soit à l'état d'oxyde, de sulfure, etc., et d'y reconnaître quelquefois leur présence à l'aide de certaines réactions, l'électro-capillarité permet également de séparer les métaux les uns des autres à l'état métallique. On ne peut conserver, du moins ceux qui sont altérables, qu'autant que les lames de verre entre lesquelles a eu lieu la réduction, sans avoir été séparées, ont été lavées à l'eau acidulée, puis à l'eau ordinaire, pour enlever tout le monosulfure alcalin.

§ III. — *Des effets produits avec divers diaphragmes.*

Les diaphragmes dont nous avons fait usage indépendamment des tubes fêlés et des diaphragmes poreux sont : le papier parcheminé, le verre et le quartz broyés en partie très-ténues ainsi que le sable et le plâtre gâché avec du sable fin ou du quartz pilé, introduit dans des tubes fermés avec un morceau de toile fixé avec un fil sur la paroi extérieure, et formant des colonnes de 4 à 5 centimètres de hauteur.

On a obtenu les résultats suivants avec diverses dissolutions métalliques placées dans le tube, et la dissolution de monosulfure de sodium dans l'éprouvette, en faisant remarquer, toutefois, qu'une première condition à remplir est que le sable soit assez fin et que la hauteur de la colonne soit suffisante pour que le mélange des deux dissolutions soit très-lent à s'effectuer.

En donnant une hauteur suffisante à la colonne de sable, on opère dans de très-bonnes conditions et on a l'avantage surtout, quand la dissolution métallique contient plusieurs métaux, de voir une séparation assez nette entre les différents métaux réduits, leurs dissolutions ne jouissant pas toutes également au même degré de la conductibilité électrique, c'est-à-dire de la faculté d'être décomposées, dans ces appareils, puisqu'elle dépend de l'affinité de chaque métal pour le même acide et des quantités de sel en dissolution.

La plupart des métaux sont réduits de leurs dissolutions avec l'appareil à colonne de sable et la dissolution de monosulfure de sodium. Le cuivre est réduit d'une dissolution de nitrate, sous forme de dendrites, dans toute la hauteur de la colonne de sable, lors même qu'elle a 5 centimètres de hauteur; il en est de même de l'or, de l'argent, du cobalt, du nickel, etc.

Une dissolution à parties égales de nitrate de cuivre et de nitrate d'argent donne d'abord de l'argent en dendrites ou en plaques; le cuivre vient ensuite, mais longtemps après.

Avec le plâtre gâché on obtient la réduction du platine, du cobalt et des indices de réduction du chrome.

La nature des parois des intervalles capillaires ne paraît exercer aucune influence sur le phénomène de la réduction métallique; car, en opérant avec des lames de verre jointives, si l'on interpose entre elles une feuille de papier ou si l'on applique sur l'une d'elles une couche très-mince de vernis, le métal se dispose soit sur la feuille de papier, soit sur la couche de vernis. Mais on ne peut pas dire d'une manière absolue que la nature des parois n'intervient pas, attendu que l'affinité capillaire résultant de l'attraction moléculaire peut être modifiée par la nature du diaphragme. En employant pour diaphragme de l'argile ou du kaolin dont on remplit le tube sur une hauteur de 1 ou 2 centimètres et que l'on retient avec de la toile fixée avec du fil ciré enroulé sur le tube, on obtient des effets semblables aux précédents.

Si, au lieu d'opérer avec un tube fêlé, on prend un tube non fêlé, fermé parfaitement avec du papier parchemin, on obtient des effets remarquables, en employant les mêmes dissolutions, c'est-à-dire une dissolution de nitrate de cuivre et une de monosulfure dans l'éprouvette. La face de la cloison en contact avec la dissolution métallique est l'électrode négative du couple électro-capillaire, l'autre l'électrode positive ; la face négative se recouvre peu à peu de cuivre métallique en très-petits cristaux formant une couche poreuse qui augmente peu à peu d'épaisseur, et cette cloison finit par remplacer la cloison de papier parcheminé qui est changée en sulfure de cuivre. Il se forme ainsi une plaque qui a de la ressemblance avec celles que l'on obtient par la galvanoplastie. Lorsque la plaque de cuivre a une certaine épaisseur, les nombreux pores résultant de cristaux groupés à côté les uns des autres remplacent les espaces capillaires de la fêlure du verre.

§ IV. — *Réduction métallique, quand la dissolution de monosulfure et la dissolution métallique sont séparées par un troisième liquide.*

On a vu précédemment que lorsque les deux dissolutions avaient été mises en contact dans les espaces capillaires, où elles réagissent chimiquement l'une sur l'autre, il y a alors production d'électricité et recomposition des deux électricités par l'intermédiaire des parois des espaces capillaires recouverts d'une couche liquide, par suite de l'attraction capillaire ; cette couche agit alors comme un corps conducteur solide, d'où résulte un courant électrique. Voyons ce qui arrive quand ces dissolutions sont séparées par un autre liquide.

On introduit dans un vase contenant de l'eau acidulée par l'acide sulfurique au $\frac{1}{20}$ deux vases fêlés, renfermant, l'un, une dissolution de monosulfure, l'autre une dissolution saturée de sulfate ou de nitrate de cuivre. Dans chacune de ces dissolutions, se trouve une lame de platine communiquant ensemble au moyen d'un fil de même métal, et avec un galvanomètre. On observe aussitôt un courant qui est la résultante des effets électriques produits dans la réaction de l'eau acidulée sur chacune des deux dissolutions : la direction de ce courant indique que la lame plongeant dans la dissolution métallique est le pôle négatif, l'autre le pôle positif, courant qui est le même, à l'intensité près, que si les deux courants étaient immédiatement en contact; la première se recouvre de cuivre métallique, et il ne se dépose aucune trace de ce métal dans la fissure où se trouve la dissolution métallique. Dans ce cas, les fissures, du moins les liquides qui s'y trouvent, se comportent uniquement comme corps conducteurs, fait que nous avons déjà mis en évidence, et qui démontre que le fil métallique est meilleur conducteur que la fissure remplie de liquide, agissant alors comme conducteur solide; en substituant à l'eau acidulée une dissolution de potasse caustique, de sel marin, etc., les effets sont les mêmes, à l'intensité près, à cause de la conductibilité du liquide intermédiaire. On voit donc qu'un liquide intermédiaire entre la dissolution métallique n'empêche pas les effets électro-chimiques de se produire. Cela tient à ce que les deux courants étant égaux et dirigés en sens contraire, la paroi de la fêlure où se déposait le cuivre devenant un pôle positif, le cuivre est enlevé aussitôt qu'il est déposé.

Ces effets sont faciles à vérifier avec les appareils à tubes tamponnés, dont les résultats sont plus certains qu'avec les vases fêlés, qui ne sont pas toujours dans des conditions convenables; leur étude est utile surtout en vue des recherches relatives aux effets électro-capillaires qui ont lieu dans l'intérieur des corps organisés.

Lorsque deux liquides différents, par exemple, circulent dans deux vaisseaux ou tissus voisins, séparés par un autre liquide, les deux premiers en relation avec un conduit capillaire, dont les parois se comportent comme des corps solides conducteurs, il doit se produire des effets semblables à ceux dont il vient d'être question et qui sont continus, quand l'un des deux liquides est oxydable et l'autre réductible.

Avec les appareils à tubes tamponnés on décompose l'eau acidulée, mais les deux gaz ne peuvent être recueillis dans le même vase comme cela a lieu dans la pile à gaz oxygène; on obtient du gaz oxygène et du gaz nitreux.

Veut-on avoir de l'hydrogène, il faut opérer avec l'appareil à deux tubes tamponnés, traversés par un fil de platine, dont les deux bouts plongent, chacun, dans un des liquides; dans l'un des tubes, on met une dissolution de monosulfure de sodium, dans l'autre de l'eau acidulée par l'acide sulfurique; on prend pour liquide intermédiaire de l'acide nitrique, étendu de moitié de son volume d'eau; il se dégage abondamment du gaz hydrogène sur le bout de fil de platine qui se trouve dans l'eau acidulée, gaz que l'on peut recueillir, mais, particulièrement, dans le vase intermédiaire où se trouve l'acide nitrique contenant moitié de son volume d'eau. Quand l'acide nitrique est concentré, l'hydrogène désoxyde l'acide nitrique.

On conçoit tout le parti que l'on peut tirer de l'appareil à tubes tamponnés pour l'étude des phénomènes chimiques 'dus aux actions électro-capillaires; car on a un moyen très-simple de désoxyder, ou du moins de faire passer à un état d'oxydation moindre une dissolution qui est réductible, et cela avec des appareils simples.

On doit attacher un certain intérêt aux effets obtenus avec l'appareil à tubes tamponnés, composé de deux tubes fermés par le bas, avec des tampons de papier bien serrés, attendu que les effets résultent, d'une part, de l'électricité dégagée dans des espaces capillaires, de l'autre, du courant électrique dû à la recomposition des deux électricités le long du fil de platine et autre corps conducteur solide qui traverse le diaphragme, et dont les bouts débouchent dans les deux dissolutions. Ce conducteur remplace évidemment les parois des espaces capillaires des vases ou tubes fêlés, dont on a démontré la conductibilité électrique, quand ces parois sont mouillées.

Au lieu de tamponner ces tubes avec du papier à filtrer, on peut le faire avec un bouchon de liége, préalablement imbibé d'eau; l'action électro-chimique est à la vérité plus lente, mais aussi elle est plus régulière.

Avec l'appareil à deux tubes tamponnés, et en prenant l'ammoniaque pour liquide intermédiaire, on a la réduction immédiate du cuivre.

§ V. — *Théorie des réductions métalliques dans les espaces capillaires.*

Une expérience très-simple montre l'influence qu'exercent les membranes ou autres espaces capillaires sur la réduction métallique, dans les expériences précédentes; on verse lentement une dissolution de nitrate de cuivre dans une éprouvette de verre, puis au-dessus une dissolution de monosulfure de sodium ayant une densité moindre; il se forme aussitôt au contact des deux dissolutions un précipité de sulfure de cuivre qui établit une séparation nette entre les dissolutions. On n'observe jamais de cuivre à l'état métallique sur la surface en contact avec la dissolution métallique, comme dans les expériences précédentes, où les deux dissolutions sont séparées par un espace capillaire ou une membrane; cet espace est donc indispensable à la réduction métallique ainsi que ses parois. On a vu précédemment que toutes les dissolutions ne traversaient pas également bien les mêmes espaces capillaires et que cette propriété variait avec leur étendue, la nature de la dissolution et son degré de concentration; ce sont là des considérations auxquelles il faut avoir égard dans l'explication que l'on va donner des phénomènes de réduction métallique dans les espaces capillaires.

Cette propriété n'a aucun rapport avec celle découverte par Graham, d'après laquelle les colloïdes sont arrêtés par le papier parcheminé, tandis que les dissolutions de cristalloïdes le franchissent plus ou moins facilement; en rapprochant les faits précédemment exposés, il est facile de montrer qu'ils sont dus aux actions combinées des affinités, de l'attraction moléculaire exercée par les parois des espaces capillaires sur les liquides ambiants et de l'électricité, résultant des réactions chimiques, trois causes concomitantes et qui sont inséparables.

Les affinités chimiques ne sauraient être mises en doute ainsi que l'attraction capillaire. Quant à l'influence de l'électricité, nous sommes dans la nécessité d'entrer dans quelques détails à cet égard, attendu que son intervention, dans les phénomènes dont il s'agit, donne lieu à la production d'un grand nombre de phénomènes naturels dont on ne connaissait pas l'origine.

Lorsque deux liquides quelconques, conducteurs de l'électricité, sont en contact et réagissent chimiquement l'un sur l'autre en formant immédiatement des combinaisons, célui qui se comporte comme acide rend libre de l'électricité positive, et celui qui agit comme alcali, de l'électricité négative. Lorsque les deux dissolutions sont superposées l'une sur l'autre et séparées par une cloison à pores capillaires quelconque, et que l'on introduit dans chacune d'elles l'une des extrémités d'un fil de platine, il en résulte un couple voltaïque ; le bout qui plonge dans l'acide est le pôle négatif, l'autre, le pôle positif. Ce couple est capable d'opérer des décompositions quand la force électo-motrice a une énergie suffisante. La figure ci-jointe fera mieux comprendre les actions qui ont lieu.

Soit T un tube fermé à la partie inférieure par un tampon P de papier à filtrer mouillé ; la fermeture doit être suffisante pour que la dissolution métallique qu'on y introduit ne puisse en sortir. FF' est un fil de platine traversant le tampon ; ce tube plonge dans une dissolution de monosulfure contenu dans le bocal B. On ne tarde pas à apercevoir des cristaux de cuivre métallique recouvrir la partie du fil de platine qui se trouve en contact avec le tampon, c'est-à-dire dans la partie où s'opère le dégagement d'électricité provenant de la réaction des deux dissolutions l'une sur. l'autre. Peu à peu, le fil de platine se recouvre de cuivre, et en peu de jours son diamètre qui était de un tiers de millimètre devient dix fois plus gros.

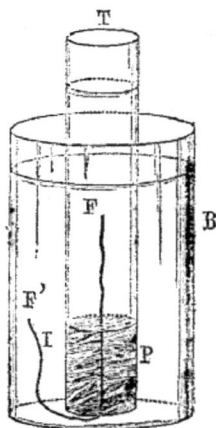

Fig. 16.

Nous rappellerons, à ce sujet, plusieurs expériences dont il a été question antérieurement et qui sont indispensables pour l'explication des effets observés :

Le couple formé d'un fil de platine, d'une dissolution de potasse et d'acide nitrique, séparées l'une de l'autre par une membrane ou une couche d'argile qui détermine une action lente entre les deux liquides, donne un courant électrique dont l'intensité est suffisante pour décomposer l'eau ; il y a dégagement de gaz oxygène sur le bout du fil qui plonge dans la potasse, et production d'hydrogène sur l'autre, lequel réagit sur l'acide, d'où résulte un dégagement de gaz nitreux. Il peut se produire dans la plupart des cas une décomposition chimique que les moyens en usage en chimie ne peuvent constater, par suite de laquelle des dépôts d'une ténuité extrême sont formés sur les bouts du fil de platine et constituent un couple voltaïque donnant lieu à un courant secondaire de sens contraire.

Prenons maintenant l'appareil précédemment décrit, celui qui est formé d'une éprouvette remplie d'une solution de monosulfure de sodium, dans laquelle plonge un tube fêlé contenant une dissolution saturée de nitrate de cuivre et communiquant avec l'autre dissolution par l'intermédiaire de la fissure; si l'on plonge dans chaque liquide un fil de platine, mis chacun en communication avec l'une des extrémités du fil formant le circuit d'un galvanomètre, l'aiguille aimantée est déviée, et le sens de la déviation indique que le bout qui plonge dans la dissolution de nitrate fournit au courant l'électricité positive, et le bout qui est dans le monosulfure, l'électricité négative. En opérant avec un fil de cuivre, l'extrémité qui plonge dans la dissolution métallique se recouvre immédiatement de cuivre, tandis que l'autre s'oxyde. Avec le fil de platine, on obtient également la réduction, mais il faut plus de temps, cela tient à ce qu'en employant le fil de cuivre, il y a deux sources d'électricité donnant lieu à deux courants dirigés dans le même sens; réaction des deux liquides l'un sur l'autre, puis celle du monosulfure sur le cuivre.

Si l'on enlève le fil de cuivre, la dissolution de nitrate de cuivre et celle de monosulfure ne sont plus séparées que par la fissure dans laquelle les deux liquides s'introduisent et où le contact s'établit. Ce contact n'est pas suivi d'une formation de sulfure de cuivre, mais bien d'un dépôt de cuivre métallique sur la paroi de la fissure en contact avec la dissolution de nitrate; donc cette paroi, recouverte, d'un côté, d'une couche de nitrate, remplace le bout de fil de cuivre, où se déposait le cuivre réduit dans l'expérience précédente, tandis que l'autre partie de la paroi remplace le fil de platine ou l'électrode positive.

Cette substitution tient peut-être à ce que la couche infiniment mince de la dissolution de nitrate qui y adhère, suivant une hypothèse que Laplace a donnée dans la théorie des phénomènes capillaires, a une densité beaucoup plus grande que celle du liquide qui n'est pas à une distance infiniment petite de la paroi du verre. Cette couche infiniment mince, en raison de sa densité, doit donc se comporter comme un corps conducteur métallique. Nous compléterons plus loin cette explication.

Les expériences de M. Ed. Becquerel[1] semblent montrer également que la conductibilité des liquides renfermés dans des tubes capillaires est plus grande que ne l'indique la section de la colonne liquide; on est donc porté à admettre, comme un fait, que l'augmentation de densité de la couche liquide, retenue à la surface du verre par attraction moléculaire, se comporte comme un corps solide conducteur pour former un circuit voltaïque composé seulement de liquide; c'est là le principe fondamental des actions électro-capillaires.

Nous croyons devoir revenir sur les effets électro-chimiques dus à des courants électro-capillaires. A l'instant du contact des deux dissolutions, la dissolution de nitrate prend un excès d'électricité positive, et la dissolution de monosulfure un excès d'électricité contraire; ces deux électricités, au lieu de suivre le fil de cuivre, éprouvent moins de résistance pour se recombiner à suivre la couche de liquide adhérant au tube par action capillaire, et qui est en contact immédiat avec la source d'électricité; il résulte de là que le courant suit les parois de la fêlure qui sont mouillées par les deux dissolutions. Or, comme, à l'instant du contact, il se forme une couche de sulfure et que la force électro-motrice est suffisante, ce sulfure de cuivre est décomposé à l'instant de sa formation; ainsi le courant électrique dépose sur la paroi négative le cuivre, tandis que le soufre et l'acide nitrique se rendent sur la paroi positive où ils réagissent sur le monosulfure en produisant du persulfure, de l'hyposulfite de soude. Toute l'énergie du couple électro-capillaire réside dans la grande intensité de la force électro-motrice produite au contact des deux dissolutions et dans la conductibilité de la couche liquide infiniment mince qui adhère à la paroi de la fêlure, laquelle conductibilité est peut-être comparable à celle des métaux; elle réside encore dans la grande proximité de ce conducteur des points de contact où s'opère le dégagement.

Il est donc bien prouvé que la réduction des métaux dans les espaces capillaires est bien due au concours simultané des affinités, de l'action capillaire et de l'électricité dégagée dans la réaction des deux dissolutions l'une sur l'autre. Ces trois causes concourent à la production des effets produits.

[1] *Annales du Conserv. des arts et métiers,* t. I, p. 733, 1861.

CHAPITRE II.

FORMATION DES AMALGAMES.

§ 1. — *Couples électro-chimiques simples servant à la formation des amalgames cristallisés.*

Les appareils employés ont été disposés comme il suit : on a pris un tube fermé par l'une de ses extrémités, au fond duquel on a introduit une substance facilement décomposable et dans un grand état de division, un composé métallique par exemple ; on y a introduit ensuite une lame de métal qui traverse cette substance, puis de l'eau distillée, ou un autre liquide réagissant faiblement sur le métal. Plusieurs actions ont dû avoir lieu : 1° réaction du liquide sur le précipité ; 2° idem sur le métal ; 3° idem, du précipité sur le métal ; 4° idem, du liquide sur le précipité. Or, dans toutes ces réactions, il y a eu production d'électricité ; les deux électricités devenues libres se sont recombinées par l'intermédiaire de la lame de métal ou de la couche liquide adhérant à la paroi du tube ou du composé ; ces courants ont agi comme forces chimiques, en transportant les parties constituantes de ces corps qu'ils présentaient à l'état naissant à d'autres composés, d'où sont résultés les différents produits.

Voyons maintenant quelles sont les substances que l'on a pu obtenir ainsi.

On a commencé par soumettre à l'expérience, à la température ordinaire, du protochlorure de mercure, une lame de cuivre et de l'eau distillée. Les effets suivants ont été produits : le protochlorure a été décomposé, le mercure s'est d'abord déposé en petits globules sur la partie de la lame de cuivre, en contact avec le protochlorure, laquelle a été amalgamée ; puis le mercure s'est déposé successivement çà et là sur la lame ; peu à peu les globules ont été transformés en petits cristaux brillants d'un blanc argentin. Il s'est formé ensuite lentement sur la partie supérieure de la lame des cristaux de protochlorure de cuivre et de protoxyde de même métal, les uns et les autres d'un aspect brillant. Après un certain nombre d'années, tout le mercure a été transformé en amalgame de cuivre parfaitement cristallisé, et les cristaux de protochlorure se sont recouverts de cristaux de protoxyde.

Les cristaux d'amalgame se présentent sous la forme de lamelles ayant l'apparence de losanges ou de rhomboèdres allongés, dans le sens de la grande diagonale; cette forme paraît identique avec celle de l'amalgame d'argent. Cette transformation s'est opérée dans un appareil fonctionnant depuis trente-sept ans. Cette cristallisation ne serait-elle pas due à ce que l'amalgame étant soluble dans le mercure, quand ce dernier a disparu très-lentement par l'effet d'une amalgamation subséquente ou de diverses réactions, la cristallisation se serait opérée alors comme celle d'un sel en dissolution, quand le dissolvant s'évapore?

On explique comme il suit les diverses réactions auxquelles sont dus les produits dont on vient de parler. Il y a d'abord eu dissolution dans l'eau d'une faible proportion de protochlorure de mercure; ce dépôt de mercure a constitué avec le cuivre un couple voltaïque; la partie supérieure de la lame a été le pôle positif, et la partie inférieure recouverte de mercure, le pôle négatif. L'action de ce couple a été assez énergique pour décomposer l'eau et le protochlorure de mercure tenu en dissolution en très-petites quantités dans ce liquide : l'oxygène en se combinant avec le cuivre au pôle positif a produit du protoxyde de cuivre qui a cristallisé en tétraèdes réguliers, en vertu d'actions lentes; l'hydrogène s'est porté au pôle négatif, où il s'est combiné avec le chlore, à l'instant où il a abandonné le mercure; de là est résulté de l'acide chlorhydrique qui s'est déposé au pôle positif, où il s'est formé du protochlorure de cuivre, lequel a cristallisé également en tétraèdres réguliers. Le protochlorure de mercure en dissolution a été décomposé çà et là sur la lame de cuivre, et il s'est formé autant de couples voltaïques qu'il y a eu de points amalgamés, ce qui explique le mélange confus des différents produits cristallisés formés et qui sont déposés sur la lame de cuivre; l'hydrogène provenant de la décomposition de l'acide chlorhydrique a désoxydé une partie de l'oxyde de cuivre formé. Ces diverses réactions ont lieu tant qu'il reste du protochlorure de mercure à décomposer; quand ce terme est atteint, tous les composés formés sont sans action les uns sur les autres, surtout quand tout le mercure a été transformé en amalgame cristallisé; dans ce cas, toute action électro-chimique cesse.

L'amalgame de plomb cristallisé a été produit de la même manière, en substituant le plomb au cuivre.

Le protochlorure de mercure a été également décomposé, et il s'est formé un amalgame de plomb qui a cristallisé avec le temps en cubes modifiés sur les angles par des facettes qui semblent être celles de l'octaèdre.

La partie supérieure de la lame de plomb s'est tapissée de lames nacrées de sous-chlorure plombique, l'appareil a fonctionné également pendant plus de trente ans. L'eau s'est échappée du tube qui était fermé avec un bouchon de liége mastiqué, par les interstices de la fermeture; tout l'amalgame s'est rassemblé au fond du tube; les cristaux d'amalgame, quoique bien caractérisés, étaient noyés pour ainsi dire dans le mercure, ou plutôt étaient entourés de petites gouttelettes de ce métal qui finiront probablement par disparaître, lorsque tout le mercure sera entré en combinaison avec le plomb comme cela a eu lieu avec l'amalgame de cuivre.

En opérant avec l'étain, pareils effets ont été obtenus : il s'est déposé sur la partie négative de la lame, non des cristaux d'amalgame d'étain, mais bien des cristaux d'étain brillants, en prismes droits rectangulaires, modifiés sur leurs arêtes verticales et quelquefois sur les arêtes latérales basiques. Il résulte de là que l'étain est attaqué non-seulement par le chlore du protochlorure de mercure, mais encore par celui du chlorure d'étain; le mercure déposé au bas de la lame forme une masse cristallisée d'amalgame d'étain.

L'amalgame d'argent cristallisé peut être obtenu dans le même appareil, mais sa production est de même excessivement lente à cause de la très-faible affinité de l'eau pour l'argent; on y parvient néanmoins assez promptement, en faisant concourir les actions électro-chimiques avec celle de la chaleur, comme on va le voir.

§ II. — *Influence de la chaleur sur la production électro-chimique*
des amalgames.

La chaleur augmente l'énergie des actions qui sont dues au concours des affinités et des forces électro-capillaires agissant comme forces chimiques. En cherchant son influence, notre but a été surtout de voir jusqu'à quel point la chaleur terrestre, à une certaine distance au-dessous de la surface du globe, influait sur les phénomènes électro-capillaires qui doivent se produire, dans les roches renfermant des fissures provenant des soulèvements qui ont ébranlé et fracturé si fréquemment la croûte solide du globe, dans les premiers temps de sa formation.

Il était facile de prévoir que la chaleur devait accélérer les actions électro-capillaires, et cela pour deux motifs : 1° elle rend les liquides meilleurs conducteurs de l'électricité, ce qui facilite d'autant plus l'action électro-chimique; elle augmente ensuite l'énergie des affinités ainsi que celle de la force électromotrice; 2° elle permet de soumettre à l'expérience des liquides qui ne sont pas assez conducteurs pour agir à la température ordinaire.

Nous sommes partis de là pour expérimenter à des températures variant de 50 à 60 degrés. D'après ces considérations on conçoit qu'en employant l'affinité, la chaleur et l'électricité, on doit obtenir les effets les plus marqués que puissent donner les actions lentes.

On a introduit, dans le tube, un mélange en proportions atomiques à peu près égales de protochlorure de mercure et de chlorure d'argent, de l'eau distillée et une lame de cuivre amalgamée par le bout inférieur qui se trouve en contact avec le mélange des deux chlorures, afin de constituer immédiatement un couple. L'appareil a été exposé pendant dix jours dans une étuve chauffée de 60 degrés, sans interruption : les effets suivants ont été produits. Au contact de la lame de cuivre et du mélange on a commencé à apercevoir de petits cristaux d'un gris argentin, qui ont augmenté peu à peu en épaisseur; dix jours après on a retiré la lame de cuivre pour enlever une partie des cristaux formés et les soumettre à l'analyse. On a trouvé, sur toute la partie de la lame en contact avec le mélange des deux chlorures, des cristaux y adhérant et formant une petite masse cristalline; dans la partie au-dessus, des cristaux de protoxyde transparents et des cristaux verts d'oxychlorure de cuivre.

Les cristaux gris métalliques sont doués de l'éclat métallique; examinés au microscope, en les éclairant directement avec une lentille, à cause de leur opacité, on a vu qu'ils formaient des agglomérations de petits cristaux à faces planes, terminés par des arêtes, mais on n'a pu distinguer leur forme. L'analyse a montré qu'ils étaient formés de mercure et d'argent dans les proportions de deux équivalents de mercure et d'un équivalent d'argent : c'est donc bien l'amalgame d'argent cristallisé qui a été formé.

Il est probable qu'en laissant les réactions s'opérer avec une très-grande lenteur, on obtiendrait avec le temps des cristaux aussi nets que ceux d'amalgame de cuivre produits dans un appareil qui a fonctionné pendant plus de trente ans. L'amalgame de cuivre présente, en commençant, des agglomérations semblables de cristaux que l'on obtient après un certain laps de temps.

Dans les appareils précédents, on a substitué le sulfure noir de mercure au protochlorure de même métal, à l'eau une dissolution concentrée de chlorure de magnésium, et l'on a introduit une lame de plomb dans l'éprouvette, de manière que l'extrémité inférieure fût en contact avec le sulfure; on a obtenu les résultats suivants : dépôt de mercure avec adhérence sur la paroi du tube, effet qui ne peut être attribué qu'à une action électro-capillaire; formations, 1° de chlorure de plomb cristallisé; 2° de sulfure de sodium; 3° de sulfure de plomb en cristaux dérivant du cube; en brisant le tube, il s'est dégagé du gaz sulhydrique et du gaz sulfureux. Voici les actions auxquelles il faut rapporter ces produits : 1° dissolution en très-faible quantité du sulfure de mercure dans la dissolution de chlorure de magnésium; 2° décomposition de ce sulfure par le plomb, dépôt de mercure sur la partie inférieure de la lame de plomb qui est devenue le pôle négatif, le bout supérieur de la lame étant le pôle positif du couple, qui s'est recouvert de sulfure de plomb lequel a cristallisé; l'autre bout du plomb étant le pôle négatif et se trouvant en contact avec le verre, ce dernier s'est recouvert de mercure et s'est comporté comme pôle négatif : il y a eu non pas un double couple, mais bien une extension du premier qui a concouru également aux réactions dont on vient de parler.

Nous ferons remarquer que, dans ces diverses réactions, l'eau est décomposée, comme elle l'est, en général, dans toutes les actions électro-chimiques lentes, l'oxygène et l'hydrogène naissants agissent sur le soufre pour produire d'un côté de l'acide sulfureux et de l'autre de l'acide sulfhydrique qu'on retrouve dans le tube en l'ouvrant.

Les appareils disposés pour former les amalgames de cuivre et de plomb et placés dans une étuve chauffée à 60° environ, ont donné également des amalgames cristallisés sous un plus petit volume, à la vérité, que les cristaux obtenus après un certain laps de temps.

Les expériences entreprises, à l'aide de la chaleur, pour obtenir cristallisés les amalgames d'étain et de zinc ont donné les mêmes résultats qu'à la température ordinaire. En effet, l'étain a décomposé le protochlorure de mercure, et le mercure réduit à l'état métallique s'est déposé au fond du tube et a rendu négatif l'étain en contact avec le protochlorure de mercure ; le chlore s'est combiné alors avec la partie de la lame d'étain, non en contact avec le mercure et qui était le pôle positif du couple, et il en est résulté du chlorure d'étain qui s'est dissous. L'intensité du courant a eu assez de force pour décomposer le chlorure d'étain et former des cristaux brillants en prismes droits rectangulaires modifiés sur leurs arêtes latérales basiques. Le chlore du chlorure s'est transporté de nouveau au pôle positif pour former du chlorure : il résulte de là que l'étain est attaqué non-seulement par le chlore du protochlorure de mercure, mais encore par celui du chlorure d'étain formé. Il arrivera un moment où il n'existera dans l'appareil que de l'étain et du mercure. Ce mercure pourra peut-être, avec le temps, former un amalgame avec l'étain ; que deviendra l'acide chlorhydrique ? Il réagira de nouveau sur l'étain. Cet état de choses subsistera jusqu'à ce que tout l'étain soit changé en chlorure.

Le zinc a donné des produits analogues.

§ 3. — *Effets produits en substituant une dissolution métallique à l'eau.*

En substituant dans les expériences précédentes une dissolulution saline à l'eau distillée, les effets deviennent plus complexes et néanmoins la théorie électro-chimique en rend compte facilement. Pour le prouver on a disposé un appareil avec une lame d'argent, du protochlorure de mercure et une dissolution de nitrate de cuivre, qu'on a exposé pendant huit jours à une température d'environ 60 degrés. Voici les effets produits : un certain nombre de cristaux assez bien distincts, mais tellement mêlés les uns avec les autres, qu'il n'a pas été possible de les séparer pour en faire isolément l'analyse qualitative ; néanmoins on a pu déterminer les formes et les principes constituants de tous ces cristaux ; on a observé :

1° Des tables octogonales transparentes qui paraissent appartenir au nitrate d'argent, lequel a cristallisé dans le système de prismes droits à base rectangle ;

2° Des faces brillantes octogonales plus petites que les précédentes ; sur quelques-unes on aperçoit des cristaux qui sont à base carrée, modifiés sur les arêtes verticales; système dans lequel cristallise le protochlorure de mercure; les essais chimiques ont indiqué la présence de ce sel dans l'amas de cristaux dont il est question;

3° Des cristaux verts transparents paraissant appartenir au système de prisme droit à base rectangle. Ces cristaux n'éprouvent aucune décomposition à l'air et paraissent appartenir au cuivre oxychloruré, anciennement connu en minéralogie sous le nom de cuivre muriaté du Pérou, qui cristallise dans ce système;

4° Des cristaux bleus, sur lesquels on distingue, au sommet des prismes, des faces hexagonales, tronquées aux points de rencontre des arêtes : cette forme convient au nitrate basique de cuivre.

On voit donc, en résumé, que, dans le contact du protochlorure de mercure, du nitrate de cuivre et d'une lame d'argent, il s'est formé, suivant toutes les apparences, des cristaux de nitrate d'argent, de protochlorure de mercure, d'oxychlorure de cuivre, de nitrate basique de cuivre; ces derniers cristaux n'éprouvent aucune altération à l'air.

Voici les réactions chimiques et électro-chimiques en vertu desquelles ces produits ont pu être formés : Le nitrate de cuivre a dû dissoudre une petite quantité de protochlorure de mercure, et le bout de la lame d'argent a dû se recouvrir de mercure et former un amalgame d'argent en cristaux indéterminables. Il s'est formé aussitôt un couple voltaïque, dans lequel la partie supérieure de la lame étant le pôle positif a dû réagir sur le nitrate de cuivre; il s'est formé alors du nitrate d'argent qui a cristallisé, et le nitrate de cuivre, ayant perdu une portion de son acide, a dû se changer en sous-nitrate. Une portion de l'oxyde de cuivre du nitrate qui avait perdu son acide s'est déposée au pôle négatif, puis s'est combinée avec le chlore du protochlorure de mercure, à l'instant de l'amalgamation. L'eau a dû être décomposée comme dans les appareils électro-chimiques, fonctionnant lentement. Ses éléments ont dû intervenir dans toutes les réactions dont on vient de parler.

Voici d'autres exemples des effets obtenus, en substituant à l'eau diverses dissolutions.

Appareil formé de bi-iodure de mercure, d'une solution de chlorure de magnésium et d'une lame de cuivre, puis exposé pendant plusieurs jours à une température de 60°. La lame s'est recouverte de petits cristaux appartenant peut-être au système des prismes droits à base rhombe. Ils contiennent du cuivre, du mercure et de l'iode.

Ces cristaux paraissent partout de même nature; on est porté à croire qu'ils appartiennent à un double iodure de mercure et de cuivre; il paraîtrait que le chlorure de magnésium a servi de dissolvant. Le bout inférieur de la lame, s'étant amalgamé, est devenu le pôle négatif, et le bout supérieur, le pôle positif du couple.

Dans un autre appareil, on a substitué l'eau à la dissolution de chlorure de magnésium. La lame s'est recouverte de cristaux présentant les mêmes apparences que les précédents, mais beaucoup trop petits pour que l'analyse en fût faite. On doit conclure de là que l'eau, comme le chlorure de magnésium, a servi seulement de dissolvant.

Appareil avec l'oxyde de mercure, le chlorure de magnésium et une lame de plomb, fonctionnant à une température de 50 à 60°. Il s'est déposé sur la lame de plomb, dans la partie supérieure, des cristaux de chlorure de plomb; ce sont des prismes à base rhombe, système dans lequel cristallise ce sel. Ils possèdent en outre l'éclat presque adamantin, qui lui est propre; au bas de la lame il s'est déposé de grandes aiguilles jaunâtres transparentes. Les formes que l'on a observées paraissent appartenir au prisme oblique à base rhombe. Ces cristaux semblent se rapporter au double chlorure de plomb et de magnésium, et la partie amalgamée paraît formée de mercure réduit et de protoxyde du même métal. Le mode de formation est donc le même que celui des composés précédents.

Appareil composé d'oxyde rouge de mercure, d'une lame de cuivre et d'eau, et exposé à une température de 60° pendant huit jours. L'oxyde de mercure a été décomposé sur la partie inférieure de la lame, où il s'est déposé des gouttelettes de mercure; il s'est formé de l'oxyde jaune de mercure, et la partie de la lame qui plongeait dans l'eau s'est recouverte de petits cristaux de protoxyde.

Appareil composé d'oxyde de mercure, de chlorure de magnésium, d'une lame de plomb, et exposé pendant huit jours à une température de 60°. Dans le haut de la lame, il s'est déposé des cristaux de chlorure de plomb qui appartiennent au prisme droit à base rhombe ; ils possèdent l'éclat adamantin qui caractérise ce dernier corps. Dans le bas de la lame se sont disposées de grandes aiguilles jaunâtres qui paraissent appartenir au système du prisme oblique à base rhombe. Les cristaux contiennent du plomb, du chlore et du magnésium ; c'est donc un double chlorure. La masse d'oxyde de mercure a été fortement altérée. Il y a eu du mercure réduit à l'état métallique. Il s'est formé en outre du protochlorure de mercure amorphe.

§ 4. — *De la formation des amalgames dans les tubes fêlés, et d'autres produits.*

La production des amalgames s'opère également dans les appareils à tubes fêlés en introduisant dans ces tubes un mélange d'une dissolution de nitrate d'argent et d'une autre de nitrate de mercure en proportions atomiques égales. Le tube a été placé, comme à l'ordinaire, dans une dissolution de monosulfure de sodium. On n'a pas tardé à apercevoir sur la partie de la paroi de la fêlure, située du côté du mélange des deux sels, des dépôts cristallins d'un blanc mat, ressemblant à l'amalgame d'argent. L'essai chimique a prouvé que c'était bien là le composé formé.

En opérant à la température de 60 degrés, la réduction des deux métaux a été rapide ; au bout de huit jours toute la fêlure et la partie intérieure du tube étaient recouvertes d'arborisations d'amalgame d'argent de cinq millimètres de largeur. L'analyse quantitative n'a pu être faite qu'avec l'amalgame préparé par le procédé décrit dans le premier chapitre.

Les stalactites, vues au microscope, paraissent formées d'agglomérations de petits cristaux, sur lesquels on distingue des faces rectangulaires, indiquant qu'ils appartiennent au système régulier.

Et l'on a trouvé comme composition :

Mercure	0,081
Argent	0,082
Perte	0,163

Ou pour cent :

Mercure	49
Argent	50
Perte	1
	100

Cette analyse s'accorde sensiblement avec la composition de l'amalgame à équivalents égaux, et par suite avec la composition de la dissolution des deux nitrates, qui étaient à équivalents égaux; mais on se demande pourquoi, dans l'expérience faite avec l'appareil simple, où se trouvaient les deux chlorures, on a obtenu l'amalgame à deux équivalents de mercure contre un d'argent, qui est la composition de l'amalgame d'argent naturel. Cette différence entre les deux résultats peut s'expliquer comme il suit : des équivalents égaux de nitrate de mercure et de nitrate d'argent contiennent des équivalents égaux de mercure et d'argent, tandis que, dans le cas du chlorure d'argent et du proto-chlorure de mercure, il y a dans un équivalent du premier de ces chlorures un équivalent d'argent, lorsque le second contient deux équivalents de mercure. Ce résultat prouve que le courant, par suite de l'affinité des deux bases l'une pour l'autre, dans le rapport indiqué, a séparé facilement le chlore avec lequel elles étaient combinées.

L'amalgame de cuivre a été formé dans un appareil semblable : on a opéré avec un mélange à peu près en parties atomiques égales de nitrate de cuivre et de nitrate de mercure; il s'est d'abord déposé çà et là du cuivre, dans la fissure, mais peu à peu l'amalgame de cuivre d'un blanc mat grisâtre s'est formé du côté de la dissolution, et d'un blanc argentin dans la partie en contact avec le tube. Il est plus probable que le léger dépôt de cuivre provenait d'un excès de nitrate de cuivre dans le mélange; l'amalgame n'a donc commencé à se former que lorsque les deux sels ont été dans des proportions définies.

CHAPITRE III.

DES ACTIONS CHIMIQUES AUTRES QUE LES RÉDUCTIONS MÉTALLIQUES PRODUITES DANS LES ESPACES CAPILLAIRES.

§ 1. — Préliminaires.

Les cloisons capillaires placées entre deux liquides donnent lieu à des effets chimiques, à des effets de diffusion, d'endosmose, ainsi qu'à des courants électro-capillaires qui sont autant de causes pouvant provoquer des actions chimiques, quand leur intensité est suffisante.

Les courants électro-capillaires interviennent seuls dans la réduction des métaux de leurs dissolutions, comme on l'a vu dans le premier chapitre. Il n'en est plus de même de la production des oxydes et de leurs combinaisons, car toutes les causes dont on vient de parler n'y concourent pas également.

Notre confrère, M. Frémy[1], a fait connaître à l'Académie un mode général de cristallisation des composés insolubles, en séparant par un diaphragme plus ou moins épais et poreux deux solutions donnant lieu à ces composés, et qui retardait la précipitation. Dans beaucoup de cas, la cristallisation peut s'effectuer, lorsqu'il ne s'agit surtout que d'opérer très-lentement des doubles décompositions; c'est ainsi qu'il a pu obtenir cristallisés les sulfates de baryte et de strontiane, les carbonates de baryte et de plomb, et la silice hydratée cristallisée.

Tels sont les effets généraux résultant de doubles décompositions produites lentement quand deux dissolutions sont séparées par une cloison capillaire. Mais, du moment où les deux liquides en présence donnent lieu à un dégagement d'électricité, cet agent peut intervenir, suivant l'intensité de la force électro-motrice développée, et former des produits dus à ces causes réunies, doubles décompositions et décompositions électro-chimiques qui peuvent prendre naissance; ces produits apparaissent alors sur les faces des cloisons séparatrices, les unes remplissant les fonctions d'électrodes positives, les autres d'électrodes négatives, comme nous l'avons déjà dit précédemment.

Si cette force électro-motrice est considérable, comme avec les monosulfures alcalins et les sels métalliques, des réductions métalliques se manifestent, ainsi qu'on l'a déjà dit : sans l'intervention de cette force ces effets seraient inexplicables; si elle est plus faible, des oxydes et d'autres produits apparaissent.

§ II. — *Oxydes métalliques et terreux.*

On a vu, dans le chapitre précédent, que, pour réduire les métaux de leurs dissolutions respectives, au moyen des forces électro-capillaires, il suffisait d'introduire dans un tube fêlé fermé à la lampe, par le bout inférieur, une dissolution métallique, et d'introduire ce tube dans une éprouvette contenant une dissolu-

[1] *Comptes rendus des séances de l'Académie des sciences*, t. XVIII, p. 714.

tion de monosulfure de sodium, pour apercevoir sur la paroi intérieure du tube du cuivre réduit.

En substituant à la dissolution de monosulfure une autre de potasse caustique, la réduction n'a lieu qu'à l'égard des dissolutions d'or et d'argent et encore est-elle très-lente. Cette différence dans les effets de réduction tient à celle entre les forces électromotrices qui agissent avec d'autant plus d'énergie, comme forces chimiques, qu'elles ont plus d'intensité. M. Ed. Becquerel [1] a trouvé pour les forces électro-motrices de deux couples qui ont des rapports avec les précédents, celle du couple de Grove à acide azotique étant 100 :

	Forces électro-motrices.
Persulfure de potassium. . . . ⎫ Acide azotique. . . . . ⎬ 72,50 Lames de platine. . . . . . ⎭	
Dissolution de potasse. . . . . ⎫ Acide azotique. . . . . ⎬ 55,50 Lames de platine. . . . . . ⎭	

Ces rapports indiquent une assez grande différence entre les forces électro-motrices produites au contact du persulfure de potassium et de la potasse avec l'acide nitrique ; il en est de même du monosulfure de sodium et de la soude caustique à l'égard de l'acide nitrique.

Si, au lieu d'employer un tube fêlé, on prend un tube fermé par le bout inférieur avec du papier parchemin ou autre tissu capillaire, on obtient également la réduction métallique sur la face du papier en contact avec la dissolution métallique, comme on l'a déjà vu.

En opérant, non plus avec une dissolution de monosulfure alcalin, mais bien avec une dissolution de silicate ou d'aluminate alcalin et des dissolutions métalliques ou salines, les forces électro-motrices étant moindres qu'avec le monosulfure, on n'obtient plus de réductions métalliques, mais bien des oxydes hydratés et cristallisés et des combinaisons d'oxydes ; c'est ainsi qu'il y a un certain nombre d'années, nous avons obtenu les protoxydes, deutoxydes et peroxydes dans des appareils simples, dont l'intensité

---

[1] *Annales de chimie et de physique*, 3e série, t. XLVIII, p. 200. 1856.

du courant allait en diminuant avec le temps. Les nouveaux résultats que nous avons obtenus et que nous allons faire connaître ne laisseront aucun doute à cet égard. Nous ferons observer toutefois que les tubes fêlés, qui servent à produire d'excellents effets de réduction, sont impropres, la plupart du temps, à la formation des oxydes, ainsi qu'à leur combinaison ; du moins on doit le penser, d'après les expériences faites jusqu'ici. Il faut employer, dans ce cas, les tubes avec des fermetures en papier parchemin ou en collodion desséché ; les effets deviennent assez généralement visibles quelques heures après que les appareils ont commencé à fonctionner.

Les effets d'endosmose et d'exosmose se manifestent rarement dans ces sortes d'expériences. La silice et l'alumine, qui sont des colloïdes, franchissent quelquefois les cloisons capillaires ; ils peuvent néanmoins le faire quand interviennent les affinités et les actions électro-capillaires provenant des dissolutions salines, comme nous en citerons des exemples dans les effets dont il va être question. Il faut prendre en considération, pour les expliquer : 1° les affinités ; 2° l'action des courants électro-capillaires ; 3° les effets d'endosmose et d'exosmose ; 4° les transports opérés par les courants électro-capillaires, de la face positive de la cloison à la face négative.

Voici quelques-uns des résultats obtenus à l'aide de ce mode d'expérimentation :

1° *Oxyde de cuivre hydraté cristallisé*. On obtient ce produit en cristaux bleus aciculaires, bi-réfringents, avec une dissolution de silicate ou d'aluminate de potasse et une autre de nitrate de cuivre ; les cristaux se déposent sur la face négative de la cloison en contact avec la dissolution de nitrate, et quelquefois il se forme un mélange de cristaux d'oxyde et d'aluminate de cuivre.

2° Les oxydes de plomb, de zinc, de cobalt et de nickel, sont produits de la même manière. Il arrive quelquefois que la silice et l'alumine traversent la cloison, par l'effet du courant électro-capillaire agissant comme force mécanique, et forment des silicates et des aluminates métalliques, dont nous allons parler.

§ III. — *Des silicates et aluminates terreux hydratés.*

1° Silicate de chaux cristallisé bi-réfringent. On obtient ce produit dans la réaction du silicate de potasse sur l'acétate de chaux par l'intermédiaire du papier parcheminé; il se présente sous la forme de tubercules sur la face du papier en contact avec l'acétate, c'est-à-dire sur l'électrode négative du couple électro-capillaire.

2° Aluminate cristallisé. On obtient ce produit avec l'aluminate de potasse et le chlorure d'aluminium, en plaçant le chlorure dans le tube et l'aluminate dans l'éprouvette. Il se dépose, comme précédemment, sous forme de croûte sur la face négative de la cloison. La croûte a plusieurs millimètres d'épaisseur et se réduit facilement, sous la main, en petits grains transparents comme du sable et qui sont bi-réfringents. Chauffés jusqu'au rouge naissant, ils dégagent de l'eau interposée, et leur texture n'est pas modifiée, non plus que leur transparence. A une plus forte chaleur, telle que celle du chalumeau, il n'y a également aucun changement; chauffés au fourneau à gaz pendant deux heures, ils deviennent opaques. Ces cristaux en grains cristallins ne rayent pas le verre.

Aluminate de magnésie cristallisé et bi-réfringent. — Ce produit est formé par la réaction d'une dissolution d'aluminate de potasse sur une autre de chlorure de magnésium et le concours du courant électro-capillaire. Il se produit sur la face extérieure de la cloison, qui se trouve dans l'aluminate de potasse, et se présente sous la forme de dépôts nombreux de cristaux doués de la double réfraction. L'analyse a démontré que ce composé est formé d'alumine et de magnésie et contient de l'eau; chauffé au rouge, il perd de l'eau, mais conserve son pouvoir bi-réfringent.

Peroxyde de fer cristallisé et hydraté. On peut employer, pour le former, le silicate ou l'aluminate de potasse avec le nitrate de fer. On observe dans le tube des effets d'endosmose; il se forme au-dessus de la cloison dans le tube une croûte épaisse brune de quelques millimètres d'épaisseur, composée de lamelles transparentes d'un beau rouge et bi-réfringentes.

Oxyde manganeux cristallisé. — On obtient ce composé, en soumettant à l'expérience le silicate de potasse et le nitrate de manganèse. Il se forme, dans la dissolution de nitrate sur la face négative de la membrane, une croûte blanchâtre qui, étant broyée, devient promptement d'une couleur brun foncé; broyée et mise immédiatement en contact avec l'eau, on reconnaît au microscope qu'elle est composée de lamelles cristallines, douées de la double réfraction et présentant de belles couleurs rouges à la lumière polarisée. Si l'on attend quelques instants, les petits cristaux se peroxydent, se décolorent et deviennent brun foncé. Ces cristaux appartiennent donc à un oxyde manganeux hydraté, qui se change assez rapidement en peroxyde.

Silicate d'alumine. — Ce produit est formé par la réaction du chlorure d'aluminium sur le silicate de potasse; il est translucide et bi-réfringent. Il contient de la silice, de l'alumine et de l'eau. La faible quantité que l'on a obtenue n'a pas permis d'en faire une analyse complète.

Carbonate de zinc, de chaux et de baryte cristallisés. — On les a obtenus en soumettant à l'expérience : 1° le nitrate de zinc et le carbonate de soude; le carbonate de zinc est doué de la double réfraction; 2° le chlorure de calcium et le bicarbonate de soude, on a eu des cristaux rhomboédriques de carbonate de chaux; 3° avec le chlorure de barium et le bicarbonate de soude, on a eu des cristaux microscopiques de carbonate de baryte bi-réfringent et paraissant appartenir aux dodécaèdres à bases scalènes, forme du carbonate naturel.

Nitrate de plomb ou de chaux, phosphate de soude. — En opérant avec le sulfate de soude et le nitrate de plomb ou le nitrate de chaux, on a obtenu le sulfate de plomb ou de chaux en aiguilles très-fines; on a obtenu le phosphate de chaux cristallisé avec le phosphate de soude et le chlorure de calcium.

Nous allons exposer avec plus de détails deux autres produits qui présentent des particularités remarquables; nous voulons parler du chromate de plomb et du fluorure de calcium, aussi en ferons-nous deux sections séparées.

§ IV. — *Chromate de plomb.*

On obtient ce produit en mettant dans le tube cloisonné avec du papier parcheminé une dissolution de bichromate de potasse marquant 6° à l'aréomètre et dans l'éprouvette une autre de plombite de potasse à 16°; il se forme en peu de temps, sur la face de la cloison en contact avec la dissolution de bichromate, une multitude d'aiguilles rouge orangé, formant des faisceaux verticaux doués de la double réfraction, et constituant une petite croûte ayant une certaine épaisseur.

Ce produit a donné à l'analyse le résultat suivant :

$$
\begin{aligned}
&\text{Oxyde de plomb.} \quad . \ . \ . \ . \quad 82 \\
&\text{Acide chromique.} \ . \ . \ . \ . \quad 14,8 \\
&\text{Eau et perte.} \ . \ . \ . \ . \ . \ . \quad 3,2 \\
&\hspace{3cm} \overline{100,0}
\end{aligned}
$$

D'un autre côté les plombs chromatés connus ont pour composition :

	Plomb chromaté naturel.	Plomb chromaté basique naturel de M. del Rio.	Mélanochroïte.
Oxyde de plomb. . .	68	80,72	76,69
Acide chromique.. .	31	15,86	23,31
	99	95,52	10,00

La composition de ces divers chromates de plomb montre que la composition du chromate électro-chimique paraît être celui de M. del Rio qui, nous le pensons, n'a pas encore été dénommé en minéralogie.

Nous devons faire remarquer toutefois que, pendant la formation de ce chromate, il s'en produit un autre plus jaune et un troisième rouge foncé ; ce sont problablement deux chromates de plomb différents, dont l'analyse n'a pas été faite, vu la difficulté de les séparer. D'un autre côté, lorsque les expériences durent de quinze à trente jours, avec des dissolutions ayant les densités précédemment indiquées, on observe, indépendamment des aiguilles cristallisées de chromate de plomb et très-réfringentes, et cela sur la face de la cloison en contact avec la dissolution de plombite de potasse, de très-petits cristaux rouges du même produit, sur la paroi intérieure du tube où se trouve la dissolution de bichromate de potasse. D'où peuvent provenir ces cristaux ? Il faut admettre que le plombite de potasse a traversé lentement la cloison par dialyse, sans production d'endosmose, puisque le niveau des deux dissolutions est resté le même dans chaque vase ; pendant ce passage la paroi du tube a pu déterminer une action électro-capillaire, par suite de laquelle la double décomposition qui a dû avoir lieu, au contact des deux dissolutions, a déterminé la cristallisation du chromate de plomb. Ce qui nous porte à croire qu'il y a eu dialyse du plombite dans la dissolution de bichromate, est cette considération que, bien qu'il n'y ait pas eu de déplacement de liquide, il est arrivé un instant où les deux dissolutions ont pris la même couleur, celle de jaune serin. D'un autre côté, ces composés sont probablement un peu solubles dans la dissolution extérieure.

Les expériences suivantes sont destinées à montrer comment les produits dont on parle varient avec la densité des dissolutions.

1° Bichromate à 6° + $\frac{1}{5}$ d'eau ; plombite à 16°.

Les deux dissolutions deviennent jaunes assez promptement ; il y a formation de cristaux, en moins grand nombre que sans l'addition de l'eau. Les effets ont été les mêmes en ajoutant un nouveau cinquième d'eau.

2° En ajoutant $\frac{3}{4}$ d'eau à la dissolution de bichromate, il y a formation de chromate de plomb en plus faible quantité que précédemment.

En continuant à étendre d'eau la dissolution du bichromate, la décoloration de celle-ci devient de plus en plus complète, et la formation du chromate de plomb moindre ; en ajoutant à la dissolution de bichromate marquant 6°, trois volumes d'eau, il y a décoloration parfaite, et apparition de quelques petits cristaux sur la membrane.

En opérant inversement, c'est-à-dire en étendant d'eau seulement la dissolution de plombite de potasse, on a obtenu les résultats suivants :

Bichromate à 6° ; plombite à 16° plus 1 volume d'eau.

Absence d'endosmose, dépôts nombreux de cristaux de chromate de plomb sous la cloison. Décoloration de la dissolution de bichromate.

Bichromate à 6° ; plombite à 16° plus 9 volumes d'eau.

La liqueur du tube est peu décolorée ; il se forme de jolies aiguilles rouges en grande quantité.

En ajoutant seulement 2 volumes d'eau, il y a décoloration complète et formation de cristaux rouges dans l'intérieur du tube et sous la membrane.

Les résultats les plus avantageux ont donc été obtenus en étendant d'eau la dissolution de plombite de potasse.

Tels sont les résultats obtenus, en employant pour cloison séparatrice le papier parcheminé ; mais il en est tout autrement en opérant avec un tube fêlé, dans lequel on introduit la dissolution de bichromate de potasse. Dans ce cas, on n'observe aucun effet chimique, dans l'espace de quinze jours. Seulement il y a une faible exosmose de la dissolution de bichromate, sans coloration de celle de plombite. Ce qu'il y a de remarquable dans ce fait, c'est que la fissure permet le contact des deux dissolutions, comme le prouve l'endosmose et la force électro-motrice qui est la même dans les deux cas, ainsi que le démontrent les expériences suivantes :

Détermination des
forces électro-motrices.

Tube fêlé :

Plombite de potasse à 16°.. . . . . . . }
Bichromate de plomb saturé à 6°. . . } 185

Tube cloisonné :

Mêmes dissolutions. 183

Tube fêlé :

Dissolution de plombite à 16° + un vo- }
lume d'eau. . . . . } 132
Dissolution de bichromate à 6°. . . . }

Tube cloisonné :

Mêmes dissolutions. 130

Il pourrait donc se faire que, dans le tube fêlé, l'action étant très-lente ne fût sensible qu'au bout d'un grand laps de temps.

Voici comment on explique la formation du chromate de plomb dans les espaces capillaires, en se fondant sur les mêmes principes que ceux qui ont servi à montrer quelles sont les actions en vertu desquelles la réduction métallique a lieu dans les mêmes espaces.

Voici comment l'appareil est établi :

Tube, dissolution de bichromate de potasse, cloison en papier parcheminé; éprouvette, dissolution saturée de plombite de potasse : produit, chromate de plomb en aiguilles formées sur la face de la cloison en contact avec la dissolution de plombite et qui est l'électrode positive du couple électro-capillaire. Aussitôt que les deux dissolutions sont en contact dans les pores du papier, la dissolution de plomb prend l'électricité positive, et l'autre l'électricité négative. Ces deux électricités se recombinent par l'intermédiaire des parois des pores, d'où résulte un courant dont la direction est telle que la face de la cloison en contact avec la dissolution alcaline est l'électrode positive, et l'autre face l'électrode négative du couple électro-capillaire ; au contact de la dissolution alcaline avec la dissolution du bichromate, dans chaque cellule, il y a formation de chromate de plomb, qui est poussé en dehors par une cause encore inconnue, laquelle entraîne en même temps du bichromate dans le plombite qui devient jaune et dont la teinte se fonce de plus en plus. Il passe de même du plombite dans la dissolution de bichromate, dont la couleur devient de moins en moins foncée, et il finit par se déposer des cristaux en aiguilles de chromate de plomb sur les parois de l'éprouvette, comme sur la face de la cloison en contact avec la dissolution de plombite de potasse.

Les nombreuses expériences que nous avons faites pour étudier la production du chromate de plomb cristallisé par des actions électro-capillaires, ont mis en évidence un fait général qui n'est pas sans quelque importance et qu'on voit se reproduire dans toutes les actions du même genre : Les aiguilles cristallisées de ce composé semblent sortir de chaque pore du papier et prendre sa forme ; elles s'allongent fréquemment, s'entre-croisent comme dans un tissu fibreux ; peut-être seraient-elles capillaires, de sorte que les actions électro-capillaires s'opéreraient dans l'intérieur de ces aiguilles comme nous l'avons observé dans la formation du sulfate de chaux en séparant une dissolution saturée de nitrate de chaux d'une autre de sulfate de soude ; en effet, dans cette dernière circonstance, les aiguilles cristallisées produites ont quelquefois deux ou trois décimètres de longueur ; quand elles atteignent le fond du vase, la dissolution du nitrate de chaux qui s'écoule dans les tuyaux capillaires de sulfate de chaux réagissant sur le sulfate de soude, il en résulte des stalagmites au lieu de stalactites.

En général, quand les produits ne sont pas aciculaires, ils sont formés de lames ou de tubercules qui augmentent d'épaisseur, comme on l'observe dans la formation du spath fluor, et ainsi qu'on va le voir ci-après.

D'après ce qui précède, on conçoit le rôle important que peuvent jouer dans la nature organique les tissus et les vaisseaux capillaires, par l'intermédiaire desquels s'opèrent des réactions chimiques puissantes. Ces tissus, ces vaisseaux capillaires, séparant des liquides de nature différente, il doit se produire une foule de réactions chimiques, dont on ne s'est pas rendu compte jusqu'ici et que l'on peut concevoir aujourd'hui. Peut-être aussi, ce n'est là encore toutefois qu'une conjecture, les filets capillaires cristallisés qui se forment dans les actions électro-capillaires de la nature inorganique, indiqueraient-ils comment des effets du même ordre pourraient donner naissance à des tissus, à des fibres dans l'organisme animal et végétal.

§ V. — *Du spath fluor*.

Désirant savoir quelle était la forme que prenaient les cristaux dans les espaces capillaires, nous nous sommes servi pour cloisons séparatrices, au lieu de papier parcheminé, de collodion coagulé sous forme de tissu, que l'on dissout ensuite dans un mélange d'éther et d'alcool, de sorte qu'après cette dissolution il ne reste plus que les cristaux produits.

Le fluorure de calcium (*spath fluor*) a été obtenu en opérant avec une dissolution de fluorure d'ammonium et une autre de chlorure de calcium, l'une et l'autre saturées et séparées par du papier parchemin ou du collodion; il s'est formé sur la surface de la cloison, du côté du chlorure, une croûte de cristaux dont les arêtes sont arrondies et qui paraissent dériver du cube; on trouve quelquefois des cubes complets. Quand la cloison a une certaine étendue, il se forme quelquefois aussi des lames cristallines à larges surfaces. Les cristaux deviennent légèrement opalins, en séchant, sans que le phénomène soit dû à une hydratation, comme on s'en est assuré en les maintenant dans le vide pendant deux jours; mais ils reprennent leur transparence au contact de l'eau. Ce sont donc de véritables hydrophanes. Ils ne sont pas doués de la double réfraction.

L'analyse de ces cristaux, après qu'ils eurent été placés pendant deux jours dans le vide où se trouvait de l'acide sulfurique, a constaté la présence du fluor, de la chaux, et nullement celle de l'ammoniaque et de l'eau. On savait du reste que l'on pouvait obtenir des cristaux de spath fluor, en laissant refroidir lentement une dissolution faite à chaud de cette substance dans l'acide chlorhydrique; mais il est difficile d'admettre que la nature ait employé un procédé analogue, tandis que celui que nous indiquons est tellement simple que les conditions peuvent se trouver réunies dans diverses formations terrestres.

Quand l'expérience dure peu de temps, avec la cloison de collodion, on trouve quelquefois des cubes dans les pores.

L'analyse de ce composé a donné :

> Calcium..   47,8
> Fluor., ...   52,2

Le spath fluor naturel contient :

> Calcium..   51,87
> Fluor..   48,13

On voit que les deux analyses présentent peu de différences et que le produit obtenu est bien le spath fluor ayant une composition analogue à celle du spath fluor de la nature.

Divers composés ont encore été formés par la méthode électro-capillaire dans les expériences où l'on produit les oxydes, silicates et aluminates terreux ; les dépôts qui se forment sur la face de la cloison de papier parcheminé en contact avec la dissolution de silicate, se recouvrent d'une croûte de silice ou d'alumine dont l'épaisseur est de quelques millimètres et formée de lamelles ; l'une ou l'autre de ces deux terres renfermait une multitude de cristaux microscopiques doués de la double réfraction, mais dont la forme est indéterminable. On est porté à croire que, dans la nature, pareils effets peuvent se produire, c'est-à-dire qu'il doit se former des amas de silice et d'alumine en gelée renfermant des cristaux qui augmentent avec le temps et qui restent incrustés quand ces amas se sont solidifiés peu à peu. Ne serait-ce pas à des causes de ce genre qu'il faudrait attribuer la formation de ces blocs de quartz plus ou moins transparent, dans l'intérieur desquels sont incrustés des cristaux de tourmaline, d'épidote, etc.?

§ VI. — *Appareil électro-capillaire composé.*

Nous avons formé un couple électro-capillaire composé, doué d'une assez grande énergie, et qui jouit de cette propriété assez remarquable qu'en même temps qu'il fournit un courant, il produit un sulfure métallique cristallisé. Ce couple est formé d'une éprouvette et de deux tubes disposés comme il suit :

Premier tube, fermé en bas avec un tampon de papier que traverse un cylindre d'un métal oxydable, de cuivre par exemple, qui plonge par sa partie extérieure dans une solution de monosulfure de sodium, et par sa partie supérieure dans une dissolution de nitrate de cuivre dont le tube est rempli.

Deuxième tube, fermé en bas par du kaolin, lequel est rempli également de nitrate de cuivre et plonge ainsi que le précédent dans une solution de monosulfure renfermée dans une éprouvette. Dans ce tube plonge une lame de platine qui est mise en communication métallique avec une lame de cuivre plongeant dans le nitrate du premier tube.

Effets produits :

Le cylindre de cuivre qui traverse le tampon de papier constitue avec les deux dissolutions un couple électro-capillaire ; le bout qui plonge dans la solution de monosulfure est le pôle positif, et l'autre bout le pôle négatif sur lequel le cuivre se dépose ainsi que dans le tampon considéré comme corps poreux. Quelque temps après, tout le nitrate est décomposé. L'arc métallique composé d'une lame de platine et d'un cylindre de cuivre sert également à la circulation du courant résultant de la réaction du nitrate sur la dissolution de monosulfure. Ce courant est indépendant du premier, et les deux courants cheminent en sens contraire. Le courant produit dans le premier tube a une intensité plus grande que l'autre courant, puisque tout le nitrate du premier tube est décomposé, et que l'autre ne l'est que légèrement, ce qui établit leur indépendance.

C'est à l'aide de ce couple que nous sommes parvenus à obtenir les sulfures cristallisés d'argent, de cuivre, de plomb, de zinc, d'antimoine, semblables à ceux de la nature. Or tous les métaux oxydables peuvent être soumis également à l'expérience, et il en résulte d'autres produits en remplaçant le monosulfure par d'autres dissolutions salines.

Néanmoins, dans le modèle de couple que nous venons de décrire, les deux courants électriques produits suivent en réalité la même direction : en effet, le premier prend naissance dans le tampon de kaolin du premier tube, passe dans la lame de cuivre qui s'y trouve, laquelle devient électro-négative, puis entre dans la lame du deuxième tube, devient électro-positive et se trouve dépolarisée, se trouvant dans une dissolution de nitrate. Le courant entre ensuite dans le cylindre qui traverse le tampon de papier et dont le bout inférieur plonge dans le monosulfure, puis rentre dans le tube tamponné.

Quant au couple formé par le cylindre, le tampon de papier et les deux dissolutions, le courant suit la même direction que le premier ; les deux actions s'ajoutent donc ; il est en outre électro-capillaire, attendu que le tampon de papier se recouvre également de cuivre.

Les couples formés ainsi peuvent constituer des piles. Ces piles, dont la force électro-motrice de chaque couple est les trois quarts de celle du couple à sulfate de cuivre, présentent une grande résistance; en réunissant donc les couples en quantités plutôt qu'en tension, on peut avoir une somme d'actions chimiques assez grande.

On diminue beaucoup la résistance à la conductibilité, nous le répétons, en pratiquant dans le tube fêlé plusieurs fêlures.

Une pile composée de quatre couples décompose l'eau parfaitement avec deux fils ou deux lames de platine; mais la quantité d'eau décomposée est d'autant plus grande que le nombre des fêlures est plus considérable; ce nombre ne pouvant s'élever au-dessus de trois ou quatre, il faut employer d'autres espaces capillaires.

Les deux lames de cuivre, plongeant chacune dans la dissolution de nitrate de cuivre des deux tubes, ont été mises en communication avec un galvanomètre; on a obtenu une déviation qui est restée constante, que l'on maintienne en place ou que l'on enlève l'arc de platine, ce qui montre l'indépendance des deux courants. Cet appareil est également à courant constant. Ce couple a une force électro-motrice égale à deux fois et un quart celle du couple à cadmium. Or, la force électro-motrice du couple à sulfate de cuivre étant égale à trois fois celle du couple à cadmium, il en résulte que le rapport de la force électro-motrice du couple à sulfate de cuivre est à celle du couple électro-capillaire dans le rapport de douze à neuf, et le rapport de la force électro-motrice du couple à acide nitrique à celle ayant une origine capillaire, de vingt à neuf, c'est-à-dire que les forces électro-motrices de ces couples ne sont pas tout à fait dans le rapport de deux à un.

Le fonctionnement de cet appareil met en évidence un fait remarquable : les deux électrodes de cuivre plongeant dans deux tubes contenant, chacun, une dissolution saturée de nitrate de ce métal, il ne devrait en résulter aucun courant, puisque les forces électro-motrices produites au contact du monosulfure de sodium et du nitrate de cuivre sont égales de part et d'autre, que la conductibilité est la même dans tout le circuit, et qu'il se produit deux courants égaux et dirigés en sens contraire; mais il n'en est pas ainsi, attendu que le courant électro-capillaire, en vertu duquel il y a réduction du cuivre dans la fêlure, est dirigé en sens contraire du courant parti du tampon d'argile, lequel parcourt la dissolution de monosulfure, entre par la fissure et suit, par conséquent, une direction contraire à celle du courant électro-capillaire; l'intensité du premier étant ainsi diminuée, le courant parti de l'autre tube doit donc l'emporter, comme l'expérience le démontre effectivement.

§ VII. — *Des tentatives faites pour reconnaître le dégagement de chaleur dans les actions électro-capillaires.*

Il restait à. étudier une question qui se rattache à la théorie des actions électro-capillaires, question relative aux effets de chaleur rendus sensibles dans les actions chimiques produites. Nous avons posé en principe que la production d'électricité dans les actions chimiques est toujours accompagnée d'un dégagement de chaleur, qui est toujours en rapport intime avec la recomposition des deux électricités par l'intermédiaire des liquides ambiants, quand toute l'électricité n'est pas employée à produire une action chimique; dans ce cas, il y a transformation de force. Il peut se faire aussi que, dans les actions lentes, le dégagement de chaleur ne soit pas appréciable.

Voici comment on opère pour savoir s'il est possible ou non de constater le dégagement de chaleur dans les actions électro-capillaires : Ayant montré précédemment que, lorsqu'on applique sur chacune des deux faces de la cloison capillaire en papier parcheminé du tube fermé par le bout inférieur une lame de platine percée de petites ouvertures, les deux lames deviennent les deux surfaces polaires du couple électro-capillaire (les lames de platine ayant été remplacées par des lames d'or qui ne sont pas attaquées par la potasse, pareils effets ont été produits), on a cherché quel pouvait être le changement de température observé dans les actions électro-capillaires dont il est question. Pour y parvenir, on a mis en communication la face supérieure de la bande de papier, recouverte d'une lame d'or, avec un des éléments d'un couple thermométrique composé d'un fil de fer et d'un fil d'or soudé sur la lame d'un fil de même métal, de manière que le fil ne touche pas la dissolution d'alumine.

L'appareil a été disposé comme l'indique la figure 17 ci-jointe : B, bocal contenant une dissolution de nitrate de cuivre.

T, tube contenant une dissolution d'aluminate de potasse et fermé par en bas avec du papier parchemin recouvert d'une lame d'or percée.

l, tube intérieur dans lequel passe un fil de fer f; ce fil est soudé par le bout b à un fil d'or, de telle sorte que la soudure

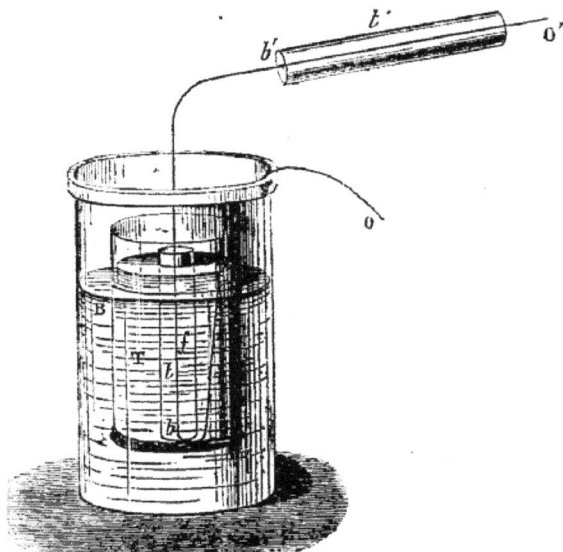

Fig. 17.

soit inscrustée au moyen du chalumeau dans le bout du tube, afin que le fer ne soit pas en contact avec le liquide extérieur.

L'autre extrémité b' du fil f est soudée à un autre fil d'or o' qui traverse un second tube t'; la soudure est également inscrustée à l'extrémité.

L'appareil qui vient d'être décrit est un thermomètre électri- trique, doué d'une assez grande sensibilité pour qu'une différence de température entre les deux soudures de $\frac{1}{10}$ de degré fasse dévier l'aiguille aimantée du galvanomètre de 1 degré.

Avant d'opérer, les deux soudures sont maintenues dans l'air à une température constante, puis on descend le tube t dans la dissolution de nitrate de cuivre jusqu'à ce que le bout du tube touche la cloison : l'action électro-capillaire commence aussitôt après l'imbibition de la cloison, l'aiguille aimantée du galvano- mètre conserve sa position d'équilibre, preuve qu'il n'y a pas eu un dégagement de chaleur appréciable, pendant les diverses réactions qui ont lieu; cela ne veut pas dire qu'il ne puisse y avoir production de chaleur, mais elle est assez faible pour ne pas être appréciable dans les conditions précédentes.

Or, comme dans toute action chimique il y a production de chaleur et d'électricité, deux effets concomitants, ayant des rapports tellement intimes que l'une ou l'autre peut servir à mesurer l'énergie des affinités; en outre, comme la chaleur peut se transformer en électricité, et, réciproquement, celle-ci en chaleur, l'une et l'autre étant aptes à faire naître les affinités, il pourrait se faire qu'il n'y eût pas de chaleur dégagée et que toute l'électricité dégagée dans la fêlure fût transformée en force chimique, ce qui expliquerait pourquoi les actions électro-capillaires produisent des effets chimiques qui exigent, pour les obtenir, l'emploi de fortes affinités, par les procédés ordinaires de la chimie.

L'expérience suivante semble justifier cette conjecture : On prend un tube que l'on ferme par un bout avec un tampon de papier bien serré et traversé par un fil de platine dont les bouts partent du tube. On remplit en partie ce dernier d'une dissolution de monosulfure de sodium assez concentrée, et on le plonge dans une éprouvette contenant une dissolution concentrée de nitrate de cuivre. On conçoit que le fil de platine remplace ici la fêlure du tube formant le couple électro-capillaire; aussitôt que le contact est établi entre les liquides, la partie du fil de platine immergée dans la dissolution de nitrate se recouvre de cuivre comme la face de la fissure en contact avec la même dissolution dans le tube fêlé. Il circule donc continuellement un courant électrique entre les deux liquides et les portions immergées du fil de platine. Cette expérience a déjà été mentionnée plusieurs fois. Les deux bouts libres de ce fil ont été mis ensuite en communication avec un galvanomètre d'une grande sensibilité, dans l'espoir d'avoir un courant dérivé; or il n'en a pas été ainsi; l'aiguille aimantée n'a éprouvé aucune déviation; ne peut-on pas en conclure, comme on l'a fait précédemment pour l'absence de chaleur, que toute l'électricité a été transformée en force chimique?

L'expérience que nous venons de rapporter met en évidence la puissance d'un couple formé de deux liquides séparés par un diaphragme capillaire et traversé par un fil de platine ou d'un métal non oxydable, puisque toute l'électricité résultant de la réaction de deux liquides l'un par l'autre est transformée en action chimique; mais il n'en est plus de même quand le fil, au lieu de traverser la cloison, plonge ses deux bouts, chacun, dans l'un des deux liquides; dans ce cas, on a un courant électrique et, par suite, perte de force vive, à cause de la résistance qu'opposent les deux dissolutions au passage de l'électricité; aussi les effets électro-chimiques ne sont-ils plus aussi marqués. Ces effets tiennent à ce que le courant électrique est forcé de traverser non-seulement la cloison, mais encore une partie des liquides pour passer d'un bout d'un fil à l'autre, tandis que, dans la première disposition, les deux électricités entrent dans le fil métallique, aussitôt qu'elles sont séparées.

CHAPITRE IV.

DES PRODUITS FORMÉS AVEC LE CONCOURS DE L'ÉLECTRICITÉ.

§ I. — *Des oxydes, sulfures, chlorures, iodures, etc.*

De la potasse et de la soude[1]. On peut séparer comme il suit ces deux alcalis de leurs sulfates : On répand une solution de sulfate de potasse sur une lame de fer nouvellement décapée et dont toutes les parties de la surface ne sont pas homogènes afin de constituer un grand nombre de couples voltaïques; en s'oxydant aux dépens de l'eau et de l'air, le fer prend l'électricité négative, l'eau l'électricité positive : il résulte de là que, l'action étant continue, on a un courant électrique dirigé de telle manière que le fer est le pôle positif et l'oxyde ou du moins le fer qui est au-dessous le pôle négatif, et dont l'intensité suffit pour décomposer le sulfate de potasse. La potasse se dépose sur l'oxyde, si ce dernier est en saillie; l'alcali se combinant avec l'acide carbonique de l'air, le carbonate s'effleurit sur les parties non mouillées.

Les produits formés sont de la potasse et du protosulfate de fer; puis un double sulfate de potasse et de protosulfate de fer. Cette combinaison se détruit à mesure que le métal s'oxyde, et il se forme des sous-sulfates de peroxyde. Dans une expérience où nous avons opéré avec 3 grammes de sulfate de potasse et

---

[1] Becquerel et Ed. Becquerel. *Traité d'électricité et de magnétisme*, en 3 vol., t. II, p. 123.

80 grammes de limaille de fer, un quart de sulfate a été décomposé dans l'espace de six jours; l'action du fer cesse aussitôt que toute la surface est oxydée.

Les expériences suivantes montreront jusqu'à quel point on peut opérer sur une grande échelle pour obtenir de la soude par la décomposition soit de son sulfate, soit du chlorure de sodium. Nous avons fait construire, à cet effet, six cylindres creux en fonte, ouverts par les deux extrémités, de 33 centimètres de diamètre, 23 centimètres de hauteur et 3 centimètres d'épaisseur. Ces cylindres ont été mis dans des baquets renfermant une solution de sulfate de soude marquant 14 degrés. Le niveau de la solution se trouvait à 2 centimètres en contre-bas de l'extrémité supérieure. Pour recueillir le carbonate de soude, on a placé sur la partie supérieure du cylindre un plateau de cuivre évidé au milieu, dont les bords étaient rabattus avec pression sur les parois intérieures et extérieures du cylindre et ne faisaient que toucher la solution; on avait ainsi des couples voltaïques bien établis, composés de fonte, de cuivre et d'une solution de sulfate. Mais le cuivre n'était là, nous le répétons, que pour recueillir le carbonate de soude au fur et à mesure qu'il se formait, sans être coloré par la rouille. Vingt-quatre heures après, on a commencé à apercevoir des cristaux de carbonate de soude sur le cuivre, lesquels ne tardèrent pas à recouvrir toute la surface annulaire du plateau. Au bout de quinze jours, on a pu recueillir sur chaque cylindre une cinquantaine de grammes de carbonate de soude très-pur, très-blanc et privé sensiblement de sulfate de soude. L'effet n'était pas plus marqué quand on n'employait seulement que la fonte, mais les produits étaient plus purs.

Au lieu d'un plateau annulaire évidé au milieu, nous avons employé un plateau plein qui n'a pas tardé à se recouvrir de carbonate de soude. Bien que ce procédé très-simple ne puisse être l'objet d'une exploitation en grand, en raison du développement considérable de pièces de fonte qu'il exigerait, cependant on peut l'employer avec succès sur le bord de la mer et presque sans frais, pour des besoins personnels ou de petites exploitations, puisqu'il ne faut que des morceaux de vieille fonte, des bassins et un abri.

Hydrate de chaux.—On obtient cet hydrate cristallisé avec l'appareil en U, dont les deux branches renferment de l'eau de Seine ou de l'eau contenant un peu de sulfate de chaux; le fond du tube est fermé avec de l'argile humide; et l'on plonge dans chaque branche une lame de platine en communication avec une pile composée de plusieurs éléments et faiblement chargée, afin de pouvoir fonctionner plus longtemps. L'eau et le sulfate de chaux sont décomposés; l'eau dans la branche négative acquiert la propriété alcaline, et, si l'on ferme cette branche avec soin, il arrive un instant où la cristallisation de l'hydrate de chaux s'effectue. Si l'on opérait avec une dissolution concentrée, il pourrait y avoir un dépôt tumultueux. Il est probable que l'on pourrait obtenir cristallisées de la même manière les autres terres.

Peroxyde d'argent. — L'argent est susceptible de deux degrés d'oxydation : l'oxyde ordinaire AgO, obtenu en chimie en précipitant une dissolution de ce métal par la potasse, et le peroxyde AgO^2, qui ne peut être produit qu'à l'aide d'un courant électrique. On obtient ce dernier au pôle positif, en soumettant une dissolution de nitrate d'argent à l'action d'un courant, sous la forme d'aiguilles tétraédriques, longues de 7 à 8 millimètres, douées de l'éclat métallique; en le traitant par l'acide chlorhydrique, une portion du chlore se dégage. Il détone sous le marteau en le mêlant au phosphore.

Oxydes de cuivre. — Leur formation a déjà été décrite p. 107, nous y renvoyons le lecteur.

Oxydes de plomb. — Nous avons à nous occuper du protoxyde PbO, du peroxyde anhydre PbO^2, du peroxyde hydraté PbO^2HO et d'un sous-oxyde Pb^2O^3.

Il existe plusieurs méthodes pour obtenir des cristaux de protoxyde de plomb.

Dans la première, on prend un tube de quelques millimètres de diamètre, fermé par un bout, et l'on introduit dans la partie inférieure de la litharge en poudre. On verse ensuite dedans une solution peu étendue de sous-acétate de plomb; on plonge dans cette solution une lame de plomb, que l'on fait descendre jusqu'au fond du tube, puis l'on ferme hermétiquement celui-ci.

Peu à peu la lame de plomb se recouvre de petites aiguilles d'hydrate de plomb, et même de plomb métallique, en lamelles cristallines brillantes; enfin, quelquefois il se dépose également sur la même lame des cristaux présentant la forme de dodécaèdres à faces pentagonales, doués d'une grande limpidité, et qui ne sont autres que des cristaux de protoxyde anhydre, semblables à ceux qu'on obtient, en laissant exposée à l'air, pendant un certain temps, une solution d'oxyde de plomb dans la potasse.

Les effets produits dans cette circonstance sont analogues à ceux qui se sont présentés dans la formation des cristaux de protoxyde de cuivre.

La deuxième méthode pour obtenir le protoxyde de plomb consiste à placer un couple plomb-cuivre dans une solution de protoxyde de plomb dans la potasse marquant 25° aréométriques et renfermant de la silice. Le plomb s'oxyde peu à peu; le protoxyde de plomb formé se dissout, et après la saturation il se dépose lentement sur la surface de la lame de plomb des cristaux de protoxyde anhydre (PbO).

Ces cristaux, qui ont mis sept ans à se former, dans un appareil disposé à cet effet, ont plusieurs millimètres de côté; ils sont transparents, d'une couleur verdâtre, et donnent par la trituration une poussière jaunâtre. Ils sont implantés les uns dans les autres, et ne laissent voir qu'une portion de leurs sommets. Des indices de faces démontrent que ces cristaux dérivent d'un prisme droit rhomboïdal.

Oxyde d'étain. — Si l'on abandonne aux actions spontanées une solution de protoxyde d'étain dans laquelle se trouve un couple étain et cuivre, l'étain s'oxyde peu à peu, et, au bout d'un certain temps, les parois du bocal se recouvrent de cristaux de protoxyde d'étain.

Oxyde de zinc. — Pour obtenir électro-chimiquement l'hydrate de zinc cristallisé, il faut employer un procédé différent de celui qui a été mis en usage pour obtenir les oxydes de cuivre et de plomb au moyen de l'action chimique de l'électricité.

On prend deux flacons, l'un renfermant une solution d'oxyde de zinc dans la potasse caustique, l'autre une dissolution saturée de nitrate de cuivre; puis on établit la communication entre les deux dissolutions, au moyen d'un tube de verre recourbé rempli d'argile humectée avec une solution de nitrate de potasse. On plonge une lame de plomb dans la solution alcaline et une lame de cuivre dans l'autre solution, puis l'on établit la communication entre les deux lames. On a alors un couple voltaïque : la solution alcaline réagit sur le plomb, par suite de la forte affinité de l'oxyde de plomb pour la potasse, et il en résulte un courant électrique dirigé de telle façon que le plomb est le pôle positif, le cuivre le pôle négatif du couple. Ce courant a assez d'énergie pour décomposer le nitrate de cuivre ; l'oxygène et l'acide nitrique se rendent dans la solution alcaline, où ils forment du nitrate de potasse et de l'oxyde de plomb, qui augmente la quantité de celui qui se forme par l'oxydation de la lame. Au moyen de ce transport la potasse se sature peu à peu ; l'oxyde de plomb, à raison de sa forte affinité pour la potasse excédante, exerce une action répulsive sur l'oxyde de zinc, qui, combiné avec un alcali, joue le rôle d'acide, et vient cristalliser sur la lame de plomb en prismes aplatis, disposés en roses. Au contact de l'air, ils deviennent peu à peu translucides en perdant de l'eau de cristallisation. Exposés à l'action de la chaleur, ils se colorent en jaune sans se fondre, et redeviennent blancs par le refroidissement. La présence de la lame de plomb est tellement nécessaire à la production des cristaux d'oxyde de zinc, que, si l'on opère avec une lame de zinc, on n'obtient qu'un dépôt composé de zinc et de potasse. En substituant, pendant le cours de l'opération, à la lame de plomb une lame de cuivre, il se dépose du peroxyde de plomb.

Le procédé indiqué plus haut pour obtenir l'oxyde de plomb sert également à préparer l'oxyde de zinc cristallisé. Ce procédé consiste à faire réagir lentement une solution potassique ou sodique de silice ou d'alumine sur un couple voltaïque formé d'une lame de métal oxydable et d'un fil de cuivre ou de platine, autour de laquelle il est enroulé. Le tout, placé dans un bocal fermé imparfaitement avec un bouchon de liége, est abandonné aux actions spontanées. Le but en opérant ainsi, et c'est là le principe fondamental du procédé, est de présenter un oxyde à l'état naissant à un liquide qui peut le dissoudre, ou à un composé qui se trouve en dissolution dans ce liquide et sur lequel il réagit pour chasser lentement un autre oxyde, qui peut cristalliser et se combiner avec l'acide en formant un composé insoluble qui cristallise également.

Un appareil a été disposé avec une solution potassique de silice marquant 22° à l'aréomètre et une lame de zinc amalgamé entourée d'un fil de cuivre : l'eau fut décomposée avec dégagement de gaz hydrogène et formation d'oxyde de zinc qni s'est dissous. Quinze jours après, on a commencé à apercevoir sur la lame de zinc de très-petits cristaux octaèdres, ayant pour composition, d'après l'analyse qui en a été faite,

$$ZnO, HO.$$

Ces cristaux réfractent fortement la lumière et ont assez de dureté pour rayer le verre. Leur volume augmente avec le temps, sans dépasser toutefois une certaine limite, un millimètre environ de côté ; une évaporation excessivement lente et une saturation non interrompue sont les causes qui déterminent la cristallisation de l'hydrate d'oxyde de zinc.

Dans un autre appareil renfermant une solution potassique marquant 40°, les mêmes réactions eurent lieu, si ce n'est que l'hydrate d'oxyde de zinc s'est déposé en poudre cristalline.

Avec des dissolutions alcalines plus ou moins concentrées, la cristallisation est d'autant plus nette et les cristaux plus gros que le degré aréométrique ne dépasse pas 20 à 25°.

Chlorures et doubles chlorures métalliques. — Le procédé que nous allons décrire peut servir à obtenir non-seulement des chlorures métalliques simples, mais encore des combinaisons doubles.

On sait que, lorsque l'on plonge une lame d'argent dans de l'acide hydrochlorique hors du contact de l'air, le métal n'est pas sensiblement attaqué ; mais, si l'on met en contact avec la lame d'argent un morceau de charbon qui soit bon conducteur, traité préalablement par un acide afin d'enlever l'alcali qui peut s'y trouver, ou un morceau d'anthracite, qui est conducteur de l'électricité comme le charbon ou la plombagine, il n'en pas ainsi ; quand le contact s'établit entre l'argent et le charbon, la très-faible action que l'acide exerce sur le métal donne naissance à un courant dont l'action est telle, que la lame d'argent est le pôle positif et le charbon le pôle négatif. Il résulte de là que l'action du courant augmente celle que l'acide exerce sur l'argent. Par conséquent, le chlore se porte sur l'argent par cette double action, et l'hydrogène sur le charbon. Le chlorure d'argent, au fur et à mesure qu'il se forme, cristallise en octaèdres, attendu que l'action, étant très-lente, ne s'oppose pas au groupement régulier des molécules. L'hydrogène, étant à l'état naissant, se combine probablement avec le carbone, qui, en raison de son état électrique, est également à l'état naissant. Si le tube est fermé hermétiquement, la tension du gaz devient bientôt suffisante pour le briser. Les cristaux de chlorure d'argent augmenteut peu à peu ; au bout d'un an ou deux, ils ont plusieurs millimètres de côté.

Si l'on substitue une lame de cuivre à la lame d'argent, la réaction chimique faible résultant du contact de l'acide avec le cuivre produit des effets électriques qui augmentent également l'énergie des affinités ; au bout de quelque temps, la lame se recouvre de cristaux de protochlorure de cuivre très-brillants, possédant une grande réfrangibilité. En continuant l'expérience hors du contact de l'air, la liqueur change de couleur ; elle devient brun foncé, et les cristaux ne sont plus visibles. Le carbone est alors attaqué, et il en résulte une combinaison qui n'a pas encore été examinée.

Avant de continuer l'exposé des combinaisons simples, nous sommes obligé de faire connaître les procédés à l'aide desquels on peut obtenir, en général, les doubles combinaisons. Un tube recourbé en U est rempli dans sa partie inférieure d'argile préparée comme à l'ordinaire ; dans l'une des branches on verse une solution de sulfate ou de nitrate de cuivre, dans l'autre, une solution de chlorure de sodium, puis l'on plonge dans chacune d'elles le bout d'une lame de cuivre ; on ferme les deux ouvertures. Par suite de la réaction des deux solutions l'une sur l'autre, et de la solution du chlorure sur le cuivre, il en résulte un double courant électrique, l'un produit par la réaction du clorure de sodium sur le cuivre, l'autre par la réaction des deux dissolutions l'une sur l'autre. Ces deux courants ont la même direction ; le bout qui plonge dans la solution de nitrate est le pôle négatif de l'appareil. L'action du courant est suffisante pour décomposer le nitrate de cuivre ; du cuivre se dépose sur l'électrode négative, et, comme l'action est très-lente, le métal cristallise. L'acide nitrique et l'oxygène transportés dans l'autre branche donnent une nouvelle énergie aux réactions chimiques en vertu desquelles le courant est produit. Le bout cuivre qui se trouve dans la solution de chlorure tend avant tout à décomposer ce sel ; il se forme du protochlorure de cuivre qui se combine avec le chlorure de sodium ambiant. Peu à peu eette combinaison cristallise sur la lame positive en tétraèdres ; si l'on veut avoir des cristaux de deux à trois

millimètres de côté, il faut laisser fonctionner l'appareil pendant
longtemps. Le succès de l'expérience dépend de l'obstacle que
l'on oppose au mélange des liquides contenus dans les deux branches du tube; l'acide nitrique contribue à ces réactions en ai-
dant à la décomposition du sel marin, puisque l'on retrouve du
nitrate de soude dans la solution; l'oxygène déposé sur l'électrode positive oxyde le sodium pour former de la soude, et n'attaque pas le cuivre. La production du double chlorure cristallisé
de cuivre et de sodium ne s'opère que dans les circonstances
que nous venons d'indiquer; car, avec un courant d'une certaine
intensité, les deux sels sont décomposés.

Le sel ammoniac, les chlorures de calcium, de potassium, de
barium, de strontium, donnent avec le cuivre des produits analogues qui cristallisent en tétraèdres réguliers. Tous ces chlorures, il est vrai, ont la même composition atomique, c'est-à-dire
qu'ils sont formés d'un équivalent de base et de deux équivalents
de chlore; conséquemment, ils doivent donner naissance à des
composés isomorphes; ces doubles composés sont formés d'un
équivalent de chacun des deux chlorures.

Les lames d'argent et de plomb donnent également des combinaisons isomorphes avec les chlorures alcalins et terreux précédemment cités; quant aux autres métaux, tous ne donnent pas
des produits semblables, attendu que la composition atomique
n'est pas la même. Tel est le double chlorure de potassium et
d'étain, qui cristallise en aiguilles prismatiques. Nous devons
faire remarquer une circonstance importante qui a dû se produire pendant la cristallisation par voie aqueuse d'un grand nombre des substances minérales qui se trouvent dans les filons :
dans les premiers temps de leur formation, les cristaux sont en-
tiers; mais peu à peu, à mesure que la solution devient moins
concentrée, il se forme des troncatures sur les angles.

Sulfures et doubles sulfures. Les appareils en U, précédemment décrits, vont encore nous servir pour former ces composés; mais, au lieu d'en employer un seul, on en réunit plusieurs
pour en former une pile : à cet effet, on fait communiquer la
lame de métal de la solution de sulfure d'un tube avec le bout
cuivre de la solution de nitrate de cuivre de l'autre, etc. Cette
disposition est précisément celle qui est adoptée pour constituer
une pile. Maintenant, dans une des branches d'un tube on

verse une solution de monosulfure de potassium, et on y introduit une lame de métal oxydable, cuivre, argent, plomb, etc.;
dans l'autre, une solution de nitrate de cuivre et une lame de
cuivre. Après avoir préparé ainsi un certain nombre de tubes,
on dispose les appareils comme il vient d'être dit : en augmentant suffisamment le nombre de ces tubes, et humectant l'argile
avec la solution de nitrate de cuivre pour faciliter le passage du
courant, celui-ci acquiert une intensité telle, qu'on est obligé
souvent de diminuer le nombre des couples, si l'on ne veut pas
que toutes les combinaisons soient détruites. Avec un appareil
composé d'une douzaine de tubes, au bout de cinq ou six heures, on aperçoit des cristaux de cuivre sur des lames de cuivre,
et sur la lame d'argent des cristaux octaèdres de sulfure
d'argent.

L'appareil ayant fonctionné pendant quinze jours sans interruption, les lames d'argent ont été entièrement transformées
en sulfure d'argent, sans avoir changé de forme ; leur volume était
augmenté, et les cristaux de sulfure étaient absolument semblables à ceux que nous présentent quelquefois les pièces d'argent
qui ont séjourné longtemps dans des fosses d'aisance.

On peut obtenir les mêmes effets avec un seul couple ; seulement il faut plus de temps. Rien n'est plus simple que d'analyser ces effets : il y a réaction des deux liquides l'un sur l'autre, et réaction du monosulfure de potassium sur l'argent ; ces
deux actions chimiques donnent naissance à deux courants électriques, dirigés dans un sens tel que le cuivre est le pôle négatif
du couple, et l'argent le pôle positif. Le nitrate est décomposé ;
il y a précipitation de cuivre, transport d'oxygène et d'acide nitrique sur l'argent dans le monosulfure de potassium ; tandis que
le soufre se porte sur l'argent, se combine avec lui et forme du
sulfure qui cristallise en raison des actions lentes ; l'oxygène
oxyde le potassium, et l'acide nitrique se combine avec la potasse
formée : il arrive quelquefois qu'il se produit un double sulfure,
qui est ensuite décomposé. Une fois que la surface d'argent est
recouverte de cristaux de sulfure, qui sont microscopiques, le
soufre transporté par le courant pénètre entre les interstices des
premiers cristaux formés, atteint l'argent qui est au-dessous jusqu'à ce que toute la lame soit décomposée, d'où résulte alors
une véritable pseudomorphose. La réunion de tous ces dépôts
successifs forme une masse cristalline homogène et assez com-

pacte; il faut admettre que les produits formés sont en général faiblement solubles dans les dissolutions.

Voilà donc une véritable cémentation. N'est-il pas permis de supposer que celles qui ont lieu dans la nature s'opèrent de la même manière? On conçoit effectivement que, lorsque les courants circulent dans les corps poreux, s'ils transportent avec eux des éléments dont les dimensions leur permettent de traverser les interstices moléculaires, rien ne s'oppose alors à ce que ces mêmes éléments réagissent sur les parties constituantes des corps.

Passons aux altérations qu'éprouvent quelquefois les pièces d'argent dans les fosses d'aisance, et qui viennent d'être mentionnées précédemment. Lorsque l'argent se trouve dans une fosse d'aisance, les sulfures ammoniacaux ou autres qui se trouvent dans les matières fécales réagissent sur l'argent, qui ne tarde pas à se changer en sulfure. Mais que faut-il pour que les effets électriques décrits précédemment se reproduisent? Il suffit tout simplement que l'argent se trouve en contact avec une matière carbonacée, provenant d'un corps organisé quelconque qui a été décomposé, pour constituer un couple voltaïque, d'une part avec l'argent, de l'autre avec les sulfures, sur lesquels réagit l'oxygène de l'air, en sorte que ce gaz remplace celui qui provient de la réduction de l'oxyde de cuivre dans l'expérience précitée. Dans cette expérience, ainsi que dans toutes les expériences électro-chimiques, en général, où l'on a pour but de former des composés naturels, on réunit les circonstances les plus favorables pour former ces composés, circonstances que le hasard ne réunit pas toujours dans la nature.

Dans l'appareil où le cuivre est substitué à l'argent, les effets varient suivant qu'on opère avec le protosulfure de potassium ou le persulfure; on doit donc décrire ce qui se passe dans ces deux cas.

Avec le persulfure, on aperçoit, au bout de quelques jours, sur les parois du tube, de longues et belles aiguilles blanches, légèrement satinées, radiées, qui ne sont autres qu'un double sulfure de cuivre et de potassium. Ce composé n'éprouve aucune altération au contact de l'air; traité par l'acide nitrique, il donne du sulfate de potasse et du sulfate de cuivre, avec dégagement de gaz nitreux, et même du nitrate de ces deux bases. Quelquefois il arrive aussi que la lame de cuivre se recouvre de petits tubercules de cette substance. Si on laisse continuer l'action, l'oxygène et l'acide nitrique, arrivant continuellement dans la branche positive, décomposent le double sulfure, et les belles aiguilles disparaissent peu à peu. Outre les sels de potasse qui restent en dissolution, on obtient encore de petits cristaux de sulfure de cuivre irisés, mêlés de soufre en aiguilles.

Avec le protosulfure de potassium et le cuivre, en prolongeant l'action, les réactions sont les mêmes que lorsqu'on a opéré avec l'argent : c'est-à-dire, décomposition du double sulfure, formation d'un sulfure de cuivre cristallisé', d'un aspect gris métallique, dont la forme est difficile à déterminer en raison de la petitesse des cristaux.

On peut également obtenir, avec le persulfure de potassium, le sulfure simple ; il apparaît quelquefois immédiatement quand le courant n'a pas une grande force décomposante, ou bien à la suite de la décomposition du double sulfure. Dans ce dernier cas, le sulfure de potassium étant enlevé, si l'action est très-lente, et que la quantité d'oxygène et d'acide nitrique ne soit que suffisante pour réagir sur le sulfure de potassium, le sulfure de cuivre devient libre et cristallise.

On peut dire qu'en général, dans la formation des composés électro-chimiques, un composé est remplacé par un autre, et cela plusieurs fois de suite, tant que dure la décomposition électro-chimique, de manière qu'il arrive que dans une opération on voit se produire trois ou quatre composés différents, qui ne se ressemblent ni par la composition, ni par la cristallisation.

Cette formation successive de produits différents est le caractère le plus saillant et le plus original de la méthode électro-chimique employée à la reproduction des composés analogues à ceux de la nature.

Avec l'appareil où se trouve le plomb et le cuivre, on obtient des effets semblables à ceux qui sont produits avec l'argent. Le sulfure de plomb est dans les premiers instants à l'état pulvérulent; mais, au fur et à mesure que la solution devient moins concentrée, il se dépose sur une lame de plomb des masses tuberculeuses cristallines de sulfure de plomb, qui possèdent toutes les propriétés de la galène proprement dite. Il arrive aussi quelquefois que l'on obtient le double sulfure de potassium et de plomb en aiguilles blanches ; cela dépend de la concentration de la solution et même du soufre. En général, tous ces produits ont le même aspect que les composés analogues à ceux de la nature.

Avant de terminer ce que nous avons à dire sur les sulfures, nous devons faire connaître encore un procédé très-simple pour obtenir cristallisé le sulfure d'argent en octaèdres doués du brillant métallique et rivalisant avec ce que la nature a produit de plus parfait en ce genre.

On prend un tube en U préparé comme il a été dit; dans l'une des branches on met une solution de nitrate d'argent; dans l'autre, une solution saturée d'hyposulfite de potasse provenant de la décomposition à l'air du protosulfure de potassium; on établit la communication entre les deux branches, au moyen d'une lame d'argent. L'hyposulfite réagit sur l'argent, et de là résultent les effets électro-chimiques précédemment décrits. Il se forme dans la branche positive du nitrate et du sulfate de potasse, attendu que l'oxygène et l'acide nitrique exercent d'abord leur action sur l'hyposulfite de potasse. Que devient après cela l'hyposulfite d'argent? Lorsque la branche communique avec l'air, la solution s'évapore peu à peu, et il se dépose en même temps, soit dans l'argile, soit sur la lame d'argent, de jolis octaèdres de sulfure d'argent. Mais comment se fait-il que dans cette circonstance on obtienne du sulfure d'argent au lieu de l'hyposulfite? Quand une action électro-chimique est très-faible, comme cela arrive à la fin des opérations, rien ne s'oppose alors à ce que l'action du pôle positif enlève l'oxygène, d'une part à l'oxyde d'argent, de l'autre à l'acide hyposulfureux; il se produit alors un sulfure d'argent. Dans ce cas, le pôle positif joue simplement le rôle de désoxydant à l'égard des corps avec lesquels il est en contact.

Sulfures de fer. — Le sulfure de fer, du moins le protosulfure, est difficile à former en raison de la promptitude avec laquelle s'oxydent les éléments dont il est formé; néanmoins on est parvenu à l'obtenir avec l'hyposulfite alcalin, en très-petits cristaux jaunes, doués de l'éclat métallique, mais qui ont été promptement décomposés à l'air.

Les pyrites se produisent très-fréquemment dans les tourbières, ainsi que dans les tuyaux de conduite de certaines eaux minérales. Le protosulfure de fer est formé d'un équivalent de fer et d'un équivalent de soufre, c'est-à-dire que ces deux éléments s'y trouvent dans la même proportion que dans le protosulfate de fer. Si ce sel est en contact avec des corps très-avides d'oxygène, et qui puissent, en même temps, désoxyder lentement l'acide sulfurique et le protoxyde de fer, il se forme un protosulfure. M. Fournet a trouvé des cristaux de ce sulfure sur un morceau de fer provenant de l'arbre tournant d'une roue hydraulique, où il servait à fixer le tourillon; on enduisait l'axe de matières grasses purifiées par l'acide sulfurique; ainsi la réaction de ces matières sur l'acide sulfurique qu'elles ont réduit a mis à nu le soufre, qui, trouvant le fer dans un grand état de division au milieu des matières grasses, a déterminé la formation des pyrites. Quelques années ont suffi pour leur production. La cristallisation ne peut être attribuée qu'à une formation très-lente du composé.

Iodures et doubles iodures. — Pour bien montrer la fécondité de la méthode des doubles décompositions, qui joue probablement un si grand rôle dans la nature, nous allons encore parler du double iodure et de l'iodure simple de plomb et de plusieurs autres métaux.

Les iodures métalliques étant soumis à la même loi de composition que les sulfures, on doit obtenir sans difficulté des produits analogues. Dans l'appareil en U, substituons au sulfure de potassium de l'iodure de potassium, puis servons-nous d'abord d'un couple plomb et cuivre, le cuivre plongeant dans le nitrate de cuivre et le plomb dans l'iodure de potassium. Par suite des actions électro-chimiques faciles à interpréter d'après ce qui a été dit précédemment, il se forme dans la branche positive de longues aiguilles blanches, soyeuses, très-fines, qui remplissent toute cette branche, et qui ne sont autres que le double iodure de potassium et de plomb; ce dernier s'y trouve à l'état de protoiodure. Voilà ce qui se passe tant qu'il y a de l'iodure de potassium à décomposer et qu'il se trouve dans l'autre branche un grand excès de nitrate de cuivre. Mais il arrive un instant où tous ces jolis cristaux blancs disparaissent peu à peu, en commençant par le bas, et sont remplacés par de beaux cristaux jaunes octaédriques de deutoiodure de plomb. Interprétons ces effets :

L'acide nitrique et l'oxygène, par suite de l'action voltaïque, se rendent dans la solution où se trouve le double iodure; celui-ci est décomposé; il y a formation de nitrate de potasse. L'iode mis à nu se porte sur le protoiodure devenu libre, et il se forme un deutoiodure de plomb cristallisé, identique avec celui connu des chimistes. Le cuivre, soumis au même mode d'action que le plomb, donne d'abord un double iodure en aiguilles blanches cristallines, puis on obtient après la décomposition de jolis cristaux octaèdres. L'iodure d'argent s'obtient aussi aisément.

Avec le mode d'expérimentation que nous venons de décrire, on obtient les produits suivants :

1° Double bromure de potassium et de cuivre en cristaux tétraédriques réguliers de plusieurs millimètres de côté et très-réfringents ;

2° Double bromure de potassium et de plomb en cristaux blancs aciculaires ;

3° Double iodure de potassium et d'argent, en cristaux blancs, opaques, confus, et iodure d'argent en cristaux verdâtres ; double iodure de potassium et de cuivre et iodure de cuivre cristallisés en octaèdres réguliers ;

4° Cyanure de plomb en cristaux confus ;

5° Double chlorure de sodium et d'antimoine en très-petits cristaux groupés confus émus.

Ces exemples montrent l'emploi que l'on peut faire de la méthode des doubles combinaisons pour arriver aux combinaisons simples. Nous répétons qu'en électro-chimie, lorsque l'on veut former une combinaison insoluble et cristallisée, il faut la faire entrer en combinaison avec une autre, puis enlever celle-ci électro-chimiquement.

§ II. — *De l'action de l'électricité à forte tension sur les substances insolubles.*

Davy[1] ayant soumis à l'action de la pile, au moyen de deux fils d'or, deux portions séparées d'eau distillée renfermées dans deux tubes de verre, communiquant ensemble au moyen d'une substance animale ou végétale humide, obtint une dissolution de chlorure d'or dans le tube positif, et une dissolution de soude dans le tube négatif. Le chlore était fourni par le sel marin du verre ou par les substances organiques ; il en était de même de la soude.

Si, au lieu d'un tube de verre, on employait des vases de cui-

---

[1] *Philosophical transact.*, 1807 ; *Annales de chimie*, t. LXIII, p. 172.

vre, on obtenait du côté négatif un mélange de soude et de potasse et du côté positif un mélange des acides sulfurique, hydrochlorique et nitrique. Avec la résine, la matière alcaline a paru être composée principalement de potasse. Davy ayant mis de l'eau distillée dans une cavité pratiquée dans un morceau de marbre blanc et dans un creuset de platine, l'une et l'autre communiquant avec de l'asbeste, le creuset fut mis en rapport avec le pôle positif et la cavité avec le pôle négatif. L'eau de celle-ci acquit bientôt le pouvoir d'affecter la couleur de curcuma par suite de la présence de la soude et de la chaux; la soude ne parut plus après onze opérations de deux heures chacune. Il en tira la conséquence que le marbre blanc avait été formé dans l'eau de mer.

Ayant soumis à l'action de la pile diverses substances minérales, il trouva toujours de la soude, de sorte qu'il paraît qu'il existe peu de pierres qui ne contiennent quelques portions de matières salines. On conçoit la possibilité de ce mélange, quand on considère que la plupart des roches portent des marques évidentes de leur ancien séjour au-dessous de la mer.

Deux coupes de sulfate de chaux compacte remplies d'eau et en communication avec du sulfate de chaux humide furent mises en rapport avec une batterie voltaïque de 100 couples. Au bout d'une heure, la coupe négative renfermait une solution saturée de chaux, et l'autre une solution assez forte d'acide sulfurique.

Avec le sulfate de strontiane, les résultats furent les mêmes, quoique beaucoup plus longs à obtenir. Le fluorure de calcium, dans les mêmes circonstances, fut également décomposé.

Le sulfate de baryte éprouva beaucoup plus de difficulté dans sa décomposition que les deux substances précédentes. Il se forma, du côté négatif, du carbonate de baryte.

Un basalte dans lequel l'analyse avait donné sur 100 parties $3\frac{1}{2}$ de soude et $\frac{1}{2}$ partie d'acide hydro-chlorique avec 15 parties de chaux, ayant été soumis à l'expérience pendant dix heures, du côté positif il s'est manifesté une forte odeur de chlore, et de l'autre côté on a trouvé un mélange de chaux et de soude.

La lépidolithe a donné de la potasse; une lame vitreuse de mica, un mélange de soude, de potasse et de chaux.

Davy, ayant pris un tube de verre qui pesait 547 gr. 55, le mit en communication au moyen d'asbeste avec une coupe d'agate, l'un et l'autre remplis d'eau distillée, et soumit le tout à l'action d'une pile de 150 couples; le tube communiquait avec le pôle négatif. Au bout de quatre jours, l'eau devint très-alcaline et donna par l'évaporation de la soude mêlée avec une poudre blanche insoluble dans les acides. Le tout pesait 1 gr. 8; le tube avait perdu à peu près ce poids. Davy reconnut que l'asbeste avait été aussi attaqué, ce qui explique la différence entre le poids du tube avant et après l'expérience.

Nous rapporterons les différents résultats obtenus par M. Crosse dans une série nombreuse d'expériences, en employant les courants provenant de piles à grand nombre d'éléments chargés avec de l'eau pure, pour décomposer des substances insolubles et former des composés analogues à ceux qu'on trouve dans la terre, question dont nous nous sommes occupé longtemps avant lui, en nous servant seulement d'électricité à faible tension. Les seuls renseignements circonstanciés qui soient parvenus à notre connaissance sur les travaux de ce physicien, sont dus à M. Richard Philips[1], qui a vu fonctionner les appareils. Voici la description qu'il a faite des effets obtenus:

Une batterie de 11 couples cylindriques, de 30 centim. carrés 4 sur 10 centim. carrés 16, agissant pendant six mois sur du fluo-silicate d'argent, a produit de grands cristaux hexaèdres d'argent au pôle négatif, des cristaux de silice et de la calcédoine au pôle positif.

Une batterie de 100 couples, de 127 centim. carrés, opérant sur du nitrate d'argent et de cuivre, a produit de la malachite au pôle positif; au pôle négatif, des cristaux qui paraissaient avoir des angles et des faces appréciables: il est très-probable que l'on a pris du sous-nitrate de cuivre pour de la malachite.

La batterie regardée par lui comme sa meilleure était composée de 813 couples de 127 centim., isolés sur des plateaux de verre, reposant sur des barres de bois cimentées et si légèrement oxydées par l'eau qu'on n'avait besoin de la nettoyer qu'une ou deux fois par an. M. Philips, en essayant l'effet de 458 couples, n'a éprouvé dans le cours de quelques semaines que quelques commotions dans les doigts, mais son pouvoir a suffi pour produire des effets bien marqués sur les minéraux.

Une batterie composée de couples semi-circulaires de

---

[1] *Annals of Electricity*, Magnetism and Chemistry, janvier 1836.

3,17 centim. de rayon, placée sur des plateaux de verre, et agissant pendant cinq mois à travers une brique poreuse sur une solution de silice dans la potasse, a donné naissance, dit-on, à de petits cristaux de quartz.

Une batterie de 30 couples, de même grandeur que les précédentes, agissant depuis le 27 juillet 1833, sur un mélange de 13 gr. 28 de sulfate de plomb, d'oxyde blanc d'antimoine, de sulfate de cuivre, de proto-sulfate de fer et de trois fois la même quantité de verre commun, a donné sur le fil négatif du cuivre pur en deux jours, et des pyrites de fer cristallisé en quatre jours. On avait espéré obtenir des sulfures de plomb, de cuivre et d'antimoine, en enlevant l'oxygène aux sulfates.

En soumettant de l'acide fluo-silicique à l'expérience, il a obtenu au pôle négatif des cristaux de quartz; suivant le développement progressif de ces cristaux, il a commencé par apercevoir un hexagone, ensuite des lignes radiées partant de son centre, puis des faces se sont formées parallèlement au côté. Quelque mouvement survenu dans l'opération a fait naître un second cristal qui a formé hémitropie avec le premier.

Il a obtenu aussi le sulfure double d'argent et d'antimoine, ainsi que l'arséniate de cuivre cristallisé.

Dans le voisinage de Broomfield se trouve une caverne dont la voûte est en partie revêtue d'arragonite et de carbonate de chaux en très-beaux cristaux; l'eau qui découle de cette voûte tient en solution environ 0,64 de carbonate de chaux et une petite quantité de sulfate de même base par pinte. Ayant rempli un verre à boire de cette eau, il l'a soumise, à l'aide de fils de platine, à l'action de 200 couples de plaques chargées avec de l'eau ordinaire; au bout de dix jours, il aperçut sur le fil négatif des cristaux rhomboïdaux de carbonate de chaux, et sur le fil positif, des bulles de gaz. Trois ou quatre semaines après, le fil négatif était complétement revêtu d'une croûte de cristaux réguliers et irréguliers de carbonate de chaux. Il est bien évident que le bicarbonate de chaux a été décomposé, sous l'action du courant, en carbonate qui s'est déposé et en gaz acide carbonique qui s'est dégagé.

L'expérience fut répétée dans l'obscurité, ave une batterie de 39 couples de 5 centim. carrés, le fil négatif ayant été enroulé autour d'un morceau de pierre calcaire. Au bout de six semaines, tout le fil négatif était recouvert de carbonate de chaux

cristallisé. L'eau épuisée de carbonate ayant été enlevée et remplacée par d'autre eau qui en renfermait, et ainsi de suite pendant huit mois, le fil négatif s'est recouvert d'une couche calcaire
épaisse et très-rude, dont une partie était aussi blanche que la
neige, et l'autre avait une couleur brune qui s'étendait en partie
sur la pierre calcaire qu'entourait le fil.

M. Cross a opéré ensuite d'une autre manière : il a fait tomber
de l'eau goutte à goutte pendant plusieurs semaines sur un morceau de brique ordinaire, à travers laquelle il a fait passer, au
moyen de fils de platine, le courant de cent couples de plaques
de 127 centim. carrés, chargées avec de l'eau. La brique était
supportée par un entonnoir en verre qui conduisait l'eau dans
une bouteille placée au-dessous. Après quatre ou cinq mois, la
brique était en partie recouverte de carbonate de chaux, plus
ou moins cristallisé, et des cristaux prismatiques très-fins d'arragonite étaient déposés sur la partie la plus rapprochée du pôle
positif, tandis que le carbonate de chaux ordinaire était confiné
du côté négatif.

Le même expérimentateur a fait d'autres expériences avec une
batterie de 11 grands cylindres de zinc et de cuivre, chacun de
228 centim. carrés, 6 de haut et de 101 de diamètre. Il a exposé
à son action un morceau de la même brique, qui se trouvait dans
un bassin de verre contenant de l'acide fluo-silicique, lequel
ne recouvrait qu'en partie la brique; il avait pratiqué de petits
trous aux extrémités de celle-ci pour y insérer les fils de platine.
Peu de temps après, le plomb contenu dans l'acide se déposa au
pôle négatif, et, au bout de six semaines, on aperçut de petits
cristaux de silice à l'extrémité de la formation de plomb. Le
plomb ayant été enlevé, la silice se déposa au pôle positif, au
lieu du pôle négatif. En deux ou trois mois, on aperçut au fond
du vase un prisme hexaèdre terminé par une pyramide également hexaèdre et en tout semblable au quartz, mais dont la dureté
était telle qu'elle ne lui permettait pas de rayer le verre. Au bout
de deux ou trois mois, ce cristal avait perdu de sa transparence
en conservant toutefois sa forme. Un autre cristal qui était placé
dans un endroit sec, après ce temps, rayait facilement le verre.
Il avait conservé sa transparence et était bien cristallisé. D'où
peut donc provenir une différence aussi remarquable entre les
propriétés physiques de deux cristaux qui paraissent avoir été
formés dans les mêmes circonstances? Pour répondre à cette

question, il faudrait examiner avec soin leur composition, qui présenterait probablement des différences.

M. Cross a soumis à l'action d'une batterie de 160 couples de 51 centim. carrés une solution de silicate de potasse avec un morceau de brique poreuse placé au milieu du liquide, au-dessus duquel il s'élevait. En trois semaines de temps, le fil positif s'était encroûté de matières siliceuses, et quelques jours après on vit apparaître quinze ou seize cristaux hexaèdres qui s'élevaient en dehors de la ligne, entre les deux fils, sur la surface de la brique.

Dans une autre expérience, un morceau de schiste argileux ayant été suspendu par des fils de platine dans une solution de silicate de potasse, il se déposa des masses hexaédriques de silice gélatineuse autour du fil positif qui disparurent et firent place à une formation de calcédoine à l'extrémité positive du schiste argileux.

Nous donnons ici la liste des substances minérales que M. Cross a formées avec des appareils voltaïques à fortes tensions : le carbonate de chaux, l'arragonite, le quartz, le protoxyde de cuivre, l'arséniate de cuivre, le carbonate bleu, le carbonate vert, le phosphate de cuivre et le sulfure, le carbonate de plomb, le sulfure d'argent, le carbonate de zinc mamelonné, la calcédoine, l'oxyde d'étain, l'oxyde jaune de plomb, les sulfures d'antimoine et de zinc, l'oxyde noir de fer mamelonné, le sulfure de fer, le soufre cristallisé. Nous avions obtenu la plupart de ces substances, dix ans auparavant, comme on l'a déjà vu et comme on le verra encore plus loin, avec des appareils électro-chimiques simples, qui produisent des effets aussi marqués que des appareils composés, quand ils sont convenablement disposés. Les expériences de M. Cross, nous le pensons, n'ont jamais été répétées.

MM. Al. Brongniart et Malaguti firent deux séries d'expériences sur la décomposition du feldspath au moyen de l'électricité[1], en employant, 1° une pile de 250 éléments de 45 millimètres carrés ; 2° une pile de 300 éléments, à sulfate de cuivre ; en soumettant à l'expérience chaque fois 5 grammes de matière, et en prenant pour fermer le circuit une très-faible dissolution de sel ammoniac, ils trouvèrent en moins de six heures que 0 gr. 098 de feldspath avaient été décomposés en 0 gr. 030 d'alumine et

[1] *Archives du Museum*, t. II, p. 284.

potasse qui se trouvaient dissous dans ce liquide, et en 0 gr. 068 de silice restés en mélange.

Ils décomposèrent 0 gr. 159 de feldspath en 0 gr. 054 d'alumine et de potasse qui se trouvèrent dans le liquide, et 0 gr. 105 de silice dans le résidu.

Ils soumirent ensuite la substance à un très-faible courant, dans un tube en U, en la recouvrant d'eau distillée. Ils suspendirent dans une des colonnes liquides une lame de cuivre, et dans l'autre, une petite lame de zinc; ces deux lames furent mises en communication avec un fil métallique. Quinze jours après, on vit que la colonne zinc était trouble et l'autre était restée limpide; au bout de deux ans, le liquide cuivre était fortement alcalin, faisait effervescence avec les acides et contenait du carbonate de potasse; l'action devait être suspendue depuis longtemps; la lame de zinc était complétement recouverte d'une matière grenue et dure qui dut empêcher l'action de se prolonger; le liquide zinc était neutre, et la matière blanche qui adhérait en partie aux parois sous la forme d'une croûte granuleuse était complétement trouble dans une solution alcaline; c'était un mélange de silice et d'alumine.

Nous allons remonter maintenant aux causes qui produisent les effets dont il vient d'être question. Davy et les expérimentateurs qui sont venus après lui ont négligé une condition indispensable pour leur production, le contact des deux électrodes ou de l'une d'elles avec la substance insoluble. On obtient dans un grand nombre de cas, avec des piles composées de 10, 20, 30 couples, des effets beaucoup plus marqués que les précédents; mais alors l'électricité agit, non directement, mais par une action indirecte. Ce contact joue un grand rôle en électro-chimie, comme on va le voir. L'eau étant décomposée, ainsi que les substances qu'elle tient en dissolution, l'oxygène et les acides du côté positif, l'hydrogène et les bases du côté négatif sont à l'état naissant, à l'instant où ils deviennent libres; dès lors, tous ces éléments, par suite du contact, agissent énergiquement sur les parties constituantes de la substance soumise à l'expérience, dans les points seulement où le contact a lieu, car au delà l'état naissant n'existe plus.

Dans ces diverses circonstances l'oxygène oxyde, l'hydrogène réduit les bases, et les acides forment des combinaisons. Quand toutes ces réactions ont lieu, la substance insoluble finit par être décomposée. Ces effets ne sont produits toutefois, nous le répétons, qu'autant qu'il y a contact entre cette matière et les électrodes; nous verrons plus loin les conséquences à en tirer relativement aux actions lentes qui ont lieu dans la nature.

Au surplus, le mode d'action que nous indiquons est du même genre, mais plus énergique, vu l'état naissant, que celui qui a lieu quand on fait passer un courant de gaz hydrogène dans un tube de porcelaine chauffé au rouge où se trouve un oxyde ou un sulfure métallique plus ou moins réductible; il y a réduction de l'oxyde avec formation d'eau ou de gaz sulfhydrique. Il n'est question, ici, bien entendu, que du mode d'action de l'électricité sur les substances tout à fait insolubles, car, si elles sont très-peu solubles, comme le sulfate de chaux et le carbonate de la même base, quand l'eau contient une petite quantité de gaz acide carbonique, ce qui a toujours lieu quand elle est au contact de l'air, la décomposition électro-chimique s'effectue alors suivant les lois connues.

L'électricité n'intervenant, dans la décomposition des substances insolubles, lorsque le contact a lieu, qu'en vertu d'actions secondaires, la somme d'effets produits dépend donc de l'intensité du courant, c'est-à-dire de la quantité d'électricité qui passe dans un temps donné. Il n'y a donc de différence, entre les actions produites avec une pile composée d'un grand nombre de couples et celles résultant d'un petit nombre, toutes choses égales d'ailleurs, que celle qui résulte de la plus ou moins grande quantité d'électricité qui circule dans le même temps.

En employant de l'eau distillée pour transmettre l'électricité et fournir de l'oxygène et de l'hydrogène à l'état naissant, il faut alors, pour vaincre sa résistance qui est très-grande, se servir de piles formées d'un grand nombre de couples, tandis que cela n'est pas nécessaire quand l'eau tient en dissolution un acide, un sel ou un alcali, qui aide quelquefois à la décomposition, surtout les éléments du sel à l'instant où ils sont à l'état naissant. Le mode d'action que nous indiquons ne s'applique pas à toutes les substances insolubles; il en est un grand nombre qui n'en reçoivent aucun effet.

Passons aux expériences : Lorsqu'on soumet à l'action d'un courant fourni par une pile de moins de cinquante couples à sulfate de cuivre au moyen de deux lames de platine, de l'eau distillée contenue dans deux vases de verre communiquant ensemble avec une mèche d'asbeste lavée à chaud, avec de l'acide nitrique, et évitant que les lames ne touchent les parois des deux vases, l'eau est décomposée très-lentement en raison de sa mauvaise conductibilité, sans qu'on observe aucune trace d'acide chlorhydrique ni de soude dans le vase positif et le vase négatif; mais il n'en est plus de même quand l'une des deux électrodes touche le verre : on trouve alors que le chlorure de sodium qui entre dans la composition du verre a été décomposé, et que le verre lui-même, au bout d'un certain temps, a été corrodé aux points

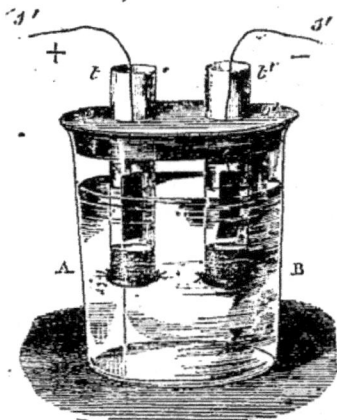

Fig. 18.

de contact avec l'électrode, ce qui annonce une action décomposante assez énergique; c'est le fait observé par Davy.

Pour bien étudier ces effets, il faut disposer l'appareil comme il suit :

AB est un vase de verre rempli d'eau distillée, fig. 18.

tt' deux tubes de verre fermés à leur extrémité inférieure avec de la toile fixée à la paroi avec un fil enroulé et noué, afin d'empêcher les substances solides qu'on y introduit de tomber dans le vase. On introduit quelquefois dans les deux tubes du kaolin au-dessus de la toile, sur une hauteur de 5 millimètres à 1 centimètre, afin de retarder le plus possible le mélange du liquide du vase avec les liquides des tubes. On peut recueillir ainsi plus facilement les produits liquides ou solides formés.

Le vase A B est fermé avec un bouchon percé de deux ouvertures O, O' dans lesquelles passent les deux tubes $t\,t'$.

Il faut avoir l'attention de mettre au-dessus du kaolin du coton cardé, que l'on tasse afin d'empêcher qu'il ne se déplace et ne se mêle ainsi avec les produits de l'électrisation des substances en petits morceaux ou en poudres, soumis à l'expérience.

Au lieu d'opérer avec des lames de platine ou de simples fils de ce métal, on peut faire usage de deux spirales, et introduire les deux bouts de fil $a\,b$ et $a'\,b'$ dans des tubes de verre, pour que le courant débouche seulement dans le liquide par les spires des deux spirales.

Dans les premiers instants de l'expérience, vu la mauvaise conductibilité de l'eau distillée et la lenteur avec laquelle marche la décomposition électro-chimique, l'endosmose est à peu près nulle, puis l'hétérogénéité entre les liquides est à peine sensible ; il devient plus facile alors d'étudier la nature des produits liquides formés.

Si l'on veut se mettre tout à fait à l'abri des effets résultant du contact des électrodes et du verre, on fait usage de tubes de platine A, B, fig. 19, d'un petit diamètre, fermés par un de leurs bouts et communiquant ensemble au moyen d'une mèche de coton ou d'asbeste lavée dans l'eau acidulée par l'acide nitrique.

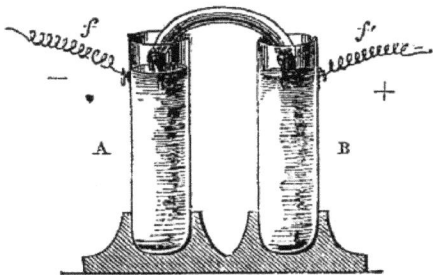

Fig. 19.

Ces tubes, disposés comme il est dit, ont l'inconvénient de diffuser trop le courant, qui n'agit plus alors aussi énergiquement que lorsqu'il débouche dans des liquides par de petites surfaces ; aussi n'emploie-t-on cet appareil que lorsqu'on veut agir sur des substances réduites en poussière qui en remplissent toute la capacité.

Au moyen de ces dispositions, il est facile de voir comment agissent l'oxygène, l'hydrogène et d'autres corps à l'état naissant dans leur contact avec le soufre ; les produits formés réagissent les uns sur les autres, et en définitive on obtient de l'acide sulfurique, du soufre précipité et de petites quantités de sulfate de soude et de chaux, et même de strontiane.

Prenons d'abord le soufre natif de Sicile en cristaux et parfaitement lavé, afin d'enlever tous les corps étrangers qui adhèrent à sa surface.

On peut encore employer deux capsules en agate, communiquant ensemble au moyen d'une mèche de coton ou d'asbeste, du soufre en poussière ou en petits fragments et de l'eau distillée. La capsule positive doit être de grande dimension, relativement à l'autre, afin que, lorsque l'eau de celle-ci s'évapore, elle puisse en prendre à l'autre sans que son niveau change sensiblement.

Quant aux électrodes, il ne faut pas prendre de trop grandes

surfaces, afin d'éviter de ne pas diminuer sensiblement l'intensité du courant qui débouche dans le liquide; nous nous sommes
servi avec avantage de pinceaux en fils de platine, qui ont
un grand nombre de points de contact avec la matière pulvérisée.

Si les électrodes ne touchent pas au soufre, l'eau seule est décomposée; l'électrode positive touche-t-elle cette substance, il y
a production d'acide sulfurique, résultant de la combinaison du
soufre avec l'oxygène à l'état naissant; l'action s'accélère de plus
en plus au fur et à mesure que l'eau s'acidifiant conduit mieux
l'électricité.

Le contact est-il établi, au contraire, avec l'électrode négative,
il y a formation, dans le tube ou la capsule correspondante d'acide sulfhydrique, de sulfhydrate de soude, de chaux et quelquefois même de strontiane; du côté positif, on trouve de l'acide
sulfurique avec précipitation de soufre, effets dus à l'action de
l'acide sulfurique sur les sulfhydrates qui ont passé peu à peu du
côté positif.

Les combinaisons de soufre donnent des résultats analogues;
nous prendrons d'abord le sulfure de carbone : ce composé, qui
est un des plus mauvais conducteurs liquides de l'électricité que
l'on connaisse, se prête très-bien à la décomposition électro-chimique. Quoiqu'il soit insoluble dans l'eau, il s'y trouve néanmoins
en suspension en parties très-ténues, qui lui communiquent son
odeur caractéristique, et en d'autant plus grandes proportions
que la température est plus élevée. Cette extrême division du sulfure de carbone dans l'eau facilite singulièrement la décomposition, attendu que les deux électrodes sont constamment en
contact avec du sulfure de carbone dans un grand état de division, en présence de l'eau, état très-favorable à l'action décomposante du courant. Il se produit, du côté positif, de l'acide sulfurique et de l'acide carbonique; du côté négatif, de l'acide
sulfhydrique, de l'hydrogène carboné, ainsi que des sulfhydrates,
dont les bases sont fournies par les vases ou par la réaction de
l'hydrogène à l'état naissant.

On dispose les deux électrodes dans des vases différents A et B,
fig. 20, remplis d'eau distillée et au fond desquels on met du sulfure de carbone; on y adapte deux éprouvettes dans lesquelles
passent deux fils de platine f, f', ayant à leur extrémité inférieure deux lames de même métal l l'; ces éprouvettes sont

destinées à recueillir les gaz dégagés sur les lames; *t t'* est un
tube recourbé dans lequel passe une mèche de coton servant à
établir la communication entre A et B. Les deux fils sont mis
en relation avec les deux pôles d'une pile de 30 à 40 couples à

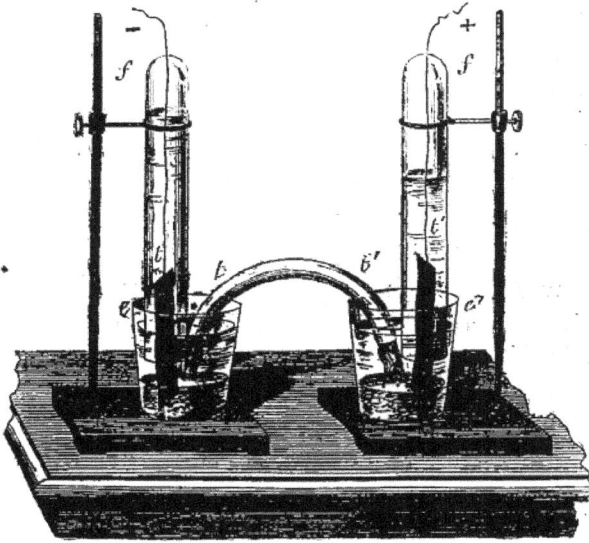

Fig. 20.

sulfate de cuivre; les deux éprouvettes entrent avec frottement
dans des bouchons fermant les deux vases et dans lesquels passent les deux bouts du tube *t t'*; on les immerge jusqu'à ce que
les bords inférieurs soient situés à peu de distance de la surface
du sulfure de carbone.

Aussitôt que la communication est établie avec la pile, on voit
peu à peu l'éprouvette négative se remplir de gaz; tandis que
dans l'autre il s'en dégage très-peu. Dans celle-ci, il se produit
de l'acide sulfurique et de l'acide carbonique; dans l'autre, de
l'acide sulfhydrique, de l'hydrogène carboné et même du sulfhydrate de soude. Quand l'eau est devenue suffisamment conductrice, la décomposition marche plus rapidement; d'un autre côté,
la chaleur dégagée pendant toutes ces réactions par le passage
de l'électricité augmente la quantité du sulfure de carbone en
suspension dans l'eau, et par suite la somme d'actions chimiques
produites; en quelques jours tout le sulfure est décomposé si

l'on dispose surtout l'appareil pour que les lames de platine soient placées très-près du sulfure de carbone.

Les sulfures métalliques, selon qu'ils sont à bases plus ou moins réductibles, sont décomposés par l'électricité à forte tension, et il en résulte des effets différents :

Le cinabre, dans un grand état de division, mis en contact avec l'électrode négative, donne de l'acide sulfhydrique et du mercure qui se sulfure peu à peu dans son contact avec cet acide. Il se forme aussi de l'acide sulfurique dans le vase positif, quand par voie de mélange l'acide sulfhydrique commence à y arriver.

Les sulfures d'argent et de cuivre se comportent de même; dans les conditions semblables d'expérimentation; mais il n'en est pas de même des sulfures, qui peuvent se transformer en sulfures basiques quand on leur enlève une partie de leur soufre; c'est ce qui arrive avec les sulfures de plomb, de fer et les doubles sulfures de cuivre et de fer appelés cuivre pyriteux; ces sulfures résistent à la décomposition dans les conditions où nous avons opéré et pendant le temps limité dont nous disposions.

Si, au lieu d'opérer avec de l'eau distillée, on ajoute à celle-ci une très-petite quantité de soude caustique, on accélère la réaction en même temps qu'on en fait naître de nouvelles, par suite de l'affinité du soufre pour l'alcali; en soumettant à l'expérience dans le vase négatif un morceau de cuivre pyriteux du poids de 30 grammes, en vingt-quatre heures il se trouve désagrégé et toutes les parties sont irisées, sans apparence de cuivre métallique : ce minerai a tout à fait l'aspect du cuivre panaché naturel, ou sulfuré basique. En même temps que la transformation s'effectue, il se produit dans le vase négatif de l'acide sulfhydrique et du sulfhydrate qui finissent par être décomposés électro-chimiquement dans le vase positif, avec formation immédiate d'acide sulfurique, quand ces produits y passent par voie de mélange.

En soumettant à l'expérience du cuivre pyriteux recouvert de cuivre carbonaté vert fibreux, avec de l'eau distillée, faisant usage d'une pile composée de dix éléments, et prenant pour électrode négative un fil de platine passé dans un tube de verre fermé à la lampe par une de ses extrémités, de manière à ne laisser en dehors qu'un bout de fil de quelques millimètres de long, et que l'on applique sur le carbonate, ce dernier est décomposé de proche en proche; le cuivre métallique apparaît aussitôt à la place du carbonate, et conserve sa texture fibreuse par un effet de cémentation ; en même temps, le cuivre pyriteux se désagrége et se change en sulfure basique.

Avec le carbonate bleu de cuivre et de l'eau distillée et 5 ou 6 couples à sulfate de cuivre, on obtient au pôle négatif de l'oxyde noir de cuivre qui se transforme peu à peu en carbonate vert gélatineux, qui vient surnager à la surface de l'eau ; avec 20 couples le cuivre est amené à l'état métallique dans un grand état de division.

Les sulfates insolubles éprouvent également des effets semblables de la part des gaz et autres substances à l'état naissant ; avec le sulfate de plomb on obtient les effets suivants : Si l'on place le sulfate de plomb dans un tube positif en établissant toujours le contact avec l'électrode positive, l'eau est décomposée ; l'oxygène devenu libre fait passer l'oxyde de plomb à l'état de peroxyde, qui se dépose sur cette électrode, et l'acide sulfurique devient libre, et se répand peu à peu dans l'eau du vase intermédiaire. Dans les premiers temps, quand il n'y a que de l'eau distillée dans l'appareil, l'action du courant est d'abord très-faible ; elle s'accélère au fur et à mesure que l'acide sulfurique se répand dans l'appareil. Si le sulfate est placé au pôle négatif, il y a réduction de l'oxyde. En opérant avec la galène au lieu du sulfate de plomb, suivant le tube où on la met, il y a formation de sulfate de plomb ou réduction de plomb, avec production d'acide sulfhydrique qui réagit sur le plomb réduit, de manière à reformer du sulfure de plomb.

Le carbonate de plomb et les autres sels donnent lieu à des effets semblables, ne différant entre eux qu'en raison de la nature des acides combinés avec l'oxyde de plomb.

Qu'arrive-t-il, en soumettant à l'expérience, dans les mêmes conditions que ci-dessus, des sulfates terreux insolubles, tels que le sulfate de baryte, etc., et les plaçant au pôle négatif? La décomposition a également lieu, la base se dépose sur la lame négative, où elle se combine avec le gaz acide carbonique de l'air.

Au lieu d'opérer avec l'appareil décrit précédemment, on peut se borner à prendre deux capsules de porcelaine remplies d'eau distillée et communiquant ensemble par l'intermédiaire d'une mèche de coton ou d'asbeste lavée avec de l'eau acidulée par l'acide nitrique ; on dispose l'appareil de manière que les fils

ou lames de platine ne touchent que les substances mises en expérience avec les capsules, afin d'éviter des réactions sur les
substances dont elles sont composées.

Quand on opère avec le sulfate de plomb, obtenu par précipitation et placé dans un des tubes de l'appareil, le vase intermédiaire et l'autre tube ne contenant que de l'eau distillée, le
contact en outre étant établi avec l'électrode négative, du plomb
métallique ne tarde pas à paraître sur cette dernière, en même
temps que l'acide sulfurique se rend dans le tube positif, sans
que l'on trouve de traces de cet acide dans l'eau du vase intermédiaire ; l'acide sulfurique n'est donc pas parvenu dans le tube
par voie de mélange successif, mais bien par l'action directe du
courant sur la combinaison d'eau et d'acide qui se forme à l'instant où l'oxyde de plomb s'en sépare dans le tube négatif. C'est
donc par une série de décompositions et de recompositions que
l'acide sulfurique arrive dans le tube positif.

Si l'on substitue au sulfate de plomb, dans le tube négatif, le
sulfate de baryte, en établissant toujours le contact avec l'électrode négative, ce sulfate est décomposé, le baryte devient libre
et l'on retrouve l'acide sulfurique dans le tube positif. Il y a une
différence, toutefois, dans les deux cas : dans le premier, il y a
réduction du plomb au moyen de l'hydrogène à l'état naissant ;
dans le second, peut-on admettre que la baryte l'est également,
et que, par un effet secondaire, il se reforme immédiatement de
la baryte par la décomposition de l'eau ? On ne saurait le dire.

Parmi les autres composés soumis à l'expérience, nous citerons
l'arséniate de cobalt, qui a donné des résultats intéressants. Ce
composé, soumis à l'action d'une pile de 40 éléments à sulfate
de cuivre, avec de l'eau distillée, a donné les résultats suivants :
il s'est formé en peu d'heures, autour du fil négatif, un dépôt
abondant verdâtre au milieu duquel se trouvait une substance
ayant un aspect métallique s'étendant sous le pilon du mortier
d'agate, et qui n'était autre chose que de l'arséniure de cobalt
résultant de la réaction de l'hydrogène à l'état naissant sur l'arséniate. Le dépôt verdâtre, traité par l'acide chlorhydrique, a
donné une dissolution d'une couleur d'un beau vert; étendue
d'eau, elle est devenue brun foncé; la dissolution ammoniacale
a pris une teinte légèrement rosée.

Ce dépôt paraît donc être un mélange d'arsénite et probablement d'arséniate de cobalt, tenu en dissolution au moyen de

l'acide arsénique devenu libre au pôle positif. On trouve dans la dissolution du sulfo-arséniure de cobalt.

La dissolution du sulfhydrate d'ammoniaque donne un précipité brun noir de sulfure de cobalt. Avec l'hydrogène sulfuré, il y a un précipité très-abondant de sulfure d'arsenic.

La dissolution acide formée au pôle positif saturée avec l'ammoniaque donne une dissolution rouge de vin ; elle précipite en rouge brique un peu clair avec le nitrate d'argent et abondamment avec le nitrate de baryte ; il y a cependant peu d'acide sulfurique ; le précipité provient peut-être d'un arséniate de baryte.

La dissolution est donc de l'acide arsénique tenant en dissolution de l'arséniate et de l'arséniure de cobalt.

§ III. — *De l'action de l'électricité à faible tension sur les substances insolubles.*

Nous allons passer successivement en revue l'action de l'électricité à faible tension sur un certain nombre de substances insolubles comme les carbonates, oxydes, silicates de cuivre, de plomb, d'argent, etc.

On a mis dans un tube de verre du carbonate de cuivre, une solution saturée de sel marin, une lame de fer, et l'on a fermé hermétiquement le tube. Peu à peu le carbonate, de bleu est devenu noir, la lame s'est recouverte de cuivre métallique et la décomposition a fini par être complète. Le tube renfermait un décigramme de carbonate hydraté de cuivre. Il est hors de doute, d'après les effets produits, que, dans les diverses réactions qui ont eu lieu au contact de l'eau, du sel marin, du carbonate de cuivre et du fer, le carbonate hydraté n'ait été d'abord décomposé sous l'influence voltaïque en eau et en carbonate anhydre, c'est-à-dire que l'eau s'est transportée sur le fer à la manière des acides. Quand l'expérience se fait au contact de l'air, il se précipite de l'oxyde de fer.

En substituant au fer une lame de plomb, il y a également décomposition du carbonate de cuivre, sans qu'on observe bien sensiblement le passage du carbonate hydraté au carbonate anhydre, puis formation de double chlorure de plomb et de sodium qui cristallise en jolis rhomboèdres, de carbonate de plomb et probablement de chloro-carbonate en cristaux aciculaires. La liqueur devient légèrement alcaline par suite de la soude mise à nu. Les diverses substances qui résultent des réactions électro-chimiques sont tellement mêlées les unes avec les autres, qu'il est très-difficile de les séparer.

Prenons actuellement du carbonate d'argent, de l'eau distillée et une lame de plomb, le tout disposé comme dans les expériences précédentes; le carbonate ne tarde pas à être décomposé; la partie adhérente au verre forme en divers endroits une surface continue et brillante comme si le verre était étamé, preuve de l'influence des surfaces sur l'action électro-chimique. La lame de plomb se recouvre de carbonate hydraté de plomb en petites lamelles nacrées. Ce carbonate, comme celui de cuivre, ne peut être décomposé qu'en admettant que les effets électriques produits dans l'oxydation du métal, au contact de l'eau et de l'air, sont capables de séparer les éléments des sels métalliques insolubles soumis à leur action.

En substituant au plomb une lame de cuivre ou de fer, le carbonate d'argent est également décomposé, mais plus rapidement encore qu'avec le plomb. Une partie du gaz acide carbonique se dégage; l'autre forme avec l'oxyde de cuivre du carbonate vert, qui se change peu à peu en carbonate bleu, sous la forme de cristaux microscopiques. L'argent métallique résultant de la décomposition du carbonate est mêlé de très-petits cristaux de protoxyde de cuivre, provenant probablement de la décomposition du carbonate de cuivre nouvellement formé et de celui qui se trouvait dans le carbonate d'argent.

Les silicates des métaux dont les oxydes sont facilement réductibles, sont également décomposés dans leur contact avec l'eau et les lames de métal oxydable. Nous citerons particulièrement les silicates de cuivre, d'argent et de plomb, mis en contact avec des lames de plomb, de fer, de zinc ou de cuivre.

Le silicate de cuivre est décomposé par les lames de fer et de plomb : l'oxyde métallique est réduit et la silice se dépose sous forme gélatineuse.

Si l'on opère avec une lame de zinc recouverte ou non de cuivre, dans la partie en contact avec le silicate, il se produit des effets qui ne pouvaient être prévus à priori, attendu qu'ils ne ressemblent en rien à ceux que l'on obtient avec les autres métaux. La lame ne tarde pas à prendre une couleur bleue très-intense, tirant sur le noir, tant qu'elle se trouve dans l'eau; mais, si on l'en retire et qu'on la fasse sécher, la couleur bleue est bien manifeste. La surface du zinc se recouvre de petits tubercules bleus qui font effervescence avec les acides et donnent des sels de cuivre. Traités par l'ammoniaque, ils s'y dissolvent en partie et laissent du cuivre métallique dans un grand état de division. Dès lors, dans la réaction très-lente du zinc sur le silicate de cuivre par l'intermédiaire de l'eau distillée, il se dépose du cuivre métallique, du deutoxyde anhydre de cuivre, dont une partie se combine avec l'acide carbonique transmis à l'eau par l'air. Or, comme la réaction s'opère dans toute l'étendue de la lame, bien qu'elle ne soit en contact que dans une petite partie avec le silicate de cuivre, il faut donc admettre que ce dernier est faiblement soluble dans l'eau, à l'aide de l'acide carbonique de l'air.

Pendant tout le temps que s'effectuent les diverses réactions dont nous venons de parler, il se dégage une quantité assez notable de gaz hydrogène, provenant de la décomposition de l'eau. Nous devons ajouter que, dans ces diverses réactions, il se forme des grains cristallins de carbonate de zinc, dans lesquels on reconnaît la forme rhomboïdale. Nous répétons encore que les divers produits qu'on obtient dans la réaction du zinc sur le silicate de cuivre, par l'intermédiaire de l'eau, ne pouvaient être prévus, puisqu'ils dépendent du rapport entre les effets électriques produits dans l'oxydation du zinc et les affinités des divers éléments qui se combinent.

En opérant avec de l'oxyde de cuivre hydraté ou du carbonate vert de cuivre, au lieu de silicate, l'oxyde est réduit sans qu'il y ait formation de carbonate bleu, et il se dépose sur la lame de zinc des grains cristallins de carbonate de zinc. L'eau est également décomposée, mais moins abondamment.

Les arséniates et les phosphates des métaux oxydables ont été soumis également avec succès au même mode d'expérimentation, particulièrement les sous-arséniates et le sous-phosphate d'argent. Leur décomposition s'est effectuée assez rapidement; l'oxyde d'argent a été réduit, l'acide devenu libre s'est combiné avec l'oxyde nouvellement formé. En employant une solution de chlorure de sodium au lieu d'eau distillée, on obtient des doubles combinaisons.

Avec l'arséniate d'argent, l'eau distillée et le plomb, il s'est déposé sur celui-ci des lamelles cristallines d'un blanc nacré d'arséniate de plomb, l'eau est devenue assez fortement acide par la présence de l'acide arsénique. Or, comme un équivalent d'arséniate d'argent, quand il est décomposé par le plomb, doit donner naissance à un équivalent d'arséniate de plomb, il faut donc que l'arséniate formé ne soit qu'un sous-sel; la quantité que l'on en a obtenue est encore trop faible pour qu'on puisse en faire l'analyse.

En opérant avec l'arséniate d'argent, l'eau distillée et une lame de cuivre, le sel métallique est également décomposé, l'oxyde d'argent est réduit, et il se forme des cristaux aciculaires d'arséniate de cuivre d'un vert tendre.

Le chromate de plomb cristallisé en aiguilles s'obtient facilement en vertu d'actions électro-chimiques très-lentes en opérant comme il suit: on introduit dans un tube d'un décimètre de long et fermé par un bout du kaolin humecté d'une dissolution concentrée de chlorure de chrome, sur cinq centimètres de haut; puis, après avoir versé dessus de la dissolution du même chlorure, on introduit dans le tube un couple formé d'une lame de plomb et d'un fil de platine, la lame étant entièrement dans l'argile; quelques années après on commence à apercevoir au contact du kaolin et de la dissolution des cristaux rouges orangés en aiguilles qui ne peuvent appartenir qu'au chromate de plomb. La réaction de la dissolution sur le plomb a constitué un couple en vertu duquel le plomb a été le pôle positif et le platine le pôle négatif; il a dû se former un double chlorure de plomb et de chrome, en même temps que l'eau a été décomposée ainsi que le double chlorure. Il est à croire que le chromate de plomb s'est produit pendant toutes ces réactions électro-chimiques.

Ces expériences étant variées de mille manières peuvent donner naissance à des produits électro-chimiques qui ne peuvent manquer d'intéresser la chimie et la géologie.

On peut opérer également sur des composés insolubles qui ne contiennent pas d'oxyde métallique. Nous prendrons pour exemple l'iodure du soufre, qui laisse dégager facilement de l'iode. Si, après l'avoir broyé en parties très-ténues, on le met dans un tube de verre avec de l'eau et une lame de plomb, l'eau se charge peu à peu d'iode, il se forme promptement des cristaux d'iodure de plomb de plusieurs millimètres d'étendue, des cristaux d'iode très-nets se déposent sur le plomb et sur la paroi du tube, et le soufre est insensiblement mis à nu.

Si l'on substitue au plomb une lame d'étain, la décomposition de l'iodure de soufre dans un tube à petit diamètre paraît marcher plus rapidement. Dans l'espace de vingt-quatre heures, il se dépose sur la lame des aiguilles d'un periodure d'étain de couleur orangée, qui deviennent jaune clair quand on les traite par l'eau bouillante.

Avec le cuivre on obtient des effets analogues.

§ IV. — *Alteration des métaux, considérée comme action électro-chimique.*

Pour bien se rendre compte de quelle manière influent les effets électro-chimiques sur les changements que peuvent éprouver les métaux au contact de l'air humide et les divers agents chimiques qui se trouvent dans l'atmosphère, il faut partir de ce principe, que lorsqu'un corps oxydable ou attaquable par un agent quelconque est en contact avec un oxyde ou un autre corps conducteur, et qu'ils sont recouverts l'un et l'autre d'une couche d'humidité, il en résulte une action électro-chimique en vertu de laquelle ce corps est plus attaqué que s'il n'était pas en contact avec l'autre corps.

Sans la présence de l'oxyde, l'électricité dégagée serait perdue et ne pourrait en rien contribuer à activer l'action chimique qu'éprouve le métal; dans ce cas, et toutes les fois qu'il y a décomposition de l'eau en présence de matières organiques, il y a ordinairement formation d'ammoniaque sur l'oxyde ou le composé qui constitue le pôle négatif. Telle est la base sur laquelle on doit s'appuyer pour interpréter les changements plus ou moins rapides qu'éprouvent les métaux exposés à l'influence des agents atmosphériques ou autres. Nous allons citer quelques exemples, et en premier lieu ceux que nous présentent le fer et la fonte, qui s'altèrent l'un et l'autre d'autant plus vite qu'il y a déjà quelques points oxydés sur leur surface.

En général, les alliages de fer et de différents métaux sont beaucoup moins oxydables que le fer, quoique les molécules de ces alliages constituent autant de couples voltaïques. Cela tient à ce que la force de cohésion, qui est plus grande dans les alliages que dans les métaux purs, l'emporte quelquefois sur l'action voltaïque. Nous citerons comme preuve de la non-altération d'un alliage ces grandes masses de fer météorique renfermant du nickel et d'autres métaux, et qui se conservent à l'air libre sans altéra-

tion bien sensible depuis un grand nombre de siècles. Cependant
il y a des exceptions : le plomb pur est moins altérable que le
plomb allié à l'étain, car on a trouvé des inscriptions antiques
en plomb pur, parfaitement bien conservées, tandis que d'autres
inscriptions, sur des lames de plomb allié à l'étain, étaient tout
à fait illisibles, à raison de la décomposition de l'alliage.

Revenons à la fonte : la cohésion intervient encore comme
cause qui s'oppose ou qui favorise son altération. C'est ainsi que
la fonte grise ou noire, qui est tendre, moins aigre et plus
poreuse, éprouve une altération, surtout la dernière, à cause du
graphite qu'elle renferme, lequel, dans son contact avec la fonte
ou le fer, détermine des actions voltaïques. La fonte blanche, qui
est dure, aigre et cassante, est peu altérable à l'air. La fonte
truitée, composée des deux précédentes, offre plus de résistance, et s'altère moins que la fonte noire. Passons à d'autres
métaux.

Le cuivre ne décompose pas l'eau à la température ordinaire ;
par conséquent, s'il se trouvait dans un milieu contenant seulement de l'oxygène et de l'eau il ne serait pas sensiblement altéré ;
mais au contact de l'air, renfermant de l'acide carbonique, il y
a formation de carbonate de cuivre. Cette action est d'autant
plus rapide que le corps est déjà recouvert de corps étrangers.
Quand ce métal a séjourné dans l'eau de mer ou dans des localités qui peuvent lui fournir différents éléments, il en résulte de
l'oxychlorure, du protoxyde, du carbonate vert et bleu, et du
bioxyde de cuivre. On trouve même des pièces de monnaie anciennes transformées entièrement en protoxyde sans changement
de forme, ce qui ne permet pas de douter que l'oxygène n'ait été
transporté de l'extérieur à l'intérieur par un effet de cémentation
analogue à celui qui a été précédemment décrit.

Le plomb qui reste exposé à l'air se couvre d'une couche de
sous-oxyde d'un bleu grisâtre, dont la teinte devient de plus en
plus foncée. Ce métal s'altère également dans l'eau, qui acquiert
promptement la propriété de réagir à la manière des alcalis ;
mais son altération sous l'influence des agents atmosphériques
dépend particulièrement de l'état de ses molécules. C'est ainsi
que le plomb laminé éprouve un genre de décomposition assez
singulier : il se fendille, s'effeuille, comme si toutes les parties
se désunissaient, et finit par s'oxyder complétement : aussi évite-
t-on de se servir de lames ainsi préparées quand il s'agit de les

exposer à l'air humide. L'effet produit dépend du défaut d'homogénéité du métal.

A l'instant où ce métal s'oxyde, s'il se trouve dans un milieu où il y ait beaucoup de gaz acide carbonique, il se forme du carbonate de plomb sous la forme de lamelles; si la quantité est moindre et que l'action soit lente en raison du peu d'humidité, on peut avoir des cristaux.

Du reste, le plomb n'est pas le seul métal qui présente une altération plus ou moins prompte suivant son état moléculaire : en général, toutes les fois qu'une lame d'un métal oxydable, parfaitement homogène, est exposée à l'influence d'agents capables de l'altérer, toutes les parties sont également attaquées, et l'action chimique de l'électricité dégagée est nulle; mais, pour peu qu'il ait été ployé ou qu'il y ait un défaut d'homogénéité dans quelques parties, il en résulte aussitôt des couples voltaïques tels que les parties les plus attaquées forment les pôles positifs de ces couples, et ceux qui le sont le moins les pôles négatifs; l'énergie de l'action chimique augmente en raison de l'intensité du courant.

Le contact d'un métal inoxydable, tel que l'or, avec le plomb, suffit pour altérer rapidement ce dernier. En effet on n'a qu'à placer dans un lieu humide une médaille de plomb recouverte d'une feuille d'or appliquée par pression; elle ne tarde pas à se recouvrir d'une poussière blanche de carbonate de plomb, suffisamment épaisse pour masquer entièrement la couleur de l'or. L'air humide réagit sur le plomb à travers les petits interstices de la feuille d'or; l'oxyde de plomb formé se combine avec l'acide carbonique de l'atmosphère, et se dépose peu à peu sur la surface; l'or finit par ne plus adhérer et est enlevé par la pluie. Le dôme des Invalides couvert en plomb avait été doré, lors de sa construction, puis redoré sous le premier empire; en peu d'années, chaque fois, l'or a été enlevé par les causes que je viens d'indiquer.

L'argent, qui n'éprouve aucune altération de la part de l'air humide, se recouvre, dans les lieux habités, d'une couche violette de sulfure de même métal. Le soufre est fourni par les émanations animales et par la décomposition des matières organiques.

§ V. *Des actions lentes sous les influences combinées de l'électricité, de la chaleur et de la pression.*

On peut obtenir des composés insolubles, à l'aide de la chaleur
par la fusion, comme l'ont fait Hall, MM. Berthier, Mitscherlich,
Ebelmen, Gaudin; par la précipitation, comme M. de Senarmont;
enfin par la réaction des composés gazeux et des vapeurs, comme
MM. Gay-Lussac, Daubrée, Deville, etc., etc. Nous avons suivi
une autre direction; j'ai cherché les effets chimiques produits
dans les actions lentes en faisant intervenir l'action de la chaleur sous une pression de plusieurs atmosphères.

Protoxyde de cuivre. — Le procédé électro-chimique à l'aide
duquel on obtient ce produit cristallisé en octaèdres réguliers,
au moyen de la décomposition de l'azotate de cuivre, a été décrit
page 107; la dissolution étant décolorée, il ne reste plus dans
l'eau que du nitrate d'ammoniaque : dans l'action électro-chimique, l'eau et l'acide nitrique sont décomposés.

Il en est tout autrement en opérant à la température de 100°
sous une pression de 4 à 5 atmosphères; la décomposition électro-chimique, au lieu de produire des cristaux de protoxyde de
cuivre, donne des cristaux de sous-azotate $(4, Cu\,O, Azo^6)$; la chaleur et la pression modifient donc les effets électriques résultant
des diverses réactions précédemment indiquées. Quelle est cette
modification? Il est assez difficile de le savoir au juste, car elle
dépend de la manière dont le cuivre a été attaqué par la partie
de la dissolution en contact avec le deutoxyde et de la différence
de composition des deux dissolutions. Il peut se faire aussi que
la chaleur, en mêlant la dissolution d'azotate de cuivre qui occupe la partie supérieure avec celle qui humecte l'oxyde, détruise
l'action électro-chimique.

Il est possible néanmoins, et c'est ce qui donne de la vraisem-
blance à la dernière opinion, de produire électro-chimiquement
les mêmes cristaux de protoxyde en opérant dans les mêmes
conditions de température et de pression, mais sans faire intervenir le deutoxyde, comme précédemment. Si l'on plonge dans
la dissolution de nitrate une lame ou un fil de cuivre, il se forme
des cristaux imperceptibles, même à la loupe, de protoxyde de
cuivre; il n'en est plus de même si le cuivre a été entouré d'un
fil de platine de manière à constituer un couple voltaïque : il se

produit alors de nombreux cristaux de protoxyde très-nets, qui prennent de l'accroissement en peu de temps, et qui finissent par avoir un demi-millimètre de côté.

Sulfure de cuivre. Les procédés qui précèdent, modifiés comme il suit, servent à obtenir cristallisé ce composé. On prend un tube de 8 à 10 millimètres de diamètre intérieur et de 2 décimètres de long, fermé par un bout; on le remplit au quart d'eau distillée, puis on y introduit une lame de cuivre autour de laquelle est enroulé un fil de platine, et un tube de 4 à 5 millimètres de diamètre et de 1 à 2 décimètres de longueur, fermé par un bout et rempli presque entièrement d'une dissolution de sulfhydrate d'ammoniaque. On ferme le tube et on le place dans une étuve chauffée à 120°, avec une dissolution de chlorure de calcium. Le sulfhydrate se volatilise, se dissout peu à peu dans l'eau, tandis qu'une partie de la vapeur libre exerce une pression intérieure qui retarde la volatilisation. Le sulfhydrate dissous réagit lentement sur le cuivre, et il en résulte des cristaux de cuivre sulfuré en prismes à six pans, empilés les uns sur les autres comme ceux que l'on trouve dans les mines de Cornouailles. Ces cristaux ont le même faciès que ces derniers; à leur aspect, d'un gris de fer éclatant, on croirait qu'ils auraient été formés par voie ignée.

En supprimant le fil de platine pour qu'il n'y ait plus d'effet électro-chimique, la réaction sur le sulfhydrate a également lieu, mais les cristaux restent confus et imperceptibles.

Pendant la durée de l'opération, l'eau dans laquelle se trouve le couple reste constamment incolore, ce qui prouve que la réaction s'effectue au fur et à mesure que le sulfhydrate se dissout dans l'eau.

Voici comment on peut établir la formule de cette réaction :

$$Az\, H^3,\, HS + Cu = CuS + AzH^3 + H$$

D'après cette formule, il faut que l'ammoniaque et l'hydrogène deviennent libres; aussi, en ouvrant le tube, il se produit une légère détonation et l'eau est alcaline.

Au lieu de faire réagir directement la vapeur du sulfhydrate d'ammoniaque sur le cuivre par l'intermédiaire de l'eau, on opère sur du sulfate de cuivre en petits morceaux concassés ou sur de la litharge; la décomposition s'opère à la surface seulement, ou à une très-petite distance au dessous, et il se produit sur le sulfate de cuivre une pellicule cristalline de sulfure de cuivre d'un aspect métallique plus ou moins irisé; sur la surface des lamelles de litharge, il se forme peu à peu du sulfure de plomb ayant l'apparence de la galène.

L'intervention de la chaleur et de la pression permet d'appliquer avec plus d'efficacité que nous ne l'avons fait jusqu'ici le procédé à l'aide duquel on transforme superficiellement la craie en sous-nitrate de cuivre 4 CuO, Az O^5, 3 HO, et ce dernier en carbonate de cuivre 2 CuO, C O^2, 2 HO, quand on le fait réagir sur une dissolution de bicarbonate de soude. Ce procédé consiste à mettre successivement en digestion de la craie ou un morceau de calcaire poreux, d'abord dans une dissolution neutre de nitrate de cuivre, ensuite dans une dissolution de bicarbonate de soude; en premier lieu il se forme un sous-nitrate de cuivre avec dégagement de gaz acide carbonique, et en second lieu le sous-nitrate se change en carbonate, puis en double carbonate de soude et de cuivre.

On conçoit très-bien qu'en opérant avec des tubes fermés, avec l'action de la chaleur et sous une pression de plusieurs atmosphères, la décomposition pénètre dans l'intérieur, et le gaz acide carbonique, qui se trouve alors sous une certaine pression, réagit sur les composés déjà formés, puisqu'en brisant le tube il ne se dégage pas de gaz.

En examinant les produits, on trouve :

1° De l'azotate de chaux en aiguilles;

2° Du sous-azotate de cuivre;

3° Du carbonate vert 2 CuO, CO^2, 2 HO, en petits tubercules d'un vert émeraude faisant effervescence avec les acides;

4° Du carbonate bleu en petits mamelons d'un bleu-azur très-beau 3 Cu O, 2 CO^2, HO. Ce dernier est insoluble dans l'eau et fait effervescence avec les acides. On voit donc ici associés ensemble, comme dans la nature, le carbonate vert et le carbonate bleu de cuivre.

La production de l'azotate de chaux et du sous-azotate de cuivre résulte de la réaction directe de la dissolution de l'azotate de cuivre sur le calcaire; quant à celle des deux carbonates, il faut admettre que le gaz acide carbonique, sous une certaine pression et à l'aide de la chaleur, décompose le sous-nitrate de cuivre, de manière à former, d'une part, les deux carbonates de cuivre, de l'autre, de l'azotate de cuivre, qui réagit sur le calcaire.

La plupart du temps, en opérant à la température ordinaire avec des appareils électro-chimiques simples, les composés formés sont des doubles combinaisons qui cristallisent parfaitement; ces composés se dédoublent ensuite peu à peu : c'est ainsi qu'après avoir obtenu des doubles sulfures, des doubles chlorures, iodures, bromures, on arrive à des sulfures, des chlorures, etc., etc., simples métalliques. Mais il n'en est plus de même à une température de 100 à 150°, sous une pression de plusieurs atmosphères. Ces doubles combinaisons la plupart du temps ne se forment pas, et l'on voit apparaître les combinaisons simples; c'est ce que l'on a observé à l'égard des iodures, des bromures, etc., de plomb, de cuivre et d'argent. Ces doubles combinaisons étant formées en vertu d'affinités moindres que celles qui président à la formation des composés simples, on conçoit très-bien que la chaleur s'oppose à leur formation.

Voici comment on opère : on introduit dans un tube fermé par un bout, de 1 centimètre de diamètre et de 2 décimètres de long, deux autres tubes un peu moins longs, ouverts par les deux bouts, et dont l'un contient une dissolution étendue de chlorure de sodium avec une lame de zinc, et l'autre une dissolution d'un iodure, d'un bromure, etc., alcalin, avec une lame de plomb, d'étain ou d'argent. On met en communication les deux métaux, et on verse une petite quantité d'eau dans le grand tube que l'on ferme ensuite à la lampe; on porte ce tube dans l'étuve, et il s'opère les réactions dont il vient d'être question.

En résumé, on voit que les actions combinées de la chaleur et de la pression augmentent les effets des actions lentes dans les phénomènes chimiques et les phénomènes électro-chimiques, actions qui intéressent les sciences physico-chimiques et la géologie.

§ VI. — *De la dialyse dans ses rapports avec les forces électro-capillaires.*

Dutrochet a reconnu que, dans l'endosmose, les dissolvants traversent à peu près seuls la cloison, et que, dans l'exosmose, ce sont les sels qui sortent; M. Graham a découvert qu'il fallait en excepter les colloïdes que l'on pouvait séparer ainsi des sels; de là la dénomination de dialyse qu'il a substituée à celle d'exosmose. Cette question a été traitée dans le chapitre III, livre III, pages 148 et suivantes.

Or que se passe-t-il dans l'appareil ? Les deux liquides en contact prennent : la solution acide, l'électricité positive; et l'eau, l'électricité négative. Il doit donc y avoir des effets électro-capillaires tels qu'il en résulte un courant électrique dirigé de l'eau à l'acide, par conséquent, du pôle positif au pôle négatif; d'après ce qui a été dit sur l'endosmose, il doit y avoir transport de liquide, de l'eau dans la dissolution acide, comme on l'observe effectivement.

Nous rappèlons à cette occasion le tableau de la page 164 où se trouvent un certain nombre de résultats numériques d'osmose obtenus avec des diaphragmes membraneux entre des dissolutions salines et l'eau, ainsi que l'état électrique de ces dissolutions par rapport à ce dernier liquide. On voit que dans la plupart des cas l'osmose a lieu du côté de la dissolution qui se comporte comme acide.

Pour étudier les effets d'endosmose et le passage des substances salines au travers

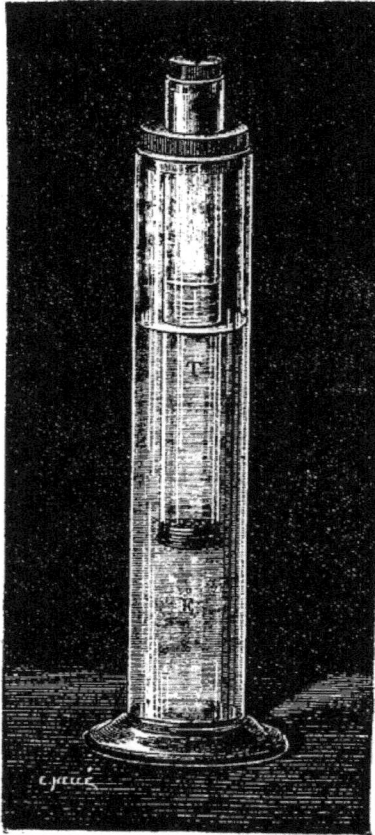

Fig. 21.

des cloisons perméables, on peut opérer avec les appareils, précédemment décrits pages 148 et suivantes, ou bien simplement au moyen d'un tube de verre d'environ deux décimètres de longueur fermé par le bout inférieur avec du papier parchemin et plongeant dans une éprouvette remplie d'eau ou d'un autre liquide, comme le représente la figure ci-contre 21; nous avons déjà mentionné ce procédé simple d'expérience.

Les effets produits en séparant deux dissolutions l'une de l'autre sont fort complexes, et il est difficile d'en tirer des conséquences générales : cependant nous citerons quelques exemples parmi les nombreuses observations qui ont été faites [1].

On a mis dans le tube une solution de nitrate de cuivre et dans l'éprouvette de l'oxalate de potasse saturé ; la première solution a pris l'électricité positive, et l'oxalate la négative. Il y a eu endosmose dans le tube où se trouvait le nitrate, laquelle a été dirigée dans le même sens que le courant électrique allant du pôle + au pôle —. De l'eau de la dissolution d'oxalate a passé dans le tube en emportant du nitrate de potasse, produit de la réaction des deux sels l'un sur l'autre, tandis que le double oxalate de cuivre et de potasse a cristallisé en formant des stalactites tuberculeuses ayant quelquefois plusieurs centimètres de longueur.

Avec une solution de sulfate de cuivre dans le tube, et une autre de phosphate de soude dans l'éprouvette, on a eu encore un courant d'endosmose vers le tube, ou dirigé du liquide qui prend l'électricité négative au liquide qui prend la positive, c'est-à-dire du pôle positif au pôle négatif ; l'eau transportée contenait du sulfate de soude, et le dépôt cristallin formé sur la face positive a été un double sulfate de cuivre et de soude. Les stalactites se sont formées sur la face de la cloison où se trouvait la dissolution qui a traversé plus facilement que l'autre la cloison.

Il arrive quelquefois que les quantités d'eau transportées sont les mêmes. Dans ce cas, les deux niveaux des liquides, dans le tube et l'éprouvette, ne changent pas. En voici des exemples :

Tube. Solution de chlorure de cobalt.
Éprouvette. Solution de phosphate de soude.
} Absence d'endosmose ; formation de double phosphate dans l'éprouvette.

Tube. Solution de sulfate de potasse.
Éprouvette. Solution de chlorure de calcium.
} Absence d'endosmose ; formation de double sulfate cristallisé en aiguilles dans le tube.

Tube. Solution saturée de sulfate de cuivre.
Éprouvette. Solution saturée d'oxalate de potasse.
} Silicate de cuivre cristallisé sur la face de la cloison en contact avec la solution d'oxalate.

[1] BECQUEREL. — 5e mémoire sur les forces électro-capillaires. *Mémoires de l'Académie des sciences*, t. XXXVI, p. 612 et suivantes.

Les doubles décompositions, dans les circonstances de ce genre, donnent souvent lieu à des stalactites du plus curieux effet. Tel est, par exemple, le résultat de l'action du nitrate de chaux sur le sulfate de soude et sur lequel nous avons déjà insisté pages 181 et 223. Si l'on met le nitrate de chaux dans le tube T, et le sulfate de soude dans l'éprouvette E, comme l'indique la figure 22 ci-contre, et de manière que les niveaux des deux liquides soient les mêmes, on ne tarde pas à voir au bout de plusieurs heures des stalactites de sulfate de chaux se former dans la dissolution de sulfate de soude et le liquide monter dans le tube en entraînant du nitrate de soude résultant de la réaction des deux liquides l'un sur l'autre.

Ces stalactites s'allongent les jours suivants, atteignent le fond du vase et peuvent former même des stalagmites qui s'épanouissent contre les parois de l'éprouvette, preuve que les filaments du sulfate de chaux constituent de petits tubes capillaires très-fins, au travers desquels la solution de nitrate de chaux pénètre dans le sulfate de soude de l'éprouvette.

Pour montrer que ce n'est pas une simple filtration qui produit le phénomène, on n'a qu'à mettre la dissolution de sulfate

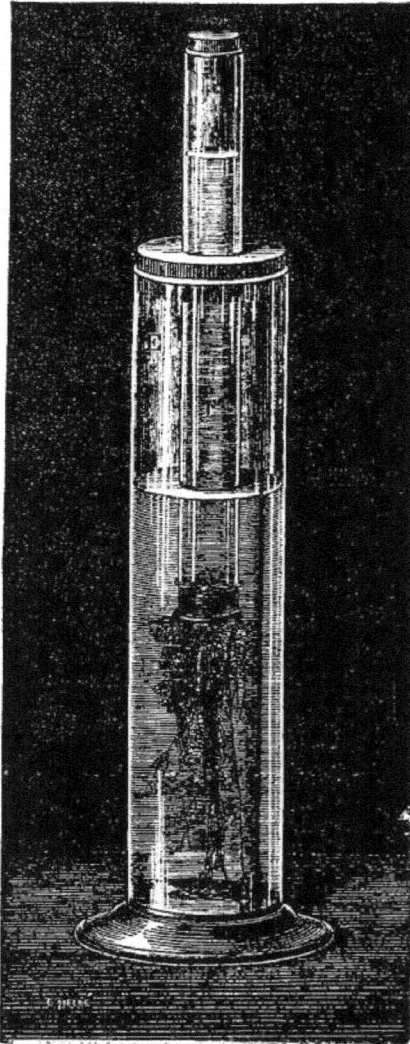

Fig. 22.

de soude dans le tube et le nitrate de chaux dans l'éprouvette, et alors on voit ces petits filaments creux ou stalactites de sulfate de chaux se produire de bas en haut dans l'intérieur du tube, et en apparence contre l'action de la pesanteur. On a vu déjà, page 181, qu'une pression extérieure pouvait néanmoins s'opposer au passage du nitrate de chaux dans le sulfate de soude.

Examinons quels sont les résultats obtenus en plaçant dans le tube une dissolution de silicate de potasse dans l'acide chlorhydrique marquant 10° à l'aréomètre et de l'eau dans l'éprouvette ; l'endosmose n'a pas tardé à se manifester. Il en a été de même quand la dissolution était plus étendue ; l'eau est passée dans le tube, en même temps que l'acide chlorhydrique et le chlorure de potassium ont traversé le papier pour se rendre dans l'éprouvette où on les a retrouvés. On voit donc encore ici l'application du principe établi précédemment, à savoir que l'endosmose est concomitante avec le courant électrique cheminant du pôle positif au pôle négatif, d'après les expériences de Fusinieri et de Porret, et transportant l'eau dans le tube, tandis que le même courant transporte en sens contraire l'acide chlorhydrique et le chlorure de potassium, effet dû au courant d'exosmose, mais la membrane arrête au passage la silice dont la dissolution possède un très-faible pouvoir diffusif. Nous devons faire à ce sujet une observation qui a de l'intérêt : la dissolution acide prend, en effet, l'électricité positive dans son contact avec l'eau et celle-ci l'électricité négative ; mais ces deux électricités diminuent en intensité à mesure que l'eau devient acide, et il arrive un instant où ces états changent de signe ; le maximum a lieu quand tout l'acide chlorhydrique a passé de l'autre côté.

Ne pourrait-on pas attribuer à ce changement la prise en gelée de la dissolution de silice, qui perd de l'eau au bout d'un certain temps, attendu que l'on n'a que la différence entre les deux effets produits ?

On voit donc que le phénomène de la dialyse a des rapports avec l'action mécanique du courant électrique produit dans la réaction des deux liquides ; avec cette condition, toutefois, que la cloison poreuse arrête la dissolution de silice à l'aide de son faible pouvoir diffusif.

Les solutions non concentrées de sucre, de gomme arabique, d'albumine, etc., dans leur contact avec l'eau distillée dont elles

sont séparées par du papier-parchemin, prennent l'électricité négative, et l'eau, l'électricité positive; la face du papier en contact
avec l'eau sucrée est le pôle positif et l'autre le pôle négatif; or,
comme le courant d'endosmose va de l'eau à la dissolution de la
substance organique, il s'ensuit que sa direction est celle du
pôle positif et par conséquent opposée à celle de l'endosmose
des substances inorganiques dans leur contact avec l'eau; avec
ces dernières, la direction de l'endosmose est la même que celle
transmise au liquide par les courants électriques ordinaires dans
l'expérience de Porret.

D'où peut donc provenir cette inversion qui est en opposition
avec la loi que nous avons cherché à établir pour montrer comment les courants électriques influent sur la production de l'endosmose et de l'exosmose avec les dissolutions de substances
organiques? Plusieurs causes concourant à la production des
effets observés, il est difficile d'assigner, ici, quelle est celle qui
est prépondérante. Nous nous bornons donc à signaler le fait.

On a vu précédemment que, lorsqu'une cloison poreuse, quelle
que soit sa nature, sépare deux liquides dont l'un est positif et
l'autre négatif, par l'effet des actions de contact, si l'on plonge
dans chacun d'eux une lame de platine en rapport avec un galvanomètre, on a un courant électrique dirigé de la lame positive
à la lame négative en suivant le fil métallique qui joint les deux
lames. Ce courant est invariable quant à sa direction, car la
polarisation des lames diminue beaucoup son intensité, tant que
l'état électrique des liquides n'a pas changé; mais en est-il de
même avec des conducteurs comme les parois des espaces capillaires recouvertes d'une couche de liquide infiniment mince
dont l'état moléculaire est différent de celui du liquide à une
certaine distance? cela est douteux; en effet, si la cloison n'é-
tait pas interposée entre les deux liquides, il n'y aurait pas de
courant électrique, mais bien une recomposition tumultueuse
des deux électricités, au contact, puisqu'il n'existerait aucun
corps conducteur capable d'imprimer une direction à la décharge; il y aurait alors seulement diffusion des deux liquides
de l'un dans l'autre, suivie de réactions chimiques.

Cela posé, voici comment on peut concevoir l'inversion dont
il est question : soit $p\,p\,p'\,p'$ un des pores de la cloison qui sépare deux liquides A et B et dans laquelle se produit d'abord
l'action capillaire, bb étant la ligne de séparation des deux li-

quides : le liquide supérieur est positif et le liquide inférieur
négatif; les parois p, p' sont les conducteurs de l'électricité par
l'intermédiaire desquels s'établit le courant
dit électro-capillaire. Le courant, en suivant les parois, entre dans le liquide B et
revient dans le liquide A en suivant la partie centrale de la cellule et transporte le
liquide de B dans A, tandis que l'électricité négative, en suivant les mêmes parois,
produit un effet inverse et est une des causes du courant d'exosmose moins fort que
l'autre courant.

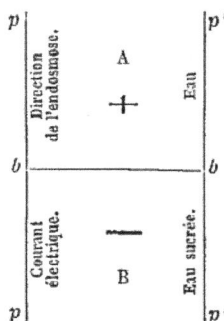

Fig. 23.

Voilà bien ce qui se passe avec les corps
de nature inorganique, bons conducteurs de
l'électricité. Quant aux liquides qui ont une
autre origine, comme l'eau de gomme, l'eau sucrée, etc., ne peut-
on pas supposer que les deux électricités dégagées dans leur contact
avec l'eau, au lieu de suivre les parois de la membrane à cause
de la mauvaise conductibilité des solutions pour se recombiner,
opèrent immédiatement leur recomposition à la surface des deux
liquides, en sorte que le courant irait du liquide positif au liquide
négatif en transportant le liquide supérieur dans le liquide inférieur qui est négatif? Il faudrait alors que la cellule imprégnée
de liquide se comportât comme conducteur liquide et comme
conducteur solide en raison de la capillarité, et que la mauvaise
conductibilité des matières organiques changeât ou modifiât les
rapports existant entre le courant d'endosmose et le courant
électrique agissant comme force mécanique.

Dans l'explication, il faut tenir compte de la propriété du
colloïde, qui doit jouer un certain rôle dans la production du
phénomène.

Le courant du positif au négatif n'est pas la seule cause qui
intervienne dans la production du phénomène, il faut tenir compte
encore des degrés d'hyposcopicité de la cloison séparatrice qui
est prépondérante dans ce cas-ci ; pour éliminer cette cause in-
fluente, il faut opérer avec des cloisons d'argile ou de sable
très-fin.

En résumé, ces recherches conduisent aux conséquences suivantes :

1° Le courant électro-capillaire produit au contact de deux

solutions différentes séparées par une cloison à pores capillaires, agit comme puissance mécanique et comme puissance chimique dans deux sens différents ; il concourt avec le pouvoir diffusif et la propriété hygrométrique de la membrane pour chaque liquide, à la production de l'endosmose et de l'exosmose. Il peut se faire qu'il n'y ait ni endosmose ni exosmose, le niveau restant le même dans les deux liquides, bien qu'il y ait transport des substances dissoutes. Le pôle négatif est la face de la cloison en contact avec le liquide positif, et la face opposée en contact avec le liquide négatif est le pôle positif. C'est ce qui arrive quand on opère avec des tubes fêlés.

2° Lorsque les deux solutions, en réagissant l'une sur l'autre, produisent un précipité, l'endosmose a lieu suivant les principes précédents. Le précipité se dépose ordinairement à l'état cristallin ou amorphe sur la face positive de la cloison. Il y a cependant quelques exceptions.

3° Dans le phénomène de la dialyse, l'influence de l'électricité intervient également, par cela même qu'elle agit dans le même sens que l'exosmose. Lorsque le phénomène a lieu entre deux solutions dont l'une est alcaline contenant de la silice, de l'alumine, etc., etc., et l'autre un sel métallique, il y a là endosmose; mais la silice, comme l'alumine transportée par le courant, traverse souvent les cloisons soit pour se former sur la surface négative un oxyde hydraté cristallisé, soit pour former un silicate ou un aluminate également à l'état cristallin et hydraté. Voilà une des exceptions dont on vient de parler.

4° L'électro-capillarité, indépendamment des phénomènes de réduction et d'oxydation, a donc des rapports avec l'endosmose, l'exosmose et la dialyse, qui sont des phénomènes dus à plusieurs causes.

§ VII. — *De l'action des matières colorantes dans les effets d'endosmose et électro-capillaires.*

En mettant dans le tube de l'appareil décrit plus haut, figurès 24 et 22, de l'eau salée ou sucrée colorée avec le tournesol et de l'eau dans l'éprouvette, il se produit une forte endosmose dans le tube, et à peine si l'on voit des traces au bout de plusieurs jours de la couleur de tournesol dans l'eau; la couleur a donc été arrêtée par la membrane. Avec une solution de nitrate de chaux colorée par le tournesol, dans le tube, et une autre de sulfate de soude dans l'éprouvette, il y a une forte endosmose dans le tube, la matière colorante ne traverse pas la cloison; elle est arrêtée par elle, et souvent même, suivant la porosité, le nitrate ne la traverse pas non plus. En général, les matières colorantes ne franchissent pas facilement les cloisons, même lorsqu'elles sont de nature siliceuse, tout en produisant l'endosmose, au moins celle de l'eau.

En se bornant à colorer préalablement la membrane avant de la fixer au tube, les effets sont quelquefois les mêmes, surtout quand la cloison est serrée. Il faut ranger, parmi les corps exerçant une affinité capillaire sur les matières colorantes qu'ils décolorent, le charbon animal dans un grand état de division. Toutes ces combinaisons diffèrent de celles provenant des affinités chimiques ordinaires, en ce qu'elles s'effectuent en toutes proportions.

Les tissus absorbent également les matières colorantes, mais ils n'ont pas tous cette propriété au même degré; ainsi les tissus de nature animale, tels que la laine et la soie, sont ceux qui en absorbent le plus, tandis que le coton, le chanvre et le lin sont les matières qui paraissent avoir le moins d'affinité pour les principes colorants. Ces propriétés doivent être prises en considération lorsqu'on veut se rendre compte de l'influence qu'exercent les matières colorantes sur les phénomènes électro-capillaires, par cela même qu'elles tapissent les parois des pores des cloisons séparatrices, lesquelles ont certainement une grande influence sur l'action attractive qu'elles exercent à l'égard des liquides qui les mouillent; action qui est la cause déterminante des courants électriques, en facilitant la circulation des courants le long des parois des pores; enfin il faut encore prendre en considération le pouvoir d'hydratation des membranes.

Il est à remarquer qu'avec les membranes animales il y a de fréquentes endosmoses négatives, c'est-à-dire qu'il arrive que le niveau du liquide où s'est dirigée l'endosmose s'abaisse; cet effet peut provenir quelquefois de leur altération, qui produit une filtration, ou bien d'un changement dans la porosité et dans la densité. Dutrochet a constaté, dans d'autres circonstances, que des différences dans la densité changeaient le sens de l'endosmose.

Nous avons indiqué ci-après les résultats d'un certain nombre

d'expériences faites avec des liquides tenant en dissolution diverses matières colorantes :

1re *Expérience*. — Tube : eau salée, saturée, colorée par le tournesol.
    Éprouvette : eau distillée.
    Résultats : endosmose dans le tube; exosmose nulle de la matière
    colorante.

2e *Exp*. — Tube : solution d'eau salée, saturée.
    Éprouvette : eau distillée et tournesol.
    Résultats : endosmose dans le tube; la matière colorante est ar-
    rêtée par le papier-parchemin.

3e *Exp*. — Tube : solution de nitrate de chaux, tournesol; papier-
    parchemin ou baudruche.
    Éprouvette : solution de sulfate de soude.
    Résultats : forte endosmose dans le tube; le tournesol et les sels
    ne sont pas déplacés comme ils le sont sans la présence du tour-
    nesòl.

4e *Exp*. — Tube : solution de sulfate de soude et tournesol.
    Colonne de cinq centimètres de kaolin, pour cloison.
    Éprouvette : solution de chlorure de barium.
    Résultats : aucun effet produit.

5e *Exp*. — Tube : solution de sulfate de soude, bois de campêche.
    Cloison : colonne de sable de deux centimètres.
    Éprouvette : solution de chlorure de barium.
    Résultats : dans le tube endosmose de deux centimètres en deux
    jours. Exosmose nulle de la matière colorante.

6e *Exp*. — Tube : eau sucrée et campêche.
    Cloison : colonne de sable de cinq centimètres.
    Éprouvette : eau.
    Résultats : légère exosmose au bout de soixante-douze heures.

7e *Exp*. — Tube : eau salée, saturée.
    Cloison : papier ou baudruche.
    Éprouvette : eau distillée et curcuma.
    Résultats : endosmose dans le tube; le curcuma n'est pas déplacé.

8e *Exp*. — Tube : Eau sucrée.
    Cloison : papier ou baudruche.
    Éprouvette : eau distillée et curcuma.
    Résultats : endosmose dans le tube; la couleur n'éprouve pas de
    déplacement.
    Conséquences : la couleur de curcuma se comporte à l'égard de
    l'eau distillée et de la membrane comme la couleur de tourne-

sol, Il en est de même à l'égard des solutions de chlorure de barium et de sulfate de soude.

9° *Exp.* — Tube : solution de chlorure de barium.
   Cloison : papier-parchemin.
   Éprouvette : solution de sulfate de soude, orseille.
   Résultats : endosmose dans le tube, sans l'orseille; dans l'éprou-
      vette, double surface de stalactites.
   L'orseille paraît se comporter comme le curcuma et le tournesol.

10° *Exp.* — Tube : solution de nitrate de chaux et bois de campêche.
   Cloison : papier-parchemin.
   Éprouvette : sulfate de soude.
   Résultats : endosmose dans le tube sans transport de sel, ni exos-
      mose de la couleur.

11° *Exp.* — Tube : solution de nitrate de chaux et tournesol.
   Cloison : baudruche.
   Éprouvette : solution de sulfate de soude.
   Résultats : endosmose dans le tube; faibles stalactites dans l'é-
      prouvette; exosmose nulle de la couleur.

12° *Exp.* — Tube : eau sucrée et bois de campêche.
   Cloison : papier-parchemin.
   Éprouvette : eau distillée.
   Résultats : endosmose nulle, exosmose de la couleur.

13° *Exp.* — Tube : eau salée, saturée.
   Cloison : papier.
   Éprouvette : eau distillée et curcuma.
   Résultats : forte endosmose dans le tube, sans la couleur qui est
      restée dans l'éprouvette.

14° *Exp.* — Tube : eau sucrée.
   Cloison : baudruche.
   Éprouvette : eau distillée et curcuma.
   Résultats : légère endosmose dans la couleur.

15° *Exp.* — Tube : eau salée, saturée.
   Cloison : baudruche.
   Éprouvette : eau distillée et teinture d'orseille.
   Résultats : forte endosmose dans le tube; légère exosmose de la
      couleur.

16° *Exp.* — Tube : eau sucrée et tournesol.
   Cloison : papier.
   Éprouvette : eau distillée.
   Résultats : forte endosmose dans le tube; exosmose de la cou-
      leur, nulle. La teinture bleue a rougi.

17e *Exp.* — Tube : eau salée, saturée et tournesol.
    Cloison : papier.
    Éprouvette : eau distillée.
    Résultats : forte endosmose dans le tube; la couleur ne sort pas
    du tube.

18e *Exp.* — Mêmes dispositions, si ce n'est que le tournesol est placé
    dans l'éprouvette.
    Résultats semblables.

19e *Exp.* — Tube : sulfate de soude et tournesol.
    Cloison : colonne de sable de quatre centimètres avec asbeste.
    Résultats : endosmose dans le tube, sans exosmose de la couleur ;
    aucun produit formé.

20e *Exp.* — Tube : Nitrate de chaux et curcuma.
    Cloison : papier-parchemin.
    Éprouvette : sulfate de soude.
    Résultats : stalactites de double sulfate dans le tube sans sortie
    de la couleur.

21e *Exp.* — Tube : chlorure de barium et bois de campêche.
    Cloison : papier.
    Éprouvette : sulfate de soude.
    Résultats : endosmose dans le tube ; légère exosmose de la cou-
    leur ; stalactites de double sulfate dans l'éprouvette.

On ne peut tirer encore aucune conséquence des faits exposés
dans ce paragraphe, attendu qu'on ne connaît pas encore toutes
les causes qui occasionnent ou empêchent la sortie des matières
colorantes de la cloison. Le phénomène est donc complexe. Nous
nous bornons à rapporter les faits.

CHAPITRE V.

DE LA DYNAMIQUE CHIMIQUE DANS SES RAPPORTS AVEC LES FORCES ÉLECTRO-CAPILLAIRES.

§ I. — *Considérations générales; effets calorifiques.*

Les actions chimiques qui ont lieu dans le mélange des dissolutions sont toujours accompagnées d'effets calorifiques et électriques qui peuvent servir à faire connaître le mode d'interven-

tion de l'eau dans les effets chimiques produits, ainsi que le mode d'évolution des parties constituantes des sels. Les appareils calorimétriques donnent la mesure des quantités de chaleur dégagées pendant les actions chimiques; mais, si l'on veut évaluer les rapports entre les affinités, il faut déterminer les forces électro-motrices résultant de l'action de chacune des dissolutions sur l'eau de l'autre dissolution, puis celles qui ont lieu dans la réaction des sels les uns sur les autres. De là, on conclut le mouvement des molécules pendant les réactions des dissolutions; c'est ce que nous appelons dynamique chimique.

M. Berthelot étudie cette importante question depuis plusieurs années avec le thermomètre et le calorimètre; il s'est attaché particulièrement à chercher, dans le mélange des dissolutions où s'opèrent des doubles décompositions, l'intervention de l'eau et le mécanisme en vertu duquel elles s'exercent.

Il s'est demandé d'abord quel rôle jouait le dissolvant dans le mélange de deux dissolutions, et s'il produisait simplement une dissolution, ou bien s'il exerçait une action propre sur un des éléments des sels, soit en formant un nouveau composé, soit en opérant une décomposition. Il a cherché, en un mot, dans quel état se trouvent les parties constituantes à l'instant où s'opèrent les réactions. Il a démontré, comme on l'avait admis depuis longtemps, que, dans le mélange des dissolutions salines, l'acide fort et la base forte se réunissent de préférence et laissent l'acide faible et la base faible qui se combinent ensemble.

Ces faits ont été constatés par des mesures thermométriques, particulièrement dans le mélange de la dissolution d'azotate ou de sulfate d'ammoniaque, avec celle de carbonate de potasse ou de soude. Voici comment M. Berthelot explique les effets observés : en mettant en présence une dissolution du sulfate d'ammoniaque avec une autre de carbonate de soude, quelques dix-millièmes du premier sel se trouvent décomposés par l'eau seule en acide sulfurique et en ammoniaque, tenus l'un et l'autre en équilibre par l'antagonisme de l'eau et du sel neutre; mais l'addition du carbonate de soude trouble cet équilibre; l'acide sulfurique libre ne pouvant subsister en sa présence, attendu que la formation du sulfate de potasse ou de soude dégage plus de chaleur que celle du carbonate, ce dernier sel est décomposé complétement par ce mode de décomposition et par celui des systèmes où les réactions sont instantanées; cette différence a engagé M. Berthelot

à employer deux autres méthodes pour étudier directement la
question dans les systèmes où l'équilibre s'établit instantanément; l'une est chimique, l'autre calorimétrique; les résultats
obtenus par ces deux méthodes se contrôlent réciproquement [1].

Les résultats obtenus par M. Berthelot font connaître le mécanisme en vertu duquel le sulfate d'ammoniaque et le carbonate
de potasse en dissolution dans l'eau se décomposent réciproquement. Les effets électriques produits dans ces diverses réactions
conduisent à des conclusions analogues, sauf quelques différences, comme nous le verrons plus loin.

Le thermomètre indique également le procédé en vertu duquel
s'opèrent les doubles décompositions métalliques, ainsi que celles
qui sont produites lorsque les sulfates et azotates ferriques sont
mis en présence de l'acétate de soude à l'état de dissolution.

Des résultats obtenus découlent, suivant M. Berthelot, les pro-
positions suivantes :

1° « Le sel dont la formation dégage le plus de chaleur est
« celui qui prend naissance dans les dissolutions toutes les fois
« que les sels, aux dépens desquels il peut se former, sont à l'état
« de décomposition partielle dans la liqueur.

2° « Tout changement chimique accompli sans l'intervention
« d'une énergie étrangère tend vers la production du corps ou
« du système de corps qui dégage le plus de chaleur. »

§ II. — *De l'emploi des forces électro-motrices dans les recherches
relatives à la dynamique chimique.*

Nous nous sommes proposé de résoudre les questions concernant la dynamique chimique dans le mélange des dissolutions
salines et autres, en employant les forces électro-motrices résultant des réactions chimiques des dissolutions les unes sur les
autres et de celle de chacune d'elles sur l'eau. Les valeurs obtenues donnent les rapports réciproques entre les dissolutions et
les autres corps mis en présence.

Les appareils employés à ces recherches se composent :

1° D'un tube fêlé dont la fêlure n'a que quelques dix-millièmes
de millimètre d'ouverture et qui contient une des dissolutions;

[1] *Annales de chimie et de physique,* 4ᵉ série, t. XXVI, p. 433 et 396.

2° D'une éprouvette où se trouve l'autre dissolution. Dans chacune des dissolutions plonge une lame d'or ou de platine parfaitement décapée. Les deux lames sont mises en communication avec un galvanomètre ;

3° De la pile thermo-électrique décrite pages 60 et suivantes. Cette pile sert à déterminer, par opposition, la force électro-motrice des couples formés avec l'éprouvette et le tube fêlé remplis des dissolutions que l'on veut étudier ; cette détermination exige de grands soins et des précautions, toutes particulières que nous allons indiquer.

Nous venons de dire que dans la détermination de la force électro-motrice produite au contact de deux dissolutions, on se sert comme cloison séparatrice d'un tube fêlé et comme électrodes de lames d'or ou de platine. La polarisation de ces lames est la cause d'erreur qui apporte le plus de perturbations dans les expériences. Le premier soin à prendre lorsque l'on veut faire une détermination est donc de dépolariser complétement ces électrodes. Voici le mode de dépolarisation que la pratique nous a indiqué comme donnant les meilleurs résultats : On lave d'abord les deux lames d'or dans l'acide nitrique chaud, puis dans l'eau ordinaire, puis enfin dans l'eau distillée bouillante dans laquelle on les maintient quelque temps. On les place alors dans un verre contenant de l'eau distillée et on met chacune d'elles en communication avec l'un des fils d'un galvanomètre très-sensible. L'absence de déviation de l'aiguille indique une complète dépolarisation. Dans le cas où l'aiguille serait déviée on laisse le circuit fermé de manière à le faire agir sur lui-même jusqu'à ce que toute polarisation (provenant des gaz) soit détruite et que l'aiguille d'un galvanomètre, soit revenue au zéro.

Les électrodes étant ainsi bien dépolarisées, on les secoue pour en chasser la majeure partie de l'eau adhérente, puis on les tient quelque temps plongées dans des vases contenant des dissolutions identiques à celles qui doivent servir à la détermination; on les plonge alors dans ces solutions elles-mêmes et on procède à l'opération en opposant au couple ainsi formé le nombre d'éléments-étalons que l'on juge se rapprocher le plus de celui qui est nécessaire pour faire équilibre à ce couple. Une première opération exige toujours des tâtonnements d'où résultent des polarisations successives, et il s'ensuit que, lorsque l'on détermine pour la première fois une force électro-motrice, le chiffre obtenu est trop faible. Il ne doit être considéré que comme une indication qui sert de guide dans une seconde opération. Celle-ci donne un nombre plus rapproché de la vérité que le premier, mais cependant, en général, encore trop faible, et ce n'est qu'au bout de trois à quatre déterminations successives que l'on arrive, en opposant du premier coup au couple en expérience le nombre d'éléments-étalons qui lui fait équilibre, à éviter toute polarisation et à obtenir la valeur réelle de la force électro-motrice cherchée.

Nous ferons observer aussi que, lorsque, ayant disposé un certain nombre d'éléments-étalons en opposition avec le couple en expérience, on ferme le circuit pour observer la déviation de l'aiguille du galvanomètre, il faut ne fermer ce circuit que pendant un instant très-court, ce qui est facile avec les contacts à mercure. De cette façon, l'aiguille n'est déviée que juste de la quantité nécessaire pour indiquer le sens du courant, et elle revient plus vite au zéro, ce qui tend, point très-important, à rendre l'expérience très-rapide. En outre, si l'on maintenait le circuit fermé pendant quelque temps, et qu'il arrivât que l'on eût entre les deux piles en opposition une grande différence de force électro-motrice, on s'exposerait à changer l'aimantation ou l'orientation des aiguilles du galvanomètre, ce qu'il faut éviter avec soin.

Ces appareils nous ont d'abord servi à étudier les forces électro-motrices produites par l'action des dissolutions salines, les unes par les autres, ainsi que celles résultant de l'action de l'eau sur ces solutions.

Le tableau suivant donne les résultats obtenus en opérant avec le sulfate d'ammoniaque, le carbonate de soude et l'eau; il renferme les moyennes de plusieurs expériences.

		État électrique des couples.	Forces électro-motrices.
1re SÉRIE.	1er couple.	Sulfate d'ammoniaque — Eau distillée +	20
	2e couple.	Carbonate de soude — Eau distillée +	38,9
	3e couple.	Sulfate d'ammoniaque + Carbonate de soude —	19,8

Les deux premiers couples produisant deux courants en sens

inverse, on aura pour la différence des forces électro-motrices 38,9 — 20, = 18,9. Cette différence peut être considérée comme égale à la force électro-motrice du troisième couple; ce qui indique déjà que, dans la réaction du sulfate d'ammoniaque sur le carbonate de soude, l'eau joue le principal rôle.

Passons à d'autres exemples qui vont mettre en évidence la même propriété. Les résultats suivants sont également les moyennes de plusieurs expériences :

		État électrique des couples.		Forces électro-motrices.
2ᵉ SÉRIE.	1ᵉʳ couple.	Carbonate de soude — Nitrate de cuivre +		64
	2ᵉ couple.	Carbonate de soude — Eau +		39
	3ᵉ couple.	Nitrate de cuivre — Eau +		23

La somme des forces électro-motrices des couples 2 et 3 provenant de deux courants dirigés dans le même sens, leur résultante est égale à leur somme, on a alors 39 + 23 = 62 au lieu de 64, que donne la réaction directe des deux dissolutions l'une par l'autre; la différence est peu considérable et ne peut provenir que de causes accidentelles.

Avec le nitrate de cuivre et le carbonate de soude on a eu :

		État électrique des couples.		Forces électro-motrices.
3ᵉ SÉRIE.	1ᵉʳ couple.	Nitrate de cuivre + Cabonate de soude —		44
	2ᵉ couple.	Nitrate de cuivre + Eau —		26
	3ᵉ couple.	Carbonate sodique — Eau +		17

La somme des deux derniers nombres est de 43 et ne diffère que de 1 du premier.

Dans une autre série d'expériences avec le sulfate d'ammoniaque et le chlorure de baryum, on a obtenu les résultats suivants :

		État électrique des couples.	Forces électro-motrices.
4ᵉ SÉRIE.	1ᵉʳ couple.	{ Sulfate d'ammoniaque + { Chlorure de barium −	9
	2ᵉ couple.	{ Sulfate d'ammoniaque − { Eau +	20
	3ᵉ couple.	{ Chlorure de barium − { Eau +	11

Les courants obtenus avec les couples 2 et 3 étant dirigés en sens contraire, la résultante est donnée par leur différence qui est égale à $20 - 11 = 9$. On voit par là que la loi se vérifie complétement puisque la réaction directe de la dissolution de sulfate d'ammoniaque sur celle de chlorure de barium donne pour force électro-motrice le même nombre; les légères différences que présentent les autres séries sont dues probablement à des restes de polarisation non détruite.

Ces résultats mettent bien en évidence ce principe général, que, lorsqu'une dissolution saline neutre réagit sur une autre également, la force électro-motrice résultant de cette réaction est égale à la somme ou à la différence des forces électro-motrices produites dans la réaction de chacune des dissolutions sur l'eau de l'autre dissolution, d'où l'on tire la conséquence que l'eau intervient dans les doubles décompositions comme le pense M. Berthelot. Nous ne pouvons indiquer, par notre procédé d'expérimentation, que les effets électriques qui les accompagnent, lesquels suffisent pour mettre en évidence le principe fondamental.

Ce principe a d'ailleurs été vérifié de la manière la plus frappante par l'emploi des électrodes à eau. Voici en quoi consiste cette nouvelle manière d'opérer : les deux solutions sur lesquelles on veut agir étant contenues, l'une dans l'éprouvette, l'autre dans le tube fêlé, au lieu d'y plonger directement les électrodes on introduit dans chacune d'elles un tube mince fêlé rempli d'eau et contenant une lame de platine très-grande et roulée sur elle-même. Ces tubes sont ce que nous appelons les électrodes à eau.

On a ainsi dans l'appareil, lorsque le circuit est fermé, trois courants électriques produits, l'un par l'action directe des deux solutions l'une sur l'autre, les deux autres par l'action de l'eau des électrodes sur chacune de ces solutions. Si, comme nous venons de le voir, le premier de ces courants est la résultante de deux autres produits par l'action de chaque solution sur l'eau de l'autre, chacun de ces courants composants se trouvera en opposition avec un courant inverse résultant du contact de la solution saline avec l'eau du tube à électrode correspondant. Deux courants inverses se détruisant, il en résultera que l'action des deux dissolutions sera contre-balancée par l'action des électrodes à eau sur chacune d'elles, et que l'appareil ne devra plus produire aucun courant. C'est, en effet, ce qui a lieu : Si on met en relation cet appareil avec un galvanomètre, l'aiguille reste au zéro, ce qui confirme aussi complétement que possible les résultats précédents.

§ III. — Des forces électro-motrices produites au contact des acides et des alcalis.

Après avoir étudié les phénomènes électriques produits par les solutions salines et établi le rôle important que joue l'eau dans ces réactions, nous avons voulu voir s'il en serait de même dans l'action des acides sur les alcalis. Quelques essais préliminaires nous ont d'abord montré que, contrairement à ce qui a lieu avec les dissolutions salines neutres, la force électro-motrice résultant de l'action d'un acide sur un alcali est plus grande que la somme algébrique des forces électro-motrices produites par l'action de l'eau sur l'acide et sur l'alcali. Aussi avons-nous entrepris l'étude complète de ce phénomène, et, dans ce but, nous avons commencé par déterminer les forces électro-motrices produites par l'action de l'eau sur les acides et les alcalis à différents degrés d'hydratation, nous réservant de comparer plus tard ces forces électro-motrices avec celles obtenues en faisant agir directement les acides sur les alcalis.

Le mode opératoire adopté était le même que pour les sels neutres; nous ferons seulement remarquer que, toutes les fois qu'il y avait un alcali en présence, nous nous servions comme électrodes de lames d'or au lieu de lames de platine.

Nos premières expériences ont eu pour but d'étudier l'action de l'eau sur l'acide sulfurique à différents degrés d'hydratation. Les forces électro-motrices obtenues sont consignées dans le tableau suivant :

DISSOLUTIONS.	FORCES électromotrices observées.	RAPPORTS.	FORCES électromotrices calculées d'après le rapport moyen.	RAPPORTS déduits de la formule.	FORCES électromotrices calculées d'après la formule ci-jointe.
SO^3,HO..·...... $+$ Eau............ $-$	89				
		1,53			
$SO^3,2HO$... .... $+$ Eau. .... $-$	58		58		58
		I,16			
$SO^3,3HO$........ $+$ Eau............ $-$	50		50	I,16	50
		I,11			
$SO^3,4HO$........ $+$ Eau............ $-$	43		42,06		42,06
		I,18			
$SO^3,5HO$........ $+$ Eau............ $-$	36,27		36,04	I,17	36,03
		I,17			
$SO^3,6HO$........ $+$ Eau............ $-$	31		31		31
		Moy. I,17 1,06			
$SO^3,7HO$........ $+$ Eau............ $-$	29		29	I,07	29
		1,07			
$SO^3,8HO$........ $+$ Eau. .... $-$	27		27		27
		I,04			
$SO^3,9HO$........ $+$ Eau........ .. $-$	26		25,09	I,0128	25,07
		1,04			
$SO^3,10HO$...... $+$ Eau............ $-$	25		24,06		25
		Moy. I,05			
S 11HO	»	»	»	»	24,69
S 12HO........	»	»	»	»	24,38
S 13HO......	»	»	»	»	24,07
S 14HO......	»	»	»	»	23,76
S 15HO......	»	»	»	»	23,44
S 16HO......	»	»	»	»	23,16
S 17HO......	»	»	»	»	22,86
S 18HO......	»	»	»	»	22,57
S 19HO......	22	»	»	»	22,28
S 20HO......	»	»	»	»	22,00

Les résultats consignés dans ce tableau conduisent aux conséquences suivantes :

1° A partir de SO³, 2 HO jusqu'à 6 HO, la marche des rapports des forces électro-motrices est soumise à une grande régularité, le rapport moyen est égal à 1,17 ; il en est de même de SO³ 6 HO à SO³ 10 HO, le rapport moyen est 1,05 ; au-delà jusqu'à 20, il est de 1,0128.

Or rien n'est plus simple que de trouver, au moyen d'une formule empirique, la force électro-motrice d'un couple quelconque de chaque série, quand on connaît celle de deux couples successifs : en effet, soient a la force électro-motrice du premier couple, x celle du second et r le rapport, on aura $\dfrac{a}{x} = r$.

1ʳᵉ force électro-motrice		a
2ᵉ	—	$\dfrac{a}{r}$
3ᵉ	—	$\dfrac{a}{r^2}$
4ᵉ	—	$\dfrac{a}{r^3}$
n	—	$\dfrac{a}{r^n}$

C'est à l'aide de cette formule que l'on a déterminé les nombres de la dernière colonne en prenant les valeurs de 2 à 10 comme connues.

Les forces électro-motrices vont continuellement en décroissant sans devenir nulles. Si l'on construit une courbe en prenant pour axe des abscisses les équivalents d'eau, et pour axe des ordonnées les forces électro-motrices, on a une courbe hyperbolique qui indique la marche des affinités à mesure que l'on augmente le nombre des équivalents d'eau. Cette courbe est représentée dans la figure 24 qui sera placée plus loin.

On a commencé seulement au couple SO³ 2 HO à prendre le rapport de la force électro-motrice avec la suivante; on a agi ainsi attendu que le rapport de SO³ HO à SO³ 2 HO diminue plus rapidement que dans tous les autres couples.

Nous avons ensuite cherché les forces électro-motrices produites au contact de l'eau et de la potasse, contenant différents équivalents d'eau; le tableau suivant renferme les résultats obtenus :

DISSOLUTIONS.	FORCES électro-motrices observées.	RAPPORTS des forces électro-motrices observées.	RAPPORTS déduits de la formule.	FORCES électro-motrices déduites du calcul.
(1)	(2)	(3)	(4)	(5)
KO,HO ...... — / Eau............ +)	»	»	»	»
KO, 2HO...... — / Eau............ +)	»	»	»	»
KO, 3HO..... — / Eau............ +)	»	»	»	»
KO, 4HO...... — / Eau............ +)	94,00		1,40	94,00
		1,40		
KO, 5HO...... — / Eau............ +)	66,00		1,09	66,00
		1,08		
KO, 6HO..... — / Eau............ +)	61,00		1,10	61,01
		1,10		
KO, 7HO...... — / Eau............ +)	55,00			56,00
		1,10		
KO, 8HO..... — / Eau............ +)	50,00		1,06	51,08
		1,07		
KO, 9HO...... — / Eau............ +)	46,7			47,09
		1,07		
KO,10HO...... — / Eau............ +)	43,5			44,00
	Moy....... 1,08			
KO,11HO...... — / Eau............ +)	»	»		43,00
KO,12HO..... — / Eau............ +)	»	»	1,01692	42,01
KO,13HO...... — / Eau............ +)	»	»		41,01
KO,14HO...... — / Eau............ +)	40,40	»		40,40
KO,15HO.... — / Eau............ +)	40,00	»		40,00
....			1,0101	
KO,20HO..... — / Eau............ +)	38,00	»		37,40
....				
KO,40HO...... — / Eau............ +)	37,00	»		37,40

Les résultats consignés dans ce tableau montrent qu'avec la potasse les rapports ne commencent à suivre une marche régulière qu'à partir de KO, 5 HO; il faut observer aussi que KO, HO; KO, 2 HO; KO, 3 HO ne pouvant s'obtenir que très-difficilement à l'état de dissolution, surtout les trois premiers, on doit se borner à dire que dans la combinaison de KO, 3 HO avec un nouvel équivalent d'eau, la force électro-motrice est plus grande que dans la combinaison de KO, 4 HO avec l'eau.

On a tracé également la courbe des forces électro-motrices relatives aux hydrates de potasse, et qui est encore une courbe hyperbolique, qu'on trouve ci-après, figure 24.

Passons maintenant aux forces électro-motrices produites au contact de l'eau et de l'acide azotique à différents équivalents d'eau on a eu :

Dissolutions.	Forces électro-motrices.	Rapports.
AZO^5, HO + Eau —	128	
		1,20
AZO^5, 2HO + Eau —	106	
		1,21 .
AZO^5, 3 HO + Eau —	87	
		1,22
AZO^5, 4 HO + Eau —	71	moy. 1,21
		1,09
AZO^5, 5 HO + Eau —	65	
		1,08
AZO^5, 6 HO + Eau —	60	
		1,05
AZO^5, 7 HO + Eau —	57	
		1,04
AZO^5, 8 HO + Eau —	55	moy. 1,06

Des forces électro-motrices produites au contact de l'eau et de la potasse pendant leur mélange et qui se trouvent dans l'avant-dernier tableau ne présentent pas de grandes différences avec celles de l'eau et de l'acide azotique, puisqu'on a :

KO, 5HO = 66 AZO^3, 5HO = 65

KO, 8HO = 50 AZO^3, 8HO = 55

Les forces électro-motrices produites au contact des acides et des alcalis hydratés ont conduit aux résultats suivants :

ACTION DE L'ACIDE AZOTIQUE SUR LA POTASSE

DISSOLUTIONS.	1re EXPÉRIENCE		2e EXPÉRIENCE	
	FORCES électro-motrices.	RAPPORTS.	FORCES électro-motrices.	RAPPORTS.
$AZO^5,4HO$ ..... + $KO,4HO$ .... —	400	1,09	404	1,11
$AZO^5,6HO$ ..... + $KO,6HO$ .... —	365	1,04	364	1,04
$AXO^5,8HO$ ..... + $KO,8HO$ .... —	353		350	

Les nombres de la troisième et de la cinquième colonne indiquent que les rapports entre les forces électro-motrices de deux couples consécutifs sont sensiblement égaux, ce qui montre l'influence de l'eau sur ces forces et par suite sur les affinités entre deux substances en dissolution dans l'eau.

Le tableau suivant donne les forces électro-motrices résultant de l'action de l'acide sulfurique et de la potasse, renfermant tous les deux un nombre égal d'équivalents d'eau :

Dissolutions.	Forces électro-motrices.	Rapports.
SO³, 4HO + KO, 4HO −	(Ce premier résultat est seulement probable.) 233	
		1,118
SO³, 5HO + KO, 5HO −	— 208	
		1,118
SO³, 6HO + KO, 6HO −	— 186	
		1,095
SO³, 7HO + KO, 7HO −	— 179	
		1,095
SO³, 8HO + KO, 8HO −	— 163	
		1,068
SO³, 9HO + KO, 9HO −	— 152	
		1,068
SO³, 10HO + KO, 10HO −	— 143	
. . . .		Rapport d'interpolation.
. . . .		1,008
. . . .		
SO³, 20HO + KO, 20HO −	— 132	

Il est facile de montrer maintenant que, dans la combinaison d'une dissolution acide avec une dissolution alcaline, il faut, pour avoir la force électro-motrice totale, ajouter à la somme des deux forces électro-motrices résultant de la formation des hydrates un certain excédant, provenant de la réaction de l'acide sur l'alcali.

Il suffit pour cela de comparer les résultats suivants, obtenus en expérimentant avec l'acide sulfurique et la potasse contenant le même nombre d'équivalents d'eau et qui mettent en évidence l'excédant dont il est question :

Dissolutions.	Forces électro-motrices.	Rapports.
1. SO³, 4HO + Eau −	43	
2. KO, 4HO − Eau +	94	233 − (96 + 43) = 94
3. SO³, 4HO + KO, 4HO −	233	

1. SO^3, 5HO + ⎱
Eau   − ⎰   66

2. KO, 5HO − ⎱
Eau   + ⎰   36,7   } $208 — (66 + 36,7) = 105,7$

3. SO^3, 5HO + ⎱
KO, 5HO − ⎰   208

1. SO^3, 6HO + ⎱
Eau   − ⎰   31

2. KO, 6HO − ⎱
Eau   + ⎰   61   } $186 — (61 + 31) = 94$

3. SO^3, 6HO + ⎱
KO, 6HO − ⎰   186

1. SO^3, 7HO + ⎱
Eau   − ⎰   55

2. KO, 7HO − ⎱
Eau   + ⎰   29   } $179 — (55 + 29) = 95,0$

3. SO^3, 7HO + ⎱
KO, 7HO − ⎰   179

1. SO^3, 8HO + ⎱
Eau   − ⎰   25

2. KO, 8HO − ⎱
Eau   + ⎰   50   } $163 — (50 + 25) = 86$

3. SO^3, 8HO + ⎱
KO, 8HO − ⎰   163

L'excédant, comme on le voit, est bien l'appoint qu'il faut ajouter aux deux forces électro-motrices SO^3, 4 HO eau et KO, 4 HO et eau pour avoir la force électro-motrice de SO^3, 4 HO, et KO, 4 HO.

On voit, par ces résultats, que la somme des forces électro-motrices des couples 1 et 2 dans chacune des séries est très-inférieure au chiffre du troisième couple, ce qui indique bien l'appoint qu'il faut ajouter à cette somme pour avoir la force électro-motrice résultant de la réaction de l'acide sur la potasse contenant l'un et l'autre le même nombre d'équivalents d'eau.

Ce fait a d'ailleurs pu être vérifié encore d'une autre manière par l'emploi des électrodes à eau dont nous avons parlé plus haut. On conçoit, en effet, d'après ce que nous avons dit, à propos des sels neutres, que les courants produits par ces électrodes à eau annulent ceux résultant de l'action de l'acide sur l'eau de la base et réciproquement, et qu'il ne doit plus alors se manifester d'autre courant que celui résultant de l'action directe de l'alcali sur la base. Les résultats de l'expérience ont pleinement confirmé cette manière de voir, et nous avons pu mesurer ainsi la force électro-motrice due à l'action de l'alcali sur la base, force qui n'est autre que l'appoint déduit des expériences précédentes.

Voici les nombres obtenus dans trois séries d'expériences et qui sont les moyennes d'un grand nombre de résultats :

	Dissolutions.	Forces électro-motrices.	Rapport.
1er couple (électrodes d'or)..	SO^3, 6HO KO, 6HO	182,5	
2e couple (électrodes d'eau)..	SO^3, 6HO KO, 6HO	37,5	
3e couple (électrodes d'or) .	SO^3, 6HO Eau KO, 6HO	152,0	
4e couple (électrodes d'or)..	SO^9, 6HO Eau	36,0	150
5e couple (électrodes d'or)..	KO, 6HO Eau	114,0	

De ces résultats, on tire les conséquences suivantes : en retranchant de la force électro-motrice du premier couple la somme des forces électro-motrices des couples 4 et 5, on devrait avoir zéro, tandis qu'on a une différence égale à 32, laquelle devrait être égale à la force électro-motrice du deuxième, qui est ici de 37. La différence ne peut être attribuée qu'à des erreurs presque inévitables, dans des expériences aussi délicates que celles dont il est question. La différence 32 ne peut provenir que de la réaction de l'acide anhydre sur l'alcali anhydre.

Passons aux résultats obtenus dans la combinaison de l'acide nitrique avec la potasse.

	Dissolutions.	Forces électro-motrices.	Rapport
1er couple..	$\{$ AzO^5, 6HO $\}$ $\{$ KO, 6HO $\}$	374	
2e couple..	$\{$ AzO^5, 6HO $\}$ $\{$ KO, 6HO $\}$	85	
3e couple..	$($ AzO^5, 6HO $)$ $\{$ Eau $\}$ $($ KO, 6HO $)$	287	
4e couple..	$\{$ AzO^5, 6HO $\}$ $\{$ Eau $\}$	172	
5e couple..	$\{$ KO, 6HO $\}$ $\{$ Eau $\}$	114	286

En faisant le même calcul que dans les expériences précédentes, c'est-à-dire en retranchant 286 de 374, on a une différence égale à 88, qui représente la force électro-motrice résultant de la réaction de l'acide azotique anhydre sur la potasse également anhydre. La force électro-motrice du deuxième couple devrait être égale à 88, mais elle n'en diffère que de 3 ; cette différence est dans les limites des erreurs qui peuvent être commises dans des expériences telles que celles dont nous rapportons les résultats.

On peut dire d'après cela que l'acide sulfurique et l'acide nitrique, en se combinant avec la potasse, et renfermant tous les trois 6 équivalents d'eau, la combinaison s'opère comme il suit :

Lorsque l'un des deux acides se combine avec la potasse, il s'opère des évolutions qui sont les mêmes que celles qui ont lieu dans le mélange de deux dissolutions de sels neutres, c'est-à-dire qu'une petite quantité d'acide sulfurique, par exemple, se porte d'abord sur une petite portion de l'eau unie à la potasse ; de même qu'une petite partie de celle-ci se porte sur une petite partie d'eau de l'acide, de sorte que, pendant un temps excessivement court, ces trois corps sont en présence ; il s'opère ainsi une combinaison de deux hydrates et une autre de l'acide avec l'alcali non hydratés, qui reprend ensuite aux deux autres une portion de leur eau pour se mettre en équilibre d'hydratation. Il n'est guère possible d'expliquer autrement les évolutions qui ont lieu dans la combinaison d'un acide hydraté avec un alcali hydraté, en s'appuyant sur la détermination des forces électro-motrices qui sont produites pendant les évolutions qui précèdent la combinaison et qui donnent une valeur enfin aux rapports entre les affinités.

En augmentant les quantités d'eau, les effets paraissent être les mêmes; les expériences faites avec SO^3, 12 HO et KO, 12 HO ont donné sensiblement les mêmes résultats, 32 et 88. On doit en conclure que, dans la réaction d'une dissolution acide sur une dissolution alcaline, l'une et l'autre hydratées, il se produit des effets électriques résultant de trois combinaisons différentes, et que l'on ne peut reconnaître qu'en opérant comme on vient de l'indiquer.

Considérés à un point de vue plus général, les résultats de ces expériences sur l'action des acides et des alcalis conduisent encore à des conséquences qui ne sont pas sans importance pour les sciences physico-chimiques.

Nous ferons d'abord remarquer que les forces électro-motrices produites dans la réaction de l'acide nitrique hydraté, soit sur l'eau, soit sur une solution de potasse contenant le même nombre d'équivalents d'eau, sont beaucoup plus considérables que celles résultant de la réaction de l'acide sulfurique sur les mêmes liquides.

Ces forces sont dans les rapports suivants :

$$\left.\begin{array}{l} AzO^5,\ 4HO \\ KO,\quad 4HO \end{array}\right\}\ 400 \qquad \left.\begin{array}{l} AzO^3,\ 6HO \\ KO,\quad 6HO \end{array}\right\}\ 363 \qquad \left.\begin{array}{l} AzO^5,\ 8HO \\ KO,\quad 8HO \end{array}\right\}\ 353$$

$$\left.\begin{array}{l} SO^3,\ 4HO \\ KO,\ 4HO \end{array}\right\}\ 233 \qquad \left.\begin{array}{l} SO^3,\ 6HO \\ KO,\ 6HO \end{array}\right\}\ 186 \qquad \left.\begin{array}{l} SO^3,\ 8HO \\ KO,\ 8HO \end{array}\right\}\ 163$$

Le chiffre 233 est peut-être un peu fort, mais il paraît néanmoins que la force électro-motrice de l'acide nitrique sur l'eau est à peu près double de celle de l'acide sulfurique sur le même liquide.

La figure suivante 24 représente les quatre courbes qui sont le lieu géométrique des forces électro-motrices produites lors des réactions étudiées plus haut, savoir :

1° Au contact de l'acide sulfurique et de l'acide nitrique contenant le même nombre d'équivalents d'eau;

2° Au contact de l'acide sulfurique et d'un certain nombre d'équivalents d'eau ;

3° Id. pour l'acide nitrique;

4° Id. pour la potasse.

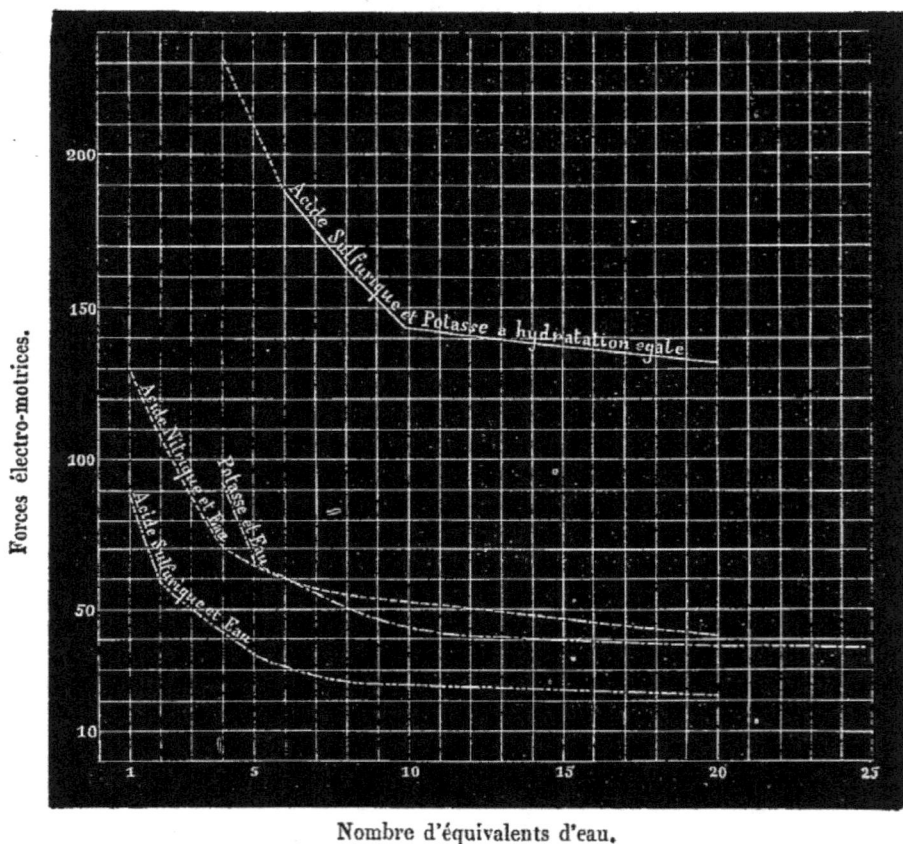

Nombre d'équivalents d'eau.

Fig. 24.

Dans l'hydratation des acides sulfurique et nitrique, dans
celle de la potasse et la combinaison de l'un de ces deux acides
avec cette base, la force électro-motrice diminue rapidement,
surtout depuis un équivalent d'eau jusqu'à 4 équivalents ; les
rapports diminuent ensuite très-lentement, suivant une loi empirique indiquant que les courbes, qui sont les lieux des intensités des forces électro-motrices, sont des lignes qui montrent
comment diminuent les affinités dans le mélange des dissolutions
quand il y a combinaison. On peut ainsi calculer par approxi-
mation, avec la formule que nous avons donnée, la force électro-
motrice et par suite l'affinité quand les dissolutions continuent
jusqu'à 40 ou 50 équivalents d'eau et même au delà. Il semble

résulter de la marche des affinités dans les combinaisons, où l'on ajoute de nouvelles quantités d'eau, que, si ces combinaisons en renferment des quantités très-considérables, il se forme toujours un nouvel hydrate qui contient plus d'eau que le précédent, et cela en vertu d'une force moindre que la précédente et qui est dans un rapport constant avec celle qui résulterait de l'addition d'un nouvel équivalent d'eau.

Il est à remarquer que les rapports entre les forces électromotrices, dans toutes les réactions chimiques des dissolutions les unes sur les autres, quand on augmente les équivalents de l'eau, varient de 1,00 à 2,00; mais la plupart du temps ils dépassent peu 1,00, c'est ce qui semble démontrer qu'il existe des rapports entre toutes ces forces.

En résumé, les faits consignés dans ce paragraphe conduisent aux conséquences suivantes :

1° Le mélange de deux dissolutions salines, neutres, donnant lieu à des doubles décompositions, produit une suite non interrompue d'hydrates d'acides et d'alcalis, par l'intermédiaire desquels s'opèrent les doubles décompositions, comme on le prouve à l'aide des effets électriques observés; ces doubles décompositions ne troublent pas sensiblement l'équilibre des forces électriques, attendu que les effets produits sont égaux et de signes contraires à ceux qui se manifestent dans les combinaisons.

2° Dans la réaction des dissolutions acides sur les dissolutions alcalines, il se produit également des hydrates par l'intermédiaire desquels s'opère la combinaison des acides avec les alcalis, comme on le reconnaît par l'analyse des forces électro-motrices produites.

3° La détermination de ces forces dans les réactions chimiques sert non-seulement à comparer entre elles les affinités, sous le rapport de leur intensité, mais encore à suivre pas à pas, pour ainsi dire, les variations qu'elles éprouvent à mesure que les dissolutions sont plus ou moins étendues d'eau.

4° Dans la réaction l'une sur l'autre d'une dissolution acide et d'une dissolution alcaline contenant le même nombre d'équivalents d'eau, la force électro-motrice est dans un rapport à peu près constant avec celle résultant du couple dont les liquides contiennent un ou plusieurs équivalents d'eau plus que le précédent, ainsi de suite. Par exemple, le rapport de la force électro-motrice du couple $SO_i^3 4Ho$ et $Ko, 4Ho$ à celle du couple $SO_i^3 5Ho$ et $Ko, 5Ho$ est sensiblement égal à celui des deux couples qui contiennent un équivalent d'eau de plus, puis ce rapport diminue extrêmement lentement. Cette loi paraît générale. On peut donc, au moyen d'une formule empirique, déterminer la force électro-motrice d'un couple quelconque de la série, laquelle est en rapport avec l'affinité.

LIVRE V.

ÉLECTRO-PHYSIOLOGIE VÉGÉTALE.

CHAPITRE PREMIER.

DES COURANTS ÉLECTRO-CAPILLAIRES DANS LES VÉGÉTAUX.

§ I. — *Considérations générales sur l'organisation*
des végétaux.

Rechercher la part des forces physico-chimiques dans les phénomènes de la vie végétale est une question tellement remplie
de difficultés, qu'on ne saurait s'entourer de trop de documents,
pour entrevoir seulement le rôle que ces forces jouent, étant.
sans cesse modifiées, maîtrisées par celles dites de tissu. Il faut
bien connaître la disposition de ces tissus, principes organiques,
et les changements qu'ils éprouvent, quand la vie cesse, pour
apprécier leur influence sur les premières.

On conçoit que l'on puisse s'égarer dans ces recherches, quand
on les entreprend avec des idées déjà arrêtées sur la cause des
phénomènes organiques ; celui qui attache une trop grande importance aux forces physiques et chimiques ne voit dans la vie
que des résultats de l'attraction moléculaire et des affinités ;
c'est ainsi que Tournefort a comparé l'accroissement des plantes
à celui des minéraux, et que Malebranche a confondu l'organisation des animaux avec celle des machines. D'un autre côté,
quelques physiologistes n'ont voulu voir et ne voient encore que
des forces particulières, *sui generis,* dans lesquelles les forces
physiques et chimiques n'interviennent en rien. La vérité se
trouve probablement entre ces deux opinions.

Le but que l'on doit se proposer est de rechercher dans les
phénomènes de la vie la part des forces physiques et celle des
forces chimiques, lesquelles s'exercent par l'intermédiaire des
tissus, des membranes, qui séparent des liquides de nature dif-

férente et produisent des effets d'endosmose, de dialyse et des effets électro-capillaires, qui disparaissent peu à peu quand la vie a cessé; mais nous ne nous occuperons, ici, que de ces derniers effets, et du rôle qu'ils jouent dans la nature inorganique.

Un corps d'origine animale ou végétale est composé d'organes formés de tissus, doués de propriétés physico-chimiques qui subsistent tant que dure la vie; celle-ci cessant, les tissus se relâchent, l'imbibition commence bientôt après, puis la décomposition et la désorganisation deviennent complètes.

On distingue donc trois forces principales dans les corps organisés : 1° l'attraction moléculaire; 2° les forces physico-chimiques comprenant les affinités; 3° la force de tissu et celle qui caractérise l'action nerveuse dans les animaux.

Il ne sera question ici que des forces physico-chimiques dérivant des actions électro-capillaires, dans les végétaux, en indiquant d'abord quelques-uns de leurs principaux organes qui ont fait le sujet des expériences et dont la description est indispensable : 1° la tige des végétaux dicotylédonés ; 2° les racines.

Un des principaux éléments organiques des végétaux et qu'il importe le plus de connaître, comme on le verra plus loin, est le tissu cellulaire, de nature membraneuse et qui est formé d'un grand nombre de cavités ou cellules fermées de toutes parts ; réunies en masse, celles-ci constituent le parenchyme.

Les champignons, les algues, ainsi que les jeunes plantes, sont formés uniquement de tissu cellulaire. Les feuilles, la moelle, l'écorce en sont composées en grande partie. Les diamètres des cellules varient de $0^{mm}04$ à $0^{mm}08$. Les cellules, suivant les saisons, sont tantôt pleines d'un suc aqueux, tantôt d'air, et on aperçoit fréquemment dans leur intérieur de petits grains de fécule.

Dans les cellules des parenchymes foliacées, il existe d'autres petits globules fréquemment appliqués contre les parois et qui se colorent ordinairement en vert sous l'influence solaire. Ces globules, de nature résineuse, forment la matière verte des feuilles, appelée chlorophylle.

Plusieurs botanistes admettent que les cavités sont destinées à recevoir des liquides par des vaisseaux serpentant entre leurs parois. D'autres botanistes pensent que le végétal est composé de vésicules plus ou moins serrées, séparées par des interstices visibles, connus sous la dénomination de méats intercellulaires.

Amici a avancé que ces méats sont remplis d'air. Cette opinion a été contestée. On considère, en général, les méats comme des espaces vides existant dans les cellules, et n'ayant pas d'autres parois que celles des cellules. La plupart du temps, ils sont remplis d'eau, quelquefois d'air, et paraissent recevoir des sucs propres. Mais l'eau et l'air ne sont pas purs probablement ; cette considération est importante, car de leur nature résultent des actions électro-capillaires dont nous parlerons plus loin.

Parmi les propriétés des cellules ou vésicules formant le tissu cellulaire, nous mentionnerons seulement : 1° la faculté qu'elles possèdent de se souder ; 2° celle d'être éminemment hygroscopiques, c'est-à-dire d'absorber les liquides avec lesquels elles se trouvent en contact. Les liquides déposés dans les cellules y subissent, selon les botanistes, une élaboration particulière, produisant les substances qui s'y trouvent. Cette propriété est une des principales bases des phénomènes de la vie végétale, qu'il importe de mentionner.

Il existe, en outre, des vaisseaux ou tubes cylindriques, parmi lesquels on distingue les vaisseaux lymphatiques et les vaisseaux séveux.

Bien qu'il y ait divergence dans les opinions, quant à leur usage, on est généralement d'accord sur ce point qu'ils ne contiennent pas de suc propre. On n'y trouve pas effectivement la séve élaborée par les feuilles, puisque les vaisseaux manquent la plupart dans l'écorce, où passent les sucs élaborés en plus grande portion ; quant aux liquides qu'ils transportent, il y a divergence dans les opinions. De Candolle les considère comme aériens, mais pouvant servir quelquefois au passage de la lymphe.

Dans nos recherches, on a un intérêt tout particulier à posséder des notions exactes sur les fibres et les couches du bois qui servent de bases aux expériences.

On aperçoit dans la coupe transversale de la tige d'une plante vasculaire des points plus compactes que le reste du tissu ; dans la coupe longitudinale, ces points sont les coupes d'autant de filets longitudinaux, qui sont les fibres du bois, composées de faisceaux entremêlés de tissu cellulaire allongé ; c'est en suivant le sens longitudinal des fibres, surtout le sens ascendant, que les sucs se dirigent. Les fibres distribuées circulairement autour d'un axe prennent le nom de couches.

Il importe aussi de connaître l'épiderme ou la cuticule, qui recouvre la superficie des plantes, et dont le rôle est de retenir l'humidité et de n'en laisser échapper qu'une très-faible portion ; dans les troncs d'arbres, il en développe et abrite le tissu cellulaire contre l'humidité et la gelée.

Le corps ligneux ou tronc d'arbre est composé d'un nombre considérable de cônes emboîtés l'un sur l'autre et qui, coupés transversalement, offrent autant de couches concentriques. D'après les observations de Dutrochet, chacune des couches est formée de deux parties principales qu'il importe de connaître à cause des effets électro-capillaires résultant de cette organisation dont nous parlerons ci-après.

Chacune des couches est formée de deux parties principales :

1° D'une zone de   ssus arrondis, située du côté intérieur ;

2° D'une zone de fibres ou de faisceaux de vaisseaux, et de cellules allongées, situées du côté extérieur.

La couche la plus intérieure et la plus ancienne constitue la moelle. Toutes les couches suivantes, offrent la même organisation ; il résulte de là, d'après Dutrochet, qu'une zone de moelle sépare deux zones de fibres, de deux années successives. Cet appareil est traversé du centre à la circonférence par des lames de même nature que la moelle, et qui, dans la coupe transversale, ont l'apparence des rayons d'une roue ; ce sont les rayons médullaires.

Les cellules qui composent la moelle sont plus grandes, plus spongieuses que celles du reste du tissu.

La moelle n'a de vie, d'action, que dans les premiers moments des développements du bourgeon ; c'est donc un réservoir dans lequel la jeune pousse puise sa nourriture. Les moelles des années suivantes jouissent des mêmes propriétés.

On a vu précédemment que les couches ligneuses qui se trouvent entre la moelle centrale et le corps constituent le bois de l'arbre qui est composé de fibres ligneuses. Il se forme, dès la première année, une couche qui est l'aubier. A la deuxième année, une seconde couche placée immédiatement en dehors de la première l'entoure, ainsi de suite chaque année ; pendant ce travail, les couches déjà formées acquièrent plus de dureté par les dépôts de matières transportées par les sucs qui les traversent. Après quoi, au bout d'un certain temps, la consistance des couches n'augmente plus.

Il est à remarquer que l'aubier, étant formé de couches assez jeunes pour acquérir de nouvelles molécules, n'a pas la même consistance que le bois.

Le système cortical a la même organisation que la partie centrale du bois, si ce n'est qu'elle est en sens inverse. Il est formé de couches ayant chacune une zone fibreuse à l'intérieur et une zone cellulaire à l'extérieur, lesquelles zones sont traversées par des rayons médullaires semblables à ceux du système ligneux, mais moins prononcés.

A cette inversion dans l'organisation correspondent des effets électriques inverses entre les diverses couches, comme on le verra plus loin. A l'extérieur des couches corticales se trouve une zone de tissu cellulaire, appelé enveloppe cellulaire, qui n'est autre qu'une nouvelle couche extérieure.

Nous n'entrons pas dans plus de détails sur l'organisation des végétaux, attendu qu'ils suffisent pour l'interprétation des actions électro-capillaires dont nous allons nous occuper.

Si l'on veut concevoir l'influence de ces effets, il faut se rappeler les effets chimiques produits dans les espaces capillaires, en vertu d'actions que j'ai appelées électro-capillaires, qui se manifestent quand deux dissolutions se trouvant entre les espaces contiennent, l'une, des éléments qui peuvent s'oxyder, l'autre, des éléments qui au contraire peuvent se désoxyder. De la réaction de ces deux dissolutions dans les espaces capillaires, il résulte par l'intermédiaire des parois qui servent d'électrodes des courants électriques continus, agissant comme forces chimiques, de telle sorte que l'eau est décomposée ainsi que d'autres substances ; l'oxygène oxyde d'un côté, l'hydrogène réduit de l'autre, et les électrodes étant constamment dépolarisées peuvent fonctionner sans interruption.

Or, dans les corps organisés, ces conditions sont remplies, puisqu'il existe des tissus, des membranes, des vaisseaux, dans lesquels circulent des liquides ; mais il n'est pas aussi facile de les mettre en évidence que dans les corps inorganiques, où les produits formés sont visibles à la première vue : ce sont ou des métaux réduits ou des composés formés plus ou moins colorés, tandis que, dans les corps organisés, ces produits sont souvent solubles et incolores.

Le moyen le plus direct pour aborder cette question, dans les corps organisés, est de chercher quels sont les effets électriques

20

produits dans ces corps, quand on introduit deux aiguilles de platine, parfaitement dépolarisées, comme on l'a dit précédemment, en relation avec un galvanomètre à fil long, très-sensible, dans deux parties plus ou moins éloignées d'un végétal et séparées par un ou plusieurs tissus. S'il y a homogénéité dans les liquides intermédiaires, il n'y a aucun effet électrique de produit ; dans le cas contraire, on obtient un courant, dont la direction indique la face de la membrane qui est le pôle positif, et celle qui représente le pôle négatif d'un couple électro-capillaire formé par l'intermédiaire des tissus servant de cloisons séparatrices ; on voit alors quel est celui des deux liquides qui se comporte comme acide, l'autre se comportant comme alcali. Passons aux expériences : rappelons les principaux faits observés, en vue surtout de leurs applications à l'interprétation des phénomènes d'élaboration qui ont lieu dans les tissus des corps organisés.

§ II. — *Des effets électro-capillaires produits dans la tige des végétaux.*

Supposons qu'on ait mis à découvert avec un instrument tranchant une coupe transversale d'une jeune tige de peuplier, de chêne, d'érable, etc., lorsque l'arbre est en feuilles et en pleine séve, de manière à metttre en évidence les couches concentriques dont elle se compose, ainsi que la moelle qui accompagne chacune d'elles ; si l'on introduit simultanément les extrémités de deux aiguilles de platine non polarisées, en relation avec un galvanomètre très-sensible, l'une dans la moelle centrale appartenant par conséquent à la première couche formée, l'autre dans l'une des enveloppes d'une autre couche et même de l'écorce, l'aiguille aimantée est déviée plus ou moins, suivant l'état séveux du végétal et la position de la nature de la couche explorée ; il se produit ainsi un courant électrique, dont le sens indique que la moelle fournit constamment l'électricité positive dans sa réaction sur les liquides adjacents. En enlevant l'aiguille qui avait été introduite dans la moelle, et la plaçant dans une partie plus rapprochée de l'autre, le courant est encore dirigé dans le même sens. Quand il est possible de distinguer dans l'une des couches intermédiaires la partie médullaire, on trouve que la moelle est toujours positive relativement aux parties environnantes.

On a le maximum d'effet quand l'une des aiguilles se trouve dans la moelle centrale et l'autre entre l'écorce et le ligneux ; le courant a quelquefois une assez grande intensité.

En opérant sur l'écorce, dont on a enlevé l'épiderme, plaçant l'une des aiguilles sur la surface, privée de son épiderme, et l'autre sur la surface intérieure de l'écorce, le courant est dirigé en sens inverse du précédent. En enlevant celle-ci et la rapprochant de l'autre, les effets sont les mêmes, à l'intensité près ; or, la surface extérieure étant parenchymeuse, formée d'un tissu cellulaire, on peut donc déjà poser en principe que, dans les expériences dont il est question, quelle que soit l'espèce à laquelle le végétal appartient, la moelle et le jeune tissu cellulaire sont toujours positifs, du moins les liquides qui les humectent, à l'égard des liquides qui se trouvent dans les diverses parties du ligneux.

Ce fait important conduit aux conséquences suivantes :

1° Le liquide de la moelle et celui du jeune tissu cellulaire sont plus oxygénés que celui du ligneux, qui contient par conséquent des matières plus oxydées ; ce qui est d'accord avec ce qui a été dit précédemment, le tissu cellulaire étant l'élément organique du ligneux et la moelle fournissant aux jeunes bourgeons les sucs dont ils ont besoin pour leur développement.

2° La face du ligneux qui est en contact avec la moelle est le pôle négatif et la face opposée le pôle positif ; il en est de même des faisceaux de vaisseaux, dans lesquels circulent les liquides aspirés par les racines et où commence à s'élaborer la séve. Ces faisceaux de vaisseaux étant enveloppés de tissu cellulaire, leur surface intérieure se trouve être le pôle positif, et la face contiguë au tissu cellulaire, le pôle négatif ; l'action réductive doit donc avoir lieu sur cette dernière, et l'action oxydante sur la surface intérieure ; ce qui s'accorderait assez avec les observations de Payen qui a montré que le ligneux pur est un mélange de différents corps et que la surface qui le compose est formée de cellules allongées, tapissées à leur intérieur d'une matière dure et amorphe, en couches plus ou moins irrégulières.

Prenons maintenant un fragment d'écorce détaché d'une jeune branche d'aune ou de peuplier, en pleine séve, et dont on a enlevé l'épiderme ; sur chacune de ses faces appliquons une lame de platine dépolarisée, en communication, au moyen d'un fil de même métal, avec un galvanomètre, et plaçons le tout entre deux petites planchettes de bois, sous une pression de deux kilogrammes : il se produit aussitôt un courant dirigé dans le sens indiqué précédemment; la lame appliquée sur la surface extérieure prend l'électricité positive. En ouvrant le circuit pour dépolariser les lames et le refermant quelque temps après, on trouve que l'intensité du courant diminue chaque fois, même en humectant les surfaces avec de l'eau distillée.

L'intervention de l'air paraît être la cause de la diminution de l'intensité du courant, car on n'observe rien de semblable, quand on ne détache pas l'écorce du ligneux pendant plusieurs jours et qu'on opère en introduisant une des lames entre l'une et l'autre; il faut donc en conclure que la séve s'oxyde au contact de l'air.

Le même mode d'expérimentation peut être employé pour montrer la promptitude avec laquelle l'air réagit sur la séve pour modifier sa composition.

Supposons que l'on ait introduit transversalement, sous l'épiderme d'une branche de peuplier, au milieu du parenchyme, deux aiguilles de platine, en relation avec un galvanomètre, à une distance de un centimètre l'une de l'autre, il ne se produit aucun effet électrique, tant que l'introduction est simultanée ; mais vient-on à retirer l'une d'elles, aussitôt qu'on l'introduit de nouveau, quelques instants après, à la place où elle se trouvait auparavant ou à peu près, l'aiguille aimantée est déviée et le sens de la déviation indique que l'aiguille de platine déplacée, puis replacée, prend l'électricité négative, ce qui indique que la couche de liquide humectant l'aiguille s'est oxydée.

L'écorce ainsi que la partie ligneuse du bois constituent chacune une série de couples électro-capillaires, disposés inversement, et chaque couple de la série fonctionne isolément, quoique dans une dépendance mutuelle sous le rapport de leur organisation.

On voit donc que les effets électriques dans le système ligneux sont inverses de ceux qui ont lieu dans le système cortical, ce qui s'accorde avec la position du tissu cellulaire dans les deux systèmes.

Quel rôle joue le parenchyme dans les effets électriques obtenus? Les expériences suivantes répondront à cette question. On prend une branche de jeune peuplier, en pleine séve, dans laquelle on pratique une section transversale, puis l'on introduit l'une des aiguilles entre l'écorce et le ligneux et on applique l'autre sur le parenchyme, après avoir enlevé l'épiderme, l'aiguille est déviée dans un sens indiqué précédemment ; on retire cette dernière aiguille, puis on enlève la partie verte avec un couteau d'ivoire et on pose l'aiguille sur la partie dénudée ; la déviation de l'aiguille aimantée est sensiblement la même. On enlève encore une nouvelle couche, la déviation a lieu dans le même sens, mais elle est un peu moins forte. En continuant à enlever successivement le parenchyme jusqu'au ligneux, les effets électriques sont les mêmes et ne cessent que lorsqu'il ne reste plus que le liquide entre l'écorce et le ligneux. Toutes les couches parenchymeuses jouissent donc à peu près des mêmes propriétés à l'égard de ce dernier.

Il résulte de ces expériences qu'à la limite, lorsque les deux aiguilles ne sont séparées que par un simple tissu, on obtient encore un courant électrique, lequel a une direction déterminée par rapport au parenchyme ; la conséquence qu'on doit en tirer, en se reportant aux effets chimiques dus aux actions électro-capillaires, est que la face du tissu qui est du côté de la moelle est le pôle négatif et la surface opposée le pôle positif. Cette conséquence est applicable aux tiges de tous les végétaux et doit être prise en considération dans l'étude des transformations qu'éprouve la séve, dès l'instant qu'elle entre dans le corps de l'arbre, par les spongioles des racines. On voit par là qu'il y a des phénomènes non interrompus de décomposition et de recomposition chimique, sous l'empire de la vie, lesquels ne cessent que lorsque les tissus ont perdu cette force qui s'oppose à l'imbibition, précurseur de la décomposition. Pour l'instant, il est impossible de tirer d'autres inductions des faits observés.

Dans les plantes herbacées et les plantes grasses, comme les cactus, les euphorbes, composées presque uniquement de parenchyme, il devient très-difficile d'observer les effets électriques dont il vient d'être question.

On met en évidence les altérations qu'éprouve au contact de l'air la séve qui afflue dans les feuilles, en opérant comme il suit : on superpose un certain nombre de feuilles, trente ou quarante, les unes au-dessus des autres et dans le même sens ; on les comprime fortement et on introduit ensuite les deux aiguilles de platine parfaitement dépolarisées, dans la masse des feuilles, l'une d'un côté, l'autre de l'autre ; on en retire une qu'on laisse quelques instants au contact de l'air, puis on la remet en place. On trouve, comme précédemment, que cette dernière prend également l'électricité négative. L'effet produit est dû à la réaction de la séve qui a été exposée à l'air sur celle qui se trouve dans le parenchyme de la feuille. ‹

Les feuilles de lierre donnent une certaine déviation; celles de peuplier d'Italie en donnent une un peu plus ou moins forte, suivant que les branches auxquelles appartiennent les feuilles sont jeunes ou vieilles.

Il est facile de comparer ensemble les altérations qu'éprouve la séve qui se trouve dans les feuilles de végétaux d'espèces différentes, telles que celles de sureau, de noyer, etc., etc. 20 feuilles de l'une et 20 feuilles de l'autre sont mises en contact par une de leurs faces, puis comprimées; on introduit dans la masse sur chaque face une des aiguilles de platine; on retire l'une d'elles et on la remet à la même place : quelques instants après, l'aiguille du galvanomètre est déviée, dans un sens indiquant que la séve humectant l'aiguille retirée s'est oxydée au contact de l'air, et a pris l'électricité négative; l'amplitude de la déviation varie avec l'espèce appartenant à la feuille, comme on le voit par les résultats suivants obtenus avec deux groupes de feuilles superposées de noyer et de sureau.

L'aiguille, introduite et retirée, puis remise, donne avec

	Déviation par 1re impulsion.	Déviation par 1re impulsion.
1re EXPÉRIENCE.		
Le sureau.	13ᵈ	»
Le noyer..	»	24ᵈ
2e EXPÉRIENCE.		
Le sureau.	13ᵈ	»
Le noyer..	»	22ᵈ
3e EXPÉRIENCE.		
Le sureau.	11ᵈ	»
Le noyer..	»	24ᵈ

Ces résultats indiquent que la séve du noyer éprouve au contact de l'air une altération plus rapide que celle du sureau, puisque le courant, à conductibilité égale, dans les circonstances où l'on a opéré, a une intensité à peu près double. On admet que jusqu'à vingt et quelques degrés de déviation, l'intensité du courant est proportionnelle à cette déviation. Le même mode d'expérimentation peut servir à étudier la marche des altérations, en prolongeant plus ou moins le contact avec l'air, de l'aiguille entourée de séve.

Conclusions à tirer : On distingue dans la tige d'un végétal dicotylédoné deux parties distinctes, l'écorce et le ligneux. Dans l'écorce, l'état électrique de toutes les parties est inverse de celui du ligneux. L'épiderme est éminemment positif par rapport aux parties contiguës, et ainsi de suite jusqu'au liquide interposé entre l'écorce et le ligneux qui est éminemment négatif. Dans le ligneux, c'est l'inverse : l'état positif va en augmentant jusqu'à la moelle qui est positive, même relativement à l'épiderme.

Ces effets sont en rapport avec la position du tissu cellulaire dans l'écorce, et dans le corps de l'arbre.

§ III. — *Courants électro-capillaires dans les tubercules.*

La pomme de terre, en raison d'une organisation simple, se prête facilement aux recherches électro-capillaires, analogues à celles dont les tiges dicotylédonées ont été le sujet.

Ce tubercule se compose d'un tissu cellulaire; dans les interstices duquel se trouve la fécule, le tout est pénétré d'un liquide qui le rend [plus ou moins aqueux. Ce liquide est-il le même depuis l'épiderme jusqu'au centre? Les phénomènes électriques observés dans les diverses parties permettent de résoudre cette question.

Bien que la pomme de terre paraisse avoir une organisation régulière, on y distingue néanmoins les parties suivantes à la loupe :

1° Un épiderme;

2° Une zone cellulaire analogue à l'écorce;

3° Quelques vaisseaux épars représentant le ligneux;

4° Une masse cellulaire formant la plus grande partie du tubercule, et que l'on compare à la moelle des tiges;

5° Ce tubercule présente dans son organisation plusieurs couches concentriques dont les rudiments seulement sont visibles.

On peut donc en conclure, d'après ce qu'on observe dans la tige de ce végétal, que chacune des parties séparées par un tissu,

explorée avec deux aiguilles de platine, donne un courant électrique indiquant que ces mêmes parties contiennent des liquides
qui n'ont pas une composition identique, ce qui a lieu tant que
la maturité n'est pas complète; mais pour peu que le tubercule
reste exposé à l'air pendant plusieurs jours, il verdit, et la partie
qui a éprouvé ce changement devient éminemment positive par
rapport au reste.

Il est très-difficile de trouver la ligne de séparation de la
partie verte et de celle qui ne l'est pas, attendu que la première
se fond pour ainsi dire dans la seconde. Dans cet état, on obtient
les résultats suivants avec les aiguilles : la partie extérieure du
tubercule est constamment positive, relativement à la partie
centrale, et d'autant moins qu'on approche de cette dernière qui
paraît être négative à l'égard de tout ce qui l'entoure. Ces effets
sont inverses de ceux que l'on obtient avec les tiges des végétaux
monocotylédonés, puisque la moelle est positive relativement
aux couches ligneuses jusqu'au liquide intermédiaire, c'est-à-dire
jusqu'à l'écorce; puis, les effets deviennent inverses.

Cet état de choses dans la pomme de terre semble indiquer
que les cellules qui contiennent les grains de fécule imprégnés
d'un liquide qui les tient constamment humides, abstraction
faite des vaisseaux qui peuvent concourir au transport de ces
liquides, participent à l'état électrique dont on vient de parler;
les cellules qui sont les plus rapprochées du centre sont moins
positives que celles qui en sont plus éloignées. D'un autre côté,
l'intervalle entre ces cellules est rempli d'air, ou de gaz, ou de
liquide; tous ces liquides sont séparés par des tissus, des membranes, par l'intermédiaire desquels se produisent des effets
électro-capillaires.

Mais si l'état électrique général est tel que je viens de le décrire, on serait porté à en conclure que, de deux cellules contiguës, celle qui est la plus rapprochée du centre est négative par
rapport à l'autre; la surface intérieure de la cellule la plus près
du centre serait le pôle négatif par rapport à celle qui est plus
éloignée; les produits oxydés sembleraient augmenter en s'éloignant de la périphérie. Malheureusement on n'a pas d'aiguilles
de platine assez fines pour les introduire l'une dans une cellule,
l'autre en dehors, seul moyen d'apprécier avec exactitude leur état
électrique; mais on y supplée jusqu'à un certain point, ainsi qu'on
l'a vu, en déterminant l'état électrique général.

Dans l'emploi des aiguilles de platine pour explorer les deux parties des tubercules, comme on l'a fait à l'égard des couches ligneuses, il faut au préalable les laver avec de l'eau distillée, les chauffer au rouge pour détruire les matières organiques et enlever les gaz qui les polarisent, puis attendre que les aiguilles soient entièrement froides, afin d'éviter une complication dans les effets produits, résultant de l'échauffement des liquides en contact avec les aiguilles. Il est d'autant plus important de faire rougir les aiguilles, après chaque ·expérience, que, lorsqu'on les retire du tubercule, ou d'un végétal, elles se trouvent imprégnées de sucs qui, s'altérant au contact de l'air, acquièrent ainsi la propriété de produire des courants, en les remettant en place, indépendamment des courants primitifs.

Tels sont les effets d'oxydation et de réduction observés jusqu'ici dans l'intérieur des végétaux sous l'influence des actions électro-capillaires. Ces effets sont autant de points de repère auxquels devront se rattacher les recherches entreprises dans le but d'étudier la formation des divers composés qui se trouvent dans les tissus des végétaux.

§ IV. — *De l'état électrique du sol dans son contact avec les végétaux.*

Les racines dites fibreuses sont ordinairement munies de chevelu; celles qu'on nomme racines tubéreuses sont assez épaisses, et toutes leurs spongioles sont réunies en un seul faisceau à l'extrémité du cône. Le tissu cellulaire de l'écorce des racines est généralement fort dilaté; il se ramifie peu ou point et ne montre que çà et là des fibrilles de chevelu.

On appelle spongioles certaines parties extérieures du tissu qui termine le tissu des racines, sans organisation bien particulière, et qui ont une grande tendance à absorber les liquides avec lesquels les racines sont en contact. Elles sont formées d'un tissu cellulaire très-serré, composé de cellules arrondies.

Il résulte de ce court exposé que les racines des végétaux sont en contact avec le sol et les liquides qui l'humectent par l'intermédiaire d'un tissu cellulaire plus ou moins serré. Il doit par conséquent se produire, indépendamment des phénomènes d'endosmose et de dialyse, des actions électro-capillaires qui ont toujours lieu quand une membrane ou un tissu sépare deux liquides de nature différente. On voit donc qu'il doit exister entre le liquide qui se trouve dans le chevelu et celui qui humecte le sol, lequel est aspiré par les spongioles', des effets électriques produisant des actions chimiques dans le tissu des racines.

On étudie cette question comme on le fait à l'égard du ligneux et de l'écorce; on emploie à cet effet des aiguilles de platine dépolarisées. On introduit une des aiguilles dans une partie quelconque d'une tige ou d'une branche, à l'exception de la moelle, et l'autre dans un sol humide à une distance plus ou moins considérable des racines; la déviation de l'aiguille aimantée indique la production d'un courant électrique, dont la direction montre que la terre est positive, et le liquide des tissus négatif. Si la première aiguille est introduite dans la moelle, les effets sont faibles ou nuls, à cause de l'état positif de cette dernière, relativement à toutes les autres parties du ligneux.

Les végétaux, quels qu'ils soient, même ceux qui ont une tige herbacée, tels que la balsamine, le dahlia, donnent les mêmes résultats.

On peut tirer de là la conséquence suivante : la terre étant constamment positive relativement aux végétaux, dans son contact avec ces derniers, l'eau et les substances qu'elle contient et qui pénètrent dans les racines par les spongioles est plus oxygénée que les liquides qui s'y trouvent déjà; il faut donc que, pendant le passage, il se produise une oxydation qui est en quelque sorte la première élaboration de la séve. Cet effet résulte évidemment de l'action électro-capillaire précédemment décrite.

Là s'arrêtent les conséquences à tirer des phénomènes observés; il faut en appeler à de nouvelles expériences pour être à même de suivre les changements qu'éprouve la séve dans sa marche ascendante jusqu'à son passage dans les feuilles et dont il a été question précédemment.

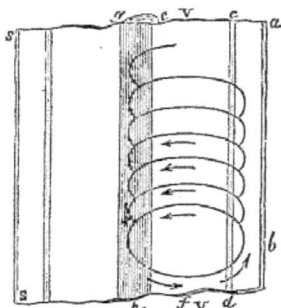

Fig. 25.

Les courants qui résultent des états électriques du sol et des végétaux, dont on suppose l'existence, doivent circuler comme l'indique la fig. 25. ss est une section longitudinale faite dans un végétal; a b l'écorce; c d le cambium; e f le ligneux; g h la moelle. L'électricité positive débouchant en h et f par les racines et remontant suivant la direction *b a* produit, suivant toutes les apparences, une foule de courants partiels allant de l'écorce à la moelle et de là jusqu'aux dernières branches. De la terre ou plutôt des racines au végétal il doit exister de semblables courants.

CHAPITRE II.

DE LA TEMPÉRATURE DES VÉGÉTAUX.

§ I. — *Observations préliminaires.*

Les appareils manquaient pour étudier complétement la température de toutes les parties d'un végétal. Les thermomètres ordinaires ne pouvant être employés que dans quelques cas particuliers, on les a remplacés par le thermomètre électrique, dont nous donnerons plus loin la description. Mais, en attendant, nous allons entrer dans quelques considérations générales sur la température des végétaux.

On avait remarqué anciennement que l'arum vulgaire dégageait de la chaleur à une époque déterminée de sa floraison, et que le phénomène n'avait lieu qu'une seule fois par chaque chaton; qu'il commençait vers trois heures de l'après-midi, atteignait son maximum vers cinq heures et cessait vers sept heures, et que la température était de 7° environ au-dessus de celle ambiante; on savait encore que l'arum cordifolium de l'Ile-de-France acquiert une température de 44° et même 49°, celle de l'air étant de 19°; cette émission de chaleur ne pouvait être attribuée qu'à une grande activité dans la combinaison de l'oxygène de l'air avec le carbone de la plante. D'autres observations du même genre prouvaient seulement qu'il y avait production de chaleur dans certaines phases de la vie végétale.

On peut poser en principe que partout où il y a vie il y a production de chaleur; on sait que les plantes respirent par l'intermédiaire des feuilles, il doit donc y avoir production de chaleur dans l'acte de la respiration. Il en est de même dans toutes les réactions chimiques qui ont lieu dans tous les tissus des végétaux; mais, d'un autre côté, il y a abaissement de température par suite de l'évaporation d'une portion de l'eau absorbée et de l'exhalaison de l'oxygène au soleil. On ne peut connaître la différence entre l'élévation et l'abaissement de température qu'avec des appareils thermo-électriques, du moins dans le plus grand nombre de cas, attendu que cette différence, étant souvent très-faible, ne peut être appréciée que par des instruments d'une grande sensibilité et pouvant être appliqués à toutes les parties d'un végétal.

Nous devons signaler encore une autre cause qui influe sur la température propre des végétaux. L'eau qui en est aspirée par les racines, et qui s'élève verticalement dans le tronc, est au degré de température que le sol possède à la profondeur moyenne des racines des arbres; elle est donc plus chaude que l'air en hiver et plus froide en été; par conséquent, en s'introduisant dans le tronc, elle tend sans cesse à le réchauffer dans la saison froide et à le refroidir comparativement à l'air dans la saison chaude. Si l'on joint à cela les effets observés par MM. A. de la Rive et A. de Candolle, à savoir que le bois est plus mauvais conducteur dans le sens transversal que dans le sens longitudinal, on concevra comment il se fait que l'ascension de la séve mette continuellement le centre du tronc en équilibre de température avec le sol, tandis que la structure du corps ligneux de la périphérie au centre empêche le tronc de se mettre promptement en équilibre avec l'air ambiant. Il résulte de là que la température de l'intérieur du tronc doit être analogue à celle du sol où plongent les racines, c'est-à-dire plus chaude que l'air en hiver et plus froide en été. Il faut donc, de toute nécessité, dans la détermination de la température des végétaux, tenir compte de ces causes perturbatrices, et sans cela on court le risque de leur attribuer une portion de la chaleur propre aux végétaux, c'est-à-dire celle provenant des diverses élaborations qui ont eu lieu dans leurs parties intérieures. Si l'on remarque encore que l'évaporation est moindre en hiver, par suite de l'absence des feuilles et de la facilité bien plus grande avec laquelle le soleil réchauffe les troncs quand ils ne sont plus ombragés par ces mêmes feuilles, on aura alors une idée des précautions à prendre pour étudier la température intérieure des végétaux.

§ II. — *Description du thermomètre électrique.*

Le principe sur lequel repose la construction et l'emploi du thermomètre électrique est celui-ci : soit un circuit (planche I, fig. I) composé de trois fils, l'un de fer *f, f,* les deux autres de cuivre *cc;* les deux bouts du fil de fer sont soudés en *s, s'* à l'un des deux bouts des fils de cuivre, et les deux autres sont mis en communication en *g g* avec le fil formant le circuit d'un galvanomètre à fil court. Si les deux soudures plongent dans deux milieux ayant la même température, l'aiguille aimantée n'est pas déviée, puisque, l'équilibre des forces électriques n'étant pas troublé, il n'y a pas de courant.

Cela posé, supposons la soudure *s* placée dans une source de chaleur dont la température est inconnue : si l'on élève ou si l'on abaisse la température de la soudure *s'*, jusqu'à ce que l'aiguille aimantée soit revenue à zéro et qu'on l'y maintienne pendant quelques instants, cette température, mesurée avec un thermomètre divisé en dixièmes de degré, donnera avec beaucoup d'exactitude celle de la soudure *s*, pourvu que le galvanomètre ait une sensibilité suffisante pour que l'aiguille aimantée soit déviée d'un degré au moins pour une différence de température égale à un dixième de degré thermométrique. Il est nécessaire toutefois que les parties des deux fils adjacentes aux deux soudures soient en équilibre de température avec celles-ci; car, si les parties contiguës à l'une d'elles se trouvent dans un milieu plus chaud ou plus froid de plusieurs degrés que la soudure, il en résulterait des effets qui causeraient dans les observations des erreurs contre lesquelles il faut se mettre en garde.

Cela se conçoit : dans le circuit en question, fer et cuivre, l'équilibre des forces électriques n'est point troublé quand la température est la même aux deux soudures et dans tout le circuit; mais, si ces dernières sont placées dans deux sources de chaleur semblables, possédant une température plus élevée ou moins élevée que celle du milieu, où se trouvent les autres parties du circuit, alors chacune des soudures se refroidira ou s'échauffera jusqu'à ce qu'il y ait partout équilibre de température. Dans le cas où les deux soudures sont l'une dans un état d'échauffement, l'autre dans un état de refroidissement, il y a courant; c'est contre les effets de ce genre qu'il faut se mettre en garde, surtout lorsqu'on veut opérer avec beaucoup d'exactitude. J'en parlerai de nouveau quand j'indiquerai la manière de se servir du thermomètre électrique.

Les deux fils, l'un de fer et l'autre de cuivre, sont parfaitement recuits et soudés bout à bout, sans soudures intermédiaires,

sans jonctions quelconques qui détruiraient l'uniformité du système. Ces fils encore doivent être entourés de gutta percha pour
empêcher leur contact, les préserver de toute altération et diminuer autant que possible l'influence calorifique du milieu ambiant.

L'appareil suivant remplit toutes les conditions désirables
pour atteindre le but que l'on se propose.

Soit EE′ (pl. I, fig. 2) une éprouvette en verre remplie aux
deux tiers d'éther rectifié et fermée hermétiquement avec un
bouchon de liége dans lequel passe un tube T′ à large ouverture
contenant du mercure, et deux tubes recourbés t et t′ dont le
premier plonge jusqu'au fond de l'éprouvette, et le bout inférieur du second n'atteint pas l'éther. Une des soudures s du
couple thermo-électrique fer-cuivre plonge dans le mercure,
où se trouve un thermomètre t″ qui accuse sa température. Le
fil de cuivre c du couple est en communication avec le multiplicateur G (fig. 3), tandis qu'un autre fil de même métal, également en relation avec ce dernier, est soudé en s′ au fil de fer f;
s′ constitue la seconde jonction que l'on place dans le milieu
dont on veut déterminer la température. Cette température est
plus élevée ou plus basse que celle de l'air de la pièce où l'on
expérimente : si elle est plus basse, l'aiguille aimantée du galvanomètre est déviée d'un certain nombre de degrés dans un sens qui
indique que la soudure de l'éprouvette est la plus chaude; pour la
ramener à zéro, on insuffle de l'air dans l'éprouvette avec un soufflet S, en communication avec le tube t, au moyen d'un conduit
en caoutchouc; l'éther, en se vaporisant, abaisse la température
du mercure et par suite celle de la soudure s; la vapeur d'éther
s'échappe à l'extérieur par le tube t′ auquel est adapté un tube
en caoutchouc. On peut, si l'on veut, adapter à l'éprouvette un
aspirateur tel que A (fig. 5), qui permet de modérer le refroidissement pour ramener peu à peu l'aiguille à zéro; mais l'emploi du soufflet est plus simple. On dépasse ce terme, de manière
à faire dévier l'aiguille aimantée de quelques degrés en sens contraire; on laisse l'échauffement s'opérer lentement jusqu'à ce
que l'aiguille soit revenue à zéro, ce dont on s'assure avec la
lunette L. Ce point atteint, la température du mercure donnée
par le thermomètre T′ est précisément celle de la source.

Depuis les derniers perfectionnements faits à cette méthode,
le soufflet s représenté pl. III fig. 1, est d'un emploi plus com-

mode. On y reviendra en traitant de la température du sol à différentes profondeurs.

Si, au contraire, la température de la source est plus élevée que celle du mercure, on échauffe l'éprouvette de plusieurs manières : dans le cas où la différence est au-dessous de 8 à 10°, il suffit d'appliquer la main sur la paroi de l'éprouvette pour l'échauffer suffisamment; en peu d'instants l'aiguille revient à zéro. Si la différence de température est plus considérable, on applique des linges chauds sur la paroi de l'éprouvette et on les retire avant que l'aiguille soit revenue à zéro. La différence est-elle plus considérable encore, on met la soudure dans un autre tube R (fig. 4), contenant du mercure, et plongeant dans un vase U rempli d'eau et disposé comme la première éprouvette, avec ses accessoires; on fait arriver dans l'eau par le tube en verre *t* de la vapeur d'eau produite dans un ballon B, dont on élève la température avec une lampe à alcool; on modère le passage de la vapeur dans l'eau au moyen d'un aspirateur ou d'un soufflet. Enfin, le dernier procédé auquel on doit donner la préférence, en raison de sa simplicité, consiste dans l'emploi d'un manchon annulaire creux en fer-blanc M (fig. 7), demi-cylindrique et rempli d'eau à une température convenable. Ce manchon, que l'on tient avec un manche en bois, est destiné à entourer l'éprouvette qui s'échauffe alors par rayonnement; la partie en regard de celle-ci est noircie pour augmenter son pouvoir émissif.

Les fils de fer et de cuivre qui composent le circuit du thermomètre électrique doivent avoir un diamètre proportionné à leur longueur, attendu que les courants thermo-électriques diminuent rapidement d'intensité en augmentant la longueur du circuit. Le diamètre doit être tel que le courant produise une déviation de l'aiguille aimantée de I°, au moins, pour une différence de température de 0°,1. Ces fils, soit qu'on les suspende dans l'air, soit qu'on les mette en terre ou dans les arbres, doivent être recouverts de gutta-percha, puis de filasse, le tout goudronné, afin d'éviter leur altération de la part des milieux ambiants et enroulés en torsade; la fig. 8, pl. I, indique cette disposition. Quand il est nécessaire de réunir deux bouts de fil de cuivre ou de fer, il faut bien se garder d'employer le mercure; on les introduit dans un petit cylindre creux de même métal *bb* (fig. 9), pourvu de deux vis de pression *v*V, et dont la surface est recouverte de gutta-percha. Il est indispensable d'enterrer à 0^m,66 au-dessous du sol les portions du circuit qui se trouvent à l'extérieur, parce que l'échauffement inégal qui résulte du rayonnement solaire sur le circuit fait naître des courants thermo-électriques secondaires qui occasionnent des erreurs graves dans les résultats, surtout quand il y a défaut d'homogénéité.

A chaque expérience, il faut s'assurer que l'aiguille du galvanomètre est au zéro, point de repère invariable d'où dépend l'exactitude des résultats. Une petite lunette placée à distance et qui donne les déviations soit directement, soit vues par réflexion dans un prisme en verre faisant miroir et placé sur le galvanomètre, est utile pour bien préciser la position du zéro de l'aiguille. Les écarts sont très-faibles et même nuls quand les deux aiguilles aimantées qui forment le système astatique sont soustraites au rayonnement calorifique des corps voisins au moyen d'écrans convenablement placés. Ce rayonnement apportant des changements dans l'état calorifique des aiguilles, modifie leur état magnétique, ce qui empêche que le système reste astatique. Le meilleur écran est un cylindre en carton ouvert des deux bouts, recouvert intérieurement et extérieurement d'une feuille d'étain et enveloppant de toutes parts le galvanomètre. On enlève ce cylindre quand on veut observer, et on le remet en place ensuite, en le recouvrant d'un couvercle en carton étamé percé d'une ouverture, afin de pouvoir observer avec une lunette L, la position de l'aiguille (fig. 3 et 6).

Il est convenable aussi de tenir le circuit ouvert quand on n'observe pas, afin de s'assurer si l'aiguille est bien à zéro. Il faut avoir également à sa disposition plusieurs autres écrans semblables, plans ou légèrement courbes, pour les placer devant l'appareil dont on élève ou l'on abaisse la température. L'éther employé au refroidissement doit être rectifié, afin de produire promptement le plus grand effet possible. Quand il a servi longtemps et que l'on en a ajouté à diverses reprises, il cesse d'être concentré par suite du passage de l'air humide, et le refroidissement marche alors très-lentement; quand on en est arrivé là, il faut changer l'éther et le mettre de côté pour le distiller. La vapeur d'éther est conduite à l'extérieur, comme on l'a déjà dit, au moyen d'un tube de caoutchouc adapté au tube de l'éprouvette qui contient l'éther.

En hiver, quand l'air est très-froid, l'éther ne suffit plus pour abaisser la température du mercure où plonge la soudure ; il faut placer l'éprouvette et son récipient dans un mélange réfrigérant ou seulement dans de la glace fondante pour refroidir l'éther au moins à zéro avant de le volatiliser. Nous avons cherché de combien on pouvait abaisser la température de l'éther au moyen de l'insufflation, celle de l'air ambiant étant de 19° ; l'expérience a montré que l'on pouvait aller jusqu'à plusieurs degrés au-dessous de zéro.

L'alcool ne peut être substitué avantageusement à l'éther, attendu que le passage de l'air en volatilise peu, et produit, par conséquent, un très-faible abaissement de température.

Les magnétomètres à réflexion et à aiguilles compensées qui sont très-sensibles peuvent être employés ; mais la lenteur avec laquelle les aiguilles reviennent au zéro font que pour ce genre d'expériences le galvanomètre ordinaire, plus ou moins sensible, est bien suffisant.

Il y a certaines précautions à prendre dans les observations pour que les résultats soient comparables, selon que la température de l'observatoire est plus ou moins élevée que celle du lieu où se trouve la seconde soudure. Si elle est plus élevée, on abaisse, comme on l'a déjà dit, la température jusqu'à ce qu'elle soit inférieure de 1 à 2 degrés à celle que l'on cherche, puis on laisse échauffer très-lentement la soudure jusqu'à ce que l'aiguille soit revenue à zéro et y reste pendant une minute ou deux ; on observe alors la température sur le thermomètre indicateur. Si, au contraire, la température est inférieure, il faut opérer inversement, chauffer et laisser la soudure se refroidir avec beaucoup de lenteur. Voici le motif pour lequel on agit ainsi : les indications du thermomètre et du galvanomètre, quand l'aiguille est à zéro, ne correspondent pas toujours à la même température ; de là de graves erreurs qu'il faut éviter, et qui peuvent aller jusqu'à 3 ou 4 dixièmes de degré. Lorsque, par exemple, la température de l'observatoire étant plus basse que celle de l'autre milieu, si l'on chauffe jusqu'à ce que l'aiguille du galvanomètre soit revenue à zéro, le thermomètre indique souvent une température trop élevée ; dans le cas contraire, elle est trop basse ; cela tient à ce que, dans le premier cas, la soudure du milieu échauffé demande un certain temps pour se mettre invariablement en équilibre de température avec ce milieu : aussitôt que la soudure commence à s'échauffer, une partie de la chaleur acquise par elle est transmise aux parties adjacentes du circuit, et cela jusqu'à ce que la soudure ne cède plus de chaleur; à ce moment le thermomètre est fixe et l'aiguille aimantée garde le zéro: on peut alors relever la température. Quand la température de l'observatoire est plus haute au contraire que celle de l'autre milieu, il faut opérer inversement.

Ces observations exigent de l'habitude, un peu de temps et la connaissance des phénomènes thermométriques. Il est indispensable de commencer l'expérience quelques minutes avant l'heure fixée. L'échauffement et le refroidissement doivent se faire avec beaucoup de lenteur, pour que la soudure et les parties contiguës aient le temps de se mettre bien en équilibre de température : l'exactitude des observations en dépend. L'opération, au surplus, est terminée quand le thermomètre est fixe et que l'aiguille aimantée garde le zéro pendant une minute ou deux.

§ II. — *De la température des végétaux et des variations qu'elle éprouve dans le cours de la journée et suivant la saison.*

Tout corps plongé dans l'air doit participer plus ou moins aux variations de température que ce milieu éprouve. Les effets dépendent de l'état de la surface du corps, de son pouvoir conducteur et de sa chaleur spécifique.

Nous nous sommes occupé de déterminer[1] les variations de température que les végétaux éprouvent, et, à cet effet, nous avons fait un très-grand nombre d'observations sur la température intérieure de différentes espèces d'arbres, en pratiquant dans leurs troncs ou leurs branches des ouvertures de plusieurs centimètres de profondeur, inclinés de bas en haut, et dans lesquels on introduisait le thermomètre électrique ou le thermomètre ordinaire. Les ouvertures étaient remplies de sable ou de suif.

Les observations faites du 30 juillet 1838 au 18 août, sur la température d'un érable de $0^m,44$ de diamètre à $0^m,035$ de profondeur, à 1 mètre au-dessus du sol, avec deux thermomètres électriques placés l'un à l'intérieur, l'autre à l'extérieur, sur la surface de l'arbre ont donné en moyenne :

Avec le thermomètre dans l'intérieur de l'arbre. . . . $19°,7$
Avec le thermomètre à l'extérieur de l'arbre. . . . : $20°,6$

Différence en faveur de l'arbre. : . . : $0°,9$

[1] *Mém. de l'Académie des sciences*, t. XXXII.

La température observée au nord a donné 20°; différence, 0°,3 en faveur de l'air.

Les températures observées dans l'érable à 1 mètre au-dessus du sol, et à 2 mètres ont été :

A 1 mètre au-dessus du sol..	15°,20
A 2 mètres au-dessus du sol.	15°,7

Ces deux températures ne diffèrent entre elles que de 0,5.

La moyenne des températures dans un tilleul a été de 19°65, du 7 au 30 août, et dans l'air, au nord, 20°15; la différence 0°,5 provient sans doute de la position du trou dans le tilleul et de sa plus grande profondeur.

Passons aux variations de température dans l'intérieur des arbres.

DATE.	TEMPÉRATURE au nord.	VARIATION ou différence entre le maximum et le minimum.	TEMPÉRATURE dans l'érable.	VARIATION.
1er août 1858.				
7h45	15°		14°12	
9	16,1		14,1	
9,30	17,1		15,8	
10,30	18,5		16,4	
12	19,9		16,4	
1	20,5	6,5	17,2	5°
2	21,1		18	
3	21,6		18,2	
5	21,2		19,2	
6,30	20		19,6	
7,30	18		19,5	
8,15	»		19	
Moyennes...	19°		18°	

Les variations de température ont eu lieu dans l'érable comme dans l'air, si ce n'est que les heures des maxima n'ont pas été les mêmes. En été le maximum s'est montré dans l'air à trois heures; dans l'érable, de six à sept heures du soir. On en aura la preuve dans l'exemple suivant : Dans l'air, la température maximum a été à trois heures; dans l'érable, entre six et sept heures. La plus grande variation dans l'air a été de 6°,6 ; dans l'érable, de 5°,4. Le mouvement de la chaleur a donc été plus lent dans le premier que dans le second sous l'influence d'une température élevée.

Le tableau suivant contient toutes les observations faites dans la journée du 9 août 1858, les températures observées simultanément avec le thermomètre ordinaire et le thermomètre électrique, placés l'un dans l'érable, la soudure de l'autre dans une cavité de 0^m,055 de profondeur, et le thermomètre dans une cavité légèrement inclinée de 9 centimètres de profondeur :

DATES.	THERMOMÈTRE au nord.	VARIATION.	THERMOMÈTRE ordinaire dans l'érable.	VARIATION.	SOUDURE dans l'érable.	VARIATION.	SOUDURE appliquée à la surface de l'érable.	VARIATION.
19 août.								
6ʰ15	18°4		18°1		18°		»	
9	17,4		17,5		18,6		17°2	
10	18,4		17,7		18,6		18,2	
11	19,8		17,8		18,2		20	
12	21,2		18,3		19		19,4	
1 Pluie.	18		18,5		18,7		18,5	
2	21	5,60	18,8	1,06	19	1,08	21	4,00
3 Pluie.	»		18,6		19,6		18,4	
4	19,4		18,6		18,7		20,5	
5	16,9		18,6		18,5		18,7	
6	17,2		17,2		19,8		18	
7	16,2		18,2		19,1		17,5	
8	15,6		18		19		17,2	
10	15,1		17,5		18		17	
Moyennes.	17,85		18,07		19,78		18,58	

Les résultats consignés dans ce tableau montrent que la moyenne des températures de l'érable à 0^m,055 de profondeur a été, dans le cours de la journée, de 18°,78, mesurée au thermomètre électrique, tandis qu'elle n'a été que de 18°,07, évaluée au thermomètre dont le réservoir était placé à une profondeur de 9 centimètres dans une cavité légèrement inclinée. Quoi qu'il y ait eu une différence de 0°,71 entre les deux températures, les variations de température, dans les deux cas, ont été sensiblement les mêmes : dans le premier cas, elle a été de 1°,8, et dans le second, de 1°,2. Quant à la moyenne des températures accusées par la soudure appliquée sur l'érable et à celle des températures observées au nord, elles ont été, l'une de 18°,58 et l'autre de 17°,85, et les variations de 4 degrés et de 5°,9. Les différences entre ces résultats ne peuvent être attribuées qu'à des effets de rayonnement qui n'ont pas été les mêmes dans les deux cas, la soudure et le thermomètre n'étant pas placés dans les mêmes conditions, l'une étant abritée, l'autre ne l'étant pas.

Des expériences faites pendant une journée ne permettent pas de tirer des conséquences générales, attendu que, lorsque les arbres ont une certaine épaisseur, les variations de température dans l'air ne se font sentir que longtemps après dans l'arbre ; il n'en est plus de même quand on prend les moyennes d'un grand nombre d'observations : dans ce cas, toutes les observations faites dans l'érable, avec le thermomètre électrique, et au nord avec le thermomètre ordinaire, depuis le 30 juillet jusqu'au 31 août, ont donné pour températures moyennes :

> Dans l'érable. . . . . 18°,80
> Au nord. . . . . 18°,87

Les moyennes des températures ont donc été exactement les mêmes pendant cette période.

Le maximum de température a eu lieu dans l'arbre tantôt à six heures, tantôt à huit heures, tantôt à dix heures du soir, en moyenne six heures quatre minutes, et au nord à trois heures.

En moyenne, la variation de six heures du matin à dix heures du soir a été :

> Dans l'érable, de.. . . . . 3°,8
> Au nord, de.. . . . . 6°,14

En septembre, on a eu pour moyennes :

> Dans l'érable. . . . . 16°,80
> Au nord. . . . . 17°,67
> Différence en faveur de l'air... . 0°,87

Heures des maxima :

> Dans l'érable, vers.. . . . . . . 6 heures.
> Au nord, vers.. . . . . 3 heures.

A peu près comme en août.

Moyennes des variations :

> Dans l'érable. . . . . 3°,86
> Dans l'air, au nord.. . . . . . 7°,86

En octobre, moyennes des températures :

Dans l'érable.*. . . . .   11°,98
Dans l'air au nord. . . . . . .   11°,78
                                  _____
          Différence.. . . . .   0°,20

Variations :

Dans l'érable. . . . .   3°,82
Dans l'air, au nord.. . . . . .   8°,34

On voit par ces résultats que dans les mois d'août, septembre et octobre les moyennes des températures dans l'érable et dans l'air au nord n'ont présenté des différences sensibles qu'en septembre, et que, pendant ces trois mois, les variations ont été, dans l'érable, à peu près moitié de ce qu'elles ont été dans l'air au nord.

La température, dans un arbre, est donc loin d'être la même dans toutes ses parties ; si les feuilles et les menues branches se mettent promptement en équilibre de température avec l'air, le tronc ne tarde pas aussi à s'y mettre jusqu'à une profondeur de 0m,1.

Il était important d'étudier le mouvement de la chaleur, non plus dans un arbre placé à l'ombre, dans un massif, mais bien dans un arbre exposé au levant, à la radiation solaire et près d'un mur de ville. Cet arbre était un prunier couvert de feuilles et de fruits, ayant 6 mètres de hauteur et 0m,35 de diamètre ; il se trouvait dans les conditions voulues pour être fortement échauffé par l'action solaire. On a comparé sa température, mesurée avec une des soudures placée au centre, à celle de l'air au haut d'un mât, à 16 mètres au-dessus du sol.

Voici les résultats obtenus du 2 au 11 septembre ; moyennes des températures :

Dans le prunier. . . . .   20°,94
Dans l'air.. . . . .   18°,70
                                  _____
          Différence.. . . . .   2°,24

Heures des maxima :

Dans le prunier, vers.. . . . . .   2h 45m
Dans l'air.. . . . .   3h 00m

Les heures des maxima sont à peu près les mêmes.

Variations :

Dans le prunier. . . . . . . ～ . .   13°,07
Dans l'air.. . . . .   8°,05

Dans le prunier, pendant plusieurs jours, la différence entre
le maximum et le minimum a été de 24 à 25 degrés ; on a vu
la température s'élever, à une profondeur de $0^m,12$ dans l'arbre,
jusqu'à 35, 36 et 37 degrés. Un pareil régime ne devait pas tarder
à l'énerver ; aussi à la fin de septembre les feuilles se sont flé-
tries, les fruits sont tombés, et tout annonçait une mort pro-
chaine. Il s'est produit, dans cette circonstance, un effet que les
horticulteurs appellent un coup de chaleur et à la suite duquel
l'arbre meurt.

Ces faits serviront peut-être à expliquer plusieurs points encore
obscurs de physiologie végétale. Nous n'indiquons ici que la partie purement physique du phénomène. Il paraît donc qu'un arbre
s'échauffe dans l'air comme un corps inerte, et d'autant plus
rapidement que le corps a moins de volume et que son écorce
a un pouvoir absorbant plus considérable ; il était à présumer
qu'en entourant le tronc du prunier jusqu'à la hauteur de 2 mètres d'une enveloppe métallique de fer-blanc, par exemple, on
diminuerait, en raison du pouvoir rayonnant de l'enveloppe,
l'échauffement de l'arbre. L'expérience a confirmé cette conjecture : on a trouvé, en premier lieu, que du 15 au 22 septembre,
les heures des maxima de température sont restées les mêmes
qu'avant que l'enveloppe eût été appliquée.

La moyenne des températures de l'air,
    pendant la même période de temps, à
    été de. . . . .   16°,86
Celle du prunier.. . . . . . .   19°,64

La variation moyenne, au haut du mât,
    a été de. . . . .   9°,5
Dans le prunier. . . . .   5°,2

En comparant ces résultats aux précédents, on trouve de grandes différences ; ainsi à quelques jours de distance, par une température qui était sensiblement la même, la variation, c'est-à-
dire la différence entre le maximum et le minimum, est descendue
de 13°,07 à 5°,2, quoique la température n'ait pas baissé de
2 degrés. On voit par là que la température est devenue uniforme
dans le prunier.

On a enlevé l'enveloppe de fer-blanc pendant les journées des 22, 23, 24 et 25 septembre; les variations ont été :

Dans le prunier, de.. . . . . . . ˙ 10°,9
Dans l'air.. . . . . 8°,5

Les différences entre les maxima et les minima ont donc augmenté comme avant l'application de l'enveloppe.

Enfin, du 25 septembre au 13 octobre, on a entouré de paille le tronc du prunier, jusqu'à la hauteur de 2 mètres, sur une épaisseur de 3 à 4 centimètres; on a eu alors, pour moyennes des températures observées :

Dans le prunier. . . . . 15°,24
Dans l'air. . . . . 14°,4

Moyennes des heures des maxima :

Dans le prunier. 3ʰ 47ᵐ
Dans l'air.. . . . . 1ʰ 30ᵐ

Variations :

Dans le prunier. . . . . 6°,7
Dans l'air.. . . . . ˙ . . 11°,33

L'étendue des variations s'est abaissée dans le prunier, tandis qu'elle a augmenté dans l'air.

Ces résultats démontrent que les enveloppes métalliques ou de paille diminuent dans les végétaux les variations et rendent le mouvement de la chaleur plus régulier.

Des recherches nombreuses avaient été faites antérieurement sur la température des arbres; mais nous avons voulu, en exposant l'emploi du thermomètre électrique à cet usage, faire connaître, d'une manière générale, les rapports existant entre la température de l'air et celle des arbres; nous croyons devoir résumer ici les résultats obtenus par Krutzsch en cherchant la température de toutes les parties d'un pin et d'un érable au moyen d'un thermomètre ordinaire. Voici les résultats qu'il a obtenus : à un même moment la température peut être différente dans deux parties d'un arbre, d'autant plus que la différence de diamètre entre ces deux parties est plus considérable. La température est différente dans les différentes couches d'un arbre, souvent au même moment, tandis qu'elle diminue à un autre; la rapidité des variations se manifeste dans les parties les plus minces d'un arbre;

le maximum de la température diurne est plus haut, le minimum plus bas que dans les parties les plus épaisses.

Dutrochet[1], qui a fait usage de notre appareil, a voulu éliminer l'évaporation de la séve qui produit un refroidissement, et il a opéré comme il suit : il a pris à cet effet un grand bocal fermé par un bouchon de liége dans lequel se trouvait une petite quantité d'eau. Les deux soudures furent plongées dans l'eau ; l'une d'elles se trouvait dans une partie de la tige tuée au moyen de l'immersion dans l'eau chaude, puis refroidie, l'autre était introduite dans une partie végétale exactement semblable, mais vivante : les aiguilles étaient enduites de gomme laque pour les préserver de l'oxydation et de l'action des acides. Au moyen de cette disposition, la partie morte prenait la température ambiante, tandis que la partie vivante prenait cette même température, plus celle relative aux fonctions vitales, dégagée du refroidissement résultant de l'évaporation.

Dutrochet a cru reconnaître, d'après ce mode d'expérimentation, que la température du végétal était de $\frac{1}{2}$ degré au plus au-dessous de la température de l'air ; d'un autre côté, il a observé que, plus la température extérieure est élevée, plus la chaleur propre du végétal augmente.

MM. Van Beck et Bergma ont déterminé également la température des fleurs au moyen des aiguilles thermo-électriques. Leurs expériences ont porté principalement sur les plantes dont certaines parties offrent un développement anormal de température, par exemple les fleurs du *Colocasia odorata* qui donnent un dégagement de chaleur sur toute la surface visible du spadice, quoique avec une intensité différente dans ses diverses parties.

Après l'épanouissement de la spathe, un dégagement de chaleur a lieu dans les fleurs mâles à 1 degré plus élevé que dans les autres parties à la même époque.

A l'émission du pollen, il y a une augmentation de chaleur dans les fleurs mâles avortées qui forment le côté charnu ou glanduleux du spadice, tandis que la température diminue en se rapprochant de celle de l'atmosphère.

[1] *Comptes rendus de l'Académie des sciences*, t. IX, p. 613.

CHAPITRE III.

ACTIONS PHYSIOLOGIQUES DE L'ÉLECTRICITÉ SUR LES VÉGÉTAUX.

§ I. — *Anciennes observations sur les actions physiologiques de l'électricité.*

Après avoir exposé les courants électro-capillaires qui fonctionnent constamment dans les végétaux, il faut faire connaître les effets physiologiques produits par le passage de l'électricité dans leurs diverses parties.

Van Marum[1] ayant montré que l'irritabilité des fibres musculaires était détruite au moment où l'on faisait passer par ces fibres une décharge électrique d'une force suffisante, a fait des expériences semblables pour détruire l'irritabilité des plantes, et savoir jusqu'à quel point l'ascension et le mouvement de la séve étaient dus à cette irritabilité. Diverses espèces d'euphorbia ont été soumises, à cet effet, à l'expérience, lesquelles ont la propriété de donner une grande quantité de séve laiteuse quand on leur fait une plaie. Des décharges provenant d'une très-forte machine électrique ont été transmises, pendant vingt ou trente secondes, à travers des branches d'euphorbia lathyris, et des tiges de l'euphorbia campestris et de l'euphorbia cyparissias. Toutes les branches et tiges qui avaient servi à transmettre la décharge ne laissèrent plus écouler de séve quand elles furent coupées. D'autres plantes, soumises au même mode d'expérimentation, présentèrent les mêmes effets. Or, quand on pressait ces tiges électrisées entre les doigts, il en sortait une petite quantité de séve. Il est prouvé par là que la décharge avait fait perdre aux vaisseaux la faculté de se contracter pour chasser la séve en dehors.

Des expériences ont été faites également avec production de semblables effets sur une seule branche, et cela en employant, non pas une grande machine électrique, mais celle dont le plateau était de 31 pouces; les plantes exigeaient plus ou moins de temps pour perdre la faculté en question, suivant l'espèce à laquelle elles appartenaient.

L'expérience fut répétée sur l'euphorbia lathyris avec une bat-

[1] Van Marum. *Expériences faites avec la machine du musée de Teyler*, t. III, p. 68.

terie de 15 pouces carrés de surface garnie, mais non chargée suffisamment pour déchirer les tissus. Cette décharge a toujours suffi pour faire cesser la contraction des vaisseaux.

D'autres plantes, telles que le mimosa sensitiva et le mimosa pudica, sont excitables sous l'influence de l'électricité à faible tension sans qu'il en résulte pour cela un désordre apparent dans l'organisme. Le courant qui passe par les branches et les feuilles produit des contractions lentes, successives, séparées par de grands intervalles; effets différents de ceux que présentent les animaux, comme nous aurons l'occasion de le faire remarquer dans le livre suivant.

L'électricité exerce encore une influence remarquable sur la circulation de la séve dans le chara, comme le prouvent les expériences suivantes que nous avons faites conjointement avec Dutrochet[1].

Nous rappellerons d'abord comment la température intervient dans la circulation du chara. A zéro, la circulation est très-lente, elle s'accélère à mesure que la température monte, et elle devient rapide vers 18°; elle diminue ensuite jusqu'à 27°, où elle est très faible, puis la vitesse augmente peu à peu et deux heures après elle redevient très-grande; au-delà de 27°, en chauffant, on observe des effets semblables; à 45°, le mouvement rotatoire s'arrête pour ne plus reparaître.

L'électricité produit des effets qui ont de l'analogie avec les précédents, mais qui en diffèrent cependant sous certains rapports. Ces expériences ont été faites avec un microscope d'un grossissement moyen; la tige du chara a été dépouillée de son écorce, placée sur une lame de verre légèrement concave avec une petite quantité d'eau, et ses deux extrémités ont été recouvertes de feuilles très-minces de platine destinées à transmettre le courant. Voici les effets que l'on a observés :

1° L'électricité qui traverse la tige du chara tend à produire dans les premiers instants un engourdissement dont l'intensité dépend de celle du courant;

2° Le courant agit en même temps et également sur le mouvement ascendant et le mouvement descendant;

3° Le sens du courant ne paraît établir aucune différence dans leur mode d'action;

---

[1] *Comptes rendus de l'Académie des sciences de l'Institut de France*, t. V, p. 784.

4° Si le courant provient d'une pile à auges chargée avec de l'eau seulement, il faut employer un certain nombre de couples pour arrêter le mouvement de la lymphe ; quelques instants après il recommence peu à peu sous l'influence du courant et finit par acquérir la vitesse qu'il avait primitivement. En augmentant le nombre de couples, il y a un nouvel arrêt, et ainsi de suite jusqu'à ce que le courant ait assez d'intensité pour arrêter.le mouvement de rotation pendant quelques heures. En rétrogradant, c'est-à-dire en diminuant successivement le nombre des couples, on remarque encore des arrêts et des reprises de mouvement. En opérant avec une pile plus forte fortement chargée, on observe des effets semblables. Le passage de l'électricité ne produit aucune désorganisation, puisqu'un temps plus ou moins long rend à la plante ses facultés naturelles.

Ce qui se passe dans le chara serait produit probablement dans tous les corps organisés où l'on observe des liquides en circulation ou des mouvements fibrillaires, comme la membrane muqueuse du manteau d'une huître en offre un exemple.

§ II. — *Influence de l'électricité sur la germination.*

Davy [1] a avancé que le blé germait plus vite dans l'eau pure électrisée positivement que dans celle qui l'est négativement. Cet effet était dû à ce que la graine, étant dans le premier cas entourée d'une atmosphère d'oxygène, se trouvait dans les conditions voulues pour que la germination s'effectuât convenablement. Quand l'eau n'est pas parfaitement pure ou que l'action se prolonge, il se dépose au pôle positif des acides qui réagissent sur les graines et altèrent peu à peu l'embryon jusqu'au point de l'atrophier, et même quelquefois de le détruire complétement ; il n'en est pas de même au pôle négatif, du moins dans certaines limites.

Voici les effets que nous avons observés [2] en opérant avec deux capsules d'or ou de platine en communication avec une pile à auges de trente éléments, faiblement chargées et séparées par une capsule de porcelaine contenant, comme les deux premières, de l'eau de Seine et du coton cardé sur lequel on avait semé des

---

[1] Davy, *Chimie agricole.*
[2] *Annales de chimie et de physique,* 2ᵉ série, t. LII, p. 240.

graines de cresson alénois ; les trois capsules communiquaient ensemble au moyen de mèches de coton ; dans la capsule négative la germination et la végétation se sont montrées dans les premiers temps sensiblement comme dans la capsule de porcelaine, tandis que de l'autre côté la germination a été lente et la végétation subséquente en partie atrophiée. L'eau de la capsule positive a donné la réaction de l'acide sulfurique ; celle de la capsule négative la réaction de la chaux. En interrompant la communication avec la pile, le développement de la jeune plante continua à s'effectuer dans la capsule négative, tandis que dans l'autre la végétation était lente et comme suspendue ; l'acide devenu libre altérait visiblement la plante.

Si Davy eût continué pendant assez longtemps ses expériences, il aurait obtenu au pôle positif des effets semblables dus à la réaction sur la graine et le jeune végétal des produits de la décomposition électro-chimique de l'eau et des substances électro-négatives qu'elle aurait prises à l'air ou aux vases qui la renfermaient, et même à la graine. Le pôle négatif n'agit pas d'une manière aussi fâcheuse, bien au contraire, attendu que les alcalis à petite dose sont favorables à la végétation. On peut en avoir la preuve en expérimentant comme on va le voir, avec de l'électricité à faible tension.

On place dans deux soucoupes de porcelaine deux couples voltaïques formés, chacun, de deux lames de cuivre et de zinc soudées ensemble par une de leurs faces ; dans l'une, le zinc est en dessus, dans l'autre, le cuivre. On met sur les faces à découvert du coton et des graines de cresson alénois, et dans les soucoupes de l'eau, en quantité suffisante, pour humecter le tout. On dispose de même une lame de verre dans une autre capsule afin d'avoir un point de comparaison. Voici les résultats d'une expérience : deux ou trois jours après, à la température ordinaire de l'atmosphère, les radicules parurent en même temps dans les trois capsules, mais la végétation ne continua pas également dans chacune d'elles ; elle fut plus forte sur la face du cuivre que sur le verre, tandis que sur la face zinc les radicules fuirent la surface métallique, se contournèrent, se desséchèrent peu à peu et les tiges cessèrent de croître. Avec les pois ordinaires (*pisum sativum*), on observa des effets semblables : la face négative donna la réaction alcaline avec le papier à réactif, tandis que sur l'autre on constata la présence d'un sel de zinc qui nuisit à la végétation, et finit même par la détruire. Avec de l'eau renfermant une petite quantité d'un sel à base terreuse ou alcaline, les effets furent encore plus marqués.

On voit par là que, sous l'influence de forces électriques faibles, l'action du pôle négatif, à raison probablement aussi des produits alcalins secondaires qui s'y trouvent déposés, active les phénomènes de la végétation, tandis que celle du pôle positif la diminue jusqu'au point de la faire cesser. Quoiqu'on ne puisse définir nettement l'action de chaque pôle sur la végétation, on est porté à croire cependant, dans les conditions où l'on a opéré, que l'intervention des substances provenant de la décomposition électro-chimique des composés, en dissolution dans l'eau ou se trouvant dans les graines, a joué le rôle principal dans les effets produits.

Il est à remarquer toutefois que dans la germination les éléments de la graine, éprouvant sans cesse des changements, se trouvent peut-être dans des états électriques dépendant du rôle que chacun d'eux joue dans les réactions ; ils obéissent par conséquent bien mieux à l'action du courant que si cet état n'existait pas, quelles que soient les causes agissantes. Il paraît prouvé que l'on peut employer avec avantage dans la germination, et même dans les autres actes de la végétation, l'action électro-chimique d'un seul couple, en plaçant les graines et les jeunes plantes au côté négatif où se trouvent les éléments qui favorisent la végétation ; les bulbes de jacinthe ou d'autres espèces éprouvent des effets analogues.

En dehors des effets électro-chimiques, on peut savoir encore si l'électricité intervient d'une manière quelconque dans les phénomènes de la vie végétale. De Candolle a fait à ce sujet, dans sa Physiologie végétale, les réflexions suivantes, qui sont pleines de justesse : « Ceux qui ont cherché à établir que le fluide « électrique était l'agent de la vie, soit dans les animaux, soit « dans les plantes, me paraissent encore loin d'avoir ébranlé « l'idée générale du principe vital ; d'un autre côté, la plupart « se fondent sur des données vagues et générales qui sont presque « entièrement dénuées de preuves, comme on peut s'en con- « vaincre dans leurs ouvrages. De l'autre, en supposant que le « fluide électrique ait une action appréciable, qu'est-ce qui la « met en jeu ? Pourquoi agit-il dans les êtres vivants et cesse- « t-il d'agir dans les êtres morts ? » Nous répondrons à cette dernière question que la cause qui met en jeu cette électricité est l'action électro-capillaire qui se manifeste toutes les fois que deux liquides différents sont séparés par un tissu capillaire, laquelle concourt efficacement aux phénomènes de nutrition.

CHAPITRE IV.

DÉCOLORATION DES FLEURS ET DE DIVERS TISSUS VÉGÉTAUX PAR LES DÉCHARGES ÉLECTRIQUES ET LA CHALEUR.

§ I. — *Opinions sur les causes de la décoloration des tissus végétaux.*

Avant de traiter cette question, nous croyons utile de faire connaître l'opinion des botanistes sur les causes de la coloration et de la décoloration des diverses parties des végétaux.

De Candolle a considéré la coloration des pétales comme due à une modification de la chromule; suivant lui, les pétales ne sont que des feuilles modifiées, puisque, dans certains cas, ils peuvent se transformer en véritables feuilles vertes, comme dans l'*hesperis matronalis;* aussi, dit-il[1], « y a-t-il le moindre « motif de douter que ces pétales foliacés n'aient pas, dans leurs « cellules, une chromule analogue à celle des feuilles, et par « conséquent que, lorsqu'ils sont colorés, ils ne doivent cette « coloration qu'à une modification de la chromule? »

De Candolle regarde donc comme vraisemblable que les variétés de couleurs de fleurs tiennent à des degrés divers d'oxygénation de leur chromule, et que cette théorie doit s'appliquer aux fruits et aux bractées.

Schubler et Funk ont donné en 1825 une classification des couleurs des végétaux, qui avait été indiquée en 1805 par de Candolle dans sa *Flore française*. Les fleurs peuvent être divisées en deux grandes séries : celles dont le jaune semble être le type et qui peuvent passer au rouge et au blanc, et jamais au bleu; et celles dont le bleu est le type, qui peuvent passer au rouge et au blanc, et jamais au jaune. La première série a été appelée par ces deux savants série oxydée, et la seconde, série

---

[1] *Traité de physiologie*, t. II, p. 905.

désoxydée. Le vert des feuilles, suivant eux, est en quelque sorte un état d'équilibre intermédiaire entre les deux séries.

De Candolle a substitué à ces dénominations celles de xanthique et de cyanique, pour indiquer que leur type est le jaune et le bleu. A la série des fleurs xanthiques appartiennent à peu près toutes les espèces des genres *cactus, mesembryanthemum, aloe, cytisus, oxalis, rosale* ; à la série des fleurs cyaniques appartiennent les espèces des genres *campanula, phlox, epilabinus*, etc., etc.

La couleur blanche n'entre pas dans les deux séries. De Candolle pense que le blanc appartient à l'une des deux couleurs réduite à la plus faible teinte. Le blanc serait donc un bleu ou un jaune très-faible. Nos expériences, comme on le verra, tendent à mettre en évidence ces deux faits.

La couleur rouge appartient aux deux séries dans la théorie de l'oxydation ; il en résulterait qu'elle peut être obtenue par le maximum ou le minimum d'oxydation.

En composant les deux couleurs les plus antipathiques, le jaune et le bleu, dans leurs réactions avec les acides et les alcalis, on arrive aux résultats suivants : les infusions des fleurs jaunes dans l'alcool sont d'un jaune clair, sans décoloration sensible des fleurs ; les acides les décolorent légèrement, sans leur faire éprouver aucune autre altération ; les alcalis leur donnent, au contraire, une teinte jaune plus vive ou plus brune. Les fleurs jaunes sont rangées parmi celles dont la couleur est la plus tenace.

Les fleurs bleues traitées par l'alcool donnent des infusions tantôt d'un bleu clair, tantôt comme celle des lins, tantôt très-foncées comme celles de l'aconit et du delphinium. Les acides font rougir ces infusions, et les alcalis les font devenir vertes. De Candolle fait observer que les couleurs bleues colorées en rouge par les acides ne reprennent jamais leur bleu par les alcalis, comme cela arrive aux infusions de fleurs rouges.

Toutes les réactions dont il vient d'être question avec les fleurs s'appliquent aux péricarpes charnus, dans lesquels on distingue les séries xanthique et cyanique. Les fruits du cerisier, du cornouiller, du grenadier appartiennent à la première série. Ceux de la seconde sont très-rares ; on peut y rapporter le *Dianella*, l'*Ophiopagon japonicus*, quelque *Lantana*, etc.

Quant aux couleurs des bois, elles paraissent dépendre de la nature des matières déposées ou qui se déposent dans les cellules oblongues dont le bois est formé. L'acide nitrique chaud enlève au bois d'ébène sa substance noire. Le bois de campêche cède sa matière colorante rouge à l'eau et à l'alcool; les acides la rendent plus foncée, et les alcalis la font tourner au jaune. Ce bois contient, en outre, de l'hématine. Le bois de Brésil cède aussi sa couleur à l'eau et à l'alcool. Les racines donnent les mêmes résultats, soit pour les couleurs de leur corps ligneux, soit pour celles de leur écorce.

Les écorces des arbres sont analogues aux enveloppes des feuilles en ce qui concerne la surface des jeunes pousses.

Les détails dans lesquels nous venons d'entrer sur les causes de la coloration et de la décoloration des fleurs, des feuilles, des bois et des racines, d'après la manière de voir des botanistes, étaient indispensables pour l'intelligence de ce que nous avons à dire touchant la décoloration des mêmes parties des végétaux par l'action de l'électricité et celle de la chaleur.

§ II. — *Décoloration des fleurs par l'action de l'électricité.*

Plusieurs physiologistes se sont déjà occupés de la décoloration des fleurs au moyen de l'électricité, et notamment MM. Kabsch et Kutne[1].

Le premier a employé l'appareil d'induction, mais il ne s'était pas mis en garde contre les effets chimiques résultant de l'action de l'électrode positive s'entourant d'un acide qui tend à colorer en rouge le pétale, et celle de l'électrode négative se recouvrant d'un alcali qui colore en vert la matière colorante. Les faits observés ne sont donc pas simples comme ceux dont il va être question. M. Kabsch paraît, en outre, attribuer les effets de décoloration à l'ozone; mais on verra plus loin que cette opinion ne saurait être admise, attendu qu'elle est contraire à certains faits observés.

Nous avons commencé à soumettre à l'expérience[2] les pétales de diverses espèces de fleurs et des feuilles vertes différemment colorées. La matière colorante des pétales des fleurs est renfermée soit à l'état liquide, soit à l'état de granules solides, dans des cellules, dont les bords sont juxtaposés sans laisser aucun vide où des gaz pourraient s'introduire. Dans les feuilles,

---

[1] M. Kabsch, *Botanische Zeitung*, 1861, p. 362 et 363.
[2] *Mém. de l'Académie des sciences de l'Institut de France*, t. XXXVIII.

les cellules ne sont plus jointives et laissent entre elles des espaces remplis d'air; elles contiennent en outre des granules de chlorophylle.

Cela posé, on a adopté le mode d'expérimentation suivant, pour étudier l'action que l'étincelle électrique exerce sur les couleurs des végétaux. Ce mode consiste à employer l'excitateur universel pourvu de divers accessoires, tels que petites boules de platine placées aux deux extrémités des deux tiges mobiles de l'excitateur, capsules et lames de même métal, et d'une tablette en verre sur laquelle est placée une bande de papier humectée d'eau distillée et destinée à recevoir le pétale, sur lequel on veut expérimenter. En opérant avec la machine électrique, les deux extrémités libres de l'excitateur sont éloignées l'une de l'autre d'environ trois centimètres et placées à un centimètre du pétale; l'une des tiges est mise en communication avec le sol, l'autre avec une sphère isolée placée à quelque distance du conducteur d'une machine électrique en action, servant à tirer des étincelles, lesquelles sont transmises au pétale. En soumettant à l'expérience le *Papaver orientalis* d'une couleur rouge écarlate, les parties situées au-dessous des boules prennent une teinte d'abord violacée, puis sensiblement blanche, après quelques étincelles; en interrompant l'électrisation, les taches s'étendent peu à peu et finissent par envahir le pétale comme le fait une goutte d'huile répandue sur une feuille de papier; si l'on met alors le pétale dans l'eau, celle-ci prend une teinte violette, et il se décolore complétement. En prolongeant l'électrisation, on obtient un effet semblable.

Les parties décolorées sont transparentes et laissent voir le tissu du pétale de manière à pouvoir en faire l'anatomie au microscope. Ces parties, par un effet de contraste, paraissent avoir une teinte verte, qu'on fait disparaître en couvrant d'un diaphragme blanc la partie rouge non décolorée. Il n'existe aucune différence entre les effets produits au-dessous de chacune des deux boules; cette particularité ne permet pas d'admettre une action électro-chimique, car, si elle avait lieu, les effets seraient différents sous chacune de deux boules. En expérimentant avec deux pointes au lieu de boules de platine, l'action électrochimique se manifeste assez rapidement; on aperçoit, au-dessous de la pointe positive, indépendamment de la partie décolorée, une tache rouge, et au-dessous de l'autre une tache verte, couleurs quí indiquent la présence d'un acide sous la première et d'un alcali sous la seconde.

En employant un appareil d'induction quoique de faible force, il se produit de la chaleur qui complique l'effet de décoloration. Néanmoins on s'en rend maître, comme on va le voir.

Ce mode d'expérimentation ne donne pas des effets réguliers, attendu que l'étincelle frappe tantôt un point du pétale, tantôt un autre plus ou moins éloigné; on régularise son action au moyen de l'une des dispositions suivantes :

1° On applique sur une lame de verre un disque de feuille d'étain de l'étendue que l'on veut donner à la partie qui doit être décolorée; ce disque est pourvu d'un appendice de même métal destiné à établir la communication avec un des pôles de l'appareil d'induction ou le conducteur d'une machine électrique; on applique dessus le pétale, que l'on recouvre d'une bande de taffetas enduite de vernis à la gomme laque et percée d'une ouverture égale à celle du disque; on superpose une bande de papier mouillé, puis un autre disque d'étain pourvu également d'un appendice qui le met en communication avec l'autre pôle; le tout est mis sous une presse; aussitôt que l'appareil électrique fonctionne, la décharge se répartit uniformément sur le pétale; si le taffetas isolant ne remplit pas complétement le but que l'on s'est proposé, on le remplace par une lame de verre percée d'une ouverture circulaire, d'un diamètre égal à celui du disque.

2° On place le pétale entre deux longues bandes de papier à filtrer, humectées d'eau et reposant sur une lame de verre, puis on pose les deux boules de l'excitateur chacune sur l'une des bandes à un centimètre environ du pétale, de sorte que la décharge traverse simultanément les deux bandes de papier mouillé et le pétale quand il est suffisamment humide.

Si l'on veut avoir une action plus directe, on applique les deux petites boules de platine sur les parties des bandes en contact avec le pétale; mais on a à craindre alors des effets dus à la production de la chaleur pendant la décharge.

Une forte décharge n'est pas toujours nécessaire pour produire la décoloration dans les fleurs impressionnables, comme l'est le pavot oriental. On l'obtient également, mais à un moindre degré, avec deux pointes de métal placées très-près du pétale et en opérant la décharge de l'électricité qu'acquiert un tube de verre ou un bâton de gomme laque frotté avec une étoffe de laine. L'immersion dans l'eau opère ensuite complétement la décoloration. Il faut donc une action électrique très-faible pour produire l'effet.

Les pavots de diverses nuances sont plus ou moins impressionnables, selon la nature des matières colorantes qu'ils renferment; ils le sont en général moins que le pavot oriental couleur rouge-écarlate, qui est la fleur rouge la plus sensible parmi celles que nous avons soumises jusqu'ici à l'influence de l'étincelle électrique. Le pavot des champs (coquelicot) passe successivement au violet clair, puis au blanc-verdâtre et devient blanc dans l'eau, toute la matière colorante s'y dissolvant.

Les iris de toutes couleurs, ainsi que les roses différemment colorées, éprouvent des effets semblables, avec des différences résultant de la nature du principe colorant.

La pensée, de couleur violette foncée, soumise à l'électrisation pendant quelques instants, ne paraît éprouver aucune altération; mise ensuite en digestion dans l'eau, celle-ci se colore d'abord en bleu, puis en vert.

Les fleurs jaunes paraissent, en général, peu impressionnables à l'action de l'électricité; les couleurs perdent cependant de leur éclat, et la matière n'est pas soluble dans l'eau froide après l'action électrique; il est probable que cela tient à ce que la couleur est due à des granules solides insolubles, et non à un liquide sur lequel l'eau a de l'action. Nous citerons particulièrement les pétales du tournesol.

Les pétales des capucines rouges, rouge-brun et rouge-orangé, soumises au même mode d'expérimentation, perdent leur teinte rouge et deviennent jaune clair dans les parties électrisées après avoir été plongées dans l'eau froide. Elles renferment, en effet, à la fois, dans les cellules, et la couleur rouge impressionnable et des granules jaunes solides; il en est de même des pétales du dahlia cocciné.

Les fleurs bleues sont moins impressionnables que les rouges. Les pétales de la fleur du *Tradescantia virginica* sont peu influencés par l'étincelle; l'*Anchusa italica* se décolore peu à peu.

On doit considérer comme règle générale que la couleur des fleurs, qui a éprouvé un changement, même très-faible, de la part de l'étincelle électrique, se dissout en tout ou en partie dans l'eau froide, suivant l'intensité de l'action.

L'électrisation des feuilles a donné les résultats suivants : les feuilles vertes, en général, telles que celles de lilas ; de pivoine, etc., semblent n'éprouver d'abord aucun effet de l'électrisation ; mais, quelque temps après sa cessation, on voit les parties frappées par l'étincelle brunir peu à peu ; l'effet produit s'étend au delà et finit par envahir la totalité ou une partie de la feuille suivant sa grandeur, laquelle finit par présenter l'aspect d'une feuille morte, quand surtout l'électrisation a été prolongée. On voit par là que l'électricité tue les feuilles ou du moins les enveloppes des cellules, et que la chlorophylle se décompose peu à peu en commençant par devenir jaune.

Les feuilles du *Begonia discolor*, rouges sur une face et vertes sur l'autre, présentent des effets remarquables : la partie verte devient sensiblement rouge comme l'autre, et la rouge, verte ; il s'opère là une espèce de filtration de la matière rouge dans le tissu de la feuille, attendu que la chlorophylle ne paraît pas altérée.

Les feuilles du *Coleus*, qui sont rouge-brun sur les deux faces, deviennent vertes dans les parties électrisées, et l'effet produit s'étend également au delà ; leur immersion dans l'eau froide les décolore complétement. Les feuilles d'*irisine*, qui sont colorées en rouge, éprouvent la même action.

Les feuilles d'amarante bicolore, qui ne paraissent pas éprouver d'altération sensible pendant l'électrisation, cèdent ensuite leur couleur à l'eau froide dans laquelle on les immerge, tandis que rien de semblable n'a lieu sans électrisation.

Au lieu d'employer de faibles décharges électriques pour opérer la décoloration des diverses parties des plantes, on a fait usage du courant d'une pile composée de six éléments à acide nitrique, en mettant en communication le pétale de la feuille avec les pôles au moyen de deux bandes de papier humide, comme on l'a vu plus haut. On sait que Davy, ayant soumis pendant plusieurs jours une feuille de laurier à l'action d'une pile de 150 éléments, parvint à la décomposer. Nous n'avons pas voulu obtenir de semblables effets, mais bien connaître ce qui devait se passer lorsque les pétales des fleurs étaient appliqués sur deux bandes de papier légèrement humectées d'une dissolution légère d'eau salée, chacune d'elles étant en rapport, au moyen d'une lame de platine, avec les pôles de la pile ; les effets ont été les mêmes, quoique moins énergiques, qu'avec l'appareil d'in-

duction ou la machine électrique : la couleur rouge écarlate du ·
pavot a pâli très-faiblement sans aucune apparence de décomposition; mise en contact avec l'eau, toute la matière colorante
s'est dissoute dans l'eau, et le pétale est devenu blanc et translucide.

Les pétales d'une rose ont présenté les mêmes effets. Il n'y a
donc eu aucune différence dans le mode d'action de la machine
électrique, de l'appareil d'induction ou du courant de la pile, si
ce n'est dans l'intensité des effets, qui a été très-faible dans ce
dernier cas, mais plus uniforme.

§ III. — *Explication des effets de décoloration des fleurs*
par l'électricité.

Quelle est la cause qui produit les effets dont il vient d'être
question? Est-elle physique, chimique ou physiologique? Ce
sont là des questions que nous allons discuter. On serait disposé,
à priori, à les attribuer à l'ozone qui se produit assez abondamment quand les décharges de l'électricité ont lieu dans l'air,
lequel réagirait alors sur les matières colorantes pour les oxyder,
selon qu'elles seraient plus ou moins impressionnables; l'action
décolorante continuerait après l'électrisation, aux dépens de
l'oxygène qui se trouverait dans les tissus, lequel aurait été ozonisé. Les observations suivantes ne permettent pas d'admettre
cette explication : d'abord des courants électriques faibles produisent des effets analogues aux décharges, ensuite on obtient
les mêmes effets en expérimentant dans des tubes de verre ne
contenant que de l'hydrogène ou du gaz acide carbonique, où il
ne se produit pas d'ozone quand·on y fait éclater des étincelles
comme nous l'avons expérimenté. D'un autre côté, en dehors de
toute intervention électrique, la décoloration n'a pas lieu non
plus quand les pétales sont renfermés dans des tubes où l'on fait
passer un courant d'air ozonisé; enfin l'expérience suivante
prouve que l'ozone n'intervient en rien dans le phénomène de
décoloration. On applique sur une longue bande de papier humide le pétale du pavot oriental, et l'on fait passer pendant
quelques instants la décharge sans produire d'étincelles, à plusieurs centimètres du pétale, en mettant les deux boules de l'excitateur en communication avec les bandes de papier; en opérant
ainsi soit avec la machine électrique, soit avec l'appareil d'in-

duction, il ne se produit pas sensiblement d'ozone. On voit aussitôt le pétale changer de couleur et prendre une teinte très-légèrement blanchâtre.

L'effet produit dépend donc d'une action spéciale de l'électricité, que nous allons tâcher d'indiquer. Nous nous sommes demandé d'abord si la lumière électrique n'exercerait pas une action *sui generis* ayant de l'analogie avec celle de la lumière solaire, qui se comporte quelquefois comme agent chimique. Pour le savoir, on a placé les pétales entre deux bandes épaisses de papier humide, afin de les soustraire à l'influence de la lumière pendant la décharge : les effets ont été les mêmes ; on peut en conclure que ce n'est pas là la cause du phénomène. Du reste, on a déjà vu plus haut que les courants électriques qui ne sont pas accompagnés d'étincelles produisent les mêmes effets.

La chaleur produit un effet semblable à celui que l'on obtient avec l'étincelle électrique ; car, le pétale du pavot étant mis, pendant quelques instants, en contact avec l'eau bouillante, sa couleur rouge prend une teinte légèrement violette ; ce pétale étant plongé ensuite dans l'eau froide, celle-ci dissout peu à peu la matière colorante, et il devient alors parfaitement blanc. L'action de l'eau à 100 degrés et au dessous sur les feuilles colorées des *Coleus* et du *Begonia discolor* est analogue à celle de l'électricité : au bout de peu d'instants les premières deviennent vertes, et les secondes présentent une teinte rouge sur les parties vertes dont il a été question plus haut.

Les pétales soumis à l'action de l'étincelle éprouvant la même action que lorsqu'on les traite par l'eau chaude, ne pourrait-on pas supposer que la chaleur dégagée par le passage de l'électricité dans le tissu du pétale soit la cause de l'effet produit ? Cela n'est pas probable, car les boules de l'excitateur sont éloignées quelquefois d'un décimètre, et à peine si, dans l'intervalle, il y a une production de chaleur sensible. Au surplus, la faible quantité d'électricité qui détermine quelquefois sur certaines fleurs des effets marqués, comme cela arrive dans la décharge provenant de l'électricité obtenue avec un tube de verre ou un bâton de gomme laque frotté avec une étoffe de laine, exclut l'origine calorifique et force d'admettre une action propre de l'électricité.

Tous les faits qui viennent d'être exposés, et notamment celui qui concerne la continuation de l'action produite par l'étincelle électrique sur les feuilles et les fleurs, alors qu'elle a cessé d'agir, montrent que l'électricité a porté une atteinte plus ou moins profonde à l'action vitale, ce qui a permis aux forces physiques et chimiques d'agir. Voici comment on peut concevoir l'effet produit : à l'instant où la décharge a lieu, il y a une suite de décompositions et de recompositions de fluide naturel qui vont en diminuant lorsqu'on s'éloigne des points atteints directement; ce phénomène a pour effet probablement d'altérer le tissu des cellules, de le briser et de leur permettre de laisser filtrer le liquide coloré, dont s'empare l'eau froide dans laquelle on les plonge après l'action de l'électricité. L'effet doit être d'autant plus rapide que les cellules sont plus rapprochées des parties atteintes par l'étincelle; les cellules les plus éloignées doivent perdre plus lentement leur liquide coloré, les enveloppes ayant été moins atteintes par l'action de l'électricité.

M. Duchartre, qui a bien voulu examiner au microscope les fleurs et les feuilles qui avaient été soumises à l'action de l'étincelle électrique, afin de déterminer les changements qui s'étaient opérés dans l'organisation de chacune d'elles a fait les observations suivantes : Le tissu du pétale du pavot n'a présenté aucune altération; le contenu des cellules avait seul été modifié; en effet, le suc cellulaire, coloré en rouge vif, dont elles sont remplies, était devenu incolore; le contour des cellules était intact dans les parties décolorées, comme dans celles qui avaient conservé toute leur vivacité. La feuille de lierre a montré, par opposition, sur la face supérieure, à l'œil nu, un quadrilatère de 2 millimètres environ de côté, qui avait une surface luisante, au milieu d'une grande surface mate et brunie qui avait été exposée à l'action de l'étincelle. A la loupe, sur cette dernière, il y avait un grand nombre de petites ruptures de l'épiderme, les unes à peu près arrondies, les autres à contour irrégulier, que circonscrivait une ligne noircie. Au microscope, elles semblaient comme autant de perforations opérées mécaniquement et par rupture, non-seulement dans toute l'épaisseur de l'épiderme, mais encore quelque peu dans le parenchyme sous-jacent.

Ces ruptures du tissu de la feuille sont dues, suivant toutes les probabilités, à l'étincelle électrique, qui a éclaté successivement sur différents points répartis irrégulièrement.

Autour de cette place frappée directement par l'étincelle, la même face supérieure de la feuille offrait une large tache irrégulière brunâtre, plus foncée vers les bords que dans sa partie centrale. M. Duchartre a cru devoir attribuer cette tache au simple dépôt superficiel d'une matière brun foncé ou noir, dont il ignore l'origine, et qui, vue au microscope, est amassée surtout dans les petits enfoncements de la surface de l'épiderme. Rien de pareil n'existait à la face inférieure. Enfin le tissu interne de la feuille ou le mésophylle n'était altéré, ni dans l'arrangement ou la forme des cellules qui le constituent, ni dans la quantité ou la disposition des grains de chlorophylle qui donne à ce tissu sa coulenr verte.

D'après les observations que nous venons de rapporter, il est probable que, dans le coquelicot, l'électricité a altéré seulement le principe colorant rouge dissous dans le suc cellulaire, sans en amener le moindre déplacement, attendu que la couleur n'a nullement changé dans les parties du pétale qui entouraient les points décolorés; d'ailleurs, les cellules de ces parties rouges, étant entièrement pleines de liquides, n'ont pu en recevoir davantage. Nous ferons observer que l'électricité a fait plus que de décolorer le suc rouge; elle l'a prédisposé à être enlevé par l'eau froide en totalité, sans, pour cela, que les cellules soient scindées, quand on met les pétales en digestion dans cette eau. C'est en cela que réside la propriété de l'électricité.

Quant à la feuille de lierre, la chlorophylle n'a été altérée en rien; l'électricité n'a donc point agi sur la couleur verte ; mais, vers la face supérieure, le tissu a été déchiré en nombreuses ouvertures plus ou moins irrégulières.

Il est possible que si, en mettant dans l'eau les pétales qui ont été électrisés, la décoloration s'y étend rapidement autour des points frappés par l'étincelle, cet effet peut tenir à ce que la pénétration de ce liquide dans les cellules a été facilitée par le changement moléculaire que l'étincelle aura déterminé dans les membranes cellulaires, changement du même genre que celui qui résulte de l'action du froid, et par suite duquel on voit l'eau s'amasser fréquemment hors des cellules, non déchirées cependant, au point de pouvoir se prendre en glaçons volumineux.

La feuille de *Begonia discolor*, qui présente des effets remarquables, n'indique pas une décoloration, mais bien un déplacement, un transport de la matière colorante rouge. Dans son état normal, cette feuille, vers sa face supérieure et dans le tissu cellulaire qui en forme l'épaisseur, renferme une très-grande quantité de grains de chlorophylle, qui sont même d'une grosseur remarquable. Son épiderme supérieur, comme d'ordinaire, est incolore; tout ce qui la distingue, c'est que l'épiderme de sa face inférieure a les cellules dont il est formé remplies d'un suc rouge, qui communique sa couleur à cette face, par l'action de l'électricité, surtout le long des nervures, et ce qui est peut-être dû à ce qu'une portion de la matière colorante s'est transportée de la face inférieure sur la face supérieure, à laquelle elle a donné sa teinte. Voilà comment on peut expliquer, par l'action de l'électricité, pourquoi la feuille de *Begonia* présente au-dessus une grande plaque rouge au lieu de sa couleur verte naturelle; en dessous, l'espace correspondant, qui n'a pas été sensiblement décoloré, est bordé d'une large bande verdâtre; il paraîtrait même que la matière colorante a été en partie transportée hors des cellules de l'épiderme.

En résumé, les décharges électriques fortes ou faibles produisent trois actions distinctes sur les couleurs des feuilles et des fleurs :

1° Une action en vertu de laquelle les parties électrisées laissent dissoudre ou plutôt filtrer dans l'eau froide, où on les plonge après l'électrisation, les matières colorantes qui sont à l'état de dissolution dans les cellules. Cet effet se produit principalement sur les couleurs rouges et bleues; mais les nuances jaunes, dues à des granules solides situés dans les cellules, ne paraissent pas modifiées sensiblement.

2° Une action décolorante directe sur les matières colorantes rouges et bleues qui se trouvent à l'état liquide dans les cellules, quand l'électrisation des plantes est suffisamment prolongée. Quelquefois cet effet est très-rapide, comme avec les pétales du pavot oriental rouge-écarlate.

3° Une infiltration et, pour ainsi dire, un transport des matières colorantes, semblables aux effets précédents, et cela dans l'intérieur des organes électrisés. On peut citer comme exemple l'effet produit par la matière rouge qui se trouve au-dessous de la feuille de *Begonia discolor*, laquelle couleur, pendant l'électrisation de cette feuille, s'infiltre peu à peu vers la partie supérieure verte, de façon à masquer la couleur de la chlorophylle.

§ IV. — *Rapports entre les èffets de la chaleur et de l'électricité sur la décoloration des fleurs et des feuilles.*

Nous avons dit précédemment que les effets de décoloration produits sur les plantes étaient les mêmes, en général, à quelques différences près cependant, que ceux que l'on obtient en les plongeant dans de l'eau à 100 degrés, et même, pour certaines espèces, à une température au dessous, sans entrer toutefois dans aucun détail à cet égard. Nous allons montrer maintenant les différences existant entre ces deux modes d'action et mettre en évidence de nouveaux rapports entre la chaleur et l'électricité, deux agents qui produisent souvent des effets physiques et chimiques semblables, émanant probablement d'une origine commune.

Les phénomènes de décoloration dont il a été question dans le paragraphe précédent paraissent être dus à la diffusion des liquides colorés, renfermés dans les cellules des pétales des fleurs, à travers leurs parois, qui ont éprouvé des lésions provenant d'actions physiques ou chimiques, lesquelles lésions ont altéré ou détruit leur organisation et donné lieu aux effets observés.

Dans le but de comparer les effets de décoloration provenant de la chaleur, d'une part, de l'électricité, de l'autre, on a commencé par soumettre diverses espèces de fleurs rouges, bleues et jaunes, à une température depuis 12 à 15 degrés au-dessous de zéro jusqu'à 100 degrés au-dessus. Les pétales de ces fleurs ont d'abord été introduits dans des tubes que l'on a plongés dans un milieu réfrigérant, et on les y a laissés pendant une demi-heure. Les fleurs rouges ont pris une teinte violette plus ou moins foncée. Nous citerons notamment le pavot (coquelicot), les roses ordinaires ayant une teinte violacée, les roses trémières, etc., etc. On a reconnu que, par l'effet de la congélation, les enveloppes des cellules ont été altérées; il y a eu diffusion à l'extérieur du liquide coloré, destruction en partie de la couleur rouge, prédominance de la couleur bleue, qui a fini par devenir sensible à un tel point que l'on apercevait çà et là des traces de bleu. Le pavot et la rose trémière, du reste, sont des fleurs qui présentent à un degré bien marqué ces effets remarquables de changement de couleur.

Les feuilles de *Begonia discolor*, colorées en rouge violacé en dessous, soumises à un refroidissement semblable, éprouvent des effets du même genre : altération des cellules, infiltration de la matière colorante sur la face verte, qui prend la même teinte que celle de dessous. Peu à peu le vert de cette dernière se manifeste, et il arrive un instant où les deux faces de la feuille présentent la même teinte. L'action continuant, la couleur de la chlorophylle finit par disparaître en partie.

A zéro, les fleurs précédemment mentionnées et les feuilles de bégonia ne paraissent éprouver aucune altération; il en est de même, en élevant successivement la température jusqu'à 50 degrés; de 50 à 60 degrés, la décoloration commence à se manifester, très-faiblement d'abord, par un reflet violacé blanchâtre dans les fleurs rouges. La limite varie suivant la nature de la matière colorante : dans le pavot, la couleur devient d'abord légèrement violette, s'affaiblit peu à peu, puis à 100 degrés la décoloration est complète dans la plupart des fleurs; pour d'autres fleurs la décoloration, sans doute, commence au-dessous de 50 degrés.

On voit donc que l'abaissement de température au-dessous de zéro et l'élévation au-dessus d'une certaine limite produisent les mêmes effets, c'est-à-dire altération des enveloppes des cellules qui renferment la matière colorante, diffusion du liquide coloré et décoloration successive jusqu'à ce qu'elle soit complète.

Lorsque les fleurs ont pris une teinte rouge-violacé par élévation ou abaissement de température, si on les plonge dans l'eau légèrement acidulée par un acide faible, tel que l'acide acétique, elles ne tardent pas à reprendre leur couleur rouge primitive. Si on les met, au contraire, en contact avec de l'eau contenant des traces d'ammoniaque, elles prennent une teinte violette foncée. En opérant de la même manière avec du papier teint avec le liquide extrait de la fleur de pavot, les effets sont les mêmes, si ce n'est que l'eau alcalisée le rend plus sensiblement bleu qu'il n'était auparavant. On est donc porté à admettre que la diffusion du liquide coloré a lieu sous l'influence d'une température plus ou moins élevée ou très-basse, et que ce liquide, dans son contact avec les sucs environnants, éprouve dans sa composition une modification semblable à celle qui a lieu lors de la réaction de l'eau alcalisée sur la couleur rouge du pétale.

Les décharges de la machine électrique ordinaire ou de l'appareil d'induction produisent des effets ayant la plus grande ressemblance avec les précédents. On a soumis à l'expérience les mêmes fleurs afin de rendre la comparaison plus facile : avec de faibles décharges, les fleurs rouges, telles que celles du pavot, prennent une teinte légèrement violacée ; mais, si l'on cesse aussitôt l'électrisation et qu'on les mette en contact avec de l'eau distillée, elles se décolorent peu à peu et finissent par devenir tout à fait blanches et même translucides, après un temps plus ou moins long, suivant l'intensité et la durée de l'action électrique ; la matière colorante a donc été enlevée par l'eau, qui est teinte en violet ; mais si, au lieu de cesser l'électrisation, on la continue, la fleur se décolore complétement. On voit par là que non-seulement les cellules ont reçu une atteinte profonde dans leur organisation, d'où est résultée une mort plus ou moins lente, mais qu'il s'opère, en continuant les décharges, une décomposition de la matière colorante ; les fleurs ont donc été en quelque sorte foudroyées, bien que la quantité d'électricité ait été quelquefois très-faible.

Mais quelle est la nature de l'altération produite par l'électricité dans les cellules par suite de laquelle il y a diffusion et altération du liquide coloré qui s'y trouve ? On ne saurait le dire, car le microscope n'indique aucune altération organique apparente. La cause qui maintient les cellules à l'état normal est tuée par l'électricité, comme elle l'est par une température inférieure même à 100 degrés et un refroidissement qui ne dépasse pas 12 à 15 degrés au-dessous de zéro. La différence qui existe entre ces deux modes d'action consiste en ce qu'une décharge électrique très-faible, telle que celle qui provient de l'électricité produite par le frottement d'un tube de verre avec une étoffe de laine, suffit quelquefois pour détruire l'organisation des cellules.

Lorsqu'on triture dans un mortier d'agate, avec une très-petite quantité d'eau, des pétales de pavot rouge-orangé, on détruit les cellules et l'on en extrait, par une légère pression, au lieu d'un liquide rouge, un liquide coloré en violet, ayant la même teinte que celle que prend le pétale électrisé ; on peut en conclure que l'on produit dans les deux cas le même genre d'altération, c'est-à-dire la destruction des cellules et un changement dans la composition de la matière colorante.

Les fleurs bleues, du moins certaines fleurs bleues, car il y en a qui sont très-sensibles, ne se comportent pas précisément

comme les fleurs rouges ou violettes ayant une teinte rouge;
l'électricité agit lentement sur les enveloppes des cellules et
ne rend pas très-soluble, dans l'eau, la matière colorante.
Parmi les exemples que nous pourrons citer, nous mentionnerons :

1° La clématite, bleu foncé, dont la matière colorante se comporte de même ;

2° La fleur de capucine, rouge-orangé, dont la matière jaune,
après l'électrisation, se dissout très-difficilement dans l'eau, perd
sa couleur rouge et conserve sa couleur jaune.

L'électricité agit donc, dans les phénomènes que l'on vient de
décrire, comme force physique pour détruire les cellules et permettre aux liquides qu'elles renferment de se mêler aux liquides
ambiants, pour décomposer les couleurs des fleurs, notamment
les couleurs rouges.

Il est probable que des effets physiques et chimiques d'une
autre nature, quoique ayant de l'analogie avec ceux-ci, doivent
être également produits dans l'homme et les animaux, surtout
dans les tissus les plus délicats de l'organisme, tels que ceux, par
exemple, du système capillaire. Ce sont là des recherches importantes à faire, et qui intéressent les applications de l'électricité
à la médecine ; jusqu'ici les médecins n'y ont pas eu égard.

Si l'on veut opérer sur des tiges de végétaux ou sur des fruits,
il faut en prendre des tranches, et, après les avoir électrisées, les
mettre en contact avec l'eau concurremment avec des tranches
non électrisées. La couleur des liquides indiquera d'une manière
générale les altérations qui auront pu avoir lieu. Les tranches
qui sont produites par des sections sont recouvertes de parties
lésées, auxquelles il faudra avoir égard.

On a dit précédemment que la décoloration des fleurs et des
feuilles par les décharges électriques, même très-faibles, avait
lieu également en les soumettant à une température au-dessous
de 100 degrés et même de 40 ou 50 degrés ; mais, comme on pouvait craindre que la chaleur provenant de ces décharges ne fût la
cause du phénomène, on a disposé un appareil qui permettait de
déterminer cette température. On a trouvé qu'elle ne dépassait
pas 4 à 5 degrés, et qu'elle ne pouvait alors opérer la décoloration des fleurs, qui provenait probablement d'une action mécanique, produisant des effets chimiques secondaires. L'expérience

a prouvé, comme on va le voir, que telle était la véritable explication du phénomène.

Nous avons admis que le liquide rouge acide, aussitôt qu'il est expulsé des cellules, se trouve en contact avec d'autres liquides qui, probablement, sont d'une nature alcaline ou se comportent comme tels. Ces liquides, en saturant une partie de l'acide organique, reprennent leur couleur primitive, quand on plonge les pétales dans un très-faible acide. La couleur bleue, qui devient également violette, reprend sa couleur bleue en la mettant en contact avec de l'eau légèrement acidulée.

Les couleurs dominantes dans les fleurs sont le blanc, le jaune, le rouge, le violet et le bleu. Ces couleurs, combinées ensemble, donnent lieu à de nombreuses couleurs intermédiaires. Le rouge passe successivement au violet et au bleu, sous l'influence de l'électricité, mais jamais au jaune, du moins dans les fleurs soumises à l'expérience.

On a étudié encore la décoloration opérée sur d'autres fleurs diversement colorées; mais on a repris cette question pour arriver à démontrer le genre d'action qu'exerce l'électricité sur ce phénomène, afin d'en tirer des conséquences pouvant être de quelque utilité à la physiologie végétale, et, comme on va le voir, à la physiologie animale.

On a commencé à opérer non plus sur des pétales, mais bien sur des fleurs entières, pourvues de tous leurs organes. Le pédoncule et la tigelle ont été entourés d'une bande de papier humide servant à établir la communication, soit avec la terre, soit avec la boule de décharge, tandis que les extrémités libres reposaient sur une bande de papier humide, recouvrant une lame de platine, en rapport avec la terre ou la boule de décharge. La boule se trouvait en outre dans une position verticale, et recevait toute la décharge dans la partie non recouverte de papier humide.

Les expériences ont été faites avec deux fleurs semblables placées à côté l'une de l'autre, électrisées, chacune, diversement, puisqu'elles faisaient partie du même circuit. La troisième fleur, également semblable et placée très-près des deux autres, servait à juger par comparaison des effets produits par l'électricité. Il devenait facile alors de voir si les deux électricités agissaient ou non de la même manière sur les couleurs des fleurs. On a opéré d'abord sur deux fleurs bleues de volubilis. Le haut de la co-

rolle, qui avait une couleur rose faible, a pris peu à peu une
teinte jaunâtre, quelle que fût la direction du courant; le bleu a
pris une très-légère teinte violacée, après cinq ou six cents tours
du plateau de la machine électrique, donnant des étincelles à
deux centimètres environ, ou bien après le passage, pendant
quelques minutes, de la décharge de l'appareil d'induction. La
couleur bleue de la fleur est devenue de plus en plus violette,
par l'apparition du rouge, effet qu'éprouve naturellement la
fleur qui, éclose le matin, devient peu à peu violette, sous l'influence de la lumière ou de la chaleur solaire; le soir, elle se
fane, se flétrit, et devient violet pâle. Ce changement est dû
probablement à l'influence calorifique du rayonnement solaire,
qui détruit, comme la chaleur ordinaire, les cellules contenant
le liquide bleu. Les changements, sous l'influence solaire, sont
exactement les mêmes que ceux produits par l'électricité ou par
la chaleur.

En soumettant à l'expérience une fleur de rose clair, la couleur a blanchi, puis est devenue presque incolore, un quart
d'heure après avoir cessé l'électrisation; puis, une demi-heure
plus tard, la partie décolorée a pris une légère teinte violacée
due sans doute à une oxydation.

On a montré précédemment que les couleurs rouges des fleurs
étaient les plus impressionnables à l'électricité; venaient ensuite
les couleurs bleues et jaunes. Les couleurs blanches, surtout
celles qui sont mates, comme on en trouve dans certaines variétés de volubilis, de petunia, etc., se comportent comme il suit :
lorsqu'on soumet ces fleurs à l'action des décharges électriques,
les volubilis prennent une teinte légèrement jaunâtre, qui commence d'abord sur les nervures des pétales, puis elle s'étend au
delà; le petunia prend quelquefois une teinte violacée très-légère,
commençant également sur les nervures, et qui s'étend ensuite
au delà. Les fleurs de laurier blanc prennent aussi une teinte
jaunâtre comme le volubilis.

Une rose blanche, légèrement rose en dessous, devient jaune
des deux côtés. Les fleurs blanches ont une tendance à prendre
une teinte jaunâtre, en général, par l'action des décharges électriques. Les effets qu'elles en éprouvent semblent annoncer un
commencement de décomposition, dû sans doute à la rupture
de toutes les cellules, qui amène le mélange des liquides qu'elles
contiennent.

L'électricité, en brisant les enveloppes des cellules des fleurs et des feuilles, détermine, comme on vient de le dire, la sortie des matières colorantes qu'elles contiennent; elle agit de même à l'égard des cellules qui renferment des matières odorantes; aussi l'électricité exalte-t-elle l'odeur des fleurs et des feuilles, qui finit par être très-forte.

Les tiges herbacées se comportent comme les feuilles.

Le principe sur lequel on s'est appuyé pour expliquer les effets dont il vient d'être question, se trouve démontré par ce fait, que les matières colorantes extraites des diverses parties des végétaux, fleurs, feuilles, bois, racines, n'éprouvent aucune action appréciable de la part de l'électricité.

Les expériences ont été faites sur les principes colorants des bois de campêche et d'Inde, de la garance, du safran, du quercitron, et sur les liquides colorés extraits du tissu des fleurs, sans qu'on ait observé la moindre altération dans la couleur de ces principes.

On peut conclure de ce qui précède que, lorsque les couleurs des fleurs s'altèrent spontanément, l'effet est dû à la rupture des cellules qui les contiennent, par l'action continue de la chaleur solaire, rupture suivie par une altération des enveloppes, cause du mélange des liquides environnants.

D'après ce qui précède, il est à croire que, dans les tissus les plus fins de l'organisme animal, soumis à l'action des décharges électriques, il doit se produire des effets semblables à ceux dont il vient d'être question, c'est-à-dire rupture de tissus très-déliés, action dont on n'a pas cherché jusqu'ici à se rendre compte dans les applications de l'électricité à la thérapeutique, lorsqu'on emploie surtout des appareils d'induction d'une certaine puissance. Il pourrait se faire aussi que l'électricité détruisît de fausses membranes, de simples dépôts, causes ou effets de la maladie qui disparaîtrait avec leur destruction, laquelle est d'autant plus facile, qu'ils ne sont pas soumis à l'empire de la vie, qui lutte sans cesse pour résister à l'action destructive de l'électricité.

Le fait observé par MM. Prévost et Dumas vient à l'appui de cette conséquence; ils ont trouvé qu'en faisant passer des étincelles à travers une petite goutte de sang, celle-ci prenait un aspect framboisé, annonçant la séparation partielle des globules élémentaires, en vertu d'une action mécanique.

Les brillantes couleurs des ailes des lépidoptères, ainsi que celles de certains oiseaux, ont une autre origine que celle des fleurs, puisqu'elles sont dues à une matière insoluble renfermée également dans des cellules, ou à des effets d'interférence, et ne reçoivent aucune action de la part de l'électricité, comme il était facile de le prévoir. C'est là une nouvelle preuve que l'électricité agit bien dans ces expériences comme force mécanique.

En ce qui concerne les deux séries de couleurs xanthique et cyanique de De Candolle, dont la première a pour type le jaune, la seconde le bleu; dans la première série, les couleurs passent du rouge au blanc, et jamais au bleu; dans la deuxième, elles passent au rouge et au blanc, et jamais au jaune; la couleur blanche peut appartenir à chacune des deux séries, suivant que le blanc a une teinte très-légère de l'une des deux couleurs antagonistes. Les faits que nous venons d'exposer montrent que le rouge des pavots passe aux diverses teintes de violet, puis au blanc, et jamais au jaune; il appartient donc à la série cyanique, et il en est de même du volubilis bleu. Quant à la série xanthique, nous y rapportons les couleurs blanches du volubilis, du laurier, qui ne donnent jamais le bleu; enfin les feuilles vertes. Ainsi, les résultats que nous avons obtenus rentrent donc dans les séries de De Candolle.

On voit donc que l'électricité, même à faible tension, appliquée sous forme de décharges à l'organisme végétal, agit comme force mécanique, en donnant lieu à des effets chimiques secondaires, qui n'ont aucun rapport avec ceux résultant de l'action chimique produite directement par l'électricité.

CHAPITRE V.

ACTION CHIMIQUE DE L'ÉLECTRICITÉ SUR LES MATIÈRES ORGANIQUES VÉGÉTALES.

§ Ier. — *Action des courants électriques sur les principes immédiats des plantes.*

L'action de l'électricité sur les composés organiques dépend de l'intensité des courants que l'on fait agir sur eux. Avec des courants énergiques les substances sont décomposées entièrement, tandis qu'avec de faibles courants leurs principes immédiats peuvent être séparés, et il peut se former de nouveaux composés.

Davy ayant soumis pendant plusieurs jours une feuille de laurier à l'action d'une pile de cent cinquante éléments, cette feuille
devint brune, et prit le même aspect que si elle avait été grillée ;
la matière colorante verte, ainsi que la résine, l'alcali et la chaux,
avaient été transportés au pôle négatif, tandis que le vase positif
renfermait un liquide ayant l'odeur de la fleur de pêcher, lequel
neutralisé par la potasse et essayé par la solution de sulfate de
fer donna la réaction propre à l'acide cyanhydrique.

Ayant établi la communication entre deux vases remplis d'eau
distillée, et en relation avec les pôles d'une batterie au moyen
d'une tige de menthe en pleine végétation, Davy, quelques minutes après, trouva dans l'eau du vase négatif de la potasse et de
la chaux, et dans l'autre un acide précipitant par les solutions de
chlorure de barium, de calcium et de nitrate d'argent. La plante
ne parut pas altérée ; mais l'expérience ayant été reprise et con-
tinuée pendant quatre heures, elle se flétrit et mourut. Ces expériences prouvent que les courants électriques agissent aussi
bien sur les plantes vivantes pour séparer leurs éléments que sur
les composés inorganiques.

On peut se servir des courants provenant de l'électricité à forte
tension, comme l'ont fait MM. Pelletier et Couerbe [1], pour obtenir les principes immédiats des substances végétales, et recon·
naître jusqu'à quel point, par exemple, les alcalis végétaux peuvent
être considérés comme préexistants dans les plantes. A cet effet,
ils ont soumis à l'action de la pile une solution d'opium ; à l'instant même des flocons nombreux s'agglomèrent en petites masses
grenues au pôle négatif, et des flocons plus rares et plus légers
au pôle positif. Si l'on dissout la matière rassemblée au pôle
négatif dans l'alcool et qu'on fasse évaporer spontanément la dissolution, on obtient des cristaux brillants de morphine pure. La
matière déposée au pôle positif, laquelle est d'un blanc jaunâtre,
rougit le tournesol et les solutions de peroxyde de fer, et possède
tous les caractères de l'acide méconique ; ainsi tout tend donc à
prouver que la morphine existe toute formée dans l'opium, puisque pour l'obtenir on n'a employé ni acide ni alcali. On voit par
là que l'on peut se servir de l'action de l'électricité pour découvrir dans des substances animales et végétales la nature des
principes immédiats qu'elles renferment.

---

[1] Becquerel, *Traité d'électricité*, en 7 volumes, t. I, p. 512.

Supposons qu'un disque zinc et cuivre, formant couple, soit
placé horizontalement sur un petit support vertical en verre, fixé
dans un vase rempli d'eau distillée, la face cuivre en dessus et la
face zinc en dessous. Plaçons sur la première une bande de papier
joseph, sur laquelle on répand de l'amidon ; douze heures après,
le papier tournesol, faiblement rougi par les acides, est ramené
au bleu quand on le met en contact avec l'amidon. En continuant
l'expérience, on reconnaît que c'est de la soude seule qui est
transportée, sans mélange de potasse. Voici comment on peut
concevoir de quelle manière le courant électrique produit dans
l'oxydation du zinc est suffisant pour séparer la soude : l'amidon
au contact de l'air éprouve des changements qui rendent momentanément à ses éléments les états électriques propres à chacun d'eux; ces éléments, selon qu'ils se comportent comme
corps électro-positifs ou corps électro-négatifs, se trouvent dans
des circonstances favorables pour obéir à l'action décomposante
du couple voltaïque ; dès lors l'alcali renfermé dans l'amidon est
transporté sur le cuivre, et le corps qui se comporte comme acide
sur le zinc. On obtient des effets analogues avec la gomme arabique et l'opium.

Ces faits prouvent qu'avec un seul couple voltaïque on peut retirer des substances végétales quelques-unes de leurs parties
constituantes, surtout quand ces substances se trouvent dans un
état de fermentation ou de décomposition, qui rend momentanément à leurs parties constituantes leurs facultés électriques propres. C'est dans de telles circonstances que l'on peut trouver le
secret de l'influence que peuvent exercer les courants électriques
sur la germination ou les autres actes de végétation.

§ II. — *Action des courants électriques sur l'alcool, l'éther et divers*
autres composés organiques.

Toutes les fois qu'à l'action d'une pile composée d'un certain
nombre d'éléments on soumet de l'alcool tenant en dissolution
diverses substances, même en très-petites quantités, il y a des
signes évidents de décomposition. Si l'alcool renferme $\frac{1}{100}$ de
potasse caustique, il y a dégagement de gaz au pôle négatif seulement. L'analyse de ce gaz donne des proportions variables
d'hydrogène et d'air atmosphérique. En opérant hors du contact
de l'air, on n'a que de l'hydrogène pur.

M. Connell [1], en soumettant à l'action d'une pile de 60 couples trois grammes d'alcool à 0,7928 de densité et 19° de température avec addition de potasse, a obtenu, en moins d'un quart d'heure, au pôle négatif 9 centimètres cubes de gaz ; le liquide prit une couleur rougeâtre, et il se déposa peu à peu au fond du vase une matière blanche, qui était du carbonate de potasse ; la couleur rouge provenait de la formation d'une matière résineuse au pôle positif. Il a obtenu aussi un dégagement de gaz à ce pôle, avec de l'alcool ayant une densité de 0,8358, et tenant en dissolution environ $\frac{1}{100}$ de potasse. Tout porte à croire que l'action produite était due en partie à la décomposition de l'eau contenue dans l'alcool, l'hydrogène étant transporté au pôle négatif, et l'oxygène produisant des effets secondaires au pôle positif ; en effet, la quantité d'hydrogène recueillie était la même que celle qui avait été obtenue dans un voltamètre faisant partie du circuit.

En opérant avec une très-forte pile sur de l'alcool pur, l'eau de combinaison est seule décomposée ; l'hydrogène se dégage au pôle négatif, tandis que l'oxygène produit des composés secondaires à l'autre pôle. En plaçant un voltamètre dans le circuit, on recueille encore la même quantité d'hydrogène ; ainsi il est permis de supposer que l'eau est le sujet de la décomposition, et qu'elle est aussi un des principes constituants de l'alcool. Ce qui tend encore à confirmer cette conjecture, c'est qu'en expérimentant sur de l'alcool pur, on ne tarde pas à développer l'odeur de l'éther. L'alcool ou l'hydrate d'éther aurait donc été décomposé en ses deux principes, et les deux éléments de l'eau auraient été séparés en même temps.

On ne peut se faire une idée de la quantité minime de potasse qu'il faut ajouter à l'alcool pur pour avoir des indices de décomposition. Avec une pile de 50 couples, si l'alcool renferme $\frac{1}{1000}$ de potasse, on aperçoit aussitôt un faible courant de petites bulles au pôle négatif. Il est probable que la présence de la potasse augmente suffisamment la conductibilité de l'alcool pour déterminer l'action électro-chimique.

L'éther rectifié, soumis au même mode d'expérimentation que l'alcool, ne donne que des résultats négatifs ; à la vérité, il ne dissout qu'une quantité à peine appréciable de potasse. Il en est encore de même en opérant avec une forte solution éthérée de

---

[1] *Philosophical transact.*, t. XIII et XIV; London and Edinburgh, 1840.

deutochlorure de mercure, de chlorure de platine, etc. Il est donc probable que l'éther ne renferme pas d'eau de combinaison, à moins cependant qu'il ne se forme des produits secondaires pendant l'électrisation.

L'esprit de bois soumis à l'action voltaïque conduit à des résultats semblables à ceux qu'on obtient avec l'alcool; seulement, comme la quantité absolue d'eau est peu considérable, il faut agir avec des courants plus puissants.

M. Connell a conclu de ses expériences que, lorsque des solutions alcooliques d'acide, d'alcali et de sels oxacides, sont soumises à l'action d'un courant électrique, l'eau de l'alcool est le sujet de l'action directe du courant, tandis que les corps dissous, à l'exception des sels oxacides, ne sont pas décomposés. Quant aux solutions alcooliques des sels haloïdes, il est permis de croire, d'après la présence de l'élément électro-négatif au pôle positif, du moins avec des iodures, que c'est réellement le sel haloïde qui est directement décomposé, et que la quantité définie d'hydrogène recueillie au pôle négatif provient de la réaction du métal du sel décomposé sur l'eau constituante de l'alcool.

Un grand nombre de recherches ont été faites depuis ce premier travail, non-seulement en soumettant à l'électrolyse des mélanges d'alcool et d'acide, mais encore des acides et d'autres composés organiques. Avec l'alcool mélangé d'acide chlorhydrique, M. Riche a obtenu au pôle négatif, de l'hydrogène, et au pôle positif par oxydation, de l'aldéhyde pure, de l'acide acétique et enfin de l'acide chloracétique. M. Jaillard [1], avec l'alcool et l'acide sulfurique et la potasse, a obtenu de l'hydrogène au pôle —, puis de l'aldéhyde au pôle +; cette dernière substance n'a pas été signalée par M. Connell.

M. Kolbe [2], en électrolysant l'acétate de potasse, a obtenu au pôle + de l'acide carbonique et du méthyle, radical organique. Le valérianate de potasse lui a fourni le butyle, autre radical analogue au précédent.

Le succinate de soude, soumis à la même action, a donné à M. Kékulé [3] au pôle + de l'acide carbonique et de l'éthylène, et les acides fumarique et malique ainsi que de l'acétylène; l'hydro-

---

[1] *Comptes rendus de l'Académie des sciences de l'Institut de France*, t. LVIII, p. 1203.

[2] *Annalen der Chimie*, etc., t. LXIX.

[3] *Mémoires de la Société chimique de Paris*, 1864.

gène apparaissait toujours au pôle négatif. M. Wurtz [1], avec
un mélange d'œnantylate de potasse et de valérianate, a isolé au
pôle + un carbure qu'il a nommé butyle caprique; M. Berthelot [2],
avec l'acide aconitique, acide tribasique, n'a obtenu au pôle +
que de l'oxyde de carbone mélangé d'acétylène. Ainsi l'électrolyse
des acides et sels organiques peut mettre en liberté des radicaux
organiques, comme l'avaient fait Pelletier et Couërbe, en agissant
avec l'opium, et comme on l'a vu plus haut.

M. Bourgoin [3] a fait des recherches étendues sur l'électrolyse
des acides organiques, tout aussi bien que des sels fournis par ces
acides. Sans entrer dans les détails de ses nombreuses expériences, nous dirons qu'il est arrivé aux conséquences suivantes :

1° L'électrolyse de ces composés donne lieu à une réaction
fondamentale analogue à celle qui se produit avec les acides et
les sels minéraux; l'élément basique, l'hydrogène, ou le métal,
se rend au pôle négatif, tandis que le reste des éléments du corps
décomposé vont au pôle positif;

2° L'eau n'est pas un électrolyte et ne joue dans l'électrolyse
des acides que le rôle de dissolvant et d'hydratant, conclusion
opposée à celle de M. Connell;

3° Dans l'électrolyse des acides organiques, il peut se produire
des effets d'hydratation ou d'oxydation : par l'hydratation, les
éléments de l'acide anhydre reproduisent l'acide ordinaire comme
dans l'électrolyse des composés minéraux; les effets d'oxydation
peuvent provenir de ce que l'oxygène, qui répond à l'élément
basique, réagit sur les éléments de l'acide anhydre et produit une
oxydation régulière; ou bien l'acide subit une oxydation plus
profonde et donne des produits d'oxydation variés.

§ III. — *Modifications chimiques qu'éprouvent l'alcool et l'éther
sous la double influence d'un courant électrique et du platine.*

Le platine dans un grand état de division détermine l'alcool à absorber assez rapidement de l'oxygène, qui se combine avec une portion de son hydrogène. M. Schœnbein a
pensé qu'il était probable que l'oxygène à l'état naissant, et qui se
dégage sous l'action du courant, devait agir de la même manière

---

[1] *Annales de chimie et de physique*, 3° série, t. XLIV, p. 77.
[2] *Comptes rendus de l'Académie des sciences*, t. LXIV, p. 760.
[3] *Annales de chimie et de physique*, 4° série, t. XIV, p. 157.

sur l'alcool et l'éther. Cette conjecture a été vérifiée de la manière suivante : on prend un mélange d'un volume d'eau et de deux volumes d'alcool, dans lequel on fait dissoudre une petite quantité d'acide phosphorique hydraté, pour augmenter la conductibilité du mélange. Si l'on fait passer dans ce liquide le courant d'une pile, que l'on prenne une éponge de platine pour électrode positive, il ne se dégage pas d'oxygène sur l'éponge, pourvu toutefois qu'on l'ait fait chauffer jusqu'au rouge avant l'immersion. En substituant un fil de platine à l'éponge, il se dégage toujours de l'oxygène, quel que soit le mode de préparation qu'on lui ait fait subir. On ne peut savoir ce qui se passe dans cette circonstance, attendu que M. Schœnbein n'a pas analysé le liquide ; mais il doit se former des produits oxygénés.

Si l'on opère sur un mélange formé de volumes égaux d'eau, d'alcool et d'acide sulfurique ordinaire, on obtient des résultats qui s'accordent parfaitement avec ceux dont on vient de parler. Ce n'est qu'en se servant d'éponge de platine comme électrode positive que le dégagement d'oxygène peut être entièrement arrêté et que l'on sent l'odeur d'éther acétique sur la surface du métal.

En opérant avec un mélange d'un volume d'acide nitrique à 1,35 et d'un volume d'alcool, il ne se dégage aucun gaz sur les électrodes, quand l'une et l'autre sont en éponge de platine. En se servant du platine compacte pour électrode négative, il se fait sur cette dernière un dégagement abondant d'hydrogène. Quand l'électrode positive est formée de la réunion de fils de platine, on ne voit paraître également aucune trace d'oxygène à sa surface. L'odeur d'éther acétique se fait sentir sur le platine en éponge ou en fils, de même que dans les cas précédents.

Si l'on soumet à l'expérience un mélange composé de volumes égaux d'acide nitrique, d'alcool et d'eau, le dégagement d'hydrogène sur l'électrode négative formée d'une éponge de platine a lieu, sans difficulté, tandis qu'il ne se montre pas sur l'électrode positive formée de platine en éponge ou de platine compacte.

En prenant pour électrode positive un fil ou une lame de fer, il y a un dégagement assez vif d'oxygène. Il semblerait résulter de là que le phénomène ne provient pas de ce que l'oxygène, étant à l'état naissant, réagit alors sur l'alcool, mais bien de l'influence exercée par le platine en éponge sur l'oxygène et l'hy-

drogène. En prenant pour électrode un fil d'or, il se dégage à
sa surface de l'oxygène, mais en moins grande quantité que sur
le fer.

Quoi qu'il en soit de cette explication, nous n'en pensons pas
moins que l'action combinée des courants et des éponges métalliques peut être employée dans un grand nombre de cas, quand
on veut étudier la composition chimique des substances organiques, et surtout déterminer la nature des principes immédiats
qui peuvent exister tout formés dans ces substances ou se produire quand leurs éléments se séparent. Cette double action ne
peut manquer de donner naissance à des effets puissants, à l'aide
desquels on entrevoit la possibilité de produire quelques-uns des
composés organiques analogues à ceux que l'on trouve dans la
nature.

§ IV. — *Influence de l'électricité sur la fermentation alcoolique.*

Nous ne terminerons pas ce qui concerne les propriétés
électro-chimiques des matières organiques appartenant aux végétaux, sans dire quelques mots touchant l'influence qu'exerce
l'électricité sur la fermentation alcoolique.

Lorsque dans du jus de raisin conservé à l'abri du contact de
l'air l'on plonge deux fils de platine en relation avec une forte
batterie voltaïque, la fermentation ne tarde pas à se manifester,
comme l'a observé Gay-Lussac[1]. Il en est encore de même à
l'égard d'une dissolution sucrée, qui sans l'action voltaïque ne
fermenterait que longtemps après. Comment agit le passage de
l'électricité dans les substances fermentescibles? Y détermine-
t-elle un mouvement moléculaire capable de produire le phénomène, ou bien ne dégage-t-elle pas de l'oxygène résultant de la
décomposition de l'eau, et qui, étant à l'état naissant, produirait l'effet que l'on observe? C'est ce qui n'a pas été suffisamment
étudié.

Les observations suivantes de M. Colin[2] ne seront pas sans intérêt pour les personnes qui voudront étudier la question dont
nous nous occupons. L'extrait de levûre, ou ferment soluble,
qui est une substance brune, savoureuse, aromatique, dont la

[1] *Annales de chimie et de physique*, 1re série, t. LXXVI, p. 257.
[2] *Annales de chimie et de physique*, 2e série, t. XXVIII, p. 128, et t. XXX, p. 42.

solution ne s'altère pas sensiblement à l'air, se comporte comme un ferment, quand il a été purifié par l'alcool; mais, si l'on filtre la dissolution avant d'y ajouter du sucre, elle ne possède plus la propriété de transformer celui-ci en alcool; on la lui rend au moyen de l'action voltaïque. Si l'on fait l'expérience sur un mélange de sucre et d'extraits préparés par des dissolutions alternatives réitérées dans l'eau et l'alcool, il se dépose au pôle positif de petites écailles ou pellicules et du gaz aux deux pôles. Si ce mélange, au lieu d'être électrisé, est abandonné à lui-même, il se prend au bout de huit jours en un liquide trouble et très-visqueux; si, dans cet état, on l'électrise pendant quelques minutes avec la machine électrique ou la bouteille de Leyde, la fermentation s'y établit au bout de peu de jours, quoique lentement; cette opération dure trois semaines. La liqueur alcoolique devient gazeuse et muqueuse, et on en sépare de la gomme avec le filtre. On comprend tout l'intérêt de recherches précises qui seraient faites dans cette direction.

LIVRE VI.

ÉLECTRO-PHYSIOLOGIE ANIMALE.

CHAPITRE PREMIER.

DE L'ORGANISATION ET DE LA COMPOSITION DES MUSCLES, DES NERFS ET DES OS.

§ Ier. — *De l'organisation et de la composition des muscles.*

Avant d'exposer les effets résultant de l'action exercée par les forces physico-chimiques dans les fonctions vitales, il est indispensable d'avoir une idée générale de l'organisation et de la composition des principaux organes des êtres vivants et morts.

Un muscle est composé de fibrilles, de vaisseaux artériels et veineux, de nerfs et de liquides de diverses natures, qui réagissent les uns sur les autres par l'intermédiaire des tissus qui les séparent; il en résulte des effets complexes qu'on n'a pu étudier complétement, jusqu'ici, qu'à l'égard du sang artériel et du sang veineux; quant aux autres liquides, le travail sera long et difficile; cependant il est abordable avec le temps.

On distingue deux espèces de fibres : les fibres striées et les fibres lisses; les premières sont toujours juxtaposées, en nombre plus ou moins considérable, et forment dans leur ensemble un faisceau primitif. Cette forme de fibres élémentaires est celle d'un filament. Les fibres d'un même faisceau sont parallèles entre elles, et dans l'intervalle se trouve une petite quantité de substance qui joue un rôle important dans la production des actions électro-capillaires. Cette substance divise donc le faisceau en prismes musculaires faciles à reconnaître; il en résulte que la section transversale des colonnes présente l'aspect d'une mosaïque. On y voit çà et là des granulations graisseuses. M. Robin pense que la fibre musculaire est formée d'un filament homogène dans toute son étendue.

Passons aux artères et aux veines qui se ramifient dans les muscles et qu'il importe de caractériser pour indiquer leur emploi dans la production des actions électro-capillaires, qui jouent le principal rôle dans la nutrition des muscles.

Les artères musculaires se résolvent insensiblement en capillaires extrêmement ténus, disposés en réseaux entourant les faisceaux primitifs. Les veines qui les accompagnent sont pourvues de valvules assez nombreuses. Les nerfs qui entourent les faisceaux musculaires se divisent et s'anastomosent à leurs extrémités ; ils sont fermés terminalement. On trouve encore dans le muscle une structure normale, c'est-à-dire une gaîne de la substance médullaire.

Quant aux fibres lisses, on les considérait, il y a quelques années, comme formées de cellules allongées fusiformes, variant de formes depuis quelques centièmes de millimètre jusqu'à un demi-millimètre, et ayant en largeur de 50 à 10 millièmes de millimètre. Ces fibres possèdent dans leur intérieur des noyaux ayant la forme d'un bâtonnet. M. Rouget a fait voir qu'en traitant le tissu où l'on avait reconnu cette fibre, par des acides concentrés, on avait constaté qu'il existait, au lieu de faisceaux très-effilés, des corps en forme de cylindre ou de prisme, dont les extrémités étaient taillées en biseaux.

La réunion bout à bout de ces corps forme un cylindre ou un prisme régulier; on voit donc que le tissu musculaire est formé de tant de parties diverses qu'il doit en résulter, pour ainsi dire, une foule innombrable d'actions électro-capillaires, dont l'étude est extrêmement complexe; on ne peut donc réellement s'occuper de leur étude que sous un point de vue général et chercher des résultantes, ce qui simplifie beaucoup la question.

Les matières servant à la nutrition, préparées par le travail de la digestion, sont emportées par le mouvement circulatoire; ce sont ou des sucs ou des graisses. Les premières contiennent uniquement de l'oxygène, de l'hydrogène et du carbone; les secondes, appelées albuminoïdes, contiennent en outre de l'azote et forment la base des tissus de l'organisme. Ces matières sont attaquées par l'oxygène dans les capillaires généraux : les premières, non azotées, sont brûlées et transformées en acide carbonique et en eau; les secondes le sont également en acide carbonique et en eau, en laissant un résidu. L'analyse de ce dernier fait connaître quelle est la part des albuminoïdes dans le travail chimique accompli dans les tissus.

On voit donc quelle est l'immensité des réactions chimiques qui se produisent dans l'organisme et qui sont autant de causes dégageant de l'électricité et donnant lieu, chacune d'elles, à des courants électro-capillaires variant d'intensité à mesure que le sang artériel s'éloigne du cœur, et qui sont les causes principales de la production des divers produits formés. On voit par là l'intérêt qu'il y a à constater leur présence dans l'organisme, quel que soit leur nombre.

§ II. — *Structure et composition des nerfs.*

Chez les animaux vertébrés, on trouve dans le système nerveux un axe central renfermé dans le canal rachidien, et dans la cavité du crâne des nerfs, qui établissent la communication entre les organes contractiles et le centre perceptif excitateur des nerfs.

Dans les animaux invertébrés, le système nerveux central n'est plus composé que de ganglions reliés entre eux par des filets de communication, qui établissent l'unité de système ; les nerfs qui vont se distribuer dans les organes possèdent de ces ganglions.

Les nerfs sont formés d'éléments microscopiques, connus sous la dénomination de tubes nerveux primitifs, lesquels sont formés de trois parties :

1° D'une enveloppe sans structure apparente ;
2° D'une substance intérieure demi-liquide, qui est la moelle ;
3° D'une fibre molle au centre de la moelle.

Le nerf très-frais, pris sur un animal vivant, est formé de tubes nerveux accolés les uns aux autres, dans une direction longitudinale, réunis par un tissu conjonctif assez résistant appelé névrilème.

Quand on examine le nerf au microscope, on voit que les tubes nerveux apparaissent comme de petits cylindres transparents, homogènes ; il n'est pas possible de distinguer le contenu du contenant ; mais, peu de temps après la mort, la moelle intérieure, qui est très-fluide, se coagule, et alors le tube nerveux primitif devient variqueux, c'est-à-dire rempli de varices. L'axe central des tubes primitifs est formé d'une substance albuminoïde qui donne sensiblement les mêmes réactions que la fibrine.

La moelle nerveuse est une substance grasse ; dans l'état de vie, les axes des tubes nerveux primitifs sont entourés d'une huile demi-solide qui les isole des axes des tubes voisins. Nous n'entrons pas dans de plus grands détails sur l'organisation et la composition des nerfs, comme nous l'avons fait pour les muscles, attendu que nous avons voulu montrer le nombre immense de recherches qu'on avait à faire pour résoudre complétement la question relative à la nutrition de tous les tissus d'où dépend la vie, en faisant intervenir les actions électro-capillaires. Si ces nutritions, c'est-à-dire si les courants électro-capillaires cessent dans quelques parties, la mort s'ensuit dans ces mêmes parties, et successivement dans tout l'organisme.

Nous ne pouvons donner, ici, qu'une idée générale du mécanisme en vertu duquel la vie est entretenue, dans toutes les parties de l'organisme.

On pourrait nous objecter que la nature graisseuse et albuminoïde des parties constituantes des nerfs, ainsi que celles des muscles et des os, comme on le verra dans le paragraphe suivant, s'opposerait à la formation des courants électriques, attendu que ces corps pris isolément ne sont pas conducteurs, ou sont de médiocres conducteurs de l'électricité ; mais il n'en est pas ainsi sur les êtres vivants, attendu que les mêmes substances sont humectées de liquides acides, alcalins ou salins ; elles possèdent alors la conductibilité propre à ces liquides ; on en a la preuve dans la détermination qui a été faite des courants musculaires et osseux, qui ne sont en quelque sorte que les résultantes des courants électro-capillaires partiels.

Au reste, la conductibilité électrique des divers organes dont nous nous occupons dépend de la richesse de ces tissus en liquides dont ils sont entourés. Nous donnons, ci-après, d'après Eckkardt, la résistance à la conductibilité des quatre principaux tissus, en représentant par 1 celle des muscles :

Tendons de.	1.8 à 2.5
Nerfs de.	1.9 à 2.4
Cartilages de.	1.8 à 2.3
Os de.	10 à 22

Si l'on compare ces chiffres à ceux que donne l'analyse chimique au point de vue de la quantité de liquide ; on trouve en effet :

Muscles.	72 à 80 pour 100 d'eau.
Cartilages.	50 à 70 —
Tendons.	50 à 65 —
Nerfs.	40 à 65 —
Os.	3 à 7 —

Ces résultats montrent que, si les principaux tissus n'ont pas une conductibilité propre, ils en ont une d'emprunt qui varie avec les liquides dont ils sont humectés, et qui prouve· que l'intensité des courants électro-capillaires varie en même temps, ce qui complique singulièrement les phénomènes de nutrition.

Nous allons nous occuper, dans le paragraphe suivant, des courants osseux avec de plus grands développements que nous ne l'avons fait pour les muscles et les nerfs, attendu que nous en avons fait une étude spéciale, leur organisation permettant de se prêter facilement à la détermination des forces électro-motrices, causes des actions électro-capillaires.

Nous avons l'intention de nous occuper plus tard d'un semblable travail à l'égard des muscles et des nerfs.

§ III. — *De la structure et de la composition des os.*

Le tissu osseux dans l'homme se présente sous deux formes : celle d'une substance compacte et celle d'une substance spongieuse. La première n'est compacte qu'en apparence, car on y trouve disséminées un grand nombre de petites cavités microscopiques lenticulaires, longues de 2 à 5 centièmes de millimètre, communiquant ensemble par l'intermédiaire de canicules anastomosés, irradiés autour d'elles, et larges de 2 millièmes de millimètre, comme l'indique la figure ci-jointe (26).

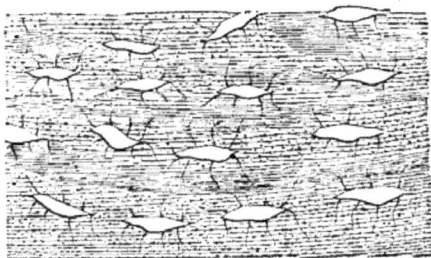

Fig. 26.

Ces cavités caniculaires sont remplies d'un liquide homogène ; la substance ainsi formée est disposée en minces couches concentriques autour des canaux de Hauvers, dans lesquels sont logés les vaisseaux capillaires et autres que possèdent les couches osseuses, dites compactes.

Dans le tissu spongieux, cette substance est en lamelles et colonnettes ou tubercules, qui limitent les cavités pleines de moelle. A part 5 à 7 p. 100 d'eau, 2 à 3 de graisse, les os contiennent en matières inorganiques de 57 à 60 p. 100 de phosphate tribasique de chaux et de 7 à 8 p. 100 de la même base, plus divers autres composés.

La moelle est un tissu dont la texture est la plus simple ; les éléments dont elle est composée ont tous la configuration de cellules, avec une certaine quantité de matières amorphes interposées. La texture consiste donc uniquement en une juxtaposition des éléments anatomiques ayant la forme de cellules avec une certaine quantité de matières amorphes interposées, dont la proportion est différente suivant les variétés de moelle ; dans ce tissu se montrent des vaisseaux capillaires. Les mailles ont à peu près deux à trois fois le diamètre des vaisseaux capillaires qui les circonscrivent, comme cela arrive dans les tissus riches en vaisseaux. Elles sont à peu près d'égale dimension dans tous les sens.

M. Robin décrit, comme il suit, la structure de la moelle. Le tissu de la moelle des os se prolonge dans un certain nombre de canaux vasculaires et jusque sous le périoste. On le trouve le long des conduits vasculaires des cartilages d'ossification ; il est remarquable par sa mollesse, par sa consistance pâteuse, qui est çà et là demi-liquide ; ce tissu, néanmoins, n'est pas un liquide ni une sérosité, mais bien un tissu dont la consistance pâteuse varie un peu d'un sujet à un autre et même avec l'âge.

On distingue trois variétés de moelle, sous le rapport de la coloration. La première est la moelle rouge ou musculaire ; elle existe dans les épiphyses des os très-courts et dans les os plats ; elle contient, d'après Berzélius, soixante-quinze parties d'eau, vingt-cinq d'albumine, de fibrine et de sels analogues à ceux contenus dans la chair musculaire, et seulement des traces de graisse.

La seconde variété est la moelle gélatiniforme ; elle est douée d'une demi-transparence particulière, d'une couleur grisâtre ou jaunâtre. Sa demi-transparence et sa consistance sont analogues à celles de la gélatine ; cette moelle a pour composition 96 p. 100

de graisse, une partie de tissu conjonctif, 3 p. 100 d'un liquide contenant des substances analogues à celle de la chair musculaire.

La troisième variété est la moelle proprement dite ou moelle graisseuse ; elle est opaque, jaunâtre, et par suite on la compare quelquefois au tissu adipeux, mais elle en diffère notablement par sa texture, par sa consistance et par la délicatesse de son tissu.

Il n'y a point de membrane médullaire destinée à séparer la substance osseuse de la substance de la moelle ; celle-ci est en contact immédiat avec la substance osseuse.

Il existe dans la variété gélatiniforme de la moelle une substance amorphe, qui prend une part notable à la constitution de cette variété de moelle ; c'est une trame de fibres fines, lamineuses, entre-croisées dans toutes les directions. Ce n'est que dans le tissu de la moelle des os longs et dans les plus grands espaces médullaires du tissu spongieux que l'on trouve cette trame fibrillaire ; elle manque dans la moelle qui remplit les plus petites cavités du tissu spongieux des extrémités des os et des vertèbres du sternum. Il importe donc de savoir que, dans certaines portions de la moelle, on peut trouver, entre les autres éléments, une trame de fibres fines de tissu lamineux entre-croisées et s'irradiant à partir des centres qui sont généralement représentés par des vaisseaux.

Les os sont liés entre eux sans articulations proprement dites. Ils sont réunis par une espèce de membrane très-mince, cartilagineuse, formée de tissu conjonctif et couvert sans exception d'une couche mince de tissu cartilagineux. Ils sont recouverts de périoste, formé d'une membrane extensible vasculaire qui donne passage aux vaisseaux et aux nerfs destinés aux os, qui en possèdent un grand nombre.

Dans les os longs, la moelle et les extrémités spongieuses les reçoivent d'une autre source que la partie moyenne. Dans ces os, les nerfs s'engagent dans les vaisseaux nourriciers ; leur passage leur donne une grande importance dans la nutrition des os, et leur adhérence est plus ou moins grande.

L'union des muscles avec les os, les cartilages, la peau, etc., s'opère tantôt directement, tantôt par l'intermédiaire d'éléments fibreux, comme les tendons, les membranes tendineuses. Il est rare que les deux extrémités d'un muscle s'insèrent dans un os

24

sans un tendon; lorsque les fibres musculaires naissent directement des os ou des cartilages, ou lorsqu'elles s'y insèrent sans intermédiaire, elles s'arrêtent au périoste.

Les muscles qui se rendent à la peau, tantôt se tendent horizontalement au-dessous de ce tégument avec lequel ils n'ont aucune connexion directe ; tantôt les tendons sont formés presque entièrement de tissu conjonctif. On en distingue de plusieurs formes : cordons tendineux ou tendons proprement dits, tendons membraneux ou aponévroses. Ils servent à unir les muscles avec les diverses parties qu'ils mettent en mouvement. L'union avec les muscles se fait d'une manière très-distincte : tantôt les fibres musculaires se continuent directement avec les fibrilles tendineuses; tantôt elles se terminent par des extrémités mousses, en formant avec les tendons un angle aigu.

Les tendons sont unis d'un autre côté avec les os, les cartilages, les membranes fibreuses; leur réunion avec les os et les cartilages a lieu fréquemment au moyen du périoste et du périchondre dont les éléments, analogues à ceux du tendon, semblent se continuer directement avec ces derniers ou être simplement renforcés par leur épanouissement.

Ces descriptions anatomiques étaient nécessaires pour montrer jusqu'à quel point l'os, en raison de sa structure, de la composition des diverses parties qui le constituent, des nerfs et des vaisseaux qui s'y ramifient et de ses rapports avec les tissus qui l'entourent, est apte à donner naissance, dans les êtres vivants, à une foule de courants électriques.

Les nerfs et les tendons servent de conducteurs dans la production des courants musculaires et nerveux, quand ils sont isolés des tissus environnants. Le courant osseux a une origine semblable à celui du muscle et du nerf quand l'intérieur est mis en communication avec l'extérieur au moyen d'un arc métallique non oxydable, comme on l'a vu précédemment; dans l'os, le courant est dû à la réaction du liquide qui humecte la moelle et qui est alcalin sur les liquides ambiants. Or, comme on l'a dit précédemment, la moelle se trouve non-seulement dans le canal médullaire, mais encore dans les cavités osseuses et dans les canalicules, c'est-à-dire qu'elle est répartie dans toutes les parties de l'os, excepté dans les vaisseaux et les nerfs et les parties solides des os; partout où elle se trouve, elle doit dégager, par suite de sa réaction sur les liquides ambiants, de l'électricité négative, et

ceux-ci de l'électricité positive. Ces deux électricités servent
d'abord à la production des courants électro-capillaires, puisque
ces liquides sont séparés par des tissus à pores capillaires ;
voyons si elles ne contribueraient pas à faire naître d'autres courants par l'intermédiaire des enveloppes des vaisseaux et des
nerfs, des tendons et du périoste. Nous renvoyons à la figure 26,
p. 367, qui a donné une idée de la structure de l'os.

Les électricités dégagées se recombinent par l'intermédiaire
des tissus cellulaires qui séparent les liquides, d'où résultent des
courants électro-capillaires. Toute l'électricité devenue libre a
cette destination ; les nerfs, les vaisseaux et les tendons servent
donc d'intermédiaire pour la production de ces courants. On doit
encore faire remarquer que les nerfs et les vaisseaux qui traversent les os concourent également à la production de courants
électro-capillaires par la réaction des liquides qu'ils contiennent
sur les liquides dont ils sont séparés par leurs tissus.

Que se passe-t-il quand on met en communication l'intérieur
de l'os avec le périoste au moyen d'un arc en platine ? On obtient
les mêmes effets que dans les appareils des tubes fêlés remplis
d'une dissolution métallique et plongeant dans une dissolution
de monosulfure alcalin, lorsque l'une et l'autre sont mises en
communication avec deux lames unies par un fil de platine et
plongeant, chacune, dans une des dissolutions.

Dans ce cas, le courant passe en totalité dans l'arc métallique,
et les lames sont des électrodes sur lesquelles s'opèrent les actions
électro-chimiques, les parois des espaces capillaires cessant alors
de fonctionner comme électrodes, du moins en grande partie,
attendu que leur conductibilité est beaucoup moindre que celle
du platine. Il s'ensuit que la lame de platine, introduite dans
la moelle, s'empare de l'électricité négative devenue libre dans
toutes les parties où elle se trouve, telles que cavités, canalicules, etc., tandis que le périoste, qui est traversé par les vaisseaux
et les nerfs, s'empare de l'électricité positive dégagée dans le
contact du liquide ambiant avec celui de la moelle.

Quant à la détermination de la force électro-motrice qui peut
être faite avec exactitude, elle a une certaine importance, puisqu'elle fait connaître l'intensité de la force en vertu de laquelle
fonctionnent les courants électro-capillaires comme force physique et comme force chimique.

Il résulte de ce qui précède que si l'on avait un moyen quelconque

de mettre en communication métallique, ou autre, la partie intérieure d'un muscle ou d'un os avec sa surface, dans un corps
vivant, on détruirait probablement une partie des actions électro-
capillaires, les phénomènes de nutrition cesseraient peu à peu et
la mort du tissu s'ensuivrait; telle est la conséquence à tirer des
faits observés.

CHAPITRE II.

DES COURANTS ÉLECTRIQUES OBSERVÉS DANS LES TISSUS DES ANIMAUX.

§ Ier. — *Du courant propre des animaux.*

Le courant propre des animaux a été étudié non-seulement
sur la grenouille, mais encore sur d'autres animaux. On l'observe
sur la grenouille, comme Galvani
le faisait, en coupant la colonne
dorsale un peu au-dessous des
pattes de devant; on conserve la
partie antérieure dont on enlève
la peau en la retournant, puis on
détache les chairs qui entourent
la colonne, afin que les cuisses,
entièrement dénudées, ne tiennent à la colonne vertébrale que
par les nerfs lombaires, comme
l'indique la figure 27. Si l'on arme
le muscle crural et le nerf lombaire d'une lame de platine ou
d'or et que l'on établisse entre

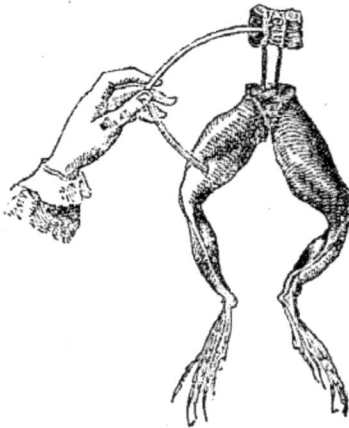

Fig. 27.

elles une communication métallique, le muscle se contracte aussitôt violemment.

On obtient les effets du courant propre de la grenouille, c'est-à-
dire la contraction, en mettant en contact les nerfs cruraux avec les
muscles lombaires, comme on le voit sur la figure 28 de la page
suivante. Le courant de la grenouille a une direction telle que le
nerf fournit l'électricité positive et le muscle l'électricité négative; il va donc des pieds à la tête; il est sensible à un galvanomètre à long fil.

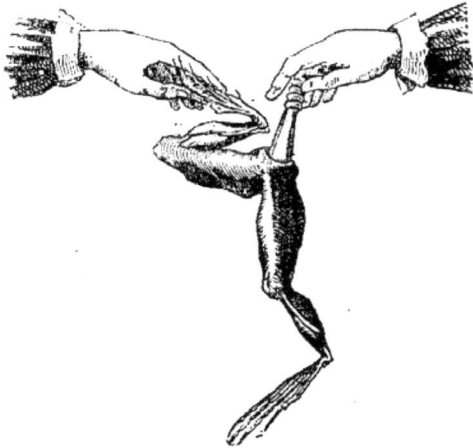

Fig. 28.

Matteucci l'a obtenu également sur l'animal vivant. En comparant le courant propre de deux grenouilles, il a reconnu qu'il ne s'affaiblit pas en le laissant circuler; ainsi les polarisations secondaires des extrémités de l'animal ne sont pas appréciables.

Matteucci s'est servi dans ses expériences d'une préparation qu'il a appelée grenouille galvanoscopique, disposée comme l'indique la figure 29 ci-contre. La jambe et la cuisse d'une grenouille munie de son nerf sont placées dans un tube de verre recouvert d'une couche de vernis à la gomme laque. Voici comment on

Fig. 29.

opère : on place le nerf sur les parties des muscles des autres grenouilles, dans lesquelles on cherche à découvrir la production d'un courant électrique. Lorsque le nerf est affecté, les contractions ont lieu immédiatement dans la jambe et la cuisse.

Matteucci a reconnu, avec la grenouille électroscopique, que chacun des membres d'une grenouille peut être considéré comme un élément électromoteur complet; d'où il suit que, lorsque la contraction ne se manifeste pas, cela tient à ce que l'on a touché deux parties symétriques.

De nombreuses recherches ont été faites dans le but de savoir d'où pourrait provenir le courant propre de la grenouille. Nobili a trouvé la direction du courant produit au contact des muscles et des nerfs; il a montré ensuite que l'on obtenait également la contraction en mettant en contact le nerf avec une section transversale, au lieu de l'aponévrose. Il démontra que, dans cette expérience, l'intérieur du muscle se comporte à l'égard de la surface, comme le cuivre à l'égard du zinc, dans un couple voltaïque. Il a mis encore ce fait hors de doute, en coupant à moitié un certain nombre de cuisses de grenouilles et les arrangeant en forme de pile, en faisant communiquer ensemble la partie interne de l'une des cuisses avec la surface externe d'une autre et ainsi de suite. Le courant de la pile ainsi formée va de l'intérieur à l'extérieur des tronçons de cuisse. Il a appelé ce courant, courant musculaire; l'intérieur est positif et l'extérieur négatif. Dans la grenouille galvanoscopique le nerf sert de conducteur et à faire contracter le muscle, quand il est irrité par le passage du courant. Il suffit pour qu'un semblable courant soit produit que l'intérieur et l'aponévrose du muscle ne soient pas pénétrés chacun d'un liquide semblable.

Quelle que soit la théorie que l'on donne du courant propre de la grenouille, on se demande quelle est la cause de l'électricité qui le produit; c'est la question fondamentale qu'il s'agit de résoudre, en s'appuyant sur toutes les causes aujourd'hui connues qui dégagent de l'électricité. D'après les propriétés des courants électro-capillaires et les effets chimiques qu'ils produisent, on est porté à croire que les courants musculaires et autres ont une origine semblable. La constitution des muscles est tellement complexe, comme on l'a vu précédemment, qu'il doit exister des courants électro-capillaires dans toutes les directions et des résultantes qu'on finira par découvrir quand on aura fait une étude approfondie de tous ces courants qui produisent des effets mécaniques, physiques et chimiques.

§ II. — *Du courant osseux.*

Nous appelons ainsi le courant électrique observé quand on met en relation deux parties différentes d'un os, dans les conditions indiquées plus haut.

On détermine la force électro-motrice qui produit le courant osseux, par exemple d'un animal nouvellement tué, au moyen de deux lames de platine parfaitement dépolarisées et dont l'une est introduite dans la moelle, après avoir enlevé une des épiphyses de l'os, puis mastiqué l'ouverture pour supprimer le contact de l'air, l'autre, appliquée sur la surface, est retenue avec un fil enroulé au tour, le tout plongé dans un vase contenant l'eau distillée, liquide le moins actif sur les substances organiques. Ce couple donne un courant qui polarise les lames aussitôt que le circuit est fermé.

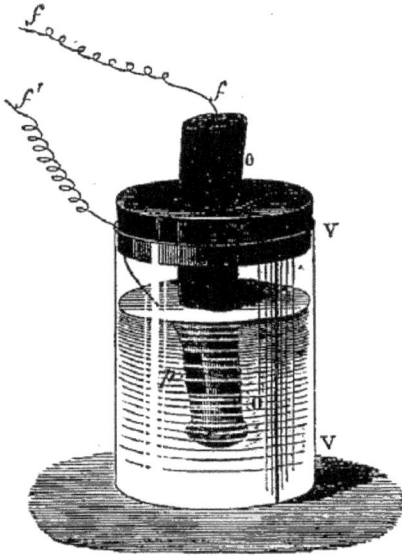

Fig. 30.

L'appareil est disposé comme l'indique la figure ci-jointe n° 30 : v, v vase qui contient l'eau distillée, o o l'os qui y plonge, p lame de platine appliquée sur la surface extérieure, fff' fils de platine qui mettent en communication l'intérieur et l'extérieur de l'os avec le galvanomètre. Il fallait chercher un moyen de déterminer la force électro-motrice du liquide humectant la moelle dans son contact avec celui qui se trouve dans les parties qui lui sont contiguës, à l'aide de la déviation de l'aiguille aimantée par première impulsion, seule donnée dont on pût disposer; on l'a trouvé dans la méthode connue dite par opposition qui consiste à opposer au courant qui produit cette déviation, un courant variable provenant d'un certain nombre de couples ayant chacun la même force électro-motrice, méthode que l'on a décrite précédemment; la somme des forces électro-motrices de ces couples donne la force électro-motrice du courant nécessaire pour que l'aiguille garde le zéro, par rapport à celle d'un couple pris pour unité.

Voici les résultats que nous avons obtenus dans plusieurs séries d'expériences, en prenant pour unité le couple zinc, zinc amalgamé, sulfate de zinc.

NUMÉROS des COUPLES OSSEUX	FORCES ÉLECTRO-MOTRICES.	
	20 DÉCEMBRE.	3 JANVIER.
1	39	33
2	30	36
3	31	32
4	29	23
5	16	11
6	32	32
7	25	19

Ces résultats montrent que la force électro-motrice qui produit le courant osseux est environ moitié de celle du couple à sulfate de cuivre. Un courant de cette force, transformé en courant électro-capillaire par l'intermédiaire des parois des tissus, est capable de produire des effets chimiques assez énergiques.

§ III. — *Des contractions musculaires.*

Galvani, Nobili, Matteucci, M. Dubois-Reymond et autres physiologistes ou physiciens éminents, ont cherché à jeter les bases de l'électro-physiologie, en partant de ce fait qu'il se dégage de l'électricité, produisant des effets physiologiques, quand les muscles et les nerfs forment des circuits fermés soit avec un arc métallique, soit en mettant en contact le muscle et le nerf correspondant. On pensait qu'il devait en être de même dans les corps vivants.

Les muscles et les nerfs ne doivent pas être considérés, suivant nous, comme des piles composées d'éléments organiques ayant des électricités propres et qui interviennent dans les fonctions musculaires et nerveuses, attendu que l'électricité fournie par les tissus à l'état de repos et à l'état de mouvement paraît avoir une origine chimique, comme cela est en quelque sorte démontré par leur organisation, et que l'action vitale et la volonté dominent.

Matteucci et d'autres physiciens ont considéré avec raison cette hypothèse comme inadmissible; c'est sur elle que repose la théorie électro-tonique à l'aide de laquelle on a cherché à expliquer les faits intéressants dont la physiologie s'est enrichie depuis déjà un certain nombre d'années.

L'idée d'attribuer une origine électrique aux molécules des corps pour expliquer les actions chimiques est déjà ancienne, mais elle ne peut supporter un examen sérieux depuis que la théorie du contact de Volta a été écartée de la science. Nous allons cependant l'exposer, afin de montrer quelles sont les recherches qui ont été faites pour expliquer la production des phénomènes de l'organisme. Quant à nous, nous ne nous appuyons que sur des faits démontrés par expérience.

Dans la théorie électro-tonique, on considère les molécules organiques des muscles et des nerfs comme ayant une forme cylindrique, dont la surface est positive et les extrémités négatives. Mais il ne suffit pas de mettre en avant une hypothèse pour expliquer des faits, il faut encore qu'elle ne soit pas en désaccord avec les principes de la physique; c'est là la première condition à remplir. Admettons un instant la polarité électrique des molécules organiques; il serait indispensable que ces molécules, avant de se réunir pour former un tissu, fussent pourvues d'atmosphères d'électricité contraire aux dépens des milieux ambiants, mais alors on retomberait dans les inconvénients que présente la théorie d'Ampère et de Berzélius que nous avons combattue.

Cela posé, M. Dubois-Reymond, auquel est due cette théorie, a constitué comme il suit le muscle pour qu'il soit un électromoteur complet : les électricités de même nom de deux surfaces tournées l'une vers l'autre se détruisent réciproquement; il en résulte que l'électricité négative des surfaces des bases appliquées librement à la section transversale du muscle, et l'électricité positive des surfaces librement adossées à la section longitudinale, entrent seules en action.

La figure suivante n° 31 indique la disposition adoptée pour la

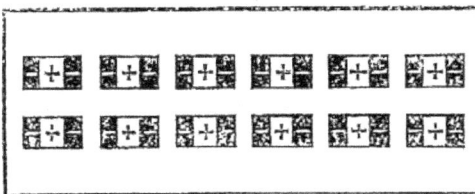

Fig. 31.

constitution du muscle, considérée comme électro-moteur. Cette disposition ne saurait être adoptée, par les raisons suivantes :

1° Lorsque l'on partage en deux une pile voltaïque, les parties séparées possèdent une électricité contraire, tandis que, dans la pile musculaire, quand on la coupe en deux, les sections en regard possèdent la même électricité, qui est toujours négative, excepté dans les cas que nous indiquerons plus loin.

2° Deux surfaces polaires en présence, chargées de la même électricité, ne se neutralisent jamais; elles tendent sans cesse à se repousser et à s'opposer par conséquent à la force organisatrice.

Matteucci avait toujours exprimé la même opinion, notamment dans une conférence qu'il fit à Florence, peu de temps avant sa mort. Voici en quels termes il s'exprimait dans le compte rendu de cette séance, sur la cause de l'électricité musculaire :

« En s'arrêtant aux études histologiques les plus récentes, un « morceau de muscle peut être considéré comme un faisceau « d'autant de sachets cylindriques, composés de grains ou de « palets superposés, sans interruption, dans un tube de sarco- « lemme, entre lesquels les vaisseaux capillaires remplis de sang « et l'extrémité dernière des filaments nerveux glissent et s'in- « sinuent. Qui oserait dire maintenant, en raisonnant avec les « analogies que nous savons, quel est et où réside le liquide ou « l'électrolyte du composé? Quel est le corps qui avec son affi- « nité prend un des éléments de ces électrolytes; quel est celui « qui prend l'autre élément? Et il ne faut pas oublier que l'hy- « pothèse quelconque que l'on ferait devrait toujours expliquer « la propriété du muscle, sur laquelle nous avons tant insisté, « c'est-à-dire la propriété électrique des extrémités tendineuses « d'un muscle qu'on sait être le même que la section interne « du muscle.

« Nous avons voulu, ajoute-t-il, mettre au jour ces observa- « tions relatives à l'exposé des faits découverts par M. Becquerel, « parce que, dans les combinaisons électro-capillaires et les ac- « tions chimiques qui s'y rapportent, il est impossible de ne pas « apercevoir quelque analogie avec ce qui se passe dans les « tissus des animaux. »

On voit donc que Matteucci n'adoptait pas la molécule électrique primitive du muscle et par suite celle du nerf.

Mais il ne suffit pas d'avancer qu'il y a courant électrique dans les tissus des êtres vivants, par cela même qu'il y a production d'électricité au contact de deux liquides différents séparés par une membrane ou un tissu cellulaire ; il faut encore faire connaître le corps conducteur solide servant à la recomposition des deux électricités mises en liberté et d'où résulte un courant électrique agissant comme forces physique, mécanique et chimique : tel est le but que nous nous sommes proposé en faisant connaître les propriétés conductrices des parois des espaces capillaires recouverts d'une couche infiniment mince de liquide.

§ IV. — *Des changements qu'éprouvent les nerfs par le passage d'un courant.*

Lorsqu'on fait passer un courant constant dans une certaine longueur d'un nerf, celui-ci éprouve dans toute sa longueur un changement dans ses propriétés physiques et dans son degré d'irritabilité.

M. Dubois-Reymond a appelé cet état électro-tonique ; M. Pfluger, en analysant ce phénomène, a reconnu que l'irritabilité du nerf dans le voisinage de l'électrode négative est augmentée, tandis qu'elle est diminuée près de l'électrode positive.

Entre ces deux états se trouve un point neutre où l'irritabilité n'éprouve pas de changement ; il a nommé zone catélectro-tonique celle qui environne l'électrode négative, et zone anélectro-tonique celle qui entoure l'électrode positive. Voyons maintenant ce qu'il y a d'effets physiques et chimiques dans le phénomène ; il est nécessaire, pour cela, de rappeler les effets d'induction qui doivent jouer, ici, un certain rôle, ainsi que la polarisation des électrodes qui sont en contact avec le nerf.

Lorsqu'un fil de métal, ou un autre corps conducteur, est placé à peu de distance d'un autre fil parcouru par un courant électrique, il se forme dans le premier un courant instantané dirigé en sens contraire du premier. Vient-on à interrompre le circuit, on a alors un courant dirigé dans le même sens que le courant inducteur. On a appelé l'un extra-courant inverse, l'autre extra-courant direct. Le fil qui est ainsi soumis à l'induction paraît être dans un état particulier auquel Faraday a donné le nom d'électro-tonique et qu'il considère comme un état de tension équivalent à un courant électrique au moins égal au courant qui est produit lorsque l'induction a lieu ou lorsqu'elle est supprimée. Cet état électro-tonique est relatif aux particules et non à la masse du fil. De semblables effets sont produits dans le fil même qui est parcouru par un courant; il y a un extra-courant inverse à l'instant de la fermeture, et un extra-courant direct au moment de l'ouverture, courant dont il est facile de constater la production, quand le fil où se produit le courant indirect forme un circuit fermé. Toutes les fois qu'un courant électrique traverse un corps, de semblables effets ont lieu ; il doit en être ainsi quand un nerf est parcouru par un courant constant; mais ces effets ne sont pas seuls, il y en a d'autres que nous allons indiquer et qui doivent être pris en considération.

On reconnaît, en répétant l'expérience de Galvani, et ainsi qu'on l'a vu page 372, qu'il suffit, pour faire contracter le muscle dans une grenouille préparée, de mettre en contact le muscle de la jambe avec le nerf lombaire, dégagé de tous les tissus adjacents. Ce phénomène cesse peu de minutes après sur des pattes de pigeon et de lapin, tandis qu'avec des grenouilles il se prolonge plus longtemps. Tels sont les faits observés.

Dans les expériences précédentes, l'affaiblissement du courant de la grenouille, lorsque l'on veut constater son existence, en le faisant passer dans le circuit d'un galvanomètre comme l'a indiqué, le premier, Nobili, paraît dépendre des polarisations secondaires qui ont lieu soit sur les lames de platine servant à transmettre le courant, soit sur le nerf lombaire et le muscle de la jambe, car le plus faible courant suffit pour produire cet effet. Ne doit-on pas supposer, d'après cela, que, si la contraction de la grenouille, dans l'expérience de Galvani, cesse quelques minutes après sa préparation, cet effet dépendrait non-seulement de ce que le nerf a perdu une partie de son irritabilité, mais encore de ce que la polarisation des parties musculaires et nerveuses en contact donnerait lieu à un courant en sens inverse?

En opérant comme l'a fait Nobili, le muscle étant dans un verre avec un liquide conducteur et une lame de platine et le nerf dans l'autre avec le même liquide et une autre lame de platine, un galvanomètre faisant partie du circuit; il y a : 1° polarisation des lames en contact avec le nerf et le muscle; 2° réaction des liquides sur les tissus, effets qui réagissent sur leurs parties constituantes. Dans des expériences de ce genre il faut em-

ployer pour liquide de l'eau, et non des dissolutions, afin d'é-
viter des effets secondaires.

Le nerf, dans la célèbre expérience de Galvani, agit, suivant
Matteucci, en raison de son irritabilité et de sa conductibilité
qu'il considère néanmoins comme mauvaise.

Nous persistons à penser que le courant musculaire, comme
on l'a défini, n'existe pas dans les corps vivants quand il n'y a
pas de circuit fermé par un conducteur métallique, soit par un
arc métallique, soit par un nerf. Les forces électro-motrices des
muscles et des nerfs existent bien dans les corps vivants, mais
elles ne peuvent donner lieu qu'à des courants électro-capillaires
auxquels il faut rapporter la respiration des tissus, ainsi que leur
nutrition.

Nous ne devons pas oublier de mentionner l'expérience importante que Nobili a faite pour prouver que le muscle et son nerf
constituaient réellement un couple voltaïque, en formant une
pile avec un certain nombre de ces couples, disposés de façon
que le muscle de l'un soit en contact avec le nerf de l'autre,
puis en introduisant un galvanomètre dans le circuit pour déterminer l'intensité du courant. Les liquides différents que possèdent le muscle et le nerf sont réellement la cause du dégagement
de l'électricité, comme on peut le prouver en mettant en contact le nerf coupé et le plaçant sur le muscle; on voit alors qu'il
y a dégagement d'électricité.

M. Dubois-Reymond a reconnu que, pour augmenter l'intensité du courant, il suffisait de mouiller légèrement les muscles
avec une solution très-légère d'acide sulfurique. Cela est facile à
concevoir, attendu que, la surface extérieure des muscles étant
ordinairement positive, tout liquide qui la rendra plus positive
encore par sa réaction sur le liquide intérieur, augmentera nécessairement l'intensité du courant. L'intervention d'un acide
complique les effets dus seulement à l'organisme, et ne saurait
être invoquée.

Matteucci a mis en évidence le courant musculaire sur un
morceau de muscle d'un animal vivant, en introduisant dans la
blessure faite, dans ce même muscle, le nerf de la grenouille
galvanoscopique, de manière qu'il fût mis en contact par deux de
ses points, d'une part, avec la surface du muscle, d'une autre,
avec un point de la section intérieure. Dans ce cas, la grenouille
se contracte par suite du courant résultant de la communication

établie entre la surface intérieure du muscle et la surface extérieure, par l'intermédiaire du nerf qui ne sert, ici, que de conducteur et remplace par conséquent l'arc métallique. La contraction est produite dans cette circonstance par un courant ayant
bien une origine chimique ; le nerf agit, nous le répétons, comme
corps conducteur et en raison de son irritabilité.

Matteucci a reconnu encore que, dans l'air, l'oxygène,[1] l'acide
carbonique, etc., etc., le courant musculaire a sensiblement la
même intensité et la même durée ; il doit en être effectivement
ainsi, puisque, dans un temps très-court, le rapport entre la
composition des deux liquides à l'intérieur et à l'extérieur, à
cause du courant musculaire, n'éprouve pas de changement,
comme du reste nous l'avons déjà prouvé.

On conçoit que toutes les causes qui contrarient la respiration
diminuent également la force électro-motrice des muscles, puisque, le sang artériel ne circulant pas dans les capillaires avec la
même activité, les phénomènes de nutrition ne fonctionnent plus
alors normalement.

Matteucci a admis sans restriction, depuis nos recherches électro-capillaires, que la source de l'électricité animale dépend des
actions chimiques de la nutrition ; il aurait dû ajouter, de la respiration musculaire, qui modifie la composition du sang dans
toutes les parties de l'organisme, partout où il y a des capillaires.

On vient de voir que les expériences de Nobili et de Matteucci
ont eu pour but de mettre en évidence le courant dit musculaire,
en établissant d'abord la communication entre la surface extérieure et la section transversale d'un muscle au moyen de deux
lames de platine, en rapport avec un galvanomètre très-sensible ;
mais, la polarisation des lames ne permettant pas de mesurer
les effets, M. Dubois-Reymond a fait usage d'un galvanomètre à
24,000 tours et pour électrodes de lames de zinc amalgamées
plongeant dans une dissolution neutre et saturée de sulfate de
zinc ; on évite ainsi la polarisation des électrodes.

L'emploi d'électrodes de ce genre est due à M. J. Regnault,
qui a rendu ainsi un véritable service à l'électro-chimie et à
l'électro-physiologie. Voici la description de cet appareil (fig. 32),
qui se compose essentiellement de deux vases G G' remplis d'une
dissolution de sulfate de zinc neutre et concentrée, dans chacun
desquels plonge une lame de zinc amalgamée P ou P' portant à sa

partie supérieure un fil D ou D′ communiquant avec un galvanomètre à 24,000 tours M, placé sur une tablette à la portée de
l'observateur, comme l'indique la figure. S S′ sont des supports

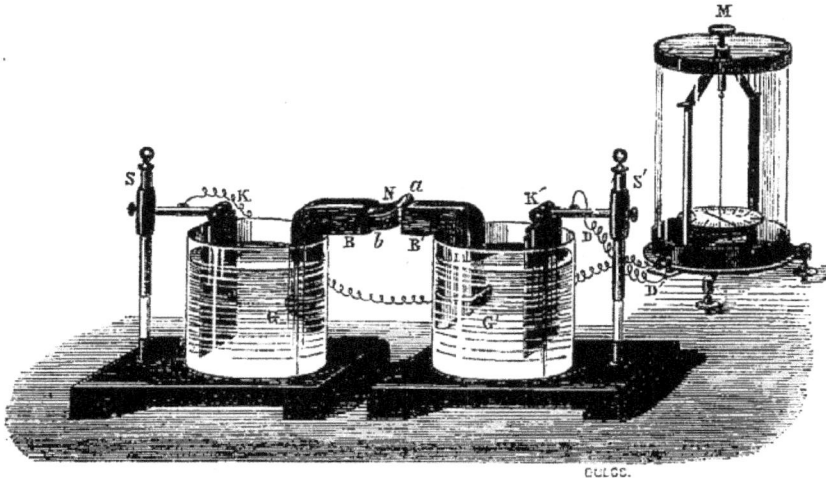

Fig. 32.

isolants munis de vis de pression. Sur le bord de chaque vase, on
pose un petit coussinet B ou B′, qu'on plonge par une de ses
extrémités dans le liquide, et dont les deux autres extrémités
servent à fermer le circuit au moyen d'un muscle *ab*, dont l'intérieur *a* est introduit dans l'extrémité *b*, et dont la surface est posée sur l'autre extrémité ; à cet effet on rapproche les deux vases
G G′, jusqu'à ce que le contact soit établi.

Nous ferons remarquer que cet appareil présente dans des expériences de longue durée des inconvénients, si l'on n'y fait pas
attention ; en effet, dans les deux vases G G′, contenant la dissolution de sulfate de zinc et les lames de même métal amalgamées, plongent deux bandes épaisses de papier humectées, soit
de la même dissolution, soit d'eau distillée ; dans ce dernier cas,
si, par l'effet de la diffusion de la dissolution de sulfate de zinc
dans l'eau de la bande, elle ne parvient pas en même temps à
l'extrémité supérieure des deux bandes, dans ce cas, les deux
parties du tissu qui posent sur les bandes ne reçoivent pas le
même genre d'action de la dissolution du sulfate; il en résulte
alors des effets électriques donnant lieu à des courants. Il suffit
de s'être beaucoup occupé des forces électro-motrices produites

au contact des liquides, pour savoir que la moindre différence dans la composition des liquides suffît pour modifier cette force.

Quand on opère avec les bandes de papier humectées de la dissolution de sulfate de zinc, les inconvénients sont plus grands encore, car, pour peu que le muscle et le nerf ne soient pas attaqués également par elle, il y a courant. On ne peut donc pas en conclure à *priori*, nous le répétons, que ce courant ait lieu également dans l'animal vivant, où il n'existe pas de corps solides conducteurs de l'électrité, et isolés, puisque les muscles, les vaisseaux sanguins et autres forment des masses qui concourent toutes aux décharges électriques, suivant leur conductibilité, et d'où résultent des courants électro-capillaires.

§ V. — *Causes des effets produits dans le nerf par le passage d'un courant.*

Nous avons cherché à expliquer la cause des effets produits dans un nerf par le passage d'un courant constant, au moyen de deux lames de platine appliquées en deux points de son trajet, en prenant en considération les effets chimiques et physiques produits par le passage du courant; par l'effet de l'action électro-chimique, peu après la fermeture du circuit, l'électrode négative est entourée d'un liquide alcalin et l'électrode positive d'un liquide acide dont les quantités dépendent de l'intensité du courant. Le premier augmente, comme on le sait, l'irritabilité du nerf; le second la diminue, en même temps qu'il coagule l'albumine. La première zone, comme on l'a vu page 379, est la zone catélectro-tonique; la seconde, celle où se trouve l'acide, est la zone anélectro-tonique; entre les deux zones se trouvent les points neutres; ce sont précisément ceux où l'acide et l'alcali se combinent ensemble. Ce courant n'agit, ici, que par une action secondaire qui est purement chimique, mais il existe d'autres actions : 1° une action mécanique qui consiste dans un transport de liquide de l'électrode positive à l'électrode négative, au travers des tissus; 2° une double action physique : la première consiste dans un changement plus ou moins persistant dans l'arrangement des molécules organiques, par suite de l'action répulsive que l'électricité exerce quand elle traverse les corps, propriété dont les effets sont d'autant plus marqués que les corps sont moins bons conducteurs.

La seconde action physique provient de l'extra-courant direct dont l'effet est de tenir les molécules organiques dans un état de tension pendant le passage de l'électricité. Or, rien ne prouve que cet état de tension, en raison du peu d'élasticité des parties organiques, ne subsiste pas encore lorsque le courant a cessé de circuler.

Dans l'étude que l'on a faite de l'état du nerf soumis à ces trois modes d'action et qu'on a appelé électro-tonique, on n'a pas fait la part qui revient à chacune d'elles; on s'est attaché seulement à la résultante des effets produits.

L'effet chimique est tellement bien marqué que, lorsque l'on a fait passer un courant constant dans un nerf à l'aide de deux lames de platine, si l'on enlève celles-ci et qu'on y substitue deux autres lames dépolarisées en rapport avec un galvanomètre, on obtient aussitôt un courant dirigé en sens inverse, qui résulte de la présence de l'acide et de l'alcali sur les parties du nerf où les lames sont posées; l'irritabilité ne doit pas être modifiée sensiblement; quant aux points neutres, ce sont ceux où l'acide et l'alcali se neutralisent.

Nous devons signaler encore un autre effet mentionné dans la théorie de l'électro-tonisme, et qui consiste en ceci : Soit un nerf dans lequel on fait circuler le courant nerveux en mettant en communication deux points, l'un superficiel, l'autre central, au moyen de deux fils métalliques en rapport avec un galvanomètre, courant qui suit la direction indiquée par la flèche ; si l'on fait passer ensuite dans le même nerf le courant

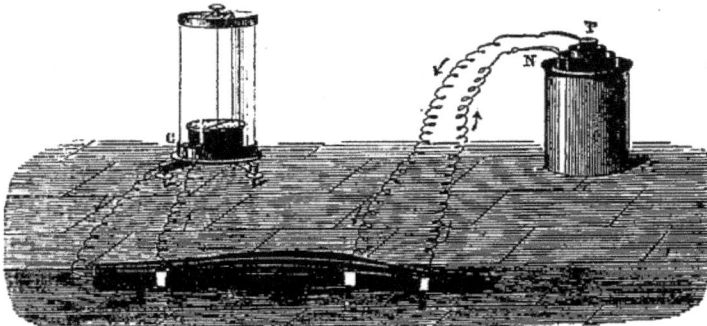

Fig. 33.

d'une pile P (fig. 33), composée de plusieurs éléments dont les électrodes positive et négative sont placées en P' et N', le courant de la pile, par une action dérivée, vient renforcer celui du nerf, comme l'indique la flèche; si le courant chemine en sens inverse, le courant musculaire est alors diminué. Il est facile maintenant de se rendre compte des effets chimiques produits, lesquels réagissent sur l'irritabilité du nerf, selon que les zones électro-toniques sont plus ou moins chargées d'acide ou d'alcali.

Le courant du nerf circulant, comme l'indique la flèche, dans le nerf, le point A est le pôle négatif du couple, et le point P le pôle positif, et ces deux points, en se polarisant, donnent naissance à un courant dirigé en sens inverse. Pendant l'intervention de la pile voltaïque, cheminant comme l'indique la flèche, cas où le courant nerveux est renforcé, les points N' et P' sont l'un plus négatif, l'autre plus positif qu'avant; par conséquent les quantités d'acide et d'alcali devenus libres par l'action électro-chimique ayant augmenté, l'irritabilité nerveuse sera augmentée d'un côté et diminuée de l'autre; d'un autre côté, les points P' et N' étant également recouverts, l'un d'acide, l'autre d'alcali, l'irritabilité nerveuse sera par conséquent modifiée en ces points; on voit par là combien sont complexes les effets physiologiques qui en résultent.

Indépendamment de l'intervention des acides et des alcalis sur l'irritabilité nerveuse, les forces mécaniques et physiques, dont il a été question précédemment, exercent leur action; ce qui tend à le prouver, c'est le courant inverse produit quand on interrompt le circuit.

Cet état de choses n'a pu être produit que par un dérangement dans la position naturelle des molécules qui sont revenues à leur état d'équilibre primitif. Mais comment trouver la part de chacune des trois causes signalées? Les expériences manquent pour répondre à cette question.

Nous devons signaler encore un effet de l'action chimique des courants, qui doit être pris en considération. On dit que, lorsqu'un nerf dépérit, sa force électro-motrice diminue peu à peu et finit par être renversée; c'est précisément ce qui arrive avec le muscle. Cet effet provient de la même cause, c'est-à-dire de la décomposition chimique qui rend l'intérieur acide, d'alcalin qu'il était auparavant. En effet, lorsqu'on forme un circuit fermé avec un muscle, au moyen de deux lames de platine réunies par un fil de métal, l'une placée dans l'intérieur, l'autre à l'extérieur, on a un courant résultant de la réaction l'un sur l'autre des liquides qui humectent la partie en contact avec les lames.

Au bout d'un certain temps, l'intérieur devient plus acide que l'extérieur, le courant change de sens; or, comme de pareils effets sont produits quand le muscle se trouve dans l'azote, dans l'hydrogène, même dans le vide, il faut admettre, pour expliquer tous ces effets, que les parties constituantes du muscle, solides et liquides, se décomposent par l'action réciproque de ces parties, hors de l'influence des milieux ambiants, décomposition qui est la cause des effets électriques observés.

Nous prévoyons une objection que l'on pourrait nous adresser. Après avoir indiqué les forces physico-chimiques qui interviennent dans les principales fonctions nutritives de l'organisme, pourquoi ne pas essayer de reproduire avec ces mêmes forces quelques-uns des composés liquides des corps vivants? La réponse est facile : ces forces n'agissent pas seules dans les corps vivants, il leur faut encore le concours de l'action nerveuse et de celle relative à l'excitabilité des muscles qui sont inconnues, ainsi que l'intervention du sang à l'état liquide et qui conserve sa fluidité dans les corps vivants, tandis qu'il se coagule quand il est extrait des vaisseaux et au contact de l'air, lors même qu'on lui conserve sa température primitive. Il y a dans tous ces phénomènes une action mystérieuse qui nous échappe, laquelle est couverte d'un voile que l'homme ne saurait soulever.

§ VI. — *Du courant électrique produit dans la contraction musculaire et des nerfs du mouvement et du sentiment.*

En 1842, Matteucci découvrit le fait qu'il a appelé contraction induite, lequel indiquait déjà que le muscle, quand il se contractait, produisait une décharge électrique.

Ce fait consiste en ceci : lorsque l'on pose le filet nerveux de la grenouille galvanoscopique sur le muscle crural d'une grenouille préparée à la manière ordinaire, et qu'on fait contracter celui-ci, en irritant d'une manière quelconque le nerf lombaire, on voit aussitôt les contractions se développer dans la grenouille galvanoscopique. On obtient le même effet en plaçant le nerf de la grenouille galvanoscopique sur le cœur d'une grenouille ou d'un animal quelconque ; les palpitations de ce muscle produisent le même effet que les contractions du muscle animal Cet effet n'est produit qu'autant que la grenouille préparée et la grenouille galvanoscopique sont bien vivaces.

Matteucci ayant répété et varié, devant nous, cette expérience, nous lui remîmes une note qu'il inséra dans son *Traité des phénomènes électro-physiologiques des animaux,* et qui indiquait déjà que la grenouille, en se contractant, produit une décharge électrique quand l'extrémité du nerf de la grenouille galvanoscopique est posée sur le muscle en contraction ou n'en est séparée que par une bande de papier humide; la décharge n'a pas lieu en interposant une feuille d'or, attendu que celle-ci conduit mieux l'électricité que le nerf, fait analogue à celui que l'on observe en plaçant une torpille dans un plat de métal que l'on tient à la main. Enfin l'interposition d'une bande de papier glacé ou isolant doit empêcher le nerf de la jambe d'en être affecté.

« Tous ces effets, disions-nous, ne peuvent être produits que « par des courants dérivés; dès lors on est porté à admettre la « production d'une décharge électrique à l'instant où le muscle « se contracte.

« Si des expériences entreprises dans une autre direction « viennent confirmer les conséquences que l'on tire du fait ob- « servé par M. Matteucci[1], ce physicien aura découvert une des « propriétés les plus importantes des muscles, sous l'empire de « la vie ou quelque temps après la mort. » Nous nous exprimions ainsi sans avoir étudié le phénomène, comme nous venons de le dire.

Matteucci, en variant ses expériences pour tâcher de remonter à la cause du courant induit, a reconnu, d'abord, que le muscle seul produit ce phénomène, et que, si l'on répète l'expérience après avoir coupé les tendons et fait différentes sections en travers, on n'obtient ni la contraction du muscle ni la contraction induite.

Les physiologistes ne sont pas d'accord sur la cause du courant produit dans la contraction du muscle. Matteucci pense qu'à l'instant où le muscle se contracte, il se manifeste un courant inverse de celui qui existe dans le muscle à l'état de repos. Cette hypothèse repose sur l'observation qu'il a faite, qu'un muscle qui se contracte peut produire par influence la contraction d'un autre muscle dont le nerf est appliqué sur l'autre; pour lui c'est la contraction induite.

M. Dubois-Raymond ne partage pas cette opinion : l'oscillation négative qui a lieu, quand le muscle passe de l'état de repos à l'état de mouvement, provient de ce qu'au moment où a lieu la contraction, le courant cesse; l'aiguille, en rétrogradant vers zéro, semble soumise à un courant dirigé en sens inverse. La contraction cessant, l'aiguille reprend peu à peu sa position primitive d'équilibre.

M. Dubois-Raymond base son opinion sur ce fait, qu'en maintenant le muscle à l'état de tétanos pendant un temps assez long, l'aiguille en rétrogradant finit par se fixer à zéro, ce qui tend à prouver qu'il ne se produit pas de courant inverse à l'instant de la contraction.

Quant à la contraction induite de Matteucci, M. Dubois-Raymond pense qu'elle peut être aussi bien expliquée par la suppression de tout courant que par l'établissement du courant en sens inverse du premier; il cite encore ce fait, qu'à l'instant où le muscle prend la rigidité cadavérique, la surface est électrisée négativement et l'intérieur positivement.

On sait effectivement que dans ce cas l'intérieur devient acide; il dit encore que le courant disparaît quand le muscle est en décomposition, ce qui n'a pas lieu en opérant comme nous l'avons indiqué précédemment.

M. Claude Bernard, qui a discuté les opinions émises sur la cause du courant induit, s'est demandé jusqu'à quel point est liée la contraction musculaire au phénomène de la contraction induite, et si ces faits ont une relation intime? Il se borne à poser la question.

Nous dirons avec M. Cl. Bernard qu'il n'y a qu'une simple coïncidence de faits. Essayons de montrer quelles sont les causes qui peuvent intervenir dans les effets électriques que l'on observe en faisant contracter un muscle. Que se passe-t-il, en effet, quand la contraction se manifeste dans un muscle pourvu de son nerf, placé sur les deux coussinets de l'appareil de M. Dubois-Raymond, le muscle d'un côté, le nerf de l'autre? Le circuit étant fermé, on a le courant du muscle à l'état de repos. Vient-on à irriter le muscle, l'aiguille aimantée du galvanomètre rétrograde aussitôt vers zéro. Pendant le mouvement, le muscle change de forme : il y a raccourcissement de l'axe longitudinal et augmentation de diamètre de la section transversale. Pendant ce travail moléculaire, la conductibilité du muscle est modifiée d'une manière quelconque; d'un autre côté, on sait que le muscle à l'état

de repos est alcalin à l'intérieur et neutre ou acide à la surface.
Lorsque le muscle se contracte pendant plus ou moins de temps
jusqu'au point de lui donner le tétanos, peu à peu l'intérieur
devient acide; jusque-là, le courant diminue peu à peu d'intensité et finit par prendre une direction inverse; il résulte de là
qu'une seule contraction diminue suffisamment l'alcalinité de
l'intérieur, à cause de l'acide qui se forme, pour que l'aiguille
aimantée rétrograde vers zéro. Voilà donc encore une cause chimique qui intervient.

M. Dubois-Raymond, d'un autre côté, a cherché à prouver
que la contraction volontaire d'un bras de l'homme suffit pour
produire un courant électrique appréciable à un galvanomètre.
Voici comment l'expérience est faite : On place sur une table
deux bocaux à large ouverture contenant de l'eau salée et communiquant ensemble au moyen d'une bande épaisse de carton
préalablement imbibée. Dans chacun de ces bocaux plonge une
lame de platine en communication avec l'une des extrémités du
galvanomètre, de 20,000 à 30,000 tours. Dans les premiers instants, il se produit un courant dû à la présence de corps étrangers adhérents à la surface des lames de platine. On maintient le
circuit fermé jusqu'à ce que le courant de polarisation ait disparu. Aussitôt après, on enlève la bande de carton; on plonge
dans l'eau salée un doigt de chaque main; après les avoir lavés
avec le plus grand soin dans l'eau distillée, on les replonge dans
l'eau salée. Il y a d'abord une légère déviation de l'aiguille; on
attend que l'aiguille soit revenue à zéro; on contracte à plusieurs
reprises un des bras, et on voit l'aiguille se dévier peu à peu dans
un sens indiquant que pendant la contraction il s'est produit
un courant électrique tel, que le doigt du bras contracté a pris
l'électricité positive et le liquide adjacent l'électricité négative.

M. Dubois-Raymond a attribué une origine physiologique à ce
courant; nous ne pensons pas qu'il en soit ainsi; il se manifeste
là des effets électro-chimiques analogues à ceux dont nous venons
de parler plus haut. D'abord ce courant ne cesse pas immédiatement après la contraction; d'un autre côté, si, les deux doigts
ayant été plongés dans l'eau salée, on en retire l'un des doigts et
qu'on le contracte en même temps avec le bras correspondant,
puis qu'on le replonge de nouveau une minute après, il se produit
un courant dans le même sens et à peu près d'égale intensité que
la première fois. Que se passe-t-il, en dehors de l'eau salée, dans

le doigt pendant la contraction ? La peau du doigt se couvre d'une sécrétion acide dont le contact avec l'eau salée dégage de l'électricité qui produit les effets observés. Le courant a donc une origine électro-chimique, comme on l'a dit.

En résumé, les faits que nous venons d'exposer conduisent aux conséquences suivantes : les courants musculaires nerveux, osseux et autres, que l'on observe dans les êtres vivants ou morts, lorsque les tissus forment des circuits fermés en mettant en communication l'intérieur avec la surface, soit avec un nerf isolé de tous les tissus adjacents, soit avec un arc métallique, ont une origine chimique et ne proviennent nullement d'une organisation électrique des muscles et des nerfs, de sorte que l'on ne peut faire dépendre les fonctions musculaires et nerveuses de cette organisation.

Les courants électro-capillaires, suivant toutes les probabilités, jouent le principal rôle dans ces mêmes fonctions; ce sont les seuls dont l'existence soit bien constatée jusqu'ici ; dans les corps vivants, ils sont produits partout où il y a deux liquides différents séparés par une membrane cellulaire où l'action capillaire peut s'exercer. La vie cessant, les cellules s'agrandissent, les liquides se mêlent et la putréfaction commence. Là s'arrêtent les recherches du physicien : car tout ce qui tient à l'excitation cérébrale transmise au système sensitif, lequel réagit par une action réflexe sur les nerfs moteurs, ainsi qu'à l'action mécanique du cœur, est au-dessus de la portée de l'homme.

Nous avons encore à parler de l'emploi de l'électricité pour distinguer les nerfs du mouvement des nerfs du sentiment, dont l'existence a été signalée par Charles Bell[1]. Voici le fait : si l'on fait passer transversalement un courant dans l'épaisseur d'un cordon nerveux venant d'être séparé de l'axe cérébro-spinal, les muscles ne se contractent qu'autant que ce cordon a pour fonction de présider au mouvement; il y a au contraire absence de contraction, s'il préside à la sensibilité. Il est nécessaire, pour mettre ce double effet en évidence, que le courant ne soit pas trop intense; car autrement, en opérant avec les racines postérieures, le courant passerait dans les racines antérieures.

Longet a employé l'électricité pour établir cette distinction: Muller avait prouvé que l'excitation des racines postérieures des

---

[1] Becquerel et Ed. Becquerel, *Traité de l'électricité et du magnétisme*, t. I, p. 377. Longet, *Traité de Physiologie.*

racines spinales, au moyen des courants transversaux, dans la grenouille, ne produisait jamais que de la douleur et celle des racines antérieures des contractions ; Longet a démontré chez d'autres animaux les propriétés différentes des racines spinales dans les nerfs craniens et encéphaliques.

CHAPITRE III.

DE LA CIRCULATION DU SANG ET DE LA FORCE ÉLECTRO-MOTRICE AU CONTACT DES DEUX ESPÈCES DE SANG.

§ I. — *Exposé de nos connaissances sur le mouvement circulatoire du sang.*

Avant d'exposer le mode d'intervention des actions électro-capillaires dans la transformation du sang artériel en sang veineux, il est nécessaire d'exposer rapidement l'état de nos connaissances sur ce phénomène fondamental de la vie animale.

Voici les principales données que nous possédons à cet égard :

1° Le sang artériel est rouge vermeil et le sang veineux brun. L'un et l'autre contiennent de l'oxygène, de l'azote et du gaz acide carbonique qui s'y trouvent en partie à l'état de dissolution, et en partie à l'état de combinaison instable ;

2° Il y a plus d'oxygène dans le sang artériel que dans le sang veineux, et plus de gaz acide carbonique dans celui-ci que dans l'autre ;

3° La plupart des physiologistes admettent, les uns que l'oxygène du sang se trouve dans les globules qui sont chargés de le transporter dans les différents tissus, les autres, qu'il est fixé sur leur surface, ou dans leur intérieur par affinité capillaire, ce qui ne l'empêche pas de réagir sur les matières combustibles du sang ou des tissus pendant sa circulation. La force qui retient l'oxygène sur ou dans les globules est assez faible, puisque ce gaz se dégage lorsqu'on élève dans le vide la température du sang jusqu'à 40°.

Ce gaz provient de l'air, tandis que le gaz acide carbonique est un dernier produit des transformations nutritives. Ce gaz est éliminé avec la vapeur d'eau et l'azote libre dans l'acte de la respiration. L'azote paraît être simplement dissous dans le sang. Voici les quantités relatives des trois gaz trouvées dans le sang :

	ACIDE CARBONIQUE.		OXYGÈNE.	AZOTE.
	DISSOUS.	COMBINÉ.		
Sang artériel.	cc 374,6	cc 13	cc 203	cc 16
Sang veineux.	415,5	34,06	135	15

On voit par ces résultats que le sang artériel est beaucoup plus oxygéné que le sang veineux, dans la proportion de 203 à 135.

Les physiologistes pensent que la coloration différente du sang artérielle et celle du sang veineux dépendent des proportions relatives des quantités de gaz qu'ils renferment. Quant aux autres principes constituants du sang, nous les rappellerons en peu de mots :

Le sang veineux contient moins de fibrine que le sang artériel; suivant J. Muller, sa proportion est de 34 à 29.

Le sang artériel renferme un peu plus de globules que le sang veineux.

L'albumine, qui est un des principes essentiels du sérum, se trouve à peu près en même proportion dans les deux sangs; cependant on admet un peu moins d'albumine dans le sang artériel que dans le sang veineux.

L'eau est en général en plus grande quantité dans le sang veineux que dans l'autre.

Le sang artériel est plus riche en sels inorganiques que le sang veineux. Les matières extractives sont notablement plus abondantes dans le sang veineux que dans le sang artériel.

Mais ce qu'il importe le plus au physicien de connaître pour concevoir le mode d'intervention des actions électro-capillaires dans la transformation du sang artériel en sang veineux, c'est le mode de circulation des deux sangs et leur mélange réciproque.

Les artères portent le sang depuis le cœur jusqu'aux points les plus périphériques de l'organisme au moyen des capillaires; ils ne remplissent pas seulement les fonctions de vaisseaux conducteurs; mais, en vertu de leurs propriétés physiques et organiques, d'après l'opinion des physiologistes, ils transforment l'afflux intermittent du sang qu'ils recouvrent en un mouvement qui est continu lorsqu'ils cèdent ce liquide aux vaisseaux capillaires; ils règlent en outre leur calibre au moyen de la contraction de leurs parois pour porter à chaque organe une quantité de sang variant suivant ses besoins. Les caractères de la plupart des phénomènes relatifs à la circulation artérielle montrent que ces phénomènes sont sous la dépendance de la force du cœur.

On conçoit comme il suit le cours du sang dans le système capillaire :

Le sang artériel traverse, pour passer dans les veines, des vaisseaux très-ténus, appelés capillaires, et par l'intermédiaire desquels il entre en contact avec les tissus organiques, en concourant ainsi à leur nutrition et à leur accroissement, tout en se chargeant lui-même d'autres substances que ces tissus lui abandonnent; le sang éprouve donc alors de profondes modifications; après avoir traversé le système capillaire, il devient du sang veineux.

Le système capillaire, se trouvant entre les dernières ramifications des artères et les premières radicules des veines, se fond dans ces deux ordres de vaisseaux, de sorte qu'il est fort difficile de déterminer le point précis où les vaisseaux ne sont plus seulement des organes de transport du sang, mais permettent, à travers leurs parois, un mélange entre le sang et les tissus.

Le passage du sang des artères dans les veines étant bien constaté, on a fait différentes hypothèses sur la nature des voies de communication qui relient entre eux les deux systèmes de vaisseaux. La plupart des physiologistes pensent que le sang s'infiltre dans les mailles des tissus, après avoir cessé d'être contenu par des parois nombreuses. On a démontré à l'aide du microscope et de diverses expériences la continuité vasculaire existant entre les artères et les veines. C'est là ce qu'il importe de faire remarquer pour concevoir le mode d'intervention des actions électro-capillaires dans l'hématose, et la transformation du sang artériel en sang veineux.

Les anastomoses plus ou moins larges entre les systèmes artériels et veineux jouent un grand rôle dans la question qui nous occupe. Les communications entre les artères et les veines sont plus ou moins directes; dans certains cas elles peuvent s'établir par des capillaires d'un fort volume, d'autres fois on n'aperçoit que des artéroïdes visibles à la vue simple, se recourbant en anse et se continuant en vésicule. Les anastomoses plus ou moins larges dans la circulation capillaire produisent de nombreuses variations dans le mouvement.

Entrons maintenant dans quelques détails sur le mode de circulation du sang artériel et du sang veineux, ainsi que sur les phénomènes qui l'accompagnent.

Le sang artériel, après avoir subi dans les capillaires généraux et dans les capillaires pulmonaires, les changements qui résultent de la transformation du sang artériel en sang veineux, revient de nouveau au cœur au moyen du système veineux chargé de cette fonction.

M. Robin, qui a étudié avec le plus grand soin l'anatomie des vaisseaux capillaires, a fait les observations suivantes sur leur diamètre et les changements qu'ils peuvent éprouver dans différents cas pathologiques : les artères et les veines, au lieu de communiquer ensemble par des capillaires ayant des diamètres de $0^{mm}007$ à $0^{mm}015$, comme cela a lieu ordinairement, on les voit communiquer par des conduits ayant de $0^{mm}060$ à $0^{mm}080$ de diamètre; par exemple, aux extrémités des doigts, autour du poignet, du coude, du cou-de-pied et au bout du nez, dans l'oreille, dans le foie et dans le tissu spongieux des os longs. Ces dispositions s'exagèrent au nez et aux oreilles dans le cas des congestions morbides répétées de la tête au foie, dans diverses conditions pathologiques, au point de doubler au moins la largeur de ces conduits ; les conduits sanguins ayant de $0^{mm}05$ à $0^{\alpha m}08$, établissant des communications entre les artériels et les veineux plus larges que celles qui résultent de l'existence des capillaires ordinaires, sont remarquables par la présence dans leurs parois de nombreuses fibres musculaires qui, en se contractant, peuvent réduire leur diamètre et amener temporairement leur oblitération complète; ce fait peut être constaté sans le microscope, comme l'a observé M. Robin en étudiant la circulation sur les grenouilles vivantes.

M. Cl. Bernard a envisagé comme il suit la différence qui existe entre les diamètres des capillaires. Magendie et Poiseuille consi-

déraient les vaisseaux sanguins comme formés de tubes invariables dans leurs diamètres. Poiseuille comparaît les vaisseaux capillaires à des tubes de verre d'un très-petit diamètre. Dans ses
recherches sur le grand sympathique, M. Cl. Bernard a montré
que ce nerf est le nerf vasculaire ou *vaso-moteur*, qu'il peut res-
serrer ou élargir les gros vaisseaux, mais surtout les vaisseaux
capillaires, au point d'arrêter, même, dans certains cas, la circulation.

Voici l'expérience la plus simple qu'il a faite à ce sujet : on
isole le nerf sympathique cervical sur un cheval ou sur un lapin
(chez ces animaux le sympathique est séparé du pneumogastrique),
puis on en fait la section ; aussitôt les vaisseaux capillaires, paralysés au-dessus de la section, s'élargissent, ce qui se voit très-
bien à l'œil nu dans les vaisseaux superficiels de l'oreille, du côté
où le nerf a été coupé ; on observe alors que le sang circule plus
abondamment dans les vaisseaux paralysés, qu'il est plus rouge
et que le sang veineux diffère très-peu du sang artériel ; le sang
artériel s'est très-incomplétement changé en sang veineux, en traversant les capillaires élargis, la quantité d'oxygène contenue dans
le sang a très-peu diminué, et l'acide carbonique s'y forme en
faible proportion.

Si maintenant on vient à exciter, par un courant électrique interrompu, le bout supérieur du nerf sympathique divisé, on voit
bientôt les vaisseaux capillaires se contracter et se rétrécir considérablement ; le sang veineux est alors aussi veineux que possible, il est extrêmement noir, il renferme peu d'oxygène et beaucoup d'acide carbonique. Ce phénomène se montre pendant tout
le temps que les vaisseaux capillaires restent contractés et ré-
trécis ; dès qu'on cesse l'excitation électrique, les vaisseaux se
dilatent de nouveau et le sang reprend son premier aspect.

D'après ce qui précède, on voit que les artères et les veines
communiquent entre eux par des capillaires ayant de $0^{mm},007$ à
$0^{mm},150$ de diamètre. Nous avons trouvé[1] que les actions électro-
capillaires s'opèrent dans des tubes fêlés dont la largeur des fêlures varie de $0^{mm},00306$ à $0^{mm},025$. Les espaces capillaires dans
l'organisme sont du même ordre ; il doit donc s'y produire des
actions électro-capillaires si les conditions sont les mêmes, c'est-
à-dire si les forces électro-motrices sont semblables.

---

[1] *Comptes rendus des séances de l'Académie des sciences*, 15 janvier 1868.

§ II. — *De la force électro-motrice produite au contact du sang artériel et du sang veineux et de chacun de ces sangs avec divers liquides.*

On s'est borné jusqu'ici à chercher la force électro-motrice produite au contact du sang veineux et du sang artériel en introduisant deux électrodes de platine, l'une, dans la veine jugulaire, l'autre, dans l'artère carotide, sans se préoccuper des causes diverses qui pouvaient influer sur les résultats, et notamment sur les actions électro-capillaires produites dans le circuit. Or, on sait que le sang artériel, pour se transformer en sang veineux, traverse les capillaires, où il se trouve en contact avec les liquides qui humectent les muscles, dont ils sont séparés par les enveloppes des capillaires ; il concourt à leur nutrition et à leur accroissement en se chargeant de substances que ces liquides lui abandonnent ; le sang artériel éprouve donc continuellement de profondes modifications avant de passer dans les veines. Il résulte de là que les deux sangs ne sont jamais en contact immédiat ; en les mettant donc en communication pour avoir la force électro-motrice qui résulte de leur contact, on n'a en réalité que la résultante des forces électro-motrices provenant des actions électro-capillaires qui ont lieu dans le mouvement circulatoire du sang. La force électro-motrice que l'on détermine, comme on vient de le dire, ne peut donc servir à faire connaître comment s'opère la transformation du sang artériel en sang veineux. C'est dans les capillaires où il faudrait en chercher la cause, en déterminant la force électro-capillaire produite au contact du sang artériel successivement modifié et des liquides qui sont exsudés par les muscles ; recherches qui présentent les plus grandes difficultés, que l'on parviendra peut-être à vaincre un jour. On peut cependant en avoir une idée en cherchant les forces électro-capillaires produites au contact du sang artériel et du sang veineux et de divers liquides de l'organisme tels que les liquides muqueux, la salive, la bile, l'urine, etc., afin de savoir ce qui se passe par exemple au contact des vaisseaux et des divers liquides organiques et d'autres introduits dans l'intérieur ou autres parties du corps.

Nous avons néanmoins déterminé la force électro-motrice au contact du sang de la veine jugulaire avec celui de l'artère carotide. Nous avons prié M. Dastre, aide de M. Claude Bernard et habitué à des préparations délicates de vouloir bien, avec le concours de M. Guéroux, faire celles dont nous avions besoin pour mettre en évidence cette force. Voici comment on a opéré sur un chien : l'animal étant soumis à l'influence du chloroforme, on a pratiqué une incision qui a mis à nu la veine jugulaire externe, puis on a séparé l'artère carotide du faisceau vasculo-nerveux qui l'accompagne, la veine a été liée vers le cœur et l'artère vers la tête ; on a introduit ensuite rapidement dans le bout central de l'artère et dans le bout périphérique de la veine, les deux électrodes de platine préalablement dépolarisées avec soin et protégées par une couche de gutta-percha ; on a obtenu, au moyen de la méthode décrite page 59, les résultats suivants pour les forces électro-motrices, celle du couple cadmium valant 100.

État électrique.	Forces électro-motrices.		
	Ire expér.	2e expér.	Moyenne.
Artériel — ⎱ Veineux + ⎰	21	26	23,5

La force électro-motrice éprouve quelquefois de plus grandes variations dues à la présence des caillots de sang qui dénaturent les sangs et que l'on évite en partie en opérant rapidement.

Nous avons opéré également en introduisant dans chaque vaisseau un petit tube de verre de manière à remplacer par ce tube une portion du vaisseau lui-même ; chacun de ces tubes portait une branche formant T avec lui et dans laquelle on introduisait une électrode de platine bien dépolarisée. La branche était alors fermée au moyen d'un bout de tube de caoutchouc et d'une pince, puis on rétablissait le cours des deux sangs, et on faisait la détermination. On a obtenu ainsi les résultats sur deux chiens différents : l'unité de la force électro-motrice étant la même que dans les expériences précédentes :

État électrique.	Forces électro-motrices.		
	Ire expér.	2e expér.	Moyenne.
Artère — ⎱ Veine + ⎰	33	43	38,5

Suivant le mode d'expérimentation la variation est de 1 : 1,7.

La méthode précédente ne pouvait donner la force électro-motrice provenant du contact immédiat du sang artériel et du sang veineux, attendu que les deux vaisseaux étaient séparés par plusieurs muscles imbibés de divers liquides exsudés; il faudrait pour avoir cette force préparer la veine jugulaire et l'artère carotide comme précédemment; introduire dans l'artère une des électrodes, et l'autre plongée préalablement dans la veine, également dans l'artère. Les deux sangs se trouveraient en contact sans aucun intermédiaire; mais ce mode d'opérer a présenté de grandes difficultés, vu la rapidité avec laquelle la coagulation est produite.

Dans les expériences précédentes, le sang artériel a toujours été négatif, contrairement aux expériences anciennement faites, où l'on n'opérait pas dans des conditions convenables [1].

On a opéré ensuite avec les deux sangs défibrinés, l'un d'eux a été mis dans un tube fermé par un bout avec du papier parcheminé rempli de sang artériel et plongé dans une éprouvette contenant du sang veineux; dans chacun des deux sangs plongeait une lame de platine dépolarisée, on a obtenu dans huit expériences les résultats suivants :

État électrique.	Forces électro-motrices.	Moyennes
Sang artériel $+$ ⎫ Sang veineux $-$ ⎭	9; 10; 8; 8; 10;	9

Le sang artériel a toujours été positif, en changeant même les électrodes; on voit déjà une grande différence dans le mode d'action des deux sangs, selon qu'ils sont dans le corps de l'animal ou défibrinés, les forces électro-motrices obtenues proviennent uniquement de la différence de composition des deux sangs.

Il était intéressant de voir quelles étaient les forces électromotrices produites au contact de chacun des deux sangs et de l'eau.

Avec le sang défibriné, on a eu les résultats suivants :

État électrique.		Forces électro.
Sang artériel	$-$ ⎫	39; 58; 49
Eau	$+$ ⎭	
Sang veineux	$-$ ⎫	49; 70; 59
Eau	$+$ ⎭	

[1] Voir *Mémoires de l'Académie.*

Les différences qui existent dans les résultats ne peuvent être attribuées qu'à la difficulté d'opérer constamment dans les mêmes conditions On voit néanmoins que pour les mêmes séries les différences sont les mêmes.

$$49 - 39 = 10; \ 70 - 58 = 12; \ 59 - 49 = 10$$

Cela montre que la force électro-motrice du sang veineux avec l'eau est plus grande que celle du sang artériel avec le même liquide.

Autres résultats obtenus en opérant de la même manière avec les deux sangs défibrinés, la bile, l'urine et divers autres liquides :

État électrique.	Ire expér.	2e expér.
Sang veineux + Bile —	28.5	25,5
Sang artériel + Bile —	30	32
Sang artériel + Urine —	37,5	»
Sang veineux + Urine —	29	»

État électrique.	Forces électro.	État électrique.	Forces électro.
Sang artériel — Jus de raisin +	37,5	Sang veineux — Jus de raisin +	42,5
Sang artériel — Eau sucrée +	38	Sang veineux — Eau sucrée +	44
Sang artériel — Vin +	28	Sang veineux — Vin +	24,5
Sang artériel — Bouillon de bœuf +	17	Sang veineux — Bouillon de bœuf +	13,5

On a opéré sur le vivant en plongeant successivement chacun des vaisseaux dans une petite gouttière contenant de l'eau distillée, puis l'une des électrodes dans cette dernière, et l'autre dans le vaisseau. On a trouvé les résultats suivants :

État électrique.	Forces électro.	État électrique.	Forces électro.
Artère — Eau +	67	Veine — Eau +	47

On voit ici que la force électro-motrice du sang artériel avec l'eau est beaucoup plus considérable sur le vivant qu'en opérant avec le sang artériel défibriné. On conçoit l'importance de ces ré_ sultats en songeant aux effets électro-capillaires qui doivent être produits dans l'organisme quand des vaisseaux veineux ou arté- riels sont mis en contact, avec différents liquides, dans l'estomac ou autres parties du corps. La face du vaisseau artériel ou veineux en contact avec l'un des liquides indiqués est le pôle négatif d'un couple électro-capillaire, et la face intérieure le pole positif; dan_s les deux cas, les courants produisent des actions électro-capil_ laires par suite desquelles les réductions ont lieu du côté de l'eau, les oxydations du côté du sang. Ces résultats peuvent être d'une grande importance en physiologie, en ce qu'ils montrent que le vin, le bouillon, le jus de raisin, l'eau sucrée, etc., introduits dans l'estomac agissent de telle sorte sur les vaisseaux capillaires des parois de l'estomac, qu'ils augmentent l'oxydation du sang et accélèrent par conséquent la transformation du sang artériel en sang veineux et augmentent d'autant les phénomènes de nutri- tion. On conçoit que l'on pourra ainsi reconnaître l'action qu'exer- cent les médicaments sur le sang.

Ce que nous venons de dire de la force électro-motrice du sang artériel et du sang veineux, a lieu également au contact de chacun de ces deux sangs et des divers liquides de l'organisme ; il en résulte, par l'intermédiaire des tissus qui les séparent, une foule de courants électriques dirigés dans toutes sortes de di- rections.

On peut avoir une résultante de ces courants qui agissent dans des sens différents, comme nous l'avons déjà fait observer, en opérant sur des liquides séparés par d'autres liquides (pag. 393 et suivantes). Les effets obtenus sont les mêmes que si les li- quides extrêmes étaient en contact.

M. Donné[1] avait déjà cherché l'état électrique de deux li- quides différents séparés par des membranes, dans l'homme et les animaux, à l'aide de deux lames de platine et du galvano- mètre; mais dans le but de montrer quels étaient les caractères acide et alcalin de chacun des deux liquides, de telle sorte que le liquide le plus acide était positif par rapport à celui qui l'était

---

[1] *Annales de chimie et de physique*, 1re série, t. LXVII, p. 398.

moins, ou qui était alcalin. Voici quelques-uns des résultats qu'il
a obtenus :

1° L'enveloppe extérieure du corps, la peau, sécrète sur toute
sa surface une humeur acide; cependant la sueur, au lieu d'être
acide, comme on le dit dans les traités de physiologie, est, au
contraire, alcaline sous les aisselles.

2° Le tube digestif, depuis la bouche jusqu'à l'anus, sécrète un
liquide alcalin, si ce n'est dans l'estomac où le suc gastrique est
fortement acide.

3° Les membranes séreuses et les membranes synoviales sé-
crètent toutes une liqueur alcaline dans l'état normal. Cette sécrétion devient quelquefois acide dans certaines maladies.

4° La membrane acide externe et la membrane alcaline interne
du corps humain représentent les deux pôles d'un couple dont
les effets électriques sont appréciables au galvanomètre avec
deux lames de platine.

Ces effets ne sont pas des courants électro-capillaires, ce
sont des courants produits dans un circuit composé de plusieurs
liquides différents, réagissant l'un sur l'autre, par l'intermédiaire des membranes, et deux lames de platine.

Indépendamment de ces deux grandes surfaces offrant des
états chimiques opposés, il existe, d'après ses expériences, dans
l'économie, d'autres organes que l'on peut appeler, les uns acides,
les autres alcalins, et qui donnent lieu aux mêmes effets : en établissant une relation métallique avec des lames de platine entre
l'estomac par exemple et le foie de tous les animaux, on a des
courants électriques énergiques.

§ III. — *De la transformation du sang artériel*
en sang veineux.

La constitution des animaux ainsi que celle des végétaux est
éminemment favorable à la production des courants électro-capillaires; aussi ces derniers doivent-ils jouer un rôle important
dans les fonctions organiques.

Nous avons dit précédemment que le sang artériel traverse,
pour passer dans les veines, des vaisseaux capillaires, par l'intermédiaire desquels il entre en contact avec les tissus organiques et concourt ainsi à leur nutrition et à leur accroissement
tout en se chargeant lui-même d'autres substances que ces tissus

lui abandonnent; le sang éprouve donc alors de profondes modifications. Après avoir traversé le système capillaire, il devient sang veineux.

Les physiologistes ne sont pas d'accord sur le mode d'absorption de l'oxygène par les tissus; les uns pensent que ce gaz est absorbé par une substance inconnue qui entre des tissus voisins dans les vaisseaux sanguins en formant du gaz acide carbonique, lequel est emporté par la circulation du sang. D'autres physiologistes croient, et c'est le plus grand nombre, que l'oxygène sort du sang artériel par les parois des artères et les capillaires pour réagir sur les tissus en produisant du gaz acide carbonique qui rentre dans les capillaires avec d'autres produits. On peut expliquer dans l'une et l'autre hypothèse comment peuvent intervenir les actions électro-capillaires dans la transformation du sang artériel en sang veineux et dans les phénomènes de nutrition.

Nous expliquons, comme il suit, la transformation du sang artériel en sang veineux, ainsi que les phénomènes de nutrition qui s'y rapportent, en faisant intervenir l'action des courants électro-capillaires agissant comme forces chimiques et forces physiques, et en nous appuyant sur les faits observés jusqu'ici et qui ont été rapportés précédemment sans chercher à discuter les hypothèses mises en avant par les physiologistes pour les interpréter et dont il vient d'être question.

Nous avons dit précédemment que le sang artériel en traversant les capillaires se changeait en sang veineux, par suite de son contact avec les liquides qui recouvrent les muscles dont il est séparé par les tissus, il se produit alors des courants électro-capillaires agissant comme forces chimiques; sur les parois des tissus, du côté du sang veineux, sont les pôles positifs; celles du côté des liquides exsudés, les pôles négatifs. C'est donc sur ces premiers que l'oxygène du sang est transporté et opère des combustions avec formation de gaz acide carbonique qui est transporté ensuite dans les poumons par le mouvement circulatoire du sang. Quant au même gaz qui se trouve dans le sang artériel, avant son entrée dans les capillaires, on peut attribuer sa présence à plusieurs causes et notamment à ce que ce gaz n'a pas été expulsé en totalité dans les poumons pendant la respiration.

CHAPITRE IV.

DE LA TEMPÉRATURE DE L'HOMME ET DES ANIMAUX.

§ I. — *De la température des muscles et du sang.*

Les expériences faites jusqu'ici sur la température de l'homme et des animaux sont nombreuses ; mais les résultats auxquels elles ont conduit présentent souvent d'assez grandes différences que l'on doit attribuer en partie à ce que, d'une part, la marche des thermomètres n'avait pas été comparée préalablement à celle d'un thermomètre, pris pour étalon, de l'autre, à ce que cet instrument ne peut être employé que dans des cas restreints ; on se bornait à l'introduire dans les ouvertures naturelles du corps. Voulait-on pénétrer dans l'intérieur des organes, il fallait les inciser et, par conséquent, les altérer ou les détruire ; dans ce cas, le trouble qui en résultait produisait des effets calorifiques qu'il n'était pas toujours possible de distinguer de ceux provenant de la vitalité ; en outre, il ne permettait pas d'observer des effets calorifiques instantanés et d'explorer le cœur, le foie, etc., sans y produire de lésions sensibles. Le seul moyen d'explorer la chaleur animale, dans tous les êtres, est l'emploi du thermomètre électrique, dont on a donné la description (page 313), en exposant tout ce qui concerne la température des végétaux. Nous rappellerons que cet appareil se compose de deux aiguilles métalliques, composées chacune de deux autres, l'une de cuivre, et l'autre d'acier, soudées par un de leurs bouts. La soudure de l'une d'elles est introduite, par le procédé de l'acupuncture, dans la région dont on veut connaître la température, et l'autre dans un milieu à température constante à laquelle on rapporte la température cherchée.

Si l'on procède au moyen de la méthode d'équilibre de température, on élève ou l'on abaisse la température de la deuxième soudure jusqu'à ce que l'aiguille aimantée du galvanomètre soit ramenée au zéro, cette température donne celle de la région dont il s'agit ; si l'on veut opérer à l'aide de l'évaluation de l'intensité du courant thermo-électrique, ce qui est souvent plus rapide, on rend constante la température du second milieu et on évalue la déviation de l'aiguille aimantée en ayant établi préalablement

une table de comparaison donnant la température correspondant
à une déviation donnée de l'aiguille, pour une conductibilité
constante du circuit, mais cette méthode est peu employée aujourd'hui.

La sonde thermo-électrique, introduite dans une région quelconque du corps, n'accuse la température propre à cette partie
qu'autant que la déperdition de la chaleur, le long de la sonde,
est réparée immédiatement, condition remplie toutes les fois
que ses branches extérieures sont placées dans un fourreau de
laine garantissant du refroidissement.

Nous rapporterons d'abord les déterminations de température
faites par plusieurs physiciens et physiologistes, en plaçant un
thermomètre ordinaire, soit dans la bouche, soit sous l'aisselle,
soit dans l'anus.

J. Davy.

Chaleur humaine. . . . .   36°66

Despretz.

Température moyenne de 9 hommes âgés
de 30 ans. 37.14
Température moyenne de 4 hommes agés
de 68 ans. 37.13
Température moyenne de 4 jeunes gens
agés de 18 ans. 36.90

Hunter.

Rectum d'un homme bien portant, entre. .   36°10 et 36°66

Voici les déterminations que nous avons faites avec le thermomètre électrique par la seconde méthode indiquée précédemment,
c'est-à-dire au moyen de l'évaluation de la déviation galvanométrique [1] donnant la différence de température avec celle d'une
température constante et déterminée.

[1] *Annales de physique et de chimie,* 2e série, t. LIX, p. 118. *Comptes-rendus des séances de l'Académie des sciences,* t. I, p. 28. *Id.,* t. III, p. 771. *Id.,* t. VI, p. 429. *Id.,* t. VIII, p. 791.

DÉSIGNATION DE LA PARTIE.	TEMPÉRATURE CENTIGRADE.	DIFFÉRENCE.
Biceps brachial de A.	36°53	
Tissu cellulaire adjacent. . . .	34.70	1°83
Bouche.	36.80	
Biceps brachial de B.	36°83	
Tissu cellulaire adjacent. . . .	35.45	1°38
Bouche.	36.70	
Biceps brachial de C.	36°77	
Tissu cellulaire adjacent. . . .	35.33	1°44
Bouche.	37.00	

Les observations, faites sur des jeunes hommes de 20 à 22 ans, ont donné en moyenne ;

Biceps brachial.	36°70	
Tissu cellulaire.	35.10	1°60
Bouche.	36.83	

On voit par ces résultats que la température des muscles diffère peu de celle qui a été trouvée par d'autres observateurs. Quant à la température du tissu cellulaire adjacent, elle est inférieure de 1°,55 à celle des muscles ; or, comme il est impossible d'admettre que le passage de l'une à l'autre soit brusque, on est porté à croire que la température des muscles est à son maximum au milieu, dans les parties où le système capillaire est le plus rapproché des gros vaisseaux, et qu'elle va en diminuant jusqu'à la surface du membre, où elle est sans cesse modifiée par la transsudation qui abaisse la température de la peau et le contact de l'air qui a une température plus basse.

Nous avons trouvé, comme il suit, que la température des muscles éprouve des variations par la contraction, le mouvement et la compression. Supposons que l'une des soudures soit maintenue à une température fixe de 36°, et que l'autre soit placée dans le muscle biceps brachial, le bras étant tendu, et l'aiguille aimantée étant déviée de 10° par première impulsion ; si l'on ploie alors l'avant-bras de manière à contracter le muscle, la déviation augmente aussitôt de 1 à 2°; on attend que l'oscillation et son retour soient achevés, et à l'instant on recommence à ployer de nouveau le bras, afin de donner une nouvelle impulsion à l'aiguille aimantée; on finit ainsi par obtenir une déviation définitive correspondant à une augmentation de $\frac{1}{2}$ degré de température.

En sciant du bois, on voit la température du muscle en mouvement augmenter successivement jusqu'à 1°. L'agitation, le mouvement, et, en général, tout ce qui occasionne un travail musculaire tend à élever la température des muscles. Il est donc bien prouvé par là que la contraction d'un muscle augmente sa température; mais on a observé, depuis, que si ce muscle, en se contractant, produit un travail utile comme celui qu'on exécute en soulevant un poids, la chaleur recueillie est moindre que celle provenant des contractions qui ont lieu dans ces diverses parties; il y a alors eu abaissement de température. Dans ce cas, on dit qu'il y a transformation de chaleur en travail mécanique.

Lorsque le membre produit un travail positif et un travail négatif, c'est-à-dire s'il soulève un poids et le soutient pendant qu'il descend de la même hauteur, la température est la même que pendant la contraction.

Les causes que nous venons d'indiquer ne sont pas les seules qui influent sur la température des muscles; les nerfs interviennent également, comme on le verra plus loin. La compression d'une artère, au contraire, diminue la température des muscles situés au-delà des vaisseaux adjacents. La soudure se trouvant toujours dans le muscle biceps, ou mieux encore dans le muscle de l'avant-bras, si l'on comprime fortement l'artère humérale avec la main, le mouvement de l'aiguille aimantée annonce immédiatement un abaissement de température de quelques dixièmes de degré.

Nous ne parlons pas des expériences qui ont été faites pour trouver la température de différents organes des animaux, entre autres du poumon, du foie, de la rate, etc., attendu que les blessures que l'on a été obligé de faire pour mettre à découvert ces organes et y introduire un thermomètre, ont déterminé des hémorragies et des souffrances qui ont exercé une influence sur la température de ces organes.

Nous avons également déterminé avec les aiguilles thermo-électriques la température des muscles et de la bouche dans différents cas pathologiques.

1° Un homme, âgé de 32 ans, atteint d'une fièvre typhoïde compliquée de bronchite; le pouls battait 116 pulsations à la minute: température du muscle,

Biceps brachial. . . . .   38°80
Température de la bouche. 39.65

2° Un homme, âgé de 24 ans, ayant une entérite compliquée de bronchite. 116 pulsations à la minute.

Température du biceps brachial droit. . .   39°50
Jeune fille scrofuleuse dans un état fébrile
    bien marqué. Température de la bouche.   17.50
Jeune fille; tumeur scrofuleuse enflammée à
    la partie supérieure du cou. 40.00
Id. Température du biceps brachial. . . .   37.55
Température d'une tumeur fongueuse dans
    le tissu cellulaire. 40.00

Ces résultats, et d'autres que l'on ne rapporte pas ici, conduisent aux conséquences suivantes :

1° L'état fébrile donne un accroissement de température dans les organes affectés; cette température peut aller jusqu'à 39° et même au delà, la température du muscle biceps brachial étant dans l'état anormal de 36°71, mesurée avec le thermomètre électrique.

2° Les tumeurs scrofuleuses fortement enflammées ont donné un accroissement de température plus élevé que celle du biceps brachial.

3° Dans un cas de paralysie, on n'a trouvé aucune différence bien sensible entre la température du membre malade et celle du membre paralysé.

Dans des observations avec le thermomètre ordinaire placé probablement dans la bouche, on a trouvé :

Dans la fièvre jaune. . . . .   38°86
Dans la fièvre intermittente. . . . .   42.11 et 42.21
Dans une fièvre continue.. . . . .   42.72

Martine a observé sur lui-même que, dans un accès de fièvre intermittente, la chaleur de la peau était de 41°,11, et même de 42°; à l'instant du frisson, la chaleur de la peau était de 2 à 3° plus élevée que dans l'état naturel.

On connaît depuis longtemps la faculté que possèdent l'homme et les animaux de résister aux effets de la température extérieure; un grand nombre d'expériences avaient été faites à ce sujet. Nous avons étudié cette question avec le thermomètre électrique, pour savoir jusqu'à quel point la température des muscles était influencée par la chaleur extérieure, quand cette dernière dépassait la température ordinaire de l'homme. Les expériences ont été faites aux bains de Louëch, en Valais, dont la température des eaux thermales était de 42°. L'une des soudures fut placée dans un milieu à température constante et l'autre dans le muscle biceps du bras droit d'un jeune homme de vingt ans, dont la température était de 36°,70. Après vingt minutes de séjour dans le bain, la température du même muscle n'était augmentée que de $\frac{3}{5}$ à $\frac{2}{3}$ de degré. Au sortir du bain la température était la même qu'auparavant.

On a obtenu des résultats semblables en soumettant à l'expérience un jeune Tyrolien vigoureusement constitué. On voit par là qu'une température extérieure de 42 degrés affecte peu la température des muscles. La même expérience fut répétée à Paris dans un bain à 40 degrés; on a trouvé pour la température du muscle biceps brachial 37°,40; le bras seul demeura dans le bain vingt minutes; sa température resta la même. On voit par là que la température des muscles est peu influencée, en portant la température extérieure à 3 ou 4° au-dessus de la température du corps.

Nous rapporterons encore les résultats de quelques expériences faites sur le chien et les animaux à sang froid, qui ne sont pas sans intérêt pour expliquer la production de la chaleur animale :

Un chien noir.

	Température.
Muscle fléchisseur de la cuisse.	38°40
Tissu cellulaire du cou.	37.00
Poitrine.	38.50

La température des muscles du chien est donc plus élevée de 1° environ que celle de l'homme ; la température du tissu extérieur du cou est plus basse environ de $\frac{1}{2}$ degré.

La température du boa, celle de l'enceinte où il se trouvait étant alors de 25°,6 a donné 28°,1 à un thermomètre ordinaire introduit dans l'anus ; différence, 2°,5.

La carpe ordinaire (*cyprinus carpio*) a donné une différence de $\frac{1}{2}$ degré entre sa température et celle de l'eau.

La température de la cuisse d'une grenouille a été trouvée supérieure de 0°,75 à celle de l'air ambiant.

Avec le crapaud on a eu les différences suivantes :

Dans les muscles de la cuisse	0°75
— de la poitrine	0.50
— des cuisses	0.75
— de l'abdomen	0.50

La moyenne de ces différences est de 0°,62.

Les muscles de la couleuvre, à l'origine de la queue, ont donné une différence de 0°,75 supérieure à celle de l'air ambiant ; la cavité abdominale située à la moitié de la longueur du corps a donné une différence de 1°, et la région du cœur 1°,21.

La température des moules diffère très-peu de celle de l'air ; aussi est-il très-difficile de l'évaluer avec quelque exactitude.

Deux questions importantes étaient à résoudre : la première est relative à la température du sang artériel et du sang veineux ; la deuxième aux causes de la chaleur animale ; l'une et l'autre présentent des difficultés dans les moyens d'expérimentation, comme on va le voir. Le sang artériel est-il plus ou moins chaud que le sang veineux ? Telle est la question qui a divisé assez longtemps les physiologistes, mais qui a fait de grands progrès, depuis surtout les expériences de M. Cl. Bernard.

En 1819, Mayer, opérant sur des chevaux, constatait bien, à la vérité, que le sang de la veine jugulaire était moins chaud que celui de l'artère carotide ; mais, en sacrifiant l'animal et ouvrant rapidement la poitrine, il ne trouvait plus de différence entre le cœur droit et le cœur gauche, d'où il conclut à l'égalité de température.

En 1832, Collard de Martini et Malgaigne trouvaient le cœur gauche moins chaud de 1° que le cœur droit, sur un chien que l'on venait de sacrifier et dont la poitrine était encore ouverte. John Davy, en opérant sur des mammifères, trouva que l'artère carotide et la veine jugulaire présentaient une différence de 0°,9.

Nous fîmes de semblables expériences, en 1837, avec les

aiguilles thermo-électriques, qui vinrent confirmer les résultats obtenus par John Davy ; mais les unes et les autres n'avaient pas été faites dans des conditions voulues pour arriver à la vérité, comme on va le voir ; voici au reste les résultats que nous obtînmes avec M. Breschet :

Position des aiguilles.	Différence de température.
Dans un chien, une des aiguilles fut placée dans l'aorte crurale ; l'autre dans la veine correspondante.	1° 12
Expérience sur un autre chien.	0.84
En changeant de place les aiguilles.	0.84

Un troisième chien a donné un résultat semblable.

Ces diverses expériences tendaient à montrer que la différence entre la température du sang artériel et celle du sang veineux était d'un peu moins 1° en faveur du premier.

La question en était là, lorsqu'en 1844 Magendie, de concert avec M. Cl. Bernard, qui avaient à leur disposition un grand nombre de chevaux qu'ils purent abattre à leur volonté, purent étudier la température du sang sur l'animal étant debout et vivant. M. Cl. Bernard mit à nu l'artère carotide et la veine jugulaire ; il introduisit par l'une et l'autre voie un long thermomètre jusque dans le cœur ; le cœur droit se montra toujours plus chaud que le cœur gauche, résultat contraire à ceux qu'on avait obtenus jusqu'alors. Quand l'animal était à jeun, la différence paraissait plus faible, et devenait plus grande lorsque le cheval était en pleine digestion et, surtout, quand il venait de fournir une longue course qui avait élevé la température générale du corps. Des résultats semblables furent obtenus en 1850 par Héril, et en 1857 par Liebig. M. Cl. Bernard reprit de nouveau ces expériences et trouva en moyenne une différence de 0,1 ou 0,2 de degré à l'avantage du cœur droit.

M. Collin, professeur à l'École vétérinaire d'Alfort, combattit, en 1867, les résultats de ces dernières expériences. Il opéra sur un grand nombre d'animaux : chevaux, taureaux, béliers et chiens ; les résultats ne furent pas identiques sur tous ces animaux. Sur 80 animaux qui servirent à 102 observations thermométriques doubles, 50 fois le cœur gauche fut trouvé plus chaud, 31 fois il fut trouvé plus froid et 21 fois il y eut égalité de température ;

dans les deux cœurs les excès de température varièrent de 0,4 à 0,7 de degré. Ces résultats contradictoires, rapprochés de ceux qui avaient été obtenus précédemment, prouvèrent que les expériences n'avaient pas été faites dans les mêmes conditions, inconvénient que M. Cl. Bernard avait évité en opérant comme nous venons de le dire.

Les expériences qui ont été faites sur l'origine de la chaleur animale, et que nous allons indiquer, montreront réellement que la température du sang veineux est plus élevée que celle du sang artériel.

§ II. — *Origine de la chaleur animale.*

Lavoisier est le premier qui ait annoncé que la respiratio était due à une combustion lente de carbone et d'hydrogène, l'air fournissant l'oxygène, et la substance même de l'animal la matière combustible ; les trois régulateurs principaux de la machine humaine, dit ce grand chimiste [1], sont : la respiration, la transpiration, la digestion. «La respiration, en opérant dans le pou-
« mon, et peut-être aussi dans d'autres endroits du système, une
« combustion lente d'une partie de l'hydrogène et du carbone
« que contient le sang, produit un dégagement de calorique
« absolument nécessaire à l'entretien de la chaleur animale, etc.,
« etc. » On voit par ce passage que Lavoisier n'était pas aussi exclusif qu'on le pense, puisqu'il dit que la respiration pouvait avoir lieu également dans d'autres endroits que les poumons. Il ajoute plus loin : « Aucune expérience n'a prouvé d'une manière
« décisive que le gaz acide carbonique qui se dégage pendant
« l'expiration se soit formé immédiatement dans les poumons ou
« dans le cours de la circulation, par la combinaison de l'oxy-
« gène de l'air avec le carbone du sang. »

Il y avait donc incertitude dans l'esprit de Lavoisier, comme l'observe M. Bert, sur les lieux où se produit l'acide carbonique. Nous n'entrons pas, ici, dans la discussion de toutes les idées qui ont été mises en avant par les physiologistes, pour expliquer la respiration ; nous nous bornerons seulement à dire qu'on admet aujourd'hui que la respiration s'effectue dans tous les tissus pendant le trajet du sang.

Un grand nombre de physiologistes ont concouru à établir

[1] *Mémoires de l'Académie des sciences*, 1777, 1790.

cette doctrine ; nous citerons particulièrement Spallanzani, William Edwards, Liebig, Cl. Bernard, Matteucci, Hermann, etc., etc.

On s'appuyait, pour soutenir l'opinion de Lavoisier, sur des expériences qui sont entachées d'erreur, suivant M. Cl. Bernard. On avait admis que le sang artériel était plus chaud que le sang veineux ; mais c'est le contraire qui a lieu, comme nous venons de le dire, et cela parce qu'on avait toujours pris la température du sang veineux dans les veines superficielles qui sont refroidies par leur contact incessant avec l'air extérieur; en opérant sur des vaisseaux intérieurs, on trouve, au contraire, que le sang veineux possède une température plus élevée que le sang artériel.

Les résultats obtenus par Magnus furent d'abord contestés, puis finirent par être adoptés, et il est prouvé aujourd'hui que la proportion d'oxygène et d'acide carbonique est fort différente dans le sang artériel et dans le sang veineux chez l'animal vivant, et que c'est le sang veineux qui renferme le plus d'acide carbonique. La combustion du sang doit donc s'opérer dans le système capillaire général. Mais comment s'opèrent ces combinaisons? Les chimistes les plus éminents ne sont pas d'accord sur la manière dont elles se produisent.

M. Cl. Bernard s'est servi de nos aiguilles thermo-électriques pour étudier la température dans l'organisme. Il a cherché d'abord quelles étaient les températures relatives du cœur droit et du cœur gauche, c'est-à-dire du sang veineux et du sang artériel; il a donné à la sonde thermo-électrique une légère courbure à concavité intérieure après l'avoir entourée d'une gaîne non conductrice très-mince, et l'a poussée sans effort dans les vaisseaux pour arriver dans le ventricule droit sans produire de désordre ; il a agi de même à l'égard du cœur gauche.

Les expériences ont été faites sur la carotide d'un chien; il a trouvé une différence de $0°,174$ au profit du sang du ventricule droit; le phénomène néanmoins est compliqué, quand on opère dans le trajet des artères; Liebig et divers physiologistes ont reconnu que la température du sang artériel n'est pas absolument égale dans son parcours, le sang se refroidissant en s'éloignant du cœur.

Il est prouvé qu'indépendamment de l'action des tissus, en dehors de leur contact, il s'accomplit dans le sang des transformations spontanées, par suite desquelles le sang artériel peut devenir véineux dans l'artère même ; il suffit pour cela qu'une artère soit séparée d'un liquide en un point de son cours par un tissu qui rende la paroi du côté de l'artère positive ; les actions électro-capillaires rendent compte alors des effets produits.

M. Cl. Bernard est arrivé, par ses nombreuses expériences, à cette conclusion, que le sang éprouve une réelle diminution de température en s'éloignant du cœur vers la périphérie ; de sorte que les organes abdominaux, le rein, le foie, les intestins, reçoivent du sang artériel à une température un peu plus élevée que les organes périphériques, tels que les extrémités des membres.

Ces recherches sur la température du sang ont constaté que les différences sont variables entre le sang des artères et le sang des veines dans les périphériques du corps. Il arrive quelquefois que, pendant les grandes chaleurs de l'été, il y a presque égalité de température entre le sang de la veine jugulaire et celui de la veine carotide. En hiver, par un froid rigoureux, il y a parfois jusqu'à 3 ou 4 degrés de différence à l'avantage du sang artériel. La veine cave inférieure apporte au cœur droit du sang plus chaud.

Si l'on considère la chaleur animale, en général, en admettant, comme cela est démontré, qu'elle se produise dans toutes les parties du corps, elle doit se perdre également au contact de l'air de la surface des corps à l'intérieur. Cette déperdition ne se fait pas également dans toutes les parties de l'organisme ; les tendons, les cartilages, les os, dans lesquels la circulation n'atteint pas une grande activité, doivent produire peu de chaleur en même temps qu'ils s'échauffent et se refroidissent difficilement.

M. Cl. Bernard a montré que le système nerveux est le grand régulateur, en agissant sur les phénomènes calorifiques en même temps que sur le calibre des vaisseaux ; il accélère et ralentit ainsi le cours du sang dans un organe, augmente ou diminue sa quantité et règle ainsi le refroidissement local ; le système nerveux joue donc un rôle important dans la production de la chaleur animale. Nous ferons remarquer que le système nerveux, en agissant sur le calibre des vaisseaux pour l'augmenter ou le diminuer, produit le même effet sur les pores, d'où résultent des modifications dans l'intensité des actions électro-capillaires, et, par suite, dans la production de la chaleur.

Nous avons déjà dit que le fonctionnement des muscles dans l'homme produisait de la chaleur. Nous ajouterons que Matteucci et Helmholtz ont reconnu qu'il en était de même dans la grenouille que l'on faisait contracter à l'aide de l'électricité.

Il n'a encore été question que de la chaleur produite dans les muscles; mais il en est de même dans les autres organes, comme on l'a observé dans les glandes salivaires, les reins, le foie, les poumons, etc., etc. On voit par là que l'origine de la chaleur est partout et n'est pas due au fonctionnement d'un un seul organe, les poumons.

M. Cl. Bernard, tout en · reconnaissant en principe que la chaleur animale résulte des actions chimiques de l'organisme, n'admet pas comme prouvé que ces dernières s'engendrent par un procédé de combustion directe comme l'ont avancé quelques chimistes.

La théorie des actions électro-capillaires que nous avons donnée, actions qui s'opèrent au contact du sang artériel et des liquides exsudés des muscles, par l'intermédiaire des parois des capillaires, peut servir à résoudre la question. Cette théorie montre que la combinaison de l'oxygène qui est dans le sang artériel ne s'opère pas avec l'hydrogène et le carbone du sang veineux par une combinaison directe, mais bien par l'intermédiaire de courants électro-capillaires.

En résumé, quoique la théorie de Lavoisier soit [exacte dans son principe fondamental, celle de la combustion de plusieurs des éléments du sang dans son parcours ne l'est pas moins ; c'est là l'opinion la plus répandue. En ce qui concerne le lieu où s'opère cette combustion, on admet généralement aujourd'hui qu'elle a lieu dans la respiration musculaire, par conséquent dans tout l'organisme et non dans la respiration pulmonaire. Il reste encore des faits inexpliqués, des objections non résolues, surtout quand on songe à l'organisation complexe des muscles, des nerfs, des os et de tous les organes dont se compose un être organisé, dont tous les organes quelconques concourent à la production de la chaleur.

En terminant, nous dirons que nos expériences sur la température des muscles soumis à un travail quelconque, et celles sur les actions électro-capillaires produites au contact du sang artériel et du sang veineux serviront, il faut l'espérer, à avancer la solution de la question.

CHAPITRE V.

DE LA RESPIRATION ET DE LA NUTRITION DES TISSUS.

§ I. — *Introduction. Action de l'électricité sur les matières albumineuses.*

Les corps vivants possèdent deux propriétés fondamentales sans lesquelles ils ne sauraient exister : l'irritabilité des tissus et la respiration musculaire qui est la cause de la chaleur animale et de la nutrition des tissus. L'irritabilité, qui distingue la nature organisée de celle qui ne l'est pas, est due à une cause inconnue ; on a bien cherché à lui donner une origine électrique, mais sans apporter à l'appui de cette opinion des preuves de nature à porter la conviction dans tous les esprits.

Le phénomène de la respiration fournit sans cesse aux muscles et aux autres tissus les éléments dont ils ont besoin pour leur existence et pour accomplir les fonctions dont ils sont chargés, en expulsant tout ce qui leur est inutile ; son étude est accessible à l'action des forces physico-chimiques, à l'aide desquelles il est possible de rendre compte de quelques-uns des effets produits.

Nous considérons un être vivant, dont l'origine est couverte d'un voile que l'homme ne saurait soulever, comme un corps composé d'organes agencés avec une merveilleuse intelligence, qui sont dans une dépendance mutuelle telle que chacun d'eux accomplit l'œuvre dont il est chargé, pour entretenir la vie dans toutes leurs parties en vertu des mêmes forces qui régissent la nature inorganique ; nous faisons abstraction toutefois de l'intervention nerveuse et de l'excitabilité des tissus, qui dépendent de l'organisation des corps. Nous ne prendrons donc en considération que les forces qui sont du ressort des sciences physico-chimiques.

Au surplus nous pensons comme notre confrère M. Cl. Bernard, qui exprime ainsi son opinion sur les mouvements chez les êtres vivants :

« La manifestation des phénomènes vitaux est étroitement « liée à celle des phénomènes physico-chimiques : les pro- « priétés vitales résident dans les éléments organiques[1]. »

[1] *Leçons sur les propriétés des tissus vivants*, p. 121.

Galvani, Nobili, Matteucci et M. Dubois-Raymond ont fait faire par leurs découvertes citées antérieurement un pas important à la question : le premier, en montrant qu'on obtient la contraction de la grenouille préparée, en mettant en contact le muscle crural avec le nerf lombaire dégagé des tissus adjacents; le second, que l'effet est dû à un courant électrique allant de l'intérieur à l'extérieur du muscle, par l'intermédiaire du nerf qui sert de conducteur; les deux autres, que les muscles et les nerfs se comportent comme des électro-moteurs complets, capables de produire des courants électriques lorsque les circuits sont fermés avec des corps conducteurs; mais rien ne prouve que de semblables courants interviennent sous cette forme dans les phénomènes de la vie.

On est porté à croire que les fonctions de l'organisme s'accomplissent par l'action d'une multitude de courants électro-capillaires, dont nous avons fait connaître précédemment l'origine et les lois. Cela résulte de ce que les muscles et les nerfs ont une organisation telle, comme on l'a vu, qu'il doit s'y produire un grand nombre de courants électro-capillaires dont on peut connaître la résultante au moyen de conducteurs métalliques, qui mettent en communication la partie extérieure d'un muscle avec la partie intérieure, et en agissant de même à l'égard d'un nerf.

La vitesse du sang étant un des éléments à prendre en considération dans la respiration, nous croyons devoir rappeler les causes qui influent sur la circulation du sang artériel :

1° La pesanteur, qui agit pour accélérer ou ralentir la rapidité de la circulation suivant la position du corps ; 2° les pressions extérieures qui diminuent les diamètres des artères; 3° la contraction d'un muscle, l'extension ou la flexion forcée d'une articulation ; 4° la respiration.

Les artères non-seulement transportent le sang depuis le cœur jusqu'aux parties les plus superficielles de l'organisme, mais elles possèdent encore la faculté de transformer l'afflux du sang intermittent qu'elles transportent, en un mouvement continu, quand il entre dans les capillaires; elles y parviennent, en réglant leur calibre de manière à fournir à chaque organe la quantité de sang dont il a besoin. Le rôle des vaisseaux est donc de modifier et de répartir l'impulsion qui vient du cœur, en réglant les résistances que le sang éprouve dans son passage.

Quel est son cours dans les capillaires? Le sang passe des artères dans les veines par l'intermédiaire des vaisseaux capillaires, d'où il sort pour subvenir à la nourriture et à l'accroissement des tissus organiques, ce qui constitue la respiration musculaire à l'égard des muscles.

Dans les vaisseaux capillaires la vitessse du sang est tellement ralentie, que la direction des vaisseaux n'a plus la même importance dans les changements brusques, où il y a toujours perte de force vive, quand il y a changement de direction, surtout dans les anastomoses sans nombre que forment les capillaires.

On observe au microscope, comme M. Robin l'a montré, tous les changements de vitesse dans la circulation du sang de la grenouille; on suit le mouvement des globules dans les capillaires, leur déformation dans les capillaires les plus larges, où le courant est tellement rapide qu'il n'est pas possible de distinguer les formes des globules; dans des vaisseaux plus petits, au contraire, les globules cheminent avec lenteur et souvent à une assez grande distance les uns des autres, ce qui permet de suivre leur cours.

La nature du sang exerce aussi une influence sur la vitesse de circulation du sang, comme on en a un exemple dans la fièvre. Lorsque le sang arrive dans le système veineux, sa vitesse est bien réduite par suite des résistances qu'il a éprouvées dans les vaisseaux qu'il a traversés; ce qui reste alors de force au sang est une quantité variable très-faible, quand les capillaires sont très-resserrés, et plus grande quand ils sont relâchés; bien que la vitesse de circulation du sang veineux soit très-faible, elle peut néanmoins augmenter assez rapidement quand des causes locales poussent le sang du côté de la poitrine.

En comparant la circulation artérielle à la circulation veineuse, on voit que la première se trouve dans tout le système avec les mêmes conditions; le sang poussé par le cœur lutte contre la petitesse des capillaires, tandis que la circulation veineuse présente la plus grande variété dans la répartition des forces impulsives et des résistances.

Avant d'exposer la théorie de la respiration musculaire, nous ne croyons pas inutile de rapporter les résultats de plusieurs expériences se rattachant au sujet que nous traitons, avec d'autant plus de raison, que l'une d'elles fait connaître les propriétés du sang désoxygéné, ainsi que les effets concomitants produits sur le sang défibriné d'un chien, par un courant électrique agissant comme force chimique et comme force mécanique; l'appareil destiné à mettre en évidence ces propriétés a été disposé comme il suit (fig. 34) :

A, ampoule soufflée à l'extrémité d'un tube recourbé de très-petit diamètre, ouverte à l'extrémité opposée et fermée avec un morceau de vessie; le tube est destiné à donner écoulement au sang défibriné qu'on y introduit quand il est déplacé. B, vase contenant le même sang, dans lequel plonge l'ampoule. P et N,

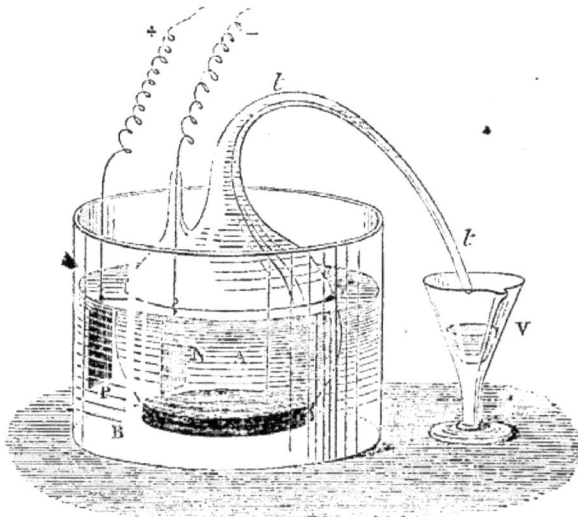

Fig. 34.

deux lames de platine mises en communication l'une avec le pôle positif d'une pile à sulfate à cuivre, composée de trois couples au moins, l'autre avec le pôle négatif; la première plonge dans le vase B, la seconde dans le liquide A. Aussitôt que le circuit est fermé, la décomposition commence : il y a un dégagement de gaz abondant dans A et B; le sang de A s'élève dans le tube capillaire, effet dû au courant cheminant du pôle positif au pôle négatif, emportant avec lui le gaz hydrogène émulsionnant le sang qui s'écoule dans V; ce liquide est le résultat de la désoxydation du sang défibriné par le gaz hydrogène.

Le sang qui s'écoule par le siphon et qui doit être désoxydé a une couleur brun foncé; il est alcalin, ne contient que des globules rouges en partie décomposés et des globules blancs ; il jouit de la propriété de dissoudre peu à peu les globules du sang et répand l'odeur de la viande avancée ; la liqueur est transparente.

Le sang qui se trouve dans le vase positif présente quelques globules non décomposés et une foule de débris de globules dissous ; il jouit en outre des propriétés suivantes : traité par l'acide nitrique, il donne un précipité blanc d'albumine, de même avec le bichlorure de mercure, ainsi qu'avec le sous-acétate de plomb. Avec l'alcool, aucun effet ; le résidu de la dissolution albumineuse, incinéré, a donné du carbonate de soude.

Le mode d'expérimentation précédent pourrait être employé pour séparer un liquide soluble d'un autre également soluble ; quand il y a un dégagement abondant de gaz hydrogène capable d'émulsionner le liquide négatif, ce gaz emporte avec lui le nouveau liquide au fur et à mesure qu'il se produit.

Une dissolution d'albumine soumise à l'action d'un courant, comme on vient de le dire, a donné au pôle positif de l'albumine coagulée et au pôle négatif, comme l'ont observé MM. Prévost et Dumas, un mucus qui a été enlevé avec l'hydrogène par le courant dirigé du pôle positif au pôle négatif.

D'après ce qui précède, on voit que si l'on fait passer un courant électrique au moyen de deux aiguilles de platine introduites par le procédé de l'acupuncture, dans certaines parties de l'organisme, il pourra se produire dans les capillaires des effets semblables, c'est-à-dire des effets d'oxydation et de désoxydation et de transport de matières solides et liquides. Nous rappellerons à cette occasion une expérience de Dutrochet, qui a d'autant plus d'intérêt que les effets obtenus avec les courants voltaïques peuvent être produits par les courants électro-capillaires : il a constaté que les solutions alcalines concentrées coagulent l'albumine, tandis que les acides acétique et phosphorique la dissolvent quand ils sont étendus.

En étudiant au microscope les effets d'un courant sur une dissolution de blanc d'œuf placée sur une petite lame de verre où se trouvaient les deux bouts de deux fils de platine en communication avec une pile, il a observé qu'il se forme autour du pôle positif une sorte d'atmosphère transparente, à laquelle il a donné le nom d'onde positive et qui n'est autre que de l'albumine dissoute dans un acide faible ; au pôle négatif, il se forme une coagulation d'albumine dans l'alcali; autour de l'onde, et par conséquent dans l'albumine, on aperçoit des ondulations continuelles. En soumettant à l'expérience de l'eau rendue émulsive par le jaune d'œuf, on observe d'autres effets, dès l'instant que les deux fils conjonctifs sont mis en communication avec la pile, on aperçoit une onde jaunâtre naître autour du pôle négatif et une onde opaque à sa circonférence et diaphane jaunâtre à son centre au pôle positif.

L'onde alcaline paraît être due à la matière organique du jaune d'œuf dissous dans un alcali, et l'onde positive à la même matière dissoute dans un acide; l'acide et l'alcali provenant de la décomposition des sels contenus dans le liquide ou bien du jaune d'œuf. Dans cette expérience, on voit deux courants dirigés en sens inverse, transportant des globules qui doivent jouir de propriétés contraires, sans lesquelles ils ne pourraient pas être transportés les uns du pôle positif au pôle négatif, les autres dans une direction opposée. D'un autre côté, l'agrégat qui se forme au milieu, entre les deux pôles, en est une preuve, car l'un des courants reprend ce que l'autre a apporté. Cette expérience met de nouveau en évidence le double courant mécanique produit par l'électricité. L'expérience suivante est encore aussi importante que les précédentes, en ce qu'elle permet de suivre le mouvement des globules.

Les deux matières organiques dissoutes, l'une dans un acide, l'autre dans un alcali, conservent leur structure globulaire; ce sont de petits globules qui, par leur rapprochement, forment la partie opaque de l'onde positive; bien qu'on n'aperçoive aucun globule dans l'onde négative, il en existe cependant, comme on peut le voir, en substituant au jaune d'œuf quelques gouttes de lait. Les deux ondes s'éloignant de plus en plus des pôles finissent par se toucher à leur intersection commune; il se forme alors un solide allongé formé d'une agglomération de globules; en intervertissant les communications avec la pile, il se produit une autre série de phénomènes; peu à peu la matière est dissoute et finit par disparaître entièrement; on voit apparaître alors deux nouvelles ondes semblables aux précédentes et qui s'avancent en produisant les mêmes effets; si l'on ajoute à l'émulsion du jaune d'œuf une quantité extrêmement petite d'alcali, on n'obtient plus qu'une seule onde, qui est celle du pôle positif; tout le reste du liquide forme l'onde négative. La coagulation a toujours lieu à la jonction commune ; en rendant l'émulsion légèrement acide, il ne se manifeste que l'onde alcaline.

Ces effets qui peuvent se produire dans les actions électro-capillaires de l'organisme méritent d'être pris en considération. Ils sont d'autant plus remarquables, que l'on n'avait observé encore de précipités dans les dissolutions soumises à l'action de la pile qu'à l'extrémité de fils métalliques, tandis qu'ici ils se manifestent entre les deux pôles, à la rencontre des solutions albumineuses formées autour des électrodes et qui s'étendent autour de celles-ci par l'action des deux courants cheminant en sens contraire. Or les muscles, les nerfs et, en général, les tissus organiques étant formés de globules dont les dimensions sont les mêmes pour chaque organe, ne serait-il pas possible qu'ils éprouvassent ce double transport de la part des courants électro-capillaires? Les uns seraient transportés de proche en proche au pôle positif, les autres au pôle négatif. Ce double transport semblerait prouver qu'il existe des globules doués de propriétés contraires, les uns se comportant comme acides, les autres comme alcalis; ces globules seraient-ils aptes, par leur réunion, à former des composés, comme les bases et les acides en se combinant? Ce n'est là encore toutefois qu'une conjecture.

Tels sont les principes sur lesquels nous nous appuierons pour expliquer les phénomènes de nutrition dans les tissus et les élaborations qui ont lieu dans divers organes d'un corps vivant.

Nous nous bornons à démontrer l'existence des forces physico-chimiques qui interviennent dans cette nutrition, sans chercher à expliquer les produits si nombreux et si variés résultant de la respiration musculaire, de la digestion, de la transformation qu'éprouvent certains composés dans des organes spéciaux, etc., etc. Car la science physico-chimique n'est pas assez avancée pour que l'on puisse essayer de résoudre ces diverses questions.

§ II. — *De la respiration musculaire et de la nutrition des tissus.*

Avant de montrer comment les courants électro-capillaires interviennent dans la respiration musculaire et la nutrition des tissus, nous rapporterons les résultats de plusieurs séries d'expériences faites avec des tissus détachés du corps.

Voici les motifs qui ont engagé à faire ces recherches : lorsqu'on veut étudier les propriétés électriques d'un tissu nouvellement séparé du corps, ou qu'on le découvre avec le scalpel, il ne faut pas se hâter d'en conclure que les effets électriques que l'on observe aient lieu également sans modifications, sous l'empire de la vie, car les conditions ne sont pas identiquement les mêmes.

Ces tissus sont exposés aux influences atmosphériques, notamment à une oxydation rapide, à des variations de température et à des alternatives de sécheresse et d'humidité, qui sont des causes influant sur les effets électriques, et dont il faut tenir compte dans la discussion des faits et dans les conséquences qu'on en tire ; en un mot, il faut écarter les effets résultant de causes secondaires.

Nous avons cherché d'abord si l'oxydation qui s'opère au contact de l'air et des muscles et d'autres tissus, quand ils ne sont plus sous l'empire de la vie, est indépendante ou non de leur organisation, et si elle a des rapports avec celle qui se produit dans les corps vivants par l'intermédiaire du sang artériel.

Spallanzani avait déjà observé que le sang retiré des vaisseaux artériels devenait sang veineux au contact de l'air. M. Cl. Bernard ayant placé dans une éprouvette des muscles de grenouille avec de l'air atmosphérique renfermant une quantité inappréciable d'acide carbonique, cet air, quelque temps après, en contenait une quantité notable, et l'oxygène avait fini par disparaître ; l'air ne contenait plus que de l'acide carbonique et de l'azote ; le muscle avait donc respiré, alors qu'il n'était plus sous l'empire de la vie ; il avait donc éprouvé une véritable combustion.

La respiration musculaire, comme celle des autres tissus, introduit de l'acide carbonique dans le sang ; sous cette influence, le sang veineux sort des muscles plus ou moins noir, tandis qu'il y est entré rouge ; cette couleur varie suivant les circonstances, et ces variations indiquent celles que subit lui-même le phénomène physique ; ainsi le sang veineux des muscles est plus rouge chez un malade affaibli que chez un homme sain et vigoureux. Chez les personnes qui tombent en syncope, il devient subitement aussi rouge que le sang artériel.

Le muscle en mouvement consomme aussi beaucoup plus d'oxygène, et rend bien plus d'acide carbonique, ce qui change notablement la composition du sang qui en sort.

Quant au sang artériel dans les conditions ordinaires de rapidité de la circulation, sa composition au point de vue du gaz qu'il tient en dissolution doit être indépendante de ces diverses circonstances, puisqu'il est envoyé du cœur dans un état constant et unique, et qu'il n'éprouve dans son trajet qu'un ralentissement dans sa circulation, lequel serait susceptible de le modifier sur différents points plutôt que sur d'autres ; quant au sang veineux qui sort du muscle, sa température doit être en rapport avec celle de ce dernier.

On trouvera ci-après les résultats de plusieurs expériences faites par M. Cl. Bernard sur le vivant, qui mettent en évidence les quantités de gaz oxygène et de gaz acide carbonique contenues dans les deux espèces de sang.

DÉSIGNATION DU SANG.	1re EXPÉRIENCE.		2e EXPÉRIENCE.	
	Gaz oxygène contenu sur 100e cubes	Gaz acide carbonique contenu sur 100e cubes	Oxygène.	Acide carbonique.
Muscles droits couturiers du chien.				
Sang artériel..	7cc31	0dc81	9o31	0o10
Sang veineux ; le muscle à l'état de repos, mais soumis à l'influence de son nerf.	5cc00	2cc50	8,21	2,01
Sang veineux ; le muscle à l'état de contraction complète, c'est-à-dire aussitôt après la contraction obtenue et toujours sous l'influence du muscle.. .	4cc00	4cc20	3,31	3,21
Idem, le muscle à l'état de paralysie obtenu par la section du nerf qui s'y distribue..	7cd20	0cc50	»	»

Ces résultats montrent que la respiration musculaire varie suivant que le muscle est à l'état de repos, de mouvement, ou qu'il est paralysé. Quand il est en mouvement, il consomme beaucoup plus d'oxygène et rend plus de gaz acide carbonique, ce qui influe nécessairement sur la composition du sang. Dans l'état de paralysie ou d'immobilité du muscle, le sang veineux contient très-peu de gaz acide carbonique, ce qui prouve que la respiration musculaire est très-faible.

Tant que le muscle est excitable, ses fibres contiennent en solution concentrée plusieurs composés albumineux, tels que la syntonine, la musculine, puis la myosine, etc., etc.; mais, s'il reste des doutes sur plusieurs transformations, tous les physiologistes sont unanimes pour admettre en principe que les oxydations qui s'opèrent dans le muscle sont le résultat de la respiration musculaire; pendant qu'elle se produit, cet organe absorbe de l'oxygène et dégage du gaz acide carbonique. Les échanges gazeux acquièrent toute leur intensité pendant la vie, et surtout pendant l'excitation, comme on vient de le voir en comparant le sang du muscle qui fonctionne à celui du muscle en repos.

Nous avons cherché d'abord si l'oxydation qui s'opère nonseulement dans le muscle, mais encore dans les autres tissus pendant le travail de la respiration artificielle, est dépendante ou non de son organisation. Pour le savoir, on a opéré concurremment en plaçant sur le mercure, dans une éprouvette remplie de gaz oxygène, un morceau de muscle de bœuf intact, et, dans une autre, le même poids d'un muscle réduit en pâte très-fine; on a fait deux autres préparations semblables, en remplaçant l'oxygène par l'hydrogène; en analysant le gaz, on a trouvé les résultats consignés dans le tableau suivant :

DÉSIGNATION et état physique du muscle.	MUSCLE dans le gaz oxygène. — Acide carbonique formé.	MUSCLE dans l'hydrogène. — Gaz acide carbonique formé.	COURANT électrique de l'intérieur à l'extérieur du muscle. — Déviation de l'aiguille aimantée.
1re EXPÉRIENCE.	En 24 heures. —	En 48 heures. —	» »
Muscle de bœuf nouvellement tué.	$3^{cc}52$ p. 100	$8^{cc}33$	
Idem, réduit en pâte. . . .	8 00	5 62	» »
2e EXPÉRIENCE.	En 48 heures. — $61^{cc}70$ p. 100 Sorti.	» »	» »
Muscle de bœuf intact; 30 grammes avec 125^{cc} d'oxygène.	Acide carb. $77^{cc}1$ Oxygène. . 47 9 _____ 125 0	» »	» »
		» »	» »
3e EXPÉRIENCE.	» »	» »	Le 1er jour : 70°, 80°, 87°. Le 2e jour : 70°, 76°, 87°,
Muscle de bœuf frais. *Idem*, en pâte.	» »	» »	Le 1er jour : 70°, 71°. Le 2e jour : 72°, 70°7.
4e EXPÉRIENCE.	En 24 heures. —	En 24 heures. —	» »
Muscle de bœuf frais en pâte dont on fait 4 parts de 25 grammes chacune.	1re partie. $23^{cc}41$ 2e — 23 81	1re partie. $4^{cc}26$ 2e — 4 68	» »
5e EXPÉRIENCE.			Au bout de 24 heures. 72°.
Muscle de bœuf en pâte dans l'air.	» »	» »	70°.
Muscle intact.	» »	» »	Au bout de 2 jours.
Muscle en pâte.	» »	» »	80°.
Muscle intact.	» »	» »	76°.

On voit : 1° qu'un muscle intact mis en contact avec l'oxygène respire de même que lorsqu'il est en présence du sang artériel, mais dans d'autres conditions de milieu, de température, et d'état hygrométrique et autres; aussi les résultats ne sont pas identiquement les mêmes ; 2° que, lorsque le muscle est désorganisé et réduit en pâte très-fine, il consomme une quantité d'oxygène double de celle qui est consommée par un muscle intact, de même poids et à la même température ; on a eu un volume de gaz acide carbonique égal à celui du gaz oxygène absorbé. Cette différence tient à ce que le muscle en pâte, ayant un plus grand nombre de points de contact avec l'oxygène que le muscle intact, doit éprouver une combustion plus active.

Dans l'hydrogène (1re expérience), il y a eu une inversion, c'està-dire qu'il y a eu plus de gaz carbonique formé dans le muscle entier que dans le muscle en pâte, tandis que, dans une autre expérience qui a duré 24 heures (4mo expérience), dans l'oxygène avec la pâte musculaire, on a eu environ six fois plus d'acide carbonique de formé que dans l'hydrogène.

Les expériences avec l'hydrogène prouvent que la substance même du muscle concourt à la formation de l'eau ou de composés hydrogénés; mais, dans la respiration musculaire, si le muscle éprouve des pertes, elles sont réparées par les effets de cette même respiration. Il est probable que dans les cas où le sang artériel ne fournit pas assez d'oxygène à la respiration, le muscle y pourvoit aux dépens de sa propre substance qui se brûle elle-même peu à peu. Le muscle vivrait donc de sa propre substance.

On a reconnu, dès l'instant que le circuit a été fermé, l'existence d'un courant électrique, allant de l'intérieur à l'extérieur du muscle, c'est-à-dire que la lame placée à la surface avait fourni au circuit l'électricité positive et la lame à l'intérieur l'électricité négative; résultat qui est le même que celui que Matteucci avait obtenu dans l'expérience où il a mis en évidence le courant musculaire. Or, dans cette expérience, le muscle étant en contact avec l'air, il est très-probable, d'après ce qui précède, que l'effet observé par Matteucci devait dépendre de la réaction du liquide qui se trouve dans les parties superficielles de l'os sur celui qui humecte la moelle et dont nous parlerons plus loin.

La troisième expérience du tableau précédent a donné les résultats suivants : Le 1er jour, on a eu des déviations égales à 70°, 80° et 72° ; elles ont été également le second jour à 70°, 76°, 87° ; les variations dans les intensités ont été peu considérables. Or, la force électro-motrice du sang artériel et du sang veineux dans leur contact, par l'intermédiaire du tissu des vaisseaux, ayant donné une déviation égale à 72°, qui correspond à une force électro-motrice égale à 0,57, celle du couple à acide nitrique étant 100, on voit par là que la force électro-motrice est un peu plus forte que celle qui est produite au contact du sang artériel et du sang veineux, et que celle du sang et des sérosités des muscles. Il n'y a là rien d'étonnant, attendu que la quantité d'oxygène fournie au muscle par l'air ambiant doit être plus grande que celle qui provient du sang artériel.

On a opéré de la même manière (4me expérience) avec un muscle réduit en pâte très-fine ; on a eu des résultats absolument semblables aux précédents, quant à la direction et à l'intensité du courant ; il est à craindre, d'après cela, que Matteucci ait fait confusion.

Les résultats de la cinquième expérience montrent que l'extérieur des muscles étant plus attaqué que l'intérieur, à cause du contact avec l'air, il en résulte à l'extérieur un produit acide, l'acide carbonique peut-être, tandis que l'intérieur est peu ou point attaqué dans les premiers temps. Il est à croire que c'est là une des causes qui déterminent le courant musculaire de l'intérieur à l'extérieur, comme dans l'animal vivant, ou du moins quand les muscles sont mis en contact avec l'air par une préparation préalable. Il est bien prouvé par là que ce courant est bien dû à l'action de l'oxygène sur les composés hydrocarbonés du muscle, ce qui constitue une véritable combustion, à laquelle on rapporte la respiration musculaire.

Jusqu'ici il n'a été question que de la respiration musculaire ; mais, à côté des muscles, se trouvent les tendons, les nerfs, les vaisseaux et les os, qui sont également influencés par l'oxygène du sang artériel, lequel passe des capillaires dans les tissus, d'où résulte une respiration spéciale pour chacun de ces tissus et dont nous allons faire connaître les effets.

On a commencé par faire deux expériences comparatives dans deux éprouvettes séparées, contenant chacune 125 centimètres cubes d'oxygène, dans l'une desquelles on a mis 56 grammes de muscle de bœuf nouvellement tué, et dans l'autre autant de tendons du même animal. Le lendemain on a trouvé que le gaz où se trouvait le muscle n'avait pas changé de volume, c'est-à-dire que l'oxygène absorbé avait été transformé en gaz acide carbonique, tandis que l'autre avait notablement diminué. Vingt-quatre heures après, le gaz où était le tendon avait encore diminué de volume, tandis que celui de l'autre était resté le même.

L'analyse des gaz a donné les résultats suivants :

Gaz où était le muscle.

Acide carbonique..	112cc 37
Oxygène.	12 33
	125cc 00

Gaz dans lequel était le tendon.

Gaz disparu.	40cc
Acide carbonique..	34
Oxygène.	51
	125cc

Cette absorption de gaz oxygène par le tendon pouvait provenir soit du gaz acide carbonique résultant de la respiration de ce tissu et absorbé par le tissu, soit de l'absorption du gaz oxygène lui-même par le tendon à la manière d'un corps poreux ; en conséquence, on a fait les expériences suivantes pour décider l'alternative : 15 grammes de tendon ont été mis dans 75cc d'oxygène ; 24 heures après, le volume était diminué de 7cc ; l'analyse du gaz a donné :

Gaz disparu.	7cc
Gaz acide carbonique.	14 7
Oxygène.	53 3
	75cc 0

Cette expérience a donné les mêmes résultats que la précédente.

On a reconnu, dans une troisième expérience, que l'absorption est presque nulle le premier jour et qu'elle va ensuite en augmentant de vitesse. On s'est assuré que l'oxygène absorbé était entré dans une nouvelle combinaison, car en chauffant le tendon il ne s'est dégagé aucun gaz.

Pour savoir s'il y avait eu ou non absorption de gaz acide carbonique, une fois formé dans l'acte de la respiration du tendon, on a fait l'expérience suivante, dont le résultat est décisif : On a pris un tendon de bœuf pesant 67 grammes, et on l'a placé dans 150^{cc} de gaz acide carbonique; 48 heures après, le volume du gaz était diminué de 11 centimètres, et, 48 heures encore après, il y avait une nouvelle absorption de 16^{cc}; en résumé, il y avait eu une absorption de 27 cent. d'acide carbonique dans l'espace de quatre jours. En chauffant à 70° le tendon pour en dégager le gaz acide carbonique, on n'a pu y parvenir. On est donc disposé à croire que le gaz acide carbonique, ou du moins ses éléments, sont entrés dans de nouvelles combinaisons faisant partie du tendon.

Les os respirent comme les muscles et les tendons, du moins les matières organiques qu'ils renferment dans leurs pores; les expériences suivantes vont en fournir la preuve :

1re expérience. 40 grammes de fragments d'os de bœuf frais ont été mis dans une éprouvette, contenant 100 cent. cub. de gaz oxygène, et autant de fragments d'os dans une autre éprouvette, avec le même volume de gaz acide carbonique; 48 heures après, on a trouvé dans l'éprouvette où était l'oxygène une absorption de 7 cent. c., et le gaz restant contenait 11 c. d'acide carbonique; dans l'éprouvette où était l'acide carbonique, il y a eu absorption de 33 cent. cubes d'oxygène.

Ces résultats annoncent déjà qu'il y a eu et qu'il doit y avoir également respiration des matières organiques qui se trouvent dans les os des êtres vivants.

On a placé deux tibias d'un chien nouvellement tué dans deux éprouvettes contenant 100 cent. cub. d'acide cabonique; l'un était entier et l'autre en morceaux; les deux résultats ont été les mêmes dans l'un et dans l'autre.

Au bout de 48 heures, avec le tibia intact on a eu :

Gaz absorbé.	7^c
48 heures après.	1
48 heures plus tard.	0°

Mêmes résultats avec le tibia en morceaux. Les 7^{cc} de gaz absorbé étaient de l'acide carbonique. On voit par ces résultats que l'absorption est rapide dans les premiers temps, qu'elle diminue et finit par devenir nulle quand l'os en est saturé; il se comporte dans ce cas comme tous les corps poreux.

Un os de chien, après avoir été saturé d'acide carbonique, a été introduit dans une éprouvette remplie d'hydrogène; trois jours après le volume de l'hydrogène avait sensiblement diminué, bien que la température du milieu ambiant fût sensiblement égale à celle d'acide carbonique que l'os avait précédemment absorbé. Le gaz analysé contenait 8 p. c. d'acide carbonique.

On a cherché si un os saturé d'acide carbonique ne pouvait pas en absorber une nouvelle quantité; on a trouvé que l'absorption a été sensiblement égale à la première.

La moelle n'a présenté qu'une légère absorption; l'eau enlève donc l'acide carbonique absorbé, de sorte qu'elle devient apte ensuite à en absorber une nouvelle quantité; il faudra essayer si l'eau de lavage renfermé du gaz acide carbonique, puis chauffer l'os.

Les expériences qui précèdent mettent en évidence deux faits importants : le premier montre que l'os frais respire du moins la matière organique qu'il contient, qu'il se sature d'acide carbonique, que la quantité d'acide qui se forme ensuite se dégage ou plutôt rentre dans les capillaires et est entraînée par le sang veineux dans sa circulation; les parois des cavités osseuses doivent servir à établir les courants électro-capillaires résultant de l'électricité dégagée dans la réaction du gaz oxygène absorbé sur les matières organiques qui se trouvent dans les cavités.

Un muscle de la cuisse d'un lapin, nouvellement tué et intact, a été soumis au même mode d'expérimentation; on a eu également un courant, dirigé de l'intérieur à la surface; ce courant avait la même intensité au bout de vingt-quatre heures et même de quarante-huit heures. En introduisant le muscle dans une éprouvette remplie de gaz hydrogène, le même courant s'est manifesté; on en a indiqué précédemment la cause. Ces effets ont été également les mêmes, en opérant dans l'azote et dans le vide barométrique; en continuant l'expérience, il arrive quelquefois un instant où le courant diminue, devient nul, puis se manifeste en sens inverse : ce renversement n'est-il pas dû à la putréfaction qui rend acide l'intérieur du muscle plus que la surface de l'extérieur? Ce phénomène est analogue à celui qui a lieu quand on expose à l'air du sang dans une soucoupe; la surface reste rouge, et l'intérieur devient noir ou sang veineux; dans ce cas, la décomposition est plus grande au milieu qu'à la surface.

Dans toutes ces expériences, le courant suit la même direction que le courant musculaire; il est bien dû à l'action oxydante de l'air : aucun doute ne pourrait être élevé à cet égard, car l'action de l'air est plus forte à la surface du muscle qu'à l'intérieur.

Quand la surface du muscle est desséchée, ce qui arrive quelques heures après, quand on expérimente dans un lieu sec et chaud, il y a absence de courant; mais, en humectant légèrement la surface avec l'eau distillée pour la rendre conductrice, le courant reparaît toujours dans la même direction et dure jusqu'à ce que la surface soit desséchée. Le phénomène a donc bien une origine chimique.

Lorsqu'on cherche l'existence du courant musculaire sur un animal vivant, on est forcé de mettre à nu le muscle, qui s'oxyde au contact de l'air; de là, courant de l'intérieur à l'extérieur comme dans l'animal.

Cet effet paraît être dû en partie à l'action de l'air et en partie à l'action de l'oxygène du sang artériel sur les parties constituantes du muscle. Le courant dont il est question est essentiellement distinct des courants électro-capillaires qui ont également une origine électrique, mais dont la production ne dépend que des parois des pores des membranes, courants auxquels nous attribuons la respiration musculaire et la nutrition des tissus.

Dans les expériences qui précèdent, le muscle a été pris à l'état de repos; quand il est à l'état de contraction, le courant paraît changer de direction parce que l'aiguille aimantée rétrograde vers zéro. Matteucci attribue cet effet à la production d'un courant induit. M. Dubois-Raymond admet qu'au moment de la contraction, le courant est instantanément supprimé, sans donner de preuves à l'appui de cette explication.

Dans les expériences dont nous venons de rapporter les résultats, nous avons fait usage de deux lames de platine parfaitement dépolarisées, et non de lames de zinc amalgamé, plongeant dans une dissolution de sulfate de zinc aussi neutre que possible, qui ont l'avantage, à la vérité, en ne se polarisant pas, de conserver la constance dans le courant quand l'action qui le produit est elle-même constante; mais on a à craindre que la dissolution de zinc, qui agit assez énergiquement sur les muscles, et différemment, suivant les parties qu'elle touche, ne complique les effets électriques observés; tandis qu'on n'a rien à craindre de semblable avec les lames de platine dépolarisées, sèches ou humectées d'eau distillée. On ne peut observer alors que des

effets instantanés; mais, en laissant le circuit ouvert pendant
quelques instants, on recommence l'expérience et on obtient le
même résultat.

L'expérience suivante montre l'inconvénient qu'il y aurait à
employer, dans les recherches dont il est question, ici, le zinc
amalgamé sans des précautions particulières : si l'on pose sur
les coussins de l'appareil de M. Dubois-Raymond la surface
d'un muscle de bœuf, et que l'on introduise dans l'intérieur l'extrémité de l'autre coussin, on n'a aucun effet; mais, si l'on enveloppe les deux extrémités de bandes épaisses de papier, humecté d'eau distillée, afin que la dissolution de sulfate de zinc
ne touche pas le muscle, on a alors les effets précédemment décrits.

Si l'on veut se rendre compte des effets électriques produits
dans le muscle en repos, vivant ou mort, il faut se rappeler sa
constitution qui doit servir de base à l'explication des effets électriques produits dans l'un et l'autre cas.

Les muscles sont composés de fibres musculaires primitives
entourées d'une enveloppe élastique cellulaire, appelée sarcolemme; plusieurs fibres réunies ensemble forment un faisceau
pourvu également d'une enveloppe nommée *perimysium;* plusieurs de ces faisceaux forment le muscle, qui est recouvert lui-
même de l'aponévrose, membrane élastique. Il y a pénétration
continuelle dans le muscle de substance contractile.

Les tendons réunissent les fibres musculaires aux os; les uns et
les autres sont également cellulaires. Les muscles renferment des
vaisseaux, de la graisse et des nerfs. Les vaisseaux se ramifient
entre les fibres musculaires; la terminaison capillaire est formée
de parois extrêmement fines; la substance musculaire, quand on
en retire le sang, contient un suc donnant la réaction alcaline qui
est également celle de la coupe du muscle; cette réaction devient
acide quand le muscle est en décomposition.

L'explication du courant musculaire résulte de cet état de
choses, sans qu'il soit nécessaire d'entrer dans de nouveaux détails à cet égard. Est-il possible d'expliquer aussi le courant musculaire en faisant intervenir les courants électro-capillaires, avant
que la décomposition commence? Nous le pensons, en s'appuyant
sur l'organisation du muscle et les courants électro-capillaires
observés; les courants électro-capillaires sont tellement constitués que la surface extérieure de chaque enveloppe, soit du sar-

colemme, soit du perimysium, soit de l'aponévrose, est positive, et la surface intérieure négative. Ce fait est démontré, en introduisant une lame de platine dans l'intérieur du muscle et traversant toutes les fibres et leurs enveloppes, et en appliquant une autre lame de platine sur la surface extérieure; on a alors un courant de l'intérieur à l'extérieur, qui est la direction du courant musculaire. Les deux lames de platine ne font que de s'emparer d'une portion des deux électricités qui constituent les courants électro-capillaires.

Les expériences qui précèdent mettent en évidence deux faits importants : le premier montre qu'un os frais respire du moins la matière organique qu'il contient, qu'il se sature d'acide carbonique, que la quantité d'acide qui se forme ensuite se dégage ou plutôt rentre dans les capillaires, et est entraînée par le sang veineux dans sa circulation. Les parois des cavités osseuses doivent servir à établir les courants électro-capillaires résultant de l'électricité dégagée dans la réaction du gaz oxygène absorbé sur les matières organiques qui se trouvent dans les cavités.

Quel est le rôle que peuvent jouer les courants électro-capillaires dans les phénomènes de nutrition des tissus ? Rappelons auparavant ce que nous avons déjà dit touchant les effets de ces courants.

Examinons les effets électriques produits pendant l'oxydation du muscle d'un animal récemment tué, et longtemps après, afin de les comparer à ceux qu'ont obtenus Matteucci et M. Dubois-Raymond dans leurs intéressantes recherches sur le courant musculaire. Ce courant, tel que l'a défini Matteucci, est celui qui est produit lorsqu'un conducteur non oxydable, dépolarisé, est mis en contact d'un bout avec la surface d'un muscle récemment tué, de l'autre, avec une section transversale du même muscle, un galvanomètre se trouvant dans le circuit; on obtient ainsi un courant électrique dirigé de l'intérieur du muscle à sa surface.

M. Dubois-Raymond, qui a analysé avec soin ce phénomène, a établi les trois lois suivantes : dans un muscle dont on a pratiqué deux sections transversales artificielles, on obtient un courant dans le conducteur allant de la section longitudinale à la section transversale, ou dans le muscle de la section transversale à la section longitudinale. Ce courant a d'autant plus d'intensité que les extrémités de l'arc conducteur sont plus rapprochées du milieu de chaque section : c'est la première loi de M. Dubois-Raymond

On obtient également le courant musculaire en mettant en contact les deux extrémités du fil de galvanomètre avec deux points d'une même section; mais c'est à la condition que si l'on prend deux points de la section longitudinale, celui qui est le plus près du milieu du muscle est positif à l'égard de celui qui est le plus rapproché de la section transversale; il ne se produit donc aucun courant, en expérimentant sur les deux points de la section longitudinale également éloignés du milieu du muscle : c'est la deuxième loi.

La troisième loi consiste en ceci : lorsqu'on fait une section oblique dans un muscle, on trouve que le point le plus négatif de la section transversale ne se trouve pas en son milieu, mais tout près de l'angle aigu; de même, les points les plus positifs de la section longitudinale ne sont plus à l'équateur, mais plus près de l'angle obtus.

M. Dubois-Raymond a cherché à expliquer le courant musculaire en supposant que les fibrilles musculaires, étant composées de petites lames superposées les unes sur les autres, devaient former des piles voltaïques à colonne. Matteucci et nous, nous avons combattu cette hypothèse et nous n'y reviendrons pas.

M. Liebig, dans son mémoire sur les liquides de la chair musculaire, a émis le premier une hypothèse sur l'origine de l'électricité des muscles. Après avoir prouvé que dans les muscles il existe un acide qui en imbibe les éléments, lequel se trouve en contact avec la sérosité du sang qui est alcaline, il suppose alors que l'électricité se développe dans les muscles comme dans le couple de potasse et d'acide nitrique. Mais cela ne suffit pas pour prouver l'existence du courant musculaire, il faut encore la présence d'un troisième corps conducteur solide pour opérer la recomposition des deux électricités; il ne connaissait pas du reste les faits qui nous ont conduit à cette conclusion.

Matteucci a fait observer, avec raison, qu'en admettant l'existence des deux liquides dans les muscles, cela n'explique pas la production et la direction constante du courant musculaire de l'intérieur à l'extérieur. Nous avons prouvé le contraire.

M. Hermann donne une origine purement chimique au courant musculaire. Les muscles, dit-il, sont entourés partout dans le corps de conducteurs humides; les courants musculaires circulent constamment dans le corps tout entier. Si l'on applique un arc conducteur en deux places de la surface du corps, on obtient donc des courants qui sont naturellement très-irréguliers, car ils résultent d'autres courants nombreux et de directions diverses. Ce sont là des courants dérivés.

Quand le muscle prend l'état rigide, il perd ses propriétés physiologiques, courant musculaire et excitabilité ; il se forme un acide et il se dégage de l'acide carbonique.

Les expériences de M. Hermann ont eu pour but de montrer que la section extérieure du muscle qui est exposée à l'air et, par suite, à l'action de l'oxygène, est dans un état de décomposition plus active que dans l'intérieur du muscle. Il a mis ce fait en évidence au moyen de l'expérience suivante : on tient d'une main un muscle de grenouille dont une des extrémités plonge dans l'eau salée, puis l'on ferme le circuit dans lequel se trouve un galvanomètre très-sensible, en plaçant l'animal sur les coussins de l'appareil de M. Dubois-Raymond, dont l'une des extrémités plonge dans l'eau salée, et l'autre est en contact avec le muscle hors de l'eau si celle-ci est chauffée jusqu'à 110 degrés ; il se manifeste aussitôt un fort courant qui va de la partie chauffée à la partie froide du muscle. M. Hermann suppose que la partie chauffée est dans un état de décomposition semblable à celui de la section interne obtenue par la coupure. Il suppose aussi que les parties extérieures des muscles qui sont plus fines, et par cela même plus perméables à l'oxygène de l'air, sont dans un état de décomposition bien plus fort que les parties qui appartiennent au centre du muscle ; ce ne sont là encore que des hypothèses.

§ III. — *Théorie électro-capillaire de la respiration musculaire.*

Rappelons aussi les notions que nous avons données sur l'organisation des divers tissus, la composition du sang, ses propriétés physiques, son mouvement circulatoire, et les propriétés physiques et chimiques des courants électro-capillaires, en vertu desquelles ces courants agissent pour transporter du positif au négatif les substances solides très-ténues et liquides et décomposer ces derniers. Ces propriétés se manifestent toutes les fois que deux liquides différents sont séparés par un tissu perméable qui n'est pas décomposé par les deux liquides ou par l'un d'eux ;

car, lorsque cet effet a lieu, la porosité est détruite en partie ou en totalité, et les propriétés dont il est question cessent peu à peu et finissent par disparaître. La mort de l'organe arrive après plus ou moins de temps.

Il faut, au préalable, prendre en considération les propriétés physico-chimiques des courants électro-capillaires pour concevoir comment s'opère la transformation du sang artériel en sang veineux ainsi que la production des phénomènes de nutrition. Ces courants sont produits toutes les fois que deux liquides différents sont séparés par un tissu perméable, condition qui est remplie dans tous les corps des deux règnes organiques. Le couple électro-capillaire est formé de deux liquides et d'un tissu, au travers duquel ils réagissent l'un sur l'autre; la direction du courant électro-capillaire est telle, que la face de la cloison en contact avec la dissolution, qui se comporte comme acide, est l'électrode négative et l'autre face l'électrode positive.

Or, d'après les déterminations des forces électro-motrices produites au contact des deux sangs et des liquides exsudés des muscles, on voit que les parois intérieures des capillaires sont les électrodes positives et les parois extérieures les électrodes négatives des couples électro-capillaires; c'est donc dans les capillaires que s'opère la combustion des substances électro-positives provenant de la décomposition électro-chimique, tandis qu'il sort par les tissus des vaisseaux les éléments servant à la nutrition des muscles et à leur accroissement; la combustion dont il est question produit du gaz acide carbonique qui est emporté par le sang dans son mouvement circulatoire avec les substances qui n'ont pas servi à la nutrition; les muscles eux-mêmes, les os, et autres tissus qui sont parcourus par une multitude de courants électro-capillaires produisent des effets semblables; la transformation du sang artériel en sang veineux s'opérerait donc successivement dans tout le système capillaire.

Toutes les réactions dont on vient de parler et qui s'opèrent dans tout le parcours du sang ne peuvent avoir lieu sans production de chaleur; c'est donc réellement dans tout le système capillaire qu'a lieu la production de chaleur et non dans les poumons où arrive le sang veineux, lesquels n'exercent qu'une action mécanique en expulsant, comme on l'a admis depuis longtemps, dans l'acte de la respiration, le gaz acide carbonique, qui est remplacé par de l'oxygène dans l'acte de l'aspiration.

La détermination des forces électro-motrices montre encore que, dans des cas morbides, lorsque la bile, par exemple, se mêle au sang, la composition de ce dernier se trouve modifiée, la force électro-motrice produite dans son contact avec les liquides ambiants l'est aussi, et alors la transformation du sang artériel en sang veineux est modifiée, ainsi que tous les phénomènes de nutrition qui en dépendent; c'est ce qui arrive à une machine dont un des rouages est dérangé. Il en est encore de même si les tissus perméables se relâchent par une cause quelconque, c'est-à-dire si leurs pores viennent à se distendre par une cause quelconque. Les forces électro-motrices ne changent pas, mais les liquides tendent à se mélanger, et alors les courants électro-capillaires n'agissent plus d'une manière exclusive.

Telles sont les conséquences qus l'on peut tirer des recherches que nous avons faites sur l'intervention des forces physico-chimiques, et particulièrement des courants électro-capillaires agissant comme forces physiques et comme forces chimiques dans les phénomènes de la vie.

Voyons maintenant comment les courants électro-capillaires se comportent à l'égard du sang dont on connaît la composition. Le sang est composé de deux parties distinctes : une partie liquide, qui est le plasma composé de matières albuminoïdes grasses et sucrées, et de matières extractives combinées avec des acides organiques et de la soude libre ; la partie solide est formée de très-petits globules rouges ou blancs; mais ceux-ci sont beaucoup moins abondants que les premiers. Ces globules, d'après l'opinion générale, ont une constitution homogène sans enveloppe; ils sont formés d'albumine, de fibrine et d'une matière colorante appelée hématosine ; en outre, ils sont insolubles dans le sérum du sang. Dans le sang artériel, l'oxygène est fixé dans l'hématosine, suivant l'opinion des physiologistes, par une affinité capillaire, ce qui lui donne une couleur rouge vermeille, laquelle devient brune quand il le perd en prenant du gaz acide carbonique en échange, c'est-à-dire pendant la transformation du sang artériel en sang veineux : effet du même genre que celui qui a été signalé par M. Chevreul, lorsque l'on plonge dans de l'huile de lin de la céruse imbibée d'eau ; par suite d'une attraction élective, l'huile chasse l'eau et prend sa place. Il en est de même de l'eau à l'égard du kaolin imbibé d'huile en présence de l'eau, qui chasse l'huile pour prendre sa place.

Les courants électro-capillaires, d'après leur direction, agissent de telle sorte que les éléments électro-positifs du sang, c'est-à-dire les bases, ainsi que les globules privés de leur oxygène, sont déposés sur la paroi extérieure des capillaires qui est l'électrode négative, tandis que les éléments électro-négatifs, comme l'oxygène de l'hématosine, et les acides organiques du sang et des liquides adhérant aux muscles, se déposent sur la paroi intérieure qui est l'électrode positive; le gaz oxygène, une fois libre et à l'état naissant, concurremment avec les acides, réagit sur les corps hydro-carbonés provenant des liquides humectant les muscles. Une partie des produits formés est transportée en dehors des capillaires par le courant du positif au négatif, agissant comme force mécanique et sert à la nutrition des muscles, tandis que le gaz acide carbonique, résultant de la réaction de l'oxygène sur les matières hydro-carbonées, ainsi que les composés solubles formés qui ne servent pas à la nutrition des tissus, et que l'on peut considérer comme des résidus, sont emportés, du moins en partie, dans les poumons par le mouvement circulatoire du sang.

Il est de toute impossibilité, nous le répétons, de faire connaître tous les composés résultant de l'action électro-chimique que l'on vient d'indiquer; on se borne à décrire les forces physico-chimiques qui agissent, concurremment avec les affinités, dans toutes les réactions chimiques de l'organisme où intervient l'action nerveuse.

Voyons maintenant le mode d'action des forces électro-capillaires dans les phénomènes de nutrition des muscles.

Un muscle, comme on l'a vu précédemment, est formé de trois parties principales : de fibrilles primitives enveloppées d'un sarcolemme ou fourreau non organisé, et formant une fibre secondaire; une réunion de fibres secondaires constitue un muscle; entre les fibres secondaires circulent les capillaires avec leurs anastomoses; à la surface du sarcolemme s'épanouissent les nerfs dont nous avons parlé en exposant l'état de nos connaissances sur l'irritabilité nerveuse.

Les fibrilles primitives sont évidemment le siége d'innombrables courants électro-capillaires par l'intermédiaire desquels s'opère la nutrition des fibrilles elles-mêmes et des tissus qui les recouvrent; aucune partie du muscle, d'après son organisation, n'échappe à leur action; ces courants sont dirigés de l'intérieur des capillaires à l'extérieur et s'étendent jusque sur le sarcolemme.

Ce n'est pas tout. Les parois des pores des tissus, qui ne sont autres que les électrodes des couples électro-capillaires, sont elles-mêmes soumises aux actions électro-chimiques; toutes les parties des fibres secondaires, comme les fibres primitives, sont donc soumises continuellement à des effets de décomposition et de recomposition; les principes élémentaires des organes sont sans cesse renouvelés; toutes ces réactions sont la conséquence de la respiration musculaire.

La théorie que nous venons d'exposer des phénomènes de nutrition des tissus repose sur des faits incontestables, et explique les rapports qui existent entre tous les phénomènes de nutrition de l'organisme. On ne saurait donc douter de l'intervention des forces électro-capillaires dans la production de ces phénomènes.

On a vu que si dans une dissolution d'albumine dans l'eau est séparée par une membrane à tissu poreux d'un liquide, tel que l'eau, si l'on fait passer dans ces deux liquides au moyen de deux lames de platine un courant provenant d'une pile à sulfate de cuivre, composée de quelques éléments seulement, de telle sorte que l'électrode positive plonge dans la dissolution d'albumine et l'électrode négative dans l'eau, dans ce cas, il y a transport de l'eau de la case positive à la case négative, mais l'albumine ne traverse pas la cloison, de même que dans l'expérience de la dialyse de Graham.

Or, d'après la théorie que nous avons donnée de la respiration musculaire et de la nutrition des tissus, on a vu qu'il existe des courants électro-capillaires non-seulement entre le sang et les liquides qui humectent les muscles, par l'intermédiaire des tissus des capillaires, mais encore entre le liquide des fibrilles primitives et celui qui se trouve entre les fibres secondaires. Il faut donc, d'après l'expérience que nous venons de rapporter, que l'albumine qui se trouve dans le liquide du muscle ne passe pas dans le sang et qu'il y reste pour concourir à la formation des composés albuminoïdes, en se rappelant toutefois que le courant va de la sérosité au sang.

Revenons à la respiration musculaire, dont l'existence est généralement admise aujourd'hui et à laquelle Matteucci rapporte les effets électriques qui se manifestent dans la contraction musculaire. Voici comment il a disposé les cuisses d'une grenouille pour en former une pile et mettre en évidence le courant musculaire : Lorsqu'on pose sur la surface intérieure du muscle crural d'une grenouille la surface extérieure d'un autre muscle, ainsi de suite, si l'on ferme le circuit au moyen de deux lames de platine en rapport avec un galvanomètre à fil long, on constate aussitôt la production d'un courant électrique résultant de la pile formée de cuisses de grenouille. La direction du courant est de l'intérieur à l'extérieur des cuisses, c'est-à-dire que l'intérieur prend l'électricité négative, et l'extérieur l'électricité positive.

Matteucci, auquel est due cette expérience importante, a émis l'opinion que le courant avait une origine chimique, et qu'il provenait de la respiration du muscle, laquelle n'est point interrompue dans l'animal vivant, lorsque le muscle est à l'état de repos.

On a vu précédemment que l'effet électrique observé pouvait être expliqué, en admettant que la section transversale du muscle, étant dénudée, est plus attaquée que la surface recouverte de son aponévrose; par conséquent la section doit être positive, parce qu'elle est recouverte de gaz acide carbonique ou d'un acide organique, et l'intérieur négatif. Le courant aurait encore lieu si la surface était à l'état neutre, puisque la réaction du liquide qui l'humecte sur celui de l'intérieur qui est alcalin rend la surface positive.

Chaque muscle est un électro-moteur dans le sens que nous indiquons, en y comprenant bien entendu l'aponévrose qui, tout en concourant à la conservation du muscle, est parcourue également par des courants électro-capillaires.

Dans les expériences faites avec le gaz hydrogène très-pur, la combustion a eu lieu aux dépens de l'oxygène du muscle qui se brûle lui-même en quelque sorte, comme cela arrive à un animal privé de nourriture, qui vit pendant quelque temps aux dépens de sa propre substance. Les expériences, dont nous avons rapporté les résultats, faites avec de petites masses musculaires intactes et en pâte très-fine, montrent bien que la combustion des substances hydro-carbonées qui se trouvent dans le muscle et principalement dans les parties les plus exposées au contact de l'air est analogue à la respiration musculaire. Les courants électro-capillaires produits dans les mêmes circonstances sur le corps mort comme sur le corps vivant, viennent à l'appui de l'opinion émise par Matteucci. Si l'on réfléchit aux principes sur lesquels repose la théorie électro-capillaire de la nutrition, on ne tarde pas à voir que les cellules, les utricules, les globules, les principes élémentaires enfin des animaux et des végétaux, formés d'une enveloppe à pores capillaires et remplis d'un liquide qui est conducteur de l'électricité, comme tous les liquides de l'organisme le sont, d'après les expériences qui ont été faites à ce sujet, montrent que ces parties élémentaires sont entourées de sucs, de liquides qui forment avec les enveloppes des couples électro-capillaires en nombre incalculable, donnant lieu dans le même tissu à des courants qui agissent sans interruption pendant la vie et quelque temps après la mort tant que les tissus ne sont pas désorganisés.

Les courants électro-capillaires existent donc non-seulement, dans les organes complets, mais encore dans leurs parties les plus élémentaires. Ces courants entretiennent la vie dans toutes les parties de l'organisme ; il ne faut pas toutefois les considérer comme forces primitives de l'organisme, c'est-à-dire concourant à leur formation, car elles n'agissent que lorsque la vie commence : ce sont des effets, nous le répétons, qui deviennent causes déterminantes des phénomènes de nutrition aussitôt que le corps est formé.

Les courants électro-capillaires manifestent aussi leur action entre des organes séparés par une foule de tissus conducteurs de l'électricité ; en effet, la peau sécrète sur toute sa surface une sécrétion acide, et le tissu cellulaire ou membrane interne, un liquide alcalin, excepté dans l'estomac, comme on l'a démontré à l'aide de lames de platine en communication d'une part avec un galvanomètre, de l'autre avec les organes.

Les tissus intermédiaires entre la peau et la muqueuse, qui tapissent le tube intestinal, doivent servir, indépendamment de leurs courants partiels, aux réactions qui ont lieu pour produire des courants entre la peau et la muqueuse.

On voit donc que les corps vivants sont soumis à l'action de forces physico-chimiques qui enlèvent sans cesse aux tissus des éléments et leur en restituent d'autres ; ils détruisent donc d'un côté et reconstruisent de l'autre. Tous ces phénomènes cessent avec la vie, attendu que les tissus, perdant leur contractilité, se relâchent, les pores s'agrandissent, les forces physiques disparaissent, et, les forces chimiques dominant seules, la destruction arrive. Les corps organisés, sous l'empire de la vie, ne peuvent donc exister que par le concours des forces physico-chimiques. Il faut prévoir une objection qu'on peut faire à la théorie électro-capillaire appliquée aux phénomènes de nutrition. Le sang se coagule au pôle positif quand on le soumet à l'action d'un courant; pourquoi n'en est-il pas de même sous l'influence de l'action électro-capillaire dans les capillaires? Il existe, sans doute, une cause incessante qui empêche le sang de se coaguler dans les vaisseaux.

Or, la paroi intérieure du vaisseau sanguin étant le pôle négatif du couple électro-capillaire, et la paroi extérieure le pôle positif, les éléments électro-négatifs, aussitôt qu'ils sont déposés sur la paroi positive, réagissent sur les éléments hydro-carbonés, réaction à laquelle participe probablement l'albumine, qui ne paraît pas rentrer dans les capillaires. En outre, la coagulation ayant lieu ordinairement au pôle positif à cause de l'acide qui est déposé, l'acide est aussitôt neutralisé par l'alcali du muscle. Il y a encore une autre objection : quelle preuve a-t-on que le courant électro-capillaire produit dans la réaction du sang artériel sur le liquide des muscles possède la force nécessaire pour enlever aux globules du sang l'oxygène qui s'y trouve fixé, suivant toutes les apparences, par affinité capillaire? La réponse est facile.

1° L'affinité de l'oxygène pour les globules est très-faible, puisqu'elle est détruite dans le vide à une température de 40 degrés.

2° Les courants électro-capillaires, quoique produits par les couples simples, ont une plus grande énergie que les courants produits par plusieurs des couples à sulfate de cuivre et même à acide nitrique, comme nous l'avons démontré ; ainsi rien ne s'oppose à ce que la décomposition s'effectue.

Il résulte des faits qui servent de bases à cette théorie de nutrition, que tous les organes, dans les corps vivants, ainsi que leurs parties les plus élémentaires, sont parcourus, sans aucune interruption, par des courants électro-capillaires d'une certaine énergie, dans des directions perpendiculaires à celles des vaisseaux capillaires et qui doivent y produire dans les muscles et les nerfs une irritation continuelle. Ne serait-ce pas là une des causes qui mettent en jeu l'irritabilité des organes indispensable aux phénomènes de la vie?

Il ne faut pas toutefois considérer les courants électro-capillaires comme les forces primitives des corps vivants, car ils n'agissent que lorsque ces corps sont créés, leurs organes formés ; ce sont des effets qui deviennent causes de la respiration des tissus. Ces phénomènes, nous le répétons, cessent avec la vie quand les tissus ont perdu leur contractilité ; les pores finissent par s'élargir ; tous les éléments organiques sont alors livrés à l'action des forces chimiques, qui finissent par détruire toutes traces d'organisation.

***

CHAPITRE VI.

EMPLOI DE L'ÉLECTRICITÉ EN MÉDECINE[1].

§ Ier. — *Historique ; électricité statique.*

Lorsqu'on découvre dans la nature un agent énergique, le médecin est disposé assez ordinairement à l'employer dans l'espoir d'arriver à une guérison, vainement tentée jusque-là par la science médicale. Les essais réussissent-ils, on réunit les faits observés, on les coordonne, et on en déduit des rapports ou des lois ; la science commence alors où finit l'empirisme.

L'application de l'électricité à la thérapeutique en est encore à sa seconde phase, comme nous le montrerons, bien qu'on ait obtenu des résultats satisfaisants dans un certain nombre de cas. S'ils ne sont pas plus nombreux, cela tient, sans doute, d'abord à l'action complexe de l'électricité, suivant sa force, et à ce que les médecins n'ont pas toujours opéré dans les mêmes conditions, les effets devant varier avec la constitution, l'état de santé du malade et la puissance des appareils.

Les détails historiques dans lesquels nous allons entrer montreront que l'empirisme a précédé la science.

Les Grecs, plus de six cents ans avant l'ère chrétienne, con-

[1] *Comptes rendus de l'Académie des sciences* de l'Institut de France, t. LXIV, p. 483 et 538.

naissaient la propriété que possède l'ambre ou succin, quand il est frotté, d'attirer les corps légers qu'on lui présente ; avides du merveilleux, ils supposèrent une âme à cette substance, à laquelle ils attribuèrent des propriétés miraculeuses.

Du temps de Pline, l'ambre était déjà recherché pour les propriétés médicinales ; les femmes et les enfants, dans des cas spéciaux, portaient des colliers de cette substance, usage qui est parvenu jusqu'à nous, mais qui est aujourd'hui abandonné, tant il est vrai que l'erreur se propage d'âge en âge, quand la science n'existe pas encore.

Appien rapporte que l'on se servait de la commotion de la torpille, pour la guérison de la goutte et de la paralysie, commotion qui n'est autre que celle de la bouteille de Leyde. Vossius ajoute que, de son temps, elle servait à la guérison des maux de tête invétérés. Aujourd'hui, on fait une application de l'électricité aux mêmes maladies.

Il paraît, d'après Thomson, l'historien des animaux de l'Afrique occidentale, que, depuis un temps immémorial, les populations nègres de l'Afrique centrale mettent à profit les propriétés électriques du silure, pour guérir les enfants faibles, débiles ; on place ces enfants dans un baquet rempli d'eau avec ce poisson, qui leur lance de temps à autre des décharges ; l'électricité n'agit probablement qu'en excitant des commotions dans les muscles, comme le fait la gymnastique.

Il faut traverser bien des siècles pour arriver à la découverte de la bouteille de Leyde en 1746, époque où les applications de l'électricité à la thérapeutique prirent de l'extension, tant on était persuadé alors que l'agent électrique était analogue au principe de la vie.

L'abbé Nollet paraît être un des premiers qui aient appliqué l'électricité à la thérapeutique, principalement au traitement des paralysies, mais sans principes arrêtés. Bertholon, Jalabert, firent de même.

§ II. — *Action des courants de la pile.*

En 1790, Galvani découvrit qu'en armant les muscles et les nerfs d'une grenouille, convenablement préparée, avec deux métaux différents, leur simple contact suffisait pour faire contracter l'animal. Cette découverte capitale fut la cause de la découverte de la pile.

Une lutte s'engagea aussitôt entre Galvani et Volta qui, pour le convaincre que le contact des métaux était la cause du phénomène qu'il avait observé, construisit la pile. Galvani ne se considéra pas comme vaincu ; il prétendit que tous les animaux jouissent d'une électricité propre, sécrétée dans le cerveau, qui la transmet à toutes les parties du corps ; les réservoirs communs sont les muscles, dont chaque fibre doit être considérée comme ayant deux surfaces sur chacune desquelles se trouve l'une des deux électricités.

Il comparait donc les muscles à une petite bouteille de Leyde ; il croyait que le fluide électrique était attiré de l'intérieur des muscles à l'extérieur, d'où résultait une décharge électrique à laquelle correspondait une contraction musculaire. Nous ne mentionnons cette théorie que parce qu'elle servit de point de départ aux médecins qui s'occupèrent de galvanisme à cette époque.

Galvani se refusa à admettre que, dans son expérience, le contact des métaux fût la cause de la contraction ; il chercha tous les moyens possibles pour défendre son opinion, et on le crut un instant vainqueur, quand il découvrit, aidé de son neveu Aldini, que l'arc métallique n'était pas nécessaire pour exciter les contractions, puisqu'on les obtenait encore dans une grenouille nouvellement préparée, en mettant en contact les muscles cruraux avec les nerfs lombaires. Volta répondit que ce fait n'était qu'une généralisation de son principe, d'après lequel tous les corps suffisamment bons conducteurs se constituaient toujours dans deux états électriques différents.

Volta ne savait pas alors que le contact seul de deux métaux ne suffisait pas pour qu'il y eût dégagement d'électricité, et qu'il fallait encore que l'un des métaux fût attaqué chimiquement par le liquide, les humectant l'un et l'autre. Galvani, néanmoins, en combattant Volta, venait de découvrir le courant propre de là grenouille, dont Nobili, Marianini, Matteucci et Dubois-Raymond ont fait une étude approfondie, comme on a pu le voir dans les chapitres précédents.

La découverte de la pile émut l'École de médecine de Paris, qui nomma une commission pour répéter toutes les expériences faites sur le galvanisme depuis 1790. Cette commission se borna à constater que la pile pénètre l'organe nerveux et les organes musculaires plus profondément que l'électricité fournie par les machines électriques ordinaires, et qu'elle provoque de plus vives contractions.

L'Institut nomma également une commission, dans le même but, composée de Coulomb, Sabatticr, Pelletan, Charles, Fourcroy, Vauquelin, Guyton et Hallé. Cette commission établit une distinction entre le fluide électrique et le fluide galvanique, que l'on croyait alors exister; elle n'était pas dans le vrai à cet égard; elle étudia néanmoins l'emploi de l'électricité comme agent physiologique avec un esprit scientifique.

De toutes parts, on se livra à des recherches sur l'action physiologique de l'électricité fournie par la pile. Wilson Philips, ayant coupé les nerfs de la huitième paire d'un lapin, trouva qu'en réunissant les deux extrémités par un fil de métal et y faisant passer un courant, la digestion et la respiration, qui étaient alors très-difficiles, devenaient plus faciles aussitôt que l'on faisait fonctionner la pile.

Le docteur André Ure expérimenta sur le corps d'un supplicié, immédiatement après l'exécution, avec une pile composée d'un grand nombre d'éléments et fortement chargée. Un des pôles ayant été mis en communication avec la moelle épinière, l'autre avec le nerf sciatique, à l'instant même tous les muscles du corps se contractèrent par des mouvements convulsifs. Ure parvint à imiter jusqu'à un certain point le jeu des poumons; en faisant passer le courant de la moelle épinière au nerf ulnaire, à faire mouvoir les doigts avec agilité; en faisant passer la décharge d'une oreille à une autre, et les humectant d'eau salée, les muscles du visage éprouvèrent d'horribles contractions et l'action des paupières fut très-marquée. C'est là le premier exemple du mode d'électrisation localisé employé aujourd'hui, mode qui a été formulé par Masson[1].

§ III. — *Applications diverses à la thérapeutique.*

Pfaff et Magendie appliquèrent avec succès l'électricité voltaïque à la paralysie du nerf optique quand elle est incomplète. Le dernier, plus hardi que ses devanciers, dirigeait le courant à travers le nerf; en y introduisant une des deux aiguilles servant

---

[1] *Annales de chimie et de physique,* 2e série, t. LXVI, p. 27.

d'électrodes. On employa le même traitement dans la faiblesse de la vue et dans la goutte sereine.

Les applications de l'électricité provoquèrent de toutes parts des recherches physiologiques. On reconnut que la ligature d'un nerf arrêtait l'action du courant, comme celle des autres stimulants.

Il est généralement reconnu par les médecins que le traitement électrique a principalement pour but de stimuler les organes qui ne fonctionnent qu'imparfaitement et dans lesquels la vie n'est pas éteinte, afin de les habituer peu à peu à fonctionner normalement.

Actuellement, on fait usage des courants continus fournis par des piles ou des courants intermittents de même sens ou de sens contraire provenant des appareils d'induction dont on a varié beaucoup la forme et la puissance. Il paraît résulter des observations faites jusqu'ici que l'emploi médical de l'électricité est indiqué dans les trois cas suivants :

1º Lorsqu'il s'agit de rétablir la contractilité dans les muscles qui en sont privés, quand la perte de la contractilité ne tient pas à des lésions encéphalo-rachidiennes ;

2º Quand il s'agit de rétablir la sensibilité générale ainsi que la sensibilité spéciale des organes des sens, cette sensibilité étant abolie ou simplement diminuée ;

3º Quand il est nécessaire de ramener à l'état normal la contractilité et la sensibilité exagérées ou perverties.

Nous allons passer rapidement en revue les résultats généraux obtenus avec les nouveaux modes de traitement.

M. Duchenne, de Boulogne, a fait usage de la méthode de l'électrisation localisée, indiquée par M. Masson, mais qu'il a perfectionnée, généralisée et rendue pratique. Il opère comme il suit :

On prend des électrodes sèches ou humides, à l'aide desquelles on peut à volonté concentrer l'action électrique sur la peau ou la faire traverser cette dernière pour la limiter dans les organes situés au-dessous, soit dans les nerfs, les muscles ou les os ; lorsque l'épiderme a une grande épaisseur, la décharge ne traverse pas le derme et produit des étincelles et une crépitation particulière, sans donner lieu à aucun phénomène physiologique.

Si l'on met sur deux points de la peau l'un des rhéophores

humide, l'autre restant sec, la partie où se trouve ce dernier éprouve une sensation superficielle qui est cutanée. Dans ce cas, d'après M. Duchenne, la recomposition des deux électricités s'effectue dans les parties de l'épiderme sec, après toutefois avoir traversé le derme à l'aide du rhéophore humide.

En mouillant très-légèrement la peau dans les points où l'épiderme a une grande épaisseur, il se produit dans les régions où se trouvent les rhéophores secs une sensation superficielle comparativement plus forte que la précédente, sans étincelles ni crépitation.

Si la peau et les rhéophores sont très-humides, on n'observe non plus ni étincelles, ni crépitation, ni sensations de brûlure; mais il se manifeste des phénomènes très-variables de contractilité ou de sensibilité, suivant qu'on agit sur un muscle, sur un nerf ou sur une surface osseuse; il se produit, dans ce dernier cas, une douleur vive ayant un caractère spécial : aussi doit-on éviter de placer les rhéophores humides sur les surfaces osseuses.

Il tire de là la conséquence que par les courants induits on arrête à volonté la puissance électrique dans la peau; que sans incision, ni piqûre, on peut la traverser et limiter l'action du courant dans les organes qu'elle recouvre, c'est-à-dire dans les muscles, dans les nerfs et même dans les os.

M. Duchenne a appliqué son procédé en se servant successivement de l'électricité des machines, de la bouteille de Leyde, de la pile voltaïque et des appareils d'induction comme convenant le mieux à l'électrisation musculaire, cette dernière étant essentiellement médicale; c'est ainsi qu'il est parvenu à faire contracter isolément chacun des muscles ou de leurs faisceaux.

Il regarde comme démontrée l'utilité du traitement électrique, appliqué à la paralysie consécutive, à la lésion traumatique des nerfs et des paralysies atrophiques graisseuses de l'enfance; à certaines névroses, etc., etc.

M. Namias a fait usage d'une pile à couronne de tasse formée de deux cents éléments chargés avec de l'eau salée; il assure avoir reconnu que, par son emploi, on évite des effets calorifiques ou autres qui sont inévitables avec les piles actuellement en usage; il annonce avoir reconnu que les courants intermittents ne laissent aucune impression durable, que des secousses modérées tiennent en exercice les nerfs et les muscles et ne s'opposent pas à leur réaction vitale. L'affluence sanguine et le surcroît de nutrition suivent les secousses répétées ; les courants continus trop prolongés produisent des maladies ; la direction des courants exerce une influence sur les nerfs de l'homme ; il a déterminé les cas de paralysie où la guérison est complète. et ceux où il y a seulement de l'amélioration, en employant des courants intermittents qui sont préférables aux autres.

M. Remak a employé des piles à courant constant et des piles qui ne jouissent pas de cette propriété. Voici les résultats de ses expériences : le courant continu, à un degré supportable, agit sur les organes centraux et entretient, par mouvements réflexes, des contractions, même dans des groupes de muscles antagonistes ; il augmente dans de certaines limites l'excitabilité du nerf au lieu de l'affaiblir, il guérit les paralysies invétérées pour le traitement desquelles les courants intermittents sont préjudiciables. Beaucoup d'autres praticiens ont fait connaître leur méthode d'appliquer l'électricité, ainsi que les résultats qu'ils ont obtenus ; nous citerons particulièrement MM. Poggioli, Scoutteten, A. Becquerel, Legros et Onimus, Pitet, etc., etc.

Si l'on compare ensemble les résultats que nous venons d'indiquer, on voit que les médecins ne sont pas d'accord sur ce mode de traitement, ni sur les résultats obtenus. En effet, M. Duchenne emploie avec succès, selon lui, les courants intermittents dans la plupart des cas, traitement que rejette M. Remak comme nuisible, pour donner la préférence aux courants continus. M. Namias n'admet pas le diagnostic électrique de M. Duchenne pour reconnaître le siége des paralysies. Ce dernier n'admet pas dans l'homme les propriétés hypoanesthésiantes des courants continus. M. Remak, et, en partie, M. Pitet, avance que les courants continus augmentent dans certaines limites l'excitabilité du nerf au lieu de l'affaiblir ; c'est cette propriété qui l'a engagé à les employer dans le traitement des paralysies, de préférence à l'induction. Nous ajouterons que M. Hiffelsheim a considéré le courant intermittent comme un excitant et le courant continu comme calmant. Nous ferons observer que l'action hyposthénisante des courants continus paraît être assez généralement reconnue, et que des physiologistes admettent qu'avec des courants faibles, dirigés successivement en sens inverse, on n'a qu'une très-faible action hyposthénisante, tandis que, lorsque les courants sont très-intenses, cette action devient prédominante.

Ces divergences, et d'autres encore que nous pourrions citer,

dans les résultats obtenus et les opinions émises sur la valeur
de tel ou tel procédé, montrent l'impossibilité où l'on est de
se prononcer encore sur les véritables propriétés thérapeu-
tiques de l'électricité, suivant que l'on emploie les courants
continus ou intermittents, surtout quand on n'a pas suivi les traitements.

De deux choses l'une : l'électricité agit efficacement, ou son
action est nulle. Dans la première supposition, il faut en conclure
que les médecins n'ont pas opéré dans les mêmes conditions
d'âge, de constitution, de force vitale, de même degré de maladie et avec des appareils électriques ayant la même intensité ;
car, si tout eût été semblable de chaque côté, il n'y a pas de motifs pour qu'on n'ait pas obtenu les mêmes résultats. Dans la seconde supposition, il faudrait admettre que la nature a tout fait.
Nous sommes portés à croire toutefois que les traitements n'ont
pas été appliqués dans les mêmes conditions, car on ne saurait
nier que l'électricité n'agisse efficacement dans certaines paralysies et d'autres cas pathologiques ; de nombreux exemples déjà
anciens sont là pour le prouver.

M. Alfred Becquerel est un des médecins qui se sont le plus
occupés scientifiquement et pratiquement des applications de
l'électricité à la thérapeutique, comme on peut s'en convaincre
en consultant un ouvrage spécial qu'il a publié sur cet important
sujet (1). Il a fait surtout une étude approfondie des applications
de l'électricité à la paralysie générale, et particulièrement aux
paralysies symptomatiques d'une lésion du cerveau, de la moelle
épinière et des nerfs. Il a laissé en outre un ouvrage manuscrit
sur la paralysie générale où se trouvent les résultats des expériences qu'il a faites sur le traitement électrique de cette maladie.

Suivant M. Lefort, on peut obtenir la guérison de la cécité due
à l'opacité du corps vitré (la cararacte), par l'application de courants continus faibles et permanents. Nous en citerons un cas remarquable qu'il a obtenu en 1872 sur un homme de vingt-cinq
ans, en opérant comme il suit : une plaque de cuivre recouverte
de linge mouillé fut appliquée sur chaque tempe, les deux plaques servaient de rhéophores à une pile à sulfate de cuivre composée de deux éléments, l'application fut permanente de jour et
de nuit. Le neuvième jour, le malade commença à voir d'un œil

---

1 Alf. Becquerel, *Traité des applications de l'électricité à la thérapeutique
médicale et chirurgicale*. 1860.

les objets d'un petit volume; puis de l'autre œil, et enfin il finit par voir assez pour marcher sans hésitation.

Nous rapporterons également un cas de guésison remarquable d'une paralysie faciale dont nous avons été témoin. Un jeune homme de vingt-cinq ans avait été atteint subitement, en mangeant, d'une déviation de la bouche et de l'impossibilité complète de fermer l'œil gauche. Les aliments, et surtout les liquides s'échappaient de la bouche; il ne pouvait fermer les paupières; la sensibilité de la figure était devenue très-obtuse.ainsi que celle de l'organe de l'ouïe. M. A. Hardy soumit ce malade au traitement électrique comme il suit : il appliqua l'un des rhéophores d'un petit appareil d'induction électro-magnétique au point d'émergence du nerf facial, l'autre au niveau des différents muscles qui avaient perdu la faculté de se contracter sous l'empire de la volonté; ils la retrouvèrent immédiatement pour la perdre de nouveau quand le courant eut cessé de traverser le muscle. En continuant le traitement, chaque jour, pendant plusieurs minutes, le muscle reprit peu à peu ses facultés, et quelques jours après la guérison fut complète.

On pourrait citer bien des cas de ce genre dans lesquels l'emploi de l'électricité, excitant momentanément le nerf et faisant contracter les muscles, finit par amener le fonctionnement normal des organes.

Matteucci avait observé que, dans les nerfs qui sont parcourus par un courant électrique, il se formait au moment de l'ouverture du circuit un courant en sens contraire du premier attribué à des effets de polarisation et qui produisait fréquemment des contractions. MM. Legros et Onimus ont constaté ces effets chez l'homme à l'état de santé et à l'état pathologique. Les expériences qu'ils ont faites à cet égard ont montré que sur l'homme le courant descendant ou direct empêche les actions réflexes et diminue l'excitabilité de la moelle, tandis que le courant ascendant ou inverse les excite. Les recherches qu'ils ont faites relatives aux effets du courant inverse sur les nerfs moteurs leur ont montré que ces effets paraissaient dus à une action réflexe et étaient d'autant plus énergiques que l'excitabilité des nerfs sensitifs ou de la moelle était plus grande; les effets produits étaient presque nuls lorsque les nerfs sensitifs ou la moelle avaient perdu leur excitabilité; les courants directs agissent alors sur les nerfs moteurs.

Plusieurs observateurs ont vu que dans certaines paralysies périphériques, les muscles perdent de leur excitabilité pour les courants induits, tandis que celle-ci est au contraire conservée et même augmentée pour les courants de la pile, effets dus aux différences de direction, de durée et d'intensité du courant. Ce phénomène, d'après MM. Legros et Onimus, est constant, chaque fois que la fibre musculaire striée est modifiée dans les conditions normales; il en est de même pour les fibres musculaires lisses et pour celles des embryons.

Ils ont fait à ce sujet une longue étude de l'influence des courants provenant des appareils d'induction et des piles sur des fibres lisses (intestins, vessie, matrice, etc.), et ils ont constaté des différences d'action entre les courants induits et les courants continus, et, pour ces derniers, suivant leur direction.

En examinant l'influence variable exercée par les courants continus sur les vaisseaux capillaires, ils ont observé que, si le courant direct dilate les vaisseaux, le courant inverse les resserre, surtout dans les premiers instants du passage de l'électricité, mais sans déterminer une oblitération complète. Cette influence s'exerce également sur le cœur et sur le système respiratoire. Nous devons dire également que MM. Legros et Onimus, pour comparer entre eux les résultats qu'ils ont obtenus, ont fait usage de la méthode graphique qui est généralement employée aujourd'hui dans les recherches physiologiques.

§ IV. — *Galvano-caustique. Observations et Conclusions.*

Les courants continus et les courants interrompus ont, chacun, leur mode d'action : les premiers, à l'aide d'électrodes mouillées, comme on l'a dit, pénètrent sous la peau, dans les organes, y produisent des effets physiques, chimiques, calorifiques, et peut-être de transport; effets dépendant de l'intensité du courant et du pouvoir conducteur des parties qu'ils traversent. Ces parties sont : les muscles, les nerfs, leurs éléments organiques, les vaisseaux, tous les tissus, etc., entre lesquels le courant se partage suivant la conductibilité de ces parties, qui ne forment pas un tout homogène, comme un conducteur métallique; il y a des embranchements, des anastomoses, des contacts plus ou moins immédiats, d'où résultent des résistances, de légers chocs aux change-

ments de conducteurs, qui ne peuvent être que de légers
frémissements; des actions spéciales sur les nerfs et sur les
muscles; des effets de chaleur produits par les résistances au
passage; peut-être des effets chimiques aux changements de
conducteur, puis des actions électro-capillaires. A-t-on analysé
tous ces effets dans les recherches électro-physiologiques sur les
animaux? C'est une question que nous adressons aux physiologistes.

Les effets de chaleur peuvent être étudiés avec une grande
précision à l'aide des aiguilles thermo-électriques; on n'a pas
non plus constaté d'effets chimiques ni d'effets de transport. Ne
sait-on pas, en outre, que les fils d'un métal mauvais conducteur
tel que le platine, traversés par des courants intenses, se rac-
courcissent? Qui peut dire que de semblables effets ne se manifestent pas dans les filets nerveux, les filets musculaires, les vaisseaux capillaires, etc.? Tous ces effets peuvent exercer une influence sur les fonctions organiques : ce sont là des recherches à
faire. Il faut encore, à l'exemple de M. Namias, dans les expériences électro-physiologiques sur les animaux, voir après leur
mort quels ont été les effets produits sur les organes, selon que
l'on a employé des courants continus ou des courants intermittents d'une intensité donnée, afin d'en faire une application à
l'homme.

On a imaginé encore d'autres modes de traitement électrique
qui méritent d'être mentionnés ici; nous en citerons notamment
deux : 1° la galvano-caustique thermique; 2° la galvano-caustique
chimique.

Le premier traitement consiste à cautériser une partie quelconque de l'organisme au moyen de la chaleur produite dans un fil
de métal parcouru par un courant électrique d'une certaine intensité. M. Nélaton a enlevé avec cette méthode des tumeurs naso-
pharyngiennes.

La seconde méthode, méthode que nous avons employée il y a
plus de trente ans, avec M. Breschel, à l'Hôtel-Dieu, a été décrite
et pratiquée comme il suit par M. Ciniselli :

On opère la cautérisation à l'aide d'un acide ou d'un alcali
séparé d'une dissolution par l'action chimique du courant. On emploie à cet effet soit un circuit simple, soit un circuit dans lequel
se trouve une pile. Suivant la direction du courant, on fait naître
sur la partie malade, recouverte d'une bande épaisse de toile hu-

mectée d'une dissolution saline convenable, un caustique acide ou alcalin à l'état naissant, et doué, par conséquent, d'une grande énergie. M. Ciniselli énumère, dans un opuscule spécial, les cas où il a obtenu des guérisons, en opérant sur des tumeurs de différents genres et dans divers cas pathologiques.

En résumé, on voit que, depuis les Grecs jusqu'à la découverte de la bouteille de Leyde, on a fait usage de la décharge de la torpille et du silure, pour le traitement de la paralysie et d'autres maladies, comme on le fait aujourd'hui pour les appareils électriques.

Depuis cette découverte jusqu'à celles de Galvani et de Volta, on a fait de nombreuses applications de l'électricité à la thérapeutique, mais sans prendre pour guides les phénomènes électro-physiologiques dus à l'électricité ; ce n'est réellement que depuis cette dernière époque que l'on s'est livré avec ardeur à des expériences électro-physiologiques, dont les résultats ont commencé à fournir des principes sûrs pour les applications de l'électricité à la thérapeutique.

Vinrent ensuite d'éminents physiologistes, qui découvrirent les propriétés électriques des muscles et des nerfs ; les applications de l'électricité devinrent des plus rationnelles.

La découverte de l'induction permit de construire des appareils qui facilitèrent singulièrement l'emploi des courants intermittents. Au moyen des recherches physiologiques, qui seules peuvent éclairer le praticien, il est à espérer qu'avec le temps la thérapeutique électrique cessera d'être une science empirique.

L'électricité produit des effets tellement complexes qu'il est bien difficile de pouvoir les analyser encore tous, de manière à en déduire des principes généraux. Il est incontestable, néanmoins, qu'elle agit comme force mécanique, physique, chimique et physiologique ; comme force mécanique, elle stimule les organes qui sont dans un état d'inertie : mais aussi elle peut détruire des cellules et produire dans l'organisme des épanchements de liquide semblables à ceux qui ont lieu, comme nous l'avons trouvé dans la décoloration des feuilles et des pétales des plantes, par des décharges électriques même faibles ; elle peut même briser des filets nerveux très-fins ; comme force chimique, elle produit des décompositions et des actions électro-capillaires, qui sont innombrables dans les corps organisés ; comme agent physiologique, elle excite le système nerveux et provoque par suite des contractions musculaires, des effets de chaleur et autres,

Si l'on compare maintenant les opinions émises par les médecins qui ont appliqué l'électricité à la thérapeutique, on voit qu'ils ne sont pas d'accord entre eux ni sur le mode de traitement ni sur les résultats obtenus, preuve que des recherches expérimentales sont encore à faire pour donner une théorie complète des effets produits dans les applications de l'électricité à la thérapeutique.

CHAPITRE VII.

DES POISSONS ÉLECTRIQUES.

§ Ier. — *Premières recherches sur les propriétés des poissons.
électriques.*

On connaît trois espèces de poissons, le gymnote ou anguille de Surinam, la torpille ou raie électrique, et le silure, qui donnent une commotion quand on les irrite en certaines parties du corps avec un corps conducteur de l'électricité. Ces poissons jouissent donc de la faculté de produire de l'électricité, dont ils disposent à volonté, soit comme moyen de défense, soit pour étourdir ou tuer leur proie.

Suivant Humboldt, la faculté des poissons électriques est d'autant plus développée que la température est plus élevée. Ayant étudié les propriétés du gymnote dans le caño de Bera, en Amérique, il dit n'avoir jamais ressenti une commotion aussi violente avec une grande bouteille de Leyde que celle du gymnote.

D'après les observations de Gay-Lussac et de Humboldt, quand la torpille lance sa décharge, elle remue convulsivement les nageoires pectorales, et on n'aperçoit que des mouvements à peine sensibles dans le reste du corps. Il faut pour cela l'irriter, la provoquer ; il n'en résulte pas seulement une seule décharge, mais bien plusieurs qui sont lancées avec une célérité étonnante, selon sa vitalité.

Lorsque l'animal est placé sur un plateau de métal, de manière à toucher les organes électriques, on n'éprouve aucune commotion en tenant à la main le plateau ; s'il est placé entre deux plateaux qui ne se touchent pas, on éprouve la commotion en plaçant une main sur chaque plateau ; mais, si les deux plateaux se touchent, on n'éprouve aucune commotion. L'électricité qui produit ces effets est élaborée dans deux organes particuliers qui ne se trouvent pas dans les autres poissons à l'exception des raies ordinaires où M. Robin a reconnu les appendices de ces organes; ils sont situés de chaque côté de la tête et sont composés, chacun d'eux, comme on le voit dans la figure ci-jointe 35, d'un grand nombre de tubes aponévrotiques, de forme hexagonale, rangés parallèlement les uns aux autres autour des branchies, et dont

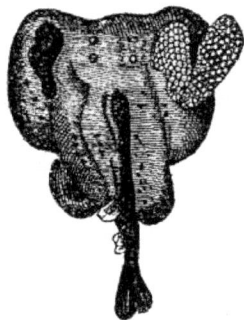

Fig. 35.

l'une des extrémités repose sur la peau du dessus et l'autre sur celle de dessous. Tous ces tubes sont exactement fermés à leurs deux extrémités par une membrane également aponévrotique. Geoffroy-Saint-Hilaire avait avancé que ces organes étaient semblables aux piles à colonne de Volta; qu'ils étaient formés de petites membranes horizontales dans l'intervalle desquels se trouvait une substance qui paraissait composée d'albumine et de gélatine.

D'après les recherches de John Davy, qui a étudié l'organe de la torpille avec soin, au microscope, il n'y a reconnu aucune structure régulière. Suivant Breschet, les cloisons sont traversées par des filets nerveux qui impriment sans doute une action spéciale aux organes.

Nous avons fait des expériences pour constater l'origine électrique de la commotion donnée par la torpille. On prouve l'origine électrique de la commotion en montrant que, pendant qu'elle s'effectue, il se produit, soit des étincelles, soit des courants électriques, soit des actions électro-chimiques.

On observe l'étincelle en plaçant l'animal, après l'avoir essuyé, sur un plat métallique isolé et on applique sur son dos un autre plat que l'on manœuvre avec un manche de verre; on fixe à chacun de ces plats une tige recourbée, terminée par une petite boule de métal à chacune desquelles on fixe une feuille d'or; en irritant la torpille, on voit les deux petites feuilles s'approcher et donner des étincelles.

Matteucci a reconnu, et nous avant lui, que les points de l'organe sur la face dorsale, qui sont au-dessus des nerfs pénétrant dans cet organe, sont positifs relativement aux autres points de la même face dorsale. Les points correspondants sur la face abdominale sont négatifs, ce qui tend à démontrer que le système nerveux joue un grand rôle dans le phénomène de la torpille.

Nous avons obtenu l'action électro-magnétique à l'aide de la spirale électro-magnétique. La direction du courant indique que la partie supérieure de l'organe est positive et la partie inférieure négative [1].

On met en évidence les actions électro-chimiques, en soumettant à l'action des courants des bandes de papier humectées d'une solution d'iodure de potassium dont on entoure des lames de platine servant à transmettre le courant; on peut conserver une torpille avec ses facultés dans de l'eau de mer ayant une température de 22 à 23 degrés pendant cinq ou six heures. La température vient-elle à baisser, la faculté disparaît presque aussitôt.

Matteucci, qui a fait beaucoup d'expériences sur la torpille, a obtenu des résultats qui semblent montrer que la torpille, qui respire librement, est celle qui donne le plus de décharges.

La décharge n'éprouve aucune modification quand on enlève toute la peau de l'organe, celle du dos et du bas-ventre. En coupant l'organe à moitié, horizontalement, et en plaçant une lame de verre entre les deux parties séparées, la décharge a toujours lieu. Si l'on projette sur la peau qui recouvre l'organe de l'acide sulfurique, on obtient aussitôt de fortes décharges; mais, dès l'instant que la substance est détruite, la faculté électrique n'existe plus. Cette faculté cesse également du côté dont on coupe les nerfs; l'animal néanmoins vit encore longtemps quand on a incisé l'organe. On suspend également les fonctions des nerfs en faisant des ligatures. Matteucci a cru remarquer que le quatrième lobe du cerveau est la partie où s'élabore l'électricité.

On a reconnu, en examinant les effets produits quand on applique l'action voltaïque au cerveau et aux nerfs qui se rendent aux organes électriques, que le courant électrique agissant sur les nerfs produit, soit des contractions, soit des décharges;

[1] Becquerel, *Traité de physique appliquée aux sciences naturelles,* t. II, p. 627.

l'action voltaïque paraîtrait donc être le dernier stimulant agissant sur le quatrième lobe capable de provoquer la décharge suivant Matteucci.

§ II. — *Recherches récentes sur les propriétés de la torpille.*

M. Robin, dont on connaît les importants travaux sur la composition des tissus, a observé que l'organe électrique a une organisation spéciale que l'on ne retrouve ni dans le règne animal ni dans le règne végétal; il pense qu'il est doué de la propriété de produire de l'électricité sous l'influx nerveux; de même que le tissu musculaire possède la propriété de se contracter sous l'influence de l'influx nerveux moteur, que les nerfs qui s'y rattachent se rapprochent plus des nerfs musculaires que des nerfs sensitifs. Ce n'est là toutefois qu'une supposition.

M. Robin a reconnu, comme nous l'avons déjà dit, que dans les raies ordinaires se trouvent les appendices d'organes électriques, comme dans les torpilles, mais qui n'existent pour ainsi dire pas. Néanmoins il a pu observer que ces régions donnaient lieu à un dégagement d'électricité appréciable à des appareils très-sensibles.

M. Moreau a senti la nécessité, avant de commencer ses recherches sur la torpille, de recueillir une partie de l'électricité mise en mouvement, dans la décharge que l'on provoque artificiellement, afin d'en disposer librement dans les expériences. Il a employé à cet effet un condensateur convenablement disposé: l'électricité ainsi recueillie fait dévier les feuilles d'or de l'électromètre et suffit pour exciter la grenouille. Le condensateur a l'avantage de permettre d'étudier l'affaiblissement graduel de la décharge, quand l'animal est soumis à l'action de divers agents ou placé dans des conditions exceptionnelles.

Depuis longtemps on cherche le mode de production de l'électricité dans les poissons électriques, question qui se rattache jusqu'à un certain point à celle du même agent dans les muscles et dans les nerfs. On a supposé d'abord, pour expliquer la décharge, que l'organe électrique était un véritable condensateur de l'électricité produite dans les centres nerveux, laquelle passait au travers des nerfs pour se condenser dans l'organe où le fluide restait en réserve jusqu'à ce que le poisson en disposât. Cette théorie était basée sur une propriété que l'on croyait appartenir au quatrième lobe du cerveau, et dont M. Moreau n'a pu constater l'existence dans ses nombreuses expériences.

Voici du reste comment il a prouvé, et ceci est important, que l'électricité n'est pas produite dans le cerveau. Ayant coupé sur une torpille tous les nerfs qui se rendent à l'un des appareils électriques,'il excita l'extrémité périsphérique des parties coupées; l'animal donna des décharges de plus en plus faibles ; aussitôt qu'elles eurent cessé, la torpille fut replongée dans l'eau ; quelque temps après, on excita les nerfs, et il se produisit des décharges fortes et répétées.

En excitant les nerfs non coupés de l'autre appareil, on obtint des décharges qui ne dépassaient pas sensiblement en intensité celles du côté coupé.

Ces expériences conduisent à cette conclusion rigoureuse, que le cerveau n'est qu'un excitant, un point où les nerfs reçoivent une excitation. L'organe électrique n'est relativement à ces centres que ce que sont les muscles de la cuisse d'une grenouille à l'égard des centres nerveux de l'animal. Ce rapprochement n'est pas sans quelque importance pour la physiologie.

On avait encore avancé que l'organe électrique agissait à la manière des piles, ce qui forçait d'admettre une sécrétion se formant instantanément sous l'influence nerveuse. M. Moreau a combattu cette théorie en commençant par chercher le rôle du sang dans la fonction électrique. Il a injecté à cet effet du suif liquéfié dans les vaisseaux de l'organe électrique afin d'en expulser le sang ; les décharges ont eu lieu comme auparavant, en excitant les nerfs. La présence du sang, dit M. Moreau, dans l'organe, n'est donc pas essentielle à la manifestation du phéno- mène ; quant à l'influence sur la décharge des sécrétions formées dans l'organe, il a montré qu'en rendant celui-ci acide ou alca- lin ou sensiblement neutre, état dans lequel il est naturellement, les fonctions électriques s'exerçaient également sans aucune dif- férence. .

Il a reconnu que dans l'empoisonnement par le curare qui paralyse le système nerveux, comme M. Cl. Bernard l'a dé- montré, les nerfs électriques, quand on les excite, déterminent encore des décharges, alors que les nerfs moteurs sont incapables de porter aux muscles une excitation volontaire.

M. Moreau s'est appliqué ensuite à établir l'analogie qui pou- vait exister entre la fonction de l'organe électrique et celle d'un muscle. Il a excité, à cet effet, à l'aide d'un courant électrique peu énergique, fréquemment interrompu, les nerfs électriques; il en est résulté une série interrompue de décharges. L'activité de l'organe, dans ce cas, est tout à fait comparable à la contraction tétanique du muscle, quand le nerf qui s'y ramifie vient à être excité. En employant la strychnine, l'analogie devient plus frappante encore.

Le même expérimentateur a constaté aussi que la torpille plongée dans un bain à 45° cesse de donner des décharges en excitant les nerfs, et cela par conséquent bien au-dessous de la température où l'albumine se coagule.

Quelles conséquences à tirer des faits qui viennent d'être exposés pour expliquer la cause de la production de l'électricité dans les poissons électriques? Or, on sait qu'on ne peut invoquer comme cause du dégagement de l'électricité qu'une action mécanique, physique, chimique ou physico-chimique; d'un autre côté, nous avons rapporté, d'après M. Cl. Bernard, en exposant la cause du dégagement de la chaleur dans toutes les parties de l'organisme, que l'action nerveuse exerçait une grande influence sur les phénomènes calorifiques en modifiant le calibre des vaisseaux et accélérant ou ralentissant ainsi le cours du sang; dans ces deux cas, la quantité de sang qui circule augmente ou diminue. Il en résulte que les actions électro-capillaires, causes de la chaleur et de l'électricité dégagée, sont modifiées. Quels effets physiologiques en résulte-t-il? Nous l'ignorons.

D'un autre côté, dans la grenouille préparée à la manière de Galvani, la contraction produite, en mettant en contact le nerf lombaire et le muscle crural, n'est pas due, comme Volta le pensait, à un simple contact, comme dans un couple cuivre et zinc, puisqu'elle a lieu également quand ils ont été entourés préalablement d'une lame d'or ou de platine, métaux inaltérables au contact des liquides de l'organisme.

Il faut donc reporter la cause de la production de l'électricité aux points où le nerf et ses filets s'introduisent dans le muscle : il se produit là une décharge musculaire semblable à celle que l'on obtient en mettant en contact l'intérieur d'un muscle avec l'extérieur. Dans ce cas-ci, le nerf remplace le conducteur métallique, et, comme il est irrité par le passage de l'électricité, il fait contracter le muscle. L'électricité produite dans le muscle est une action électro-capillaire provenant de ce que toutes les parties de l'organe ne sont pas humectées d'un liquide identique. Il faut faire observer toutefois que cette électricité est produite indépendamment de la volonté, puisqu'elle existe quelque temps encore après la mort. Il faut donc qu'elle soit le résultat d'une production d'électricité qui existe tant que les liquides de l'organisme ne changent pas de nature, c'est-à-dire tant que la vie existe dans les tissus. Dans l'état actuel de nos connaissances, nous ne pouvons rendre compte d'une manière satisfaisante de l'électrité qui est la cause des commotions que produisent les poissons électriques. La cause est physico-chimique et physiologique. Dans l'état actuel de la science, il est impossible de tirer d'autres conséquences que celles qui viennent d'être indiquées.

LIVRE VII.

DE L'ÉLECTRICITÉ ATMOSPHÉRIQUE ET DU MAGNÉTISME TERRESTRE.

CHAPITRE PREMIER.

DE L'ÉLECTRICITÉ ATMOSPHÉRIQUE ET DES OPINIONS ÉMISES SUR SA PRODUCTION.

§ I. — *De l'électricité atmosphérique et de ses variations.*

L'air et la terre sont de vastes réservoirs d'électricité où la nature va puiser la cause des orages et d'autres phénomènes atmosphériques et terrestres. L'un et l'autre sont constamment dans deux états électriques différents. L'air, lorsque le temps est serein, se comporte toujours comme ayant un excès d'électricité positive, dont la tension va en augmentant, en s'élevant au-dessus de la surface, comme on le prouve avec des ballons captifs, des cerfs-volants ou des flèches lancées avec des arcs et ainsi que nous l'avons fait au grand Saint-Bernard. La terre se présente au contraire comme ayant un excès d'électricité négative dont la distribution, dans son intérieur et notamment dans sa croûte, composée de parties plus ou moins conductrices de l'électricité, est inconnue ; cette transmission s'opère par voie de décompositions et de recompositions d'électricité naturelle pouvant donner lieu à des réactions chimiques.

La quantité d'électricité libre dans les couches inférieures de l'air varie selon les localités ; elle est, en général, plus forte dans les lieux les plus élevés et les plus isolés ; elle est nulle dans les maisons, sous les arbres, dans les rues, et partout enfin où les deux électricités différentes peuvent se recombiner par l'intermédiaire des corps conducteurs qui se trouvent en contact avec le sol ; on ne rencontre ordinairement d'électricité libre qu'à 1 mètre ou 1^{m}33 au-dessus du sol. La terre et l'air, étant dans

· deux états électriques différents, se trouvent dans les mêmes conditions que les deux éléments d'un couple voltaïque ordinaire. Dans l'un et l'autre cas, en fermant le circuit, il y a recomposition des deux électricités, d'où résulte un courant électrique ; c'est ce qui arrive quand on met en communication l'air et la terre, au moyen d'un corps conducteur introduit dans une partie où cette dernière est conductrice de l'électricité.

L'excès d'électricité positive de l'air est soumis en outre à des variations diurnes, mensuelles et annuelles, dont la marche est connue [1]. Lorsque le temps est serein, l'excès d'électricité positive est assez faible un peu avant le lever du soleil, il augmente peu à peu vers son lever, puis rapidement, et arrive ordinairement, quelques heures après, à son premier maximum. Cet excès diminue d'abord rapidement, ensuite lentement, et arrive à son minimum quelques heures avant le coucher du soleil. Il commence à remonter dès que le soleil approche de l'horizon, et atteint peu d'heures après son second maximum, puis diminue jusqu'au lever du soleil. Les mêmes phases se représentent le lendemain, aux mêmes instants, pourvu toutefois que l'état du ciel ne soit pas changé. L'intensité électrique varie suivant les saisons ; les deux maxima et les deux minima vont en croissant, depuis le mois de juillet jusqu'au mois de janvier inclusivement, de sorte que la plus grande intensité a lieu en hiver, et la plus faible en été. La chaleur n'est donc pas la cause principale de l'intensité de l'électricité atmosphérique. Les moyennes des douze mois apprennent, en outre, que le premier minimum et le premier maximum ont un peu moins d'intensité que les deuxièmes maximum et minimum.

On explique comme il suit l'intensité de l'électricité dans le cours de la journée : vers la fin de la nuit, l'électricité a une très-faible intensité, attendu que l'humidité de la soirée précédente et celle de la nuit qui l'a suivie ont transmis à la terre une partie de l'électricité qui s'était accumulée dans l'air pendant le cours de la journée. Quand le soleil commence à réchauffer la terre, les vapeurs s'élèvent, et il n'y a plus d'écoulement vers le sol. Lorsque cet astre est parvenu à un certain degré d'élévation, la chaleur augmente, l'air se dessèche et ne transmet

[1] Becquerel et Ed. Becquerel, *Traité d'électricité* en 3 volumes, t. I, p. 385 et suivantes.

qu'avec peine l'électricité accumulée dans l'atmosphère. Les appareils indiquent donc une diminution d'électricité, bien que celle-ci ne cesse pas de s'accumuler dans les régions élevées, ou du moins de s'y trouver toujours en plus grande quantité que vers le sol, où l'humidité qui règne dans les régions inférieures facilite la recomposition de l'électricité positive de ces régions et de l'électricité négative de la terre. Le soleil s'approchant de l'horizon occidental, l'air se refroidit et devient humide, et commence à transmettre plus abondamment à la terre, qui s'est refroidie plus que l'air, l'électricité accumulée dans l'air jusqu'à une certaine hauteur. L'intensité électrique doit donc augmenter avec l'humidité et la rosée jusqu'à deux ou trois heures après le coucher du soleil; elle diminue ensuite graduellement pendant une grande partie de la nuit et ne devient jamais nulle, lors même que le ciel est parfaitement serein.

On explique, d'après les mêmes principes, pourquoi l'électricité aérienne, par un temps serein, est beaucoup moins forte en été qu'en hiver. En été, l'air est plus sec; en hiver, il est humide. Dans le premier cas, l'écoulement de l'électricité est difficile; dans le second, c'est le contraire. Telle est l'explication généralement admise des variations qu'éprouve l'électricité atmosphérique dans le cours de l'année. Quand l'air est parfaitement sec, il est également électrisé positivement; dans ce cas, toute l'électricité est répartie sur la surface des particules des gaz, principes constituants de l'air.

D'après ce qui précède, on voit que les minima diurnes indiquent que l'air perd périodiquement une grande partie de son électricité positive, et qu'il reprend peu à peu la charge qu'il avait auparavant; or, comme cet état de choses se renouvelle chaque vingt-quatre heures, tant que le ciel est serein, il doit donc exister une cause générale qui répare en peu de temps, dans tout le cours de l'année, les pertes qu'éprouve périodiquement l'électricité de l'air, quelle que soit la saison. Il est difficile d'admettre une cause purement terrestre qui soit indépendante de la saison, et qui soit une source continuelle d'électricité. Nous allons essayer d'expliquer comment la tension de l'électricité de l'air augmente lorsque des vapeurs se forment dans l'air et que ces vapeurs se changent en nuages : l'excès de l'électricité libre de l'air se réunit en couches à la surface de chaque globule vésiculaire que l'on peut considérer comme bon conducteur; dans le cas où les globules sont peu rapprochés, il y a augmentation dans l'intensité de l'électricité atmosphérique, qui est plus forte que dans les parties où il n'existe pas de vapeurs. Si le nuage se forme et qu'il devienne très-dense, les vésicules qui le composent étant plus rapprochées, on peut alors le considérer comme un conducteur continu; toute l'électricité qui se trouvait alors dans l'intérieur du nuage non condensé autour des globules vésiculaires se porte à la surface, où elle est tenue en équilibre par la non-conductibilité de l'air ambiant, et le nuage devient orageux; il renferme alors autant d'électricité que tout l'espace qui lui a fourni les globules de vapeur. La tension d'électricité augmente donc à mesure que le nuage devient plus dense.

Telle est la théorie que Gay-Lussac a donnée de la formation des nuages orageux, depuis qu'il a été démontré incontestablement que l'évaporation et la condensation de vapeur ne donnaient jamais lieu à un dégagement d'électricité. C'est là un principe adopté actuellement en physique. Il résulte de là que l'électricité libre qui se trouve dans l'air quand il pleut ou lorsqu'un orage se forme a une autre origine que celle qu'on lui a attribuée jusqu'ici.

§ II. — *Recherches qui ont été faites pour remonter aux causes de l'électricité atmosphérique.*

A. Delarive, dans ses Recherches sur les aurores boréales et australes [1], a émis l'opinion suivante sur la cause de l'électricité atmosphérique : cette électricité prend naissance dans les actions chimiques qui sont produites dans les régions souterraines entre les matières incandescentes qui s'y trouvent et l'eau de mer ou bien l'eau douce qui y parvient par infiltration. L'eau prend une charge d'électricité positive, et les matières attaquées et, par suite, la terre une charge d'électricité négative. La vapeur d'eau qui sort par les ouvertures volcaniques transporte dans l'air l'électricité positive. Cet éminent physicien pense que les vapeurs qui s'élèvent constamment de la mer, surtout dans les mers tropicales, doivent emporter avec elles dans les régions supérieures de l'atmosphère l'électricité positive dont la mer est chargée;

---

[1] *Mémoires de la Société de physique et d'histoire naturelle* de Genève, t. XVI, 2e partie, p. 17.

tandis que la négative se répartit sur la surface de la terre comme sur une surface conductrice. Il faut observer cependant que la mer, qui est en contact immédiat avec la terre, doit lui céder son électricité positive, qui neutralise celle que possède cette dernière; il ne devrait donc pas rester d'électricité libre. Il est plus probable néanmoins que la vapeur doit emporter un léger excès de l'électricité négative que possède la terre partout où on l'a observée.

Le frottement rapide de l'air contenant des gouttelettes d'eau contre un corps donne lieu à un dégagement d'électricité, comme Faraday l'a prouvé; mais il faut pour cela que l'air et la vapeur d'eau soient mélangés de gouttelettes animées d'une grande vitesse, de même que la vapeur dans l'expérience d'Armstrong. Des effets semblables peuvent être produits dans l'air, comme le démontre l'observation suivante de Saussure dans les Alpes : il a trouvé que l'eau tombant d'une grande hauteur sur un rocher, les gouttelettes très-fines, mêlées d'air, qui en résultaient, étaient électrisées négativement. Cette électricité provenait probablement de la terre, si ce n'est du frottement.

La décomposition incessante des matières végétales donne à l'air de l'électricité positive par suite de la combustion lente du carbone, qui fait la base de ces matières, laquelle dégage de l'acide carbonique qui emporte dans l'air l'électricité positive; mais, comme ce gaz ne se trouve dans l'air que dans une très-faible proportion, quatre à six dix-millièmes, et, d'une autre part, comme ce gaz enlève à la terre de l'électricité négative, laquelle sature une certaine portion de l'autre électricité, l'excès de l'une des deux électricités doit être très-faible; il en résulte qu'on ne peut trouver dans ces décompositions la cause de l'électricité atmosphérique. En outre, comme les instruments accusent plus d'électricité dans l'air en hiver qu'en été, où la décomposition est beaucoup plus active que dans les autres saisons, on peut en tirer la conséquence que la décomposition des matières organiques ne peut fournir à l'air toute l'électricité positive qui se trouve constamment dans l'air et dont la quantité va toujours en augmentant, en s'élevant au-dessus du sol.

D'un autre côté, nos expériences ont démontré que le sol et les végétaux sont toujours dans deux états électriques différents; la terre est positive et le végétal négatif. Cet effet est dû à la réaction de la séve élaborée par le végétal sur le liquide aspiré par les racines. Les liquides exhalés par les végétaux emportent avec eux de l'électricité positive qui neutralise une partie de l'électricité négative que la vapeur d'eau enlève au sol. On ne sait de quel côté est la différence.

Indépendamment de cela, dans l'acte de la végétation, il y a également des effets électriques de produits, mais qui sont inverses le jour et la nuit. Le gaz acide carbonique, absorbé par les feuilles pendant la nuit, est décomposé sous l'influence de la lumière avec dégagement de gaz acide carbonique et d'électricité négative; pendant le jour il y a combustion d'une partie du carbone assimilé et dégagement de gaz acide carbonique qui emporte de l'électricité positive dans l'air. Ces deux électricités contraires se neutralisent dans l'air.

On voit par là combien sont complexes les effets électriques produits pendant la végétation.

Le frottement des liquides contre les gaz qui s'en dégagent donne lieu également à un dégagement d'électricité. Ainsi, quand du gaz hydrogène se dégage d'un liquide conducteur ou non et acidulé, il emporte avec lui de l'électricité négative; le gaz acide carbonique, dans les mêmes circonstances, donne de l'électricité positive. Nous avons démontré que ces effets étaient dus au frottement des gaz contre les liquides [1].

La propriété que nous signalons ici montre que si, dans l'évaporation incessante qui a lieu à la surface de la mer, il s'échappe avec la vapeur d'eau des gaz ou autres substances, leur frottement contre l'eau de mer est une cause de production d'électricité.

Voyons maintenant si l'on ne tirerait pas d'utiles renseignements, pour la solution de la question qui nous occupe, de la distribution des orages à la surface du globe.

Les orages se montrent plus fréquemment et sont plus violents sous les tropiques, dans la saison des pluies ou lorsque les moussons changent de direction, que dans les autres saisons; examinons jusqu'à quel point les conditions précédemment indiquées, pour la formation des orages, sont remplies sous les basses latitudes.

M. Boussingault a indiqué d'une manière générale les conditions nécessaires pour la production des orages sous les tropiques; voici en quels termes il s'exprime à cet égard :

---

[1] *Mémoires de 'Académie des sciences*, t. XXVII, p. 157.

En Amérique, la saison des orages, pour un lieu situé entre les tropiques, commence précisément à l'époque où le soleil s'approche du zénith. Toutes les fois que la latitude d'un point de la zone équinoxiale est de même dénomination et égale à la déclinaison du soleil, il doit se former un orage sur ce point. Dans de semblables circonstances, le ciel, dans la matinée, est souvent d'une pureté remarquable, l'air est calme, la chaleur du soleil insupportable; à midi, des nuages commencent à s'élever sur l'horizon, l'hygromètre ne marche pas au sec, il reste fixe ou s'avance même quelquefois vers l'humidité, c'est toujours après la culmination du soleil que le tonnerre se fait entendre; il est ordinairement précédé d'un vent léger, et bientôt la pluie tombe par torrents.

Dans nos climats, comme on l'a vu précédemment, les orages n'ont lieu, en général, que dans la saison chaude, et, en s'avançant dans les continents, leur nombre semble être en rapport avec la quantité de pluie qui tombe; cette règle n'est cependant pas sans exceptions; leur production est due à une évaporation et à une condensation rapide; c'est là le caractère d'un nuage orageux.

En approchant des pôles, le nombre des orages diminue; dans les régions glaciales, il ne tonne presque jamais. Les conditions dont on vient de parler ne sont pas remplies; il se produit d'autres effets dont il sera question dans le chapitre suivant.

Dans l'intérieur d'un même pays, la distribution des orages est fort inégale : les nuages orageux suivent de préférence certaines directions, et il se forme quelquefois des lignes de partage telles qu'une montagne et même une colline suffit pour détourner un orage, et qu'un sommet isolé peut le partager. Les nuages orageux, comme les autres nuages, suivent naturellement les vallées, dans lesquelles les masses d'air se précipitent, et où elles éprouvent quelquefois un refroidissement en s'élevant par suite d'un refoulement.

Ce qui se passe sous les tropiques est d'accord avec les bases de la théorie de Gay-Lussac, laquelle explique très-bien comment il se fait que les orages éclatent au moment de la plus forte chaleur ou peu de temps après. Dans les régions équinoxiales, lorsque le soleil est au zénith, la température est à son maximum, l'évaporation l'est également ainsi que la force élastique de la vapeur; il en résulte un courant ascendant de vapeur qui s'élève plus haut dans l'atmosphère que sous des latitudes plus élevées, à cause d'une plus grande température, et une condensation plus rapide que sous ces dernières, cause principale de la formation des nuages orageux. On voit par là comment il se fait que les orages sont plus fréquents sous les tropiques que sous nos latitudes moyennes.

La même théorie explique aussi pourquoi le nombre des orages diminue de l'équateur aux pôles.

En résumé les recherches faites jusqu'ici pour constater la présence de l'électricité dans l'air conduisent aux conséquences suivantes [1] :

1° La terre est électrisée négativement, l'atmosphère positivement, ou du moins se comportent comme telles vis-à-vis l'une de l'autre, car il pourrait se faire qu'il n'y eût qu'une différence de tension électrique, soit positive, soit négative, les effets par influence expliquant les alternatives d'électricité positive et négative ; ainsi, par exemple, dans un milieu gazeux dont deux régions sont électrisées positivement, celle qui a moins de tension que l'autre est négative par rapport à celle-ci, et inversement s'il s'agit d'électricité négative ; mais on peut, pour faciliter les explications, supposer la terre et l'atmosphère électrisées différemment, et il sera toujours facile, quelle que soit l'hypothèse que l'on adopte sur la nature de l'électrité, d'expliquer les effets produits.

2° Tout corps placé à la surface de la terre partage son état électrique, lequel augmente d'autant plus qu'il forme une plus grande saillie au-dessus de cette surface.

3° Lorsqu'on isole un corps, après l'avoir mis préalablement en communication avec le sol, il se trouve en équilibre de tension avec ce dernier : l'électroscope à feuilles d'or n'accuse alors aucun effet ; mais, si le ciel est serein et qu'on élève l'appareil au-dessus du sol, les feuilles d'or divergent en vertu d'un excès d'électricité positive. En redescendant l'électroscope, le premier équilibre est rétabli, et la divergence devient nulle. Si l'on se trouve sur une partie élevée du sol, il peut se faire qu'en descendant l'appareil, l'électroscope accuse l'électricité négative.

[1] Voir BECQUEREL et ÉD. BECQUEREL, *Traité de physique terrestre et de météorologie*, p. 468.

Dans ces diverses expériences il importe que la tige soit terminée par une boule unie, afin d'éviter les effets d'influence.

4° La tension de l'électricité positive accusée par les appareils croît à mesure que l'on s'élève dans l'atmosphère.

5° L'action entre deux corps électrisés s'opère d'autant mieux que ces deux corps, ou l'un d'eux seulement, se vaporisent plus facilement; conséquemment, l'eau à la surface de la terre, qui participe à l'état négatif de celle-ci, se vaporise avec plus de facilité sous l'influence positive de l'air et d'autant plus que cette influence est plus considérable; les vapeurs négatives se répandent ensuite dans l'atmosphère, suivant leur densité et la répulsion électrique propre à leurs molécules, tant que ces dernières restent à l'état de globules vésiculaires.

6° Les appareils fixes de peu d'étendue sont en général de peu d'utilité dans un temps sec et serein, attendu qu'ils restent toujours dans le lieu où ils ont été mis en équilibre, et qu'ils ne peuvent laisser échapper l'électricité retenue sur leurs parois à cause de la sécheresse de l'air.

Il n'en est plus de même lorsqu'ils ont des longueurs considérables, et qu'ils sont, par conséquent, très-élevés; dans ce cas, l'appareil perd son électricité d'influence.

7° Lorsque l'air est un peu humide, l'écoulement d'électricité est favorisé, et l'on peut obtenir des courants continus avec de moindres longueurs de fil.

Il est indispensable de se mettre en garde contre les effets électriques provenant de l'altération des conducteurs.

On voit donc que les notions que nous possédons sur l'électricité atmosphérique ne sont pas de nature à nous initier sur la cause de la production. Nous allons chercher jusqu'à quel point on pourrait lui donner une origine solaire, mais il faut auparavant présenter des considérations générales sur la constitution du soleil, qui sont indispensables pour faire concevoir la possibilité d'une semblable origine.

CHAPITRE II.

ÉTAT CALORIFIQUE DE LA TERRE.

§ Ier. — *Effets physiques produits dans le globe à son origine.*

L'identité de formation du soleil et de la terre et de tous les astres qui gravitent autour de notre astre principal étant admise, on peut en tirer la conséquence que son état physique est le même que celui de notre planète dans les premiers temps de sa formation, alors que la croûte n'existait pas, ou du moins avait peu d'épaisseur. Le refroidissement de la terre a été considérablement plus rapide que celui du soleil, par l'effet du rayonnement céleste, le volume du soleil étant 1,326,480 celui de la terre. Il est donc permis de comparer les effets physiques et chimiques qui ont lieu aujourd'hui dans le soleil à ceux qui ont eu lieu à l'origine de la terre, ce qui permet d'en tirer des conséquences sur la constitution actuelle du soleil.

L'amas de vapeurs qui constituait alors la terre, soumis à un refroidissement graduel, a passé successivement de l'état gazeux à l'état liquide, après quoi, sa surface s'est recouverte d'une croûte solide, dont l'épaisseur a augmenté avec le temps. Il se produisit alors une foule de phénomènes physiques et chimiques.

Nous distinguons trois époques calorifiques principales pendant la formation de notre planète.

La première est celle où tous les éléments étaient à l'état gazeux, par suite d'une température excessivement élevée. Tous les éléments étaient alors dissociés.

La seconde est celle où, la température étant suffisamment abaissée, les affinités commencèrent à s'exercer, les composés formés passèrent successivement à l'état gazeux, liquide et solide. Pendant toutes les réactions chimiques qui avaient lieu, il dut se produire un dégagement d'électricité énorme, en rapport avec l'énergie de ces réactions. Les acides en se combinant rendaient libre de l'électricité positive, les bases de l'électricité négative; par suite, il y eut une recomposition des deux électricités qui rendit étincelante l'atmosphère déjà formée. La foudre devait éclater de toutes parts et continuellement.

La troisième époque est celle où la température étant suffisamment abaissée et au-dessous de 100°, la quantité d'eau formée augmentait d'autant plus que la température devenait plus basse. Cette eau primitive contenait probablement les acides carbonique, sulfurique et autres qui saturèrent les bases ; c'est aux réactions produites qu'il faut attribuer la formation des grandes masses de calcaire qui se trouvent sur différents points de la croûte terrestre.

De pareils effets doivent se produire dans le soleil. Il s'agit maintenant d'examiner quel peut être l'état calorifique du globe.

§ II. — *Opinions émises sur l'état calorifique actuel de l'intérieur de la terre.*

Descartes pensait qu'à l'origine la terre ne différait en rien du soleil, si ce n'est qu'elle était beaucoup plus petite ; c'est l'opinion de Laplace et celle que nous adoptons ; Leibnitz est parti de cette hypothèse, qui est aujourd'hui généralement adoptée, pour expliquer le mode de formation des diverses enveloppes de la terre. Buffon s'empara de cette idée ; il s'attacha à montrer que les planètes n'étaient que de simples parcelles du soleil détachées par un choc quelconque.

Laplace, profitant des idées émises avant lui et s'appuyant sur ses propres recherches relatives au système du monde, s'est exprimé comme il suit sur les effets résultant du refroidissement de la terre dans les premiers temps de sa constitution [1] : « En vertu de la pesanteur, les couches les plus denses se sont rapprochées du centre de la terre, dont la moyenne densité surpasse aussi celle des eaux qui la recouvrent, ce qui suffit pour assurer la stabilité de l'équilibre des mers et pour mettre un frein à la fureur des flots. »

Fourier a démontré, par le calcul, qu'il y a dans la terre une chaleur propre d'origine, indépendante de celle du soleil, qui va en croissant, en partant d'une couche invariable dont la profondeur au-dessous du sol varie d'un lieu à un autre, suivant la nature des roches et les fissures qui donnent passage aux eaux soit pluviales, soit de la mer.

A l'époque actuelle, et déjà depuis un assez grand nombre de

[1] Laplace, *Système du monde*, page 432, édition de 1849.

siècles, d'après les observations astronomiques et diverses considérations de culture, la température de la terre paraît à peu près stationnaire, depuis sa surface jusqu'à une certaine profondeur, où se trouve la couche dite invariable, attendu que sa température ne varie pas sensiblement. Au-delà, elle va en augmentant suivant certaines lois. Ce ralentissement du refroidissement doit être attribué à l'épaisseur actuelle de la croûte, évaluée en moyenne à 40 kilomètres. La partie située au-dessous de cette croûte doit se trouver dans un état de fusion ou d'incandescence, à une température excessivement élevée qu'il n'est pas possible d'évaluer et qui peut-être a des rapports avec celle de l'intérieur du soleil. Rien ne prouve du reste que la partie centrale de la terre, quoique étant incandescente, soit à l'état liquide ; la haute pression à laquelle cette partie est soumise doit modifier singulièrement l'état physique des matières qui s'y trouvent. Il a dû se passer, dans les premiers temps du refroidissement de la terre, des phénomènes semblables à ceux que l'on observe, lors de la congélation de l'eau dans les rivières ; les parties de la masse en se solidifiant ont peut-être augmenté de volume, et alors leur précipitation dans les régions intérieures est devenue impossible. Aussitôt que cette croûte eut acquis une certaine épaisseur, les parties inférieures continuèrent encore à se refroidir, et il en est résulté une diminution de volume dans la masse centrale, qui a dû produire des plissements dans la croûte et par suite des inégalités à la surface.

On considère le granit comme la roche la plus ancienne ; il est lui-même formé déjà de plusieurs substances cristallisées agglomérées, composées chacune d'oxydes alcalins, terreux ou métalliques, en diverses proportions ; mais il est à croire qu'au-dessous se trouvent d'autres roches résultant d'une fusion plus complète et dont on ne connaît pas la composition.

L'atmosphère, dans les temps primitifs, renfermait de l'oxygène en très-grande quantité, ainsi que de l'hydrogène dans les proportions voulues pour former de l'eau, du gaz acide carbonique, etc. Une grande partie de l'oxygène a été enlevée par les bases simples pour former les oxydes, qui se sont combinés entre eux. Quand la température a été suffisamment abaissée, l'eau s'est formée aussi à une certaine époque ; elle est restée dans l'air à l'état de vapeur, puis à l'état liquide sur la surface de la terre, à une température supérieure à 100 degrés, à cause de la pression exercée par les gaz qui se trouvaient alors dans l'atmosphère ; les terrains de sédiment, dont nous n'avons pas à nous occuper ici, ont paru ensuite.

Avant cette époque, dans les premiers temps du refroidissement, l'atmosphère, qui renfermait un grand nombre de vapeurs à l'état d'incandescence, devait être lumineuse et former une photosphère au-dessus du noyau central. Les agents atmosphériques durent agir puissamment dans les premiers temps sur les matières déjà solidifiées ; ces réactions furent suivies d'un dégagement de chaleur énorme, d'explosions, de déchirements et de retour à l'état gazeux ou liquide de quelques-unes des substances déjà déposées. Il dut se produire de puissantes décharges électriques, qui accompagnent toujours les réactions chimiques, effets que l'on rencontre dans les éruptions volcaniques actuelles, à un degré beaucoup moindre. Le maximum d'élévation de température devait se trouver au contact même des substances qui réagissaient les unes sur les autres. Ces effets devaient se présenter toutes les fois qu'il se formait une nouvelle couche capable d'être attaquée chimiquement par les agents extérieurs, liquides et gazeux. Par suite de cette élévation de température, des substances déjà solidifiées durent se liquéfier. Rien ne s'oppose donc à ce que de semblables effets se produisent maintenant dans le soleil, dont l'état physique doit se trouver être le même très-probablement que celui de la terre dans les premiers temps de sa formation, effets qui peuvent contribuer à maintenir sa température très-élevée.

§ III. — *Des éruptions volcaniques terrestres.*

Dans les temps primitifs de la formation de la terre, alors que sa croûte solide devait avoir encore peu d'épaisseur, les éruptions volcaniques étaient fréquentes et devaient bouleverser çà et là le globe et rejeter dans l'atmosphère une immense quantité de matières solides, liquides et gazeuses ; ces effets étaient accompagnés de violentes décharges électriques, dont les éruptions actuelles ne donnent qu'une faible idée.

Entrons maintenant dans quelques détails sur ces dernières afin de pouvoir en déduire celles qui doivent avoir lieu dans le soleil.

Une éruption volcanique, à part les tremblements de terre et un bruit souterrain que l'on compare à celui du canon ou à un fracas de voitures roulant sur le pavé, commence ordinairement par une colonne épaisse de fumée, qui s'élève à une hauteur prodigieuse et qui finit, quand elle a perdu sa force de projection, par se refouler sur elle-même, de manière à former une série de sphères de vapeurs aqueuses. Ces espèces de cumulus, en se condensant par le froid des régions supérieures, retombent en pluies abondantes accompagnées de violentes décharges électriques.

Ces décharges électriques sont soumises à certaines lois, à en juger d'après les observations que M. Palmieri a faites pendant la grande éruption du Vésuve en 1872 et même antérieurement. Voici dans quels termes il s'exprime à cet égard[1] :

« La colonne de vapeurs et de cendres était presque toujours
« poussée par la direction du vent sur l'observatoire, ce qui m'a
« permis de faire d'intéressantes observations électrométriques
« avec mon appareil bifilaire, à conducteur mobile. Il en résulte
« que la vapeur seule, sans cendres, donne de fortes indica-
« tions d'électricité positive, la cendre seule de l'électricité né-
« gative, et que, lorsque les deux sont réunies, on observe de
« très-curieuses alternatives que je ne puis décrire ici; les éclairs
« ne se produisent dans la vapeur qu'autant que celle-ci est mé-
« langée d'une grande quantité de cendres, et il n'est pas exact
« de dire, comme l'ont affirmé les anciens historiens du Vésuve,
« que ces éclairs aient lieu sans tonnerre. »

Nous ferons observer seulement que les éruptions dans les temps primitifs devaient être d'autant plus fréquentes que la croûte avait moins d'épaisseur; les décharges électriques continues qui les accompagnaient devaient rendre l'atmosphère fréquemment lumineuse.

Diverses théories ont été imaginées pour expliquer les phénomènes volcaniques : les uns ont pris pour base de leurs théories l'existence d'un feu central, les autres ne l'admettent pas. Davy, immédiatement après sa découverte du potassium, du sodium, etc., avança que ces métaux existaient dans la terre à de grandes profondeurs, et que leur contact avec l'eau de la mer infiltrée produisait les effets volcaniques observés. En partant de cette hypothèse il devait en résulter un dégagement con-

---

[1] *Comptes rendus des séances de l'Académie des sciences de l'Institut de France*, t. LXXIV, p. 1298.

sidérable de gaz hydrogène emportant avec lui un excès d'électricité positive, qu'on ne savait pas alors devoir se produire dans les décompositions chimiques, tandis que la potasse, la soude, etc., formées conservaient l'électricité négative. Ce gaz s'échappait, par les fentes qui avaient donné issue à l'eau de mer, avec une partie de l'électricité positive, tandis que les cendres et autres matières solides lancées par les forces volcaniques emportaient l'électricité négative. Le tonnerre souterrain, entendu à de grandes distances sous le Vésuve et d'autres volcans, est une preuve de l'existence de grandes cavités souterraines dans la terre et du déplacement des substances aériformes qu'elles renferment. Quand le volcan est tranquille, ces cavités se remplissent d'eau et d'air atmosphérique, et il en résulte une expansion de gaz et des orages intérieurs. Le voisinage des grands volcans des côtes de la mer viendrait à l'appui de cette explication, ainsi que la présence de l'acide chlorhydrique et du sel marin dans les produits rejetés.

Dans les volcans de l'Amérique du Sud il y a absence de ces deux produits, attendu que les eaux sont fournies, non plus par la mer, mais bien par des lacs souterrains, comme on en peut juger par les poissons rejetés lors des éruptions.

Gay-Lussac a fait plusieurs objections à cette théorie, notamment celle-ci : Si elle était exacte, dit-il, il devrait y avoir un dégagement d'hydrogène énorme, et l'on n'aperçoit jamais aucune inflammation de ce gaz au-dessus du cratère ; il pourrait se faire, à la vérité, que ce gaz, en se combinant avec le chlore, formât de l'acide chlorhydrique ; mais alors la quantité en serait plus considérable qu'elle n'est.

Gay-Lussac attribue les phénomènes à l'action des eaux de la mer, non plus sur les métaux des alcalis et des terres, mais bien sur leurs chlorures, laquelle dégage probablement assez de chaleur pour vaporiser l'eau, décomposer le sel marin, liquéfier les roches et produire tous les effets observés. Il attribue la formation de l'acide sulfureux à la présence des sulfures qui sont également décomposés à une température élevée.

On s'est demandé pourquoi la lave ne sortait pas aussi par les mêmes ouvertures qui avaient servi à introduire l'eau de mer. Gay-Lussac a répondu à cette objection, en disant que les longues intermittences des volcans font présumer que l'eau ne pénètre que peu à peu, par sa propre pression, à travers ces fissures et s'accumule alors insensiblement dans les vastes cavités de la terre; après quoi les feux volcaniques se rallument peu à peu, et la lave, après avoir obstrué les canaux par lesquels l'eau était arrivée, s'élève par son soupirail habituel [1]. Gay-Lussac avance encore qu'on ne voit que l'air ou l'eau ou tous les deux ensemble qui puissent pénétrer dans les foyers volcaniques en masses suffisantes pour les alimenter. Suivant la plupart des géologues l'air joue le plus grand rôle, du moins son oxygène, qui entretient la combustion.

Mais, comment l'air pénétrerait-il dans les foyers volcaniques quand il existe du dedans au dehors une pression capable d'élever la lave liquide, matière trois fois plus pesante que l'eau, à plus de 1,000 mètres de hauteur, comme au Vésuve, et à 3,000 mètres dans un grand nombre de volcans? Il est difficile d'admettre dès lors l'introduction de l'air dans des volcans. Si l'air y pénétrait, l'ascension de la lave et les tremblements de terre deviendraient impossibles. Il est probable, au contraire, que l'eau est un élément important, car il n'y a pas de grandes éruptions sans qu'elles soient suivies d'une quantité énorme de vapeurs aqueuses et de gaz chlorhydrique, dont on ne peut concevoir la formation sans l'intervention de l'eau de la mer.

M. Palmieri a observé, comme on l'a vu précédemment, que la vapeur d'eau est positive et les cendres rejetées négatives; ces effets peuvent être attribués au frottement de la vapeur sous une forte pression, contre les particules de cendre avec lesquelles elles se choquent à chaque instant, comme cela a lieu dans l'appareil d'Armstrong; mais cette cause n'est pas probablement la seule qui fournisse de l'électricité, les réactions chimiques innombrables qui se produisent dans les foyers volcaniques en sont de bien plus puissantes; les gaz et les vapeurs agissant comme acides emportent avec eux l'électricité positive; les cendres et les matières oxydées l'électricité négative, comme cela a lieu dans la réaction d'un acide sur une base.

Davy et Gay-Lussac ne font jouer qu'un rôle passif à la chaleur centrale, mais il n'est guère permis de douter aujourd'hui qu'elle n'intervienne aussi dans la production des phénomènes volcaniques actuels. Davy, en admettant le concours de l'eau, de l'air et des métaux, des terres et des alcalis, n'atteint pas le but qu'il s'est proposé; Gay-Lussac lui-même, en substituant les

[1] *Annales de physique et de chimie*, 2e série, t, XXII, p. 18.

chlorures anhydres aux métaux de Davy, sans faire intervenir la chaleur centrale, n'a point fait avancer la question. Ampère l'a envisagée sous un point de vue plus général et plus élevé. Il a basé sa théorie, d'une part, sur le feu central, de l'autre, sur l'existence des métaux alcalins et terreux et sur celles des chlorures.

Il n'admet pas toutefois la liquéfaction des substances placées au-dessous de la croûte solide, attendu qu'elle produirait, sous l'influence lunaire, des marées analogues à celles de nos mers, lesquelles seraient terribles à cause de l'étendue et de la densité des liquides. Suivant Ampère, et nous croyons qu'il est dans le vrai, un volcan ne serait qu'une fissure permanente servant à établir une communication directe entre la couche non oxydée possédant une température très-élevée et les liquides qui se trouvent à la surface du globe; aussitôt que le contact a lieu, il se produit de violentes réactions chimiques, une énorme volatilisation de liquides, d'où résultent des exhaussements de terrain, des déjections et les effets propres aux phénomènes volcaniques.

De l'exposé que nous venons de présenter, il semble résulter qu'au centre de la terre se trouvent les substances les plus réfractaires et les plus denses, qui n'ont pas cessé d'être à l'état d'incandescence; que le noyau terrestre, avant que la croûte fût formée, devait être entouré de plusieurs atmosphères, dont les plus rapprochées étaient lumineuses; qu'avant la formation de l'eau, il devait exister une vaste atmosphère composée principalement d'hydrogène; que l'eau, à l'état de vapeur, devait former aussi une atmosphère; que ces diverses atmosphères disparurent successivement à mesure que le refroidissement s'opérait, et que, longtemps après que la croûte terrestre fut constituée, et lorsque la température fut abaissée au-dessous de 100°, l'eau devenue liquide se répandit à la surface du globe, et l'atmosphère qu'elle formait auparavant disparut en partie : telles sont les conséquences que l'on peut tirer des connaissances géologiques que nous possédons et des théories plus ou moins rationnelles des phénomènes volcaniques que nous devons aux savants les plus éminents qui se sont occupés de cette importante question et auxquels il faut avoir égard pour expliquer les phénomènes lumineux et autres que l'on observe à la surface du soleil.

CHAPITRE III.

DE LA CONSTITUTION DU SOLEIL.

§ I. — *Opinions émises sur la constitution du soleil.*

Le soleil se présente à nous comme un globe de feu; vu au télescope, on y distingue des taches et des protubérances qui servent à étudier sa constitution.

Wilson, en 1774, avança que l'on distinguait sur la surface des taches qui étaient des excavations, au fond desquelles se trouvait un noyau composé de deux matières de nature très-différent; la masse de l'astre était un corps solide, non lumineux, noir et couvert d'une légère couche d'une substance enflammée, dont l'astre devait tirer toutes ses facultés éclairantes et vivifiantes. En partant de cette hypothèse, il expliquait l'apparition, des taches en supposant qu'un fluide élastique, élaboré dans la masse obscure du soleil, s'élevait à travers la matière lumineuse, l'écartait, la refoulait dans tous les sens et laissait voir à nu une portion du globe obscur intérieur; les talus de l'excavation constituaient la pénombre : il soupçonna que cette enveloppe éclairante solaire avait de la ressemblance, à cause de sa consistance, avec un brouillard; ces effets ne pouvaient avoir lieu qu'au moyen d'éruptions volcaniques solaires, dont il sera question plus loin.

Baude publia en 1776, à Berlin, dans les Mémoires de la Société de l'investigation de la nature, des commentaires sur les idées de Wilson, en y ajoutant des réflexions importantes. Cet astronome a fait du soleil un corps obscur, solide en partie, recouvert de liquide, parsemé de montagnes, sillonné de vallées et enveloppé d'une atmosphère de vapeur et d'une atmosphère lumineuse; la première atmosphère empêche la seconde d'aller toucher le corps solide du soleil; lorsqu'une agitation quelconque occasionne un déchirement dans l'atmosphère solaire, on aperçoit le noyau solide de l'astre, obscur par rapport à la vive clarté qui l'entoure, mais plus ou moins sombre, cependant, suivant que la portion ainsi découverte est une vaste mer, une vallée resserrée, ou une plaine unie et sablonneuse.

La nébulosité qui environne souvent les taches proviendrait, suivant lui, de ce que l'atmosphère solaire n'est entièrement déchirée que vers le milieu. Il a cherché à expliquer les facules en supposant que l'enveloppe lumineuse du soleil a une forme irrégulière, plus ou moins élevée en certains endroits, plus ou moins déprimée dans d'autres. Il admet enfin que la partie obscure du soleil peut être habitée et jouit d'un printemps perpétuel.

Mitchell publia en 1783 un mémoire dans lequel se trouve le passage suivant, qui est très-explicite : « La clarté excessive et « universelle de la surface solaire provient probablement d'une « atmosphère lumineuse, dans toutes ses parties, et douée aussi « d'une certaine transparence ; il résulte de cette constitution « que l'œil reçoit aussi des rayons provenant d'une grande pro- « fondeur. »

William Herschell, dans un mémoire célèbre publié en 1795, exposa ses vues sur la constitution du soleil, vues qu'Arago considère comme les plus plausibles. Il déclare être convaincu que la substance, par l'intermédiaire de laquelle le soleil brille, ne saurait être ni un liquide, ni un fluide élastique, car sans cela, dit-il, les cavités des taches et les ondulations de la surface pointillée seraient bientôt remplies ; le soleil doit sa vive lumière à une substance qui doit être analogue à nos nuages et flotter dans l'atmosphère transparente de l'astre. Pour expliquer les taches, il place, comme avaient fait Wilson et Baude, entre le corps solide du soleil et la couche extérieure de nuages lumineux, une couche atmosphérique plus compacte, beaucoup moins lumineuse ou qui, même, ne brille que par réflexion. Une tache, pour naître, exigerait donc qu'il se formât deux atmosphères superposées laissant voir le noyau central ; l'ouverture était-elle plus grande, on apercevait une certaine étendue de l'atmosphère inférieure, de l'atmosphère réfléchissante ; on voyait ce noyau avec une pénombre ayant à peu près une nuance uniforme, quelle que fût son étendue ; enfin, n'existe-t-il d'ouverture que dans l'atmosphère lumineuse, on se trouve dans le cas d'une pénombre sans noyau.

W. Herschell a cherché ensuite quelles pouvaient être les causes physiques qui président à la naissance et à la transformation des taches ; il a supposé qu'un fluide élastique d'une nature inconnue se formait constamment à la surface du corps obscur du soleil et s'élevait dans les hautes régions de son atmosphère, à cause de sa faible densité. Quand ce gaz était peu abondant, il engendrait de petites ouvertures dans la couche supérieure des nuages lumineux. Le gaz, en arrivant dans la région de ces nuages, était brûlé ou se combinait avec d'autres gaz. La lumière résultant de cette action chimique était également vide et serait la cause des rides. Il supposa que les nuages lumineux ne se touchaient pas parfaitement, et que les interstices qu'ils laissaient entre eux permettaient de voir les nuages intérieurs, à l'aide de la réflexion qui s'opère à leur surface. Cette réflexion de la lumière étant comparativement faible, le soleil devait paraître peu lumineux ; dans la région où elle a lieu, le mélange de faible lumière réfléchie et de la vive lumière émise par les parties élevées des rides devait donner au soleil une apparence pointillée, quand on n'employait pas un fort grossissement.

Enfin W. Herschell était disposé à croire que la cause inconnue qui rend la photosphère lumineuse est analogue à celle qui produit les aurores boréales ; il existerait donc sur toute la surface du soleil une aurore boréale permanente. Il serait difficile d'admettre complétement cette identité.

§ II. — *De la nature de la lumière solaire, des taches et des protubérances solaires.*

On voit, d'après ce qui précède, que les changements rapides qui s'opèrent à la surface du soleil attirent depuis longtemps l'attention des astronomes. Arago, prenant en considération les diverses expériences qui avaient été faites avant lui et ses propres observations, a donné également une théorie de la constitution du soleil ; mais, avant d'en parler, nous rappellerons d'abord les recherches qui ont été faites par lui et d'autres physiciens sur la nature de la lumière solaire. lesquelles jetteront quelque jour sur la question qui nous occupe.

Arago a reconnu, à l'aide du polariscope, que la lumière solaire émane d'une substance enflammée, et que la matière qui forme le contour du soleil est gazeuse comme la photosphère.

Le contour du soleil est environné de protubérances, principalement dans le voisinage des taches et des facules. Ces protubérances se présentent, en général, sous la forme de jets gazeux qui s'inclinent et retombent à une certaine hauteur. On connaît aujourd'hui la nature des protubérances, ainsi que celle de la couche rosée qui en fait partie, comme on va le voir.

Les taches, suivant Arago, s'expliquent d'une manière satisfaisante en admettant, avec Herschell et d'autres astronomes, que
le soleil est un corps obscur, entouré d'une atmosphère comparable à celle de l'atmosphère terrestre, quand elle est le siége
d'une couche continue de nuages opaques et réfléchissants, et
qu'au-dessus de cette première couche se trouve une atmosphère
lumineuse, appelée photosphère, à une distance plus ou moins
éloignée de l'atmosphère nuageuse intérieure et qui détermine les
limites visibles du soleil.

En partant de cette hypothèse, les taches du soleil se montrent toutes les fois qu'il se forme, dans les deux atmosphères
concentriques, des ouvertures correspondantes permettant de voir
le noyau obscur de l'astre. Quelle que soit la cause qui écarte la
matière composant l'atmosphère réfléchissante, et qui semble
devoir occasionner une accumulation de cette substance, tout
près, vers les bords de l'ouverture, cette accumulation de matières a pour conséquence une augmentation dans la réflexion
de la lumière; on expliquerait ainsi assez bien l'augmentation
de la clarté de la pénombre dans le voisinage du noyau obscur
qui l'entoure et qu'on appelle facule.

Arago s'est demandé si le soleil se terminait brusquement aux
limites extérieures de la photosphère. On n'a pu résoudre cette
question qu'à l'aide d'observations faites lors des éclipses totales
du soleil, attendu que la lumière réfléchie par notre atmosphère
empêche d'apercevoir dans toute autre circonstance des traces
d'une troisième atmosphère. Arago pensait en outre que, si l'existence de cette dernière était établie par des observations démons-
tratives, on serait alors dans l'obligation d'admettre que le soleil
est formé d'un noyau obscur, enveloppé d'une atmosphère réfléchissante et quelque peu opaque à laquelle succèdent deux
autres atmosphères, l'une lumineuse ou photosphère, et, à une
certaine distance, une atmosphère diaphane. L'existence de
cette dernière enveloppe a été mise hors de doute par M. Janssen,
comme on le verra plus loin.

Deux théories du soleil ont été données par plusieurs astronomes; les uns ont admis, avec Laplace, Herschell et Arago, que
la masse interne du soleil était froide et obscure. Les autres supposent que cette masse est aussi chaude pour le moins que la
photosphère, et qu'il est probable même qu'elle l'est davantage.
Le point de départ de la discussion, en un mot, est la noirceur

des taches; y a-t-il des causes intérieures ou extérieures qui la produisent?

M. Faye [1] a montré, par les observations et le calcul, que les conséquences déduites de l'idée des causes externes sont inaccep-tables, parce qu'elles contredisent les faits, et que la noirceur des taches montre que, au-dessous de la photosphère, il doit exister des couches moins chaudes que la matière incandescente de la photosphère et moins chaudes surtout que la région centrale, comme Herschell et Arago l'ont avancé.

M. Faye pense que cette distinction de la chaleur se rattache intimement à la chute continuelle de matières solides qui ont brillé quelque temps dans la photosphère pour tomber ensuite sous la forme de pluie, vers ses parties centrales, sans qu'il en résulte en définitive un travail accompli dans un sens ou dans un autre. Si les choses se passaient ainsi, il faudrait admettre que ces matières solides proviennent des atmosphères supérieures où elles ont été solidifiées par l'effet du refroidissement céleste.

Il ne considère pas la photosphère comme formant une enve-loppe continue, mais comme une couche fort lumineuse par elle-même, comme les couches sous-jacentes, mais dans laquelle se forme une grande quantité de petits amas de matières incan-descentes, séparées par des intervalles noirs : ces intervalles ne peuvent être vus à cause de l'irradiation, à moins d'employer les plus forts télescopes, avec toute leur ouverture.

Quant à la chromosphère, il la considère comme l'atmosphère générale du soleil, c'est-à-dire comme cette partie de la masse gazeuse qui échappe, par sa situation hors de la photosphère, au phénomène de condensation par suite d'incandescence générale.

Ce sont ces réactions chimiques et cette grande émission de gaz hydrogène, dont les protubérances sont entièrement formées, comme on va le voir, qu'il nous importe de connaître pour le développement des idées théoriques que nous allons exposer sur l'origine solaire de l'électricité atmosphérique. Cette production d'hydrogène est incessante; il faut donc que la cause qui la dé-termine le soit également, et que les matières réductibles soient presque inépuisables; ce gaz, en effet, à cause de la température élevée des atmosphères et de sa très-faible densité, doit gagner

[1] *Comptes rendus des séances de l'Académie des sciences*, t. XVI, p. 188.

les régions supérieures à des distances immenses, où la température doit être la même que celle où se trouvent les limites de notre atmosphère.

Arrivons maintenant aux découvertes faites en 1869 et années suivantes par MM. Rayet, Janssen, Lockyer, le P. Secchi, etc., et à la présence de l'hydrogène dans les protubérances et les diverses atmosphères solaires ; nous renvoyons pour l'ordre des découvertes aux comptes rendus des séances de l'Académie des 5, 11, 18 et 25 janvier 1869. Nous nous bornerons à rappeler, ici, les principales observations sur ce sujet, et dont nous avons besoin pour exposer la nouvelle théorie de l'origine solaire de l'électricité atmosphérique. M. Janssen a découvert une troisième atmosphère autour du soleil, soupçonnée par Arago et composée, comme les protubérances, de matières hydrogénées, et qu'il a appelée chromosphère, et au-dessus de celle-ci une quatrième atmosphère, extrêmement étendue, qui est la coronale, laquelle est formée également de matières hydrogénées ; M. Janssen, en s'appuyant sur ses découvertes et celles faites avant lui, a donné une théorie de la constitution du soleil, dont voici les bases :

1° Le soleil est formé d'un noyau relativement obscur, ayant une température excessivement élevée, et qui doit être à l'état fluide, du moins jusqu'à une certaine profondeur.

2° Ce noyau, entouré d'une enveloppe qui a une constitution analogue à celle des gaz, est formé de poussières solides ou liquides nageant dans un gaz ; ces poussières rayonnent énergiquement ; aussi cette enveloppe a-t-elle été appelée photosphère, comme étant la plus lumineuse de toutes les enveloppes solaires ; c'est elle qui définit le soleil dans les lunettes. Les déchirures auxquelles elle est soumise produisent les taches.

3° Au-dessus est la chromosphère formée principalement d'une mince couche d'hydrogène incandescente ; les protubérances appartiennent à cette couche.

4° Il existe enfin au-dessus une quatrième atmosphère, la coronale, extrêmement étendue, très-rare et composée des mêmes gaz.

Indépendamment de l'hydrogène, on a trouvé dans l'atmosphère solaire, d'après M. Angström, les substances suivantes : le sodium, le barium, le calcium, le magnésium, le fer, le manganèse, le cobalt, le chrome, le nickel, le zinc et le titane, toutes substances qui se trouvent dans la terre; ce qui indique encore une nouvelle preuve de l'identité de formation et de composition des deux astres.

Le P. Secchi, de son côté, a observé l'éruption solaire du 7 juillet 1872, et il a comparé les effets produits avec ceux que représentent les photographies que l'on a faites des diverses phases du phénomène, et est arrivé aux conséquences suivantes :

Les indices d'éruption dans les taches constituées par le renversement des raies de l'hydrogène, et par les dilatations des raies des autres vapeurs métalliques, sont des indices rationnels et certains de l'existence de ces éruptions.

Les facules très-vives, surtout en présence des taches, sont accompagnées d'éruptions et déterminent une élévation assez sensible sur le bord solaire.

Les éruptions peuvent durer un nombre considérable de jours, et les changements de forme des taches sont produits par des éruptions nouvelles. Ainsi se complique encore, pense le P. Secchi, la relation qui peut relier ces explosions solaires avec nos aurores boréales et nos perturbations magnétiques. Avant de rien affirmer, il faut attendre d'autres observations.

Voici sa manière de voir sur les atmosphères solaires : il a fait à ce sujet deux hypothèses :

1° Il admet qu'il existe autour de l'atmosphère, qui produit l'absorption, une couche lumineuse qui, dans ses radiations, émet des rayons de toutes natures et donne naissance à un spectre continu.

2° L'enveloppe atmosphérique supérieure, dans laquelle se trouvent les métaux volatilisés, est inférieure à celle de la couche lumineuse ou photosphère ; en discutant ces deux hypothèses, il est arrivé à cette conclusion que la couche incandescente qui donne un spectre continu n'est autre que la photosphère elle-même.

M. Faye a donné le complément de sa théorie physique du soleil, puis l'explication des taches, à l'Académie des sciences dans la séance du 16 décembre 1872. Il avait admis précédemment, comme presque tous les astronomes, que les taches étaient des ouvertures pratiquées par des éruptions ascendantes ; mais comme il remplaçait, en même temps, le noyau obscur et froid, admis par Wilson et les deux Herschell, par une masse interne à l'état de fluidité gazeuse, à une très-haute température, il attribuait la noirceur du fond des taches au faible rayonnement des matières gazeuses.

Des objections avaient été faites à sa théorie, auxquelles il a répondu, et dont nous n'avons pas à nous occuper, attendu que nous n'avons à considérer que les éruptions gazeuses qui forment la base de son argumentation.

M. Faye s'est demandé ensuite d'où venaient les flammes hydrogénées de la chromosphère qui semblent être produites par de violentes et continuelles éruptions. « Si cet hydrogène sort sans
« cesse de l'intérieur, comment se fait-il qu'il n'augmente pas de-
« puis trente ans qu'on observe, dans les éclipses, des protubé-
« rances et même des traces de la chromosphère, et depuis trois
« ans que l'on suit celle-ci jour par jour? S'il n'est pas expulsé
« hors de la sphère d'activité du soleil, il faut donc que, malgré
« sa légèreté spécifique et l'absence absolue de toute indication
« relative à des courants descendants, il rentre de quelque façon
« dans le corps du soleil; on voit que cette rentrée s'opère par
« l'appel des taches qui, sans doute, abandonnent par leur orifice
« inférieur l'hydrogène qu'elles ont aspiré et lui permettent de se
« répandre dans les couches supérieures, d'où il remonte avec
« une extrême vitesse, à cause de la haute température qu'il a
« acquise pour s'élancer en jets plus ou moins inclinés dans l'es-
« pace presque vide. »

Suivant M. Faye, les taches ne sont ni des nuages refroidis et obscurs, ni des scories, ni des éruptions gazeuses venues de la masse interne, ni la perforation de la photosphère par des courants externes descendant verticalement, mais bien des tourbillons analogues à ceux de nos cours d'eau ou mieux à ceux de notre atmosphère. Nous nous bornerons à faire observer, comme le dit M. Faye, que, si l'hydrogène n'est pas expulsé hors de la sphère de l'activité du soleil, il faut donc qu'il rentre de quelque façon dans le corps du soleil; nous ferons observer que cette conséquence ne saurait être admise, attendu que, lorsqu'un gaz cesse d'être visible, il échappe à l'observation. Là où l'observation cesse de constater la présence d'un gaz, l'astronome ne peut pas dire ce qu'il devient.

Au surplus, n'étant pas astronome, nous ne nous permettrons pas de discuter cette théorie qui renverse celles de Wilson, de Herschell, d'Arago, de Kirchoff, du P. Secchi et d'autres astro-

nomes, sur lesquels nous nous appuyons pour donner une origine solaire à l'électricité atmosphérique.

On voit, en résumé, que la constitution actuelle du soleil est
analogue à celle de la terre, dans les temps primitifs ; à cette époque, le noyau central terrestre était déjà formé, comme l'est celui
du soleil ; il était obscur relativement à la vive lumière de la
photosphère.

Il devait se produire, également comme dans le soleil, d'immenses éruptions continues de matières gazeuses et solides,
lancées à des distances qu'il est impossible d'apprécier, puisque
les matières hydrogénées, qui sont incandescentes, sont lancées
à 30,000 lieues au-dessus de la surface du soleil ; mais, au-delà
de cette distance, et très-loin encore, doivent être lancées les
matières non-lumineuses, dont il est impossible, par cela même,
de constater l'existence dans l'espace, puisqu'elles sont invisibles.

MM. Rayet, Janssen et Lockyer ont donc concouru, chacun
en leur particulier, à la découverte de la composition des atmosphères solaires. M. Janssen, comme on l'a vu, admet quatre
atmosphères solaires ayant chacune une composition différente ;
mais il est probable que le nombre en est plus grand encore,
chacune d'elles étant composée de matières possédant les mêmes
propriétés physiques, les plus élastiques devant former la dernière atmosphère qui est invisible. Toutes ces substances paraissent provenir d'éruptions solaires s'élevant à des distances
immenses qui ne sont pas les mêmes pour toutes, lesquelles
dépendent de leur température et de leur force élastique. Ces
substances gazeuses, liquides ou solides, arrivées au point où la
force centrifuge est égale à la force d'attraction, ont continué
à se mouvoir dans des courbes elliptiques autour du soleil, de
même que les planètes autour du même astre et les satellites
autour de ces dernières.

CHAPITRE IV.

DE L'ORIGINE CÉLESTE DE L'ÉLECTRICITÉ ATMOSPHÉRIQUE.

§ Ier. — *Du dégagement d'électricité dans les actions solaires.*

L'identité de formation du soleil, de la terre étant admise,
et on peut même dire démontrée, on peut en tirer la conséquence que son état physique est le même, comme nous l'avons

déjà dit, que celui de notre planète dans les premiers temps de la formation, alors que sa croûte n'existait pas ou avait peu d'épaisseur. On peut donc comparer les effets physiques et chimiques qui ont lieu dans le soleil à ceux qui étaient produits dans la terre, à son origine, et en tirer des conséquences sur la constitution actuelle de notre astre principal.

Après toutes les réactions qui ont eu lieu dans la terre dans les premiers temps, il n'est plus resté dans l'atmosphère que des résidus gazeux qui n'ont pu entrer dans les combinaisons, et dont l'un d'eux, l'oxygène notamment, est indispensable à la vie des corps organisés. Les effets électriques, dans les temps primitifs, devaient être en rapport avec la puissance des actions chimiques; il s'est formé d'abord des oxydes; les matières qui s'oxydaient durent prendre l'électricité négative, celles qui se comportaient comme acides l'électricité positive. La foudre devait sillonner sans cesse l'amas de vapeurs et de matières pulvérulentes lancées par l'action des forces volcaniques intérieures et incessantes qui commençaient à se produire quand la croûte terrestre était déjà formée. Cette croûte ayant acquis une certaine épaisseur, sa résistance devint plus grande, les éruptions plus rares et les effets plus terribles. Celles de nos volcans actuels ne donnent qu'une faible idée des effets physiques et chimiques qui devaient avoir lieu dans ces temps primitifs; l'atmosphère terrestre, sa photosphère et sa chromosphère devaient être constamment lumineuses, comme le sont les atmosphères solaires. Dans les éruptions actuelles, la foudre qui sillonne l'amas de vapeur, de scories et de cendres rejetées par les volcans, a pour cause non-seulement les effets électriques résultant des réactions chimiques qui s'opèrent dans les parties incandescentes du globe, mais encore du frottement de ces mêmes parties, par suite duquel les vapeurs sont positives et les cendres négatives, comme M. Palmieri l'a constaté.

Des effets électriques semblables doivent avoir lieu dans le soleil, vu l'identité de formation des deux astres. On a vu précédemment que le soleil, autant qu'on peut le savoir jusqu'à présent, se compose des parties visibles suivantes : 1° d'un noyau obscur par comparaison; 2° d'une atmosphère nuageuse; 3° de la photosphère en partie lumineuse, en partie obscure et composée de substances à l'état de vapeur semblables à celles que l'on trouve dans la terre; 4° d'une atmosphère hydrogénée, en partie lumineuse, en partie sombre; cette dernière atmosphère, qui a été appelée chromosphère, contient de la vapeur d'eau et d'autres substances. Au-delà, se trouvent la coronale, puis probablement au-dessus d'autres atmosphères, que l'on ne peut apercevoir n'étant pas lumineuses, lesquelles s'étendent à d'immenses distances, vu la température excessivement élevée du soleil.

La photosphère est sans cesse agitée; on y distingue, comme on l'a déjà dit précédemment, des taches pourvues de protubérances se déplaçant continuellement, et que l'on considère comme les ouvertures à travers lesquelles on aperçoit le noyau obscur central, duquel s'échappent de l'hydrogène ou des matières hydrogénées, de la vapeur d'eau et d'autres substances à l'état pulvérulent ou de vapeur; ces taches paraissent donc être les cratères des volcans solaires lançant à d'immenses distances, à cause de leur température élevée, l'hydrogène et autres substances, lesquels concourent également à la formation des protubérances.

Les substances hydrogénées et autres rejetées par les volcans solaires peuvent être considérées comme provenant des réactions chimiques qui ont eu lieu sous la photosphère et qui sont toujours accompagnées d'effets électriques puissants en rapport avec l'énergie de ces réactions intérieures et produisant de violents orages solaires, auxquels il serait peut-être possible de rapporter certains phénomènes lumineux qu'on y observe.

La vitesse excessive avec laquelle l'hydrogène et les substances qui l'accompagnent sont lancées par les forces volcaniques solaires est telle, qu'elles sont transportées à d'immenses distances au-dessus de la surface solaire. Mais il n'est question, ici, que de substances visibles et lumineuses; on se demande alors à quelles distances ne doivent pas être transportées celles qui ne le sont pas?

Cet hydrogène, ces matières hydrogénées et autres provenant de décompositions, emportent avec elles l'électricité positive; des cendres doivent sortir en même temps des cratères solaires avec une excessive vitesse et un excès d'électricité négative. Tous ces corpuscules sont lancés à des distances telles, qu'ils peuvent ensuite circuler autour du soleil comme les astéroïdes, les bolides, etc.; ils se heurtent les uns contre les autres et contre les gaz avec production d'électricité. L'hydrogène peut aussi céder son électricité positive à ces corpuscules, les uns chargés d'électricité négative, les autres à l'état neutre; il en résulte des décharges électriques qui seraient peut-être la cause de certains phénomènes lumineux que l'on observe quelquefois en dehors de notre atmosphère et qui ont leurs analogues dans les éruptions volcaniques terrestres.

L'existence de ces corpuscules dans les espaces planétaires est rendue probable par celle de myriades d'étoiles filantes et d'aérolithes dont nous sommes journellement témoins. D'un autre côté, on sait que des corpuscules de ce genre se trouvent dans les régions supérieures de l'atmosphère terrestre où se forme la grêle à laquelle ils servent de noyaux.

Everman a trouvé dans des grêlons tombés à Herlitomack, dans la province d'Ozembourg (Russie), des cristaux de pyrite. Dans la province de Cordon, en 1834, il en est tombé qui renfermaient des noyaux attirables à l'aimant et composés de fer et nickel comme certains aérolithes; l'hydrogène a pu opérer des réductions.

M. Faye, dans ses importantes recherches sur les comètes, a adopté une autre hypothèse qui pourrait être invoquée dans la théorie que nous présentons de l'origine solaire de l'électricité atmosphérique. Voici comment il s'exprime dans une lettre qu'il nous a adressée à cet égard : La force répulsive du soleil serait parfaitement capable d'expulser au loin et de mouvoir dans des orbites hyperboliques, presque rectilignes, des molécules hydrogénées séparées de la chromosphère et parfaitement indépendantes les unes des autres, pourvu qu'elles fussent réduites à une ténuité comparable à celles des nébulosités des comètes. Ces effluves non gazeuses peuvent atteindre et dépasser l'orbite de la terre comme toutes les effluves cométaires qui obéissent sous nos yeux à la même force. Cette hypothèse consiste dans une force répulsive solaire. M. Faye suppose qu'il existe une force répulsive planétaire qui, suivant lui, est mise en pleine lumière par les phénomènes gigantesques des comètes : 1° cette force n'est pas proportionnelle à la masse comme l'attraction; mais bien aux surfaces; 2° insensible sur les corps très-denses tels que les planètes, elle peut produire des effets très-marqués sur des corps énormément raréfiés, comme les nébulosités des comètes ou les émissions hydrogénées du soleil.

L'électricité positive, émanée du soleil, transportée par les myriades de corpuscules qui se trouvent dans sa sphère d'activité, une fois parvenue dans l'atmosphère terrestre, s'y répand en diminuant toujours d'intensité; les particules de l'air électrisées positivement à un moindre degré étant négatives par rapport à celles qui le sont davantage. Cet état de choses existe probablement dans l'intérieur de la terre et n'est troublé que par les effets électriques résultant des actions chimiques qui s'y produisent. Cet équilibre cesse toutefois aussitôt que commence la recomposition par l'intermédiaire des montagnes, des arbres et de tous les corps qui font saillie au-dessus du sol, ou qu'il se produit des aurores boréales ou d'autres phénomènes ayant une origine électrique. C'est alors que l'air reprend aux régions supérieures de l'atmosphère, et, par suite, ces dernières aux espaces planétaires, l'électricité qu'il a perdue dans toutes ces recompositions. L'électricité est donc constamment en mouvement, comme le prouve l'existence non interrompue de courants électriques dans l'air et dans la terre, que Matteucci a mise en évidence à l'aide d'expériences faites dans de bonnes conditions[1]. Il résulte de l'état électrique mobile de l'atmosphère terrestre que la partie centrale de la terre doit éprouver également des variations électriques semblables, mais en sens inverse, la partie centrale étant toujours plus ou moins positive, en supposant une action par influence de la part de l'atmosphère qui possède toujours un excès d'électricité positive provenant du soleil.

Dans le soleil, il n'en est pas ainsi, attendu que son intérieur et ses diverses atmosphères possèdent des électricités contraires : l'intérieur, de l'électricité négative; les atmosphères, de l'électricité positive, que l'hydrogène emporte lors de sa formation, hors du soleil, à d'immenses distances, par l'intermédiaire de myriades de corpuscules, comme on vient de le dire.

L'électricité négative de l'intérieur du soleil neutralise une portion de l'électricité positive qui s'y trouve, c'est-à-dire de celle de l'hydrogène qui n'est pas lancé dans les espaces planétaires. Nous ne pouvons faire à cet égard que des suppositions.

Quelle que soit l'hypothèse que l'on adopte, celle de M. Faye ou la mienne, pour expliquer l'expulsion de l'hydrogène et de l'électricité positive qui l'accompagne, hors des atmosphères solaires, ce gaz, après avoir perdu son électricité positive, peut réagir suivant nous, sur les corpuscules qui se trouvent dans les espaces planétaires et produire des réductions métalliques qui seraient probablement la cause de la présence du nickel et du fer, etc., dans les aérolithes qui tombent sur la terre.

[1] *Annales de chimie et de physique*, 3e série, tome XXXII, p. 221.

Les observations faites sur les aurores boréales confirment, comme on va le voir, l'origine céleste de l'électricité positive qui se trouve dans notre atmosphère.

§ II. — *Des aurores boréales.*

Nous ignorons encore la cause d'une foule de phénomènes lumineux que l'on suppose avoir une origine électrique, notamment des éclairs en boules, visibles pendant une, deux et même dix secondes, et qui peuvent se transporter des nuages vers la terre pendant un temps assez appréciable pour que l'on puisse suivre de l'œil leur mouvement. Leur forme approche de celle d'une sphère; ce sont de véritables globes de feu qui se divisent, rebondissent quelquefois sur la terre, puis éclatent en faisant entendre un bruit comparable à celui de plusieurs pièces de canon. Rien ne prouve qu'il ne s'en forme pas de semblables dans les espaces planétaires aux dépens de l'électricité solaire.

Les aurores boréales, qui ont bien une origine électrique, fournissent aussi une preuve que l'électricité positive vient des régions supérieures. On sait que des voyageurs se sont trouvés quelquefois dans les montagnes de Norvége au milieu de brouillards répandant une odeur sulfureuse, analogue à celle de l'ozone, comme M. Rolier nous en a fourni une nouvelle preuve, cet intrépide voyageur, qui, parti en ballon de Paris, pendant le siége, le 24 novembre 1870, chargé d'une mission très-importante auprès du gouvernement de la défense nationale, est descendu quatorze heures après, dans les montagnes de la Norvége, sur les monts Lidds, au milieu de mille dangers. Nous rapporterons, ci-après, les passages du rapport qu'il a eu l'obligeance de rédiger sur notre demande et qui renferment des particularités remarquables relatives à notre sujet [1] :

« J'ai l'honneur de vous adresser les renseignements complé-
« mentaires sur les observations que j'ai faites, le 25 novembre
« 1870, dans mon naufrage aérien de Paris en Norvége.

« Après m'être rendu parfaitement compte des différents en-
« droits où se sont passés les incidents de ma traversée, il m'est
« permis d'affirmer aujourd'hui que les observations dont il s'agit
« ont eu lieu au point correspondant à 59° de latitude et 4° 45' de
« longitude (méridien de Paris); je planais par conséquent depuis
« quelque temps au-dessus de la Norvége, cachée à mes yeux

[1] Voir *Mém. de l'Acad. des sciences*, t. XXXVIII.

« par une épaisse couche de nuages qui, d'après ce que j'ai
« appris plus tard, répandait une neige abondante. J'étais en ce
« moment à une altitude de 4,000 mètres environ.

« Après être entré dans ces nuages, dont la compacité augmen-
« tait de plus en plus et dont je ne saurais mieux comparer la
« couleur qu'à celle d'une rivière charriant des eaux légèrement
« bourbeuses (il était alors midi et demi), je sentis une odeur
« sulfureuse qui me prit à la gorge et, par son goût acidulé, dé-
« termina dans le larynx une espèce de pituite, tandis qu'en s'in-
« troduisant dans le cerveau par les voies nasales, elle provoquait
« un larmoiement et un violent mal de tête. Ces sensations
« étaient d'autant plus fortes que l'intensité du nuage devenait
« plus prononcée.

« J'étais également en proie à une soif ardente, mais je ne
« saurais plutôt l'attribuer à la raréfaction de l'air qu'aux 39° de
« froid qu'indiquait mon thermomètre.

« Pendant près de deux jours après ma descente, j'ai conservé
« le sentiment de l'odeur, et dans la bouche le goût dont je viens
« de parler et dont j'ai retrouvé depuis les indices dans les dé-
« charges de la machine électrique.

« A partir de mon entrée-dans ce nuage, je fus témoin d'un
« nouveau phénomène dont je ne pouvais m'imaginer la prove-
« nance : ce fut la présence autour de moi de légers bruissements
« qui étaient d'autant plus vifs que l'odeur était plus forte et qui
« cessèrent avec elle.

« Sans pouvoir en trouver la reproduction exacte, on pourrait
« pourtant s'en faire une idée en passant légèrement l'extrémité
« d'une plume métallique sur un corps dur dont la surface ne
« serait pas parfaitement unie.

« Au bout d'une demi-heure ou trois quarts d'heure, bien que
« je fusse encore dans un nuage très-épais, ces odeurs se dissi-
« pèrent et je n'eus plus à supporter que la suffocation produite
« par la compacité de la vapeur.

« Il est vrai que j'avais laissé descendre mon aérostat et que,
« me rapprochant de terre, j'avais sans doute échappé pour plus
« longtemps à l'effet de ce phénomène qui ne règne peut-être que
« dans des régions déterminées de l'atmosphère.

« J'évalue approximativement à 300 ou 400 mètres l'épaisseur
« de la couche d'air dans laquelle gisaient ces odeurs asphyxian-
« tes.

« Conduit par le même courant qui venait du sud-ouest, j'ai
« pu opérer ma descente à 200 kilomètres de l'endroit correspon-
« dant à ces observations.

« Les nuages devaient naturellement suivre la même direction
« que moi avec une vitesse égale; et pourtant il y a là un fait
« dont je me rends compte très-difficilement : lorsque j'étais en
« pleine mer marchant horizontalement, j'ai très-distinctement
« aperçu ces nuages dans lesquels je devais plus tard entrer.
« S'ils eussent eu la même direction que moi et s'ils eussent été
« poussés par le même courant, pourquoi les ai-je rejoints et
« même traversés?

« Ce fait particulier m'enlève toute certitude au sujet de la
« provenance de ces nuages; pourtant, si l'on consulte la carte
« détaillée de l'état-major de la Norvége, (voir planche II de
« l'atlas), on remarquera que cette partie du territoire norvé-
« gien est parsemée d'une grande quantité de lacs d'où s'échap-
« pent en cette saison des vapeurs continuelles.

« Les nuages dont j'ai parlé ci-dessus, quoique d'apparence
« immobile, étaient pourtant animés intérieurement d'une
« vitesse suffisante pour me les faire traverser, et leur éten-
« due était très-grande, car, si l'on compte le temps moyen
« que je les ai parcourus, soit 40 minutes, à raison d'au
« moins 30 lieues à l'heure, nous leur trouvons déjà 20 lieues
« de longueur, et certainement j'ai dû les quitter avant leur
« terminaison.

« Parmi les glaçons que j'ai vu s'amonceler dans ma nacelle
« se trouvaient quelques aiguilles; mais en général les cristaux
« étaient ronds, de la grosseur d'une très-petite tête d'épingle;
« pris en masse, ils étaient très-légers, ma nacelle en était cons-
« tamment encombrée.

« C'est vers les neuf heures du soir que, couché sur la neige,
« je pus admirer au-dessus de moi les brillants effets d'une aurore
« boréale dont les principales couleurs, jaune et rouge, allaient
« successivement du vif au pâle. L'intensité augmentait et dimi-
« nuait progressivement, en passant d'une couleur à l'autre. Pen-
« dant la durée de l'aurore, le ciel était excessivement pur et
« parsemé d'étoiles qui n'étaient visibles que lorsque l'intensité
« de la couleur était la plus pâle. J'étais entouré d'une vapeur
« excessivement légère, mais rien ne prouve que cette vapeur ne
« s'élevait pas dans l'atmosphère, ni qu'il y eût des nuages au-

« dessus de moi, puisque je voyais distinctement un ciel pur au
« milieu de cette même vapeur.

« Les couleurs jaunes et rouges de l'aurore avaient une inten-
« sité successive qui passait du ton le plus faible au ton le plus
« intense et qui diminuait de la même manière en passant du ton
« le plus intense au ton le plus faible ; puis succédait une autre
« couleur.

« Cette aurore a dû durer très-longtemps, car elle a commencé
« vers les neuf heures ; à une heure du matin, elle avait une in-
« tensité telle que l'on eût pu facilement lire à sa clarté.

« Le lendemain, le temps était brumeux, et cette brume était
« en grande partie produite par les vapeurs du lac qui se trouvait
« au pied du mont.

« A la hauteur de 4,000 pieds à laquelle je me trouvais, la
« température était de 25 à 28 degrés environ au-dessous de
« zéro.

« L'excessive fatigue et la situation des plus critiques dans
« laquelle je me trouvais ne me permirent pas d'examiner plus
« attentivement ces phénomènes ; mais ma mémoire, précise en
« ce qui concerne cette communication, me permet de vous en
« garantir la parfaite authenticité. »

On voit, d'après cette relation très-explicite, que M. Rolier s'est
trouvé dans un nuage à une altitude de 4,000 mètres, nuage dont
il n'a pu déterminer l'épaisseur et qui était ozonisé, dans sa partie
supérieure seulement, sur une épaisseur de 300 á 400 mètres
comme l'indique la carte ci-dessus mentionnée représentant
les diverses phases du parcours du ballon depuis son entrée jusqu'à sa sortie du nuage. Il a pu juger de la nature du nuage par
les sensations qu'il a éprouvées en le traversant, et qu'il a recon-
nues être exactement les mêmes que celles qu'il a ressenties
quand nous l'avons placé très-près d'une assez forte machine
électrique dont on tirait des étincelles. Le nuage ne jouissait de
cette propriété que sur une longueur de 20 kilomètres que l'aérostat a parcourue pendant 40 minutes.

La relation précédente indique que l'aéronaute a commencé à
apercevoir des brumes en approchant de terre, puis un nuage
dont la compacité augmentait de plus en plus ; parvenu en A,
dans la partie complétement obscure, il a ressenti des odeurs
asphyxiantes qui ne cessèrent qu'en B après avoir parcouru vingt
lieues dans son intérieur. Toute la partie obscure du nuage au-

dessous de B, ainsi que les brumes, jusqu'à la terre, étant sans odeur, ne renfermaient plus par conséquent aucune trace d'ozone. Ce fait important peut jeter quelque lumière sur les causes de l'électricité atmosphérique. C'est pour ce motif que nous avons signalé ici les observations intéressantes de M. Rolier.

Désirant avoir la certitude que les effets physiologiques éprouvés par M. Rolier étaient bien dus à l'ozone, nous avons prié M. Houzeau, qui s'est beaucoup occupé des propriétés physiologiques de ce corps, de vouloir bien nous communiquer les observations qu'il avait recueillies au sujet de ses propriétés asphyxiantes; voici quelle a été sa réponse :

« Je dois dire, d'après mes observations personnelles, que « l'ozone préparé avec de l'oxygène pur et mon tube ozoniseur, « est un corps très-dangereux à respirer même sous un très-petit « volume; il détermine immédiatement un rhume de cerveau, « qui peut durer huit ou quinze jours; il y a peu de temps encore « qu'un de mes aides, qui en avait respiré accidentellement, fut « pris de crachement de sang. »

Ces effets, quoique plus intenses que ceux que M. Rolier a éprouvés, sont absolument les mêmes. Dans sa relation, il fait mention d'un bruissement dans le nuage, qui était d'autant plus sensible que l'odeur était plus forte. Or, il est généralement accrédité, dans les régions septentrionales, que les aurores boréales font entendre quelquefois un bruissement plus ou moins fort. M. Biot, pendant son séjour aux îles Shetland, a recueilli des habitants des témoignages unanimes de ce bruit, dont cependant il n'a pas été témoin.

Les membres de la commission scientifique envoyés dans le Nord en 1838 ont observé cent quarante-trois aurores boréales, sans qu'aucune fût accompagnée de bruissement, et cependant tous les habitants ont déclaré, comme ceux des îles Shetland et de Sibérie, que souvent ils ont entendu distinctement ces sons.

Dans notre traité de physique terrestre que nous avons publié conjointement avec M. Edmond Becquerel, nous avons tiré la conséquence de ces divers témoignages, pris dans des régions très-éloignées les unes des autres, et de la non-audition du bruissement rapportée par Biot et les membres de la commission scientifique, qu'il pouvait se faire que le météore descendît quelquefois assez bas pour que le bruit fût entendu par les habitants.

Les récentes observations de M. Rolier, dont le ballon s'est trouvé au milieu d'un brouillard épais, ozoné, origine probable de l'aurore boréale, dont il a été témoin pendant la nuit qui a suivi son passage dans le brouillard, alors qu'il était couché dans la neige, confirment les témoignages dont nous venons de parler, ainsi que la réflexion que nous avons faite.

Voulant nous assurer que réellement M. Rolier avait entendu un bruissement semblable à celui d'une faible décharge électrique, nous l'avons soumis à diverses expériences qui ont eu un plein succès, d'abord à celle que j'ai déjà mentionnée pour lui faire constater l'identité entre l'odeur qu'il avait ressentie et celle de l'ozone, puis, à une autre, sur le bruissement ; il a trouvé que ce dernier était absolument semblable à celui que fait entendre la décharge d'une machine électrique ordinaire, en action, quand la boule de décharge est très-près du conducteur, à moins d'un millimètre, de manière à produire un son continu et une très-faible lumière ; il est prouvé par là que le bruissement entendu et l'odeur de l'ozone provenaient de faibles décharges continues dans le nuage ou plutôt le brouillard dans lequel se trouvait M. Rolier et que la lumière qui en résultait était la cause de l'aurore boréale. Ce nuage, renfermant de très-petits glaçons qui s'amoncelaient dans sa nacelle, provenait probablement d'un cirrus.

Nous rapporterons à cette occasion les observations faites par un grand nombre de personnes témoins d'aurores boréales et qui ont constaté que leur apparition est accompagnée le plus souvent de gelées blanches et de chutes de neige. Cette remarque, dit M. de la Rive, dans son intéressante notice sur les aurores boréales de 1859, prouverait la coexistence des aurores et des particules glacées dans l'atmosphère.

D'où peut provenir la formation d'un nuage ozoné, tel que celui dont on vient de parler et qui paraissait stationnaire, vu de la mer? Nous allons essayer d'en donner l'explication.

Ce nuage suivait la même direction que le ballon, qui était celle du sud-ouest, puisque ce dernier y étant entré a continué sa marche pendant 40 minutes, et cependant, vu de la mer, il paraissait immobile ; cette stabilité est facile à expliquer : la formation d'un nuage au-dessus de la Norvége ne peut pas être attribuée uniquement à la précipitation des vapeurs transportées par le vent de sud-ouest, attendu que des brumes incessantes se forment au-dessus des lacs très-nombreux qui

couvrent la surface de la région parcourue par le ballon, comme
on peut le voir en jetant les yeux sur la carte de l'état-major de
la Suède (pl. II). Ces brumes, en se condensant au-dessus des
montagnes, forment des nuages qui deviennent de plus en plus
compactes. A l'époque où M. Rolier atterra, en Norvége, le 25
novembre 1870, les lacs n'étaient pas gelés, bien que les montagnes environnantes fussent couvertes de neige, à partir de 4 à 500
mètres de hauteur.

Les brumes en s'élevant emportent avec elles de l'électricité
négative prise à la terre, laquelle électricité neutralise l'électricité
positive que possède le nuage. Plus le nuage a d'épaisseur, et
plus il arrive d'électricité négative de la terre qui reste dans la
partie inférieure de ce nuage, s'il n'arrive pas autant d'électricité
positive dans la partie supérieure pour la neutraliser; or, l'observation a prouvé que cette dernière est la seule ozonisée. Il faut
donc que l'électricité positive arrive en moindre quantité que
l'autre électricité. La première doit être fournie par les régions
supérieures, à mesure que la recomposition s'opère. On a des
preuves nombreuses de brumes électrisées négativement s'élevant
de la terre. De Saussure, qui a vu se former de semblables brumes dans les Alpes, a constaté qu'elles étaient électrisées négativement. Tralès, se trouvant un jour dans les Alpes vis-à-vis de
la cascade de Staubach, en présentant son électromètre armé de sa
tige métallique à la pluie très-fine qui résultait de l'éparpillement
de l'eau, a obtenu aussitôt des signes d'électricité négative. Il en
fut de même à la cascade de Reinbach. Volta répéta cette expérience avec un égal succès au-dessus de grandes cascades.

La stabilité du nuage n'est qu'apparente, puisque le ballon a
continué à être emporté par le vent du sud-ouest aussitôt qu'il y
est entré ; ce vent a dû emporter également le nuage, mais, à
mesure que ce dernier s'éloignait, les brumes qui s'élevaient
continuellement des lacs, reformaient les nuages en se condensant : effets semblables à ceux que l'on observe fréquemment
autour des pics, pendant plus ou moins de temps, et qui sont le
résultat de la condensation des vapeurs transportées par les courants d'air provenant de l'échauffement du sol et qui glissent le
long des pentes; ces nuages étant emportés par le vent, il s'en
forme aussitôt d'autres qui paraissent à leur tour stationnaires.

L'électricité positive dont le nuage est chargé est apportée
non-seulement par le vent du sud-ouest, mais aussi par les régions

supérieures de l'atmosphère et même au delà, comme on l'a dit précédemment.

Comment, en effet, n'admettrait-on pas que les espaces planétaires ne concourraient pas aussi à fournir de l'électricité positive au nuage, quand on voit, d'une part, la tension de l'électricité augmenter avec la hauteur au-dessus du sol, même dans les régions où il n'y a pas de vapeurs? L'électricité, au·surplus, se répand partout où il y a de la matière, plus difficilement, à la vérité, quand elle conduit mal, mais elle s'y propage néanmoins en mettant plus de temps; l'air en est un exemple. C'est ainsi que, lorsqu'on fait fonctionner une machine électrique dans un air très-sec, sa tension ne reste pas constante, et l'électricité dégagée se répand peu à peu dans le milieu ambiant; plus le milieu ambiant contient de matières dans un très-petit état de division et douées de mobilité, plus la dispersion se fait facilement : la présence de la vapeur, du reste, dans l'air le prouve.

La condensation de la vapeur ne pouvant être invoquée comme cause de cette grande quantité d'électricité positive que possède le nuage, il faut donc avoir recours à une autre cause qui, suivant toutes les probabilités, a son siége au-delà de l'atmosphère.

On a vu précédemment que le soleil, du moins sa partie intérieure et ses atmosphères devaient être dans deux états électriques différents, comme la terre à l'égard de son atmosphère ; mais, comme il y a des recompositions continuelles des deux électricités, par l'intermédiaire de tous les corps en saillie qui se trouvent à la surface de la terre, il doit en être de même dans le soleil, entre la partie solide ou liquide et ses diverses atmosphères. Cet état de choses semblerait indiquer dans le soleil des réactions chimiques immenses donnant lieu à une production d'électricité correspondante, cause des phénomènes lumineux que l'on observe sur la surface de cet astre avec le télescope.

On a déjà vu que l'on ne trouvait de l'électricité libre au-dessus du sol, en rase campagne, qu'à une hauteur d'environ un mètre ; au-dessous il y a donc recomposition continuelle des deux électricités contraires, celle de la terre et celle de l'air, et par suite formation d'ozone.

Cette grande quantité d'électricité qui se trouve dans les régions septentrionales et les régions polaires a lieu de surprendre, quand on sait que le nombre des orages diminue en approchant des pôles. Ainsi, dans les mers du Spitzberg, le capitaine Philipps, depuis la fin de juin jusqu'à la fin d'août 1773, n'a entendu aucun coup de tonnerre, ni vu d'éclairs. Il ne tonne presque jamais, dit-on, en Islande. Le capitaine Scoresby, dans ses nombreux voyages, n'a aperçu des éclairs au-delà de 65° de latitude que deux fois, et assure qu'on n'en a jamais vu au Spitzberg. Le capitaine Parry n'a vu aucun orage entre 80° 15′ et 82° 44′ de latitude, mais aussi c'est la région des aurores qui ont bien une origine électrique.

Cette absence d'orages, dans les régions polaires, peut être expliquée aussi d'une autre manière, d'après ce que nous avons dit précédemment, sur la formation des orages dans les basses latitudes, et sur celle des brumes électrisées dans les hautes latitudes. Dans les basses latitudes, les décharges sont immédiates; sous les hautes latitudes, elles sont lentes et continues et produisent sans cesse de l'ozone.

On explique, comme il suit, l'état électrique d'un nuage ozoné qui est très-différent de celui d'un nuage orageux ; dans ce dernier, qui est bon conducteur, toute l'électricité est à la surface et sa décharge peut être instantanée ; dans un nuage qui n'est pas conducteur, l'électricité libre se trouve à la surface de chaque globule vésiculaire et ne se décharge pas immédiatement; un autre nuage non orageux, mais chargé d'électricité contraire, se mêle-t-il avec le premier, les décharges sont successives et plus ou moins lentes, suivant la conductibilité des nuages ; ces décharges sont accompagnées d'une formation d'ozone : le mélange des deux nuages est alors ozoné; c'est ce qui arrive dans les hautes latitudes et les régions polaires.

Nous insistons beaucoup sur la formation des nuages ozonés et la présence de l'ozone dans l'air, parce que cette présence indique l'existence des deux électricités et leur recomposition continuelle. Les nombreuses observations que M. Houzeau a faites avec son papier réactif, dans l'air, mettent bien en évidence la recomposition continuelle de l'électricité positive de l'air et de l'électricité négative de la terre, au-dessus du sol.

Tous les résultats observés s'accordent avec les quantités d'électricité contraire que possèdent la terre et l'air aux diverses époques de l'année et par suite aux quantités d'ozone qui se produisent à la surface du sol : en effet, il suffit pour s'en convaincre de comparer les époques des maxima et des minima de tension électrique de l'air, dans le cours de l'année, aux maxima et aux minima d'ozone aux mêmes époques. Les deux maxima et les deux minima de la journée vont en croissant depuis le mois de juillet jusqu'au mois de janvier inclusivement, de sorte que la plus grande intensité a lieu en hiver et la plus faible en été; aussi trouve-t-on, dans les mois d'hiver, que, par les jours sereins, l'augmentation d'intensité de l'électricité atmosphérique est toujours en rapport avec l'accroissement de froid. Le nombre de jours ozonés suit un rapport en sens inverse, ce qui s'explique facilement; le maximum de tension électrique indique un minimum de recomposition électrique et par conséquent de production d'ozone, tandis que le minimum de tension doit correspondre à un maximum d'ozone.

Si la manifestation de l'ozone est plus fréquente dans la campagne qu'en ville, cela tient à ce que la recomposition des deux électricités s'opère par le faîte des maisons.

CHAPITRE V.

DU MAGNÉTISME TERRESTRE.

§ I. — Des variations de la déclinaison de l'inclinaison et de l'intensité magnétique.

On sait que le globe terrestre agit comme un aimant pour imprimer une direction déterminée à une aiguille aimantée, librement suspendue; mais on ignore la nature des forces en vertu desquelles a lieu cette propriété, malgré le grand nombre d'observations qu'on a faites pour y parvenir. Nous ne parlerons, ici, que des faits principaux qui peuvent jeter quelques jours sur la nature de ces forces, particulièrement de ceux qui sont relatifs aux variations des composantes de la direction et de l'intensité de la force magnétique de la terre. Ces composantes sont la déclinaison et l'inclinaison. C'est dans l'étude des variations qu'elles éprouvent, en chaque point de la surface terrestre ainsi que de celles de l'intensité, que l'on peut entrevoir quelles sont les causes productrices du magnétisme terrestre. Ces variations sont régulières ou irrégulières ; les premières sont diurnes, annuelles et séculaires; les secondes se montrent dans certaines circonstances terrestres ou atmosphériques, telles que les aurores polaires et les tremblements de terre.

Variations séculaires de la déclinaison. — On a commencé à observer ces variations depuis 1580 ; à cette époque, à Paris, l'extrémité nord de l'aiguille déviait à l'est de 11°30′ ; en 1663 l'aiguille se trouvait dans le méridien terrestre; depuis lors, la déclinaison est devenue occidentale; en 1814 elle avait atteint son maximum, et depuis elle a commencé à diminuer. A Paris et à Londres, les deux maxima ont eu lieu sensiblement aux mêmes époques. Les observations recueillies au cap de Bonne-Espérance montrent que la déclinaison est soumise à une même marche que dans l'hémisphère nord.

Variations annuelles. — Ces variations paraissent se rattacher à la position du soleil à l'époque des équinoxes et des solstices. Cassini, auquel est due cette découverte, a déduit de ces observations les conséquences suivantes :

Dans l'intervalle du mois de janvier au mois d'avril, l'aiguille aimantée s'éloigne du pôle nord, en sorte que la déclinaison occidentale augmente, à partir du mois d'avril et jusqu'au commencement du mois de juillet, c'est-à-dire que, durant tout le temps qui s'écoule entre l'équinoxe du printemps et le solstice d'été, la déclinaison diminue.

Après le solstice d'été et jusqu'à l'équinoxe du printemps, l'aiguille reprend son chemin vers l'ouest, de manière qu'en octobre elle se trouve à fort peu près dans la même direction qu'en mai; en octobre et mars, le mouvement occidental est plus petit que dans les trois mois précédents. Il résulte de là que, pendant les trois mois qui se sont écoulés entre l'équinoxe du printemps et le solstice d'été, l'aiguille a rétrogradé vers l'est, et que, dans les neufs mois suivants, sa marche générale, au contraire, s'est dirigée vers l'ouest.

Arago, en discutant les observations faites en divers lieux, a trouvé un maximum de déclinaison vers l'équinoxe du printemps et un minimum au solstice d'été, mais avec cette différence que l'amplitude de l'oscillation a été moindre à Londres qu'à Paris.

Les observations de Bruxelles, Munich, Gottingue, ont donné un maximum en août et un minimum en avril, résultats opposés aux observations de Cassini. Cet astronome a trouvé que la différence entre la déclinaison en août et celle en avril est de 11′33″ pour la moyenne de cinq années. Les observations faites à Gottingue portent la différence à 1′35″. Des différences aussi faibles, quand il peut se faire qu'elles proviennent de variations dans l'intensité du magnétisme des aiguilles, doivent laisser dans l'incertitude sur la cause qui les produit.

Des variations diurnes. — Ces variations ont été découvertes, par Graham, en 1722; depuis cette époque on n'a pas cessé de les relever dans tous les observatoires de l'Europe; on y a constaté que l'extrémité boréale de l'aiguille horizontale marche tous les jours de l'est à l'ouest, depuis le lever du soleil jusque vers une heure après midi, et retourne ensuite vers l'est par un mouvement rétrograde, de manière à reprendre, à très-peu près vers dix heures du soir, la position qu'elle occupait le matin. Pendant la nuit, l'aiguille est presque stationnaire et recommence le lendemain ses excursions périodiques.

La position géographique du lieu où l'on observe exerce-t-elle une influence sur ce phénomène; est-il moins marqué près de l'équateur terrestre que dans nos climats? Voici ce que l'on sait à cet égard.

A Paris, la moyenne de la variation diurne pour avril, mai, juin, juillet et septembre est de 13 à 15'. Pour les autres variations de l'année elle est de 5 à 6'.

Le maximum de déviation n'a pas lieu à la même heure sur tous les points du globe. M. Dove a annoncé que le maximum de déviation orientale a lieu à huit heures du matin à Freyberg, Nicolaïeff et Saint-Pétersbourg, à neuf heures à Casan. Le maximum de la déviation occidentale a lieu à deux heures après midi à Casan, Saint-Pétersbourg et Nicolaïeff, et à une heure à Freyberg.

En Danemark, en Islande, ainsi que dans les régions septentrionales, on a reconnu que les excursions diurnes de l'aiguille aimantée sont plus étendues et plus régulières que dans les autres régions et ne s'arrêtent pas pendant la nuit. On en a conclu que les variations diurnes augmentent en allant de l'équateur au nord et diminuent jusqu'à l'équateur magnétique où elles sont très-faibles, bien que les variations de l'aiguille aimantée soient soumises à un mouvement régulier de l'est à l'ouest. Dans nos contrées, on ne trouve pas deux jours dans l'année qui se ressemblent parfaitement, comme l'ont constaté Gauss et Weber par leurs observations.

On ne peut s'empêcher de reconnaître, en comparant ces résultats, qu'il existe une relation entre les variations diurnes de l'aiguille aimantée et la présence du soleil au-dessus ou au-dessous de l'horizon; la chaleur doit donc exercer une influence sur ces variations; il en est de même quand on considère les variations annuelles et celles qui ont lieu dans les deux hémisphères; mais quelle est cette influence? On l'ignore. Les résultats obtenus ne nous apprennent rien sur l'origine des forces en vertu desquelles la terre se comporte comme un aimant.

Variations irrégulières. — Ces variations ont été le sujet d'observations suivies de la part de Gauss et Weber, et ont été tracées sur des cartes particulières[1]. La discussion de ces observations conduit aux conséquences suivantes :

En général les vents les plus violents sont sans influence sur l'aiguille aimantée. Très-souvent, à Gottingue, on observe, pendant le plus violent orage, un état extraordinairement tranquille ; dans d'autres lieux, les orages ont également une influence peu sensible sur l'aiguille aimantée.

Dans les observations d'été, on peut voir, au milieu de grandes anomalies, apparaître le mouvement régulier de chaque jour, en ceci seulement que les courbes montent dans les heures de l'après-midi, et descendent dans celles de la matinée. Dans les courbes d'observations d'hiver, on peut à peine en apercevoir quelque chose. Mais, ce qui rend les mouvements anormaux si remarquables, c'est le grand accord que l'on trouve, jusqu'aux plus faibles nuances, en différents endroits ; accord qui se montre même dans les lieux d'observations, seulement avec des valeurs différentes.

Les anomalies ne paraissent être que de légers changements dans la grande force magnétique terrestre, dus probablement à des effets magnétiques du globe, ou qui peuvent être produits en dehors de notre globe.

Gauss a remarqué, enfin, que la plupart des anomalies sont plus petites, en général, à beaucoup près, dans les lieux d'observations situés au sud, et plus grandes dans les lieux placés au nord.

Variations de l'inclinaison. — L'aiguille d'inclinaison est soumise, comme celle de déclinaison, à des variations continuelles, régulières et irrégulières.

Les observations faites à Paris, depuis 1671 jusqu'à 1851, montrent que l'inclinaison a toujours été en décroissant. En 1671 elle était de 75°, et en 1851 de 66° 25'.

[1] *Traité d'électricité et de magnétisme,* en 3 vol., t. III, p. 133.

On considère la variation progressive qu'éprouve l'inclinaison, comme la conséquence nécessaire d'un changement dans la latitude provenant des nœuds de l'équateur magnétique, modifié par la forme de la courbe.

Hansteen a donné une formule qui représente les variations de l'inclinaison, dans différents pays, à diverses époques; il a trouvé dans ses observations diurnes que l'inclinaison, pendant l'été, était d'environ 15' plus forte que pendant l'hiver, et d'environ 4 ou 5' plus grande avant midi, qu'après.

Variations de l'intensité. — Hansteen paraît être un des premiers qui aient recherché les variations diurnes et annuelles, auxquelles l'intensité des forces magnétiques terrestres est soumise. En discutant les observations partielles, il a reconnu que les moyennes variations journalières sont plus grandes en été qu'en hiver. Mais l'inclinaison elle-même était soumise à des variations diurnes, comme on vient de le voir; il en a conclu que les variations d'intensité devaient être attribuées à des changements dans l'inclinaison.

Weber a reconnu que des variations irrégulières, quelquefois très-considérables, se montrent à de courts intervalles, et ne sont pas moins fréquentes que dans la déclinaison.

§ II. — *Tracé des cartes magnétiques.*

D'autres éléments doivent être pris en considération dans l'étude du magnétisme terrestre; ce sont les lignes d'égale intensité magnétique, ou lignes isodynamiques. Hansteen fit paraître à Christiania, en 1826, une carte sur laquelle un grand nombre de ces lignes étaient tracées; depuis, d'autres cartes plus complètes furent publiées.

Hansteen[1] avait déduit de la configuration de ses lignes isodynamiques, comme il l'avait fait de celle des lignes d'égale déclinaison, l'existence de deux pôles magnétiques à la surface du globe, dans chaque région polaire; et entre les tropiques, celle d'une courbe sur laquelle l'intensité minimum qu'on obtient, dans chaque méridien, paraît varier de 0,8 à 1,0, entre deux points qui seraient situés, l'un dans la partie méridionale de l'Afrique, l'autre sur les côtes du Pérou; il avait établi aussi que les valeurs extrêmes de l'intensité magnétique, à la surface de la terre, étaient dans le

---

[1] *Traité d'électricité et de magnétisme*, t. III, p. 147.

rapport de 1 à 2. En comparant les intensités qu'il avait recueillies, il en a conclu que l'intensité magnétique devait être généralement plus élevée dans l'hémisphère boréal que dans l'hémisphère sud.

Duperrey a achevé la carte des lignes isodynamiques qui était restée incomplète, faute d'observations dans l'hémisphère austral.

Les lignes isodynamiques de l'hémisphère nord sont à peu près telles que Hansteen les avait déjà tracées; mais celles de la zone intertropicale et de l'hémisphère sud ont éprouvé des modifications considérables.

A l'époque où Duperrey publia les cartes de lignes isodynamiques, tout portait à croire que la ligne sans inclinaison était, sinon une ligne d'égale intensité magnétique, du moins la ligne des plus petites intensités observées dans les méridiens. Aujourd'hui il n'est plus permis de croire que cette ligne soit précisément la ligne des plus petites intensités magnétiques; mais il est bien probable qu'elle n'est pas très-éloignée de la courbe qui doit jouir de cette propriété, et sur laquelle il faudrait établir, lorsque la position sera connue, les lignes de rebroussement des lignes isodynamiques destinées à envelopper les espaces de moindre intensité.

Duperrey a tracé sur une carte[1] les méridiens magnétiques tels qu'ils doivent être considérés dans l'état de nos connaissances; ce ne sont pas des lignes hypothétiques, puisqu'ils résultent de la direction de l'aiguille aimantée sur chaque point du globe.

Outre les méridiens magnétiques, Duperrey a tracé encore sur les mêmes cartes des courbes normales aux méridiens et qu'il a appelées, pour ce motif, parallèles magnétiques, en raison de leur analogie avec les parallèles terrestres.

D'après le tracé des lignes magnétiques dont il vient d'être question, Duperrey pense que l'on ne doit pas admettre la multiplicité des pôles magnétiques introduite dans la science par Halley, repoussée par Euler, et reproduite plus tard par Hansteen.

---

[1] Voir les cartes des planches 11 et 12 du troisième volume du *Traité d'électricité et de magnétisme.*

§ III. — Des effets magnétiques produits par les aurores boréales et divers effets solaires.

L'origine électrique des aurores polaires est mise en évidence par la composition de la lumière émise, ainsi que par l'action qu'elle exerce sur l'aiguille aimantée.

On a reconnu, en effet, que la lumière des aurores, étudiée au spectroscope, se compose de lignes brillantes, dont le nombre visible dépend de l'intensité de la lumière de l'aurore et des moyens de concentration que l'on emploie pour illuminer la fente du spectroscope. On a pu voir jusqu'ici sept lignes brillantes dont les positions paraissent coïncider avec celles des lignes les plus brillantes de l'azote et de l'oxygène rendus incandescents par des décharges électriques.

D'un autre côté, l'apparition de l'aurore boréale est toujours accompagnée de courants électriques dans l'air et dans la terre, lesquels agissent non-seulement sur les aiguilles de boussole[1], mais encore sur les fils conducteurs des télégraphes électriques.

Arago est le premier qui ait annoncé que les aiguilles de boussole éprouvaient des mouvements extraordinaires lors de l'appation des aurores boréales, même là où elles n'étaient pas visibles. On ignorait d'où pouvait provenir cette perturbation, avant la découverte de l'électro-magnétisme et l'établissement des lignes télégraphiques.

En 1859, le P. Secchi annonçait que les perturbations considérables causées dans les instruments magnétiques semblaient indiquer une augmentation dans la force magnétique du globe. La même année, lors de l'apparition des aurores boréales du 29 août et du 2 septembre, on reconnut à Paris, avec des appareils enregistreurs, que l'apparition du phénomène coïncidait avec le lever du soleil : observation très-importante à mentionner, parce qu'elle semble indiquer une influence solaire.

Les câbles sous-marins sont également parcourus par des courants électriques au moment où se produisent les aurores boréales.

Pendant les orages, à l'instant où l'éclair brille, il s'opère une décharge momentanée dans les appareils télégraphiques, quand le nuage se trouve au-dessus de ces derniers. Les coups de tonnerre lointains sont sans influence. Ces effets ont l'instantanéité

---

[1] BECQUEREL. — Traité d'électricité et de magnétisme, t. III, p. 134.

des éclairs, tandis qu'ils ont une durée plus longue pendant les aurores boréales où les décharges sont lentes.

Le P. Denza, pendant l'aurore boréale du 4 février 1872, visible dans toute l'Italie, constata également de grandes perturbations dans les appareils magnétiques. Il avait observé quelques jours auparavant, dans le soleil, de très-nombreuses taches superficielles. Le 3 février, la chromosphère était fortement agitée et dans un état anormal. De 10 à 11 heures du matin, il observa parmi ces taches une belle éruption, dont la hauteur était de 3″. M. Tacchini, à Palerme, constata une grande activité solaire pendant le mois de février. Ces observations indiquent une coïncidence entre les aurores boréales et les éruptions solaires, accompagnées d'une immense déjection de gaz hydrogène.

Les courants terrestres et atmosphériques qui se manifestent dans la terre et dans l'air, lors de l'apparition des aurores boréales, nous ont engagé à rappeler les expériences de Matteucci[1] sur des courants électriques terrestres, dont l'intensité serait augmentée ou diminuée par l'action des courants électriques qui se manifestent lors de l'apparition des aurores boréales ou australes, c'est-à-dire polaires.

Il a opéré dans de bonnes conditions, sur des longueurs de 25 à 30 kilomètres, l'une dans la direction du méridien magnétique, l'autre dans une direction perpendiculaire. Il a pris pour électrodes deux lames de zinc amalgamé, plongeant chacune dans une dissolution saturée de sulfate de zinc contenue dans un diaphragme. Chaque diaphragme était placé dans une fosse de 1 mètre de profondeur et la dissolution renouvelée tous les trois à quatre jours. Ces expériences, répétées pendant plusieurs mois, ont conduit aux conséquences suivantes :

1° Dans les circuits mixtes, il y a toujours des courants plus ou moins constants, dus à une cause terrestre;

2° L'intensité des courants augmente avec la profondeur;

3° Dans la ligne méridienne, le courant a toujours une direction constante ; ce courant entre dans le galvanomètre par la ligne métallique venant du sud. Il présente, dans les vingt-quatre heures, deux *maxima* et deux *minima;* un *maximum* le soir, à onze heures, et un autre pendant la nuit à une heure; le courant augmente et atteint un *maximum* de cinq à sept heures. Dans le jour, le deuxième *maximum* oscille entre trois et sept heures de

---

[1] *Annales de physique et de chimie,* 3ᵉ série, p. 221.

l'après-midi. Le rapport entre le *maximum* et le *minimum* est de 2 : 1. La présence du soleil exerce donc une influence sur le phénomène ;

4° La ligne équatoriale présente des résultats bien différents et est sujette à de grandes variations. Souvent l'aiguille reste à zéro ; tantôt elle oscille dans un sens ou dans un autre de 2 à 3 degrés, et même jusqu'à 14 ou 15 degrés. La direction de ce courant a été le plus souvent de l'ouest à l'est ;

5° Les résultats sont les mêmes, que le fil métallique, recouvert de gutta-percha, soit dans l'air ou couché sur le sol ;

6° Lorsque les plaques de communication avec la terre sont à des niveaux différents, les courants ont plus d'intensité que lorsqu'elles sont dans la même couche horizontale. Ces plaques sont préparées de manière à ne pas donner lieu à des effets électriques secondaires.

Des observationss du même genre ont été faites depuis en différents lieux par plusieurs observateurs.

Les causes qui dégagent de l'électricité, soit à la surface de la terre, soit dans l'air, sont donc insuffisantes pour rendre compte de toute l'électricité qui se trouve dans les régions supérieures de l'atmosphère, laquelle sert à la production de divers phénomènes lumineux, et particulièrement des aurores boréales, de l'origine électrique desquelles on ne saurait douter maintenant depuis les études approfondies que l'on a faites de ces phénomènes sur tous les points du globe. On voit, en effet, les aurores boréales produire des courants électriques continus pendant leur apparition, dont l'action s'étend probablement dans toute l'atmosphère terrestre avec une intensité suffisante pour produire les effets d'une pile sur les appareils magnétiques en usage dans la télégraphie électrique.

D'un autre côté, quand on voit un éclair, dont la durée est instantanée, produire un courant également instantané, capable de mettre en mouvement un appareil magnétique, comme le fait une aurore boréale, ne peut-on pas en conclure, surtout quand il y a production d'ozone, qu'il n'y a de différence, dans les deux effets, que dans leur durée ? Dans l'air, la décharge est immédiate ; dans l'aurore, elle est continue. L'électricité qui alimente ces décharges vient, en premier lieu, des nuages, en second lieu, des régions supérieures de l'atmosphère et, suivant toutes les probabilités, du soleil.

§ IV. — *Hypothèses émises sur l'origine du magnétisme terrestre.*

D'après les innombrables observations qui ont été faites sur les phénomènes magnétiques terrestres, on ne peut qu'émettre des hypothèses plus ou moins rationnelles sur leur cause.

Hansteen pensait qu'il fallait la chercher dans le soleil, lequel posséderait un ou plusieurs axes magnétiques, qui, en distribuant la force, occasionneraient une différence magnétique dans la terre, la lune et les planètes ; mais la température excessivement élevée du soleil, qui détruit la propriété magnétique des corps, ne permet pas d'adopter cette idée.

M. Biot a cherché à lier par le calcul toutes les observations relatives au magnétisme qui avaient été faites avant et pendant la période du voyage de Humboldt en Amérique, en considérant la terre comme un aimant, et prenant pour la distance des pôles une valeur indéterminée ; puis, partant du principe que le pouvoir de chacun de ces pôles variait en raison inverse du carré de la distance au point sur lequel ils agissaient, il obtint ainsi une expression générale de la direction de l'aiguille aimantée. En faisant varier les résultats de l'expérience avec ceux du calcul, il trouva que, plus les pôles étaient rapprochés, plus les résultats s'accordaient ensemble, et que les erreurs ou plutôt les différences étaient réduites au minimum, quand les deux pôles se trouvaient infiniment près l'un de l'autre et à très-peu de distance du centre de la terre.

Il résulterait de là que la terre ne devrait pas être considérée comme un aimant ordinaire dont les pôles se trouveraient à leurs extrémités. Les lois que l'on déduit de cette hypothèse s'accordent parfaitement avec celles d'un corps soumis à un magnétisme passager par influence, comme l'a prouvé Barlow ; mais il s'agissait de montrer quelle espèce de magnétisme on pouvait communiquer à la terre pour lui faire produire tous les effets connus.

La grande découverte d'Œrsted a fourni de nombreux éléments pour avancer la théorie du magnétisme terrestre. En effet, aussitôt que Barlow en eut connaissance, il s'attacha à prouver que le magnétisme pourrait bien avoir une origine électrique, c'est-à-dire qu'il proviendrait de l'action de courants électriques circulant autour du globe, comme Ampère l'avait précédemment supposé.

Barlow, ayant montré que le pouvoir magnétique d'une sphère de fer, réside seulement à sa surface, conçut l'idée de distribuer sur la surface d'un globe artificiel une série de courants électriques, disposés de manière que leur action tangentielle pût donner partout une direction correspondante. L'expérience confirma les prévisions. Ce globe produisit sur une aiguille aimantée, soustraite à l'influence terrestre et placée dans diverses positions, le même genre d'action que la terre lui imprimait dans des positions analogues. Tout ce que l'on peut conclure des expériences de Barlow, c'est qu'il est possible de représenter tous les phénomènes magnétiques terrestres sans recourir à l'aimantation par les moyens anciennement connus.

Les courants terrestres paraissent jouer le principal rôle dans la production des phénomènes magnétiques terrestres. C'est donc un motif pour étudier avec beaucoup de soin toutes les causes qui dégagent de l'électricité, soit dans les espaces célestes, soit dans la terre, ainsi que les courants électriques qui en résultent. L'existence de ces courants dans la croûte terrestre est incontestable, comme le prouvent les expériences de Matteucci, dont nous venons de parler.

En résumé, nous dirons que, partant des faits qui viennent d'être exposés et du principe que nous avons adopté, il est très-probable que, tous les astres du système solaire ayant même origine et même composition, le refroidissement de chacun d'eux étant en rapport avec leurs dimensions respectives, il en résulte que les phénomènes physiques et chimiques produits dans chacun d'eux sont les mêmes, à l'intensité près, en prenant chaque astre bien entendu à la même phase de refroidissement. Tels sont les motifs qui nous portent à croire que l'électricité atmosphérique a une origine solaire.

LIVRE VIII.

DE QUELQUES PHÉNOMÈNES
ATMOSPHÉRIQUES ET TERRESTRES DANS LESQUELS INTERVIENNENT
LA CHALEUR ET L'ÉLECTRICITÉ.

CHAPITRE PREMIER.
DE LA TEMPÉRATURE DE L'AIR ET DE SES VARIATIONS.

§ I. — *De la température de l'air à* $1^m,33$, *16 mètres et 21 mètres au-dessus du sol.*

La température de l'air au-dessus du sol ne peut être observée avec exactitude que si l'on se met à l'abri des effets résultant du rayonnement des corps qui le recouvrent. On n'y parvient qu'à l'aide du thermomètre électrique, qui permet de relever ses indications, quelle que soit la hauteur où il est placé, et que nous avons déjà décrit, p. 316; appareil auquel nous avons fait quelques additions.

La méthode employée jusqu'ici pour observer cette température consiste à placer un thermomètre ordinaire, au nord, à 1 mètre ou 2 au-dessus du sol, en l'abritant du rayonnement solaire et dans un lieu où l'on puisse circuler librement. On le retire quelquefois pour lui imprimer un mouvement de rotation destiné à le mettre en équilibre de température avec l'air ambiant. Que se passe-t-il en réalité pendant ce mouvement? Nous savons que le rayonnement nocturne agit moins lorsqu'il y a du vent que lorsque l'air est calme. L'abaissement de température est moindre dans ce cas que dans l'autre, parce que les couches d'air non refroidies, étant rapidement déplacées et mises en contact avec les corps soumis au rayonnement, leur restituent la chaleur qu'ils ont perdue.

Ne se passerait-il pas un effet de ce genre dans le mouvement de rotation imprimé au thermomètre? Bravais, dans une série d'expériences, a trouvé constamment une températue moindre

33

après le mouvement qu'avant la température de l'air observée au nord en suivant la méthode dont on vient de parler. Il faut donc se mettre en garde contre cet usage, avec d'autant plus de raison que cette température est l'élément à l'aide duquel on détermine les températures diurnes mensuelles et annuelles d'un lieu, ainsi que sa température dite climatérique.

Cet élément étant une donnée fondamentale en météorologie, il est utile d'examiner jusqu'à quel point il représente exactement l'état calorifique de l'air. On a émis quelque doute à cet égard ; on a dit, par exemple, que l'atmosphère étant sans cesse agitée par des courants en tous sens qui n'ont pas la même température, celle de l'air, en un point quelconque, ne pouvait être stationnaire. D'un autre côté, l'influence des corps voisins ou la position particulière des lieux d'observations peut influer sur la température observée, de sorte que cette dernière ne doit, à vrai dire, représenter qu'un phénomène local. Cela est exact, mais on peut obtenir ce qu'il y a de fixe dans cette valeur dans un lieu déterminé, en éliminant, à l'aide de moyennes, les effets des principales causes perturbatrices qui agissent en sens contraire, le jour et la nuit. On obtient ainsi une valeur qui n'éprouve que de faibles changements pendant un certain laps de temps. C'est à l'aide de ces moyennes que l'on peut savoir si le climat d'un lieu a éprouvé ou non des changements dans un certain laps de temps. Deux lieux voisins peuvent ainsi avoir un climat différent. D'un autre côté, on se demande si la température observée à $1^m,33$ au-dessus du sol, au nord, avec le thermomètre ordinaire, donne bien la température de l'air, abstraction faite des causes perturbatrices dont on vient de parler. On a cherché à résoudre cette question en employant deux thermomètres électriques établis au Jardin des plantes, l'un donnant la température de l'air à 16 mètres au-dessus du sol et à 6 mètres au-dessus du grand amphithéâtre ; l'autre, celle de l'air, à 21 mètres à la périphérie d'un marronnier. On observait en même temps deux thermomètres ordinaires placés au nord et au midi, à 1^m33 au-dessus du sol.

Le thermomètre électrique se compose de deux fils ; l'un de fer, l'autre de cuivre, soudés par un de leurs bouts et dont les deux autres sont mis en relation avec un galvanomètre à fil court ; ces deux fils forment un câble disposé comme on le dira plus loin.

Ce câble est introduit dans l'intérieur d'un mât de sapin scié en deux, dans le sens longitudinal et évidé, puis les deux parties rapprochées, cerclées et goudronnées; la soudure extérieure qui donne la température de l'air est garantie du rayonnement solaire au moyen d'un triple réflecteur en fer-blanc disposé de manière à faciliter la circulation de l'air, comme on le voit pl. 3, fig. 10.

Le thermomètre électrique ainsi disposé, étant à l'abri du rayonnement solaire et nocturne, accuse la température de l'air avec les moindres changements qu'elle éprouve par l'apparition subite du soleil; on a donc ainsi la véritable température de l'air, abstraction faite toutefois de l'échauffement qui serait résulté des rayons réfléchis par les enveloppes métalliques; cette portion qui ne réchauffe pas l'air est absorbée en partie par les végétaux et les corps qui se trouvent à la surface de la terre, et dont il faut tenir compte quand on suppute le nombre d'unités de chaleur dont les végétaux ont besoin pour naître, fleurir, fructifier et mourir.

On trouvera ci-après les moyennes des observations faites par nous et M. Ed. Becquerel sur la température de l'air au nord et au midi avec le thermomètre ordinaire et avec les thermomètres électriques, à six heures et à neuf heures du matin, trois heures et neuf heures du soir, du 1er mai 1860 au 1er décembre 1861 (1).

(1) *Mémoires de l'Académie des sciences*, t. **XXXII**, p. 401 et suivantes.

Les lettres A, M, N, S désignent l'amphithéâtre, le marronnier, le nord et le sud.

MOIS.	TEMP. A	TEMP. M	TEMP. M - A	TEMP. N	TEMP. S	MOYENNES. $\frac{S+N}{2}$
ÉTÉ.						
Juin 1860....	17,45	17,70	0,22	17,60	19,75	18,67
Juillet.......	18,50	18,50	0,0	18,20	21,35	19,82
Août.	17,64	17,70	0,06	17,58	20,04	18,81
Moyennes.....	17,85	17,97	0,12	17,80	20,38	19,04
AUTOMNE.						
Septembre...	16,26	16,32	0,06	15,74	19,73	17,73
Octobre......	13,09	13,17	0,08	12,21	14,00	13,10
Novembre ...	6,82	7,06	0,24	5,82	6,92	6,37
Moyennes....	12,02	12,18	0,13	11,26	13,55	12,40
HIVER.						
Décembre....	+ 3,81	+ 3,99	0,18	+ 3,74	4,42	4,08
Janvier 1861.	— 0,14	+ 0,08	— 0,22	— 0,55	— 0,38	— 0,46
Février......	+ 6,67	+ 6,93	0,26	+ 6,21	+ 6,79	+ 6,50
Moyennes....	+ 3,45	+ 3,66	0,07	+ 3,13	+ 3,61	+ 3,37
PRINTEMPS.						
Mars.	9,76	9,92	0,16	0,16	11,78	10,47
Avril.	12,18	12,58	0,40	11,20	15,78	13,49
Mai..,......	15,91	16,52	0,72	15,26	19,49	17,37
Moyennes....	12,62	13,01	0,39	11,87	15,68	13,78
Moyennes de l'année ...:	14,49	11,71	0,18	11,04	13,40	12,15

Dans ce tableau, la moyenne des températures au nord et au midi n'est à peu près d'accord avec la température moyenne à l'air libre qu'en hiver; en automne, la différence n'est que 0°,39, tandis qu'en été elle est de 1°24; au printemps, elle est de 1°,14; la différence entre les moyennes annuelles est de 0°,73.

Dans le tableau suivant, on a consigné les différences entre les températures moyennes mensuelles des colonnes A, M, N, S.

MOIS.	TEMP. A - N	TEMP. M - A	TEMP. S - N	TEMP. S - M	TEMP. A
ÉTÉ.					
Juin 1866....	— 0°15	+ 0°22	+ 0°25	2°28	17°45
Juillet.......	+ 0,30	+ 0,00	3,15	2,85	18,50
Août.........	+ 0,26	+ 0,06	2,46	2,34	17,60
Moyennes....	+ 0,14	+ 0,09	2,62	+ 2,49	17,85
AUTOMNE.					
Septembre...	+ 0,52	+ 0,03	3,99	3,41	16,26
Octobre......	+ 0,88	+ 0,08	1,80	0,83	13,09
Novembre. .	+ 1,00	+ 0,24	1,10	— 0,07	6,83
Moyennes....	0,80	+ 0,12	2,43	+ 1,39	12,02
HIVER.					
Décembre....	+ 0,03	+ 0,18	0,68	0,43	+ 3,81
Janvier 1861.	+ 0,46	— 0,22	+ 0,17	— 0,27	— 0,14
Février......	+ 0,46	+ 0,26	+ 0,53	— 0,07	+ 6,67
Moyennes....	+ 0,30	+ 0,07	0,46	+ 0,15	+ 3,45
PRINTEMPS.					
Mars.........	+ 0,30	+ 0,16	1,31	0,93	9,76
Avril........	+ 0,98	0,40	4,58	3,26	12,28
Mai.........	0,86	0,72	4,24	2,97	15,91
Moyennes....	0,71	0,43	3,38	2,37	12,62
Moyennes de l'année. ...	0,49	0,18	2,19	1,62	11,49

Le résumé du premier tableau montre que la température moyenne de l'année, déduite des observations faites au nord avec le thermomètre ordinaire, a été de 11°,01. Arago avait trouvé 10°,72 pour la moyenne de Paris, calculée avec les observations des maxima et des minima faites également au nord, de 1806 à 1851, et Bouvard, 10°,82 avec les moyennes diurnes, de 1806 à 1834. Ces deux valeurs diffèrent en moyenne, en moins, de celle du

Jardin des plantes de 0°,24, la température obtenue avec le thermomètre électrique à l'air libre et dégagée des influences terrestres a été de 11°,47 au lieu de 11°,01 ; différence en faveur de
celle-ci, 0°,46.

Cet excès de température représente la portion du rayonnement solaire qui a échauffé l'air et que ne peut accuser le thermomètre au nord garanti du rayonnement solaire. La chaleur
qui accompagne les rayons solaires réfléchis par les enveloppes métalliques n'intervient en rien sur la température de
l'air puisqu'elle est à l'état de chaleur rayonnante; elle est absorbée néanmoins, en plus ou en moins grande proportion, par le sol
et les corps qui le recouvrent. 11°,47 est donc la véritable moyenne
de l'année dont il est question et non 11°,01.

Dans plusieurs observatoires on note aussi la température de
l'air au midi, afin d'avoir l'effet dû au rayonnement solaire, mais
la paroi sur laquelle est fixée le thermomètre s'échauffe plus ou
moins sous l'influence solaire, suivant son pouvoir absorbant, et
réagit par voie de rayonnement sur l'instrument.

Cette température, observée au midi, n'est pas encore celle
que prennent les végétaux qui s'échauffent en raison de leur
pouvoir absorbant qui est très-grand et différent de celui du
verre; car ces végétaux sont eux-mêmes de véritables thermomètres qu'il faut consulter quand il s'agit de trouver le nombre
d'unités de chaleur dont ils ont besoin pour fructifier. C'est ce
motif qui nous a engagé à introduire dans les plantes, sans y
produire aucun désordre, l'une des soudures du circuit métallique d'un thermomètre électrique, laquelle soudure, en se mettant en équilibre de température avec les tissus, permet de suivre
pendant le jour et la nuit les effets de chaleur produits, combinés
avec ceux qui résultent des fonctions organiques. Nous citerons
deux effets assez remarquables: un cactus *opuntia* dont les feuilles
avaient un centimètre d'épaisseur, placé au nord, a pris la température du milieu ambiant et a participé à ses variations quoique
plus lentement. Le tronc d'un prunier couvert de fruits et de
fleurs, ayant 6 mètres de hauteur et 0m35 de diamètre, exposé au
levant à l'action solaire, près d'un ancien mur de ville, dans une
situation à être fortement échauffé, du 2 au 11 septembre 1858,
marquait 28°,49 de température lorsque le thermomètre électrique à l'air libre ne marquait que 18°70. On voit par là l'influence
du pouvoir absorbant des végétaux dans certains cas.

Quoique la température observée au midi n'ait pas été prise jusqu'ici en considération en météorologie, nous avons voulu nous assurer jusqu'à quel point il était possible de prendre, pour température de l'air, la moyenne des observations faites au midi et au nord comme on l'a proposé. Nous avons comparé cette température moyenne à la température observée à l'air libre avec le thermomètre électrique. Voici les différences obtenues en faveur de la moyenne des températures au nord et au midi :

Été de 1860. . . . .   + 1,19
Automne. . . . .   + 0,44
Hiver de 1861. . . . .   — 0,18
Printemps.   1,16
                                            ―――――
          Moyenne.   0,65

Au printemps et en été, les différences ont été à leur maximum et à leur minimum en hiver.

Nous avons cherché ensuite les modifications que la température de l'air éprouve dans le voisinage des arbres ; question qui concerne l'influence qu'exercent les forêts sur la température de la contrée. La différence entre la température de l'air à la périphérie des arbres et celle de l'air à une certaine distance, hors de leur influence, a été seulement pour l'année qui venait de s'écouler, de 0°,23 et de 0°,69 entre la température de l'air au-dessus de l'arbre et celle de l'air au nord ; mais, si l'on compare ensemble les observations faites à neuf heures du matin et neuf heures du soir, de mai 1860 à novembre 1861, on trouve des différences qui s'élèvent quelquefois jusqu'à 3° en faveur de l'air au-dessus de l'arbre, au moment de la plus forte chaleur de la journée, c'est-à-dire entre deux et trois heures de l'après-midi ; tandis que le matin, au soleil levant, lorsque le ciel a été clair pendant la nuit et que le rayonnement céleste a été dans toute sa force, la différence est quelquefois en sens inverse, attendu que l'air, loin des arbres, se refroidit moins que celui qui les entoure. Voilà ce qui explique la faible différence entre les températures moyennes annuelles ; quoique les feuilles et les parties vertes des végétaux aient de grands pouvoirs émissifs et absorbants, les effets produits, la nuit, étant en sens inverse de ceux qui ont lieu le jour, on n'a que la moyenne de la différence. Nous citerons comme exemple les observations faites en mai 1860, entre cinq et six heures du matin. Pendant la première quinzaine de ce mois, le ciel a été clair, les différences ont été de 0°,5 et 0°,6, en faveur de la température de l'air hors de l'influence de l'arbre, et par conséquent en sens inverse de ce qui a lieu, lorsque le rayonnement solaire agit. On conçoit l'influence que les arbres exercent sur la couche d'air qui les enveloppe; au fur et à mesure que le soleil s'élève au-dessus de l'horizon, les arbres s'échauffent plus que l'air, et échauffent en même temps la couche d'air qui les entoure, laquelle, en s'élevant, donne lieu à un courant d'air chaud ascendant. Ces effets vont en augmentant jusqu'à l'instant du maximum de la température de la journée. Immédiatement après, l'échauffement des arbres devient moindre, le courant ascendant d'air diminue, et quand le soleil est sur le point de se coucher, le rayonnement céleste, qui n'a pas cessé d'agir pendant le jour, l'emporte sur le rayonnement solaire et hâte le refroidissement des arbres; la masse entière de ces derniers n'étant pas soumise au rayonnement nocturne, il s'ensuit qu'ils conservent jusqu'à une heure plus ou moins avancée de la nuit une portion de la chaleur acquise dans le jour. Ce n'est que lorsque cette chaleur est dissipée entièrement que les feuilles se refroidissent par l'action du rayonnement nocturne, de manière à donner un excès de température en sens inverse. On voit par là comment il se fait que les moyennes des températures diverses et mensuelles de l'air au-dessus et loin des arbres présentent de très-faibles différences, alors que dans le cours de la journée ces différences sont assez considérables.

Lorsque le ciel est resté couvert pendant quelques jours, les différences sont alors très-faibles, non-seulement à neuf heures du matin, mais encore à trois heures du soir, au moment du maximum de température de la journée.

Dans le mois de décembre, par exemple, pendant quinze jours, le ciel est resté couvert; à neuf heures du matin, les températures ont été sensiblement égales. Pendant ce temps, le rayonnement solaire et le rayonnement céleste étaient à peu près nuls. On voit par là l'influence que ces deux rayonnements exercent sur la température des arbres et, par suite, sur celle de l'air ambiant pour l'élever ou l'abaisser.

S'il y a des éclaircies de temps à autre, et par suite un rayonnement solaire pendant quelques instants, le thermomètre électrique indique immédiatement la différence de température en faveur de l'air qui entoure l'arbre.

Dans le mois de janvier, qui a été le plus froid de l'hiver, il y a eu sept jours clairs pendant lesquels le soleil a paru; la température de l'air au-dessus de l'arbre l'a emporté quelquefois de 2° et en moyenne, de 0°,7, sur celle de l'air hors de son influence.

En cherchant quelle a été l'influence sur la température des arbres privés de leurs feuilles et, par suite, sur celle de l'air ambiant, de la période de froid de décembre, composée de sept jours de gelée, de deux périodes de froid de janvier, composée, l'une de dix jours et l'autre de neuf, ainsi que de la période de dégel qui a suivi la dernière de froid, on arrive aux conséquences suivantes :

Pendant la période de décembre, la première de froid, la température moyenne au-dessus de l'arbre a été à peu près la même que celle de l'air à une certaine distance, loin de toute influence terrestre.

Au mois de janvier, pendant la période de froid, qui a commencé cinq jours après la précédente, la température de l'air au-dessus de l'arbre, contrairement à ce qui a lieu ordinairement, a été inférieure de 0°,05 à celle de l'air à l'autre station.

Pendant la deuxième période, les deux températures sont redevenues presque égales; enfin, pendant la dernière période, celle de dégel, la température de l'air au-dessus de l'arbre a repris sa prépondérance habituelle et est redevenue supérieure de 0°,5 à celle de l'autre.

En février, la différence n'a plus été que de 0°,6. On voit donc qu'au milieu de la période de froid, l'arbre dépourvu de feuilles a agi sur l'air, en produisant un abaissement de température, comme aurait pu le faire un rayonnement nocturne quand le ciel est serein.

Pendant les mois de mars, avril et mai, qui composent le printemps météorologique, on a obtenu les résultats suivants :

En mars, la différence n'a été que de 0°,16; en avril, elle a été de 0°,4 ; en mai, de 0°,4.

Les observations recueillies mettent en évidence un fait qui n'est pas sans quelque importance et qui montre jusqu'à quel point peut aller l'influence des arbres sur la température de l'air, influence qui produit dans le jour un courant d'air chaud ascendant, et la nuit, quand le ciel est serein, un courant d'air froid descendant qui tend à refroidir le sol. Il arrive quelquefois que la température de l'air autour de l'arbre étant stationnaire, s'élève tout à coup de 1 à 2° sans cause apparente. Cet effet ne peut être attribué qu'à des courants d'air chaud venant de l'intérieur même de l'arbre ou des parties latérales les plus exposées au rayonnement solaire.

Si, pendant le jour, le ciel a été clair, et couvert pendant la nuit, les arbres conservent plus longtemps la chaleur acquise sous l'influence du rayonnement solaire et tendent alors à chauffer l'air. Dans le cas contraire, c'est-à-dire lorsque le ciel est resté couvert le jour et clair la nuit, ils agissent alors comme réfrigérants; ces alternatives d'échauffement et de refroidissement des arbres doivent réagir sur la température de l'air, suivant les climats. Il faut en appeler à des observations suivies, faites dans les mêmes conditions géographiques, et toutes choses égales d'ailleurs, pour connaître l'étendue de variation.

Sous les tropiques, où une grande partie de l'année le ciel est clair le jour et la nuit, les effets de rayonnement solaires doivent être détruits par les effets de rayonnement nocturnes. Dans les régions polaires, pendant les longues nuits d'hiver, le rayonnement nocturne doit abaisser considérablement la température des arbres verts et contribuer aux basses températures locales.

§ II. — *Des observations à six heures du matin.*

Les observations faites à six heures du matin ont une certaine importance, en ce qu'elles mettent en évidence une coïncidence à laquelle les météorologistes n'ont pas encore fait attention.

On trouvera dans le tableau suivant les moyennes annuelles des observations faites pendant les quatre années 1861, 1862, 1863, 1864, à six heures du matin, et dans la deuxième colonne la moyenne annuelle de la journée :

MOYENNES ANNUELLES.

ANNÉE.	MOYENNE au nord.	MOYENNE au midi.	MOYENNE à 10ᵐ au-dessus du sol.	MOYENNE à 21ᵐ au-dessus du sol.	MOYENNE annuelle diurne au nord à 1ᵐ33 au-dessus du sol.
1861	7°76	7°93	7,81	7,80	10,390
1862	8,09	8,14	8,08	8,21	10,945
1863	8,01	8,13	8,00	8,08	10,830
1864	6,93	7,05	6'98	6,40	9,990
Moyennes.	7,72	7,81	7,72	7,62	10,554

Les moyennes des quatre années d'observations, à six heures du matin au nord, à 1ᵐ,33 au-dessus du sol, à 16 mètres et à 21 mètres également au-dessus, présentent des différences ne s'élevant pas à 0°,1, tandis qu'au midi, à 1ᵐ,33, la plus grande différence n'est que de 0°,2. On est donc porté à admettre que les observations faites à six heures du matin, aux quatre stations, ont un caractère spécial qui permet de considérer ce moment de la journée comme étant une heure critique, où s'accomplissent des phénomènes climatériques ayant entre eux des rapports qui permettent d'établir une relation entre la moyenne du lieu et la moyenne à six heures du matin.

Nous ferons remaquer que les deux premiers mois de 1864, dont les températures moyennes composent, avec celles de décembre 1863, la moyenne hivernale de 1864, ayant donné des températures au-dessous de zéro, ce qui n'a pas eu lieu dans les trois années précédentes, cette circonstance a donné, pour 1864, à six heures du matin des valeurs un peu plus faibles que pour 1861, 1862 et 1863.

On trouvera dans le tableau suivant les différences entre les températures moyennes d'une année à une autre, à six heures du matin.

DIFFÉRENCES ENTRE LES TEMPÉRATURES MOYENNES

D'UNE ANNÉE A UNE AUTRE, A 6 HEURES DU MATIN.

ANNÉE.	DIFFÉRENCE ENTRE LES MOYENNES A 6 HEURES DU MATIN.			
	au nord.	au midi.	à 16ᵐ au-dessus du sol.	à 21ᵐ au-dessus du sol.
De 1861 à 1862.	— 0°33	— 0,26	— 0°27	— 0,41
De 1862 à 1863.	+ 0,08	+ 0,06	+ 0,08	+ 0,13
De 1863 à 1864.	+ 1,08	+ 1,08	+ 1,02	+ 1,68
Moyennes.....	+ 0,276	+ 0,33	+ 0,276	+ 0,47

Les quatre années d'observations à six heures du matin donnent une moyenne égale à 7°,697 ; si l'on compare ce nombre à la température moyenne des quatre années 10°,540, on trouve pour le rapport commun 1,361, que l'on peut considérer comme le coefficient à l'aide duquel on peut obtenir la température moyenne du lieu, quand celle de six heures du matin est connue.

DIFFÉRENCE ENTRE LES MOYENNES ANNUELLES

A 6 HEURES DU MATIN.

ANNÉE.	MOYENNE annuelle observée.	MOYENNE annuelle calculée.	DIFFÉRENCE.
1861	10°501	10°639	— 0°225
1862	10,830	11,091	+ 0,078
1863	10,945	10,952	— 0,127
1864	9,890	9,501	+ 0,410
Moyennes.......	10,542	10,556	— 0,147

On voit que les moyennes calculées sont sensiblement égales aux moyennes réelles.

COMPARAISON DES TEMPÉRATURES OBSERVÉES AU NORD
A 6 HEURES DU MATIN AVEC CELLES DES MAXIMA DANS LE MÊME MOIS

MOIS.	MINIMA.		6 HEURES DU MATIN.		TEMPÉRATURES à 6 heures du matin corrigées.	
	1863	1864	1863	1864	1863	1864
Décembre...	3°20	+ 1°91	4°80	3°15	4°55	+ 2°90
Janvier.....	+ 1,81	— 2,83	3,32	— 1,52	3,07	— 1,27
Février.....	— 0,36	— 1,80	0,60	+ 0,96	0,35	— 0,71
Mars........	+ 2,33	+ 2,81	3,22	+ 3,53	2,97	+ 3,28
Avril.......	6,06	+ 4,90	6,79	5,93	6,24	+ 5,68
Mai.........	9,00	9,49	10,25	10,84	10,00	+10,49
Juin........	11,91	11,40	14,10	13,68	13,95	+13,43
Juillet......	13,07	14,00	15,14	16,00	15,89	+16,75
Août.......	14,70	11,72	16,48	13,47	16,23	13,22
Septembre...	8,64	10,61	9,94	12,24	9,69	11,99
Octobre.....	8,54	5,584	9,52	6,87	9,27	6,62
Novembre...	3,74	1,289	5,03	3,01	4,78	2,76
Moyennes...	7,30	6,07	8,26	6,93	8,01	6,68

Ces résultats montrent qu'à six heures du matin les températures au nord sont toujours plus élevées que les températures minima, à la même exposition, d'environ 0°,6. Au mois d'avril c'est le moment où la différence est la moindre ; en 1863 elle a été de 0°,18, en 1864 de 0°,78. De là on conclut que, dans le lieu où l'on a opéré, les minima de température ont toujours lieu en moyenne un peu avant six heures du matin, quel que soit le mois que l'on considère.

Il est à désirer que les météorologistes se livrent à des observations de température, à six heures du matin, non-seulement sous la latitude de Paris, mais encore sous d'autres latitudes, afin de bien connaître l'importance de cette heure critique et les modifications qu'elle éprouve avec la position géographique du lieu où l'on observe.

En réunissant, en outre, les observations pendant un grand nombre d'années, on finira par avoir le coefficient exact avec lequel on pourra connaître la moyenne annuelle quand on aura la moyenne annuelle à six heures du matin.

L'heure critique dont nous venons de signaler l'existence n'est pas également éloignée d'un jour à l'autre du lever du soleil dont

l'instant dépend de la position du soleil sur l'écliptique; pendant
six mois elle précède le lever du soleil, et pendant les six autres
mois elle le suit; ce n'est qu'aux équinoxes où il y a coincidence
dans les heures; aux deux solstices a lieu le maximum d'écart,
mais en sens inverse; au solstice d'été, elle le précède; au solstice d'hiver, elle le suit; en hiver, l'effet du rayonnement térrestre,
vers six heures, est à son maximum pour refroidir le sol et par
suite l'air, jusqu'à une certaine hauteur, laquelle dépend des lieux
et de l'état du sol. En été, les effets de ce rayonnement sont en
partie détruits par l'action solaire qui réchauffe le sol depuis le
lever du soleil. L'égalité de température à toutes les stations, à
six heures du matin, ne peut avoir lieu qu'en admettant qu'il
existe une compensation entre le rayonnement terrestre et le
rayonnement solaire avant et après six heures du matin, jusqu'à
une certaine hauteur, compensation qui aurait lieu pendant un
certain temps, de sorte que la présence ou l'absence du soleil
n'aurait aucune influence sur le phénomène. L'heure critique se
trouverait comprise ainsi dans la période de temps pendant laquelle dure la compensation. La première recherche à faire pour
expliquer l'égalité de température aux quatre stations, à six
heures du matin, est de commencer par déterminer le rapport
existant entre la température moyenne de l'air à chacune des
stations et celle de l'air à six heures du matin. Si le rapport était
constant pendant un ou plusieurs mois, il représenterait le coefficient par lequel il faudrait multiplier la température moyenne,
à six heures du matin, pour avoir la température moyenne mensuelle, estivale et hivernale ou annuelle de l'air avec une certaine
exactitude, à chacune des stations.

Le rapport entre les températures diurnes n'offre rien de satisfaisant à ce sujet, en effet, comme on le voit ci-après :

Dates.	Température diurne à 16 mètres.	Température à 6 h. du matin.	Rapports.
2 mai.	13°7	8°7	1°57
10 mai.	15,7	11,2	1,40
20 mai.	16,5	7,2	2,30
30 mai.	16,4	13,4	1,22

Ces résultats indiquent que le rapport des températures diurnes
à celles des quatre stations, à six heures du matin, varie d'un
jour à l'autre. Cette variation est due à ce que, dans le cours
d'une journée, la température de l'air, à diverses hauteurs, dépend non-seulement de l'action solaire du jour, mais encore dé

celle de la veille, selon que le sol a été plus ou moins échauffé,
ou plus ou moins refroidi par le rayonnement solaire et le rayonnement nocturne; d'un jour à l'autre, le rayonnement du sol ne
doit pas être le même et doit influer différemment sur la température de l'air et par suite sur le rapport en question. Mais il n'en
est pas tout à fait de même si l'on cherche le rapport des températures moyennes de dix jours en dix jours, parce que l'on fait
disparaître alors les variations d'un jour à l'autre. En voici un
exemple :

MOIS DE MAI.

	Rapports.
Du 1er au 10.	1°67
Du 11 au 20.	1,53
Du 21 au 30.	1,41
Moyenne.	1,54

On voit là que les rapports sont déjà plus concordants que ceux
de la série diurne, cités précédemment, sans cependant l'être
suffisamment pour en faire des coefficients avec lesquels on
puisse déduire la température moyenne d'une station, à six heures
du matin, comme on va le voir en examinant les résultats consignés dans les tableaux suivants au nombre de six.

N° 1. — TEMPÉRATURES MOYENNES AUX QUATRE STATIONS

A 6 HEURES DU MATIN.

MOIS.	TEMPÉRATURE moyenne à 1m,33 au nord.	TEMPÉRATURE moyenne à 1m,33 au midi.	TEMPÉRATURE moyenne à 16 mètres.	TEMPÉRATURE moyenne à 21 mètres.
Avril 1861.....	5,70	5°88	5°87	5°87
Mai..........	10,20	10,45	10,17	10,24
Juin..........	15,80	16,11	15,79	15,87
Juillet........	15,20	15,40	15,30	15,50
Août...........	15,32	15,60	15,40	15,24
Septembre....	11,30	11,54	11,74	11,43
Octobre.......	9,15	9,33	9,16	9,23
Novembre.....	4,37	4,47	4,55	4,55
Décembre.....	1,80	1,90	1,98	2,03
Janvier 1862...	1,60	1,60	1,51	1,52
Février.......	2,61	2,70	2,65	2,64
Mars.........	5,16	5,26	5,16	5,18
Moyennes.....	8,20	8,25	8,27	8,29

N° 2. — TEMPÉRATURE MOYENNE AU NORD
A 1ᵐ,33 AU-DESSUS DU SOL (N).

MOIS.	TEMPÉRA-TURE moyenne au nord à 6ʰ du matin.	TEMPÉRA-TURE moyenne au nord.	RAPPORT entre les deux températures ou coefficient de température.	TEMPÉRA-TURE moyenne calculée avec le coefficient de température.	EXCÈS de résultat calculé sur le résultat de l'expérience.
Avril 1861...	5°70	11°00	1°93 | 1°925	10°97	— 0°03
Mai.........	10,20	15,05	1,47	15,05	0,0
Juin.........	15,80	19,71	1,24 ⎫	19,36	— 0,25
Juillet.......	15,20	18,40	1,21 ⎬ 1,225	18,62	+ 0,22
Août........	15,30	21,74	1,41	21,74	0,0
Septembre...	11,30	16,91	1,50 ⎫	16,72	— 0,19
Octobre......	9,15	13,52	1,47 ⎬ 1,48	13,54	+ 0,02
Novembre....	4,37	6,49	1,48 ⎭	6,49	0,0
Décembre....	1,80	3,74	2,08 ⎫	3,72	— 0,02
Janvier 1862..	1,60	3,22	2,00 ⎬ 2,04	3,26	+ 0,04
Février......	2,61	5,30	2,03 ⎭	5,32	+ 0,02
Mars	5,16	9,93	1,92 | 1,925	9,93	0,0
Moyennes....	8,20	12,08	»	12,06	— 0,027

N° 3. — TEMPÉRATURES MOYENNES A 16 MÈTRES
A 16 AU-DESSUS DU SOL.

MOIS.	TEMPÉRA-TURE moyenne à 21 mètres au-dessus du sol à 6ʰ du matin.	TEMPÉRA-TURE moyenne à 21 mètres au-dessus du sol.	RAPPORT entre les deux températures, ou coefficient de température.	TEMPÉRA-TURE calculée avec le coefficient.	EXCÈS du résultat calculé sur le résultat de l'observation.
Avril 1861....	5°87	12°28	2°09 ⎫	12°00	— 0°28
Mai.........	10,24	16,22	1,58 ⎬ 2,45	16,22	0,0
Juin.........	15,87	21,38	1,35 ⎫	21,10	— 0,28
Juillet.......	15,50	20,31	1,31 ⎬ 1,33	20,61	+ 0,30
Août........	15,14	23,25	1,53	23,25	.. ··0,0
Septembre...	11,43	18,60	1,62 ⎫	18,63	+ 0,03
Octobre....·.	9,23	14,89	1,61 ⎬ 1,63	15,04	+ 0,15
Novembre....	4,55	17,63	1,67 ⎭	17,41	— 0,23
Décembre....	2,03	4,43	2,18 ⎫	4,54	+ 0,11
Janvier 1862.	1,52	3,55	2,32 ⎬ 2,24	3,40	— 0,15
Février......	2,64	5,84	2,21 ⎭	5,91	+ 0,07
Mars........	5,18	10,25	1,00 | 2,045	10,59	+ 0,34
Moyennes....	8,28	14,05	»	14,058	— 0,002

N° 4. — TEMPÉRATURES AU-DESSUS DU SOL

A 21 AU-DESSUS DU SOL (M).

MOIS.	TEMPÉRA-TURE moyenne à 16 métres au-dessus du sol à 6ʰ du matin.	TEMPÉRA-TURE moyenne à 16 mètres.	RAPPORT entre les deux températures.	TEMPÉRA-TURE calculée avec le coefficient.	EXCÈS du résultat calculé sur le résultat de l'observation.
Avril 1861....	5°87	11°88	2°00 ǀ 1°98	11°62	— 0°26
Mai..........	10,17	15,61	1,53	15,61	0,0
Juin........	15,79	20,50	1,30 ⎫	20,50	0,0
Juillet......	15,30	20,10	1,31 ⎬ 1,30	20,10	0,0
Août........	15,40	22,66	1,47	22,66	0,0
Septembre...	11,74	18,08	1,54 ⎫	18,54	+ 0,46
Octobre.....	9,16	14,43	1,57 ⎬ 1,58	14,47	+ 0,04
Novembre....	4,55	7,41	1,62 ⎭	7,19	— 0,22
Décembre....	1,98	4,22	2,13 ⎫	4,29	+ 0,07
Janvier 1862..	1,50	3,44	2,27 ⎬ 2,17	3,27	— 0,17
Février......	2,65	5,61	2,10 ⎭	5,83	+ 0,22
Mars........	5,16	10,16	1,97	10,21	+ 0,05
Moyennes....	8,27	12,84	»	12,85	+ 0,019

N° 5. — TEMPÉRATURES MOYENNES AU MIDI.

MOIS.	TEMPÉRATURE moyenne au midi à 1ᵐ,33 au-dessus du sol. — à 6ʰ du matin.	TEMPÉRATURE moyenne mensuelle.	RAPPORT entre les deux températures.	TEMPÉRATURE moyenne calculée.
Avril 1861....	5°88	15°58	2°66	15°58
Mai..........	10,45	19,29	1,87	23,03
Juin........	16,11	23,29	1,44 ⎫	22,93
Juillet......	15,40	21,82	1,42 ⎬ 1,43	22,02
Août........	15,60	26,79	1,71	26,36
Septembre....	11,54	19,56	1,70 ⎫	19,50
Octobre......	9,33	15,87	1,72 ⎬ 1,69	15,77
Novembre.....	4,47	7,15	1,65 ⎭	7,55
Décembre.....	1,90	4,21	2,23	4,21
Janvier 1862..	1,60	3,62	2,23	3,62
Février......	2,70	6,44	2,38 ⎫ 2,34	6,31
Mars........	5,26	12,17	2,31 ⎭	12,31
Moyenne......	8,35	14,66	»	14,63

Dans le tableau n° 1, l'égalité de température, à six heures du matin à 1ᵐ,33 au-dessus du sol, à 16 et à 21 mètres, est mise en évidence; les différences sont très-faibles. Quant à la température moyenne observée au midi, à six heures du matin, avec un thermomètre ordinaire non abrité contre le rayonnement solaire, elle ne diffère que 0ᵐ1 de la température aux autres stations. Le tableau n° 2 contient, à la quatrième colonne, les rapports entre les températures mensuelles au nord à 1ᵐ33 au-dessus du sol et les températures moyennes mensuelles à six heures du matin, rapports représentant les coefficients qui servent, comme on va le voir, à déterminer la température moyenne d'un lieu à 1ᵐ,33, connaissant la température moyenne à six heures du matin.

On voit que les coefficients de juin et juillet sont sensiblement les mêmes; il en est de même des coefficients de septembre, octobre et novembre qui forment l'automne météorologique, ainsi que des coefficients de décembre, janvier et février. Les coefficients de mars 1862 et d'avril 1861 sont également les mêmes à de très-légères différences près.

Les mois de mai et d'août font exception; ils donnent des coefficients qui diffèrent de ceux qui les précèdent ou qui les suivent, mais diffèrent peu l'un de l'autre.

Si l'on prend les moyennes des coefficients des différents groupes que l'on vient d'indiquer et qu'on les multiplie par les températures moyennes, on a pour produit les nombres consignés dans la cinquième colonne, et qui ne diffèrent, à trois exceptions près, que de quelques centièmes de degré des températures moyennes mensuelles déduites de l'observation; les trois autres produits n'en diffèrent que de 0°,2 à 0°,3.

Les quatrième et cinquième colonnes du tableau III donnent les coefficients et les températures moyennes mensuelles calculées pour la station à 16 mètres au-dessus du sol. Les conséquences déduites des coefficients et des valeurs calculées conduisent aux mêmes conséquences que celles dont il a été question, en discutant les observations de la station à 1ᵐ,33.

Les excès des valeurs observées sur celles calculées diffèrent de 0°,1 à 0°,3 tantôt en plus, tantôt en moins.

Dans le IVᵉ tableau se trouvent les résultats observés et calculés, relatifs à la station à 21 mètres au-dessus du sol, et qui conduisent aux mêmes conséquences, ce qui indique qu'elles dérivent d'une loi commune.

Le Ve tableau donne les résultats obtenus au midi, à 1^m,33 au-dessus du sol et dans une circonstance exceptionnelle, puisque le thermomètre est exposé au rayonnement solaire sans réflecteurs ou abris s'opposant à l'action directe de ce rayonnement; la discussion des observations recueillies et des résultats calculés conduit aux mêmes conclusions, à quelques différences près cependant.

Les coefficients de juin et juillet sont égaux comme aux autres stations; mais le coefficient d'août n'est pas isolé; il est le même que les coefficients de septembre et d'octobre. Décembre et janvier ont également les mêmes coefficients.

Aux quatre stations les coefficients sont à leur maximum en été et à leur maximum en hiver; l'application nous en paraît facile; il faut la chercher dans les actions combinées du rayonnement céleste et du rayonnement solaire, dont l'un refroidit le sol et l'autre le réchauffe; or, comme le refroidissement et l'échauffement du sol influent sur la température de l'air jusqu'à une certaine hauteur, il s'ensuit que cette température est essentiellement liée aux rapports existant entre ces deux rayonnements. Quoique ces rapports soient extrêmement complexes, ce qui rend très-difficile la détermination de la température de l'air, il est possible, cependant, comme on va le voir, de les trouver à certaines heures de la journée.

A l'équinoxe du printemps, le 21 mars, le rayonnement solaire échauffe le sol pendant douze heures, tandis que le rayonnement nocturne le refroidit pendant douze heures de jour et douze heures de nuit; les effets calorifiques produits dépendant de l'état du ciel, on ne peut dire quel est celui des deux rayonnements qui l'emporte. Le lendemain, le rayonnement solaire a plus de durée, et ainsi de suite jusqu'au 21 juin, où les jours cessant d'augmenter de longueur, la durée du rayonnement solaire diminue ensuite chaque jour, et le sol continue à s'échauffer sous l'action solaire; de sorte que le maximum de la température de l'air a lieu, non au 21 juin, mais vers le 15 juillet. La diminution continue jusqu'à l'équinoxe d'automne, où le rayonnement céleste augmente de jour en jour jusqu'au 21 décembre, solstice d'hiver; mais le maximum de froid n'a lieu que vers le 14 janvier, époque où le sol s'est refroidi à son maximum. On voit par là qu'en été le rayonnement solaire doit l'emporter sur le rayonnement nocturne, tandis qu'en hiver c'est le contraire; par conséquent, en été, à six heures du matin, toutes choses égales d'ailleurs, la chaleur de l'air, influencée par celle du sol qui est échauffé par le soleil, doit s'approcher davantage de la moyenne mensuelle qu'en hiver, où le rayonnement céleste est prédominant, le soleil se levant après six heures. Bien que les coefficients que nous venons de donner ne soient déduits que d'une année d'observations, il est probable que des observations ultérieures permettront d'y faire les corrections dont ils ont besoin pour avoir une valeur exacte.

Parmi les observations de température de l'air recueillies jusqu'ici, on ne peut invoquer, pour vérifier l'exactitude des rapports que nous venons d'établir, que celles de Genève, faites à la fin du siècle dernier par Pictet, au lever du soleil, à deux heures de l'après-midi, et au coucher du soleil; au mois de mars et au mois de septembre, le soleil se levant à six heures du matin, les observations relevées pendant ces deux mois ayant eu lieu un peu avant ou un peu après six heures, on peut en déduire quelques conséquences. Les observations de mars n'offrent rien de satisfaisant à cet égard, mais il n'en est pas de même de celles de septembre, qui ont donné les résultats suivants :

RAPPORT DE LA TEMPÉRATURE DU MOIS A LA TEMPÉRATURE MOYENNE
AU LEVER DU SOLEIL.

Septembre 1797. . . . .   1°35
Septembre 1798.   1,37
Septembre 1799.   1,36
Septembre 1800.   1,35
                                              ‾‾‾‾
          Moyenne. . . . .   1,36.

On peut dire qu'il y a là une parfaite égalité entre ces coefficients.

Sous la latitude de Paris, le coefficient de septembre est égal à 1°,50; c'est le nombre par lequel il faut multiplier la température moyenne mensuelle à une station, à six heures du matin, pour avoir la température moyenne mensuelle de cette saison.

§ III. — *De la température au-dessous du sol.*

Le soleil lance continuellement sur la terre des rayons lumineux et calorifiques, variant d'intensité suivant la latitude. Les effets calorifiques qui en résultent dans les couches superficielles de la terre sont sensibles jusqu'à une certaine profondeur où se trouve une couche dite invariable, parce que sa température est constante. Au delà, la température va en augmentant suivant une loi qu'il n'est pas possible de vérifier au-delà d'une certaine profondeur et qui est variable au dessus, suivant les localités, c'est-à-dire suivant la nature et la perméabilité des terrains, comme nous en fournirons des preuves.

Il n'est pas possible, avec les thermomètres ordinaires et les thermomètres à maxima, de faire des observations suivies au-dessous du sol à une certaine profondeur où la lecture des indications des instruments n'est pas possible; il n'y a que le thermomètre électrique qui puisse être employé à cet usage.

Désirant établir au Jardin des plantes un thermomètre électrique de manière à observer la température jusqu'à une profondeur de 36 mètres, de 5 mètres en 5 mètres pendant une longue suite d'années, nous avons obtenu du Muséum d'histoire naturelle qu'il mît à notre disposition un puits abandonné, revêtu en maçonnerie et qui traverse les carrières et dont la profondeur était de 12^m,36; il y avait 1^m,36 d'eau; c'est au fond de ce puits que le sondage a été fait. Voici les détails de l'opération [1] :

Le thermomètre électrique, dont nous avons fait usage, se compose de diverses parties que nous allons décrire avec quelques détails :

1° D'un câble et de ses accessoires;

2° D'un galvanomètre et de ses accessoires.

Le câble est composé de sept fils mixtes, formés chacun d'un fil de fer et d'un fil de cuivre, l'un et l'autre suffisamment isolés et destinés à donner la température de 5 mètres en 5 mètres.

Un fil de fer et un fil de cuivre sont soudés par un de leurs bouts, les deux autres bouts peuvent être mis en relation avec un galvanomètre à fil court. Le premier couple a 50 mètres de longueur, le deuxième 45, le troisième 40, etc., jusqu'au dernier, qui n'a plus que 20 mètres. Chaque fil est formé de sept autres fils, afin qu'il n'y ait pas d'interruption dans le cas où l'un d'eux viendrait à se rompre avec le temps. Les sept fils de chaque groupe, étant réunis dans un seul, forment un fil unique de 2 millimètres de diamètre. Chaque groupe de ces fils est entouré d'une couche de gutta-percha de 3 millimètres d'épaisseur, enveloppée d'un

Mémoires de l'Académie des sciences de l'Institut de France, t. XXXII, p. 1 et suivantes.

ruban de coton goudronné. Les sept groupes de deux fils, ou câbles partiels, sont juxtaposés de la manière suivante : la première soudure est placée à l'extrémité du câble, qui occupe non le fond du puits foré, mais une position de 0ᵐ,60 au-dessus; la seconde a 5 mètres au-dessus, ainsi de suite jusqu'à la septième qui se trouve à 6 mètres au-dessous du sol.

Les sept groupes sont enroulés en torsades avec beaucoup de soin les uns sur les autres et le tout enveloppé de plusieurs bandes de toile de coton goudronnée, comme on le voit figure 4, pl. III. Le câble ainsi préparé a un diamètre de 0ᵐ,035, et il possède assez d'élasticité pour être enroulé sur une poulie de 0ᵐ,5 de diamètre quand on veut le transporter. Chaque couple a été essayé séparément, pour être certain que les soudures étaient bien faites et donnaient les mêmes températures dans des conditions semblables que celle de thermomètres ordinaires placés à côté, sans quoi les déterminations de température n'eussent pas été comparables entre elles. Ce câble était inaltérable dans l'eau. Cette opération sur laquelle reposait le succès des déterminations demandait une préparation préalable très-délicate, afin que le câble ne fût pas en contact avec l'eau et pût rester intact pendant un très-grand nombre d'années. Le câble a été introduit dans un mât de sapin dur de 11 centimètres de diamètre, disposé comme il suit : on a commencé par diviser ce mât en seize parties de 2 mètres de longueur, chacune d'elles a été sciée longitudinalement en deux parties égales, lesquelles ont été évidées au centre de manière à former un cylindre creux de 3 centimètres ½, destiné à recevoir le câble : l'intérieur et l'extérieur ont été goudronnés à chaud à diverses reprises. Le câble ayant été tendu verticalement au moyen d'un chevalet et d'une poulie ayant un diamètre convenable, on a commencé par renfermer la partie inférieure du câble dans l'intérieur d'une des portions du mât, mais de manière que l'une des parties ne fût recouverte que par la moité de l'autre, comme on le voit planche IV, figure 7. L'intérieur avait été rempli d'étoupes goudronnées afin qu'en approchant les parties qui étaient jointives, le câble fût pressé fortement; des vis en cuivre et des anneaux de même métal, de 0ᵐ,075 de largeur, fixés également avec des vis, tenaient jointes toutes les parties. Les anneaux de cuivre masquaient les jointures transversales, les fentes furent calfatées à la manière des vaisseaux, et le tout recouvert d'une forte couche de goudron appliqué bouillant. Cette opération faite, on descendait $1^m,5$ du câble, et l'on en préparait une autre portion comme on vient de le dire, de sorte qu'une des portions du mât était solidement reliée à la portion suivante , ainsi de suite jusqu'à la fin. Les portions avaient été tellement bien travaillées et ajustées qu'on avait un mât très-droit de 11 centimètres de diamètre et de 36 mètres de longueur dans la couche de goudron; ce mât a été descendu dans le tube de fer de 13 centimètres de diamètre sans éprouver le moindre frottement.

La figure 2, planche IV, indique l'agencement des parties et le mât en place. La figure donne la projection et la coupe des portions du mât. La première soudure, la soudure inférieure, était placée dans un bout du mât évidé intérieurement et non fendu longitudinalement. A l'extrémité inférieure de ce bout avait été adaptée une pièce en fer, tournée en tirebouchon, pour que le mât pût être fixé dans l'argile au moyen de son poids. Avec toutes ces précautions, on pouvait considérer ce mât comme étanche, c'est-à-dire ne pouvant pas être pénétré par l'eau, mais on ne s'en est pas tenu là, comme on va le voir; on a descendu dans le puits, au-dessus du trou foré, une caisse en bois de sapin ayant une section carrée de 25 centimètres de côté, et au milieu de laquelle s'est trouvé placé le mât. Cette caisse qui avait $11^m,2$ de long, était destinée à empêcher la terre de tomber dans le puits foré ou du moins dans l'espace compris entre le puits et la paroi de ce trou; le tube en fer introduit pour l'opération du sondage a été retiré, non sans quelque difficulté, à cause de la pression exercée par l'argile plastique, qui, se tassant peu à peu, a exigé l'emploi d'un cric. Ce tassement a été cause que le mât lui-même a été soumis à une forte pression qui a dû faire remonter l'eau, de sorte que le mât et par suite le câble ont été dans la même situation que s'ils eussent été introduits directement dans l'argile, sur une longueur de $12^m,57$. La figure 1, planche IV, montre le mât en place.

Le puits, en dehors de la caisse, ayant été comblé avec du sable terreux, on a coulé dans la caisse, qui était plongée dans l'eau sur une hauteur de $1^m,36$, du béton portland très-liquide, qui a dû s'introduire dans l'argile, dans l'intervalle compris entre le mât et la paroi du puits foré. Après avoir introduit ainsi 700 kilogrammes de béton, douze heures après, le béton étant pâteux, on a jeté dans la caisse du sable fin jusqu'à ce que le tout

devînt solide ; après quoi on a versé dans la caisse, au-dessus de
la partie solidifiée, 200 kilogrammes de béton gâché, liquide, qui
ont pris assez promptement, jusqu'à 1 mètre en contre-bas du
sol. On a couché et enterré ensuite dans une fosse de même profondeur le câble, renfermé dans des tuyaux de grès dont les joints
ont été cimentés avec du plâtre, après quoi on l'a fait passer verticalement dans d'autres tuyaux de grès, de 15 centimètres, également cimentés et appliqués sur la face sud-est d'un mur, afin de
l'introduire au travers du mur, dans la pièce où étaient disposés,
sur des tablettes scellées dans le mur, le galvanomètre, le réfrigérant et son soufflet, et tous les accessoires indispensables aux
observations, le tout disposé comme on le voit dans la figure 1 *bis*,
planche III, et dont je vais donner la description.

Dans le but de faciliter les observations, les divers couples qui
composent le câble ainsi que le câble indépendant ont été séparés sur une longueur de plusieurs décimètres, les fils de cuivre et
de fer de chaque couple disposés comme il suit : au moyen de
vis de pression, seize pinces, huit en cuivre, huit en fer, ont été
fixées sur une tablette ; dans chacune d'elles on a pratiqué des
ouvertures, dont l'une est destinée à recevoir le bout de fil en
cuivre, ou de fer, d'un des couples du câble, et l'autre extrémité
du fil du même métal appartenant au couple, dont la soudure
est placée dans l'appareil réfrigérant ou l'appareil échauffant.
Le galvanomètre ou le magnétomètre est introduit dans le circuit
au moyen de fils adjonctifs en cuivre et de pinces portatives recouvertes de gutta-percha, pour éviter l'échauffement de la main
quand on les touche. La tablette est scellée dans le mur près du
réfrigérant, comme on le voit figure 1 *bis*, planche III ; l'appareil
réfrigérant ou échauffant se compose d'un tube de verre de $0^m,6$
au moins de diamètre rempli à moitié de mercure et dans lequel on
introduit la soudure libre et le thermomètre T divisé en dixièmes
de degré. Ce tube plonge lui-même dans une éprouvette E remplie
d'éther, que l'on vaporise en y insufflant de l'air au moyen d'une
soufflerie S quand il s'agit de la refroidir, ou que l'on chauffe
lorsqu'on veut élever la température de la soudure ; la température de la main suffit, dans la plupart des cas ; pour maintenir
longtemps le zéro, il faut que la colonne de mercure s'élève dans
l'éprouvette jusque vers le degré qu'on observe, et que l'éprouvette soit remplie d'éther jusqu'au niveau du mercure.

Nous devons indiquer les précautions à prendre dans les observations pour avoir des déterminations exactes. Le principe général du procédé est d'introdnire, comme on l'a déjà dit, dans un circuit composé d'un fil de cuivre et d'un fil de fer, ayant par conséquent deux soudures, un galvanomètre gardant parfaitement le zéro ou bien un magnétomètre, condition indispensable; car si, dans le cours d'une observation, il venait à changer, la température observée serait fausse.

Il faut, en outre, avoir l'attention d'élever le mercure à une température ne différant que de 1 degré environ, et même moins, de celle que l'on veut déterminer, afin que la déviation de l'aiguille aimantée soit la plus faible possible, condition nécessaire pour que l'aiguille aimantée revienne à zéro. En opérant ainsi le fil de soie éprouve une faible torsion et son élasticité est moins modifiée. L'une des soudures étant dans le lieu dont on veut avoir la température, et l'autre dans le tube rempli de mercure dont on élève ou abaisse la température, selon qu'elle est plus basse ou plus élevée que celle que l'on cherche, on conçoit que le thermomètre qui plonge dans le mercure ne s'échauffant et ne se refroidissant pas aussi vite que la soudure, il est indispensable de maintenir pendant une minute environ l'aiguille aimantée au zéro pour que l'équilibre de température puisse s'établir; on y parvient, comme on l'a dit plus haut, en opérant avec de grandes masses de mercure et d'éther, pour qu'un refroidissement ou un échauffement graduel soit très-lent; pendant l'échauffement ou le refroidissement, il faut remuer continuellement avec un agitateur le mercure pour établir l'équilibre de température dans toutes les parties.

Nous devons signaler un moyen de contrôle direct, quand on suppose que deux couches terrestres, où il y a deux soudures, ont la même température. On réunit les deux circuits correspondant à ces soudures en un seul et dirigeant les deux courants en sens inverses et y introduisant le galvanomètre. Il faut pour cela mettre en communication des deux extrémités libres des fils de fer et mettre en relation les deux extrémités libres des fils de cuivre avec le galvanomètre. Les deux courants thermo-électriques étant dirigés en sens inverses se détruisent s'ils sont égaux, et alors l'aiguille aimantée reste à zéro; s'ils ne le sont pas, la déviation peut servir à trouver la différence entre les deux températures.

On trouvera dans le tableau suivant les températures moyennes des saisons à 1, 6, 11, 16 et 21 mètres pendant les années 1864, 1865, 1866, 1867, 1868[1].

PROFOR^d	SAISONS.	1864	1865	1866	1867	1868	MOYENNES.	VARIA^t.
1^m	Hiver.....	6°871	6°376	8°312	7°716	7°649	7°385 Minimum.	
	Printemps.	8,247	7,687	8,447	8,571	8,220	8,254	7°227
	Été.......	14,294	14,663	14,033	14,170	15,990	14.612 Maximum.	
	Automne..	12,092	14,783	13,490	14,706	15,525	14,239	
	Moyenne.....	10,526	10,877	11,070	11,290	12,823	11,116 Moyenne des 5 ans.	
6^m	Hiver.....	12,668	12,123	12,369	12,253	12,400	12,362	
	Printemps.	11,233	10,648	11,241	10,904	10,950	10,995 Minimum.	
	Été.......	11,634	11,214	11,495	11,426	11,549	11,463	1°583
	Automne..	12,671	12,593	12,008	12,388	13,232	12,578 Maximum.	
	Moyenne.....	12,051	11,644	11,778	11,776	12,044	11,850 Moyenne des 5 ans.	
11^m	Hiver.....	12,359	11,898	11,808	11,850	11,905	11,964	
	Printemps.	12,414	11,297	11,594	11,720	12,286	11,802 Minimum.	
	Été.......	12,162	11,538	11,830	11,928	12,080	11,907	0°364
	Automne..	12,120	11,680	11,870	12,000	12,160	12,166 Maximum.	
	Moyenne... .	12,189	11,601	11,775	11,875	12,044	11,915 Moyenne des 5 ans.	
16^m	Hiver.....	11,987	11,801	11,576	11,820	11,879	11,812 Minimum.	
	Printemps.	11,987	11,743	11,701	11,789	11,993	11,842	0°190
	Été.......	12,087	11,787	11,928	11,966	12,244	12,002 Maximum.	
	Automne..	12,183	11,696	11,927	11,965	12,110	11,976	
	Moyenne.....	12,081	11,757	11,783	11,885	12,057	11,912 Moyenne des 5 ans.	
21^m	Hiver.....	12,133	12,100	12,005	12,000	11,950	12,037	
	Printemps.	12,130	12,084	12,000	11,900	11,990	12,021 Minimum.	0°04
	Été.......	12,192	12,133	12,050	11,913	12,029	12,065 Maximum.	
	Automne..	12,112	12,087	12,050	11,950	12,033	12,046	
	Moyenne.....	12,142	12,101	12,026	11,941	12,000	12,045 Moyenne des 5 ans.	

Le tableau suivant renferme les températures à 26, 31 et 36 mètres, ainsi que les moyennes de cinq années d'observations de 1864 à 1868[2].

[1] *Mém. de l'Académie des sciences*, t. XXXVIII, p. 688.
[2] Il fait suite au précédent.

PROFOND.	SAISONS.	1864	1865	1866	1867	1868	MOYENNES.	VARIAt.
26 m	Hiver.....	12°104	12°054	12°194	12°132	11°984	12°093 Minimum.	
	Printemps.	12,332	12,356	12,347	12,138	12,262	12,287	0°514
	Été.......	12,597	12,703	12,650	12,414	12,684	12,607 Maximum.	
	Automne..	12,388	12,558	12,463	12,283	12,333	12,405	
	Moyenne.....	12,355	12,418	12,414	12,242	12,305	12,347 Moyenne des 5 ans.	
31 m	Hiver.....	12,352	12,341	12,427	12,383	12,250	12,351	
	Printemps.	12,375	12,321	12,450	12,250	12,250	12,329	Température sensiblement la même dans toutes les saisons.
	Été.......	12,403	12,449	12,450	12,250	12,250	12,360	
	Automne..	12,411	12,434	12,450	12,250	12,250	12,359	
	Moyenne.....	12,385	12,386	12,444	12,283	12,250	12,349 Moyenne des 5 ans.	
36 m	Hiver.....	12,472	12,471	12,550	12,500	12,400	12,478	
	Printemps.	12,490	12,466	12,550	12,400	12,400	12,461	Température constante dans toutes les saisons.
	Été.......	12,527	12,581	12,550	12,400	12,400	12,492	
	Automne..	12,469	12,570	12,550	12,400	12,400	12,478	
	Moyenne.....	12,489	12,522	12,550	12,425	12,400	12,477 Moyenne des 5 ans.	

MOYENNES DES CINQ ANNÉES DE 1864 A 1868.

ANNÉES.	A 36 mèt.	A 31 mèt.	A 26 mèt.	A 21 mèt.	A 16 mèt.	A 11 mèt.	A 6 mèt.	A 1 mèt.
1864	12°489	12°385	12°355	12°142	12°081	12°189	12°051	10°526
1865	12,522	12,386	12,418	12,101	11,757	11,601	11,644	10,877
1866	12,550	12,444	12,414	12,026	11,783	11,775	11,778	11,070
1867	12,425	12,283	12,242	11,941	11,885	11,875	11,776	11,290
1868	12,400	12,250	12,305	12,000	12,057	12,128	12,014	11,823
Moyenne des 5 ans.....	12,477	12,349	12,347	12,045	11,912	11,915	11,850	11,116

TEMPÉRATURES MOYENNES A DIVERSES PROFONDEURS.

ANNÉES.	1 mètre.	6 mètres.	11 mètres.	16 mètres.	21 mètres.	26 mètres.	31 mètres.	36 mètres.
1864. 1865. 1866. 1867. 1868.	11°12	11°85	11°91	11°91	12°06	11°35	12°35	12°48
1867 et 1868.	11,55	11,91	12,00	11,97	11,97	12,27	12,37	12,41

VARIATIONS DE TEMPÉRATURE D'UNE STATION A UNE AUTRE [1].

pendant les cinq années.	pendant les deux dernières années.
De 1 mètre à 6 mètres = 0°73	De 1 mètre à 6 mètres = 0°36
De 6 — 11 — = 0,06	De 6 — 11 — = 0,09
De 11 — 16 — = 0,00	De 11 — 16 — = 0,09
De 16 — 21 — = 0,13	De 16 — 21 — = 0,00
De 21 — 26 — = 0,31	De 21 — 26 — = 0,30
De 26 — 31 — = 0,00	De 26 — 31 — = 0,00
De 31 — 36 — = 0,113	De 31 — 36 — = 0,15

La variation de 1 mètre à 36 mètres a été de 0°86 au lieu de 1°36 avec les cinq années; cette différence tient à la chaleur estivale de 1868 qui a été de 15°90 à 1 mètre au lieu de 14°29 en 1864, 14°66 en 1865, 14°03 en 1866, 14°17 en 1867.

Les observations ont été continuées, depuis, sans interruption et continueront à l'être; elles ont donné des moyennes semblables, comme on peut le voir dans les mémoires de l'Académie, où se trouvent les observations de 1869 à 1873.

Si l'on s'en tient aux moyennes des cinq années, on en déduit les conséquences suivantes :

1° La température moyenne a présenté très-peu de différence de 6 mètres à 21 mètres, ainsi que de 21 mètres à 26 mètres.

2° De 1 mètre à 36 mètres, la différence a été de 1°36.

Mais s'il est démontré que, pendant les cinq années, les températures moyennes ont été sensiblement les mêmes, de 6 mètres à 21 mètres, il n'est pas dit pour cela que la température dans ces diverses stations soit stationnaire; pour savoir à quoi s'en tenir à cet égard, il faut chercher les variations de température dans ces diverses stations, puis chercher aussi les variations de température dans le cours de l'année, suivant les saisons, c'est-à-dire les différences entre les maxima et minima moyens annuels.

Les variations diminuent jusqu'à 21 mètres où elles sont nulles; à 26 mètres elle est de 0°5, puis jusqu'à 36 il n'y a plus de variations; toutes les couches de terrain ont donc une température constante, à 21 mètres, à 31 mètres et à 36 mètres; où donc placer la couche invariable? Est-ce à 21 mètres, à 31 mètres ou à 36 mètres, et plus loin probablement s'il eût été possible d'étendre les observations au-delà?

[1] L'été exceptionnel de 1868 a influé sur la température à 1 mètre de profondeur.

En discutant les observations, on a vu qu'à 1 mètre les maxima et les minima ont lieu aux mêmes époques que dans l'air ; qu'à 6 et 11 mètres ils ont lieu en automne et au printemps, tandis qu'à 16 et 26 mètres ils se montrent aux mêmes époques que dans l'air. Voici comment on s'en rend compte. En consultant la carte hydrologique de M. Delesse, on voit qu'à 16 mètres on commence à pénétrer dans la nappe d'eau souterraine qui alimente les puits du Jardin des plantes. Cette nappe d'eau s'écoule sans cesse vers la Seine ; elle reçoit directement les eaux atmosphériques, et sa température doit participer, par conséquent, de celle de l'air. A 26 mètres, se trouve la deuxième nappe souterraine qui repose sur l'argile plastique, nappe puissante, attendu qu'elle repose sur des couches imperméables; elle est alimentée par les eaux pluviales ainsi que par les eaux coulant à la surface du sol, dans les endroits où affleure l'argile plastique ; par conséquent la température doit participer de celle de l'air.

§ IV. — *Déterminations des températures sous des sols couverts de plantes herbacées ou dénudées à égales profondeurs.*

Les thermomètres électriques destinés à observer sous le sol à égale profondeur, selon que le sol est dénudé ou couvert de plantes herbacées, ont été placés à côté de ceux qui servent à déterminer la température jusqu'à 36 mètres de profondeur, et ils ont été construits sur les mêmes modèles [1].

Les observations ont commencé en 1870 aux profondeurs suivantes : $0^m,05$, $0^m,10$, $0^m,20$, 0^m30, 0^m60. Le sol où était placé ces câbles et qui est celui de la partie basse du labyrinthe, est formé de terre rapportée, de déblais provenant de l'intérieur de Paris ; les deux câbles étaient contigus, la surface de la terre qui couvrait l'un était dénudée et l'autre couverte de plantes herbacées. Les observations ont été faites, d'abord à six heures et neuf heures du matin, trois heures et neuf heures du soir. On a supprimé ensuite les observations de neuf heures du soir. Nous donnons ci-après les moyennes obtenues dans une première série d'observations.

----

[1] *Comptes rendus de l'Académie des sciences.*

MOYENNE DES OBSERVATIONS DE 9 HEURES DU MATIN ET DE 9 HEURES DU SOIR.

	SOL COUVERT.					SOL DÉNUDÉ.				
	0m05	0m10	0m20	0m30	0m60	0m05	0m10	0m20	0m30	0m60
Août. 1871...	21°60	21°86	21°89	21°62	21°29	21°03	21°15	21°40	21°29	20°53
Septembre....	17,09	17,62	12,04	18,70	18,76	16,17	16,24	16,89	17,17	17,62
Octobre......	17,03	10,51	11,19	11,81	13,20	8,18	8,52	9,21	9,90	11,83
Moyenne.....	16,24	16,66	17,04	17,37	17,75	15,12	15,30	15,81	16,12	16,52

MOYENNE DES OBSERVATIONS DE 6 HEURES DU MATIN ET DE 3 HEURES DU SOIR.

	0m05	0m10	0m20	0m30	0m60	0m05	0m10	0m20	0m30	0m60
Août 1871....	22,17	21,86	21,78	21,60	21,02	22,24	21,72	21,13	21,10	20,40
Septembre....	17,42	17,64	17,95	18,23	18,79	17,05	16,96	16,91	17,17	17,71
Octobre......	10,15	17,40	11,17	11,99	13,25	8,83	9,02	9,30	9,83	11,48
Moyennes....	16,58	16,67	16,97	16,27	17,69	16,04	15,90	15,78	16,03	16,54

MOYENNES GÉNÉRALES DES OBSERVATIONS DE 6 HEURES ET 9 HEURES DU MATIN ET 3 HEURES ET 9 HEURES DU SOIR.

	0m05	0m10	0m20	0m30	0m60	0m05	0m10	0m20	0m30	0m60
Août 1871....	21,89	21,92	21,83	21,61	21,16	21,57	21,44	21,32	21,20	20,48
Septembre. ..	17,26	17,58	18,26	18,13	18,85	16,60	16,59	16,96	17,17	17,67
Octobre......	10,09	10,40	11,18	11,40	13,22	8,50	8,77	9,31	9,86	11,46
Moyennes....	16,41	16,65	16,99	17,04	17,74	15,56	15,60	15,86	16,07	16,53

Les résultats consignés dans ce tableau montrent que, dans les cinq stations, la température moyenne a été constamment plus basse d'environ 1 degré sous le sol dénudé que sous le sol couvert, et que cette température a été ascendante dans les deux sols en s'abaissant au-dessous de la surface; de telle sorte que la différence entre la température à 0^m,050 et celle à 0^m,060 a été d'environ 1 degré. Ils indiquent, en outre, que les moyennes obtenues avec les observations de neuf heures du matin et neuf heures du soir, ou bien avec les observations de six heures et neuf heures du matin, trois heures et neuf heures du soir, présentent peu de différences ; de sorte, que l'on pourra se contenter à l'avenir de celles des observations de six heures du matin à trois heures du soir qui donnent les températures maxima et minima.

Cet état de choses intéresse les cultures, en général, sous le rapport des profondeurs, où les graines doivent être mises et où les racines se plaisent le mieux, ainsi que l'entomologie, pour expliquer les mœurs des insectes qui préfèrent telle profondeur à telle autre pour y déposer leurs œufs et même y vivre, ainsi que leurs larves.

Nous donnerons encore ici les observations faites pendant l'année météorologique 1872 pour montrer que les différences dans les températures des deux sols ont été les mêmes; les tableaux suivants renferment les moyennes des températures des quatre saisons.

DATES.	PROFONDEURS.				
	0m05	0m10	0m20	0m40	0m60
HIVER 1871-1872.					
Sol gazonné......	4,14	3,90	3,49	3,31	3,19
Sol dénudé.......	4,00	3,24	3,04	2,99	2,96
Différence........	0,14	0,66	0,45	0,32	0,23
PRINTEMPS 1872.					
Sol gazonné......	10,01	10,35	10,59	10,86	10,79
Sol dénudé.......	9,91	10,17	10,22	.10,84	11,17
Différence........	0,10	0,18	0,37	0,02	— 0,38
ÉTÉ 1872.					
Sol gazonné......	19,44	20,03	20,34	20,53	20,69
Sol dénudé......	18,94	19,69	19,85	19,88	21,14
Différence........	0,50	0,34	0,49	0,65	— 0,45
MOYENNE DE L'ANNÉE.					
Sol gazonné......	11,69	11,59	11,46	11,39	11,30
Sol dénudé.......	11,11	10,85	10,73	10,82	11,18
Différence........	0,58	0,71	0,73	0,57	0,12

Les différents effets observés sont complexes et doivent dépendre principalement du pouvoir rayonnant et du pouvoir conducteur des sols et de l'état de l'atmosphère, c'est-à-dire d'un ciel serein couvert ou d'un temps pluvieux. L'influence de ces causes diverses ne peut être déterminée qu'en multipliant et variant les observations. C'est là une question de climatologie importante à résoudre pour la végétation. On voit toujours que la température au-dessous du sol gazonné jusqu'à $0^m,06$ est plus élevée sous le sol gazonné que sous le sol dénudé. Ce n'est qu'au printemps et en été où elle est plus élevée sous le sol dénudé à $0^m,05$ qu'aux autres profondeurs, ce qui ne peut être attribué qu'à l'influence solaire. Nous rapporterons encore, ici, les observations faites pendant les mois de novembre et décembre qui ont été pluvieux. Pendant ces deux mois l'humidité ou la pluie ayant été presque continuelle, cet état de choses a produit sur la température des deux sols des effets que la discussion des observations a mis en évidence.

Voici les conséquences auxquelles elle a conduit :

1° Pendant les deux mois de novembre et décembre 1872, où l'humidité de la terre et celle de l'air ont été à peu près constantes à cause des pluies continuelles, la température moyenne du sol couvert de végétaux jusqu'à la profondeur de $0^m,60$, a été presque toujours supérieure à celle du sol dénudé aux mêmes profondeurs ;

2° Dans le mois de novembre, les températures à six heures du matin, aux cinq profondeurs, sous le [sol couvert, ont été d'environ 1 degré plus élevées que sous le sol dénudé jusqu'à environ $0^m,30$ de profondeur ; à trois heures la différence est moindre.

Les différences entre les températures moyennes sous les deux sols ont été à peu près les mêmes, à l'exception de la profondeur $0^m,05$, où elle n'a été que $0°,71$ au lieu de 1 degré.

En ayant égard à l'état du ciel, selon qu'il est clair, nébuleux ou qu'il pleut, on voit que, pendant le temps clair, sous le sol couvert à $0^m,05$, la température a été inférieure à la température moyenne de l'air d'environ $0°,8$ et supérieure à celle du sol dénudé de $1°,2$. Quand le ciel est nébuleux, la température du sol couvert a été égale à celle de l'air, qui est de $0^m,60$.

Pendant les jours de pluie la température sous le sol couvert à 0^m,05 a été inférieure à celle de l'air de 0°64 ; sous le sol dénudé la température a été sensiblement la même.

TEMPÉRATURE MOYENNE SOUS LES DEUX SOLS, COUVERT ET DÉNUDÉ.

DATES et NATURE DU SOL	6 HEURES DU MATIN.					3 HEURES DU SOIR.					MOYENNE DE LA JOURNÉE sous les deux sols, déduite des deux observations horaires.				
	N° 1. Prof. 0,05.	N° 2. Prof. 0,10.	N° 3. Prof. 0,20.	N° 4. Prof. 0,30.	N° 5. Prof. 0,60.	N° 1. Prof. 0,05.	N° 2. Prof. 0,10.	N° 3. Prof. 0,20.	N° 4. Prof. 0,30.	N° 5. Prof. 0,60.	N° 1. Prof. 0,05.	N° 2. Prof. 0,10.	N° 3. Prof. 0,20.	N° 4. Prof. 0,30.	N° 5. Prof. 0,60.
Novembre 1872. Température de l'air 8°66.															
Sol couvert.....	8°56	8°93	9°32	9°58	10°25	9°07	9°15	9°23	9°64	10°27	8°81	9°04	9°40	9°61	10°26
Sol dénudé. ...	7,47	7,67	8,22	8,55	9,40	8,74	8,33	8,38	8,51	9,48	8,10	8,00	8,30	8,53	9,41
Différence......	1,09	1,26	1,10	1,03	0,85	0,33	0,82	0,85	1,13	0,79	0,71	1,04	1,10	1,08	0,85
Décembre 1872. Température de l'air 6°84.															
Sol couvert.....	6,14	6,55	6,95	7,27	7,97	6,58	6,64	6,86	7,23	7,95	6,33	6,59	6,90	7,25	7,96
Sol dénudé.. ...	5,17	5,43	6,07	6,44	7,54	6,35	6,09	6,11	6,37	7,50	5,76	5,76	6,40	6,41	7,52
Différence......	0,97	1,12	0,88	0,83	0,43	0,23	0,55	0,75	0,86	0,45	0°57	0,83	0,50	0,84	0,84

TEMPÉRATURE A 0^m05 DE PROFONDEUR SUIVANT LA NATURE DU SOL

	NOVEMBRE 1872.				DÉCEMBRE 1872.		
ÉTAT du ciel.	SOL couvert.	SOL dénudé.	TEMP. de l'air.	ÉTAT du ciel.	SOL couvert.	SOL dénudé.	TEMP. de l'air.
Clair.....	10°34	9°12	11°11	Clair.....	6°22	5°42	6°98
Couvert..	8,87	8,19	8,87	Couvert..	7,16	5,98	7,16
Pluie.....	8,28	7,62	7,64	Pluie.....	6,33	5,80	6,50

3° Pendant le mois de décembre, à six heures du matin, aux

cinq profondeurs, les différences ont été, en faveur du sol couvert, de 0°87, 1°12, 0°88, 0°83, 0°,43; à trois heures du soir, 0°18, 0°54, 0°,75, 9°,86, 0°45 ; elles n'ont été bien sensibles en faveur du sol couvert qu'à $0^m,05$, $0^m,10$. Pendant les temps clairs, à 0^m05, la température du sol couvert a été supérieure de $0^m,80$ à celle du sol dénudé, et la température du sol couvert inférieure à celle de l'air de 0°,76. Sous le ciel couvert, la température a été la même que celle de la journée. Pendant la pluie, la température du sol dénudé a été inférieure à celle de l'air de 0°,70.

Cette supériorité d'environ 1 degré de la température d'un sol couvert sur celle d'un sol dénudé, de même nature quant à sa composition, pendant une saison humide et un temps de pluie, ne peut guère s'expliquer qu'en admettant que dans le sol couvert de végétaux les racines de ces derniers forment une espèce de feutre qui ne permet pas aux eaux pluviales qui sont à la température de l'atmosphère de les traverser aussi facilement que le permettent les sols sableux. Le sol couvert prend donc plus difficilement la température de l'air que l'autre sol.

On voit donc que le thermomètre électrique, qui nous a servi pour déterminer la température des parties intérieures des corps organisés, peut être employé utilement pour résoudre des questions de physique terrestre qui intéressent également la végétation.

§ V. — *Des causes qui influent sur la température moyenne de l'air.*

Nous avons déjà fait connaître, dans le § I, la variation de température au-dessus d'un arbre de première grandeur ; dans celui-ci il sera question des causes en général qui influent sur la température de l'air.

Dans les observations de température moyenne de l'air qui servent à la construction des lignes isothermes, isothères et isochimènes, on néglige ordinairement d'indiquer les conditions dans lesquelles elles ont été faites; de là résultent souvent des causes d'erreur qui ne permettent pas d'accorder toujours à ces lignes le degré de confiance qu'on doit leur donner, lorsqu'elles servent à la classification des climats.

Les conditions auxquelles il faut avoir égard sont :

1° La nature et l'état physique du sol et des corps qui le recouvrent;

2° Le rayonnement céleste et terrestre ;

3° La hauteur au-dessus du sol du lieu d'observation ;

4° La proximité de grands plateaux dénudés ou couverts de grands ou de bas végétaux.

Dans les paragraphes précédents on a déjà vu les précautions à prendre dans les observations thermo-électriques pour déterminer la température de l'air, en ayant égard à toutes les causes que nous venons d'indiquer, à l'exception toutefois de la hauteur au-dessus du sol du lieu d'observation. Car ce n'est qu'à une hauteur de 20 à 30 mètres qu'on est à l'abri des effets du rayonnement terrestre, dont il vient d'être question ; c'est le moyen le plus sûr pour avoir la température moyenne vraie d'un lieu.

Les observations de M. Plantamour, faites à Genève en 1847 [1], à 50 pieds au-dessus du sol et à 4 pieds (mesures anglaises), viennent corroborer les nôtres. Voici les conséquences qu'il a déduites de ses observations : en été, lorsque le temps est clair, la température est notablement plus élevée à 50 pieds de hauteur qu'à 6 pieds ; la différence est moindre si le temps est couvert. En prenant la moyenne diurne, abstraction faite de l'état du ciel, on trouve que le soir, en été et en automne, la température est plus élevée environ de 0°5 à 50° qu'à 4 heures ; à midi la différence est en sens contraire. Elle est moins considérable d'un quart de degré pour le mois de juillet et plus faible encore pour les autres mois.

On voit donc que les observations qui précèdent tendent à confirmer que l'influence du sol se fait sentir sur la température de l'air jusqu'à une certaine hauteur.

Les observations recueillies à Bruxelles par M. J. Quételet confirment les mêmes conséquences.

Les expériences que nous avons faites au Jardin des plantes viennent à l'appui des faits que nous venons de rapporter.

M. Martins, professeur à la Faculté des sciences de Montpellier, a fait une série intéressante d'observations sur le même sujet, dont nous allons donner une analyse succincte.

Il a cherché les maxima et les minima moyens de 1859 à la Faculté des sciences et au Jardin des plantes de Montpellier à des altitudes de 59m,5 et de 29m,5. Il résulte de la discussion des résultats qu'il a obtenus que, dans une même ville, une différence

---

[1] *Archives des sciences physiques et naturelles,* t. VIII, p. 27.

de niveau de 30 mètres apporte une différence de 3°,01 dans les maxima et une de — 0°,95 en faveur de la plus grande élévation. Aussi le climat du Jardin des plantes est-il plus extrême que celui de l'observatoire de la Faculté des sciences ; l'un est dans un fond, l'autre sur une colline. Nous ajouterons que, malgré la plus grande élévation des maxima à 29^m,5, la température moyenne au Jardin des plantes est plus basse de 1°,03 que la moyenne de l'observatoire de la Faculté, quoique ces deux stations ne soient éloignées l'une de l'autre que de 460 mètres. Nous ajouterons que, dans le Jardin des plantes, sur un monticule et à peu de distance au dessus, à une différence de niveau égale, on a deux climats différents.

Les maxima et les minima jouent un grand rôle dans les cultures ; ce sont ceux qui les règlent ; les moyennes mensuelles ainsi que les moyennes annuelles n'ont qu'un intérêt scientifique puisque + 10° est aussi bien la moyenne de — 10° + 30° que de 0° et 10°. Or, dans les deux cas, les climats sont bien différents, le premier est beaucoup plus extrême que le second, aussi les phénomènes de culture sont-ils différents dans l'un et dans l'autre.

La température au-dessous du sol, la boule du thermomètre étant seulement recouverte de terre, est plus basse que celle au-dessus ; dans d'autres localités, on trouve le contraire ; cela tient, comme on va le voir, à la nature du sol, que l'on néglige ordinairement dans les observations thermométriques.

On ne peut tirer aucune conséquence de la différence qui existe entre la température au-dessus et au-dessous du sol, les effets dépendant en partie du pouvoir absorbant et émissif des matières qui recouvrent le réservoir. Quelques exemples en fourniront la preuve : deux thermomètres, dont la boule de l'un est dans l'air à nu et celle de l'autre était recouverte de l'une des matières ci-après désignées, ont donné à Melloni les résultats suivants :

Substance.	Température de la substance.	Température de l'air.
Noir de fumée.	17°50	20°40
Différentes tiges à feuilles lisses.	17,14	20,23
Sable siliceux.	17,45	20,15
Terre végétale.	17,02	19,69

On voit par ces résultats que le thermomètre à l'air libre, à raison du grand pouvoir absorbant du verre, indique toujours une température plus élevée que le thermomètre dont le réservoir est couvert.

M. Martins a continué ces expériences à l'aide de quatre thermomètres à minima pendant dix-huit nuits très-sereines de janvier et de février 1862, dans les conditions ci-après indiquées :

Thermomètre dans la tranche superficielle du sol. . .   5°,05
Thermomètre couché à la surface du sol. . . . . . .   6°,05
Thermomètre à 0^m,05 au-dessous du sol. . . . .   6°,01

On voit là que la tranche la plus superficielle du sol est plus chaude que l'air avec lequel elle se trouve en contact. Il n'est pas fait mention toutefois de la nature du sol.

M. Martins, désirant savoir jusqu'à quel point le pouvoir absorbant du verre agissait sur le rayonnement nocturne, a opéré, comme il suit, pendant sept nuits parfaitement sereines du mois de mars 1862 avec des thermomètres dont les boules placées à 5 cent. au-dessus du sol étaient disposées comme il suit : .

Thermomètre à nu. . . . .   4°,25
Thermomètre enduit de suie. . . . .   4°,25
Thermomètre enduit de terre. . . . .   4°,34

Les résultats sont sensiblement les mêmes quoique n'ayant pas les mêmes pouvoirs rayonnants, ce qui paraît contraire aux lois qui régissent les pouvoirs absorbants, mais M. Martins a démontré qu'il n'en est plus ainsi quand on soumet ces thermomètres à l'influence solaire. En effet, la moyenne d'observations de dix jours lui a donné :

Thermomètre enduit de suie. . . . .   33°,38
Thermomètre enduit de terre. . . . .   30°,29
Thermomètre à nu. . . . .   28°,29

M. Martins explique ces différences en remarquant que le refroidissement pendant la nuit ne dépend pas seulement du contact de l'air et du rayonnement céleste, mais encore de ce que l'instrument placé à quelques centimètres du sol est soumis à deux influences calorifiques inverses : le rayonnement céleste qui le refroidit et le rayonnement terrestre qui le réchauffe. Or, comme le thermomètre qui rayonne le mieux est celui qui absorbe le plus, il en résulte quelquefois une compensation.

Cette explication nous semble rationnelle.

Nous avons voulu voir également si les observations thermométriques faites à l'Observatoire de Paris à 7 mètres au-dessus du sol sur la face nord de l'édifice s'accordaient avec celles recueillies au Jardin des plantes à 1ᵐ,33 et à la même exposition, dans une enceinte entourée de deux côtés, mais non au nord, de constructions à quelques centaines de mètres. On a comparé ensemble les températures moyennes et les températures maxima et minima de 1861 et de 1862 et celles de l'hiver de 1863 de ces deux localités, qui sont peu éloignées l'une de l'autre; températures obtenues, d'une part, avec le thermomètve ordinaire, de l'autre avec les thermomètres à maxima et à minima.

A l'Observatoire, les températures diurnes ont été observées à neuf heures du matin, midi, quatre heures du soir et minuit; au Jardin des plantes, à neuf heures du matin, à trois heures et neuf heures du soir ; et les maxima et les minima, au nord et au midi, ont été déduites des observations diurnes des maxima et des minima.

La discussion des observations a conduit aux conséquences suivantes :

1° La température moyenne des années météorologiques de 1861 et 1862 à l'Observatoire, obtenue avec des observations diurnes, ne diffère en plus que de 0°,15 de celle de l'air au Jardin des plantes pendant le même temps. Ces températures déduites des maxima et minima diurnes n'ont donné qu'une différence insignifiante de 0°,03.

2° Mais, si les moyennes sont égales, il n'en est pas de même des températures moyennes des saisons et des températures diurnes. On trouvera ci-après le résumé des observations :

	Observatoire.	Jardin des plantes.
Hiver..............	3°48	2°86
Printemps.	11,32	11,17
Été..............	17,64	18,14
Automne..........	11,26	10,84
Moyenne.......	10,92	10,75
Hiver..............	3°13	2°75
Printemps..........	11,34	11,23
Été..............	17,69	18,38
Automne...........	11,63	11,32
Moyenne......	10,95	10,92
Moyenne des deux années. .	10,93	10,83

Différence en faveur de l'Observatoire 0,1.

On voit, d'après ces moyennes, que, soit que l'on considère les moyennes des saisons obtenues avec les observations diurnes, soit celles qui proviennent des maxima et des minima diurnes, à l'Observatoire, les hivers sont un peu moins rudes et les étés un peu moins chauds qu'au Jardin des plantes d'environ un demi-degré; ainsi le climat du Jardin des plantes à $1^m,33$ au nord, comparé à celui de l'Observatoire, à 7 mètres à la même exposition, est un peu plus extrême, et a par conséquent le caractère d'un climat continental. C'est un état de choses semblable à celui que nous avons signalé précédemment à Montpellier.

§ VI. — *Des variations de température dans l'air et dans les végétaux* [1].

Les observations que nous avons faites simultanément dans l'air et dans les végétaux nous ont conduit à cette conséquence : que les températures moyennes annuelles de l'air et des végétaux sont égales et fréquemment aussi les températures moyennes, mensuelles et diurnes, si ce n'est dans les cas où les végétaux sont abrités. De nouvelles observations nous ont conduit à cette autre conséquence que la chaleur dégagée dans les organes et les tissus des végétaux n'intervient que faiblement sur la température propre des végétaux et qu'il faut en chercher la cause principale dans l'état calorifique de l'air. Il existe en outre, comme on l'a déjà vu, des variations diurnes de température dans les végétaux, lesquelles ne peuvent manquer d'intéresser la physiologie végétale.

Ces variations ont lieu dans des limites plus ou moins étendues, suivant le diamètre des tiges, la nature des tissus et celle des enveloppes corticales ou herbacées des végétaux.

Wells, au commencement de ce siècle, avait remarqué que, dans une prairie, lorsque le ciel était sans nuages et le temps calme, des thermomètres placés sur l'herbe indiquaient des températures de plusieurs degrés au-dessous de celle de l'air à une certaine hauteur; l'abaissement de température allait même quelquefois jusqu'à 7 à 8°.

Melloni reconnut que, pour expliquer les effets produits, il fallait avoir égard au grand pouvoir émissif du verre, en vertu duquel ce dernier se refroidissait plus par rayonnement que la couche

[1] *Mémoires de l'Académie des sciences*, t. XXXII.

d'air ambiante, et que l'on évitait cette cause de refroidissement en recouvrant le réservoir du thermomètre d'une enveloppe d'argent ou de laiton poli, qui possède un pouvoir rayonnant considérable. Un thermomètre ainsi revêtu perd presque en totalité son pouvoir émissif, et donne, avec assez d'exactitude, la température de l'air. Les observations qu'il a recueillies en expérimentant ainsi, lui ont permis d'expliquer l'abaissement de température dans les végétaux, dû au rayonnement nocturne sous un ciel serein.

La variation diurne de température dans l'air est la différence entre la température maximum et la température minimum de la journée; dans l'arbre, il est bien difficile de déterminer avec exactitude le maximum et le minimum; néanmoins, comme on va le voir, on peut en avoir des valeurs approchées. Les observations de Genève, 1796 à 1800, faites par MM. Pitel et Maurice, de 1796 à 1800[1], ont été faites au lever et au coucher du soleil et à deux heures après midi, dans l'air au nord et dans un marronnier, de $0^m,6$ de diamètre; on n'a point observé les maxima et les minima dans l'air, par la raison toute simple que les instruments qui les donnent n'existaient pas alors; mais on peut y suppléer sans commettre de grandes erreurs, surtout dans les mois d'hiver, en prenant pour température maximum la température à deux heures, et pour température minimum celle au lever du soleil, car on sait que la température maximum a lieu entre deux et trois heures de l'après-midi, suivant la saison, et la température minimum peu après le lever du soleil.

Les observations de Genève, dans l'arbre, et les nôtres, faites avec les garanties qu'exigent aujourd'hui les observations thermométriques, conduisent aux conséquences suivantes :

Les températures observées dans les arbres, au lever et au soucher du soleil, représentent en moyennes, à 1 ou 3 dixièmes près, la température à deux heures de l'après-midi; les différences étant tantôt en plus, tantôt en moins, disparaissent dans les moyennes. En 1796, la moyenne annuelle des températures, au lever et au coucher du soleil, a été de 7°,55, tandis qu'à deux heures la moyenne a été de 7°,52. Les différences, ne portant que sur les centièmes de degré, peuvent être considérées comme nulles. Ce résultat ne tient pas à ce que les variations de tem-

---

[1] *Bibliothèque britannique*, t. I, II, III, IV et V, *de l'Agriculture*.

pérature ont souvent peu d'étendue, dans lès arbres d'un certain diamètre, car il arrive quelquefois que de neuf heures du matin à trois heures du soir, à 0^m,10 au-dessous de l'écorce, l'élévation de température est de 1 à 2°. A deux heures, avons-nous dit, la température dans l'arbre est à peu près la moyenne des températures au lever et au coucher du soleil; nous disons à peu près, attendu que le diamètre de l'arbre et des causes locales exercent une influence sur le phénomène. D'un autre côté, le maximum ayant lieu vers ou après le coucher du soleil, le minimum

MOIS.	1796 VARIATIONS		1797 VARIATIONS		1798 VARIATIONS	
	dans l'air.	dans l'arbre.	dans l'air.	dans l'arbre.	dans l'air.	dans l'arbre.
Janvier.....	3°69	0°95	2°80	0°48	....	0°15
Février.....	2,65	0,85	6,83	0,87	5,50	0,61
Mars........	6,18	1,35	6,76	1,34	6,85	1,23
Avril.......	8,40	2,10	6,78	1,55	7,78	1,68
Mai.........	6,60	0,86	6,15	1,23	7,02	1,07
Juin........	6,44	0,61	5,04	0,66	6,21	0,56
Juillet......	6,47	0,75	7,97	0,77	6,79	0,64
Août........	6,27	0,61	4,98	1,11	7,11	0,86
Septembre..	7,30	1,18	5,60	1,20	6,14	1,10
Octobre.....	3,04	0,51	9,43	0,87	5,12	1,01
Novembre...	2,81	0,54	3,03	0,53	2,11	0,54
Décembre...	2,41	0,20	2,49	0,48	1,93	»
Moy. anu^{les}.	5,10	0,87	5,07	0,92	5,38	0,85

MOYENNES DES TROIS ANNÉES

Dans l'air. . . . . 5°18

Dans l'arbre.. 0,88

se présente vers le lever. Les observations que nous avons faites pendant l'été de 1858 démontrent effectivement qu'en été la température maximum a lieu après neuf du soir. En admettant donc ces bases, qui, du reste, sont rationnelles, on a les résultats suivants pour les variations moyennes mensuelles et annuelles des températures dans l'air et dans l'arbre :

Les résultats consignés dans ce tableau mettent ce fait remarquable en évidence, que, pendant les années 1796, 1797 et 1798, les variations de température de l'air, au nord, d'une part, et celles de l'intérieur de l'arbre de l'autre, présentent dans chacune des deux séries d'observations des différences s'élevant à 4°30; d'où l'on conclut qu'en moyenne, les variations dans l'air ont été 5,89 fois plus grandes que dans l'arbre.

Mois.	VARIATIONS MOYENNES	
	de l'année.	de l'arbre.
Décembre 1858.	2°07	0°31
Janvier 1859.	3,45	0,66
Février.	4,12	0,46
Mars. . . . . - . .	»	1,09
Avril.	1,08	1,16
Mai.	3,08	0,89
Juin.	»	0,70
Juillet (10 premiers jours). . .	4,50	1,20
Moyennes.	3,80	0,81

Pendant les huit mois ci-dessus mentionnés les moyennes des variations de température dans l'air et dans l'arbre ont été dans le rapport de 3,80 à 0,81, c'est-à-dire qu'elles ont été de 4,7 plus grandes dans l'air que dans l'arbre; au lieu de 5,89 comme dans les années 1796, 1797 et 1798; il n'en reste pas moins démontré que les variations de température dans l'arbre sont de cinq à six fois moindres dans des marronniers de cinq à six décimètres de diamètre que dans l'air.

Les observations de Genève, premier tableau, mettent en évidence ce fait, que les plus grandes variations de température dans l'arbre pendant les années 1796, 1797 et 1798, du lever au coucher du soleil, ont lieu dans les mois de mars, avril, mai, composant le printemps météorologique, et dans le mois de septembre, c'est-à-dire vers les équinoxes.

La différence entre la température des végétaux et celle de la couche d'air ambiante, quelle que soit la température de l'air, sous l'influence du rayonnement nocturne, ne va pas au-delà de 2 à 3°, suivant Melloni. Ainsi, quand les plantes herbacées se refroidissent par l'effet du rayonnement nocturne, la couche d'air ambiante se refroidit par contact, mais jamais la différence entre les deux températures ne dépasse ce nombre de degrés. C'est par des abaissements successifs que des végétaux atteignent une température de 7 à 8° au-dessous de celle de l'air à une certaine hauteur.

Au lieu de végétaux qui couvrent le sol des prairies, si l'on considère les feuilles ou les jeunes rameaux verts des arbres, leur température, d'après les mêmes conditions atmosphériques, se trouve également, tant que dure le rayonnement, dans un état d'équilibre instable que des aiguilles thermo-électriques très-déliées, en rapport avec le thermomètre électrique, permettent d'apprécier ; ces mêmes aiguilles, en raison de leur grand pouvoir rayonnant, se comportent, sous ce rapport, comme les enveloppes métalliques dont on recouvre la boule des réservoirs. Il n'en est plus de même quand on expérimente sur des rameaux d'un diamètre suffisant pour que le mouvement de la chaleur dans l'intérieur des tissus éprouve une certaine difficulté à s'effectuer : c'est donc dans ces rameaux, dans les tiges et dans les troncs, que l'on doit étudier la température des végétaux, puisque c'est dans ces parties que l'on peut saisir une température fixe. Au surplus, il faut se représenter une tige verte comme un corps recouvert d'une enveloppe possédant un grand pouvoir émissif et absorbant, en vertu duquel sa température s'abaisse ou s'élève sans cesse, par l'effet du rayonnement céleste ou du rayonnement solaire ; mais, quand le tissu parenchymateux est remplacé par un tissu cortical, le ligneux qui est au-dessous étant mauvais conducteur, surtout dans le sens perpendiculaire à la direction des fibres, le mouvement de la chaleur s'opère alors très-lentement, et l'on n'observe plus dans l'intérieur des changements de température brusque.

On reconnaît également, d'après ce qui précède, que les variations étant beaucoup moindres dans la tige d'un arbre d'un certain volume que dans l'air, il s'ensuit que, lorsque la température de l'air varie dans des limites étendues et que les variations sont de courte durée, l'état calorifique de l'arbre en est peu affecté ; dans le cas contraire, l'arbre finit par se mettre en équilibre de température avec l'air.

On sait que chaque espèce végétale a besoin d'un certain degré de chaleur pour que les tissus puissent se développer et fonctionner. Quand la température s'élève graduellement, les parties se dilatent, l'évaporation et la succion s'accélèrent. L'abaissement de température produit des effets contraires. On sait également que les alternatives de chaud et de froid donnent une nouvelle activité à la végétation. Or, les grandes variations de température qui ont lieu sous les tropiques, pendant le jour et la nuit, sans que la température moyenne soit sensiblement affectée, doivent être favorables à la végétation, puisque les végétaux participent à ces variations.

L'atmosphère est donc la source où tous les végétaux puisent la chaleur dont ils ont besoin pour naître, se développer et accomplir toutes les phases de leur existence. La température moyenne d'un lieu, ainsi que les variations et les extrêmes de température de l'air, sont donc les éléments calorifiques à prendre en considération dans les phénomènes de la vie végétale relativement à la chaleur dont celle-ci a besoin. La chaleur résultant des élaborations diverses qui ont lieu dans les tissus n'intervient pas sensiblement sur la température des végétaux, qui est toute d'emprunt et qui provient soit de l'air soit de la terre.

Nous donnons, ci-après, le tracé graphique des températures moyennes dont il vient d'être question, afin que l'œil puisse saisir de suite les variations.

PLANCHE V.

Fig. 1. Tracé graphique des variations de température dans l'air et dans l'intérieur d'un arbre avant 1796 à 1800.

PLANCHE VI.

Fig. 2. Températures moyennes du marronnier mesurées avec le thermomètre électrique et le thermomètre ordinaire, et de l'air au nord, pendant les mois de février, mars, avril et mai 1859.

PLANCHE VII.

Fig. 3. Température du marronnier et de l'air au nord, en décembre 1859 (Jardin des plantes).

Fig. 4. Variations des températures dans l'air et dans le marronnier observées avec le thermomètre ordinaire et le thermomètre électrique, en janvier 1859 (Jardin des plantes).

PLANCHE VIII.

Fig. 1. Variations des températures au nord et dans l'arbre, ces dernières mesurées avec le thermomètre électrique, en avril, mai et juin 1859 (Jardin des plantes).

Fig. 2. Températures du 12 au 31 décembre 1858 dans l'air et dans le marronnier.

Fig. 3. Cette figure comprend les trois tracés suivants :
     1° Tracé des températures de la tige du thermomètre dont
          la boule se trouve dans le marronnier ;
     2° Tracé des températures du marronnier observées au
          thermomètre ordinaire ;
     3° Tracé des températures de l'air au nord.
Fig. 4. Températures moyennes de 1796 à 1800, de janvier à dé-
     cembre.
Fig. 5. Variations des températures moyennes au nord et dans le
     marronnier, en mars 1859.

Les observations de température faites chaque jour, en décembre 1859 [1], à neuf heures du matin, trois heures et neuf heures
du soir, dans l'intérieur d'un marronnier d'Inde de $0^m,54$ de diamètre et à une profondeur de $0^m,15$, ont mis en évidence un fait
important : on avait conclu, d'observations faites antérieurement,
mais non à des températures aussi basses que celles qui ont eu
lieu dans ce mois, que les températures moyennes annuelles de
l'air et de l'arbre étaient égales, et souvent aussi les températures
moyennes mensuelles, surtout quand les variations de température de l'air n'avaient pas été trop considérables dans le cours
du mois. On conçoit, en effet, que s'il faut un certain temps pour
que les variations de température se transmettent de l'air dans
l'arbre, à une certaine profondeur, et si les variations sont considérables et de courte durée dans le cours de la journée, leur
moyenne seule affectera la température de l'arbre. C'est à cette
cause qu'il faut attribuer probablement la différence que l'on a
trouvée entre la température de l'air en décembre et celle de
l'arbre, différence s'élevant à $0°,46$, la température moyenne de
l'air ayant été de $2°,26$, celle du marronnier de $1°,80$.

En construisant graphiquement les observations de températures faites simultanément dans l'air sur la face du marronnier,
et à $0^m,15$ de profondeur, prenant pour abscisses les jours et les
heures, pour ordonnées les températures, et pour axe des abscisses la ligne correspondant à la température zéro, comparant
ensemble les lignes qui sont le lieu des températures, on arrive
aux conséquences suivantes, dont on peut se rendre compte en
jetant les yeux sur les tracés (pl. VII, fig. 3).

Les températures de l'arbre suivent une marche assez uniforme ; la ligne qui les représente est ascendante ou descen-

dante, suivant que la ligne relative à l'air monte ou descend, et si l'on n'y remarque pas les changements de direction brusques et saccadés qui caractérisent celle-ci, cela tient à ce que la température de l'arbre ne participe que faiblement aux variations diurnes.

L'abaissement de température dans l'arbre au-dessous de zéro s'effectue lentement, ainsi que l'échauffement qui le suit : en effet, en jetant les yeux sur les lignes de températures, on voit ces lignes s'éloigner quand la température arrive à zéro dans l'arbre, et s'en rapprocher ensuite. Mais cela ne suffisait pas ; il fallait encore évaluer cet abaissement et cette élévation de température qui paraissent être anormaux. Le moyen le plus direct serait de déterminer la vitesse de propagation de la chaleur dans l'arbre, de la périphérie au centre, pendant l'échauffement, et de l'intérieur à la périphérie pendant le refroidissement. Cette détermination serait facile si la température extérieure était constante ; mais, comme elle est variable depuis le lever du soleil jusqu'à son coucher, le problème à résoudre est donc des plus complexes.

Ne pouvant avoir la vitesse de propagation, on y supplée en partageant les observations faites dans le mois en périodes d'échauffement et périodes de refroidissement, déterminant la température moyenne de l'air et celle de l'arbre pendant chacune de ces périodes, prenant les différences entre les valeurs qui représentent les moyennes des accroissements ou des diminutions de température, puis leurs rapports ; ces derniers sont les rapports approchés des vitesses.

Première période. — Du 1er au 4; quatre jours.

Température moyenne de l'air. . . . . + 0,75
— de l'arbre. . . . . + 2,80

Deuxième période. — Du 5 au 8; quatre jours.

Température moyenne de l'air. . . . . + 5,4
— de l'arbre. . . . . . . + 3,1
Accroissement de température de l'air. . . . . + 4,65
— par jour. . . . + 1,16
— de l'arbre. . . . + 0,3
— par jour. . . . + 0,075

Rapport de l'accroissement dans l'air
à celui dans l'arbre. 0,064

Troisième période. — Du 9 au 14; six jours.

Température moyenne de l'air.	+ 1,03
— de l'arbre.	+ 1,25
Diminution de température de l'air.	+ 4,37
— par jour.	+ 0,73
— de l'arbre.	+ 1,85
— par jour.	+ 0,31
Rapport de la diminution dans l'air à celle dans l'arbre.	0,42

Quatrième période. — Du 15 au 20; six jours.

Température moyenne de l'air.	— 7,48
— de l'arbre.	— 0,83
Diminution de la température moyenne de l'air.	+ 8,51
Diminution de la température moyenne de l'air par jour.	1,40
Diminution de la température moyenne de l'arbre..	+ 2,08
Diminution de la température moyenne de l'arbre par jour.	0,34
Rapport de la diminution dans l'air à celle dans l'arbre.	0,24

Cinquième période. — Du 21 au 24; quatre jours.

Température moyenne de l'air.	+ 5,82
— de l'arbre.	— 0,72
Accroissement de la température de l'air. . . .	13,30
— par jour. . .	3,30
— de l'arbre. .	0,11
— par jour. . .	0,03
Rapport.	0,009

Sixième période. — Du 25 au 31 ; sept jours.

Température moyenne de l'air.	+ 8,84
— de l'arbre, ...	+ 4,77
Accroissement de la température de l'air. . . .	3,02
— par jour. . .	0,43
— de l'arbre. .	5,49
— par jour. . .	0,78
Rapport.	1,81

Les rapports des accroissements et des diminutions de température, dans ces six périodes, mettent bien en évidence la lenteur avec laquelle la température de l'arbre s'abaisse au-dessous de zéro et s'élève au-dessus, jusqu'à un certain degré; en effet, les rapports entre les nombres moyens qui représentent les degrés dont les températures de l'air et de l'arbre ont été augmentées ou diminuées pendant chaque jour de chacune des six périodes, sont 0,064, 0,42, 0,24, 0,009, 1,81. Ainsi, pendant la période de grand froid, du 15 au 20 décembre, la diminution de la température a été quatre fois moindre dans l'arbre que dans l'air; dans la période d'échauffement qui a suivi, l'accroissement dans l'arbre a été cent et une fois moindre.

On peut envisager encore la question d'une autre manière, prenant pour point de départ le 14 décembre, jour où la température de l'air et celle de l'arbre étaient sensiblement égales.

Le 15, la gelée a commencé et a continué jusqu'au 20, où la température a été la plus basse dans l'air. Le thermomètre appliqué sur la face nord de l'arbre marquait — 14°, la température moyenne a été pendant six jours de — 6°,85, tandis que dans l'arbre elle n'est descendue en moyenne qu'à — 1°,9. Pendant cette période, la température moyenne de l'arbre à 0m,15 de profondeur n'a été que le sixième environ de celle de l'air, et sa température minimum n'a pas été au-dessous de — 3,8, quoique dans l'air elle ait été de — 14°.

La lenteur avec laquelle la température s'abaisse dans l'arbre au-dessous de zéro et s'élève ensuite jusqu'à un certain degré, est telle que le 21 du même mois, lorsque la température extérieure était de + 4°,3, celle de l'arbre se maintenait encore au-dessous de zéro; il en a été de même jusqu'au 24. Pendant cette période, la température moyenne de l'arbre a été de — 1°,04 et celle de l'air + 5°,86.

Si la séve n'eût pas été dans les tissus et dans les vaisseaux capillaires, elle aurait été congelée.

Le 27 décembre, la température de l'air et celle de l'arbre, à neuf heures du matin, ne différaient que de 0°,9, l'une étant de + 3°,3, l'autre de + 2°,4. Du 27 au 31, la température moyenne de l'air était de + 9°,1, et celle de l'arbre de + 5°,9. Cette dernière a suivi une marche ascendante beaucoup plus régulière que l'autre, ce qui était naturel; car, dans la première période, celle de froid, dont la durée a été de six jours, la différence entre les deux températures moyennes a été — 5°,6, tandis que dans la deuxième période, celle où la température a monté et qui n'a duré que quatre jours, la différence ne s'est élevée qu'à + 3°,2.

Pour mettre mieux en évidence la propriété que nous venons de signaler, nous avons discuté les observations faites à Genève en 1797, pendant le mois de janvier, par MM. Pictet et Maurice, sur un marronnier à peu près de la même grosseur que celui qui a servi à nos expériences. La température moyenne pendant ce mois a été sensiblement la même dans l'air et dans l'arbre la différence n'étant que de 0°,1. La gelée ayant eu lieu à deux reprises, on a formé six périodes distinctes, deux périodes où la température est au-dessous de zéro, et quatre où elle est au-dessus.

Première période décroissante, au-dessus de zéro, du 1er au 6 janvier 1797 :

Température moyenne de l'air. . . . .   + 3,29
—   de l'arbre. . . . .   + 3,29·

Deuxième période au-dessous de zéro, du 7 au 12 :
Température moyenne de l'air. . . . .   — 2,06
—   de l'arbre. . . . .   — 0,4

Troisième période au-dessous de zéro, du 13 au 17 :
Température moyenne de l'air. . . . .   + 3,02
—   de l'arbre. . . . .   + 0,3

Quatrième période au-dessous de zéro, du 18 au 21 :
Température moyenne de l'air. . . . .   — 0,96
—   de l'arbre. . . . .   — 0,14

Cinquième période au-dessus de zéro, du 22 au 27 :
Température moyenne de l'air. . . . .   + 1,20
—   de l'arbre. . . . .   + 0,29

Sixième période au-dessus de zéro, du 29 au 31 :
Température moyenne de l'air. . . . .   + 0,24
—   de l'arbre. . . . .   + 0,24

En partant de la première période, où la température moyenne est la même dans l'air et dans l'arbre, on trouve que, pendant la deuxième période, elle s'est abaissée en moyenne :

Dans l'air, de.   5,35
Dans l'arbre, de.   3,69
Rapport   0,69

36

Dans la troisième période, élévation de température

De l'air 5,08
De l'arbre. 0,70

      Rapport. 0,14

Dans la quatrième période, refroidissement

De l'air. 3,98
De l'arbre. 0,44

      Rapport. 0,11

Dans la cinquième période, élévation de température

De l'air. 2,16
De l'arbre. 0,43

      Rapport. 0,20

Dans la sixième période,

Refroidissement de l'air. 0,96
Échauffement de l'arbre. 0,25

      Rapport. 0,21

Les rapports trouvés sont 0,69 ; 0,14 ; 0,11 ; 0,2 ; 0,21.

Ainsi, dans la première période de froid, le rapport a été de 0,69 ; dans la deuxième période de froid, 0,11 ; tandis que, dans les périodes d'échauffement qui ont suivi, les rapports ont été 0,14 et 0,21. On voit par là la grande différence entre les variations de température dans l'air et dans l'arbre.

En résumé : le 1er janvier, la température moyenne de l'air étant de 5°,25 et celle de l'arbre de 4°,12, les deux températures ont été en diminuant jusqu'au 6, jour où la température moyenne était la même de part et d'autre. Le 7, la gelée commença et continua jusqu'au 12.

Pendant cette période, la température moyenne de l'air a été de 2°,00, celle de l'arbre de 0°,37, c'est-à-dire environ cinq fois moindre. Ce rapport, qui est le même que celui précédemment indiqué, démontre la lenteur avec laquelle la température s'abaisse au-dessous de zéro dans l'arbre. Dans la période d'échauffement suivante, la température de l'arbre étant encore au-dessous de zéro, les deux premiers jours son accroissement a été si lent que la température moyenne a été dans l'air de 2°,02 et dans l'arbre de 0°,3. Dans la période suivante, au-dessous de zéro, on voit encore avec quelle lenteur la température s'abaisse dans l'arbre. La température de l'arbre est cinq fois plus basse que celle de l'air.

Dans les cinquième et sixième périodes, la gelée ayant cessé, l'accroissement de température dans l'arbre est devenu plus rapide. En premier lieu, le rapport entre la température de l'air et celle de l'arbre est comme 4,17 : 1 ; en second lieu, comme 2,26 : 1.

On conclut de tous ces faits que les troncs d'arbres d'un certain diamètre tendent sensiblement à se mettre en équilibre de température avec l'air; qu'ils résistent, entre certaines limites, plus longtemps qu'on ne pouvait le supposer, en raison de leur mauvaise conductibilité, au refroidissement et à l'échauffement, quand leur température est voisine ou au-dessous de zéro, ce qui conduit à penser qu'il existe dans l'organisation des végétaux une cause indépendante de la conductibilité qui lutte contre leur refroidissement au-dessous de zéro, et les préserve pendant un certain temps des effets désastreux du froid; l'action varie avec le diamètre de l'arbre, et probablement avec l'espèce à laquelle il appartient. Nous rappellerons à ce sujet, comme se rattachant à la question, les expériences pleines d'intérêt que MM. Chevreul, Desfontaines et Mirbel ont faites au Jardin des plantes, en avril 1811, sur l'ascension de la séve dans un cep de vigne, en employant la méthode indiquée par Hall, expériences desquelles ils conclurent qu'une fois que les causes extérieures ont déterminé le mouvement de la séve dans les arbres, les sucs, malgré un abaissement dans la température atmosphérique, continuent à se mouvoir pendant un certain temps après lequel, si les circonstances extérieures continuent à ne pas être favorables à la végétation, leur mouvement se ralentit jusqu'à une époque où, les causes extérieures redevenant favorables, les sucs se mettent en mouvement[1]. Ces effets montrent que les changements de température dans l'air, surtout lorsque la température est au-dessous d'une certaine limite, ne se manifestent qu'avec lenteur dans le cep de vigne, puisque la séve continue encore à couler lorsque la température s'abaisse dans l'air. Ces phénomènes physiologiques viennent à l'appui des observations que nous avons faites à cet égard.

[1] *Journal des Savants*, 1822, p. 302.

CHAPITRE II.

DES PLUIES.

§ I. — *Des hygromètres et de leur emploi.*

Avant d'exposer les causes qui interviennent dans la production des pluies, nous croyons utile de donner quelques détails sur les hygromètres et notamment sur leurs dispositions particulières par l'emploi des courants thermo-électriques, instruments qui nous ont servi à déterminer le degré d'humidité de l'air.

Le principe de l'hygromètre à condensation est dû à Leroi de Montpellier; cet instrument a été perfectionné d'abord par Daniel, et ensuite par M. Regnault qui lui a donné un grand degré de précision.

Son usage repose sur la détermination du point de rosée, c'est-à-dire du dépôt de la rosée, à l'instant où la vapeur d'eau contenue dans l'air se précipite sur une surface d'argent polie, refroidie, ainsi que l'air ambiant, au degré où la tension de cette vapeur est à son maximum. Le rapport de la tension moyenne de la vapeur à la température de l'air refroidi, à la tension maximum de vapeur de l'air non refroidi, donne le degré d'humidité de l'air.

La figure suivante représente l'hygromètre de M. Regnault, transformé en hygromètre électrique, en substituant aux thermomètres qui donnent habituellement les températures de l'air et du point de rosée [1], des soudures thermo-électriques permettant d'atteindre le même but.

On soude à la partie inférieure de chaque cylindre en argent fermé avec une calotte hémisphérique, une petite douille en argent, dans laquelle on introduit avec frottement une des soudures d'un thermomètre électrique; une vis de pression sert à augmenter le contact. Chaque soudure prend la température de la

---

[1] Becquerel et Ed. Becquerel, *Traité de Physique terrestre et de météorologie*, p. 360.

capsule. Cet hygromètre indique une nouvelle application du thermomètre électrique.

Les fils a et b, a' et b', sont mis successivement en communication avec un galvanomètre, et peuvent donner les températures,

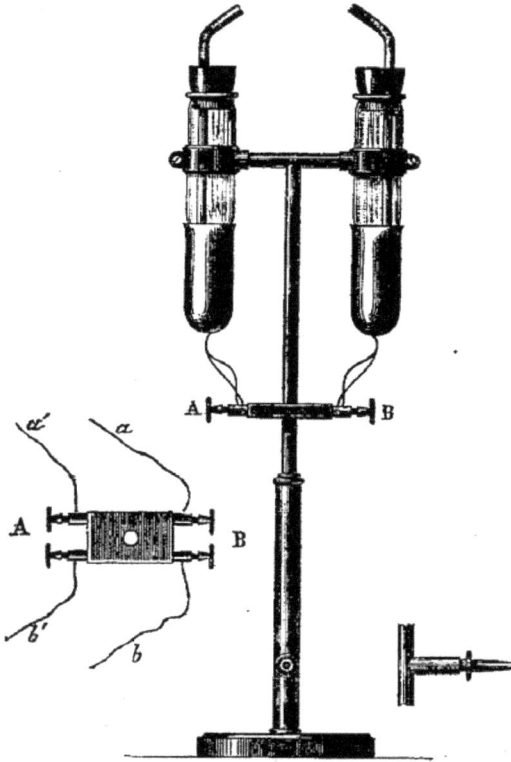

Fig. 34.

d'après la méthode indiquée précédemment, au moment où l'observation doit en être faite.

La détermination du point de rosée et celle des températures exigeant la présence de l'observateur près, ou à peu de distance des instruments, il en résulte qu'il ne peut servir, quand on a besoin de trouver l'humidité de l'air dans un lieu éloigné, au haut d'un arbre, par exemple, au-dessus d'une rivière ou pendant la nuit ; on peut y parvenir à l'aide du psychromètre de Gay-Lussac [1], mais en substituant aux thermomètres de cet appareil,

---

[1] Becquerel et Ed. Becquerel, *Traité de physique terrestre et de météorologie*, p. 360.

des circuits thermo-électriques composés, chacun, d'un fil de fer et d'un fil de cuivre, ainsi qu'on va l'indiquer plus loin.

Le psychromètre ordinaire se compose de deux thermomètres dont l'un est sec et l'autre toujours humide. La température de ce dernier diminue jusqu'à ce qu'on ait atteint une température constante dépendante du degré d'humidité de l'air. La température du thermomètre sec, celle du thermomètre humide et la pression de l'air ambiant suffisent pour trouver 'la force élastique de la vapeur au moyen d'une formule ou d'une table psychrométrique qui évite la réduction.

La formule employée est celle d'August, dans laquelle M. Regnault a changé les nombres relatifs à la dilatation et aux forces élastiques; elle a pour expression

$$x = f' - \frac{0{,}429\ (t - t')^h}{610 - t'}$$

t et t' représentent les températures des thermomètres sec et humide.

h la pression atmosphérique.

f' la force élastique de la vapeur saturée à la température t'.

x la force élastique de la vapeur d'eau dans l'air à l'instant de l'observation.

Des tables ont été construites pour éviter la réduction de cette formule, dans chaque cas particulier, et à l'aide desquelles on déduit x quand on connaît t, t', h et f'.

La transformation du psychromètre ordinaire en psychromètre électrique s'opère comme il suit : on substitue aux deux thermomètres, qui sont indépendants l'un de l'autre, un circuit composé d'un fil de cuivre et d'un fil de fer, soudés bout à bout et dans lequel se trouve un galvanomètre à fil court. L'une des soudures est destinée à être placée dans une éprouvette remplie de mercure dont on élève ou l'on abaisse la température par le procédé précédemment indiqué, page 319, pour ramener à zéro l'aiguille aimantée du galvanomètre. L'autre se trouve dans l'endroit dont on veut trouver le degré d'humidité de l'air.

La figure ci-après indique les dispositions de l'appareil : A est un arbre pourvu de branches au-dessus desquelles on cherche à déterminer la force élastique de la vapeur qui est dans l'air; f, c sont deux des bouts des fils de fer et de cuivre soudés en s. La soudure est recouverte d'une étoffe quelconque sur une longueur d'un centimètre au moins, sur laquelle tombe lentement l'eau d'un tube *c* fixé à l'arbre.

La seconde soudure des fils *c* et *f* est placée à une certaine distance du lieu de l'observation; à côté se trouve l'appareil qui

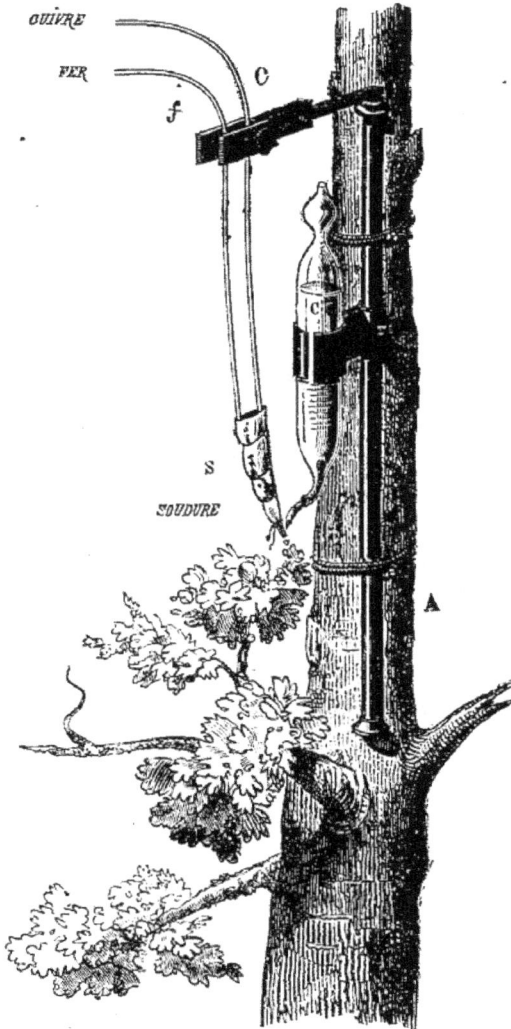

Fig. 35.

sert à abaisser la température, planche 1, figure 2. Quand il est nécessaire d'élever la température de cette soudure, on opère comme on l'a dit, page 319; la soudure libre, dans l'air, du thermomètre électrique prend toujours très-exactement et in-

dique par conséquent la même température que celle qui est
donnée par un thermomètre placé à côté et cela quel que soit le
diamètre des fils; mais il n'en est pas de même quand il s'agit
de mesurer le refroidissement produit par l'évaporation de l'eau
qui mouille la même soudure, refroidissement qui exige certaines
précautions pour être le même que celui qui est indiqué par le
psychromètre de Gay-Lussac.

Lorsque le réservoir du thermomètre commence à se refroidir,
toute la masse du mercure et du verre participe à ce refroidissement, et la température ne devient constante que lorsqu'il atteint
son maximum ou du moins celui correspondant à la tension de la
vapeur qui se trouve dans l'air. Ce refroidissement est d'autant
plus lent à s'effectuer que le tube de verre du thermomètre qui est
mauvais conducteur a un diamètre plus gros; c'est pour ce motif qu'on le choisit ordinairement très-petit.

Quand il s'agit du refroidissement de la soudure, il n'en est
pas tout à fait de même, attendu que, les deux métaux ayant
une conductibilité pour la chaleur beaucoup plus grande que le
verre, les parties refroidies, par l'effet de l'évaporation, reprennent aux parties voisines la chaleur qu'elles ont perdue, et cela
de proche en proche jusqu'à une certaine distance. Il faut donc
composer le circuit de deux fils métalliques d'un diamètre suffisant, et donner à la soudure une longueur convenable pour atteindre le but que l'on se propose, c'est-à-dire pour que le psychromètre et le psychromètre électrique marchent ensemble.

Dans un circuit métallique dont l'une des soudures doit être refroidie de manière à indiquer au thermomètre électrique un
abaissement de température égal à celui qui est indiqué par le
thermomètre mouillé, il faut remplir plusieurs conditions essentielles :

1° Les deux fils ne doivent pas être recouverts de caoutchouc
jusqu'aux soudures, dans la crainte que la partie qui est soustraite
au contact de l'air ne fournisse pendant trop longtemps à la soudure que l'on refroidit la chaleur nécessaire pour réparer ses
pertes ;

2° Les diamètres des fils doivent être choisis de manière à ne
pas produire un semblable effet.

Quelques exemples suffiront pour guider les personnes qui
voudraient faire usage du psychromètre électrique.

On a composé un circuit de deux fils d'une certaine longueur, ayant chacun un diamètre de $1^{mm}8$. Les soudures occupant une longueur de 2 centimètres, et dont toute la surface avait été bien étamée, pour éviter l'oxydation du fer, le reste des fils était recouvert d'une forte couche épaisse de caoutchouc qui ne faisait plus participer autant les fils aux variations de température de l'air. La soudure fut recouverte d'une enveloppe de toile fine tenue toujours humide ; l'abaissement de température résultant de l'évaporation était de 4 ou 5 dixièmes de degré au-dessus de celui indiqué par le thermomètre mouillé du psychromètre dont la soudure s'était réchauffée aux dépens de la masse des fils recouverts de caoutchouc. On obvia à cet inconvénient en découvrant les fils sur une longueur de 6 centimètres, et en enroulant autour une bande de linge fin entretenue également constamment humide, au moyen d'une chantepleure disposée comme dans le psychromètre. Cette fois la différence n'était plus que de $0°1$; les deux instruments étaient donc sensiblement comparables.

Avec des fils de 1 millimètre de diamètre, ces résultats ont été les mêmes.

Il résulte donc de là que le moyen de détruire complétement l'influence du fil métallique au-delà de la soudure est de découvrir 5 ou 6 centimètres de ces fils et de les recouvrir d'un linge tenu constamment mouillé ; avec cette précaution, on a la certitude d'obtenir des déterminations de température avec les deux instruments qui ne diffèrent que de $0°1$ en plus ou en moins. Dans une des expériences de comparaison qui ont été faites dans un air très-humide on a eu :

Psychromètre ordinaire.	Température.	Degré d'humidité.
Thermomètre sec.	$8°3$ ⎰	$87°7$
Thermomètre humide.	$7,9$ ⎱	
Psychromètre électrique.		
Température de l'air.	$8,3$ ⎰	$89,0$
Température de la soude humide.	$7,8$ ⎱	
Pression atmosphérique.	0^m766	

Il ne reste plus aucun doute sur la marche égale des deux instruments ; c'est ce qui nous a engagé à faire plusieurs séries d'expériences, à Châtillon-sur-Loing (Loiret), dans un jardin entouré d'un mur de ville à peu de distance d'une rivière, et où se trouvent des massifs d'arbres de première grandeur.

Voici les principaux résultats obtenus :

La soudure libre a été placée avec ses accessoires servant à évaluer la température à 3ᵐ au-dessus du sol, sur l'appui d'une croisée, et l'autre sèche à 5 cent. de la surface de plantes fourragères, hors du rayonnement solaire, et donnant lieu, par conséquent, à une émission incessante de vapeurs. La température était donc la même aux deux stations, 18°, et la pression atmosphérique, 77ᵐᵐ..

La soudure au-dessus des plantes fut pourvue de son réfrigérant ; on obtint les résultats suivants :

Température de l'air. . . . . 18°
Température de la soudure mouillée. 15,4
Différence. . . . . 2°6

La table psychrométrique a donné :

mm
.Tension de la vapeur. 11 6
Degré d'humidité.. . . . . 74 6

Le psychromètre ordinaire a donné sensiblement les mêmes nombres. On détermina ensuite le degré d'humidité de l'air du lieu où se trouvait le thermomètre électrique ; le résultat fut le même. On voit par là que le degré d'humidité était le même au-dessus des plantes potagères, et à 3ᵐ au-dessus du sol.

Dans une deuxième série d'expériences faites immédiatement après, la soudure extérieure avec son réfrigérant fut placée à quelques centimètres au-dessus de la surface d'une rivière éloignée de 4 mètres des plantes potagères. La deuxième soudure était toujours dans le même lieu.

En opérant comme ci-dessus, on a obtenu les résultats suivants :

. Température de l'air. . . . . 18°2
Température de la soudure mouillée. 15,7
Différence. . . . . 2°5

La table psychrométrique a donné :

mm
Tension de la vapeur. 11 68
Degré d'humidité.. . . . . 7 55

Dans une troisième série d'expériences, la soudure, d'abord sans son réfrigérant, puis avec son réfrigérant au-dessus d'un tilleul de 6 mètres de hauteur à quelques centimètres des feuilles, hors du rayonnement solaire, et à 5 mètres de l'autre station où se trouvait l'électromètre électrique, on a fait les déterminations suivantes :

Température de l'air avant le réfrigérant.. . .   18°3
Température après.   25,8
Différence. . . . .   2°5

Tension de la vapeur dessus :

Tension de la vapeur dans l'air. . . . . . . $\overset{mm}{11}$ 78
Degré d'humidité.. . . . .   74 8

En rapprochant ces résultats pour les comparer, on a formé le tableau suivant :

STATIONS.	Tension de la vapeur.	Degré d'humidité.
	mm	
Dans l'air à 3ᵐ au-dessus du sol. . . .	11,60	74,6
— — des plantes..	11,60	74,6
— — d'une rivière.	11,68	75,5
— 6ᵐ au-dessus d'un tilleul..	11,76	74,8

L'accord qui règne entre tous ces résultats obtenus à des stations différentes, prouve que les vapeurs, au fur et à mesure qu'elles se forment dans un rayon de 8 mètres, à des stations, à des hauteurs et dans des conditions différentes, se mêlent à l'air ambiant, de manière à produire un état hygrométrique moyen. En est-il de même à des distances plus considérables, surtout quand il existe des bois dans le voisinage ? Il est bien difficile de répondre à cette question, attendu que les effets doivent varier avec le relief du sol, avec sa nature qui influe par ses propriétés physiques, avec les vents, suivant qu'ils sont secs ou humides, et peut-être suivant d'autres causes. Ce sont là des recherches à faire qui intéressent vivement la climatologie.

§ II. — *Du rayonnement céleste et terrestre.*

Les pluies étant dues au refroidissement de l'air saturé de vapeur, nous devons d'abord parler des effets du rayonnement céleste sur les corps qui se trouvent à la surface de la terre, lesquels interviennent quelquefois dans la formation de la rosée et d'autres phénomènes où l'eau joue le principal rôle.

Le rayonnement céleste est celui qui résulte d'un échange de rayons calorifiques entre les espaces célestes et les corps qui se trouvent à la surface de la terre. Le rayonnement terrestre est celui qui a lieu entre le sol et les corps qui se trouvent à une certaine distance au dessus.

Wilson est le premier qui ait observé les effets du rayonnement céleste sur les corps qui se trouvent à la surface de la terre; il a trouvé que la température, au lieu d'aller toujours en diminuant en s'élevant dans l'air présente, au contraire, jusqu'à une certaine hauteur, dans quelques cas, une progression croissante; ainsi, un thermomètre placé à 2 mètres d'élévation marquait toute la nuit 2°,3 de plus qu'un thermomètre semblable placé près du sol. Il est à remarquer que c'est la surface même de la terre qui varie de température, car, à quelques centimètres au-dessus, le sol possède une température plus élevée.

Wells, au commencement de ce siècle, fit une série d'expériences plus étendues et plus variées, en plaçant des thermomètres sur des feuilles, ou les enveloppant de laine. Ces thermomètres placés à peu de distance du sol, dans les temps calmes et sereins, indiquaient un abaissement de température de 4°,5 et même 7°,5 au-dessous du thermomètre dépourvu d'enveloppe, et suspendu à la hauteur de 1ᵐ,33. Toutes ces indications tendaient à se rapprocher quand le ciel se couvrait de nuages.

Melloni, après avoir constaté l'exactitude des faits précédemment exposés, a envisagé la question sous un autre point de vue, en s'appuyant principalement sur une considération que l'on avait négligée jusqu'à lui; il prouva, d'abord, que le thermomètre soumis au rayonnement nocturne ne donnait pas la température du sol au-delà de la couche d'air avec laquelle il était en contact, mais bien les différences entre la température de la boule du thermomètre et celle de l'air ou du sol par suite d'une inégalité dans leurs pouvoirs rayonnants.

Le verre des thermomètres possède effectivement un pouvoir émissif très-grand, 92,50, celui du noir de fumée étant égal à 100. Un thermomètre se refroidissant donc par rayonnement plus que la couche d'air contiguë n'indique pas la température de celle-ci, mais bien celle du verre qui a été plus refroidi que

l'air. Melloni pour le prouver a enveloppé plusieurs thermomètres de substances ayant un pouvoir émissif très-faible, afin
qu'ils indiquassent réellement la température de la couche d'air
dans laquelle le réservoir de chacun d'eux était plongé. Avec une
enveloppe d'argent, le verre perd presque entièrement son pouvoir émissif, celui de l'argent étant très-faible. En recouvrant
l'enveloppe d'argent d'une couche de noir de fumée le pouvoir
émissif est porté tout à coup au maximum; on voit par là que le
thermomètre à armure métallique donne exactement la température de l'air ambiant. En opérant ainsi, il a trouvé que des
observations thermométriques, pour être exactes, devaient être
faites sous un ciel serein et par un temps sec; car, si l'air est
humide, il se dépose une couche d'eau sur les réservoirs des
thermomètres, et les différences indiquées par les divers appareils
à armures peintes l'emportent, attendu que les thermomètres
acquièrent le pouvoir rayonnant de l'eau, qui est assez considérable.

On trouvera ci-après les résultats obtenus dans une série
d'expériences.

SUBSTANCES.	TEMPÉRATURE		DIFFÉRENCE	RAPPORT.
	du corps.	de l'air.		
Noir de fumée...............	17°50	20°40	2°90	100
Différentes herbes à feuilles lisses........'............	17,14	20,23	2,99	103
Feuilles d'orme et de peuplier.	17,17	20,10	2,93	101
Sciure de peuplier...........	17,50	20,38	2,87	99
Sciure d'acajou.............	17,05	19,80	2,75	95
Sable siliceux.	17,45	20,15	2,70	103
Terre végétale.............	17,02	19,69	2,67	92
Noir de fumée...............	14,21	17,61	3,40	100
Carbonate de plomb.........	13,94	17,30	3,36	99
Vernis....................	14,10	17,42	3,30	97
Colle de poisson............	13,07	16,93	3,26	96
Verre.....................	13,63	16,79	3,16	93
Plombagine...............	13,60	16,52	2,92	86

Le pouvoir émissif des substances végétales diffère peu, comme
on le voit, de celui du noir de fumée.

La portion du ciel qui agit le plus efficacement, pour opérer le refroidissement par voie de rayonnement, est l'espace circulaire ayant pour centre le zénith et dont le diamètre embrasse un angle de 60 à 70°.

Pour trouver le pouvoir émissif des herbes, M. Melloni a placé un thermomètre à armure métallique dans un cône réflecteur, où l'on avait mis successivement des herbes et des lames de métal découpées en lanières très-fines ; il a vu la rosée se déposer sur les herbes dans les mêmes circonstances où elle a lieu sur terre, tandis qu'elle ne s'est jamais déposée sur les métaux; cette différence tient au pouvoir émissif plus énergique du métal et à sa bonne conductibilité. Comme conséquences de ces faits, on ne doit donc pas admettre, avec Wells, Wilson, etc., que les corps, par l'effet du rayonnement, se refroidissent de 5, 6, 7, 8 ou 9° au-dessous de la température ambiante, puisque l'abaissement de température atteint rarement 3°, et le plus souvent ne va pas au-delà de 2°.

Voici comment Melloni explique les effets du rayonnement nocturne. Supposons, dit-il, un pré couvert de végétaux plus ou moins élevés et un ciel calme et serein. Les végétaux par suite du rayonnement nocturne auront une température de 1° à 2° au-dessous de l'air ; supposons un degré seulement. Si la température est T, celle des herbes sera T — 1. Les herbes refroidiront cette petite couche d'air, et ne cesseront pas de rayonner ; leur température s'abaissera de nouveau de 1° au-dessous de T — 1, et deviendra T — 2, etc.; en sorte que cet abaissement pourra devenir de 7° à 8° au-dessous de la température primitive à une certaine hauteur.

On voit, d'après cette théorie, comment il se fait que les corps les plus rayonnants qui n'ont pas une température de plus de 1° à 2° au-dessous de celle de l'air ambiant peuvent par une série de réactions abaisser davantage la température et amener le point où se dépose la rosée.

La théorie que nous venons d'exposer ne diffère pas autant de celle de Wells que Melloni semble le croire ; car le refroidissement du corps abaissant la température de l'air qui se trouve dans les parties basses, le point de saturation de vapeur d'eau doit finir par arriver. Pour savoir si ces corps ne peuvent condenser de la vapeur immédiatement par le refroidissement seul dû au rayonnement, il faudrait qu'il fût bien démontré que le rayonnement seul ne peut abaisser que de 2° environ la température du corps qui se trouve à la surface du sol.

§ III. — *De la formation de la pluie.*

La question des pluies est, sans aucun doute, une des plus complexes que la météorologie puisse se proposer de résoudre, en raison des causes nombreuses qui exercent une influence sur leur production. Parmi ces causes, il faut mettre en première ligne la latitude, et, par suite, l'évaporation plus ou moins grande de l'eau; la position continentale ou maritime 'des lieux; la direction des vents, suivant qu'ils soufflent de la terre ou de la mer; l'altitude et la proximité des montagnes; les bassins des fleuves et des rivières, selon qu'ils sont en pentes plus ou moins rapides, ou qu'il se trouve sur leurs flancs des vallées, des forêts, etc. Nous examinerons successivement l'influence de chacune de ces causes, dont la plupart ont déjà été le sujet d'un travail très-important de la part de M. de Gasparin, qui, après avoir réuni, classé et discuté un très-grand nombre d'observations éparses dans des recueils scientifiques, en a tiré des conséquences qui ont éclairé la théorie de la pluie sur plusieurs points.

La pluie provient d'un refroidissement, dû à diverses causes, dans une masse d'air saturée de vapeurs. Les météorologistes ne sont pas d'accord sur celles de ces causes qui exercent le plus d'influence. Fulton a admis qu'elle provenait le plus habituellement du mélange de deux masses d'air saturées de vapeurs, n'ayant pas la même température; dans ce cas, la tension de la vapeur du mélange étant plus grande que celle qui convient à sa température, il y a retour d'une partie de la vapeur à l'état liquide.

Babinet envisage comme il suit le refroidissement produit dans une masse d'air humide: Lorsqu'un gaz se dilate, il y a abaissement de température; s'il se comprime, il y a, au contraire, élévation; or les masses humides, transportées par les vents, montent ou descendent, suivant le relief du sol. Si elles montent, leur pression diminue, leur température s'abaisse, le degré d'humidité augmente, et, si les masses sont au maximum d'humidité, la vapeur d'eau se condense.

D'après cela, les changements de température qui ont lieu dans les masses gazeuses, selon qu'elles sont soumises à une pression plus grande ou moins forte, sont causes fréquemment de la chute de la pluie ou de la disparition des nuages. Plusieurs expériences, qu'il est inutile de rappeler ici, mettent ces faits hors de doute. Supposons, pour fixer les idées, qu'une masse saturée s'élève de 200 mètres, en admettant que la pression de l'air soit en moyenne de 76° cent., cette pression diminuera de 0°02 ou de $\frac{3}{114}$; mais pour une diminution, à la surface, de $\frac{1}{116}$, on a un abaissement de 1° de température, donc la colonne d'air se refroidira de 3°. On admet qu'en moyenne il y a un abaissement de 1° de température en s'élevant de 150 à 170 mètres dans nos climats. On peut donc dire que, par suite de l'ascension de la masse d'air, il y a de la vapeur de condensée.

Supposons un vent soufflant de la mer, et par conséquent humide, et rencontrant une montagne d'une hauteur limitée : ce courant d'air sera refoulé sur lui-même, s'élèvera en glissant sur la surface de la montagne, sa température s'abaissera, et, suivant sa hauteur, la température de l'air et son degré de saturation, il pourra y avoir pluie sur les deux versants, et beau temps au bas du versant opposé. Il doit donc pleuvoir davantage sur les montagnes que dans les plaines. Nous verrons plus loin qu'il y a des exceptions à cette loi, dont il faut tenir compte dans la discussion des observations, comme M. Belgrand en a fait sentir la nécessité, dans un travail remarquable sur les pluies, dans le bassin de la Seine.

Quand le courant d'air est saturé et qu'il vient frapper une montagne élevée, il pourra y avoir au bas du brouillard, plus haut un nimbus, puis, au dessus, de la pluie, plus haut, de la neige.

Souvent on voit un nuage qui semble attaché au sommet d'une montagne, bien que le vent paraisse violent; comment cela peut-il se produire? La théorie de Babinet en donne une explication satisfaisante : l'air, en arrivant, est assez dilaté pour produire une précipitation de vapeur, et, par conséquent, pour amener la formation d'un nuage; or, le courant d'air, tant qu'il n'est pas interrompu, donne lieu à la formation d'un nuage dans les mêmes points. Il en résulte que le nuage semble s'attacher au sommet, bien que celui qui a été formé primitivement soit emporté à chaque instant, par le courant d'air, et disparaisse en descendant.

Dans la plaine, suivant Babinet, quand une masse d'air humide rencontre des obstacles, tels que des monticules, des arbres, des bois, etc., etc., sa vitesse est nécessairement diminuée à cause des frottements successifs qu'elle éprouve, diminution qui ralentit sa marche; mais, conformément à la loi d'égal débit, l'air qui viendra après celui qui est arrêté, montera sur celui-ci et s'élèvera, de même que, lorsqu'un cours d'eau est arrêté dans sa marche, la même quantité d'eau devant passer dans le même temps, il se forme une cascade, ou ressaut; dans ce cas, l'air s'élevant, sa température s'abaissera, et la vapeur pourra se précipiter en formant un nimbus ou de la pluie.

Si deux vents saturés d'humidité, dirigés en sens inverse, viennent à se heurter, l'air, étant refoulé, sera obligé de remonter au-dessus de la région qu'ils parcourent.

Cette théorie, qui s'applique à un grand nombre de cas, doit être accueillie avec faveur, mais il est des circonstances où il est nécessaire d'adopter d'autres principes que ceux sur lesquels elle repose pour les expliquer. En effet, toute cause qui amène un abaissement de température, dans une masse d'air stationnaire saturée de vapeurs, amène nécessairement une précipitation de vapeurs, produisant un brouillard, de la pluie ou de la neige; c'est précisément le cas où des brouillards se forment en automne, quand, le sol étant refroidi par l'effet du rayonnement nocturne, ce refroidissement amène successivement celui des couches qui sont en dessus; il y a alors précipitation de vapeur, quand le degré d'humidité est à son maximum.

On ne saurait non plus rejeter, comme cause de la pluie, le mélange de deux masses gazeuses au maximum de saturation, l'une froide, l'autre chaude, surtout quand l'effet n'est pas modifié par l'arrivée de deux nuages venant en sens contraire ou dans des directions obliques et inégalement chauds.

La théorie de Babinet repose sur une propriété incontestable; on voit bien que, lorsque la masse d'air humide s'élève à 200 mètres, il y a un abaissement de 3° de température, suffisant pour que la vapeur se précipite sous forme de pluie; mais, lorsque l'obstacle qui s'oppose à la propagation du vent n'a qu'une hauteur d'une trentaine de mètres, la diminution de température n'étant que de 0°4, il peut en résulter une bruine, un brouillard; si l'obstacle est moins élevé encore, tel qu'un bois, un taillis, ayant une hauteur seulement de 10 mètres, l'abaissement de température n'est plus que de 0°11 ; dans ce cas, la précipitation de vapeurs est à peine sensible, si toutefois la température au-dessus des arbres est la même qu'au bas. Mais cette égalité n'a lieu que temporairement, comme l'expérience l'a démontré. En effet, la température des feuilles et de l'air ambiant s'élève ou s'abaisse, suivant que le sommet des arbres est exposé à la radiation solaire ou à la radiation nocturne, pendant les journées et les nuits claires ; l'équilibre ne s'établit entre la température de l'air au-dessus des arbres et au bas que vers 6 heures du matin. Si le vent, chargé d'humidité, arrive dans l'une de ces trois phases, les effets sont bien différents : dans la phase d'échauffement, la couche d'air humide qui s'élèvera le deviendra moins ; dans la phase de refroidissement, elle le deviendra plus ; dans la troisième phase, elle le deviendra un peu moins. Ajoutez à cela que l'évaporation, qui a lieu par les feuilles, augmente l'humidité de l'air ; on concevra alors qu'il devra se produire des phénomènes aqueux compliqués. Il y a encore d'autres considérations auxquelles il faut avoir égard.

Nous avons démontré que la température moyenne annuelle de l'air et celle des arbres isolés, exposés, par conséquent, aux rayonnements solaire et nocturne, étaient égales, et qu'il y avait toutefois cette différence, dans l'état calorifique de l'air et celui des arbres, que les heures des maxima ne sont pas les mêmes des deux côtés. Ces heures varient suivant la grosseur des arbres; dans les feuilles, les changements de température ont lieu à peu près comme dans l'air ; dans les jeunes branches, un peu plus tard, ainsi de suite jusqu'au tronc. Dans des arbres de 5 à 6 décimètres de diamètre, tels que le marronnier d'Inde, le maximum de température a lieu, en été, vers 10 heures du soir, et en hiver, vers 6 heures seulement.

Lorsque les arbres sont réunis et forment des groupes, des bois ou des forêts, il n'en est pas tout à fait de même; les troncs s'échauffent lentement, attendu qu'ils sont garantis du rayonnement solaire par les branches et les feuilles ; mais les feuilles qui sont à la périphérie des arbres, à cause de leur grand pouvoir absorbant et émissif, s'échauffent considérablement sous l'influence du rayonnement solaire, en même temps qu'elles échauffent l'air ambiant, comme nous l'avons reconnu, tandis qu'exposées au rayonnement nocturne d'un ciel sans nuages, elles se refroidissent, et refroidissent également l'air ambiant, effets qui se manifestent également sur les bas végétaux et sur les herbes des prés.

Les feuilles qui sont au dessous ne participent plus autant au rayonnement solaire ou céleste, de sorte que si le bois est âgé et que les arbres soient élevés, les maxima de l'air devront être un peu moins forts sous bois, en été, qu'en dehors du bois. En hiver et au printemps, des effets contraires devront avoir lieu; c'est-à-dire que les branches, dépourvues de feuilles pendant quatre ou cinq mois, préserveront, en partie, le sol des effets du rayonnement céleste, qui agit plus fortement, dans ces deux saisons, que dans les deux autres.

Quant aux minima, dans les pays de bois, ils sont moindres en été et en automne, hors du bois, que sous bois en hiver et au printemps : cela tient sans doute au rôle que jouent les bois comme abris.

En été et en automne, le rayonnement nocturne agit moins sur le sol couvert d'arbres que sur le sol découvert; par conséquent, la température de l'air doit moins s'abaisser la nuit, sous bois qu'en dehors. En hiver et au printemps, le même effet a lieu. Ces alternatives de chaud et de refroidissement influent nécessairement sur la précipitation des vapeurs.

Les observations hygrométriques faites avec le psychromètre électrique prouvent que la vapeur d'eau qui s'exhale des feuilles se mêle aussitôt à l'air ambiant, par suite de la loi qui régit le mélange des gaz et des vapeurs et de manière à former un état hygrométrique moyen. Il résulte de là que, tant que l'air qui est à une certaine distance du bois n'est pas au maximum de saturation, celui qui est au-dessus des feuilles, malgré l'exsudation incessante, n'y est pas non plus. C'est là que l'on doit chercher l'explication de l'influence des grandes masses de bois sur les pluies, à part toutefois le rôle qu'elles jouent comme abris.

L'influence des hauteurs a également été mise en évidence par M. de Gasparin qui est arrivé à cette conclusion, que les grandes chaînes de montagnes exercent une telle influence qu'en comparant les lieux à fortes pluies avec les directions de ces chaînes, on trouve que les reliefs de ces dernières représentent réellement les points pluvieux, sur une carte géographique.

M. Belgrand, dans le travail cité plus haut, en comparant ensemble les observations recueillies en 1861, 1862, 1863, 1864, a trouvé que les quantités d'eau tombées sur le bord de la mer, à l'embouchure de la Seine, diminuent en s'avançant dans les terres. Il tombe plus de pluie dans les vallées que sur les plateaux voisins, dans plusieurs départements limitrophes de celui de la Seine.

M. de Gasparin a remarqué, par exemple, que dans les plaines d'Orange, lorsque le vent du nord, après avoir franchi les montagnes du Dauphiné vient frapper les terres, sous un angle de 15° environ, une hauteur de 200 mètres préserve un espace de 2160 mètres, qui est réservée aux cultures les plus délicates. La température moyenne de l'année y est supérieure de 1° à celle des lieux voisins non préservés. C'est à l'aide de semblables abris que les orangers viennent en pleine terre à Hyères et à Ollioules.

On conçoit, d'après cela, que les masses d'air, après avoir passé au-dessus des montagnes, si elles sont encore humides, le deviennent moins dans des parties préservées, non-seulement parce qu'elles arrivent dans des parties plus basses, mais encore parce qu'elles se répandent dans des lieux ayant une température plus élévée qu'au-delà.

Les forêts agissent un peu différemment : les vents pluvieux qui viennent se heurter contre elles ne sont pas arrêtés aussi brusquement que lorsqu'ils rencontrent des montagnes ; dans ce cas-ci, les masses d'air s'écoulent sur les côtés en totalité, tandis que, dans l'autre, une partie traverse la forêt, où elle est arrêtée à chaque instant par les arbres qui lui font perdre de sa vitesse, de sorte que si la forêt a une grande épaisseur, en sortant elles auront perdu la plus grande partie de leur violence jusqu'à la hauteur des arbres, bien entendu ; quant à leur état calorifique et aqueux, elles participeront de celui de l'air, sous bois, lequel peut exercer une influence sur les météores aqueux au-delà de la forêt, comme on l'a dit précédemment.

Quand les arbres sont en feuilles, celles-ci exhalent de la vapeur qui se répand dans l'air, jusqu'à une certaine distance, d'où résulte un état hygrométrique moyen ; cette exhalaison augmente le degré d'humidité de l'air en mouvement, s'il n'est pas à son maximum de saturation.

Les effets varient selon que les feuilles se trouvent dans leur phase d'échauffement ou de refroidissement, à chacune desquelles participe l'air ambiant.

LIVRE VIII. — PHÉNOMÈNES ATMOSPHÉRIQUES. 581

§ IV. — *Influence de la latitude sur la distribution des pluies.*

Sous les tropiques, la saison des pluies, appelée hivernage, est toujours celle où le soleil parcourt la portion du zodiaque qui est placée du côté de la ligne équinoxiale où a lieu cette saison. L'hivernage est donc en réalité l'été de la région tropicale que l'on considère. Lorsque le soleil passe la ligne, la saison des pluies change nécessairement de côté. On donne l'explication suivante des pluies tropicales.

Lorsque le soleil se trouve dans l'hémisphère nord, il se produit, par suite du grand échauffement de l'air, deux courants d'air, l'un froid inférieur, venant du pôle nord, l'autre chaud supérieur, venant du pôle sud ; il y a alors mélange de masses d'air inégalement chargées de vapeurs.

On étudie l'influence des pluies sur les climats, en prenant en considération la marche des pluies depuis l'équateur où l'évaporation est la plus forte, jusqu'aux pôles où elle est la plus faible. Voici les résultats obtenus par M. de Gasparin, dans son travail sur la distribution des pluies [1].

Les causes qui influent sur la quantité totale de pluie annuelle sont en général la latitude, l'élévation des lieux au-dessus de la mer, leur situation relative par rapport aux vents et aux réfrigérants.

En général, les pluies sont d'autant plus abondantes que les latitudes sont moins élevées : ainsi à Sierra-Leone (lat. 8°29) la quantité d'eau tombée annuellement est de 2191 millimètres, tandis que, dans la partie centrale de la France (lat. 43° à 47), elle est de 656 millimètres. Mais la latitude n'est pas la seule cause exerçant une influence ; il y en a d'autres qui deviennent facilement prépondérantes de manière à donner lieu à des anomalies. Ainsi l'Angleterre (lat. 50° à 56) a une quantité de pluie égale à 784 mill. tandis qu'en France (lat. 43°, 47°) la quantité d'eau tombée ne va qu'à 656.

Pour connaître l'influence des causes modificatrices, il faut prendre les chiffres relatifs aux lieux situés sur les côtes occidentales de l'Europe se prolongeant du sud au nord sous des méridiens peu différents ; ces chiffres montrent qu'en partant de Lisbonne, on voit une tendance des pluies à augmenter du sud au

Bibliothèque universelle de Genève, 1828, et *Cours d'agriculture*, t. II, p. 244.

nord, jusqu'en Bretagne, tandis qu'il y a une tendance contraire à partir de cette province.

Voici quelques exemples de l'influence exercée par les causes locales.

1° A Seringapatnam, il règne une sécheresse qui contraste singulièrement avec l'état udométrique des autres localités de l'Inde ; en effet, il tombe annuellement en moyenne :

		mm
A Seringapatnam.		601, 6 de pluie.
A Bombay.		2350, 0 —
A Calcutta.		1928, 6 —

2° Les pluies considérables de l'Italie, au nord des Apennins, comparées à celles tombées sous les mêmes latitudes ou sous des latitudes plus basses, offrent également des contrastes remarquables.

	mm
Du 45 au 47° de latitude, l'Italie, au nord de l'Apennin, donne.	1336, 9 d'eau.
Du 37 au 40° l'Italie, au sud de l'Apennin.	930, 9 —
Du 37 au 43°, dans la vallée du Rhône.	781, 0 —

Bergen, sous le 60° de latitude en Scandinavie, fournit une quantité d'eau annuelle égale à 2250 millimètres, rappelant celle de la zone torride de Bombay, par exemple, qui est de 2350 millimètres, tandis qu'en Scandinavie le chiffre ne s'élève qu'à 478 millimètres.

L'influence des causes locales devient encore plus palpable quand on compare les quantités d'eau tombées sur des points de l'ancien continent qui se prolongent du sud au nord sous des méridiens peu différents.

Latitude.		mm
5°5	Christianborg (Guinée).	549, 0
8, 2	Sierra-Leone..	2191, 0
32, 27	Madère.	557, 0
38, 42	Lisbonne.	608, 1
44, 50	Bordeaux.	650, 0
46, 9	La Rochelle.	652, 2
47, 13	Nantes.	1292, 0
55, 0	Copenhague..	468, 0
60, 24	Bergen.	2250, 40

En s'éloignant des côtes de l'Océan jusqu'en Russie, on trouve une diminution des pluies.

	mm
Angleterre, à l'ouest, donne.	920, 0
Angleterre, à l'est.	686, 0
Côtes de l'ouest, de Lisbonne à Hambourg. . .	743, 0
France méridionale, en y comprenant l'Italie au sud des Apennins.	814, 3
L'Italie au nord des Apennins.	1121, 3
La France septentrionale avec la Suisse et l'Allemagne.	678, 0
La Scandinavie, en supprimant Rekiavick et Bergen, expositions insulaires exception-nelles.	476, 6
Russie.	364, 1

Ces chiffres sont significatifs; ils indiquent, non-seulement une moindre quantité de pluie en s'avançant dans le continent, mais encore des influences locales faciles à apercevoir; en effet :

La côte ouest de l'Angleterre, qui est exposée d'abord aux vents du sud-ouest, reçoit les premières averses qui sont les plus fortes; ces mêmes vents, encore chargés de vapeurs en traversant l'île, rencontrent des montagnes, des monticules, des bois qui se comportent comme réfrigérants, de sorte qu'ils arrivent sur la côte est ayant perdu déjà une certaine quantité des vapeurs des continents et continuent à en perdre successivement en s'avançant dans l'intérieur du continent; telle est l'explication que l'on donne de la diminution des pluies en s'avançant dans l'intérieur des continents.

On rapporte à la même cause la différence des pluies que l'on observe au nord et au sud des Apennins, agissant comme réfrigérants, dès l'instant que les vents pluvieux viennent les heurter.

CHAPITRE III.

DES ORAGES.

§ I. — *Formation des orages en général.*

Gay-Lussac a attribué la formation des orages, en général, à la rencontre de deux masses d'air, l'une froide et sèche, transportée par le vent du nord, l'autre chaude et au maximum d'humidité, chassée par les vents du sud ou du sud-ouest. De leur mélange résulte une précipitation d'eau à l'état de globules vésiculaires, due à ce que la tension de la vapeur du mélange est supérieure à celle qui correspond à la température moyenne ; à la surface des globules vésiculaires se répand l'électricité libre de l'air; les globules se rapprochent quand le nuage devient plus compacte, il arrive un instant où toute l'électricité se porte à la surface du nuage qui devient alors orageux. L'électricité qui se trouve répartie dans l'air avant la formation du nuage, sur un grand espace, étant réunie sur une surface beaucoup moindre, produit les effets de la foudre.

La condensation des vapeurs a lieu encore dans nos climats, pendant les grandes chaleurs, comme il suit : lorsque la température est élevée, l'air calme et le ciel serein ; la terre humide étant fortement échauffée par les rayons solaires, il en résulte un courant ascendant rapide de vapeurs, qui viennent se condenser dans les parties élevées de l'atmosphère ; il peut se produire un nuage dense et volumineux qui est fortement électrisé. Lorsque les nuages se forment ainsi, ils ont lieu le plus habituellement à l'instant de la plus forte chaleur du jour, et ensuite le ciel peut redevenir serein ; mais il est à remarquer qu'il arrive quelquefois que, dans la même localité, les conditions restant les mêmes, il se produit un orage plusieurs jours de suite, à la même heure, jusqu'à ce que les vents et les circonstances atmosphériques soient changées. Volta a signalé cette périodicité, qui n'a lieu que pour les orages dus aux courants ascendants, et nullement pour les orages produits par la lutte des deux vents opposés.

Dans nos climats les nuages orageux prennent souvent naissance presque en même temps, sur un grand nombre de points différents, et sont dus à des masses aériennes transportées par les vents et venant de régions plus chaudes. C'est ainsi que la climatologie de nos contrées subit l'influence des bourrasques venues des Antilles.

Les orages que l'on observe dans les montagnes ne s'y forment pas directement, les nuages viennent de la plaine : presque tous les matins, en été, de deux à trois heures, après le lever du soleil ; de Saussure avait déjà observé qu'il s'élevait des vallées dans les montagnes des nuages négatifs, qui pouvaient concourir à la formation des orages.

M. Peytier a fait une étude sur la formation des orages dans les Pyrénées. Ces orages se forment quelquefois à des hauteurs considérables; 3,300 mètres est la hauteur maximum; cette hauteur n'est pas aussi considérable dans les plaines que dans les montagnes, où les nuages poussés par le vent s'élèvent et traversent des couches d'air de plus en plus froides; la hauteur moyenne est d'environ 2,000 mètres; les orages de pluie sont moins élevés. M. Peytier a observé, comme de Saussure, qu'ils prennent naissance sur le sol humide de la plaine ou des vallées et qu'ils se détachent quelquefois d'une couche déjà existante, puis s'élèvent jusqu'à des couches froides et vont se grouper sur quelques points des montagnes, où ils forment des orages souvent assez fixes; ce sont des orages locaux et de peu d'étendue. M. Peytier assure avoir observé que les nuages qui se détachent d'un autre nuage s'élèvent peu et forment une seconde couche supérieure; ces orages sont les plus étendus. Les orages ont lieu quand il existe deux nuages peu éloignés l'un de l'autre. Quand l'orage est formé, on ne distingue plus qu'une seule masse irrégulière, dans laquelle paraissent avoir lieu des mouvements divers produisant des transformations, une fusion des parties les unes dans les autres; c'est en cela, suivant M. Peytier, que consiste la principale cause des orages; il n'a jamais vu un nuage isolé former un orage. Cette observation est très-importante et a été faite par toutes les personnes qui ont étudié la formation des orages. Les orages, suivant lui, sont plus fréquents dans les montagnes que dans les plaines, mais les effets sont moindres. Ils sont plus souvent accompagnés de grêle, mais d'une moindre grosseur. Les orages de nuit sont rares; ils ne sont pas accompagnés de grêle, mais quelquefois de neige ou de grésil. Les cirrus forment quelquefois une troisième couche de nuages supérieurs, mais ils sont sans influence.

Trois éléments sont à prendre en considération dans un nuage orageux : sa direction, sa vitesse et sa densité ou sa compacité. Si les couches inférieures d'une masse d'air en mouvement qui transportent un nuage orageux sont arrêtées par un obstacle quelconque, il y a ralentissement dans la vitesse, production de remous dont les effets peuvent se faire sentir sur des couches supérieures; quand le nuage recèle des grêlons, il peut se faire que le ralentissement de vitesse détermine leur chute, comme on le verra plus loin; car la vitesse étant moindre ne contre-balance plus autant l'action de la pesanteur. L'obstacle étant surmonté, la masse d'air et le nuage reprennent peu à peu leur vitesse primitive et la grêle cesse alors de tomber. On peut expliquer ainsi les alternatives qu'éprouve quelquefois la grêle dans sa chute. La densité du nuage dépend de la proportion relative des globules vésiculaires et des grêlons qu'il contient sous le même volume; plus cette proportion est considérable, plus le nuage déverse de la pluie et de la grêle.

Une forêt, une montagne, sont des obstacles naturels qui diminuent la vitesse du vent, et peuvent produire une diversion dans la marche des nuages.

§ II. — *Des orages à grêle.*

Les nuages à grêle sont très-denses; ils ont une nuance cendrée; leurs bords sont échancrés et leurs surfaces remplies çà et là de protubérances très-irrégulières; en général, ils sont peu élevés.

Le passage d'un nuage orageux dans un lieu est précédé d'un bruissement particulier, comparable à celui que fait entendre un sac de noix qu'on agite fortement. Il est accompagné d'effets électriques qui se rattachent à la production de la grêle, soit comme causes, soit comme effets. Ces effets sont des éclairs et du tonnerre, qui précèdent, accompagnent la chute de la grêle et rarement viennent après. Un grêlon est ordinairement formé de plusieurs couches concentriques distinctes de glace transparente, autour d'un noyau blanc opaque qui n'est autre qu'un noyau de neige. Quelquefois ces couches sont alternativement diaphanes et opaques. La grosseur est variable, parfois elle est celle d'une noix et même plus grosse; le poids est quelquefois de 200, 300 grammes et même au-delà. On se demande comment de telles masses peuvent se soutenir dans l'air, se développer ou rester immobiles, dans des nuages obscurs très-denses qui couvrent une partie du ciel. Quand ces nuages sont rapidement entraînés, on conçoit jusqu'à un certain point que la vitesse puisse détruire l'effet de la pesanteur.

Il tombe de la grêle sous les tropiques, comme dans nos climats, mais avec cette différence toutefois que, sous les premiers, il faut s'élever de quelques centaines de mètres pour la trouver; à 500 ou 600 mètres elle est commune.

Dans nos climats, elle se forme le plus habituellement dans le printemps et l'été, aux heures les plus chaudes de la journée et rarement la nuit; la grêle précède les pluies d'orage et les accompagne quelquefois; rarement elle les suit.

Nous croyons nécessaire, pour avoir une idée plus complète sur le phénomène de la grêle, de donner plusieurs descriptions d'orages à grêle, faites par des personnes qui se sont trouvées au milieu ou près des nuages à l'instant où la grêle se formait.

M. Lecoq[1] a étudié l'orage du 28 juillet 1835 en comparant les effets observés depuis l'île d'Oléron où il paraît avoir pris naissance jusqu'au point où il a cessé d'exercer ses ravages, dans le département du Puy-de-Dôme : la grosseur des grêlons a été sans cesse en augmentant; dans la Charente-Inférieure, ils étaient presque sphériques et peu abondants; dans la Haute-Vienne, le nombre et le volume étaient augmentés, et ils acquirent leur plus grand développement près d'Aubusson, ainsi que la forme ovoïde. Ces observations sont importantes en ce qu'elles montrent que le grêlon ne se forme pas immédiatement et que cette formation est successive. Ce nuage n'était pas très-élevé.

Le 5 août, M. Lecoq s'est transporté au sommet du Puy-de-Dôme, dans le but de voir les effets produits par la grêle du 28 juillet; il eut la bonne fortune de s'y trouver au moment même de la formation d'un nuage à grêle ; les vents d'ouest amenaient des nuages qui passaient au-dessus de sa tête; le soleil reparut, et d'autres nuages détachés du Mont-d'Or vinrent près de lui, chassés par un vent du sud assez fort, dans deux directions différentes : il n'y eut pas de grêle tant que les couches de nuages ne furent pas superposées.

Les nuages venus du sud se réunissaient par petits groupes, en paraissant se précipiter les uns sur les autres pour former de gros nuages noirs, pesants, se déplaçant avec peine. Le dessus du nuage offrait une énorme protubérance; des torrents de pluie s'en échappaient. Le nuage devenu plus léger fut emporté par le vent. En une heure, le phénomène se renouvela plusieurs fois; le vent du sud poussait au-dessus de cette couche, avec vitesse, de nouveaux nuages blancs. Le vent devint très-violent et très-froid; il se produisit donc un refroidissement presque subit par des nuages transportés par des vents ordinairement

_____
[1] *Comptes rendus des séances de l'Académie des sciences*, t. II, p. 324.

chauds. Il n'y avait donc aucune uniformité dans la couche des nuages inférieurs, composés d'énormes flocons colorés marchant dans le même sens et avec des vitesses différentes. Des éclairs illuminaient la contrée. Jamais M. Lecoq ne vit d'étincelles électriques dans le nuage supérieur, ni dans la couche d'air qui séparait les deux nuages. Ces étincelles accompagnaient la formation de la grêle dans la couche inférieure ; mais étaient-elles effets ou causes de cette formation ? C'est une question qu'il n'a pu résoudre.

Il voyait de loin la grêle se précipiter des nuages inférieurs sur le sol à 50 mètres du sommet du Puy-de-Dôme. Ces nuages avaient les bords dentelés, et éprouvaient un tourbillonnement difficile à décrire. Chaque grêlon semblait lancé par une répulsion électrique ; on en voyait de chassés dans tous les sens et qui seraient tombés sur le sol, dans une foule de directions, si le vent du sud ne les avait transportés vers le nord.

Après cinq ou six minutes de cette agitation extraordinaire des bords antérieurs, la grêle cessa de tomber et l'ordre se rétablit ; le nuage à grêle continua de s'avancer vers le nord, et l'on vit dans le lointain des traînées de pluie. Un éclair immense ayant illuminé toute la couche inférieure dont un des bords touchait le sommet du Puy-de-Dôme, M. Lecoq crut prudent de se retirer et se réfugia dans une grotte à la base de la montagne.

Après quelques instants de repos, il remonta sur le sommet afin d'être plus près des nuages, puis le quitta pour se rendre sur le puy des Goules, à une lieue environ de distance ; il était 3 heures, les deux couches superposées existaient, et le vent du sud, qui était très-froid, amenait un nouveau nuage à grêle, au milieu duquel M. Lecoq se trouva plongé. Les grêlons étaient nombreux et atteignaient à peine la grosseur d'une noisette ; ils étaient formés de couches concentriques plus ou moins transparentes, arrondies, légèrement ovales ; ces grêlons étaient animés d'une grande vitesse horizontale et semblaient attirés par la montagne, plusieurs tombaient sur ses flancs. La majeure partie du nuage passa au-dessus de sa tête et faisait entendre le bruissement qui caractérise les nuages à grêle ; les grêlons étaient animés, en outre, d'un mouvement très-rapide de rotation dans tous les sens, comme il en eut la preuve en en recevant sur le fond de son chapeau tenu horizontalement. D'autres nuages à grêle arrivèrent poussés par le vent du sud, et, soit sur un point, soit sur un autre, il grêla sans interruption depuis une heure jusqu'à quatre sur toute la chaîne depuis le Mont-d'Or jusqu'au-delà de Riom et de Volvic. Entre quatre et cinq heures la grêle cessa de tomber; à ce moment, les nuages ne formaient plus qu'une seule couche qui déversait une grande quantité de pluie à la lueur des éclairs. Le vent du sud avait cessé et il ne soufflait plus que celui du sud-ouest.

§ III. — De la formation de la grêle.

Nous arrivons maintenant aux opinions émises à diverses époques pour expliquer la formation de la grêle, et nous parlerons d'abord de la théorie de Volta qui, le premier, en a donné une rationnelle. Il s'est demandé quelle était la cause du froid excessif qui se produit au milieu du jour, à l'instant de la plus forte chaleur, dans une région inférieure à celle des nuages; ce froid, selon lui, serait dû à l'évaporation extrêmement rapide et abondante produite par les rayons solaires qui frappent la partie supérieure des nuages, évaporation qui serait d'autant plus rapide que l'air est plus raréfié et plus électrisé. D'après cela, une portion de nuage, en se vaporisant, abaisserait assez la température pour congeler l'autre.

Volta rejette l'opinion des physiciens qui admettent que le noyau, d'abord très-petit, se revêt de couches successives de glace en tombant, attendu que la distance à la terre n'est pas assez grande pour produire ce phénomène; il admet pour expliquer cet accroissement l'existence de deux ou plusieurs nuages chargés d'électricité contraire, placés l'un au-dessus de l'autre. Supposons un de ces nuages congelé à sa partie supérieure, par suite d'une très-grande évaporation; il en résultera une foule de petits glaçons qui sont autant de noyaux; ces noyaux seront rejetés en haut par l'action répulsive de l'électricité de même nature que celle des nuages et tenus en suspension à certaine distance, ou attirés par le nuage supérieur chargé d'électricité contraire. On imite effectivement cet effet en plaçant des corps légers tels que des balles de sureau sur un large plateau métallique horizontal, isolé, que l'on électrise fortement, et au-dessus duquel il se trouve un autre plateau non isolé. Les corps légers étant électrisés sont repoussés, et retombent quand ils ont perdu leur électricité. Pareils effets sont produits, suivant Volta, entre deux nuages chargés d'électricité contraire. Les grains qui ne sont pas chassés tombent à terre; ce sont les grains rares et solitaires qui précèdent la chute de la grêle.

Le mouvement et la suspension des mêmes grains qui voltigent au-dessus du nuage diminuent à mesure que leur masse individuelle s'accroît par la jonction de nouvelles couches d'eau glacée et que la force de l'électricité diminue. Il arrive enfin un instant où, entraînés par leur propre poids, ils tombent en abondance sur le sol.

Des objections sérieuses ont été faites à cette théorie : pourquoi les deux nuages électrisés différemment ne sont-ils pas ramenés promptement à zéro par le ballottage des grêlons? Comment admettre le ballottage des masses pesant quelquefois de deux à trois cents grammes? On devrait apercevoir un feu continuel d'étincelles. Dans la danse des pantins, les plaques métalliques sont résistantes; avec une nappe d'eau il n'en est plus ainsi, les balles pénètrent dans le liquide : les nuages se comportent de même. D'un autre côté, un nuage échauffé ne saurait produire du froid.

On a cité encore contre la théorie de Volta l'expérience suivante : deux thermomètres semblables, entourés de linge mouillé, étant placés l'un à l'ombre, l'autre au soleil, sur le premier il y a refroidissement tant que dure l'évaporation, sur l'autre il y a évaporation rapide, puis échauffement. Un nuage échauffé, comme l'a dit Volta, ne saurait donc produire du froid.

Enfin on a des exemples de chute de grêle pendant la nuit, alors que le soleil n'est plus au-dessus de l'horizon pour produire une évaporation rapide.

Peltier a évité quelques-unes de ces objections en apportant plusieurs modifications à la théorie de Volta. Quand deux nuages chargés d'électricité différente sont placés l'un au-dessus de l'autre, suivant lui, l'attraction est alors considérable, les nuages se rapprochent sans décharges notables, il y a seulement des actions par influence d'où résulte une évaporation suivie, un abaissement de température, qui est d'autant plus rapide que la tension est plus considérable. Quand la température des nuages est assez élevée, il n'y a rien de particulier; mais, si l'un d'eux possède une température près de zéro, comme cela arrive pour les nuages supérieurs, il y a congélation des portions non vaporisées qui se transforment en flocons de neige; chaque flocon, chargé d'électricité et d'humidité prises au premier nuage, est attiré par le second et emporté par lui. Pendant cette excursion il y a perte d'électricité par rayonnement, puis évaporation d'une partie de la couche humide, d'où résulte un abaissement de température, et, par suite, une solidification de la portion restée liquide autour du noyau. La tension électrique étant diminuée par cette influence, le globule est moins attiré, tombe dans le premier nuage, s'y recharge, s'y remouille, etc. Dans cette théorie, le bruit produit ne serait pas dû au frottement des grêlons, mais bien aux décharges électriques continuelles.

Kaemtz admet, comme Volta, l'existence de deux couches de nuages marchant dans deux directions différentes. Il admet encore que les jours de grêle le ciel a un aspect particulier; on y remarque des cirrus filamenteux très-fins, et souvent des couronnes de parhélies qui accusent leur présence. Suivant lui, ce sont là les signes avant-coureurs des averses de grêle. M. Emm. Liais, qui a observé beaucoup d'orages à grêle, a constaté aussi l'existence des cirrus.

Le thermomètre baissant, on peut en conclure qu'il règne dans les couches supérieures le vent du sud; l'air néanmoins est très-calme, le sol et les couches d'air contigus s'échauffent alors fortement, tandis que la température décroît rapidement dans les couches supérieures qui ne s'échauffent pas autant. Il se produit alors un courant ascendant de vapeurs très-énergiques, et, lors même que l'air ne serait pas très-humide, les couches supérieures le saturent rapidement. Des nuages se forment alors ayant l'apparence de cirrus; les courants ascendants continuent à les élever davantage. Ces nuages se condensent de plus en plus et forment des flocons de neige. Ces cirrus flottent à une hauteur de 6,000 mètres et au-delà; car Kaemtz ne les a jamais vus au-dessous des hautes sommités des Alpes. L'échauffement du sol étant inégal, les courants ascendants ont aussi une force et une étendue fort différentes; il en résulte des courants horizontaux dans les couches supérieures.

Les courants ascendants possèdent leur plus grande vitesse au moment de la plus grande chaleur; à mesure que la couche supérieure des cirrus devient plus dense, elle s'abaisse et forme des cumulus qui s'accroissent avec une rapidité extraordinaire. Ces nuages se dissipent quelquefois sans se résoudre en pluie ou en grêle; souvent ils s'accroissent lorsque des couches d'air froid descendent vers la terre, et occasionnent alors de la pluie. Sur la ligne où les vents se rencontrent, la condensation des vapeurs s'opère avec une grande énergie, il se forme des couches de nuages superposées dont les intérieurs sont souvent très-sombres. Ces nuages sont peu élevés et on observe souvent des mouvements gyratoires.

Si la violence du vent supérieur ou inférieur vient à augmenter, les tourbillons se propagent de bas en haut dans la masse nuageuse, le volume des flocons de neige qui flottent dans l'air s'accroît rapidement, ils prennent la forme de grains de grésil qui sont poussés horizontalement par le vent jusqu'à ce qu'ils tombent sur le sol.

De nouvelles rafales favorisent la formation de grêlons volumineux; chaque nouvelle averse de grêle est précédée d'un éclair et de coups de tonnerre, et démontre ainsi comment des flocons de neige qui forment des cirrus élevés peuvent se transformer en grêlons.

La température est-elle très-basse dans les hautes régions de l'air, alors la grêle tombe daus la plaine si les grêlons sont chassés horizontalement; il se précipite sans cesse à leur surface une nouvelle quantité d'eau, et leur volume s'accroît naturellement.

Kaemtz regarde comme une condition principale de la formation de la grêle le décroissement de la température; aussi est-ce dans les jours les plus chauds qu'elle a lieu, parce que le courant ascendant est très-énergique.

Il peut tomber de la grêle dans les autres saisons, car, si les vents du sud soufflent avec une certaine continuité, les cirrus s'accroissent pendant la nuit; mais, si les vents du nord commencent à souffler avec violence, il tombe de la grêle pendant la nuit, ce qui arrive rarement, parce qu'il n'y a pas de courant ascensionnel. Si la grêle est plus rare sous les tropiquss que sous les latitudes moyennes, cela tient à ce que dans le voisinage de l'équateur le décroissement de la température avec la hauteur n'est pas aussi rapide que sous nos latitudes.

Il faut rapporter à la lutte des vents opposés certaines particularités des orages de grêle: c'est pour ce motif que la grêle est plus commune dans les montagnes, où la rapidité des courants atmosphériques s'accroît dans les vallées, opinion émise égale-

ment par M. Peytier, si la marche des orages, dit Kaemtz[1],
« était connue par des observations embrassant une série de
« plusieurs années, on pourrait, en les rapprochant des dispo-
« sitions locales, découvrir pourquoi certains pays sont souvent
« ravagés par la grêle, tandis que d'autres pays sont toujours
« épargnés. »

Les cartes d'orages à grêle dont nous allons parler jetteront de
nouvelles lumières sur cette question qui présente des difficultés.

Arago n'a pas donné une théorie des orages à grêle, mais il a
émis une opinion sur leur cause probable, dont nous devons faire
mention, en raison de son importance.

En parlant des paragrêles[2], il s'exprime ainsi : « La formation
« de la grêle semble incontestablement liée à la présence dans
« les nuages d'une abondante quantité de matière fulminante.
« Soutirez cette matière et la grêle ne naîtra point, ou bien elle
« restera à l'état rudimentaire, et vous ne verrez plus tomber
« sur la terre que du grésil inoffensif. » Il est impossible de
s'exprimer d'une manière plus nette sur la cause de la grêle, à
laquelle il attribue une origine électrique, sans le prouver. Arago
propose, à cet effet, de faire une expérience qui consisterait à
lancer à de grandes hauteurs des aérostats captifs pour enlever
aux nuées orageuses leur électricité.

Il a examiné en même temps jusqu'à quel point les arbres
peuvent servir de paratonnerres. Si l'on s'en rapporte, dit-il, aux
personnes qui exploitent de grandes étendues de forêts, les arbres sont frappés de la foudre beaucoup plus qu'on ne le pense.

Cette observation rapprochée de la remarque que M. de Tristan a déduite de soixante-quatre orages distincts, accompagnés
de grêle, dont il sera question plus loin, tendrait à montrer qu'un
orage qui passe sur une vaste forêt s'affaiblit notablement. Il
en tire lui-même la conséquence qu'il paraît incontestable que
les arbres soutirent aux nuages orageux une partie considérable
de la matière fulminante, dont ils sont chargés, et que, dès lors,
l'on peut les considérer comme un moyen d'atténuer les coups
foudroyants. Il ne considère pas toutefois les arbres comme possédant une vertu préservatrice, car il peut arriver, ajoute-t-il, que
lorsque les arbres n'agissent pas, cela tienne à ce que le sous-sol

---

[1] *Cours complet de météorologie* de Kaemtz, traduction de Martins, p. 391.
[2] *Notices scientifiques*, t. IV, p. 345.

n'étant pas conducteur de l'électricité, ils deviennent inefficaces à servir de paratonnerres.

. En résumé, les faits généralement admis pour expliquer les orages à grêle sont les suivants :

1° Dans les orages à grêle, il existe toujours deux nuages superposés plus ou moins éloignés l'un de l'autre. La grêle cesse de tomber quand ils ne forment plus qu'un seul nuage par leur mélange ;

2° Il y a ordinairement des éclairs, du tonnerre avant, pendant, et très-rarement après la chute de la grêle. Les décharges électriques n'ont lieu que dans les diverses parties du nuage inférieur, et nullement dans l'intervalle et dans le nuage supérieur ;

3° Les nuages à grêle sont épais, d'une couleur gris cendré et font entendre, lors de leur passage, un bruit comparable à celui d'une charrette chargée, roulant rapidement sur le pavé, ou d'un sac de noix que l'on remue ;

4° Les orages à grêle ont lieu le plus souvent en été, au moment de la plus forte chaleur du jour, entre deux, trois heures de l'après-midi, c'est-à-dire à l'instant de la journée où l'évaporation est la plus grande ; ils sont très-rares la nuit et en hiver ;

5° Sous la ligne et sous les tropiques, il y a également chute de grêle, mais à des hauteurs plus ou moins considérables au-dessus du niveau de la mer, là, où le décroissement de la température commence à être très-rapide avec la hauteur ; condition indispensable pour la formation de la grêle ;

6° Les nuages à grêle sont, en général, peu élevés ; M. Peytier leur assigne dans les Pyrénées une hauteur maximum de 3,000 mètres, tandis que dans les Alpes, Kæmtz leur donne 5,000 mètres ;

7° Les grêlons d'une certaine grosseur ont une forme ovoïde souvent aplatie dans le sens du grand axe ; ils sont formés de couches concentriques, transparentes, autour d'un point de neige ; leur grosseur est variable ainsi que leur poids qui peut atteindre de 200 à 300 grammes. En tombant, ils sont animés quelquefois d'un mouvement rapide de rotation comme l'a observé M. Leroy.

Examinons maintenant l'usage que l'on peut faire de ces données pour essayer d'expliquer la formation de la grêle.

Bien que l'existence de deux nuages superposés, dans les orages, à grêle soit bien constatée, il ne s'ensuit pas que l'un et l'autre possèdent une électricité contraire, comme l'ont supposé Volta et M. Peltier pour établir leur théorie. On est conduit néanmoins à admettre que les nuages floconneux qui composent le nuage inférieur possèdent, les uns une électricité, les autres une électricité contraire, seul moyen d'expliquer les décharges électriques continuelles qui ont lieu, seulement entre ces nuages partiels, pendant la formation de la grêle.

On se demande d'où vient cette électricité qui est accumulée en quantité considérable dans les nuages orageux, et, en particulier, dans ces nuages qui déversent de la grêle : les nuages chargés d'électricité positive doivent leur origine à la condensation successive des vapeurs répandues dans l'air; ces nuages enlèvent à ce dernier une partie de l'électricité qu'il possède toujours quand le ciel surtout est serein, d'où résulte que l'électricité qui était répartie sur un grand espace occupe la surface du nuage qui est beaucoup moins étendue. La tension de l'électricité augmente d'autant plus que le nuage occupe moins d'espace ; il devient alors plus ou moins orageux; la condensation subite de la vapeur donne lieu à un nuage orageux, quel que soit le mode de formation de la vapeur. Cette condensation peut avoir lieu de deux manières qu'il est nécessaire d'indiquer : 1° par le mélange de deux masses d'air, l'une, chaude et humide, transportée par les vents du sud, l'autre, froide et sèche, par les vents du nord ; c'est là le mode de formation des nuages positifs et des orages d'hiver en général; 2° par le refroidissement subit dans les régions froides de l'air des vapeurs abondantes formées à la surface de la terre pendant une forte insolation. Suivant de Saussure, les nuages négatifs pourraient se former ainsi; car, étant placé sur une montagne, il a reconnu que les vapeurs qui s'élevaient d'une vallée possédaient l'électricité négative.

Existe-t-il d'autres causes que celles que nous venons d'indiquer qui rendent électriques les nuages à grêle? nous ne le pensons pas, car on ne saurait faire intervenir la condensation des vapeurs, les corps ne dégageant jamais d'électricité dans leur changement d'état, c'est-à-dire quand ils passent de l'état liquide à l'état gazeux, puis à l'état solide. Dans l'état actuel de nos connaissances, nous le répétons, nous ne voyons pas d'autres causes productrices de l'électritité, pouvant donner lieu aux effets observés dans les nuages à grêle. Cela posé, voyons quel rôle peut jouer l'électricité dans la formation de la grêle.

La théorie de la formation des orages donnée par Gay-Lussac est rationnelle et peut être considérée comme la vraie. Elle
explique bien pourquoi un nuage qui se forme rapidement, au
milieu de l'été, dans les régions supérieures de l'atmosphère, se
trouve chargé d'électricité positive; mais elle n'explique pas
la formation des nuages chargés d'électricité négative, dont la
présence est indispensable pour qu'il y ait des décharges électriques, c'est-à-dire production d'éclairs et de tonnerre. Or, rien
n'est plus simple que de démontrer l'existence de nuages chargés
d'électricité négative, indépendamment de celle indiquée par
Saussure dont nous avons parlé précédemment et qui doit être
prise en considération. Lorsqu'un nuage se forme, au moment
de la plus grande chaleur, la vapeur, en raison de sa force
élastique, gagne la région la plus élevée où se trouvent les
cirrus et qui est la plus électrisée. La température diminuant,
la force élastique est moindre, le nuage qui se forme s'élève
moins et réunit moins d'électricité positive, puisque cette électricité va en augmenant en s'élevant au-dessus de la surface terrestre. Il résulte de là deux nuages chargés de la même électricité,
à deux degrés différents et à une certaine distance l'un de
l'autre. Or, le nuage le plus élevé qui est le plus électrisé agit
par influence sur celui qui l'est moins, attire l'électricité négative et repousse l'électricité positive qui s'écoule dans le sol
par l'intermédiaire de la vapeur qui se trouve dans l'air pendant
l'évaporation. Que se passe-t-il pendant ces actions électriques?
Peltier a démontré que lorsqu'une nappe d'eau est soumise à
une action par influence, il y a évaporation, et par suite abaissement de température. Pareils effets doivent être produits dans
les actions par influence entre les deux nuages, c'est-à-dire évaporation des gouttelettes d'eau qui constituent les nuages, production de froid qui peut amener la congélation, et, par suite,
la formation de rudiments de grêle qui augmentent de volume
par l'addition successive de nouvelles couches de grêle.

Quant au mouvement gyratoire dont les grêlons sont quelquefois animés, il faut l'attribuer aux directions contraires des vents
transportant les nuages qui concourent à la formation de la
grêle.

Il n'a été question encore que du nuage inférieur; mais quel
rôle joue donc, dans la formation de la grêle, le nuage supérieur duquel M. Lecoq n'a vu sortir ni éclairs ni grêlons? Il

est difficile de répondre catégoriquement à cette question, à moins d'admettre que ce nuage, d'une part, s'oppose à l'échauffement du nuage inférieur sous l'action solaire, de l'autre, que la vapeur qui s'en élève va se condenser dans les couches supérieures, puis retombe en grains de grêle dans le nuage inférieur. Ce qu'il y a de certain, c'est que la grêle cesse de tomber quand il y a mélange des deux nuages.

Il ne reste plus maintenant qu'à expliquer l'accroissement successif des couches de glace dont le grêlon est formé, à mesure que le nuage orageux chemine ; l'évaporation, sous l'influence électrique, peut être invoquée ainsi que le mélange continu des vents chauds et humides et des vents secs et froids.

Nous ne devons pas omettre une observation qui n'est pas, ici, sans quelque importance : on a vu souvent une trombe dans son mouvement de translation lancer des éclairs, déverser de la pluie et de la grêle qui se formaient sans aucun doute, dans son intérieur, sans l'intervention de deux nuages. Or, les théories qu'on a données jusqu'ici des trombes admettent que celles-ci possèdent un pouvoir d'aspiration d'air de bas en haut ; quand cet air est humide, en se dilatant il se refroidit et abandonne les vapeurs qui se changent en eau et en grêle, suivant la hauteur où est parvenue l'extrémité de la colonne. Ce phénomène doit se produire également dans les orages.

Il ne serait pas étonnant que les cirrus jouassent un certain rôle lors de l'évaporation de l'eau dans les grandes chaleurs de l'été ; les vapeurs s'élèvent d'autant plus haut que la température a été plus élevée ; elles peuvent gagner la région des cirrus, où elles contribuent à augmenter la grosseur des filets de glace qui changent alors les vapeurs en grêlons.

§ III. — *Des cartes d'orages à grêle.*

La formation de ces cartes et leur discussion vont apporter de nouveaux éléments qui doivent être pris en considération dans la distribution des orages à grêle dans une contrée.

Nous avons pris pour points de départ de leur formation les dégats causés par la grêle aux récoltes des céréales, fourrages, etc., et qui sont constatés avec une grande exactitude par les sociétés d'assurances qui ont bien voulu mettre leurs registres à notre disposition, ainsi que par l'administration départementale. La réunion des communes grêlées, pendant un certain nombre d'années, forme une zone dans laquelle se meuvent les orages à grêle. Ces zones légèrement teintées indiquent, à la première vue, quelles sont les causes locales qui exercent une influence sur leur direction et même jusqu'à un certain point sur leur formation.

A plusieurs reprises, on a essayé de former des cartes de ce genre ; nous citerons notamment M. le comte de Tristan qui a publié un travail intéressant sur les orages à grêle dans le départe-tement du Loiret[1]. Voici les principaux résultats qui résultent de ces observations :

1° Les orages sont attirés par les forêts, quand ils arrivent suivant que leur direction est oblique ou directe à l'égard de ces dernières; dans le premier cas, ils les contournent; dans le second, si les forêts sont étroites, ils les tournent; dans le cas contraire, ils peuvent être arrêtés. 2° Quand les forêts tendent à détourner un orage, sa vitesse paraît momentanément retardée tandis que sa force est augmentée. 3° Si un orage ne peut se dévier suffisamment, ni tourner une forêt, quand elle a trop d'étendue, dans ce cas il s'épuise, et si, à la longue, il passe au-dessus, il est fort affaibli; il arrive même quelquefois qu'il reprend sa force un peu plus loin. 4° Un orage peut suivre une grande rivière ou une vallée, quand sa direction s'écarte peu de celle de l'une ou de l'autre. 5° Quand un orage arrive à angles droits sur une vallée, il la traverse immédiatement sans se dévier de sa route. 6° Une nuée orageuse en attire une autre qui se trouve à peu de distance et la dévie de sa route. Une nuée, attirée par une autre plus forte, hâte son mouvement à mesure qu'elle approche de l'orage principal.

On doit encore une carte des orages à grêle du département du Loiret à M. Parant qui a réuni des documents sur soixante orages dont vingt-deux plus ou moins à grêle. Il a fait des observations sur les altitudes des lieux épargnés ou plus ou moins ravagés par la grêle, il a trouvé que les parties les plus ravagées étaient comprises entre 94 et 154 mètres de hauteur; celles souvent grêlées entre 90 et 191 ; celles qui sont quelquefois grêlées entre 103 et 150; celles rarement grêlées entre 106 et 181.

Ces observations ont besoin d'être constatées dans d'autres localités.

[1] *Annales de la Société royale des sciences, belles-lettres et arts*, d'Orléans, t. IX, 1828.

Avec les nombreux documents que nous avons recueillis, nous avons pu tracer les cartes d'orages à grêle dans les départements du Loiret, de Seine-et-Marne, de Loir-et-Cher, d'Eure-et-Loir, du Cher, de l'Yonne et du Bas-Rhin, mais il ne sera question ci-après que des cartes relatives aux quatre premiers départements.

On a commencé par former les tableaux par ordre alphabétique des communes dans lesquelles des sinistres ont été produits par la grêle pendant une période de trente années. En discutant les observations recueillies pour le département du Loiret, on voit sur-le-champ quelles sont les communes qui sont plus fréquemment grêlées que d'autres.

Ces communes se trouvent donc dans des conditions spéciales qui les exposent davantage aux ravages de la grêle. On est frappé également de la fréquence annuelle de la grêle dans certaines communes, puisqu'il existe des séries de deux, trois, quatre, cinq, six et sept années, pendant lesquelles le météore a exercé des ravages sans interruption. Sur la carte du département du Loiret, où se trouvent indiquées toutes les communes, on a placé à côté un chiffre indiquant le nombre de fois où il y a eu des sinistres causés dans la période de trente années. On a ensuite formé une zone légèrement teintée en gris de toutes les communes où les désastres avaient été les plus fréquents pendant cette période ; au moyen de ces indications, on voit sur-le-champ la direction des orages à grêle et les causes locales qui ont pu agir sur leur direction.

Nous n'entrerons pas dans une discussion détaillée de tout ce qui concerne la direction des orages et les ravages causés par la grêle, nous nous bornerons à rapporter les faits généraux.

On voit sur la carte que la forêt d'Orléans est entourée au sud, à l'ouest et au nord de régions d'orages à grêle qui sont rapprochées au sud, à l'ouest et au sud-ouest, et qui en sont éloignées, dans la partie nord, quelquefois de quinze à seize kilomètres, et que, dans les intervalles, se trouvent des communes qui ne sont que très-rarement atteintes par la grêle ; les forêts exercent donc une action préservatrice sur les contrées voisines, même à une distance assez grande, puisqu'elles sont moins exposées aux ravages de la grêle que les autres, tandis que les vallées et particulièrement les cours d'eau et notamment la Loire agiraient au contraire pour favoriser le passage des orages. On peut voir, pour plus amples renseignements à cet égard, le mémoire que nous avons communiqué à l'Académie le 13 novembre 1865 [1].

En consultant la planche IX de l'atlas, l'on pourra se rendre compte facilement des causes qui influent sur la direction des orages à grêle dans le Loiret. Passons à la carte des orages à grêle dans le département de Seine-et-Marne, planche X.

La table où se trouve le relevé des communes où des sinistres ont été causés dans la même période de trente années montre qu'il y a des communes qui ont été grêlées jusqu'à douze fois; on y distingue plusieurs zones d'orages à grêle, la principale fait suite à la grande zone du département du Loiret.

La principale zone de Seine-et-Marne, qui fait suite à la précédente, s'étend vers l'est, dans l'arrondissement de Fontainebleau; d'un côté, elle semble éviter la forêt; de l'autre, vers le sud, elle s'étend jusqu'à Château-Landon; puis elle cesse de se montrer à l'est à la hauteur de Montereau-sur-Yonne.

A Nangis commence l'autre portion de la grande zone, dite celle de Provins, laquelle, malgré l'intervalle qui la sépare de la précédente, semble en être la continuation, à en juger par l'orientation qui est la même.

Il existe une troisième zone très-restreinte autour de Brie-Comte-Robert. A part cette zone, la portion de l'arrondissement de Melun située au nord de la forêt de Fontainebleau est presque garantie des orages à grêle par la forêt. Le nord de l'arrondissement de Melun est peu atteint par la grêle.

Les forêts de Seine-et-Marne, comme on peut le voir sur la carte (planche X), paraissent donc se comporter comme faisant obstacle au mouvement de transport des orages à grêle, dont elles atténuent les effets.

On se demande quelles preuves on a qu'il grêle plus rarement sur les forêts que sur les terres dépourvues de bois, quand on sait que les forêts ne se trouvent pas dans les mêmes conditions que les communes rurales où les propriétés sont assurées. Mais on a des moyens de s'en assurer; on sait officiellement quelles sont les causes qui font éprouver les dégâts aux jeunes taillis. La grêle est une de ces causes; l'administration forestière en tient note. Or, d'après les renseignements que nous avons recueillis à cet égard, les orages à grêle sont très-rares dans l'arrondissement d'Orléans ainsi que dans la forêt de Fontainebleau.

[1] Voir le *Compte rendu des séances et les Mémoires de l'Académie*, t. XXXV.

A défaut des compagnies d'assurances, il est facile d'avoir des données sur les effets produits par les orages à grêle dans les forêts, en s'adressant aux personnes qui s'occupent de météorologie dans le voisinage; c'est ce que nous avons fait à l'égard de plusieurs forêts et notamment de celles de Montargis et d'Orléans. Les documents que nous avons recueillis à cet égard nous paraissent de nature à être mentionnés ici, puisqu'ils viennent à l'appui des conséquences auxquelles nous avons été conduit relativement à l'influence exercée par les forêts sur les orages à grêle.

Depuis trente ans il est tombé peu de grêle dans la forêt de Montargis. On en juge par les dégâts produits dans les taillis de deux à trois ans; car, s'ils eussent eu lieu, les jeunes pousses auraient été mutilées au point d'altérer la végétation ultérieure; le bois serait devenu rabougri, et les agents forestiers auraient constaté ce fait dans quelques parties de la forêt, ce qui n'a pas été fait; au contraire, les communes situées à peu de distance ont souffert, notamment celles placées sous le vent des orages. Nous citerons l'orage qui éclata en 1852.

L'orage extraordinaire du 7 mai, dont nous avons indiqué la direction sur la carte du Loiret, qui a dévasté plusieurs communes du canton ouest du département du Loiret, a passé sur Montargis en se bifurquant; une partie s'est dirigée sur le Gâtinais à gauche de la forêt, et l'autre, à droite, sur Amilly et Château-Renard, tandis que le village de Paucourt, situé au centre de la forêt et au nord-est de la ville de Montargis, n'a pas été atteint.

Ce qui est arrivé le 9 mai a lieu ordinairement, car on a remarqué que presque toujours dans les orages qui arrivent du sud quand ils sont au zénith de la ville, à un kilomètre environ de la forêt, les nuages paraissent stationnaires un instant, puis se divisent, partie vers l'est, dans la direction de la partie de l'Ouane, et partie vers l'ouest, du côté du Gâtinais, en suivant le cours du Loing par Chalette, Corquilleroy, Nargis, etc., comme si les nuages ne pouvaient franchir dix ou douze kilomètres de forêt. Il faut attribuer probablement cet effet à la présence de deux vallées et du monticule où se trouvait jadis le château. Nous répétons qu'il y a peu d'exceptions dans cette bifurcation quand les orages arrivent au-dessus de Montargis. D'après les renseignements que nous avons recueillis sur les dégâts causés par la grêle dans les forêts d'Orléans et de Fontainebleau, ces dégâts sont très-rares et de très-peu d'importance. Il en est de même dans celle du Bas-Rhin.

Nous n'avons jamais dit au surplus qu'il ne grêlait jamais dans les forêts, mais bien que, lorsque cela avait lieu, c'était d'une manière inoffensive, si ce n'est dans les orages extraordinaires ou réguliers, lesquels, en raison de la vitesse des nuages et de la grande quantité de grêlons qu'ils recélaient, étaient moins influencés par les causes locales.

Quant à la déviation qu'éprouvent les nuages orageux à l'approche des forêts, peut-être faut-il l'attribuer aux courants d'air latéraux qui sont inévitables dans une contrée boisée, le long des lisières, et provenant de l'inégal échauffement de l'air à l'intérieur et à l'extérieur des bois.

Quant aux causes qui font dévier les nuages orageux de leur direction et se partager en deux ou plusieurs branches, les effets produits sont du même genre que ceux qui ont lieu quand une nappe d'eau coule sur un terrain accidenté ; aussitôt qu'elle rencontre un obstacle, une élévation, elle se divise, et on observe alors des courants en différents sens, comme on le voit dans les orages.

Nous donnons encore ici la zone d'orages à grêle des départements d'Eure-et-Loir et de Loir-et-Cher (voir la planche XI). En examinant la position des zones d'orages à grêle dans le département d'Eure-et-Loir, on arrive aux mêmes conséquences que pour les zones d'orages à grêle dans les départements de Seine-et-Marne, du Loiret et de Loir-et-Cher, c'est-à-dire qu'à peu d'exceptions près elles laissent de côté les grands bois ou forêts situés au-delà des orages à grêle réguliers et irréguliers.

Nous avons déjà dit qu'il existe deux classes d'orages à grêle : la première se compose d'orages dont le retour est soumis à une certaine régularité et qui paraissent tellement influencés par des causes locales, qu'ils frappent certains points de préférence à d'autres ; la deuxième classe est formée d'orages, appelés irréguliers ou extraordinaires pour les distinguer des premiers, en ce qu'ils sévissent à des intervalles de temps plus ou moins éloignés, et qu'ils sont moins influencés par les causes locales que les premiers, vu la grande vitesse des nuages, leur compacité et la grosseur des grêlons. Ces nuages grêlent indistinctement toutes les contrées qu'ils traversent, et même celles qui ne sont pas exposées aux désastres par les orages réguliers.

Nous avons déjà parlé de la périodicité des orages, nous n'y reviendrons pas ; on peut consulter à cet égard notre mémoire sur les orages à grêle[1] ; on y trouvera également des détails sur la marche suivie par les orages irréguliers.

Les principes que nous venons d'exposer ont été mis à profit, par l'Observatoire de Paris qui a fait publier, pour l'année météorologique de 1866, un atlas de cartes d'orages à grêle de dix-sept départements au moyen de documents recueillis par M. Baille.

On voit que nous nous sommes borné, en décrivant les cartes d'orages, à exposer purement et simplement les faits sans aucune idée préconçue. Nous répéterons seulement que le mélange des cirrus et des nuages qui se forment au milieu des grandes chaleurs de l'été doit jouer le principal rôle dans la production du phénomène et que l'électricité que contiennent les nuages orageux est enlevée probablement par ces nuages aux zones d'air.

On doit procéder ainsi quand il s'agit de phénomènes complexes dans lesquelles ils se forment et que l'on ne connaît pas encore toutes les causes qui concourent à leur production.

§ IV. — *De l'influence des forêts et des cours d'eau sur les nuages à grêle.*

Nous avons naturellement à nous occuper de cette question après la description que nous venons de donner des orages à grêle dans les départements du Loiret et de Seine-et-Marne.

L'influence des forêts peut être attribuée à deux causes : elles font obstacle à la propagation des couches d'air inférieures qui transportent les nuages, d'où résultent des remous dans les masses en mouvement ; il se produit alors un écoulement d'air et d'une portion des nuages, soit sur les rives des bois, soit dans le sens de la hauteur. La vitesse des masses aériennes et celle des nuages étant alors diminuée, il peut y avoir chute de grêle avant leur arrivée à la forêt.

Les effets produits peuvent dépendre encore de la hauteur du nuage au-dessus de la forêt et des courants d'air latéraux qui sont de nature à faire dévier les masses d'air en mouvement de la direction qui leur est imprimée par le vent, surtout quand la température est élevée et que ces masses arrivent obliquement. D'un

[1] *Mémoires de l'Académie des sciences*, t. XXXV.

autre côté, les feuilles, en raison de leurs grands pouvoirs absorbants et émissifs, s'échauffant plus que l'air ambiant, sous le rayonnement solaire, doivent donner lieu à des courants ascendants qui ne peuvent s'effectuer qu'en déplaçant de l'air.

L'influence des forêts peut-elle s'exercer sur l'électricité des nuages orageux ? Les éclairs et le bruit du tonnerre qui accompagnent la chute de la grêle tendent à prouver la haute tension électrique des nuages à grêle.

Nous avons dit, page 596, comment nous concevons que l'électricité puisse intervenir dans la formation de la grêle ; nous n'y reviendrons pas, et nous admettons avec M. Arago que les arbres, en raison de la séve qui imbibe leurs tissus ou qui circule dans leurs vaisseaux, ainsi que l'eau exhalée par les feuilles, peuvent agir à la manière des paratonnerres et enlever aux nuages qui se trouvent dans leur sphère d'activité l'électricité dont ils sont chargés, surtout quand les racines se trouvent dans un sol humide. La foudre qui frappe souvent les arbres isolés et même les arbres les plus élevés des forêts, en est une preuve certaine. L'électricité disparaissant, la grêle cesse de tomber, du moins d'une manière désastreuse, tant que le nuage est dans la sphère d'activité de la forêt; mais si, après qu'il en est éloigné, les conditions en vertu desquelles les nuages orageux se sont formés, se présentent de nouveau, le nuage se recharge d'électricité, il se forme de nouveau des grêlons, et alors les contrées qui sont au delà peuvent être grêlées; ces conditions doivent se présenter quelquefois, en général; les forêts préservent dans certaines limites les pays qui sont au-delà comme si elles faisaient disparaître la cause productrice du météore. Si les arbres se trouvaient hors de la sphère de l'activité des nuages, ceux-ci passeraient outre sans cesser d'être orageux.

A l'occasion de la propriété protectrice des forêts, nous en mentionnerons une autre qui n'est pas sans intérêt. Il existe, pendant la saison chaude, un courant ascendant de vapeur résultant de l'exsudation des feuilles. Ce courant, qui finit par gagner le nuage, met en relation ce dernier avec les arbres, ce qui détermine l'écoulement de l'électricité dans le sol; d'un autre côté, les vapeurs qui rejoignent le nuage se condensent immédiatement, en raison de la basse température du milieu ambiant, auquel elles prennent une portion de l'électricité qui leur est propre, et tendent à augmenter la masse du nuage orageux.

On conçoit, dans l'hypothèse que nous avons admise, que les arbres enlevant l'électricité aux nuages, la grêle ne pourrait plus se reformer, puisque les nuages cesseraient d'être orageux.

Ne doit-on pas encore faire intervenir également les courants ascendants de vapeurs qui s'élèvent des fleuves et rivières, pendant les chaleurs de l'été, et vont rejoindre les nuages orageux, après s'être emparés de l'électricité répandue dans le milieu qu'elles traversent, où elles concourent à augmenter également les masses de ces nuages et à les rendre plus orageux? Ces courants d'air ascendants ne sauraient avoir lieu sans production de courants latéraux qui peuvent influer sur la tendance des nuages orageux, à se bifurquer à l'approche des vallées où il y a des cours d'eau, quand ils arrivent obliquement à leur direction. Il n'est pas sans intérêt, pour la question des forêts, de rapporter les faits suivants, quoique ne concernant pas le sujet que nous traitons.

On a remarqué que l'air humide qui transporte les miasmes auxquels on attribue les fièvres intermittentes et pernicieuses auxquelles sont exposées les personnes qui habitent sous le vent, dans les contrées marécageuses, s'en dépouille en traversant une forêt, à tel point que les populations placées au-delà des bois en sont préservées. M. Rigaud de Lille a constaté cette propriété dans les marais Pontins[1]. N'est-il pas à croire qu'il en est de même de l'air qui transporte les germes de la fièvre jaune et du choléra? Or, puisque les bois sont capables d'enlever à l'air qui les traverse, en le tamisant, les miasmes putrides dont il s'est chargé en passant au-dessus des marais Pontins, ne pourrait-il pas se faire également que les forêts tamisassent l'air qui transporte d'autres miasmes, tels que ceux qui engendrent la fièvre jaune, les typhus et le choléra?

On sait que le voisinage des marais, des étangs, des lieux où les eaux croupissent et se dessèchent dans la saison chaude est malsain à habiter et produit, suivant la latitude, des fièvres intermittentes, pernicieuses, la fièvre jaune, la peste et le choléra qui, depuis 1832, se répand dans toutes les contrées de l'Europe. Ces effets sont dus à la présence dans l'air des miasmes insaisissables provenant de la décomposition des matières animales et végétales. Ces miasmes sont transportés par les vents bien avant dans l'intérieur des terres, et s'élèvent jusqu'à une certaine hau-

[1] *Recherches sur le mauvais air.*

teur dans l'atmosphère. Dans les marais Pontins on en éprouve
les effets jusqu'à 200 ou 300 mètres : au Mexique, d'après M. de
Humboldt, jusqu'à 900 mètres[1].

Nous nous bornons à appeler sur ce point l'attention des
personnes qui s'occupent de l'hygiène publique et de celles qui
étudient les causes des maladies épidémiques et les moyens de
les éviter.

On peut croire que les forêts n'étant pas assurées contre la
grêle, comme le sont ordinairement les terres voisines qui sont
livrées à la culture, il n'est pas possible de savoir si le météore
n'y produit pas aussi des désastres considérables, dont les cartes
à grêle ne font pas mention.

<hr />

CHAPITRE IV.

DES CLIMATS.

§ I. — *Des causes à invoquer dans l'étude des climats.*

Les climats exerçant une grande influence sur les phénomènes
de la nature organique et de la nature inorganique, nous devons
entrer dans quelques détails sur les causes qui servent à les caractériser. L'étude d'un climat est très-complexe, attendu que
le nombre de ces causes est assez considérable. En effet : le
climat d'un pays est la réunion des phénomènes calorifiques,
aqueux, lumineux, aériens et électriques, qui lui sont propres et
servent à le distinguer d'un autre climat, placé sous la même
latitude, et ne réunissant pas au même degré ces diverses conditions. Si dans un lieu voisin, par exemple, la température est
différente de celle d'un autre lieu, on dit alors que ce dernier est
plus ou moins chaud que l'autre.

On considère la chaleur comme exerçant le plus d'influence ;
viennent ensuite et successivement la quantité d'eau tombée dans
les diverses saisons de l'année, l'humidité, la sécheresse de l'air,
la pression atmosphérique, les vents dominants, la répartition
des orages dans le cours de l'année, la nature du sol et celle de
la végétation qui le recouvre, selon qu'elle est spontanée ou le
résultat de la culture. L'étude des climats comprend donc tous
les éléments dont s'occupe la météorologie, mais nous ne parle-

[1] *Essai sur le Mexique*, t. IV; p. 524.

rons seulement, ici, que des principales causes qui influent sur, les climats et par suite sur leur constance et leur variabilité.

Les restes des corps organisés, fossilisés, que renferment les terrains de sédiment, prouvent que les climats ont fréquemment changé sur le globe, depuis sa formation, non-seulement à cause du refroidissement successif auquel il était soumis, dans les premiers temps de sa formation, par suite du rayonnement céleste, mais encore, à cause de l'exhaussement du sol qui transportait ce dernier dans une région plus froide ; l'histoire des glaciers nous en fournit des exemples nombreux qui ont attiré l'attention des géologues ; on trouve des glaciers qui ont laissé des moraines, des débris de roches en se retirant, ce qui n'a pu avoir lieu qu'en admettant que le climat de la contrée où on les trouve s'est amélioré, c'est-à-dire est devenu moins froid ; dans ce cas, l'effet est le même que si le glacier avait rétrogradé.

Le climat de nos contrées a également changé depuis l'apparition de l'homme sur la terre, à en juger par les débris de l'industrie humaine que l'on trouve dans les cavernes qui lui servaient de demeure. Ces débris sont des os de rennes et d'autres animaux, sur lesquels sont gravés des rennes, des éléphants à poils, etc., qui habitent aujourd'hui les régions polaires ou dont la dernière espèce est perdue.

Les changements de climats ne peuvent être constatés qu'à l'aide d'instruments en usage en météorologie ou d'autres moyens que nous allons indiquer : les deux principaux instruments sont le thermomètre et l'hygromètre qui ne sont connus que depuis deux siècles environ ; en outre, les bonnes méthodes d'observation sont récentes, et l'on n'a pu réunir encore qu'un nombre trop peu restreint d'observations pour statuer avec précision sur les changements de climats.

On a recours quelquefois aux relations des historiens et des voyageurs, mais il faut se mettre en garde contre l'exagération et surtout l'appréciation qui est souvent influencée par l'état moral des personnes.

Mais on peut consulter plus avantageusement les changements survenus dans la culture qui modifient les effets résultant de l'influence exercée par plusieurs des éléments qui agissent sur les climats. Nous citerons encore d'autres éléments à prendre en considération : 1° les diverses phases de la végétation et de la vie animale étant en rapport avec la température du lieu, s'il y a des changements survenus pendant un certain laps de temps, on en conclura des changements dans les effets calorifiques. Ces phases de la végétation sont : la foliation, la floraison, la maturité des fruits et l'exploitation ; les phases du règne animal, l'arrivée et le départ des oiseaux voyageurs ; l'époque de l'accouplement et du chant des oiseaux. Il ne faut user néanmoins de ces données qu'avec une certaine réserve, attendu que ces époques ne sont pas toujours faciles à fixer, variant d'une année à l'autre dans nos climats.

La culture de la vigne peut fournir également d'utiles renseignements, mais il faut les accueillir toutefois avec une certaine réserve. Dans l'appréciation des faits qui s'y rapportent, il faut avoir égard : 1° à l'avantage qu'il y a à préférer ou à rejeter telle ou telle culture à celle de la vigne ; 2° à l'espèce de cépage que l'on cultive, au goût plus ou moins développé des habitants, les uns se contentant d'un vin peu alcoolique et acide, les autres, au contraire, n'en voulant pas ; 3° à la limite de culture des espèces les plus précoces et aux points les plus précis où s'arrête la possibilité d'obtenir, année commune, des vins qui puissent se conserver pendant une année.

On peut consulter encore l'époque de la maturité du raisin, mais avec une certaine réserve : en effet, les fruits exigent pour leur maturité, depuis l'époque du renouvellement de leur végétation au printemps, une certaine somme de degrés de température, lorsque le climat est tel que cette somme de chaleur a été acquise aux environs du solstice d'été, l'époque de la maturité ne peut varier que de peu de jours à cause du fort contingent que chaque jour apporte à la somme déjà acquise ; mais, quand l'époque tombe après le 14 juillet, l'époque de la maturité peut varier, parce qu'il faut alors un plus grand nombre de jours pour arriver à ce complément.

§ II. — Des climats dans les temps anciens.

Depuis une longue série de siècles, la chaleur centrale de la terre n'a plus qu'une influence excessivement faible sur l'état calorifique de sa surface. Fourier a démontré effectivement qu'en supposant que le soleil n'éprouvât aucun changement, dans sa constitution physique, cet état différerait très-peu de celui auquel notre globe devrait parvenir. Suivant un calcul approximatif, la chaleur centrale n'élèverait pas la température de la surface de plus de $\frac{1}{36}$ de degré au-dessus de ce qu'elle doit être sous l'influence du rayonnement solaire et stellaire.

On aura une idée de la limite au-dessous de laquelle il faut placer la variation de la température de la surface du globe, quand on saura que, d'après le nombre énorme de siècles écoulés depuis l'origine du refroidissement, on ne peut pas l'évaluer au-dessus de $\frac{1}{57000}$ de degré par siècle; ainsi, depuis l'école d'Alexandrie jusqu'à ce jour, la chaleur centrale, en se dissipant dans l'espace, n'a pas fait éprouver à la chaleur terrestre un abaissement de température égal à $\frac{1}{2880}$ de degré.

D'un autre côté et à l'appui des résultats théoriques de Fourier, nous dirons que des observations astronomiques prouvent que la température de la surface terrestre, toutes choses égales d'ailleurs, n'a éprouvé aucune diminution appréciable, car, si la terre s'était refroidie, son diamètre serait devenu moindre, la vitesse de rotation aurait augmenté, et la durée du jour sidéral serait moindre, ce qui n'est pas, puisque cette durée, mesurée du temps de l'école d'Alexandrie et de nos jours, s'est trouvée la même; donc le refroidissement de la terre a été insensible depuis deux mille ans.

Les climats ont été modifiés plus ou moins profondément à mesure que le relief de la terre changeait et que sa température s'abaissait par l'effet du rayonnement dans les espaces célestes. On a une idée des climats aux diverses époques géologiques en étudiant les débris des corps organisés que renferment les terrains sédimentaires, pour en déduire les conditions physiques dans lesquelles ils ont vécu, et acquérir quelques données sur la composition de l'atmosphère, sa température et son état hygrométrique; mais, ne pouvant suivre les changements successifs qu'ont éprouvés les climats, nous nous arrêterons seulement à l'époque houillère.

On a remarqué que, dans la flore houillère, sur un point quelconque du globe, il y avait uniformité dans les genres de végétaux qui les composent, sinon dans les espèces. On trouve, suivant Humboldt, dans le terrain houiller, les palmiers et les conifères qui semblent se fuir aujourd'hui; on les trouve également dans une partie des terrains tertiaires.

M. Jameson a reconnu, de son côté, qu'il y avait identité entre les plantes qui composent les houillères des contrées boréales de l'Amérique et celles du même terrain de notre continent.

M. R. Brown a fait la même observation à l'égard des houillères de la Nouvelle-Hollande. M. A. Brongniart a constaté cette identité avec les débris des plantes houillères recueillies dans l'Australie et l'Inde. On a conclu de là qu'à l'époque houillère il y avait uniformité de végétation sur toute la surface de la terre, et, par suite, égalité dans la température.

M. Alph. de Candolle ne partage pas cette opinion : « Comment, a-t-il dit, les mêmes végétaux ont-ils pu vivre sous la « lumière intense des régions équinoxiales et pendant les longues « nuits polaires ? Que l'on réfléchisse à l'action importante de la « lumière dans les fonctions respiratoires et exhalantes des végé- « taux, et il ne sera guère possible de supposer que des plantes « qui ne perdent pas leurs feuilles et qui ouvrent leurs stomates « à la lumière douze heures sur vingt-quatre heures, aient pu « supporter une obscurité de quelques mois[1]. »

M. Lecoq a répondu, comme il suit, à cette objection : « Beau- « coup de plantes vivent dans des lieux très-ombragés, et nos fo- « rêts nourrissent un certain nombre de végétaux que le soleil « n'atteint jamais. La même chose doit avoir eu lieu à l'époque « de la végétation des houilles, et plusieurs espèces abritées sous « les larges feuilles et les cimes impénétrables des grands végétaux « devaient parcourir toutes les phases de leur existence sans être « éclairées par un seul des rayons du soleil, etc., etc. Mais les « houilles, ajoute M. Lecoq, ne se composent pas seulement de « débris de végétaux croissant à l'ombre, mais bien de grands « végétaux, tels que les fougères arborescentes qui avaient de « 20 à 25 mètres de hauteur. Nous ne savons pas même si la « haute température qui régnait dans les eaux, à l'époque du dé- « pôt, n'occasionnait pas à une certaine hauteur dans l'atmos- « phère une forte condensation, où les vapeurs formaient un « voile nuageux impénétrable aux rayons du soleil; ce sont « peut-être ces conditions d'existence nuisibles aux autres végé- « taux, favorables, au contraire, à l'organisation des fougères qui « ont permis, à cette élégante famille de plantes, de prendre une « telle extension aux dépens des classes qui ont trouvé plus tard « leurs conditions d'existence[2]. »

Si nous prenons une autre époque, celle du soulèvement des

[1] Alph. de Candolle. *Traité de physiologie végétale.*
[2] Lecoq. *Éléments de géologie*, t. II, p. 487.

Alpes centrales, où une grande partie du globe fut bouleversée depuis la hauteur de l'Afrique jusqu'au centre de l'Asie, le sol compris entre Constance et Marseille prit un grand relief et dut se refroidir ; la mer Méditerranée fut formée, ou du moins la communication avec l'Europe fut ouverte ; l'Europe, enfin, reçut alors sa forme et son relief actuels. Cette révolution fut accompagnée d'un refroidissement qui a donné lieu aux climats actuels. Avant cette révolution, la température moyenne était peut-être, suivant M. Élie de Beaumont, la moyenne des températures qui s'observent sous les mêmes parallèles dans les autres parties du monde, tandis qu'aujourd'hui cette température est différente, par suite des changements de relief. Quoi qu'il en soit, les palmiers ont cessé de végéter en Europe depuis lors, et les plantes dicotylédonées ont considérablement accru en nombre. Les éléphants, les rhinocéros, les panthères ont cessé de paraître ; la faune a été remplacée par celle qui existe aujourd'hui.

Nous citerons plusieurs exemples de l'invariabilité des climats, depuis les temps historiques : Arago[1] a trouvé, dans ses recherches, que du temps de Moïse, dans les environs de Jéricho, appelée ville des Palmiers, les dattes mûrissaient et on les préparait comme fruits secs ; à Palerme, qui a une température moyenne supérieure à 17 degrés, on cultive le dattier, mais le fruit ne mûrit plus ; il en est de même à Catane, qui a une température moyenne plus élevée de 1 à 2 degrés ; à Alger, qui a une température moyenne de 21 degrés, les dattes mûrissent bien ; on doit conclure de là que, dans la Palestine, aux temps bibliques, la température moyenne ne devait pas être inférieure à 21 degrés.

A Jéricho, la vigne était cultivée pour vin. Suivant Léopold de Buch, la contrée la plus méridionale où la vigne soit cultivée est l'île des Canaries, dont la température moyenne est de 21 à 22 degrés. Au Caire, qui possède une température moyenne de 22 degrés, il n'y a pas de vignes, mais seulement des ceps dans les jardins ; en Perse, à Abusheer, dont la température moyenne est de 23 degrés, les ceps doivent être abrités pour fructifier. Tirons de là la conséquence que la température moyenne de Jérusalem étant aujourd'hui un peu supérieure à 21 degrés, il s'ensuit que depuis plus de trois mille ans celle de la Palestine n'a

---

[1] *Annuaire du bureau des longitudes,* 1834.

pas éprouvé d'altération sensible. Des considérations du même genre, relatives à la culture du blé, conduisent à la même conséquence.

La méthode d'Arago peut être employée avec avantage toutes les fois que l'on a des données positives sur la température moyenne d'un lieu et sur celle qui est nécessaire à la maturation complète des fruits; mais on n'a encore, malheureusement, que peu de déterminations de ce genre.

M. Fuster a essayé de déterminer également les climats des Gaules à l'aide de documents historiques. Après de nombreuses citations que nous ne rapportons pas, il arrive à conclure que le climat de la France, lors de l'occupation romaine, était très-rude, plus rude qu'il n'est aujourd'hui, et qu'il a éprouvé, à différentes époques, des changements tels que la température a dû passer successivement du froid au chaud et du chaud au froid. Voici comment il raisonne :

1° A l'arrivée des Romains dans les Gaules, le climat était froid et humide; 2° après la conquête, le climat s'adoucit progressivement du sud au nord. Le neuvième siècle marque la limite de l'adoucissement du climat : il reste stationnaire pendant deux cents ans, et vers l'an 1200 il entre dans une période de décroissement progressif de température qui s'est prolongée jusqu'à nos jours. M. Fuster, pour arriver à ces conclusions, nous dit que les *Commentaires* parlent souvent de la rigueur du climat des Gaules, plus froid que celui de la Bretagne; que les hivers étaient précoces, d'une âpreté excessive, que l'abondance des neiges interceptait les communications entre les peuples du centre.

Nous retrouvons tous ces effets dans les années à intempéries extraordinaires; d'un autre côté, rien ne prouve que César, en parlant de la précocité des hivers, n'en juge pas par comparaison avec ceux de l'Italie.

Quant aux communications interrompues entre les peuples du temps de César par l'abondance des neiges, pareille chose se voit encore de nos jours dans les contrées montagneuses du centre.

On ne saurait conclure de ce qui précède que les hivers continuent à être plus rudes en France qu'en Angleterre, attendu que l'une continue à avoir un climat continental, et l'autre un climat marin. D'autres documents puisés dans Diodore de Sicile et dont on a voulu tirer des inductions semblables n'ont pas eu plus de valeur; on est donc réduit à admettre que le climat de la Gaule, lors de l'occupation romaine, était à peu près ce qu'il est aujourd'hui, sous le rapport de la température, sauf dans les contrées où de grands déboisements ont eu lieu.

On a fait de nombreuses recherches pour savoir si, dans des contrées de montagnes comme la Suisse, le climat n'avait pas éprouvé des changements depuis plusieurs siècles. M. Dufour a réuni et discuté toutes les recherches qui avaient été faites à ce sujet et est arrivé aux conséquences suivantes [1]: trois éléments ont servi de points de départ dans la discussion : 1° l'amoindrissement de la végétation forestière dans les Hautes-Alpes; 2° la disparition de la culture de la vigne, dans les lieux où elle prospérait jadis; 3° la variation de l'époque de la vendange depuis trois siècles dans le bassin du lac Léman; ces trois conclusions ne sont point concordantes, mais elles offrent cependant un accord général, en ce sens qu'elles aboutissent toutes à faire soupçonner des conditions climatologiques moins favorables actuellement qu'au seizième siècle et au commencement du dix-septième siècle. Cet accord peut être considéré comme une présomption favorable à l'hypothèse que le climat a réellement varié ; mais, comme diverses causes concourent aux effets produits, on reste dans le doute en réalité si ces effets doivent être attribués à l'une ou plusieurs d'elles ou à une variation dans le climat.

On voit d'après cela, comme nous l'avons déjà dit, quelles difficultés on éprouve à étudier une semblable question en s'appuyant sur des documents historiques.

§ III. — *Des changements de climats en rapport avec la marche des glaciers.*

On a invoqué pour expliquer les changements de climats à la surface du globe différents phénomènes géologiques, notamment les restes fossiles d'animaux trouvés dans les cavernes et paraissant remonter au commencement de la période géologique actuelle, et la marche des glaciers. Il existe, en effet, dans toutes les parties du monde des blocs erratiques transportés loin des lieux où ils ont été formés. Les géologues ne sont pas d'accord sur leur

[1] Notes sur le problème de la variation du climat, *Bulletin de la Société vaudoise des sciences naturelles,* t. V, p. 359.

mode de transport : les uns pensent que ces masses ont été ame-
nées par les eaux, soit à l'aide de courants diluviens, soit par de
grandes débâcles; d'autres les assimilent aux moraines des
glaciers, c'est-à-dire à ces blocs qui sont transportés par des
fleuves de glace et viennent se déposer à l'extrémité des glaciers,
après un laps de temps plus ou moins long; à l'égard des glaciers
dont l'extrémité plonge dans la mer, de grands courants ont pu,
en transportant les glaçons, amener ces blocs dans les régions
où on les trouve.

Dans certaines localités, comme on l'a fait pour les Alpes, on
a suivi la succession des blocs jusqu'à leur point de départ, et
on est arrivé à cette conséquence qu'en supposant que les Alpes
se soient abaissées, les glaciers ont dû s'étendre plus loin autre-
fois qu'aujourd'hui. On a émis une autre opinion qui consiste à
supposer que la terre s'est trouvée jadis dans une phase de refroidissement, pendant laquelle les glaciers des hautes montagnes
du globe ont avancé davantage, et qu'ensuite, s'étant échauffés,
ils ont rétrogradé.

M. Martins pense qu'il ne suffirait pas d'admettre un abaissement
de température considérable pour expliquer l'ancienne extension
des glaciers dans les Alpes[1]. En effet, la température moyenne de
Genève est de 9°,56. La limite inférieure des neiges éternelles,
dans les régions environnantes, est de 2,700 mètres au-dessus
du niveau de la mer; d'un autre côté, les grands glaciers de
Chamounix descendent en moyenne de 1,550 mètres au-dessous
de cette ligne. Si l'on admet que la température moyenne de
Genève s'abaisse de 2 degrés, la limite des neiges s'abaisserait
de 375 mètres, et les glaciers qui sont à 1,170 mètres au-dessus
de la mer descendraient également de la même quantité. D'un
autre côté, un glacier descendant d'autant plus bas qu'il vient de
plus haut, et que l'accumulation des neiges est plus considérable,
le pied des glaciers serait de 400 mètres au lieu d'être à 1,150 mètres au-dessus du niveau de la mer. Un abaissement de 4 degrés
dans la température moyenne de Genève, qui serait alors celle de
Stockholm, ferait donc arriver les glaciers du mont Blanc jusqu'au
lac de Genève. C'est cet abaissement de température qui est admis par les géologues partisans de l'époque glacière.

---

[1] Voir BECQUEREL et ÉD. BECQUEREL, *Traité de physique terrestre et de météorologie*, p. 122 et suivantes.

On a invoqué aussi, en faveur de cette seconde hypothèse sur le transport des blocs erratiques, les stries parallèles creusées dans les roches, que l'on observe sur plusieurs points du globe, mais principalement dans les Alpes, où le phénomène a été le mieux étudié, stries qui sont analogues à celles qui proviennent du frottement des glaciers.

Si les blocs erratiques et les stries creusées par leur transport ne proviennent pas de débâcles et sont dues à d'anciens glaciers plus étendus que ceux qui existent à présent, il a fallu qu'un changement physique très-grand se soit produit à la surface de la terre; ce n'est là toutefois qu'une hypothèse.

M. Al. de Candolle[1], à l'occasion d'un rapport qu'il a fait à la Société de physique et d'histoire naturelle de Genève, a annoncé que les lacs de Suisse sont d'une date géologiquement récente, et qu'ils se sont formés après la grande extension des glaciers, quelques milliers d'années avant notre époque histo-rique.

On voit donc qu'en étudiant la marche des glaciers sur dif-férents points du globe, on pourra arriver à avoir des notions assez exactes sur les changements qu'ont éprouvés les climats depuis certaines époques géologiques.

Il paraîtrait résulter de là, comme on l'a vu précédemment, que le climat de la partie du globe que nous habitons, qui était d'abord celui des régions polaires, est devenu à peu près ce qu'il est aujourd'hui, par suite probablement d'un abaissement du sol.

---

§ IV. — *Recherches géologiques et astronomiques pour prouver l'ancienneté de la terre.*

On a invoqué encore des faits d'un autre ordre pour arriver à supputer approximativement le temps depuis lequel les der-nières révolutions du globe ont eu lieu, et par suite les modifi-cations plus ou moins profondes que les climats ont éprouvées.

On pense assez généralement que le delta du Nil occupe l'em-placement d'un immense golfe. Les fouilles qu'on y a faites ne laissent aucun doute à cet égard. Damiette, où débarqua saint

---

[1] *Comptes rendus de l'Académie des sciences*, t. LXXIX, p. 103 (1874).

Louis en 1249, est aujourd'hui à une lieue et demie de la mer. En admettant que ces accroissements soient proportionnels au temps qu'ils ont mis à se faire, on en a conclu que le delta, qui a environ cinquante lieues de profondeur, avait mis dix-huit mille ans à se former. Mais cette conclusion n'est pas admissible, attendu que les atterrissements ne sont pas soumis à une marche régulière, comme Dolomieu l'a montré [1].

Élie de Beaumont a essayé également de rechercher jusqu'à quel point il était possible de faire servir la formation des atterrissements des grands fleuves pour arriver à l'époque où ils ont commencé. Il a reconnu l'impossibilité d'en faire usage.

Voici comment il s'exprime à l'égard de la formation des deltas du Pô, du Rhin, du Rhône, du Nil et du Gange [2]. Il partage cette formation en deux périodes : « Pendant la première, le « fleuve s'est formé un premier lit dans les lagunes qu'il a « comblées; dans la seconde il a abandonné ce premier lit déjà « trop exhaussé, et il s'est déversé latéralement en se formant de « nouveaux lits dont plusieurs lui servent encore aujourd'hui. « Le travail de là deuxième période a été accéléré par l'effet « des défrichements, mais pendant quelques siècles seulement, « et peut-être très-faiblement pour certains fleuves, tels que le « Rhin, le Rhône et le Nil. Or, ce travail de la seconde période « est en masse très-comparable à celui de la première, si même « il ne le surpasse pas; et, comme il n'y a guère que trois ou « quatre mille ans que cette seconde période a commencé, on « voit que rien ne conduit à faire remonter l'origine des deltas « à un grand nombre de milliers d'années. »

Il faut se mettre en garde contre les assertions de faits historiques mal interprétés. Nous prendrons pour exemples Aigues-Mortes où s'embarqua saint Louis et qui est aujourd'hui à la même distance de la mer que jadis, bien qu'on ait prétendu que la mer s'était retirée. Voici ce que dit à cet égard M. Delcros dans le *Bulletin de la Société de géographie de* 1831, sur le prétendu abaissement de la mer dans cette localité. La ville d'Aigues-Mortes est élevée de 30 à 70 centimètres au-dessus de la Méditerranée; il existe entre elle et le rivage d'anciennes ruines qui prouvent que le rivage n'a point reculé; quant au port où

[1] *Journal de physique*, t. XLII, p. 47.
[2] *Leçons de géologie*, t. I, p. 519.

s'est embarqué saint Louis, M. Delcros le reconnaît dans l'étang actuel de la ville qui communiquait avec la mer par des canaux. Si l'on enlevait les sables et la vase qui les ont encombrés depuis six cents ans, les navires pourraient encore s'amarrer aux anneaux de fer que l'on voit à la base des remparts que mouillent les eaux de l'étang situé encore au niveau de la Méditerranée; les atterrissements ne donnent donc que des indications incertaines sur les époques auxquelles elles ont commencé.

Il est d'autres moyens d'arriver approximativement à l'époque depuis laquelle certaines roches ont commencé à se décomposer. Voici les observations que nous avons faites à cet égard : La cathédrale de Limoges a été construite, il y a environ quatre siècles, avec un granit qui a dû être extrait des carrières les plus rapprochées de la ville. Or, dans l'intérieur de cet édifice, l'altération du granit est peu ou point sensible, surtout dans les parties qui n'ont pas été exposées à l'humidité. Mais il n'en est pas de même au dehors, surtout sur les faces qui sont exposées aux vents de pluie : là, la décomposition et la désagrégation dans quelques parties sont assez profondes; dans d'autres, elles le sont moins. On peut évaluer l'altération en moyenne à $7^{mm}88$. Or, la portion décomposée de la masse de granit que nous avons observée dans une carrière, à peu de distance de la ville, est de $1^m,624$. En supposant que la marche des altérations ait eu lieu dans la masse de granit, proportionnellement au temps, on trouve que l'altération a dû commencer il y a quatre-vingt-deux mille ans. On ignore, il est vrai, la marche de la décomposition du granit en masse, car il est probable qu'elle aura été plus rapide dans les premiers temps, que postérieurement, attendu que les parties supérieures auront dû préserver celles qui étaient au-dessous. Dans ce cas, la loi suivrait une progression décroissante et donnerait encore un nombre plus considérable. Ces observations montrent qu'il faut faire remonter très-haut l'époque de l'apparition des granits au contact de l'air.

L'observation suivante que M. Jomard a faite en explorant les carrières de la Thébaïde d'où l'on a tiré jadis les colonnes et les pyramides qui sont encore debout au milieu des ruines des temples, a une grande importance; il a trouvé des masses enlevées avec de grands efforts portant encore les empreintes fraîches du ciseau qui les a détachées des blocs de granit, et cepen-

dant ces traits datent de trois mille ans au moins ! On en déduit
la conséquence qu'il a fallu un temps considérable pour répandre ce vernis d'un noir luisant sur les rochers, peu éloignés de
là, que la main de l'homme n'a pas attaqués.

On s'est servi également des zodiaques pour remonter à l'é-
poque où les observations astronomiques, qui ont servi de bases
à leur construction, ont été faites. Examinons jusqu'à quel point
ces témoignages peuvent être accueillis favorablement. Le zodiaque est la zone céleste qui s'étend de 8° à 9° de chaque côté
de l'écliptique, dans laquelle s'opèrent les mouvements appa-
rents du soleil, de la lune et des planètes principales; on a divisé cette zone en douze signes de 30° chacun, qui forment les
douze signes ou constellations du zodiaque; mais, par suite de la
non-sphéricité de la terre et de l'attraction du soleil et de la lune,
il résulte une inégalité séculaire à laquelle on a donné le nom
de précession des équinoxes, en vertu de laquelle la sphère
céleste entière semble avoir un mouvement de rotation très-len t
vers l'Orient. Cette inégalité a une période de vingt-six mille ans,
à la fin de laquelle le soleil, la terre et les astres se retrouvent
dans leur position première ; c'est à peu près 1° de rotation
angulaire en soixante-douze ans. On voit donc que les équinoxes
n'arrivent pas, chaque année, lorsque le soleil se trouve au
même point du zodiaque, et que les observations des signes
ou des constellations, dans lesquelles le soleil était situé à une
certaine époque, peuvent indiquer la date de l'observation.

Sur le plafond du grand temple de Dendérah est représentée
une figure qu'entourent les douze constellations rangées dans un
ordre tel que le Lion semble sortir le premier du temple et le
Cancer entrer le dernier. On suppose que cette disposition n'est
pas l'effet du hasard, et qu'elle a été faite pour indiquer probablement une époque remarquable dans la contemplation du ciel.
On a multiplié, dit-on, les emblèmes, à côté du Cancer pour montrer que le soleil se trouvait au solstice d'été au milieu de ce
signe. En interprétant tous les renseignements dus à ces figures,
on en a inféré qu'il y a trente siècles ou mille ans avant notre ère,
on voyait au ciel les phénomènes représentés sur ce zodiaque. A
Esné, il existe deux zodiaques plus anciens et qui remontent à
trois ou quatre mille ans avant notre ère.

M. Champollion a fait, sur un tableau astronomique découvert
dans le Rhamesseum de Thèbes, des observations qui ont servi

de sujet de recherches à Biot, qui a donné à l'antiquité de ce tableau 3285 ans.

Dupuis a voulu expliquer l'origine du zodiaque, en supposant que les Égyptiens en soient les inventeurs et que les signes et les dénominations des constellations zodiacales soient en rapport avec les différentes phases de l'inondation du Nil, phénomènes physiques qui attiraient vivement leur attention. En partant de cette base, il a fait remonter cette origine à quinze mille ans. On a objecté à son système que les constellations ne représentaient pas les points où le soleil se trouvait à cette époque, mais bien celles qui se levaient le soir et qui restaient la nuit entière dans le ciel pendant que ce phénomène avait lieu ; cela ne leur donnerait alors que quatre mille cinq cents ans d'existence.

La divergence des opinions, sur l'interprétation des zodiaques, prouve le très-peu de confiance que l'on doit accorder aux déductions chronologiques que l'on en tire ; aussi Delambre a-t-il dit à ce sujet que ces monuments sont susceptibles de toutes les explications qu'on veut leur donner.

Mais que les zodiaques datent seulement de deux mille ou trois mille ans avant l'ère chrétienne, il n'en est pas moins vrai que si alors l'Égypte était florissante et les arts cultivés, il avait dû s'écouler bien des années avant que le langage se fût formé et que les arts et les observations eussent atteint un certain degré de perfection.

D'un autre côté, les temples et les villes en ruines que l'on a retrouvés, lors de la découverte du nouveau monde, attestent comme les ruines de Thèbes et de Ninive que les peuples des Amériques ainsi que les anciens Égyptiens étaient déjà parvenus, il y a plusieurs milliers d'années, à une civilisation avancée. L'exposé que nous venons de présenter montre que les documents recueillis sont insuffisants pour remonter à l'époque du dernier cataclysme qui a donné à l'Europe sa configuration actuelle, et à celle de l'apparition de l'homme sur la terre.

§ V. — De l'influence des forêts sur les climats.

Les forêts existaient sur la terre bien avant l'apparition de l'homme, comme l'attestent les immenses dépôts de houille que l'on trouve sur différents points du globe, même dans les régions polaires, dépôts formés de débris d'équisétacées, de sigillaria, parmi lesquels on distingue des fougères en arbres dont on ne retrouve plus les analogues que sous les tropiques.

La vie primitive de l'homme, dans une grande partie de l'ancien continent, s'écoula au milieu des forêts ; l'accroissement de la population leur porta des atteintes successives ; mais les grandes dévastations ne datent que de l'époque où les grands conquérants, voulant assujettir les nations nouvellement formées, coupèrent ou brûlèrent les forêts servant de refuges aux habitants. L'accroissement de la population, les guerres et les progrès de la civilisation sont donc les principales causes de la destruction des forêts. L'histoire nous en fournit, au reste, de nombreux exemples : du Gange à l'Euphrate, de l'Euphrate à la Méditerranée, sur une étendue de plus de mille lieues en longueur et de plusieurs centaines de lieues en largeur, trois mille ans de guerre ont ravagé ces contrées ; Ninive et Babylone, si renommées par leur civilisation avancée, Palmyre et Balbeck par leur opulence, n'offrent plus au voyageur que des ruines attestant leur grandeur passée, au milieu de déserts ou de marécages dans lesquels on ne retrouve plus que çà et là des traces des riches cultures qui s'y trouvaient jadis.

Depuis Sésostris jusqu'à Mahomet II, l'Asie Mineure a été principalement le théâtre de guerres dévastatrices qui ont contribué à la ruine des forêts et à la transformation des pays voisins en déserts par le manque d'eau.

La Palestine offre de semblables contrastes ; qu'est devenue cette belle contrée de Chanaan citée par la Bible comme le pays le plus fertile de l'univers ? Toutes ces régions, si renommées par la douceur de leur climat, privées de leurs forêts, manquent d'eau et de végétation.

Si l'on quitte la Judée pour suivre le littoral de l'Afrique, on voit que, depuis les sables de la Libye jusqu'aux ruines de Carthage, et depuis ces ruines jusqu'à l'Océan, les forêts qui vivifiaient ces contrées sur une étendue de près de mille lieues sont éloignées aujourd'hui d'au moins quarante lieues du rivage de la mer.

Dans la partie occidentale de l'Europe, César nous apprend que, pour pénétrer dans les Gaules avec ses armées, il fut obligé de faire des abattis immenses et continuels ; depuis lors les guerres qui les ont ensanglantées, les progrès de la civilisation et le libre parcours du bétail n'ont cessé de porter la hache, le feu et la dévastation, non-seulement dans les forêts des Gaules, mais encore dans toutes celles de l'Europe, et de transformer de vastes étendues de pays en terrains incultes ou en bruyères.

Après César les défrichements continuèrent; ils furent d'abord inconsidérés; des lois les restreignirent, même sous l'occupation romaine; mais il n'en fut plus de même dans la suite, car on ne put arrêter les dévastations pendant les temps de barbarie. Les moines, de leur côté, défrichèrent les terres et abattirent des bois dans les plaines pour les cultiver, ou sur les coteaux pour y planter des vignes.

Dans le neuvième siècle, les Normands, par leurs incursions, et les flots de croisés qui se portèrent dans les lieux saints, furent cause que, dans beaucoup d'endroits, les terres devinrent incultes ou furent envahies par les eaux, qui devinrent stagnantes. Les forêts, négligées ou détruites, devinrent insensiblement, dans le nord et dans l'ouest, les landes de la Bretagne, les déserts de la Champagne, les vastes déserts du Poitou; dans le centre, les terres marécageuses de la Bresse, du Forez, de la Sologne, du Berry et du Gâtinais, etc.

Nous renvoyons du reste à l'excellent ouvrage de M. Maury sur les grandes forêts des Gaules pour de plus amples développements.

Des ordonnances royales parurent successivement, depuis Charlemagne, pour arrêter les dévastations des forêts et adopter des mesures conservatrices relatives à l'influence des forêts sur les climats; cette influence dépend : 1º de l'étendue des forêts; 2º de la hauteur des arbres et de leur nature, selon qu'ils sont à feuilles caduques ou à feuilles persistantes; 3º de leur puissance d'évaporation par les feuilles; 4º de la faculté qu'ils possèdent de s'échauffer ou de se refroidir comme tout corps placé dans l'air; 5º de la nature et de l'état physique du sol et du sous-sol. Cette influence s'exerce encore sur le régime des eaux courantes et des eaux de source.

Comme abri contre les vents bas, l'action des forêts est incontestable. L'action préservatrice est d'autant plus grande que les arbres sont plus élevés.

L'évaporation par les feuilles est une cause puissante et incessante d'humidité; le moindre refroidissement de l'air précipite les vapeurs, l'eau qui en résulte et celle de la pluie pénètrent dans le sol s'il est perméable, et par l'intermédiaire des racines s'il ne l'est pas.

On démontre l'état calorifique des arbres au moyen du thermomètre électrique, comme nous l'avons déjà dit page 316 et suivantes. Il résulte de nombreuses expériences que le tronc, les branches et les feuilles s'échauffent et se refroidissent dans l'air comme tous les corps non organisés, par l'action solaire.

La température moyenne au-dessus des arbres est, au nord, un peu plus élevée que celle de l'air, à $1^m,33$ au-dessus du sol loin des arbres. Le tronc n'acquiert la température maximum, quand le diamètre a 3 ou 4 centimètres, qu'après le coucher du soleil. En été, il se montre vers neuf heures du soir, tandis que dans l'air ce maximum a lieu entre deux et trois heures du soir, suivant la saison. Les variations de température dans l'arbre étant très-lentes à s'effectuer, celles de l'air, quand elles sont rapides, n'ont aucune influence sur la température de l'arbre. Lorsque les feuilles se refroidissent par l'effet du rayonnement nocturne, elles reprennent au corps de l'arbre, par voie de rayonnement, ce qu'elles perdent. C'est à six heures du matin qu'il y a égalité de température au-dessus de l'arbre et à 1 mètre au-dessus du sol au nord et au sud. On conçoit, dès lors, comment les arbres qui ont été échauffés par le rayonnement solaire peuvent agir sur la température de l'air et ne pas l'abaisser autant qu'on le pensait.

L'influence du déboisement sur la température moyenne a été étudiée dans les conditions suivantes : M. Boussingault, au moyen d'observations faites par lui et par d'autres voyageurs, dans les régions équinoxiales de l'Amérique, dans diverses localités situées à la même hauteur au-dessus du niveau de la mer, sous les mêmes latitudes et dans les mêmes conditions géologiques, a constaté que l'abondance des forêts et l'humidité tendent à refroidir le climat, tandis que la sécheresse et l'aridité du sol l'échauffent.

On n'avait pas pris jusqu'ici en considération, dans l'examen de la question, l'influence exercée par la nature du sol déboisé sur la température de l'air, question qui a été traitée par nous assez complétement dans un travail spécial[1]. La température du sol varie suivant qu'il est sec ou humide, calcaire, sableux ou argileux.

[1] *Mémoires de l'Académie des sciences*, t. XXXV.

Les observations recueillies ne laissent aucun doute à cet égard ; la différence de température entre une terre sèche et une terre humide exposées au rayonnement solaire est de 6 à 7 degrés, la température de l'air étant de 25 degrés ; pour l'humus, elle s'élève quelquefois à 12 degrés. La nature du sol ainsi que la grosseur des grains exercent une telle influence, qu'une terre recouverte de cailloux siliceux se refroidit plus lentement que les sables siliceux, et que les terres caillouteuses conviennent mieux à la maturité du raisin que les terrains crayeux et argileux, qui se refroidissent plus rapidement. On voit par là combien il importe, dans l'examen des effets calorifiques résultant du déboisement, d'avoir égard à la nature et aux propriétés physiques du sol.

On reconnaît encore que le déboisement d'un terrain formé d'un sol siliceux ou silico-calcaire doit élever la température moyenne de l'air plus que les autres terres, toutes choses égales d'ailleurs ; l'exemple suivant en fournira la preuve. Les parties occidentales de l'Europe doivent la douceur de leur climat aux courants d'air chaud qui arrivent des déserts du Sahara, placés sous les mêmes méridiens, dans la direction du sud et du sud-ouest (vents du sud et du sud-ouest) ; or, si à la suite d'un cataclysme les sables du Sahara venaient à être boisés, ils ne s'échaufferaient plus autant que maintenant et notre climat deviendrait plus rude : c'est précisément ce qui arrive sous les latitudes moyennes de l'Amérique septentrionale. Les régions tropicales du continent américain sont occupées par de vastes forêts, d'immenses savanes et de grands fleuves qui ne peuvent donner lieu à des courants d'air aussi chaud que les sables du Sahara, et adoucir les climats de l'Amérique septentrionale, en venant s'abattre dans les latitudes moyennes ; aussi à latitude égale sont-ils plus froids que les nôtres, à en juger par la direction des lignes isothermes et par les cultures.

Les effets du déboisement sur les sources et les quantités d'eau vive qui coulent dans une contrée sont les plus importants à considérer ; aussi faut-il y faire une sérieuse attention. La difficulté de reconnaître la cause de ces effets est quelquefois si grande, que l'on ne peut dire *à priori* si une forêt ou une portion de forêt livrée au défrichement alimente telle ou telle source, telle ou telle rivière. On ne le sait que lorsque le défrichement est effectué.

Les sources, en général, sont dues aux infiltrations des eaux

pluviales dans un terrain perméable qu'elles traversent jusqu'à ce
qu'elles rencontrent une couche imperméable sur laquelle elles
coulent, quand elle est inclinée, jusqu'à ce qu'elles puissent se
faire jour, soit en formant des fleuves, des rivières ou des nappes
aillissantes; les eaux des fontaines et des puits n'ont pas d'autre
origine. Les grandes sources se trouvent ordinairement dans les
montagnes. Les forêts contribuent également à la formation des
sources, non-seulement en raison de l'humidité qu'elles produisent et de la condensation des vapeurs par le refroidissement,
mais encore à cause des obstacles qu'elles opposent à l'évaporation de l'eau qui se trouve sur le sol, et des racines des arbres
qui, en divisant le sol, le rendent plus perméable et facilitent
ainsi les infiltrations. Nous allons en citer des exemples puisés
dans l'histoire des temps anciens.

Strabon nous apprend qu'il était nécessaire de prendre de
grandes précautions pour empêcher que Babylone ne fût envahie
par les eaux; l'Euphrate grossit, dit-il, à partir du printemps,
dès que les neiges fondent dans les montagnes de l'Arménie; au
commencement de l'été, il déborde, et formerait nécessairement
de vastes amas d'eau qui submergeraient les champs cultivés, si
l'on ne détournait ces eaux trop abondantes au moyen de sai-
gnées et de canaux, lorsqu'elles sortent de leur lit et qu'elles se
répandent dans les plaines, comme celles du Nil. Cet état de
choses n'existe plus aujourd'hui. M. Oppert, qui a parcouru la
Babylonie il y a quelques années, rapporte que la masse des eaux
transportées par l'Euphrate est bien moins grande que dans les
siècles passés, que les débordements n'ont plus lieu, que les
canaux sont à sec, que les marais se dessèchent pendant les
grandes chaleurs de l'été, et que la contrée a cessé d'être insa-
lubre. Ce retrait des eaux est attribué, nous a-t-il assuré, au déboisement des montagnes de l'Arménie.

Choiseul-Gouffier n'a pu retrouver dans la Troade le fleuve
Scamandre, qui était encore navigable du temps de Pline; son lit
est aujourd'hui entièrement desséché; mais aussi les cèdres qui
couvraient le mont Ida, où il prenait sa source, n'existent plus.

M. Boussingault rapporte le fait suivant qui est également d'une
grande importance : La vallée d'Aragua, province de Venezuela,
située à peu de distance de la côte, est fermée de toutes parts;
les rivières qui y coulent n'ont pas d'issue vers la mer; en se réunissant elles donnent naissance au lac de Tacarigua qui, au com-

mencement du siècle, d'après M. de Humboldt, éprouvait, depuis une trentaine d'années, un desséchement graduel dont on ignorait la cause. La ville de Nueva-Valencia, fondée en 1555, était alors à une demi-lieue du lac; en 1800, cette ville en était éloignée de 2,700 toises.

En 1822, M. Boussingault apprit des habitants que les eaux du lac avaient éprouvé une hausse et que des terres qui étaient jadis cultivées se trouvaient sous les eaux; mais aussi, dans l'espace de vingt-deux ans, la vallée avait été le théâtre de luttes sanglantes durant la guerre de l'indépendance : la population avait été décimée, les terres étaient restées incultes, et les forêts, qui croissent avec une si prodigieuse rapidité sous les tropiques, avaient fini par occuper une grande partie du pays.

En discutant l'importante question de l'influence du déboisement sur les cours d'eau et les sources, on arrive aux conclusions suivantes :

1° Les grands défrichements diminuent la quantité des eaux vives qui coulent dans un pays; 2° on ne peut décider encore si cette diminution doit être attribuée à une moindre quantité annuelle de pluie tombée ou à une plus grande évaporation des eaux pluviales, ou à ces deux causes combinées, ou à une nouvelle répartition des eaux pluviales; 3° la culture établie dans un pays aride et découvert dissipe une partie des eaux courantes; 4° dans les pays qui n'ont point éprouvé de changement dans la culture, la quantité d'eau vive paraît être toujours la même; 5° les forêts, tout en conservant les eaux vives, ménagent et régularisent leur écoulement; 6° l'humidité qui règne dans les bois et l'intervention des racines pour rendre le sol plus perméable doivent être prises en considération; 7° les déboisements en pays de montagne exercent une influence sur les cours d'eau et les sources; en plaine, ils ne peuvent agir que sur les sources. On voit donc que l'action exercée par les forêts sur les climats est extrêmement complexe.

Il ne faut pas croire que le déboisement d'un pays entraîne toujours avec lui la stérilité; nous citerons pour exemple l'Angleterre et l'Espagne, qui n'ont, l'une que 2 pour 100 de superficie boisée, l'autre 3,17. La première, qui a un climat marin, est exposée très-fréquemment aux vents d'ouest et de sud-ouest chargés de vapeurs au maximum de saturation et qui se changent en brouillards par le moindre abaissement de température.

40

L'Espagne n'a pas un climat semblable, ses parties les plus fertiles sont en général celles qui sont situées dans les vallées arrosées par de grands fleuves ou à peu de distance; mais les vastes plateaux de l'Aragon et de la Castille, etc., etc., sont de véritables déserts.

Le déboisement d'une contrée sableuse peut entraîner l'ensablement des plaines voisines, comme il est facile de le concevoir en s'appuyant sur l'explication que M. Chevreul a donnée de la formation des dunes dans les landes de Gascogne : les vents chassent les sables jusqu'à ce que ceux-ci rencontrent un obstacle; il se forme alors un bourrelet ou une suite de dunes qui arrêtent les eaux, lesquelles s'infiltrent dans le sable et humectent la base des dunes. Ces eaux, par l'action capillaire, font adhérer entre eux ces grains de sable et les fixent au sol; les vents enlèvent seulement la partie supérieure, qui va former de nouvelles dunes en avant, et ainsi de suite.

Une forêt interposée sur le passage d'un courant d'air humide chargé de miasmes pestilentiels, comme nous l'avons déjà dit, préserve quelquefois de ses effets tout ce qui est derrière elle, tandis que la partie découverte est exposée aux maladies, comme les marais Pontins en offrent des exemples; les arbres tamisent donc l'air infecté et l'épurent en lui enlevant ses miasmes.

En terminant ce sujet, nous dirons qu'on améliore le climat d'un pays en défrichant les landes, assainissant les terrains marécageux, boisant les montagnes et tous les sols non agricoles qui ne présentent pas le roc nu; indépendamment de cet avantage, il en résulte une augmentation de richesse publique et des ressources précieuses pour les éventualités de l'avenir.

CHAPITRE V.

DES ACTIONS LENTES DANS LA TERRE.

§ I. — *Des causes générales qui produisent des actions lentes.*

L'eau et l'air, voilà les principaux agents destructeurs, soit qu'on les envisage sous le point de vue physique ou chimique; viennent ensuite les courants terrestres que nous avons indiqués p. 509, les courants électro-capillaires, puis les affinités; telles sont les causes qui interviennent dans les actions lentes.

Commençons par l'eau : l'eau est salée ou douce; son action

peut dépendre des substances qu'elle tient en dissolution; l'eau salée des mers contient des chlorures, et particulièrement du chlorure de sodium; l'eau de certains lacs contient également des chlorures, et, en outre, du carbonate de soude et d'autres sels produisant des efflorescences dans les grandes chaleurs. Ces eaux, comme en Égypte, en réagissant sur les roches calcaires contiguës, donnent lieu à une production de carbonate de soude.

Les eaux douces ont une action nécessairement plus bornée; prises à peu de distance de leur source, leur composition est sensiblement la même; mais à mesure qu'elles s'en écartent elle est modifiée; peu à peu elles laissent déposer les substances qu'elles tenaient en suspension ou en dissolution, à cause d'une moindre vitesse de l'évaporation ou d'un abaissement de température. D'un autre côté, elles enlèvent au sol sur lequel elles coulent de nouveaux éléments et des matières organiques qui, en se décomposant, lui fournissent des principes qui s'y dissolvent ou se déposent sur les bords ou dans des deltas. Ces composés, en réagissant les uns sur les autres, produisent des courants électro-capillaires agissant comme forces chimiques.

Les composés solubles qu'elles contiennent le plus habituellement sont des chlorures alcalins et terreux qui vont se joindre aux sels que la mer renferme déjà.

L'air agit comme force physique et chimique; sec et calme, il est absolument sans action sur les roches; humide c'est l'inverse. L'eau à l'état de pluie dissout les sels résultant de réactions diverses et dépose sur la surface terrestre les matières pulvérulentes que l'air tenait en suspension.

L'air et l'eau renferment les agents les plus actifs des réactions chimiques: l'air, en fournissant l'oxygène et le gaz acide carbonique; l'eau, l'oxygène et l'hydrogène, quand elle trouve des matières oxydables qui la décomposent.

A l'état de vapeur, l'action de l'eau est des plus actives, parce qu'elle mouille toutes les surfaces. Le fer, si répandu dans la nature, est l'élément qui reçoit le premier les effets de l'action combinée de l'air et de l'eau; en passant à l'état d'hydrate de peroxyde, il entraîne la décomposition des substances qui le renferment. Les pyrites se changent en sulfate, ou bien perdent leur soufre en prenant de l'oxygène et de l'eau; tout en conservant leurs formes, certaines roches se désagrégent complétement. L'eau, en outre, dissout le sel gemme et le gypse, en laissant à la place qu'ils occupaient des cavités plus ou moins vastes. Quand elles tiennent en dissolution différentes substances, il en résulte des effets particuliers.

La décomposition lente et graduelle de certains granits, des basaltes, etc., attire depuis longtemps l'attention des géologues. Cette décomposition a lieu surtout aux points de jonction des formations d'époques différentes. La composition de ces roches entre pour beaucoup dans les productions du phénomène, puisque toutes ne la présentent pas au même degré. On trouve, en effet, des localités où la décomposition est peu avancée, d'autres où elle l'est davantage, d'autres enfin où elle est complète, comme en Bourgogne, dont le sol dans certaines contrées est recouvert de sable provenant de la décomposition des granits.

M. Fournet, qui a fait une étude spéciale de ce phénomène sur différentes roches, a suivi les effets de la décomposition depuis la surface jusqu'aux parties intactes; ces effets doivent être pris en considération dans l'examen des actions lentes. Quand les basaltes, les phonolithes, commencent à se décomposer, elles se parsèment d'une multitude de petites taches grises plus ou moins rapprochées et rayonnantes, ayant un aspect terreux. Les masses se divisent alors suivant trois plans rectangulaires conduisant à la forme cuboïde, puis à la forme sphérique quand les angles s'émoussent; immédiatement après commence l'exfoliation concentrique. Les granites qui présentent une division parallélipipédique ont aussi une tendance à se décomposer sur les arêtes. Nous sommes disposés à croire que ces dernières, ainsi que les sommets des angles dans les cristaux, sont les premières parties qui éprouvent les effets de la décomposition sous l'influence des agents extérieurs, par la facilité avec laquelle s'établissent les courants électro-capillaires le long des arêtes.

Toutes les roches qui se décomposent ainsi sont celles renfermant du feldspath à base de potasse ou de soude; ce composé, en perdant une portion de son silicate alcalin par les eaux chargées de gaz acide carbonique, entraîne la décomposition des roches elles-mêmes.

Il est un autre ordre de phénomènes qu'on ne reproduit encore que dans peu de cas et qui intéressent l'électro-chimie, à cause des effets de transport qui les accompagnent; nous voulons parler des pétrifications. Les corps organisés que l'on trouve dans diverses formations terrestres ne se présentent pas à nous dans l'état où ils étaient primitivement; tantôt ils ont été décomposés sans laisser aucune trace de leur substance; tantôt ils ont été entourés de toutes parts de dépôts sédimentaires qui les ont préservés de toute altération, ou bien ces dépôts ont contribué à leur pétrification. Il résulte de là que nous retrouvons souvent ces différents corps dans l'état où ils étaient lors de leur enfouissement, ou bien ayant subi des changements dus aux substances enveloppantes qui se sont substituées en leur lieu et place, de manière à ne laisser aucune trace de la matière organique.

On admet, pour expliquer ces effets, que les corps se sont laissé pénétrer par des eaux tenant en dissolution du carbonate de chaux, de la silice et divers composés, puis, qu'ayant éprouvé une décomposition lente dans la terre, leurs molécules ont été remplacées par des molécules de calcaire, de silex, etc. Quoi qu'il en soit, on n'a pu reproduire ce phénomène que très-imparfaitement, en chimie, tandis que l'électro-chimie peut y parvenir, jusqu'à un certain point toutefois. Nous rappellerons à cette occasion la formation du cuivre carbonaté bibasique (malachite) par la méthode dont nous avons déjà parlé page 268.

Dans les doubles décompositions qui ont produit la malachite, il se produit un effet remarquable que nous devons mentionner : l'azotate basique, obtenu avec le carbonate de chaux provenant d'une double décomposition, consiste en une poudre cristallisée dont la constitution physique ne nous paraît pas avoir changé après sa transformation en carbonate bibasique de cuivre. Ainsi, dans la substitution de deux équivalents d'acide carbonique à la place d'un équivalent d'acide azotique, et *vice versâ,* le composé solide cristallisé reste tel pendant et après la substitution sans être dissous préalablement.

Ce mode de double décomposition doit se présenter fréquemment dans la nature, quand des eaux minérales ou autres chargées de divers composés sont en contact avec des roches ou des substances minérales d'une certaine nature. N'est-ce pas là une véritable épigénie dont nous trouvons tant d'exemples dans diverses formations terrestres? En étudiant avec soin les effets chimiques produits au contact des solides et des liquides, on parviendra probablement à expliquer la formation d'un grand nombre de composés secondaires ayant une origine électrique.

Dans la formation de la malachite, par la méthode des doubles décompositions et recompositions successives, ce composé se présente sous la forme de petits tubercules soyeux, comme on le trouve fréquemment dans la nature, et ayant peu de dureté en raison même de son état moléculaire; peut-être parviendrait-on à lui en donner en opérant avec une extrême lenteur : la malachite ainsi formée n'éprouve aucun changement à l'air.

Pendant la transformation du sous-azotate de cuivre en double carbonate, il se manifeste un phénomène que le temps n'a pas permis d'analyser et que l'on doit indiquer en raison de l'effet remarquable qu'il produit pendant la formation du double carbonate de cuivre et de soude. On voit surgir de l'intérieur du calcaire des traînées de carbonate de chaux ayant un grain cristallin et quelquefois en cristaux déterminables.

§ II. — *Propriété dissolvante de la solution saturée de chlorure de sodium et de son emploi pour la formation de divers composés.*

L'eau salée ordinaire étant le dissolvant le plus répandu dans la nature, soit à la surface, soit dans l'intérieur du globe, il s'agit de montrer quelques-uns des produits que l'on peut former avec ce dissolvant, qui est puissant surtout quand on le prend à son maximum de saturation.

Les sels insolubles qui ont été soumis à l'expérience sont ceux à base de plomb et ayant pour éléments électro-négatifs les acides sulfurique, phosphorique, fluosilicique, oxalique, borique, tartrique, gallique, arsenique et tungstique. Commençons par le sulfate de plomb : 1 litre d'eau saturée de chlorure de sodium, marquant $25°$ à l'aréomètre de Baumé, dissout environ $0,66^g$ de sulfate de plomb; la solution, abandonnée à elle-même, laisse déposer sur les parois du bocal, dans l'espace de quelques jours, de petits cristaux réunis quelquefois en houppes soyeuses : ces cristaux sont insolubles dans l'eau ainsi que dans la solution de chlorure de sodium. Ils ont pour composition :

$$SO^3 PbO, 2 Cl Pb, HO.$$

Ils appartiennent donc à un chlorosulfate de plomb. Voici ce qui se passe dans la réaction : le chlore réagit lentement sur le sulfate de plomb, de manière à opérer une double décomposition; il se forme alors du chlorure de plomb et du sulfate de soude, et

le chlorure de plomb se combine avec le sulfate dans les proportions indiquées. La combinaison cristallise en houppes soyeuses
ou en cristaux dérivant du système prismatique rectangulaire
oblique, suivant la quantité de sulfate de plomb qui se trouve
dans la solution ; quand la solution est saturée de sulfate, on n'a
que des houppes soyeuses. Ces réactions continuent jusqu'à ce
que tout le sulfate de plomb soit entré en combinaison.

Le phosphate de plomb étant soluble dans une solution saturée
de chlorure de sodium, mais en beaucoup moindre proportion
que le sulfate, produit également un chlorophosphate de plomb,
qui cristallise en lamelles. La formule de ce composé doit être
analogue à celle du chlorosulfate. Le chlorophosphate de plomb
de la nature se présente sous la forme de prismes hexaèdres ;
M. Wöhler a montré qu'il était composé de chlorure plombique,
dans des proportions telles, qu'il renferme neuf fois autant de
plomb que le chlorure ; ainsi, le chlorophosphate formé est différent du précédent. Les autres chlorosels de plomb ont été obtenus par le même procédé.

Phosphate de chaux. — Ce composé se trouve dans la nature
en dissolution dans plusieurs eaux minérales, par l'intermédiaire
de l'acide carbonique. Pour connaître en vertu de quelle réaction
il peut être produit, on a placé dans un flacon d'une capacité
d'environ 20 centimètres cubes une solution saturée de phosphate
de soude et un morceau de sulfate de chaux anhydre : deux ans
après, ce dernier ne présentait qu'une très-légère apparence de
décomposition ; mais peu à peu il s'est manifesté des points brillants, et au bout de onze ans la surface était recouverte de cristaux de phosphate neutre absolument semblables à ceux obtenus
par le procédé électro-chimique, sous le rapport de la forme et
de la composition. Cette formation est évidemment le résultat
d'une double décomposition qui s'est opérée très-lentement. Rien
ne s'oppose donc à ce que de semblables réactions se produisent dans la nature, et que le phosphate de chaux qui est en dissolution dans certaines eaux minérales ait une semblable origine.

D'après le fait que nous venons de rapporter, il est impossible
que le phosphate de soude et le sulfate de chaux dans la terre
en présence de l'eau ne réagissent pas l'un sur l'autre par voie
de double décomposition, de manière à produire du sulfate de
soude et du phosphate neutre de chaux qui reste en solution dans

l'eau à la faveur de l'acide carbonique. La double décomposition résulte du faible pouvoir dissolvant exercé par l'eau sur le sulfate de chaux.

L'expérience suivante va mettre en évidence l'influence de l'électricité sur la formation du phosphate de chaux dans les circonstances où nous avons opéré : quand on dissout le phosphate dans un acide et qu'on verse dans la dissolution un excès d'ammoniaque, on obtient du sous-phosphate calcique des os. Rien de semblable n'a lieu en substituant, dans l'appareil électro-chimique, du chlorure ammonique au chlorure calcique, afin de faire arriver de l'ammoniaque au lieu de chaux dans la dissolution de phosphate ; car on obtient toujours cristallisé le phosphate neutre. Dans ce cas-ci, comme dans le précédent, outre l'intervention de la chaux et de l'ammoniaque pour saturer l'excès d'acide, le courant réagit encore sur le phosphate acide pour le décomposer électro-chimiquement ; l'acide se rend sur le zinc, et le phosphate sur la lame de platine, où il cristallise.

Il est probable que les phosphates de baryte, de strontiane, de magnésie, d'alumine, de glucine, etc., etc., qui sont solubles, comme le phosphate de chaux, dans un excès d'acide, peuvent être obtenus cristallisés, en suivant le même mode d'expérimentation, pourvu toutefois que l'intensité de l'action électro-chimique soit suffisamment modérée de manière que les molécules puissent se grouper régulièrement, condition sans laquelle il n'y aurait qu'une formation tumultueuse.

Phosphate de fer. — Dans les tourbières il se forme journellement du phosphate de fer et des pyrites. Nous allons indiquer quelques exemples de cette formation, en indiquant ensuite comment on peut les obtenir en employant les actions combinées des affinités et de l'électricité.

Nous nous trouvions à Saint-Yrieix (Haute-Vienne) quand on déblayait les terres qui avaient servi à combler un des fossés de la ville, et dans lequel se trouvaient pêle-mêle des ossements d'animaux, des troncs d'arbres, des débris de végétaux et des fragments de gneiss. La plupart des débris de végétaux étaient entièrement recouverts de cristaux microscopiques blanchâtres de fer phosphaté et de dépôts pulvérulents de la même substance, qui au contact de l'air prirent une couleur bleu indigo. Le bois sur lequel était déposé le fer phosphaté avait servi évidemment de point de départ pour la formation de ce composé; une cause quelconque avait donc attiré le fer et l'acide phosphorique. Cette simple observation nous mit sur la voie pour reproduire électro-chimiquement le phosphate bleu : dans les réactions chimiques qui ont eu lieu dans le magma composant les terres du fossé, il y a eu dégagement des deux électricités, lesquelles ont dû suivre les corps les meilleurs conducteurs, tels que les substances car-bonisées qui ont dû servir à fixer les composés formés, et même les surfaces des corps d'où sont résultés des courants électro-capillaires, et par suite des actions électro-chimiques. D'un autre côté, quand on abandonne une lame de fer plongée dans le phos-phate d'amoniaque, le fer s'oxyde et décompose le phosphate; l'alcali est mis à nu, et il se forme un perphosphate blanc de fer. Mais si, au lieu d'une lame de fer, on prend un couple voltaïque composé d'une lame de cuivre et d'une lame de fer, on a du per-phosphate, et en outre une petite quantité de phosphate bleu, mais seulement dans la partie la plus rapprochée des points de contact du fer et du cuivre. Ce phosphate est en petits cristaux bleus, dont la couleur est masquée par le perphosphate blanc. La formation de ce dernier est due aux actions combinées du phosphate d'am-moniaque, de l'eau et de l'air sur le fer, tandis que celle du phos-phate bleu provient évidemment d'une action électro-chimique. Rien n'est plus simple que de donner un plus grand développe-ment à la formation de ce phosphate, et de l'obtenir dégagé du perphosphate qui masque sa couleur.

On prend un tube recourbé en U, rempli inférieurement d'ar-gile humide; dans une des branches on verse une dissolution de phosphate de soude, et, dans l'autre, une solution de sulfate de cuivre; on met dans celle-ci une lame de cuivre, et dans l'autre une lame de fer, et l'on fait communiquer les deux lames par la partie supérieure. Le fer étant attaqué, il en résulte un courant qui rend le cuivre négatif; le sulfate de cuivre est décomposé, et le cuivre se dépose sur la lame de même métal, tandis que l'oxy-gène et l'acide sulfurique se rendent dans l'autre branche; l'oxy-gène oxyde le fer; l'acide sulfurique en se combinant avec la soude chasse l'acide phosphorique; il en résulte du sulfate de soude qui reste dissous, et du protophosphate de fer qui se dépose sur la lame de fer, sous la forme de petits tubercules cristallins blanchâtres, lesquels deviennent d'un beau bleu par l'action pro-longée du couple ou bien en les exposant à l'air. Ils possèdent en outre les propriétés du phosphate bleu naturel. Cette réaction n'a lieu toutefois qu'autant que l'action est lente, circonstance indispensable pour que les molécules prennent un arrangement cristallin ; car, si l'on veut accélérer l'action, en mettant la lame de fer en communication avec le pôle positif d'une pile d'un certain nombre d'éléments, et la lame de cuivre avec le pôle négatif, on obtient alors le phosphate de fer ordinaire. D'après cela, une condition indispensable à la formation du phosphate bleu est une réaction très-lente. Il est facile de concevoir comment a pu se former le phosphate bleu de Saint-Yrieix ainsi que celui des gisements analogues : pour peu que les matières carbonacées aient été mises en contact avec le fer ou son protoxyde, il a dû en résulter des couples analogues à celui avec lequel nous avons opéré.

Sage a décrit aussi un phosphate de fer trouvé à Luxeuil, dans un ancien canal de construction romaine, au milieu d'une espèce de tourbe ligneuse, d'ossements altérés, presque friables, et pénétrés d'oyde de fer ; les cristaux étaient assez gros pour qu'il ait pu en déterminer la forme. Toutes ces substances ayant réagi les unes sur les autres, depuis un grand nombre de siècles, il n'est pas étonnant que les cristaux aient acquis plus de volume que ceux qui ont été trouvés à Saint-Yrieix.

Nous renvoyons à notre *Traité d'électro-chimie*[1], pour tout ce qui concerne la formation spontanée du double phosphate d'ammoniaque et de magnésie qui se forme dans l'urine et dans les matières fécales à l'état cristallisé, d'après Mitscherlich, ainsi que celle du double carbonate de plomb et de soude qui se forme dans la nature, toutes les fois que des eaux chargées de bicarbonate de soude, et peut-être de sesquicarbonate, pénètrent dans les fissures des filons où se trouve de la galène ; on trouvera probablement un jour cette substance cristallisée dans les mines de plomb.

Dans quelles limites peut-on supposer que l'électricité intervienne dans les effets de contact dont il est question? Il est facile de le concevoir, puisque, au contact de la dissolution du bicarbonate de soude et de la galène qui est conductrice de l'électricité, il y a réaction chimique et production de courants électro-capillaires et de différents composés pour peu qu'il y ait des cor-

---

[1] Becquerel, *Traité d'électro-chimie*, deuxième édition, page 412 et suiv.

puscules adhérents à la surface. On voit par là combien de semblables réactions doivent être produites dans la nature quand
une substance étant humectée d'un liquide capable de l'attaquer, sa surface est recouverte çà et là de corpuscules qui déterminent alors une foule de courants électro-capillaires, sources
de réactions chimiques plus ou moins lentes, suivant l'intensité
de la force électro-motrice provenant de la réaction initiale.

CONCLUSIONS.

Nous avons essayé, dans cet ouvrage, de montrer comment il était possible d'expliquer, avec le concours des forces physico-chimiques et notamment des courants électro-capillaires, un grand nombre de phénomènes de la nature organique et de la nature inorganique. Ces courants agissant comme forces physiques et chimiques, n'exigeant pour leur production que deux liquides différents séparés par un espace capillaire, tel qu'un tissu perméable, et ces conditions existant dans les corps organisés, on conçoit quelle peut être leur influence sur les phénomènes de nutrition; tant que l'organisation n'éprouve aucun changement, leur action reste constante; mais, pour peu que la porosité des tissus éprouve des modifications, le travail de la nutrition est plus ou moins altéré et peut même être arrêté quand ces courants cessent d'exister.

Nous nous sommes servi de toutes les données que pouvaient nous fournir la physique, la chimie, l'astronomie, la géologie et la météorologie, pour remonter, autant qu'il était possible, à l'ancienneté de la terre et à quelques-unes des époques où ont eu lieu de grands cataclysmes. Nous avons présenté aussi les résultats de nos recherches sur la constance et la variabilité des climats. Toutes ces questions ont été abordées avec de grandes réserves, vu le manque de données nécessaires pour en avoir des solutions complètes.

L'avenir nous apprendra, du moins nous osons l'espérer, que l'étude des forces physico-chimiques, envisagée sous le point de vue qui nous a servi de guide dans cet ouvrage, contribuera à jeter quelque lumière sur la philosophie naturelle.

FIN.

TABLE DES MATIÈRES.

FIN DE LA TABLE.

Paris. — Typographie Firmin-Didot frères, fils et Cⁱᵉ, rue Jacob, 56.